D1666886

Ernährung und Gesellschaft

herausgegeben von
Prof. Dr. Jana Rückert-John

Band 1

Jana Rückert-John | Melanie Kröger [Hrsg.]

# Fleisch

Vom Wohlstandssymbol zur Gefahr für die Zukunft

 Nomos

© Titelbild: linda_vostrovska – Fotolia

**Die Deutsche Nationalbibliothek** verzeichnet diese Publikation in der Deutschen Nationalbibliografie; detaillierte bibliografische Daten sind im Internet über http://dnb.d-nb.de abrufbar.

ISBN 978-3-8487-4190-8 (Print)
ISBN 978-3-8452-8459-0 (ePDF)

1. Auflage 2019
© Nomos Verlagsgesellschaft, Baden-Baden 2019. Gedruckt in Deutschland. Alle Rechte, auch die des Nachdrucks von Auszügen, der fotomechanischen Wiedergabe und der Übersetzung, vorbehalten. Gedruckt auf alterungsbeständigem Papier.

# Vorwort

*Jana Rückert-John & Melanie Kröger*

„Fleisch ist ein Stück Lebenskraft!".[1] Dieser Slogan der deutschen Agrarwirtschaft spiegelt einen über Jahrzehnte gültigen Grundkonsens der bundesdeutschen Nachkriegszeit wider. Fleisch ist für viele noch heute ein Symbol des Wohlstands und der Stärke; es ist Inbegriff einer richtigen Mahlzeit. Gleichwohl ist seit einigen Jahren ein stetiger Verfall dieses Mythos zu beobachten: Fleisch wird zunehmend problematisiert, die Nebenfolgen des zwar in Deutschland stagnierenden, aber global nach wie vor wachsenden Fleischkonsums werden diskutiert und die Apologeten des unbeschwerten Fleischessens geraten in westlichen Industrieländern zunehmend in die Defensive. Das heute allseits zu günstigen Preisen verfügbare Fleisch hat hier den Status eines Grundnahrungsmittels. Doch die Prognose für Fleisch – etwa von einem bekannten Wursthersteller – fällt düster aus: „Die Wurst ist die Zigarette der Zukunft!". Fleisch- und tierfreie Ernährungs- und Lebensweisen, über lange Zeit belächelt und verfemt, erlangen zunehmend gesellschaftliche Relevanz, werden sichtbar und meinungsbildend. Problematisiert werden nicht nur gesundheitliche Folgewirkungen des Fleischkonsums, sondern vor allem auch die mit der Produktion verbundenen massiven ökologischen Folgen und Gefahren, wie zum Beispiel Klimawandel, Wasser- und Flächenverbrauch, die damit einhergehenden globalen Ungerechtigkeiten und ethischen Probleme der Nutztierhaltung. So kommt das Umweltbundesamt zu der Einschätzung, dass sich die genannten Umweltschäden zu einem Großteil auf die intensive Tierhaltung in Deutschland zurückführen lassen. 60 Prozent der landwirtschaftlichen Nutzfläche wird für Futtermittel für Rinder, Schweine und andere Tiere verwendet. Nur 20 Prozent der Fläche sind direkt für den menschlichen Verzehr bestimmt.[2]

---

1  Der Werbeslogan wurde in den 1970er Jahren von der ehemaligen Agrarmarketing Gesellschaft CMA geprägt und bekannt gemacht.
2  Umweltbundesamt (2017): Umweltschutz in der Landwirtschaft. https://www.um weltbundesamt.de/sites/default/files/medien/479/publikationen/170405_uba_fb_la ndwirtschaftumwelt_bf.pdf.

Aber auch Landwirte, Fleischproduzenten und -händler gehen in die Offensive: So machen die aktuellen Bauernproteste im November 2019 deutlich, dass es nicht um pauschale Schuldzuweisungen der Politik gegenüber den Landwirten für den Klimawandel gehen kann, sondern vielmehr um eine gemeinsame Verantwortungsübernahme.

Der zentrale Stellenwert des Fleisches auf den Tellern vieler Konsumentinnen und Konsumenten lässt sich auch an Publikationen wie dem Magazin „Beef!" ermessen, in dem „Männer mit Geschmack" zum Karnismus angehalten werden. Andererseits sind solche Publikationen auch Anzeiger einer Krise, da der Fleischkonsum nicht mehr selbstverständlich erscheint. Fleisch entwickelt sich zu einem Reizthema und hat als solches Potenzial zur Skandalisierung, Polarisierung und dauerhaften Politisierung.

Am Fleischthema wird so ein Paradox auffällig: Die moderne Nutztierhaltung wird einerseits durch die weitere Industrialisierung immer effizienter, profitabler, unsichtbarer und verspricht damit Sicherheit. Andererseits provoziert diese Entwicklung Verunsicherung durch antizipierte Umwelt- und Gesundheitsrisiken sowie Tierleid.

Dadurch verändert sich das Verhältnis der Konsumentinnen und Konsumenten gerade zu Tieren und vor allem Schlachttieren: Sie kritisieren die Zustände der modernen Nutztierhaltung oder lehnen sie ganz ab. Zugleich nehmen viele Konsumentinnen und Konsumenten diese Produktionsbedingungen eben wegen ihrer Effizienz, Professionalität und Unsichtbarkeit billigend in Kauf, wenn der Preis für die immer tierferner erscheinenden Produkte niedrig bleibt. Vor diesem Hintergrund werden Forderungen erhoben, neue, nachhaltigere Produktionssysteme wie auch Konsummuster zu entwickeln. Dabei greifen Ansprüche an die Verantwortung des Konsumenten respektive des Produzenten regelmäßig zu kurz, weil sie eine Überforderung von Individuen darstellen und die multifaktoriellen Bedingungen ignorieren, unter denen die Produktion und der Konsum von Fleisch stehen.

Das Thema Fleisch ist aus sozialwissenschaftlicher Perspektive lohnend, weil Fleisch als Kristallisationspunkt verschiedener Diskursstränge erscheint, die bereits seit geraumer Zeit in diversen öffentlichen wie wissenschaftlichen Debatten virulent sind. Dies sind die Gesundheits- und Umweltdiskurse, Debatten um nachhaltige Ernährung, nachhaltigen Konsum und nachhaltige Land- und Agrarwirtschaft, der ethische Diskurs zu Tierwohl und zum Mensch-Tier-Verhältnis bis hin zum Genderdiskurs. Mit diesen Debatten lassen sich nicht nur Brücken zwischen natur- und sozialwissenschaftlichen Betrachtungen schlagen, sondern auch zwischen unterschiedlichen Bindestrichsoziologien, wie der Land-, Agrar- und Ernährungssoziologie, aber auch der Umwelt-, Konsum-, Kultur- und Geschlechtersoziologie.

Der Sammelband will das Thema Fleisch in seiner gesellschaftlichen Relevanz ausleuchten. Mit Blick auf Fragen der Tierhaltung, der Schlachtung und Verarbeitung bis hin zu Konsum und Ernährung finden alle Prozesse der Wertschöpfungskette thematische Berücksichtigung.

Anliegen des Sammelbandes ist es, das gesellschaftliche Verhältnis zu Nutztieren zu betrachten, alternative Ernährungspraktiken sowie die politischen und wirtschaftlichen Rahmenbedingungen der heutigen und zukünftigen Fleischproduktion und -konsumption zu erörtern sowie Alternativen zur derzeitigen Fleischproduktion zu diskutieren. Wir hoffen, mit diesem Band einen Beitrag für eine in die Zukunft gerichtete Diskussion zu leisten. Die Implikationen, die sozialen, ökonomischen, gesundheitlichen und ökologischen Folgen und die Zukunft von Fleischproduktion und -konsum werden dabei sowohl theoretisch als auch empirisch untersucht und betrachtet.

# Inhalt

Inhalt

*In-vitro-Fleisch*

*Vegetarismus und Veganismus*

**Tiere, Fleisch und Ethik**

# „Massentierhaltung" in Deutschland? Eine Annäherung

*Bernhard Hörning*

## Einleitung

Der Begriff Massentierhaltung ist umgangssprachlich gebräuchlich und wird in den Medien häufig benutzt. Er ist dann jeweils negativ konnotiert. Laut Brockhaus-Artikel zur Massentierhaltung (2006) wird er im Sprachgebrauch mit nicht artgerecht gehaltenen Tieren sowie erheblichen Umweltverschmutzungen gleichgesetzt. Die Standesvertretungen der Landwirtschaft lehnen ihn hingegen ab, weil er nicht definiert sei. Kayser et al. (2012) weisen darauf hin, dass der Begriff Massentierhaltung wissenschaftlich erstaunlich wenig behandelt worden sei. Die Deutsche Agrarforschungsallianz DAFA (2012) bezeichnete die fehlende Definition und die unklaren Beziehungen zu den Bestandsgrößen als problematisch. Lechleitner (2015) ist der Meinung, dass der Begriff vom Gesetzgeber dazu genutzt werden könne, sofern jeweils eine Bestimmung der Tierzahl erfolgt.

Ziel des Beitrags ist daher, mögliche Kriterien für Massentierhaltung vorzustellen und unter Nutzung von Daten aus der Agrarstatistik die Situation der Nutztierhaltung in Deutschland in Bezug auf diese Kriterien zu beleuchten. Ferner werden mögliche negative Folgen der Massentierhaltung angesprochen. Der Beitrag knüpft an eine ausführliche Studie des Verfassers zur „Massentierhaltung" in Thüringen an (Hörning 2013).

## Stand der Tierproduktion in Deutschland

In den letzten 20 Jahren haben die Rinder- und Schafbestände in Deutschland abgenommen, die Schweinebestände sind dagegen angestiegen und noch stärker die Geflügelbestände (insbesondere Hähnchen und Puten). Bei Schweinen und Hähnchen hat sich Deutschland in den letzten Jahren immer stärker zu einem Exportland entwickelt, das heißt, der Selbstversorgungsgrad liegt heute bei über 100 Prozent (vgl. Tabelle 2).

Eine Bewertung der Entwicklung des Viehbestands in Deutschland (z. B. 13.441.000 Großvieheinheiten (1 GV = 500 Kilogramm) im Jahr 2005, 13.267.000 GV in 2013, BMEL 2016; 12.954.359 am 1.3.2016, Destatis 2017d) wird dadurch erschwert, dass mehrmals die Erfassungsgrenzen in der Agrarstatistik angehoben wurden, das heißt, kleinere Tierbestände nicht mehr erfasst werden. Allerdings ist über alle Tierarten hinweg ein starker Strukturwandel festzustellen, das heißt, in immer weniger Betrieben werden Tiere gehalten, diese Betriebe weisen jedoch immer größere Bestände auf (Durchschnittsbestände vgl. Tabelle 4). In den letzten Jahren wurden in vielen Regionen neue große Ställe errichtet (vor allem für Schweine und Mastgeflügel), wie es Erhebungen der Landkreise auf Grundlage des Umweltinformationsgesetzes gezeigt haben.

Von 12.954.359 Großvieheinheiten in Deutschland im März 2016 entfielen aufgrund der Größe der Tiere 68,4 Prozent auf Rinder, 21,7 Prozent auf Schweine, 5,4 Prozent auf Geflügel und 1,2 Prozent auf Schafe (Destatis 2017d). Bei den Tierzahlen dominiert hingegen das Geflügel, gefolgt von Schweinen und dann von Rindern (vgl. Tabelle 4). Bezogen auf den Viehbesatz je Hektar, liegt Deutschland zirka fünfzig Prozent über dem EU-Durchschnitt (2013 110,1 versus 73,8 GV je Hektar (ha); BMEL 2016). Mehr Tiere je Fläche werden (außer in einigen kleinen Ländern) nur in den exportstarken Ländern Niederlande, Irland und Dänemark gehalten.

Tabelle 1 zeigt den Umfang der Schlachtungen inländischer Tiere in Deutschland im Jahr 2016 nach Angaben des Statistischen Bundesamts (insgesamt 740 Millionen). Da es bei Mastgeflügel und Mastschweinen mehrere Mastdurchgänge im Jahr gibt (das heißt je Tierplatz können mehrere Tiere verkauft werden), liegt die Anzahl der Schlachtungen höher als die Anzahl der Tierplätze (vgl. Tabelle 4).

Insgesamt betrug der Fleischverbrauch im Jahr 2016 in Deutschland 88,03 Kilogramm pro Einwohner, der eigentliche Fleischverzehr 59,97 Kilogramm. Unter Selbstversorgungsgrad wird der Anteil am Verbrauch bestimmter Produkte in einem Land verstanden, der selbst erzeugt wird. Bei Fleisch insgesamt lag er 2016 bei 119,5 Prozent. Getrennt nach Fleischarten, lag der Pro-Kopf-Verbrauch bei 50,2 Kilogramm Schweinefleisch, bei 20,94 Kilogramm Geflügelfleisch und bei 14,06 Kilogramm Rindfleisch (BLE 2017).

*Tabelle 1: Schlachtungen inländischer Tiere in Deutschland 2016 (Genesis online, Destatis)*

| | Anzahl Tiere | Schlachtmenge in Kilo | Durchschnittliches Schlachtgewicht je Tier in Kilogramm |
|---|---|---|---|
| **Rinder** | 3.547.908 | 1.147.072.400 | 323 |
| **Schweine** | 46.036.095 | 4.629.997.000 | 100,6 |
| **Schafe** | 1.010.523 | 21.926.000 | 21,7 |
| **Geflügel gesamt** | 689.451.056 | 1.526.774.331 | - |
| **Suppen-hühner** | 31.856.967 | 40.709.906 | 1,28 |
| **Masthüh-ner** | 600.989.761 | 958.360.312 | 1,59 |
| **Puten** | 37.365.848 | 483.262.669 | 12,93 |
| **Enten** | 18.610.402 | 41.244.768 | 2,22 |
| **Gänse** | 618.928 | 3.073.725 | 4,97 |

Der Selbstversorgungsgrad ist in den letzten zehn Jahren in Deutschland bei den meisten tierischen Produkten angestiegen, zum Beispiel von 2005 bis 2015 bei Schweinefleisch von 94 auf 120 Prozent und bei Geflügelfleisch von 83 auf 112 Prozent (siehe Tabelle 2). Bei allen bedeutenden Fleischarten liegt der Selbstversorgungsgrad heute deutlich über 100 Prozent, ebenso bei Frischmilcherzeugnissen oder Käse, das bedeutet, ein entsprechender Anteil muss exportiert werden. Bei Exporten konkurrieren deutsche Produkte mit Produkten anderer Länder.

*Tabelle 2: Entwicklung des Selbstversorgungsgrades (in %) für tierische Lebensmittel in Deutschland (BMEL 2016), Daten für 2015 BLE/BZL-Versorgungsbilanzen (www.ble.de)*

|  | 2005 | 2006 | 2007 | 2008 | 2009 | 2010 | 2011 | 2012 | 2013 | 2014 | 2015 |
|---|---|---|---|---|---|---|---|---|---|---|---|
| Rind-fleisch | 122 | 126 | 116 | 121 | 117 | 117 | 112 | 109 | 108 | 111 | 107 |
| Schweine-fleisch | 94 | 96 | 99 | 103 | 108 | 110 | 114 | 117 | 116 | 117 | 120 |
| Geflügel-fleisch | 83 | 86 | 87 | 93 | 95 | 106 | 108 | 111 | 110 | 113 | 112 |
| Fleisch insgesamt | 99 | 101 | 102 | 107 | 110 | 114 | 117 | 120 | 119 | 121 | 122 |
| Frisch-milch/-erzeugnisse | 121 | 121 | 119 | 119 | 123 | 123 | 122 | 122 | 123 | 119 | 120 |
| Käse | 116 | 117 | 116 | 118 | 118 | 120 | 119 | 121 | 121 | 121 | 125 |
| Butter | 85 | 81 | 85 | 92 | 95 | 94 | 94 | 97 | 99 | 99 | 104 |
| Eier | 73 | 71 | 69 | 72 | 63 | 57 | 68 | 71 | 74 | 70 | 71 |

## Definitionen

Die heutige intensive Nutztierhaltung steht schon seit längerem in der Kritik, insbesondere vonseiten Seiten Nichtregierungsorganisationen (NGOs), wie Tier-, Umwelt- oder Verbraucherschutzverbänden. Kritisiert werden insbesondere die Haltung in Großbeständen, die intensiven Haltungsformen, die Importfuttermittel, die Medikamentenrückstände sowie die Umweltbelastungen durch Emissionen aus dem Stall oder bei der Gülleausbringung. Von Kritikern der intensiven Landwirtschaft werden Begriffe, wie „Massentierhaltung", „Tierfabriken", „Agrarfabriken", „Megaställe", „industrielle Tierproduktion" oder „industrielle Landwirtschaft", verwendet, um tatsächliche oder vermeintliche Missstände der Nutztierhaltung anzuprangern. Standesvertreter, wie der Deutsche Bauernverband, sehen durch solche Begriffe die deutsche Landwirtschaft diffamiert und nutzen hingegen vorzugsweise Begriffe, wie „moderne Landwirtschaft" oder „moderne Tierhaltung". Ein Hauptargument der Interessensverbände lautet, dass der Begriff „Massentierhaltung" nicht definiert sei.

Allerdings enthalten Lexika, wie Brockhaus, Duden oder Wikipedia, entsprechende Definitionen. Dort wird Massentierhaltung als intensive, technisierte Haltung von Nutztieren in Großbeständen definiert. Die

Brockhaus Enzyklopädie weist zudem auf Problembereiche hin, wie Haltungsbedingungen, Importfuttermittel oder Umweltbelastung.

In den Lexika Brockhaus oder Wikipedia werden die Begriffe Massentierhaltung und Intensivhaltung synonym benutzt. Der Begriff „Intensivhaltung" findet sich in verschiedenen EU- beziehungsweise nationalen Rechtstexten wieder; zum Beispiel in der EU-Verordnung zur Schaffung eines Europäischen Schadstofffreisetzungs- und -verbringungsregisters von 2006 (E-PRTR-Verordnung 166/2006, Pollutant Release and Transfer Register), der EU-Industrieemissionsrichtlinie von 2010 (2010/75/EU) und der Vorgängerversion IVU-Richtlinie (Richtlinie über die integrierte Vermeidung und Verminderung der Umweltverschmutzung) oder im deutschen Umweltverträglichkeitsprüfungsgesetz (UVPG). Jeweils werden dort Schwellenwerte für die Tierbestände definiert (vgl. Tab. 3), ab denen entsprechende Vorschriften greifen.

Laut der genannten E-PRTR-Verordnung gelten Betriebe mit intensiver Tierhaltung ab einer bestimmten Größenordnung sogar als Industriebetriebe. In der ehemaligen DDR wurde häufig der Begriff „Industriemäßige Tierproduktion" verwendet. Diese wurde ab den 1970er Jahren stark propagiert, und zwar analog zu einer industriemäßigen Produktion für die gesamte Landwirtschaft (Beschluss des 8. SED-Parteitags). Gemeint war damit eine Intensivtierhaltung in Großbeständen. In der Folge wurden entsprechende Strukturen geschaffen (z. B. Kombinate industrielle Mast, KIM) und sehr große Anlagen errichtet (z. B. Schremmer 1975; Grasenack 1981).

Der Begriff „Massentierhaltung" war bereits 1975 in einem bundesdeutschen Gesetz enthalten (Verordnung zum Schutz gegen die Gefährdung durch Viehseuchen bei der Haltung von Schweinebeständen, kurz genannt Massentierhaltungsverordnung Schweine) und galt hier ab 1.250 Schweinen. Lechleitner (2015) gelangt in seinen juristischen Betrachtungen im Auftrag des Brandenburger Landtags zum Schluss, dass der Gesetzgeber den Begriff „Massentierhaltung" auch heute benutzen könne und dann zweckmäßigerweise in Bezug zu konkreten Tierplatzzahlen setzen solle. „Es ist eine Frage der politischen Zweckmäßigkeit, nicht aber der Rechtmäßigkeit einer gesetzlichen Regelung, ob der Begriff der Massentierhaltung verwendet wird oder nicht. Soll der Begriff der Massentierhaltung legal definiert werden, liegt es daher nahe, eine konkrete Anzahl von Tieren vorzugeben, die nach Vorstellung des Gesetzgebers eine „Masse" darstellen. Je nach Regelungszweck kann eine andere Zahl geeignet, erforderlich oder angemessen sein" (Lechleitner 2015: 8). Laut diesem Autor sind in einer Reihe von Rechtsverordnungen Mindestbestandsgrößen definiert, ab denen die jeweiligen Regelungen greifen, zum Beispiel in emissionsrechtlichen oder tierseuchenrechtlichen Bestimmungen (z. B. Geflügelpestverordnung, Schweinehaltungshygieneverordnung, Lebensmittelhygieneverordnung). Offensicht geht der Gesetzgeber also davon aus, dass von größeren Tierbeständen höhere Umweltbelastungen beziehungsweise Infektionsrisiken ausgehen.

Hörning (2013) nannte als typische Merkmale der Massentierhaltung:

- hohe Viehbesatzdichten beziehungsweise flächenlose Produktion,
- der komplette Zukauf von Futter und Jungtieren,
- Fütterung ausschließlich mit Kraftfutter (z. B. bei Schweinen oder Geflügel),
- Einsatz von Importfutter,
- Abgabe des Dungs an andere Betriebe,
- eine Spezialisierung auf nur eine Tierart,
- viele Tiere je Arbeitskraft,
- eine weitgehende Automatisierung der Arbeitsabläufe,
- eine wenig oder nicht tiergerechte Haltung (wie hohe Besatzdichten, fehlende Einstreu, kein Zugang ins Freie),
- der Einsatz von Hochleistungstieren
- sowie steuerrechtliche Gewerblichkeit.

„Typisch" ist dabei so zu verstehen, dass nicht jedes Kriterium notwendig ist, um einen Betrieb als „Massentierhaltung" zu kennzeichnen, und auch nicht, dass ein Kriterium alleine ausreicht, um von Massentierhaltung zu sprechen. So halten auch kleinere Betriebe aus wirtschaftlichen Gründen häufig Tiere mit hohen Leistungen.

Zur Festlegung etwaiger Schwellenwerte, ab wann ein Betrieb als „Massentierhaltung" gelten kann, schlug Hörning (2013) einen Rückgriff auf die Obergrenzen des 2013 novellierten Bundes-Baugesetzbuches (BauGB) vor. Die entsprechenden Schwellenwerte liegen bei:

- 600 Rindern,
- 560 Sauen,
- 1.500 Mastschweinen,
- 15.000 Legehennen beziehungsweise Mastputen,
- 30.000 Masthühnern.

Folgende Gründe können für die Wahl dieser Schwellenwerte genannt werden:

1. Paragraf 35 des Baugesetzbuches schreibt vor, dass nur noch solche Stallanlagen im Außenbereich zulässig sind, welche nicht dem Gesetz über die Umweltverträglichkeitsprüfung unterliegen (siehe oben ge-

nannte Schwellenwerte). Es sei denn, der Betrieb verfügt über so viel Nutzfläche, wie theoretisch zur Futterversorgung von mindestens der Hälfte des Tierbestandes erforderlich ist. Somit entfällt die frühere Privilegierung für Betriebe ohne ausreichende landwirtschaftliche Flächen. In der Begründung zum Gesetzesentwurf wurden „gewerblich beziehungsweise industriell betriebene Großanlagen" genannt.

2. Die gleichen Schwellenwerte gelten, wie gesagt, für eine strengere Prüfung möglicher Umweltbelastungen im Zuge des Baugenehmigungsverfahrens (nach Bundesimmissionsschutzverordnung beziehungsweise Umweltverträglichkeitsprüfungsgesetz), das heißt, hier geht der Gesetzgeber selbst von höheren Umweltbelastungen aus.

3. Die Werte gelten in verschiedenen Bundesländern auch als Obergrenzen für eine finanzielle Förderung von Stallbauten nach dem Agrarinvestitionsförderungsprogramm.

4. In Niedersachsen und Nordrhein-Westfalen werden ab diesen Bestandsgrößen bei Baugenehmigungen zusätzliche Bioaerosol-Gutachten gefordert (Emission potenziell gesundheitsgefährdender Keime aus den Stallungen).

5. Einige Bundesländer fordern ab diesen Größenordnungen Abdeckungen der Güllebehälter (z. B. Nordrhein-Westfalen, Niedersachsen, Schleswig-Holstein) sowie bereits auf Einzelfallgrundlage Luftfilter für Schweineställe (z. B. Nordrhein-Westfalen, Niedersachsen, Schleswig-Holstein, Thüringen, verpflichtend dann für den nächsthöheren Schwellenwert der BImSchV, vgl. Tabelle 3), gegebenenfalls im Einzelfall auch für Geflügelställe (hier sind bislang noch wenige Abluftreinigungsanlagen zertifiziert), jeweils mit Berufung auf den Stand der Technik laut Bundesimmissionsschutzgesetz beziehungsweise der Technischen Anleitung (TA) Luft.

6. Zumindest bei Rindern und Schweinen stimmen diese Zahlen auch in etwa mit den Vorstellungen der Verbraucher/innen bezüglich Massentierhaltung überein. Laut einer Untersuchung der Universität Göttingen (Kayser et al. 2012) „gehen 90 Prozent aller Verbraucher/innen ab zirka 500 Rindern, 1.000 Schweinen und 5.000 Hähnchen von „Massentierhaltung" aus" (287 befragte Konsument/innen). Insbesondere Geflügel wurde mit dem Begriff Massentierhaltung in Verbindung gebracht, gefolgt von Schweinen.

Auch verschiedene Nichtregierungsorganisationen beziehen sich auf die genannten Schwellenwerte (z. B. Arbeitsgemeinschaft Bäuerliche Landwirtschaft, Netzwerk Bauernhöfe statt Agrarfabriken) als Abgrenzung zwischen Massentierhaltung und bäuerlicher Tierhaltung.

In der Bundesrepublik gab es bereits Obergrenzen der Tierzahlen je Betrieb zur Festlegung einer bäuerlichen Landwirtschaft, zum Beispiel 1989 im (aufgehobenen) Gesetz zur Förderung der bäuerlichen Landwirtschaft (maximal 250 Sauen, 400 Rinder, 600 Kälber, 1.700 Mastschweine, 20.000 Puten, 50.000 Legehennen, 100.000 Masthühner). Die Schweizer Höchstbestandsverordnung legt bis heute Obergrenzen je Betrieb fest (250 Sauen, 1.500 Mastschweine, 2.000 Ferkel, 4.500 Puten, 18.000 Legehennen, 24.000 Masthühner). Tabelle 3 vermittelt einen Überblick über heute in Deutschland geltende Schwellenwerte für Tierbestände in verschiedenen Rechtsvorschriften.

*Tabelle 3: Schwellenwerte für Tierbestände in verschiedenen Rechtsvorschriften*

| | Rinder | Kälber | Sauen | Ferkel | Mast-schwei-ne | Lege-hen-nen | Jung-hen-nen | Mast-hüh-ner | Puten |
|---|---|---|---|---|---|---|---|---|---|
| **BauGB** | 600 | 500 | 560 | 4.500 | 1.500 | 15.000 | 30.000 | 30.000 | 15.000 |
| **4. BImSchV-V** | 600 | 500 | 560 | 4.500 | 1.500 | 15.000 | 30.000 | 30.000 | 15.000 |
| **UVPG-S** | 600 | 500 | 560 | 4.500 | 1.500 | 15.000 | 30.000 | 30.000 | 15.000 |
| **2010/75/EU** | | | 750 | | 2.000 | 40.000 | 40.000 | 40.000 | 40.000 |
| **EG-VO166-2006** | | | 750 | | 2.000 | 40.000 | 40.000 | 40.000 | 40.000 |
| **4. BImSchV-G** | - | - | 750 | 6.000 | 2.000 | 40.000 | 40.000 | 40.000 | 40.000 |
| **UVPG-A** | 800 | 1.000 | 750 | 6.000 | 2.000 | 40.000 | 40.000 | 40.000 | 40.000 |
| **UVPG-X** | - | - | 900 | 9.000 | 3.000 | 60.000 | 85.000 | 85.000 | 60.000 |
| **UmweltHG** | | | 500 | | 1.700 | 50.000 | 100.000 | 100.000 | |

BauGB = Baugesetzbuch; BImSchV = Verordnung zur Durchführung des Bundesimmissionsschutzgesetzes, V = Vereinfachtes Verfahren ohne Öffentlichkeitsbeteiligung, G = Genehmigungsverfahren mit Öffentlichkeitsbeteiligung; UVPG = Umweltverträglichkeitsprüfungsgesetz, S = standortbezogene Vorprüfung des Einzelfalls, A = allgemeine Vorprüfung des Einzelfalls, X = UVP-pflichtig; 2010/75/EU = EU-Richtlinie Industrieemissionen; EG-VO166-2006 = EU-Verordnung über die Schaffung eines Europäischen Schadstofffreisetzungs- und -verbringungsregisters (PRTR); UmweltHG = Umwelthaftungsgesetz

*Mögliche Kriterien für „Massentierhaltung"*

*Bestandsgröße*

Nachfolgend sollen Zahlen wiedergegeben werden, die Aussagen zum Umfang der Haltung von Nutztieren in größeren Beständen in Deutschland ermöglichen. Tabelle 4 listet die durchschnittlichen Bestandsgrößen in Deutschland heute auf (jeweils letztverfügbare Zahlen des Statistischen Bundesamts). Die Tierbestände steigen von Süd- über Nordwest nach Ostdeutschland an (vgl. Zahlen im Agrarbericht 2015, BMEL 2015), was vor allem agrarstrukturelle Gründe hat (Flächengröße der Betriebe).

*Tabelle 4: Tierbestand in Deutschland (jeweils letztverfügbare Zahlen, Destatis 2017b, c, d)*

| | Tiere | Betriebe | Tiere je Betrieb |
|---|---|---|---|
| **Rinder** insgesamt | 12.365.495 | 143.705 | 86 |
| Milchkühe | 4.214.349 | 67.319 | 63 |
| sonstige Kühe | 670.317 | 50.065 | 14 |
| männliche Rinder 1 – 2 Jahre | 956.727 | 64.834 | 15 |
| **Schweine** insgesamt | 27.100.200 | 23.800 | 1.138 |
| Zuchtsauen | 1.917.400 | 8.400 | 228 |
| Mastschweine | 11.831.800 | 19.900 | 595 |
| **Schafe** insgesamt, Nov. 2016 | 1.574.300 | 9.700 | 162 |
| Legehennen | 58.679.477 | 44.786 | 1.310 |
| Mast**hühner** | 109.804.498 | 3.330 | 32.974 |
| Puten | 13.352.161 | 1.848 | 7.225 |
| Enten | 3.043.184 | 5.117 | 595 |
| Gänse | 500.981 | 4.353 | 115 |

\* Mutterkühe, \*\* Mastbullen; Rinder und Schweine Mai 2017 (Angaben Schweine nur gerundet in 1.000ern), Schafe Nov. 2016, Geflügel März 2016

Angesichts vieler kleiner Betriebe werden die Durchschnittsbestände jedoch nach unten verzerrt. Daher ist die Verteilung nach Bestandsgrößenklassen aussagekräftiger. Das Bundesagrarministerium bezeichnet als „größere Tierbestände" Betriebe mit mehr als 200 Rindern (bzw. 100 Milchkühen), 2.000 Schweinen insgesamt (bzw. 1.000 Mastschweine oder 100 Sauen), 10.000 Legehennen. Auch die DAFA (2012) bezog sich auf diese Schwellenwerte. Bezogen auf diese Definition, befand sich 2013 bereits ein Großteil der Nutztiere in „größeren Beständen": 45 Prozent der Rinder insgesamt, 42 Prozent der Milchkühe, 39 Prozent der Schweine insgesamt,

59 Prozent der Mastschweine, 89 Prozent der Sauen und 88 Prozent der Legehennen (BMEL 2015).

In Tabelle 5 wird der Umfang der Tierhaltung in Deutschland mit Bezug zu den oben zur Abgrenzung von „Massentierhaltung" vorgeschlagenen Schwellenwerten dargestellt (mit den jeweils zuletzt verfügbaren Tierzahlen). Die Agrarstatistik nutzt allerdings zur Unterteilung etwas andere Größenklassen, sodass in der Tabelle jeweils die nächsthöhere beziehungsweise niedrigere Schwelle angegeben wird.[1] Aus den Angaben zu den Anzahlen Tiere und Anzahlen Betriebe wurden die Durchschnittsbestände errechnet. Die Zahlen aus Tabelle 5 belegen, dass sich große Teile der Nutztiere in Deutschland in solchen Beständen finden, die nach der oben genannten Definition als Massentierhaltung zu definieren wären. So befinden sich bereits 43 Prozent der Sauen in Beständen über 500, 62 Prozent der Mastschweine in Beständen über 1.000 (bzw. 27 % über 2.000), 92 Prozent der Legehennen in Beständen über 10.000 (bzw. 70 % über 30.000), 91 Prozent der Puten in Beständen über 10.000 und 80 Prozent der Masthühner in Beständen über 50.000.

*Tabelle 5: Anzahl Betriebe und Tiere oberhalb verschiedener Bestandsgrößenklassen in Deutschland (Destatis 2017b, c, d)*

| | Schwellen-werte verschiedener Rechtstexte* | Be-stands-größen-klassen | Anzahl Betrie-be | Anzahl Tiere | Anteil aller Tiere (%) | Durch-schnittliche Tierzahl in dieser Klasse |
|---|---|---|---|---|---|---|
| **Rinder** insgesamt | - | > 500 | 2.614 | 2.201.175 | 17,8 | 842 |
| Milchkühe | **600** | > 500 | 533 | 435.726 | 10,3 | 817 |
| Andere Kühe | **600** | 100 | 848 | 164.441 | 24,5 | 194 |
| | | | | | | |
| Kälber/Jungrinder < 1 Jahr | 500 | 500 | 6.696 | 1.358.562 | 36,5 | 203 |
| männliche Rinder > 1 Jahr | **600** | 100 | 1.670 | 299.535 | 28,6 | 179 |
| **Schweine** insgesamt | - | 5.000 | 514 | 5.206.454 | 18,6 | 10.129 |
| Sauen | **560 / 750 / 900** | 500 | 749 | 884.625 | 43,4 | 1.181 |
| Mastschweine | **1.500 / 2.000 /** 3.000 | 1.000 | 5.579 | 10.496.818 | 62,3 | 1.881 |
| | | 2.000 | 1.233 | 4.563.574 | 27,1 | 3.701 |
| | | 5.000 | 179 | 1.576.503 | 9,4 | 8.807 |

---

1 In ähnlicher Form nahm dies 2013 auch die niedersächsische Landesregierung in einer Antwort auf eine große Anfrage im Landtag vor; LT-Drs. 17/830.

| | Schwellen-werte verschiedener Rechtstexte* | Be-stands-größen-klassen | Anzahl Betrie-be | Anzahl Tiere | Anteil aller Tiere (%) | Durch-schnittliche Tierzahl in dieser Klasse |
|---|---|---|---|---|---|---|
| Puten | **15.000** / 40.000 / 60.000 | 10.000 | 524 | 12.201.942 | 91,4 | 23.286 |
| Masthühner | **30.000** / 40.000 / 85.000 | 10.000 | 1.344 | 109.028.78 6 | 99,3 | 81.123 |
| | | 50.000 | 665 | 87.704.412 | 79,9 | 131.886 |
| Legehennen | **15.000** / 40.000 / 60.000 | 10.000 | 1.027 | 44.762.019 | 92,3 | 43.585 |
| | | 30.000 | 397 | 33.982.594 | 70,1 | 85.598 |

*\* vergleiche Tabelle 3 (fett markiert von Hörning 2013 vorgeschlagene Abgren-zung bezüglich Massentierhaltung); Stand der Daten: Rinder Viehzählung Mai 2017, Legehennen Dez. 2016 (nur Betriebe über 3.000 Plätze), Schweine, Puten und Masthühner Agrarstrukturerhebung März 2016*

Nachfolgend werden Zahlen herangezogen, die sich näher auf einzelne der in Tabelle 3 genannten Rechtstexte beziehen. Tierhaltungsanlagen ab einer bestimmten Größe sind nach dem Bundesimmissionsschutzgesetz (BImSchG) beziehungsweise der entsprechenden 4. Durchführungsverord-nung (BImSchV) genehmigungspflichtig. Zweck des BImSchG ist es, Men-schen, Tiere und Pflanzen, den Boden, das Wasser, die Atmosphäre sowie die Kultur- und sonstige Sachgüter vor schädlichen Umwelteinwirkungen zu schützen und dem Entstehen schädlicher Umwelteinwirkungen vorzu-beugen. Schädliche Umwelteinwirkungen im Sinne des Gesetzes sind sol-che Immissionen, die nach Art, Ausmaß oder Dauer geeignet sind, Gefah-ren, erhebliche Nachteile oder erhebliche Belästigungen für die Allgemein-heit oder die Nachbarschaft herbeizuführen. In der 4. BImSchV werden genehmigungspflichtige Anlagen aufgeführt, die Schwellenwerte wurden in Tabelle 3 aufgelistet.

Informationen zur Anzahl der nach Bundesimmissionsschutzverord-nung genehmigten Tieranlagen liegen auf Bundesebene leider nicht vor, jedoch aus einigen ostdeutschen Bundesländern, zum Beispiel aus Antwor-ten auf Anfragen in den jeweiligen Landtagen.[2] Demzufolge bestanden zum Beispiel 2013/2014 in Brandenburg knapp 700, in Mecklenburg-Vor-

---

2  Vergleiche zum Beispiel folgende Landtagsdrucksachen: Schleswig-Holstein 17/628 (2010), 17/2031 (2011), 18/2684 (2015); Niedersachsen 16/3311 (2009), 16/4314 (2011), 16/5568 (2011); Rheinland-Pfalz 16/3837 (2014); Mecklenburg-Vorpom-mern 6/2816 (2014), 6/4210 (2015), Brandenburg 5/8229 (2013); Sachsen-Anhalt 6/2675 (2013); Sachsen 5/12370 (2013); Thüringen 5/7667 (2014), 6/555 (2015); Bayern: 17/3007 (2014.)

pommern knapp 600 und in Thüringen und in Sachsen je knapp 200 genehmigte Tierhaltungsanlagen (für die beiden Letzteren nur Anlagen mit Schweinen oder Geflügel angegeben).

In den letzten Jahren wurden zudem mehrere Befragungen zu in einem bestimmten Zeitraum gestellten oder bewilligten Bauanträgen bei den Landkreisen beziehungsweise entsprechenden Oberbehörden durchgeführt.[3] Tabelle 6 verdeutlicht die Entwicklung der letzten fünfzehn Jahre, so wurden mindestens über 6 Millionen Schweineplätze und zirka 100 Millionen Geflügelplätze in Großanlagen neu errichtet. Die Angaben aus diesen Befragungen sind zwar unvollständig, da nicht alle Bundesländer beziehungsweise Landkreise geantwortet haben, dennoch sind verschiedene Trends ablesbar. So wurden viele Bewilligungen gerade in Landkreisen mit bereits sehr hohen Tierbeständen ausgesprochen (z. B. Weser-Ems) und sehr große Anlagen wurden vor allem in den ostdeutschen Bundesländern beantragt. Dass die Tierbestände laut Zahlen des Statistischen Bundesamts nicht im gleichen Maße gewachsen sind wie die beantragten Tierplätze, deutet darauf hin, dass kleine Betriebe aufgeben und andere Betriebe hingegen große neue Anlagen errichten. Oft wurden von den zuständigen Behörden bei den Befragungen auch nur die immissionsrechtlichen Genehmigungen wiedergegeben, die, wie erwähnt, Mindestbestandsgrößen beinhalten. Dass bei Stallneubauten häufig große Anlagen errichtet werden, zeigt zum Beispiel auch die Antwort der niedersächsischen Landesregierung auf eine Landtagsanfrage (LT-Drs. 16/3311)[4].

Höhn und Ostendorff (2013) wiesen darauf hin, dass beim Geflügel eine sehr häufig beantragte Anlagengröße mit 39.000 Plätzen knapp unter der 40.000er-Hürde liegt, die strengeren Genehmigungskriterien unterliegt (u. a. mit Öffentlichkeitsbeteiligung). Nicht selten erfolge hier zudem eine Beantragung mehrerer Anlagen derselben Größe in unmittelbarer örtlicher Nähe (sogenanntes Anlagen-Splitting), und zwar entweder durch den gleichen Betreiber nacheinander oder durch verschiedene, aber in familiären und / oder geschäftlichen Zusammenhängen stehende Betreiber (parallele Antragstellung). Auch die oben genannten Auflistungen ostdeutscher Landesregierungen von nach dem Bundesimmissionsschutzgesetz genehmigten Anlagen als Antworten auf parlamentarische Anfragen zeigen,

---

3 Gnekow-Metz 2002: Zeitraum 1996-2001, Schuler/Benning 2006: 2003 – 2005, Benning 2009: 2008 & 2009, Höhn/Ostendorff 2013: 2009 – 2012, Wenz/Wenzel 2016: 2012 – 2015.
4 Demnach waren im Zeitraum 2003 bis 2008 in vielen Landkreisen mehr Stallanlagen für Schweine oder Geflügel nach dem Immissionsrecht (mit den oben dargestellten Mindestbeständen) als (nur) nach dem Baurecht beantragt worden.

dass viele Anlagen knapp unter dem nächsthöheren Schwellenwert liegen und dass in vielen Ortsteilen mehrere Anlagen beantragt wurden.

*Tabelle 6: Neu beantragte Tierplätze in Deutschland (Angaben in Millionen)*

| | 2001 | 2003-2005 | 2005-2008 | 2009-2012 | 2012-2015 |
|---|---|---|---|---|---|
| **Bundes-länder** | 8 | 9 | 11 | 12 | 12 |
| **Schweine** | | 1,45 | 1,54 | 2,5 | 0,72 |
| **- Mast-schweine** | | | | | 0,42 |
| **Geflügel** | 12,5 | gut 10 | 26 | | 10,8 |
| **- Hähn-chen** | 8,8 | | | fast 40 | 6,65 |
| **- Puten** | 1,5 | 0,85 | | 2,5 | |
| **- Legehen-nen** | | 1/3 des Ge-flügel | | | |
| **Quellen** | Gnekow-Metz 2002 | Schuler/ Benning 2006 | Benning 2009 | Höhn/ Ostendorff 2013 | Wenz/ Wenzel 2016 |

Die Industrieemissionsrichtlinie der EU (2010/75/EU vom 17.12.2010, integrierte Vermeidung und Verminderung der Umweltverschmutzung) bildet die Grundlage für die Genehmigung besonders umweltrelevanter Industrieanlagen. Sie löste die IVU-Richtlinie der EU ab. Ziel ist es, ein hohes Schutzniveau für die Umwelt insgesamt zu erreichen (Homepage Umweltbundesamt). Die Richtlinie erstreckt sich auf solche Anlagen, die ein großes Potenzial zur Umweltverschmutzung und damit auch zu grenzüberschreitender Verschmutzung haben. Laut Richtlinie gelten auch „Anlagen mit Intensivhaltung" ab einer bestimmten Größenordnung als „Industrietätigkeiten beziehungsweise -anlagen" (Schwellenwerte: 750 Sauen, 2.000 Mastschweine, 40.000 Geflügel).

Tabelle 7 veranschaulicht die Entwicklung der Anzahl Anlagen mit Tierhaltung laut IVU- beziehungsweise Industrieemissionsrichtlinie der EU in Deutschland von 2002 bis 2013 anhand der vorgeschriebenen Berichte der Bundesrepublik zur Umsetzung dieser Richtlinien (Berichtszeitraum in der Regel 3 Jahre). Ende 2013 gab es in Deutschland insgesamt 2.682 meldepflichtige Betriebe bezüglich EU-IVU-Richtlinie; darunter 55

Prozent mit Geflügel, 35 Prozent mit Mastschweinen und 11 Prozent mit Sauen.

*Tabelle 7: Entwicklung der Anzahl Industrieanlagen mit Intensivhaltung laut EU-IVU- beziehungsweise EU-Industrieemissionsrichtlinie in Deutschland (Angaben laut Bundesregierung[5])*

|  | 2002 | 2005 | 2008 | 2011 | 2013 |
|---|---|---|---|---|---|
| **Sauen** | 229 | 220 | 247 | 286 | 286 |
| **Mastschweine** | 407 | 433 | 525 | 812 | 931 |
| **Geflügel** | 777 | 960 | 1.122 | 1.356 | 1.465 |
| **Summe** | **1.413** | **1.613** | **1.894** | **2.454** | **2.682** |

Ferner ist eine starke räumliche Konzentration zu verzeichnen (vgl. Tabelle 8), so waren 90 Anlagen in nur sieben Bundesländern zu finden: 43 Prozent in Niedersachsen, 16 Prozent in Nordrhein-Westfalen, 9 Prozent in Sachsen-Anhalt, 7 Prozent in Mecklenburg-Vorpommern, 7 Prozent in Brandenburg, 5 Prozent in Thüringen und 4 Prozent in Sachsen. In diesem Zeitraum der Erfassung ergab sich fast eine Verdoppelung der Anzahl der Anlagen insgesamt sowie derjenigen für Geflügel und Mastschweine.

*Tabelle 8: Anzahl Anlagen laut EU-Industrieemissionsrichtlinie (über 750 Sauen, 2.000 Mastschweine, 40.000 Geflügel) in den Bundesländern 2013 (BMUN-BR 2014)*

| Bundesland | Sauen | Mast-schweine | Geflügel | Summe |
|---|---|---|---|---|
| **Brandenburg** | 41 | 63 | 71 | **175** |
| **Baden-Württemberg** | 6 | 18 | 20 | **44** |
| **Bayern** | 3 | 38 | 104 | **145** |
| **Hessen** | 0 | 6 | 22 | **28** |
| **Mecklenburg-Vorpommern** | 37 | 60 | 86 | **183** |
| **Niedersachsen** | 47 | 323 | 778 | **1.148** |

---

5  Berichte abrufbar Homepage UBA: https://www.umweltbundesamt.de/tags/ivu-ric
htlinie.

| Bundesland | Sauen | Mast-schweine | Geflügel | Summe |
|---|---|---|---|---|
| Nordrhein-Westfalen | 30 | 237 | 166 | **433** |
| Rheinland-Pfalz | 0 | 2 | 10 | **12** |
| Schleswig-Holstein | 8 | 18 | 27 | **53** |
| Saarland | 0 | 0 | 1 | **1** |
| Sachsen | 31 | 46 | 40 | **117** |
| Sachsen-Anhalt | 40 | 74 | 109 | **223** |
| Thüringen | 43 | 46 | 31 | **120** |
| **Summe Deutschland** | **286** | **931** | **1.465** | **2.682** |

Laut EG-Verordnung 166/2006 über die Schaffung eines Europäischen Schadstofffreisetzungs- und -verbringungsregisters müssen Betreiber von Anlagen jährlich den Ausstoß definierter Schadstoffe dann melden, wenn bestimmte Mindestmengen pro Jahr überschritten werden (z. B. mindestens 10.000 Kilogramm Ammoniak oder Lachgas). Dazu gehören auch „Anlagen mit intensiver Viehhaltung" (gleiche Schwellenwerte für Schweine oder Geflügel wie in der EU-Industrieemissionsrichtlinie). Die Angaben zu den Schadstoffemissionen erfolgen zum Beispiel mit sogenannten Emissionsfaktoren je Tierplatz. 2015 gab es laut einem Portal des Umweltbundesamts (www.thru.de) in Deutschland 602 meldepflichtige Betriebe mit Intensivhaltung, darunter 127 mit Sauen, 330 mit Mastschweinen, 175 mit Geflügel. Auf dem genannten Portal lässt sich eine Karte mit den Standorten und Anschriften der jeweiligen Betriebe anzeigen. Regionale Schwerpunkte liegen im nördlichen Nordrhein-Westfalen, südlichen Niedersachsen sowie Ostdeutschland. Von den Luftemissionen meldenden Betrieben machen Betriebe mit Intensivtierhaltung mit 41 Prozent den höchsten Anteil der Industriezweige aus. Diese Betriebe emittierten zum Beispiel 78,6 Prozent der insgesamt gemeldeten Ammoniakemissionen. Das Portal zeigt auch die Summen verschiedener Schadstoffemissionen, getrennt für die entsprechenden Tierkategorien, an. Beispielsweise waren es bei Ammoniak für Betriebe mit Intensivtierhaltung insgesamt 13.300 Tonnen im Jahr (bzw. 22,2 Tonnen/Betrieb), darunter 52 Prozent Schweinemast.

Mit einem Emissionsfaktor von 3,64 Kilogramm Ammoniak je Mastschweineplatz (Flüssigmist[6]) errechnen sich aus den Angaben im Portal für

---

6 https://wiki.prtr.bund.de.

2014 zirka 1,73 Millionen Mastplätze (6.280 Tonnen Ammoniak insgesamt beziehungsweise 19,4 Tonnen je Betrieb), und mit 6,7 Kilogramm Ammoniak je Sauenplatz (alle Bereiche und Aufstallungsformen) zirka 372.000 Sauenplätze (2.490 Tonnen Ammoniak insgesamt beziehungsweise 22,4 Tonnen je Betrieb), was, bezogen auf die Angaben der Viehzählung für 2014 (Destatis), etwa 14 Prozent aller Mastplätze und zirka 18 Prozent der Sauenplätze ausmacht.

Aufgrund der oben erwähnten Landtagsanfragen aus 2013/2014 zu Genehmigungen nach BImSchV umfassten die jeweils größten Stallanlagen in Ostdeutschland 1,62 Millionen Legehennen (Brandenburg), 1,03 Millionen Masthühner (Brandenburg), 113.000 Puten (Brandenburg), 51.600 Sauen (Brandenburg), 29.800 Mastschweine (Sachsen-Anhalt) sowie 18.500 Rinder (Letztere nur in zwei der ostdeutschen Bundesländer erhoben). Auch die erwähnten Befragungen der Behörden ergaben ähnliche Größenordnungen (z. B. jeweils größte Anlagen für Masthähnchen über 600.000 Tierplätze, Puten über 100.000 Tierplätze, Mastschweine über 20.000 Tierplätze) (Benning 2009; Höhn/Ostendorff 2013; Wenz/Wenzel 2016).

*Tabelle 9: Jeweils größte nach Bundesimmissionsschutzverordnung genehmigte Betriebe (Quelle: Landtagsdrucksachen[7])*

| Bundesland | Rinder | Sauen | Mastschwei-ne | Puten | Legehen-nen | Masthüh-ner |
|---|---|---|---|---|---|---|
| Mecklenburg-Vorpommern | 18.470 | 19.150 | 24.000 | 23.300 | 255.400 | 966.000 |
| Brandenburg | 4.436 | 51.600 | 20.800 | 113.500 | 1.620.000 | 1.025.000 |
| Sachsen-Anhalt* | k.A. | 13.800 | 29.800 | 54.000 | 466.000 | 638.000 |
| Thüringen* | k.A. | 7.700 | 28.700 | 40.000 | 945.000 | 800.000 |
| Sachsen | k.A. | 4.670 | 22.080 | 33.000 | 784.700 | 720.000 |
| Bayern | k.A. | 2.940 | 6.400 | 34.000 | 432.000 | 255.000 |

* nur Schwein / Geflügel; k.A. = keine Angabe

Im März 2016 wurden 67 Prozent aller Rinder in spezialisierten Betrieben gehalten (laut Statistischem Bundesamt Betriebe, welche nur diese Tierart halten), 70 Prozent der Schweine ebenso wie des Geflügels. Spezialisierte Betriebe hielten größere Tierbestände als solche mit mehreren Tierarten, bei Schweinen knapp doppelt so viele, beim Geflügel gut das Dreifache. Innerhalb der spezialisierten Betriebe steigt der Anteil an Tieren in Betrieben mit

---

7 Vgl. Fußnote 3.

mehr als 200 GV von Rindern über Schweinen hin zu Geflügel an (siehe Tabelle 10).

*Tabelle 10: Betriebe mit Spezialisierung auf nur eine Tierart in Deutschland, Agrarstrukturerhebung 2016 (Destatis 2017d)*

|  | Anzahl Betriebe | Anteil dieser Betriebe (%) | Anteil Tiere in diesen Betrieben (%) | Anteil Tiere in Betrieben mit mehr als 200 GV (%) | Durchschnittliche Anzahl Tiere in nicht spezialisierten Betrieben | Durchschnittliche Anzahl Tiere in spezialisierten Betrieben |
|---|---|---|---|---|---|---|
| **Schafe** | 5.143 | 26,3 | 33,7 | 4,0 | 94 | 121 |
| **Rinder** | 70.247 | 58,1 | 67,2 | 38,9 | 102 | 118 |
| **Schweine** | 16.472 | 40,9 | 70,4 | 44,1 | 695 | 1.196 |
| **Geflügel** | 10.532 | 21,5 | 70,3 | 68,5 | 3.536 | 11.592 |

GV = Großvieheinheit

*Flächenbindung*

Als ein Kriterium für mangelnde Flächenbindung des Betriebes kann die Viehbesatzdichte (Tiere je Hektar) herangezogen werden. Laut 2017 novellierter Düngeverordnung müssen Betriebe mit mehr als drei Großvieheinheiten je Hektar eine höhere Lagerkapazität für Gülle aufweisen (für die in 9 anstelle 6 Monaten anfallende Menge). Je nach Tierkategorie, Leistungsniveau und Fütterungsverfahren[8] dürfen maximale Dungmengen von etwa 0,7 – 2,6 Großvieheinheiten je Hektar ausgebracht werden.[9]

2016 wurden laut Destatis (2016d) 23,8 Prozent des gesamten Viehbestandes von 19.343 Betrieben mit über 2,5 Großvieheinheiten je Hektar gehalten (bzw. 37,5 % in 34.437 Betrieben mit über 2,0 GV/ha) (siehe Tabelle

---

8  Praxisnahe Beispiele Nährstoffanfall im Jahr laut Dünge-Verordnung von 2017 (Anlage 1, Tabelle 1): 115 Kilogramm Stickstoff je Milchkuh mit 8.000 Kilogramm Milch im Ackerbaubetrieb ohne Weidegang, 42,9 Kilogramm je Sau mit 28 Ferkeln und Standardfutter, 11,7 Kilogramm je Schweinemastplatz, 850 Gramm tägliche Zunahme, Stickstoff-/Phosphor-reduziertes Futter, 0,764 je Hennenplatz bei Standardfutter, 0,388 Kilogramm je Hähnchenmastplatz bei Standardfutter.
9  Laut Dünge-Verordnung dürfen im Durchschnitt der landwirtschaftlich genutzten Flächen des Betriebes maximal 170 Kilogramm Gesamtstickstoff je Hektar und Jahr ausgebracht werden.

11), das bedeutet, diese Betriebe müssen in der Regel Dünger an andere Betriebe abgeben. Tabelle 11 zeigt auch, dass mit steigender Viehbesatzdichtenklasse die Anzahl Großvieheinheiten je Betrieb steigt, die landwirtschaftliche Nutzfläche hingegen abnimmt.

*Tabelle 11: Tierhaltung nach Viehbesatzklassen in Deutschland 2016 (Agrarstrukturerhebung, Destatis 2017d)*

| Viehbesatzklasse (Großvieheinheiten je Hektar) | Anzahl Betriebe | Großvieheinheiten | Großvieheinheiten je Betrieb | Hektar | Hektar je Betrieb | Großviehe inheiten je Hektar |
|---|---|---|---|---|---|---|
| unter 1,0 | 89.054 | 3.209.307 | 36,0 | 7.112.645 | 79,9 | 0,45 |
| 1,0 bis unter 1,5 | 35.301 | 2.432.090 | 68,9 | 1.967.321 | 55,7 | 1,24 |
| 1,5 bis unter 2,0 | 26.390 | 2.452.033 | 92,9 | 1.414.499 | 53,6 | 1,73 |
| 2,0 bis unter 2,5 | 15.094 | 1.776.998 | 117,7 | 802.376 | 53,2 | 2,21 |
| 2,5 bis unter 5,0 | 12.382 | 1.756.516 | 141,9 | 567.191 | 45,8 | 3,10 |
| 5,0 und mehr | 6.961 | 1.327.230 | 190,7 | 66.695 | 9,6 | 19,90 |
| **Alle Betriebe** | **185.183** | **12.954.359** | **70,0** | **11.930.763** | **64,4** | **1,09** |

Eine steigende Viehbesatzdichte zeigt sich ebenfalls bei einer Gruppierung der Betriebe aus der Agrarstrukturerhebung in vier Bestandsgrößenklassen (< 50, < 100, < 200, > 200 GV je Betrieb; Destatis 2016) (vgl. Tabelle 12). Mit anderen Worten haben Betriebe mit größeren Viehbeständen oft zu wenige eigene Flächen, um den Dung ihrer Tiere auszubringen, das heißt, sie müssen Dung an andere Betriebe abgeben (vgl. Tabelle 14).

*Tabelle 12: Viehbesatzdichten nach Bestandsgrößenklassen in Deutschland 2016, Anteil Betriebe (Prozent) innerhalb der Bestandsgrößenklassen (Agrarstrukturerhebung, Destatis 2016d)*

| Bestandsgröße (Anzahl Großvieheinheiten je Betrieb) | Anzahl Betriebe | Viehbesatz (Großvieheinheiten je Hektar) | | | | | |
|---|---|---|---|---|---|---|---|
| | | < 1,0 | < 1,5 | < 2,0 | < 2,5 | < 5,0 | > 5,0 |
| < 50 | 114.715 | 64,4 | 17,2 | 8,8 | 4,0 | 3,3 | 2,3 |
| < 100 | 31.087 | 28,0 | 26,5 | 23,2 | 11,3 | 7,5 | 3,5 |
| < 200 | 26.428 | 15,7 | 21,6 | 26,2 | 17,8 | 13,2 | 5,5 |
| > 200 | 12.953 | 17,6 | 12,5 | 17,1 | 17,8 | 21,7 | 13,3 |

Als Kriterium für flächenarme Betriebe können ferner Betriebe mit weniger als fünf Hektar aus der Agrarstatistik herangezogen werden. Denn eigentlich beginnt die Erfassungsgrenze erst ab fünf Hektar. Betriebe mit weniger als fünf Hektar müssen dennoch dann melden, wenn sie bestimmte Viehbestandsgrenzen überschreiten (z.B. 10 Rinder oder Sauen, 50 Schweine, 1.000 Stück Geflügel). 2016 waren dies 9.205 Betriebe (Destatis 2017d). Diese hielten 803.194 Großvieheinheiten (6,2 % des Viehbestands) auf 14.926 Hektar. Daraus errechnet sich ein mittlerer Viehbesatz von 53,8 Großvieheinheiten je Hektar (bei im Mittel 1,62 Hektar je Betrieb). Daran wird bereits ersichtlich, dass es um größere Tierbetriebe geht, welche entsprechende Dungmengen an andere Betriebe abgeben müssen. Laut 2017 novellierter Düngeverordnung müssen Betriebe ohne eigene Ausbringungsflächen eine höhere Lagerkapazität für Gülle aufweisen (für 9 anstelle 6 Monate).

Aufgrund der erforderlichen Versorgung mit Grundfuttermitteln ist der Anteil an Rindern in diesen flächenarmen Betrieben nur gering (2016 laut Destatis < 1 %) (vergleiche Tabelle 13). Bei Schweinen sind es jedoch schon 16,3 Prozent (18,4 % der Sauen) und beim Geflügel insgesamt 37,8 Prozent (Legehennen sogar 49,9 %). Diese Anteile sind jeweils deutlich höher in Ostdeutschland (Summe der fünf ostdeutschen Länder: 42,6 % der Schweine insgesamt, 48,4 % der Sauen, 54,5 % der Legehennen, 58,6 % des Geflügels insgesamt). Hier wird schon die Mehrheit des Geflügels in Betrieben ohne landwirtschaftliche Nutzflächen erzeugt. Schon im Wortsinne sind solche Betriebe keine Landwirte mehr, da sie kein Land bewirt(schaft)en. Zudem gelten sie steuerrechtlich nicht als landwirtschaftlich, sondern als gewerblich (Einstufung der Einkünfte aus Landwirtschaft im Einkommenssteuergesetz).

*Tabelle 13: Viehhaltung in flächenarmen/-losen Betrieben (< 5 Hektar) nach Tierarten in Deutschland 2016 (Agrarstrukturerhebung, Destatis 2016d)*

| Kategorie | Anzahl Betriebe | Groß-vieh-einheiten gesamt | Anzahl jeweilige Tierart | Großvieh-einheiten jeweilige Tierart | Anteil der jeweiligen Gesamt-Großvieheinheiten Deutschland (%) | Anteil der jeweiligen Großvieheinheiten in Ost-Deutschland (%) |
|---|---|---|---|---|---|---|
| Rinder insg. | 2.851 | 83.622 | 127.482 | 73.282 | 0,8 | 1,0 |
| Milchkühe | 722 | 30.409 | 17.042 | 17.042 | 0,4 | k.A. |
| Schweine insg. | 2.819 | 462.184 | 4.990.220 | 454.082 | 16,3 | 42,6 |
| Sauen | 530 | 181.578 | 374.838 | 112.451 | 18,4 | 48,4 |
| Geflügel insg. | 2.700 | 282.875 | 78.495.239 | 262.489 | 37,8 | 58,6 |
| Legehennen | 2.159 | 145.759 | 29.815.106 | 103.661 | 49,9 | 54,5 |
| Schafe | 2.764 | 20.833 | 120.273 | 9.998 | 6,5 | 4,2 |
| Alle Betriebe | 9.205 | 803.194 | - | - | 6,2 | 12,3 |

Mit den steigenden Tierzahlen in Deutschland wird mehr Futter benötigt. Die Mischfutterherstellung in Deutschland stieg kontinuierlich an, von 19,5 Millionen Tonnen in 1999/2000 auf 23,7 Millionen Tonnen in 2014/15 (BMEL 2016b). Bei begrenzter Anbaufläche in Deutschland sind bei steigenden Tierzahlen mehr Futtermittelimporte notwendig. Die Importanteile beim Kraftfutter betrugen 2011/12 (letztverfügbare Angaben) 28 Prozent der Getreideeinheiten (von 37,1 Millionen Tonnen) und sogar 50 Prozent des Eiweißfutters (von 5,5 Millionen Tonnen) (BMEL 2016). Betriebe ohne eigene Flächen müssen das komplette Futter für ihre gewerbliche Tierhaltung zukaufen. Der oben dargestellte höhere Viehbesatz mit steigender Bestandsgröße bedeutet, dass größere Betriebe auch anteilig mehr Futter zukaufen müssen, da mit den eigenen Betriebsflächen weniger Tiere versorgt werden können.

Je höher der Viehbesatz ist, umso mehr Dung muss an andere Betriebe abgegeben werden. Diese Dungabgabe bedeutet größere Entfernungen und damit eine höhere Umweltbelastung, und auch das Risiko, dass in Stallnähe höhere Dungmengen ausgebracht werden (die Obergrenze der Düngeverordnung je Hektar bezieht sich nur auf den Durchschnitt der Flächen des Betriebes). Da der Viehbesatz je Hektar, wie dargestellt, mit der Bestandsgröße ansteigt, müssen größere Betriebe nicht nur absolut, sondern auch anteilig mehr Dung abgeben. Dies ergab auch eine Sonderauswertung des Statistischen Bundesamts 2010 zur Dungabgabe in Deutschland (siehe Tabelle 14). 36 Prozent der Betriebe mit mehr als 200 Großvieheinheiten gaben Dung ab (Destatis 2011), zum Beispiel in Niedersachsen laut Statistischem Landesamt (gleiche Sonderauswertung) durchschnittlich 48 Prozent ihrer Menge.

*Tabelle 14: Dungabgabe nach Viehbestandsklassen je Betrieb in Deutschland 2010 (Destatis 2011)*

| Großvieheinheiten/ Betrieb | Dungabgabe (% Betriebe) | Hektar/ Betrieb |
|---|---|---|
| < 50 | 16,5 | 30,7 |
| < 100 | 10,9 | 59,5 |
| < 200 | 18,5 | 96,6 |
| > 200 | 35,7 | 360,9 |

Seit wenigen Jahren veröffentlichen einige Bundesländer (Niedersachsen, Nordrhein-Westfalen, Schleswig-Holstein) sogenannte Nährstoffberichte auf Grundlage von Aufzeichnungspflichten abgebender und aufnehmender Betriebe. Damit können die Nährstoffströme beziehungsweise Dungtransporte innerhalb des jeweiligen Bundeslandes sichtbar gemacht werden. 2014/15 wurden zum Beispiel in Niedersachsen 18,8 Millionen Tonnen Wirtschaftsdünger abgegeben, dies waren 40 Prozent der anfallenden Dungmengen aus der Tierhaltung (LWK 2016). Wie zu erwarten, zeigt sich, dass aus viehstarken Regionen, wie dem Weser-Ems-Gebiet, große Dungmengen abtransportiert werden müssen, um die Düngeverordnung einzuhalten. In den Berichten wird zum Teil auch dargelegt, welche Nährstoffreduktionen nötig sind, um die Einhaltung der EU-Nitratrichtlinie (maximal 50 Milligramm Nitrat je Liter Trinkwasser) oder die maximal zulässigen Stickstoffüberschüsse je Hektar zu gewährleisten (laut novellierter Düngeverordnung ab 2018 maximal 50 Kilogramm Stickstoff je Hektar und Düngejahr). Wegen der Nichteinhaltung der EU-Nitratrichtlinie hatte die EU ein Vertragsverletzungsverfahren gegen Deutschland eingeleitet.

*Hochleistungstiere*

Über die letzten Jahrzehnte ist eine Leistungssteigerung bei allen relevanten Nutztierarten dokumentiert (z. B. Milchleistung der Milchkühe, aufgezogene Ferkel bei Sauen, Eier pro Legehenne, tägliche Zunahmen bei Mastschweinen oder Mastgeflügel; Übersicht über die Zahlen bei Hörning 2014). Parallel hat ein Wandel bei den gehaltenen Herkünften stattgefunden, so werden bei den Milchkühen immer mehr Schwarzbunte (Deutsche Holstein) gehalten, die Rasse mit der weltweit höchsten Milchleistung, oder bei den Jungsauen dominieren heute in starkem Maße Hybridherkünfte (parallel dazu Rückgang der Herdbuchsauen, z. B. Deutsche Landrasse). Die Entwicklung der Anzahl der Herdbuchtiere bei den einzelnen Rassen ist einem Portal der Zentralen Dokumentation Tiergenetischer Ressourcen (TGRDEU) zu entnehmen.[10]

Mit steigender Bestandsgröße ist ein Anstieg der Leistungen festzustellen, wie es zum Beispiel bei Milchkühen etliche Jahresberichte der Landeskontrollverbände (LKV) belegen. Dies ist sicherlich zum Teil auf ein besseres Management zurückzuführen. Betriebswirtschaftliche Aussagen weisen jedoch auch nach, dass eine höhere Milchleistung mit einem höheren Kraftfutteraufwand einhergeht (z. B. Schleswig-Holstein 2010/11; Bayern 2011/12). Zudem belegen Auswertungen einzelner Landeskontrollverbände, dass Betriebe, die Rassen beziehungsweise Hybridherkünfte mit höhe-

---

10  https://tgrdeu.genres.de.

ren Leistungen halten, auch größere Bestände haben (z. B. Jahresbericht LKV Bayern 2015 zu Sauen, LKV Baden-Württemberg 2015 zu Milchkühen).

## Mögliche negative Auswirkungen der Massentierhaltung

### Auswirkungen auf die Tiergesundheit

Mit steigenden Bestandsgrößen werden in der Regel höhere Leistungen der Tiere realisiert. Allerdings gibt es Hinweise, dass es in größeren Betrieben mehr Probleme mit der Tiergesundheit gibt. Mehrere Praxisauswertungen ergaben mit steigender Bestandsgröße einen Rückgang der Nutzungsdauer (Spanne zwischen erstem Abkalben bzw. Abferkeln und Schlachtung) bei Milchkühen (z. B. LKV Sachsen 2013) oder Sauen (z. B. LKV Bayern 2012). Ferner wurden in den ostdeutschen Bundesländern mit den höheren Durchschnittsbeständen höhere Bestandsergänzungsraten bei Sauen und geringere Herdendurchschnittsalter bei Milchkühen festgestellt (Erzeugerringauswertungen, ADR-Jahresberichte). In einigen Studien wurden ein höherer Antibiotikaeinsatz oder höhere Resistenzraten in größeren Betrieben gefunden (vgl. Metaanalyse von Fromm et al. 2014), was einen Hinweis auf eine schlechtere Tiergesundheit liefern könnte.

Als mögliche Ursachen für diese Probleme kann neben den intensiveren Haltungsbedingungen eine Belastung des tierischen Organismus durch hohe Leistungsanforderungen angenommen werden. Ferner steigt mit steigenden Tierbeständen prinzipiell das Infektionsrisiko an. Darüber hinaus nimmt die Betreuungsintensität ab, da pro Arbeitskraft durchschnittlich mehr Tiere gehalten werden. So stand 2013 in den jeweils höchsten ausgewiesenen Bestandsklassen (rein rechnerisch) einer Arbeitskrafteinheit 120 Sauen gegenüber (Bestandsklasse > 500 Plätze), 734 Schweine insgesamt beziehungsweise 524 andere Schweine (Bestandsklasse > 5.000 Plätze), 3.165 Puten (Bestandsklasse > 10.000 Plätze), 14.165 Legehennen beziehungsweise 43.791 Masthühner (Bestandsklasse > 50.000 Plätze) (Destatis 2014). Verglichen mit der Agrarstrukturerhebung 2010, waren die meisten Werte gestiegen (für 2016 nicht mehr ausgewiesen). Normberechnungen zum betrieblichen Arbeitszeitbedarf des KTBL (Kuratorium für Technik und Bauwesen in der Landwirtschaft, 2013) gehen davon aus, dass bei den höchsten angegebenen Bestandsklassen im jeweils intensivsten Haltungssystem von einer Arbeitskraft über 100 Milchkühe oder zirka 300 Sauen, 850 Mastbullen, 3.000 Mastschweine, 20.000 Puten beziehungsweise Legehennen oder 75.000 Masthühner betreut werden.

## Auswirkungen auf die Tiergerechtheit

In etlichen Fällen steigt die Intensität der Haltungsbedingungen mit der Bestandsgröße an, das heißt, die Verhaltensmöglichkeiten werden eingeschränkt. Bei Schweinen geht der Anteil an Betrieben mit Einstreu in starkem Maße zurück. So hatten 2010 aufgrund einer Sonderauswertung des Statistischen Bundesamts 64,3 Prozent aller Schweine in Beständen unter 50 Tieren Einstreu zur Verfügung, 42,0 Prozent in Beständen von 50 bis unter 100 Tieren, 19,5 Prozent in Beständen von 100 bis unter 400 Tieren, 5,6 Prozent in Beständen von 400 bis unter 1.000 Tieren, 2,2 Prozent in Beständen von 1.000 bis unter 2.000 Tieren und 0,9 Prozent in Beständen von über 5.000 Tieren. Ein ähnliches Bild ergab sich bei getrennter Betrachtung der Sauen und der übrigen Schweine (Destatis 2011).

Bei Milchkühen nimmt der Anteil des Weidegangs ab. So erhielten laut der genannten Sonderauswertung im Jahre 2009 rund 60 Prozent der Milchkühe in Beständen mit unter 20 Tieren Weidegang, 60,7 Prozent bei 20 bis 50 Tieren, 46,3 Prozent bei 50 bis 100 Tieren, 23,5 Prozent bei 100 bis 200 Tieren, 8,5 Prozent bei 200 bis 500 Tieren und 7,8 Prozent bei über 500 Tieren (Destatis 2011).

Bei Legehennen nehmen 2016 die durchschnittlichen Bestandsgrößen zu, von Biohaltung (12.245 Plätze) über Freilandhaltung (16.314) und Bodenhaltung (28.277) bis hin zur Käfighaltung (41.261). Noch deutlicher drückt sich dies bei einer Betrachtung der sieben Bestandsgrößenklassen aus (insgesamt 1.759 meldepflichtige Betriebe, das heißt mehr als 3.000 Haltungsplätze) (Destatis 2017c). Etliche Untersuchungen haben zudem gezeigt, dass mit steigender Herdengröße ein geringerer Anteil der Hennen im Grünauslauf anzutreffen ist (Übersicht z. B. bei Gebhardt-Henrich et al. 2014) sowie dass mit sinkendem Anteil an Hennen im Auslauf die Gefiederschäden zunehmen.

## Auswirkungen auf die Umwelt

Die Nutztierhaltung in Deutschland trägt in erheblichem Umfang zur Umweltbelastung bei, dazu gehören zum Beispiel Emissionen der Treibhausgase Methan und Lachgas, Ammoniakemissionen und Nitrateinträge in das Grundwasser (vgl. umfangreiche Berichte des UBA 2011–2016, sowie SRU 2015). Von größeren Tieranlagen werden absolut mehr Emissionen in die Umwelt freigesetzt. Ammoniakemissionen werden zu großen Teilen in der Nähe der Emissionsquelle deponiert (LAI 2012; SRU 2015). Die Anzahl und Verteilung von Tierhaltungsanlagen in Deutschland, welche mehr als zehn Tonnen Ammoniak im Jahr emittieren, wurden bereits angesprochen.

Darüber hinaus sind bei großen Tieranlagen mehr beziehungsweise weitere Dungtransporte mit entsprechender Umweltbelastung erforderlich. Es wurde bereits dargestellt, dass Betriebe mit größeren Viehbeständen häufiger Dung an andere Betriebe abgeben. Nährstoffberichte einzelner Bundesländer belegen die Dungtransporte aus viehdichten Regionen heraus.

## Fazit

Die Intensivierung der Nutztierhaltung in Deutschland schreitet fort. Der Selbstversorgungsgrad steigt, das heißt, es werden mehr Produkte für den Export produziert. In den letzten Jahren wurden etliche neue große Ställe errichtet. Die Tiere werden in immer größeren Beständen gehalten. Mit zunehmender Bestandsgröße nehmen tiergerechtere Haltungssysteme ab (z. B. Einstreu bei Schweinen, Weidegang bei Milchkühen, Grünausläufe für Legehennen). Etliche Nutztiere werden in Bestandsgrößen gehalten, bei denen der Gesetzgeber von höheren Umweltbelastungen ausgeht.

Der Begriff „Massentierhaltung" wird häufig benutzt, etwa von Verbrauchern oder in den Medien. Gemeint ist damit eine gesellschaftlich unerwünschte Nutztierhaltung mit negativen Auswirkungen. Standesvertretungen der Landwirtschaft lehnen den Begriff hingegen ab, weil er nicht definiert seit. Im vorliegenden Beitrag werden daher mögliche Definitionen sowie entsprechende Kriterien besprochen (zum Beispiel Bestandsgröße oder Flächenbindung). Aber auch dann, wenn der Begriff Massentierhaltung vermieden werden soll, bleibt festzuhalten, dass die große Mehrheit der Nutztiere in Deutschland heute in großen Beständen unter intensiven Bedingungen gehalten wird, mit möglichen negativen Auswirkungen auf Tiergerechtheit beziehungsweise Tiergesundheit sowie die Umwelt.

## Literaturverzeichnis

Benning, Reinhild (2009): Aktueller Stand der Anträge und Bewilligungen für den Bau neuer Geflügel-, Schweine- und Milchviehhaltungsanlagen in Deutschland (2005-2008). BUND, Berlin, 34 S.

BLE (2017): Versorgung mit Fleisch in Deutschland nach Kalenderjahr. Bundesanstalt für Landwirtschaft und Ernährung, Bonn, 5.5.2017, www.ble.de/DE/BZL/Daten-Berichte/Fleisch/fleisch_node.html

BMEL (2015): Agrarpolitischer Bericht der Bundesregierung 2015. Bundesministerium für Ernährung und Landwirtschaft (BMEL), Bonn, 148 S.

BMEL (2016): Statistisches Jahrbuch über Ernährung, Landwirtschaft und Forsten 2015. 59. Jahrgang, Bundesministerium für Ernährung und Landwirtschaft (BMEL), Landwirtschaftsverlag, Münster-Hiltrup, 588 S.

BMEL (2016b): Struktur der Mischfutterhersteller 2013-2015. Bundesministerium für Ernährung und Landwirtschaft (BMEL), Bonn, 96 S.

BMUNBR (2014): Bericht der Bundesrepublik Deutschland gemäß Artikel 17 Absatz 3 in Verbindung mit Absatz 1 der Richtlinie 2008/1/EG vom 15. Januar 2008 über die integrierte Vermeidung und Verminderung der Umweltverschmutzung, Berichtszeitraum 1.1.2012 – 31.12.2013. Bundesministerium für Umwelt, Naturschutz, Bau und Reaktorsicherheit, 611 S.

Brockhaus Enzyklopädie (2006): Artikel Massentierhaltung, Bd. 17, 21. Aufl.

DAFA (2012): Fachforum Nutztiere: Wissenschaft, Wirtschaft, Gesellschaft — gemeinsam für eine bessere Tierhaltung; Strategie der Deutschen Agrarforschungsallianz. Deutsche Agrarforschungsallianz (DAFA), Braunschweig, 70 S.

Destatis (2011): Wirtschaftsdünger, Stallhaltung, Weidehaltung – Landwirtschaftszählung / Agrarstrukturerhebung 2010. Fachserie 3, H. 6, Statistisches Bundesamt, Wiesbaden, 114 S.

Destatis (2014): Viehhaltung der Betriebe, Agrarstrukturerhebung 2013. Fachserie 3, Reihe 2.1.3, Statistisches Bundesamt, Wiesbaden, 177 S.

Destatis (2017a): Viehbestand und tierische Erzeugung 2015. Fachserie 3, Reihe 4, Statistisches Bundesamt, Wiesbaden, 133 S.

Destatis (2017b): Viehbestand 3. Mai 2017 – Vorbericht. Fachserie 3, Reihe 4.1, Statistisches Bundesamt, Wiesbaden, 35 S.

Destatis (2017c): Geflügel 2016. Fachserie 3, Reihe 4.2.3, Statistisches Bundesamt, Wiesbaden, 55 S.

Destatis (2017d): Viehhaltung der Betriebe, Agrarstrukturerhebung 2016. Fachserie 3, Reihe 2.1.3, Statistisches Bundesamt, Wiesbaden, 182 S.

Gebhardt-Henrich, Sabine, Toscano, Michael, Fröhlich, Ernst (2014): Use of outdoor ranges by laying hens in different sized flocks. In: Appl. Anim. Behav. Sci. 155, 74-81

Gnekow-Metz, Andreas (2002): Aktueller Stand der Anträge und Bewilligungen für den Bau neuer Geflügel- und Schweinehaltungsanlagen. Studie im Auftrag des Bund für Umwelt- und Naturschutz Deutschland

Grasenack, Horst (1981): Industriemäßige Geflügelproduktion – Lehrbuch für die berufliche Spezialisierung. Dt. Landwirtschaftsverl., Berlin, 340 S.

Fromm, Sabine, Beißwanger, Elena, Käsbohrer, Annemarie, Tenhagen, Bernd-Alois (2014): Risk factors for MRSA in fattening pig herds – A meta-analysis using pooled data. In: Preventive Veterinary Medicine 117, 180-188

Höhn, Bärbel, Ostendorff, Friedrich (2013): Anträge und Bewilligungen für den Bau neuer Tierhaltungsanlagen in Deutschland 2009-2012. Deutscher Bundestag, 7 S.,

Hörning, Bernhard (2013): „Massentierhaltung" in Thüringen? Situationsanalyse & Lösungsansätze. Studie, SPD-Landtagsfraktion, Erfurt, 215 S.

Hörning, Bernhard (2014): Stark belastet – intensive Haltungsformen und mögliche Folgen für die Gesundheit der Tiere. In: Arbeitsgemeinschaft bäuerliche Landwirtschaft (AbL) (Hrsg.): Der Kritische Agrarbericht 2014, Hamm, 31-35

Kayser, Maike, Schlieker, Katharina, Spiller, Achim (2012): Die Wahrnehmung des Begriffs "Massentierhaltung" aus Sicht der Gesellschaft. In: Berichte über Landwirtschaft 90, 417-428

KTBL (2013): Datensammlung Betriebsplanung in der Landwirtschaft 2012/13. KTBL, Darmstadt

LAI (2012): Leitfaden zur Ermittlung und Bewertung von Stickstoffeinträgen, Langfassung. Bund/Länder-Arbeitsgemeinschaft für Immissionsschutz, München, 83 S.

Lechleitner, Marc (2016): Möglichkeiten und Grenzen einer gesetzlichen Definition des Begriffs „Massentierhaltung". Parlamentarischer Beratungsdienst, Landtag Brandenburg, 25 S.

LWK (2016): Nährstoffbericht in Bezug auf Wirtschaftsdünger für Niedersachsen 2014/2015. Landwirtschaftskammer Niedersachsen, Hannover, 207 S.

Schremmer, Heinz (Federführung) (1975): Industriemäßige Schweineproduktion – Erkenntnisse, Fortschritte, Erfahrungen. VEB Deutscher Landwirtschaftsverlag, Berlin. 208 S.

Schuler, Christiana, Benning, Reinhild (2006) Fleischfabriken boomen – Umweltstandards sinken; der Boom der Massentierhaltung in Deutschland und seine Folgen für die Umwelt. Bund für Umwelt und Naturschutz, Berlin, 28 S.

SRU (2015): Stickstoff – Lösungsstrategien für ein drängendes Umweltproblem. Sondergutachten, Sachverständigenrat für Umweltfragen (SRU), Berlin, 584. S.

UBA (2011): Umwelt und Landwirtschaft. Reihe Daten zur Umwelt, Umweltbundesamt, Bonn, 100 S.

UBA (2011): Stickstoff – Zuviel des Guten? Umweltbundesamt, Dessau-Roßlau, 41 S.

UBA (2014): Reaktiver Stickstoff in Deutschland – Ursachen, Wirkungen, Maßnahmen. Umweltbundesamt, Bonn, 56 S.

UBA (2015): Umweltbelastende Stoffeinträge aus der Landwirtschaft – Möglichkeiten und Maßnahmen zu ihrer Minderung in der konventionellen Landwirtschaft und im ökologischen Landbau. Hintergrund/März 2015, Umweltbundesamt, Bonn, 32 S.

UBA (2015b): Umweltprobleme der Landwirtschaft – 30 Jahre SRU-Sondergutachten. Hintergrund/Okt. 2015, Umweltbundesamt, Bonn, 16 S.

UBA (2016): Nationaler Inventarbericht zum Deutschen Treibhausgasinventar 1990 – 2014. Climate Change 23/2016, Umweltbundesamt, Bonn, 1.040 S.

Wenz, Katrin, Wenzel, Therese (2016): BUND-Recherche: Neue Tierhaltungsanlagen in Deutschland – Aktueller Stand der Anträge und Bewilligungen für den Bau neuer Mastgeflügel- und Schweinehaltungsanlagen in Deutschland (2012–2015), 7 S.

# „Beim Fleisch läuft's immer etwas anders!" Perspektiven zum Aufbau wertebasierter Wertschöpfungsketten

*Susanne v. Münchhausen, Andrea Fink-Keßler und Anna Häring*

## 1 Einleitung

„Noch nie war die gesellschaftliche Kluft so groß, die das, was Menschen im Umgang mit Tieren für richtig halten, und das, was tatsächlich praktiziert wird, voneinander trennt", so der Philosoph R. D. Precht (2016). In den westlichen Industrienationen steigen zwar die Sensibilität für den Umgang mit Tieren und die Ablehnung industrieller Tierproduktionsanlagen, gleichzeitig nimmt aber auch der Anteil der Tiere, die in solchen Anlagen gehalten werden, zu (Precht 2016). Doch das Töten von Tieren, die Nutztierhalter zum Zweck der Schlachtung züchten, aufziehen und mästen, wird als Bestandteil der gesamtgesellschaftlichen Verantwortung gesehen (Wissenschaftlicher Beirat beim BMEL 2015) und beherrscht private und öffentliche Diskussionen zu Ernährung, Esskultur, umwelt- und klimarelevanten Auswirkungen der Agrarproduktion sowie zu ethischen und religiösen Überzeugungen.

Tierhaltung und damit die Fleischproduktion trugen 2015/16 (zusammen mit der Milcherzeugung) mit knapp 25 Milliarden Euro zu knapp der Hälfte (45 %) zu der landwirtschaftlichen Wertschöpfung (54,6 Mrd. Euro, 2014) bei (DBV 2016). Die vorgelagerte Stallbau-, Futtermittel- und Pharmaindustrie und die nachgelagerten Schlacht- und Verarbeitungs- sowie Handelsunternehmen erwirtschaften ebenfalls einen beachtlichen Anteil am Gesamtumsatz des Sektors. Die landwirtschaftliche Nutztierhaltung und die Produktion von Fleisch nehmen seit Jahren deutlich zu, und zwar sowohl für den nationalen Konsum als auch für den Exportmarkt (DBV 2016).

In Deutschland gab es 2016 noch 1.300 Schlachtbetriebe, die mehr als 20 Beschäftigte haben. Von diesen dominieren allein vier marktführende Unternehmen den Markt, denn sie schlachten allein 60 Prozent aller Schweine in Deutschland (Statista Fleisch 2016). Die Wertschöpfungskette (WSK) für Fleisch sieht typischerweise so aus, dass landwirtschaftliche Betriebe einheitliche Partien Schlachtvieh an die Großschlachtereien oder eventuell an zwischengeschaltete Händler verkaufen. Nach der Schlachtung verkaufen die Schlachtbetriebe die Hälften weiter bzw. zerlegen und verarbeiten das Fleisch in angeschlossenen Fleischverarbeitungsbetrieben weiter. Anschließend kaufen der Groß- und der Einzelhandel Frischfleisch und Wurstwaren. Die Wege des Fleisches vom Mastbetrieb bis in die Kühltheke sind normalerweise weder für die beteiligten Unternehmen noch für die Verbraucherinnen und Verbraucher transparent. Nur im Notfall, zum Beispiel bei Problemen mit der Lebensmittelhygiene oder bei Tierkrankheiten, ist die Rückverfolgbarkeit je nach Tierart mehr oder weniger gut möglich. Die Verträge zwischen den Stufen der Erzeugung, Schlachtung, Verarbeitung und Vermarktung sehen im konventionellen System keine Weitergabe von zusätzlichen Informationen zu Merkmalen der Prozesse vor. Vielmehr bedingen sie Anonymität über die Wertschöpfungskette hinweg. Die tierhaltenden Betriebe haben somit keine Kenntnis über die Vermarktungskanäle, die das Fleisch ihrer Tiere nimmt. Umgekehrt kann die Metzgerei, die das Fleisch vom Großhandel bezieht, keine Angaben zur Tierhaltung im Aufzuchtbetrieb machen. Die Information zu speziellen Werten und Qualitätsmerkmalen, die über die gesetzlichen Standards in der konventionellen oder ökologisch ausgerichteten Tierhaltung hinausgehen, lassen sich nicht über die WSK hinweg kommunizieren.

Diese Strukturen sind in den letzten drei Jahrzehnten allmählich entstanden. Nicht nur die landwirtschaftliche Tierhaltung, sondern auch die einst durch kleine und mittelständische Unternehmen geprägte Schlacht- und Fleischverarbeitungsbranche haben einen tiefgreifenden Strukturwandel durchlaufen. Angesichts des weiterhin anhaltenden Wettbewerbsdrucks durch international agierende Schlachtunternehmen sehen viele Branchenvertreter kaum noch Perspektiven für die vergleichsweise kleinen handwerklichen Schlacht- und Fleischeieibetriebe. Die Handwerksbetriebe wären aber für die Bewahrung handwerklicher Standards und vor allem für eine vertrauensbasierte Vermittlung der Qualitätsmerkmale an der Ladentheke von wesentlicher Relevanz.[1]

Ausgelöst durch die BSE-Krise in den 1990er Jahren und weitere Fleischskandale,[2] formierte sich eine Gegenbewegung zur konventionellen

---

1 Zum Begriff 'industrieller Tierhaltung' sei hier auf Kapitel 'rechtliche und strukturelle Rahmenbedingungen für die Fleischerzeugung' verwiesen, das die Triebkräfte des Strukturwandels in der Fleischbranche und dessen Auswirkungen auf die Vermittlung besonderer Prozess- und Produktqualitäten benennt.
2 Beispiele aus der allgemeinen Presse: Qualvolle Tiertransporte in Drittländer (2017), Pferdefleischskandal in Europa (2013), Handelsstreit um Hormonfleisch (2012 und 2014), Gammelfleischskandale (2005 und 2006), Umetikettierung von Fleischabfällen (2007), Dioxin in Futtermitteln (1999).

Fleischerzeugung, die mit einer zunehmenden Zahl kritischer Verbraucher einhergeht. Der Nachweis der Herkunft und weiterer Qualitätsstandards (z. B. die ökologische Erzeugung, tiergerechte Haltung oder die gentechnikfreie Fütterung) sowie der Wunsch der tierhaltenden Betriebe nach höheren Preisen sind dabei von zentraler Bedeutung (Arens et al. 2011). Wertschöpfungsketten, die solch spezifische Werte und Qualitäten sicherstellen, werden im Folgenden als wertebasierte Wertschöpfungsketten (WSK) bezeichnet.

Der Aufbau solcher ‚alternativer' WSK beruht darauf, dass sich die Verantwortlichen aus der Landwirtschaft, den Schlachtbetrieben und dem Handel auf Prozessstandards einigen, welche die besonderen Werte beziehungsweise Qualitätsmerkmale rund um Tierhaltung, Herkunftsregion, Transport, Schlacht- und Verarbeitungsverfahren sowie um die Vermarktung gewährleisten. Der Begriff ‚alternativ' steht in diesem Zusammenhang für WSK, die nicht der herkömmlichen Fleischverarbeitung und -vermarktung zuzuordnen sind, sondern das Angebot an Fleisch und Wurst durch spezielle Qualitätsmerkmale, insbesondere in Bezug auf Prozessqualitäten, bereichern. Diese alternativen oder wertebasierten WSK stellen den Gegenentwurf zu WSK mit industrieller Tierhaltung[3] oder eine maßgebliche Erweiterung der Anforderungen an ökologisch erzeugte Lebensmittel dar.

## 2 Zielsetzung und Vorgehen

Ziel dieser Untersuchung ist es, Möglichkeiten und Grenzen für den Aufbau wertebasierter WSK für Fleisch darzustellen. Grundlage hierfür bildet die systematische Auswertung von zwölf Fallstudien ausgewählter Unternehmen in sieben europäischen Ländern, die jeweils maßgeblich zum Aufbau einer wertebasierten Fleischerzeugung und -vermarktung beigetragen haben und sich damit am Markt etablieren konnten. Der Schwerpunkt liegt dabei auf der Koordination beziehungsweise Integration entlang der WSK unter besonderer Berücksichtigung der Rolle der landwirtschaftlichen Betriebe und des Managements in den Unternehmen.

---

3 Der Begriff der intensiven oder industriellen Viehhaltung wird in der Verordnung zum Schadstofffreisetzungs- und Verbringungsregister (Verordnung (EG) Nr. 166/2006) EU-rechtlich definiert.

Ein einheitlicher Leitfaden für die Datenerhebung[4] bildete die Grundlage für die Erstellung der 19 Fallstudien in den verschiedenen Ländern. Die Fallstudien wurden im Rahmen des internationalen Projekts Healthy-Growth erarbeitet (CORE Organic 2014). Dieses ging der Frage nach, wie es landwirtschaftlichen Erzeugern und den Unternehmen im Rahmen der WSK gelingen kann, Expansionsprozesse so zu gestalten, dass die charakteristischen Werte von Produkten und Verfahren vom Hof bis zur Ladentheke erhalten bleiben (CORE organic 2014).

Der vorliegende Beitrag beruht auf einer Auswahl von 10 Healthy-Growth-Fallstudien, die Unternehmen bzw. WSK mit Fleischerzeugung oder -vermarktung widerspiegeln. Zur Ergänzung erfolgten zusätzliche Interviews mit zwei Landwirten, welche die Situation von Erzeugerbetrieben mit Direktvermarktung veranschaulichen[5]. Ziel der Auswahl der Fallstudien für diesen Beitrag war es, beispielhaft jeweils unterschiedliche Möglichkeiten im Umgang mit den typischen Herausforderungen bei der Erzeugung, Verarbeitung und Vermarktung von Fleisch mit besonderen Qualitätseigenschaften herauszuarbeiten. Die Auswahl der Fallstudien erfolgte anhand folgender Kriterien:

- der Beteiligung von landwirtschaftlichen Betrieben und/oder kleinen und mittelgroßen Unternehmen der Verarbeitung oder Vermarktung an der WSK,
- der auf ausgewählte Werte bzw. Qualitätskriterien ausgerichteten Erzeugung, Schlachtung und Verarbeitung (wertebasiert) und
- einer stabilen wirtschaftlichen Situation der Unternehmen.

---

4  Die internationalen Fallstudien und die deutsche Fallstudie Landwege wurden im Rahmen des CORE Organic II Projekts ‚HealthyGrowth – From Niche to Volume with Integrity and Trust' erarbeitet, vgl. auch http://projects.au.dk/healthygrowth/. Die Arbeitsgruppen des HealthyGrowth Konsortiums sammelten Sekundärdaten aus vorhergehenden Studien und der Literatur. Sie führten teilstrukturierte Interviews durch und wendeten die gemeinsamen Leitfäden für Workshops an. Mitglieder der Geschäftsführung, Schlüsselpersonen in der WSK und überregional engagierte Interessensvertreterinnen und -vertreter der ökologischen Land- und Lebensmittelwirtschaft nahmen teil. Interviews mit Verbrauchergruppen erfolgten in der vorliegenden Untersuchung nicht. (Furtschegger et al. 2013).

5  Die Fallstudien ‚Hof Eppert' und ‚Güntersforst' wurden gezielt für den vorliegenden Beitrag bezüglich der Qualitätsstandards bei Haltung und Schlachtung und der Kooperation entlang der WSK befragt. (Die Namen sind geändert; eventuelle Ähnlichkeiten mit realen Personen oder Betrieben sind rein zufällig.)

## 3 Wertebasierte WSK

Wertebasierte WSK verbinden Unternehmen, um den monetären und ideellen Wert des Produkts für alle Partner zu maximieren, wenn es vom Hof bis auf den Teller die Verarbeitungs- und Handelsstufen durchläuft. Eine auf ausgewählte Werte beziehungsweise Qualitätsmerkmale ausgerichtete WSK ist auf die Nachfrage nach einzigartigen und qualitativ hochwertigen Lebensmitteln ausgerichtet. Da Rohwaren zunehmend international und anonym zugekauft werden, machen sich Verbraucherinnen und Verbraucher zunehmend intensive Gedanken über die Vertrauenswürdigkeit von Produkten (Carrigan et al. 2004). Verbrauchergruppen, die Premiumprodukte nachfragen, wollen gern eine bestimmte Geschichte hören beziehungsweise mitkaufen, die sie mit der Erzeugung des Lebensmittels verbinden und die sie durch ihren Kauf unterstützen können (z. B. umweltfreundliche Produktionsverfahren, die zur lokalen Wirtschaft und Gemeinschaft beitragen). Für diese sind sie bereit, höhere Preise zu zahlen (Burke et al. 2014). Denn wertebasierte WSK liefern ihnen Produkte, denen sie vertrauen können (Stevenson et al. 2011, Viitaharju et al. 2005). Auf diese Weise eignen sich diese speziellen WSK vor allem für Probleme aufgrund von fehlendem Vertrauen und einer mangelhaften Verbindung zwischen Erzeugerbetrieben und Konsumentengruppen (Padel et al. 2010).

Maßgeblich für die Bewahrung und Weitergabe der Werte, die an das Lebensmittel gebunden sind, sind die Geschäftsbeziehungen entlang der Lieferkette (Stevenson et al. 2011). Die Geschäftspartner klassifizieren die Waren, die bestimmte Werte beinhalten, als sogenannte ‚Vertrauensgüter'. Bei diesen haben die Verbrauchergruppen weder die Fähigkeiten noch die Information über die Qualität tatsächlich urteilen zu können (Wieland/Fürst 2012). Daher müssen die zusätzlichen Werte dieser Waren in der Geschäftsstrategie verankert sein, sofern die Werte über die WSK hinweg aufrechterhalten werden sollen. Um das zu gewährleisten, ist ein effizientes Management der WSK und deren Logistik wichtig. Alle Akteure in der Kette, und zwar auch die der Erzeugerbetriebe, müssen als strategische Partner eingebunden werden, anstatt nur austauschbare Zulieferer von Rohwaren zu sein (Stevenson et al. 2011). Solche wertebasierten Lieferbeziehungen erfordern eine hervorragende Kooperation und Kommunikation entlang der WSK, um die Transparenz sicherstellen zu können (Stevenson et al. 2011). Die Unterschiedlichkeit von Werten und Motivationen bei den Beteiligten hemmt aber oft die Etablierung gut funktionierender und effizienter wertebasierter WSK (O'Doherty Jensen et al. 2011).

## 4 Fallstudien zu Unternehmen und deren WSK für Qualitätsfleisch

Die Einteilung in Gruppen dient der Strukturierung der Untersuchung. Die vier Gruppen unterscheiden sich nach der Rolle desjenigen Unternehmens in der WSK, das maßgeblich für die Koordinierung der wertebasierten Lieferkette verantwortlich ist.

- Gruppe I: Landwirtschaftliche Betriebe mit Direktvermarktung
- Gruppe II: Erzeugerzusammenschlüsse
- Gruppe III: Schlachtende und fleischverarbeitende Unternehmen
- Gruppe IV: Vermarktungsunternehmen

Die folgenden Kapitel stellen die vier Gruppen von Unternehmen und ihre wertebasierten WSK, in sie eingebettet sind, anhand von Fallbeispielen aus Deutschland, Österreich, Slowenien und Skandinavien dar.

### 4.1 ‚Fleisch und Wurst direkt vom Hof‘ – landwirtschaftliche Betriebe mit Direktvermarktung

Die Gruppe der landwirtschaftlichen Betriebe mit Direktvermarktung setzt sich aus den folgenden vier Fallstudien zusammen:

Gram Slot Ltd in Süddänemark ist ein großer ökologisch wirtschaftender Erzeugerbetrieb mit Vermarktung unter der Eigenmarke GRAM SLOT, der beim ortsansässigen Vertragspartner schlachten und verarbeiten lässt. Die Vermarktung erfolgt ausschließlich über ein großes Einzelhandelsunternehmen, das Anteilseigner bei Gram Slot ist (Laursen et al. 2015).

Remeskylä Smokery in der Gemeinde Kiuruvesi, Finnland: Schweinemastbetriebe mit eigener Räucherei; partielle Integration der WSK (ohne Vermarktung), aber mit Liefervertrag an öffentliche Küchen. Der finnische Betrieb mit eigener Räucherei (Remeskylä Smokery) steht beispielhaft für einen auf der Regionalentwicklung beruhenden Aufbau einer wertebasierten Fleischkette. Die Verantwortlichen in der Gemeinde Kiuruvesi haben sich zum Ziel gesetzt, mit der Nachfrage der öffentlichen Hand nach lokal erzeugten Lebensmitteln für das Schulcatering einen Beitrag zur Existenzsicherung der Bauern einerseits und zur Ernährungserziehung der Kinder andererseits zu leisten (Risku-Norja 2015).

Hof Güntersforst in Deutschland: Erzeuger mit Verarbeitung und Vermarktung; volle Integration der WSK; Öko-Zertifizierung und Eigenmarke des Hofes. Für Hof Güntersforst stand die Verminderung des Stresses vor dem Schlachten im Vordergrund. Da aufgrund der hohen Investitionskosten der Aufbau einer betriebseigenen Schlachtstätte nicht möglich war, werden die Rinder in der nahegelegenen Schlachtstätte geschlachtet. Das Zerlegen und Verarbeiten des Fleisches erfolgen dann wieder in den eigenen EU-zugelassenen Räumen auf dem Hof. Um den Tieren den Transportweg und den prämortalen Stress so weit als möglich zu ersparen, plant die Betriebsleitung, die Rinder auf dem Hof zu töten und erst anschließend in den Schlachthof zu bringen.

Ökofleisch Eppert in Deutschland: Erzeuger und Vermarkter mit weitgehender Integration der WSK durch vertragliche Einbindung des lokalen Schlachters; Öko-Zertifizierung und Eigenmarke des Hofes. Der Betrieb Eppert hat eine stillgelegte Metzgerei mit eigenem Schlachtraum in Kooperation mit anderen Betrieben übernommen. Die Gemeinschaft stellte einen eigenen Metzger ein. Im Laufe der Jahre änderte sich das Kooperationsverhältnis dahin gehend, dass der Metzger den Schlachtbetrieb pachtete und als eigenständiger Unternehmer für die Erzeugerbetriebe schlachtete. Die Vermarktung der Produkte erfolgte weiterhin unter den Hoflabeln der Erzeugerbetriebe.

Die Betrachtung der landwirtschaftlichen Erzeuger und Direktvermarkter zeigt beispielhaft, dass sich bei enger Zusammenarbeit zwischen Familienbetrieben und handwerklichen Schlachtereien eine qualitätsorientierte Fleischerzeugung und Direktvermarktung entwickeln können. Diese Kooperation war von zentraler Bedeutung für den Aufbau (Gram Slot, Güntersforst) oder den Erhalt (Remeskylä Smokery, Ökofleisch Eppert) einer wertebasierten Verarbeitungskette für Fleisch. Für Gram Slot, Hof Güntersforst und Ökofleisch Eppert sind zudem die Sicherstellung einer sehr guten Fleischqualität und hohe Tierschutzstandards besonders wichtig. Für beide Qualitätsmerkmale spielt die Vermeidung von prämortalem Stress eine große Rolle, sodass die Handhabung der Tiere entsprechend gut organisiert werden muss.

Die Fallstudien verdeutlichen auch, dass selbst bei größeren Wachstums- und Investitionsprozessen strategische Planungen und die Anwendung von Managementinstrumenten, wie sie aus der Industrie oder dem Handel bekannt sind, in den landwirtschaftlichen Unternehmen kaum genutzt werden. Vielmehr werden die Entscheidungen in der Runde der Familie bzw. Betriebsgemeinschaft getroffen. Zwar liegen den Entscheidungen strategische Grundhaltungen der Betriebsentwicklung zugrunde, eine systematische Anwendung von zum Beispiel Marketing- oder Personalführungskonzepten, einer Nachhaltigkeits- oder Qualitätssicherungsstrategie oder die Inanspruchnahme von Coaching in Bezug auf die Unternehmensführung findet aber nicht statt.

Rechtliche Neuerungen treten regelmäßig in Kraft, zum Beispiel zum Tierwohl, zur Schlachtung oder zur Lebensmittelinformation. Sie führen bei den landwirtschaftlichen Unternehmen mit Direktvermarkung oftmals zu großer Unsicherheit. Die Auflagen sind in der Regel für industrielle Großbetriebe gemacht und überfordern nicht selten die Direktvermarkter. Unterstützung bei solchen Anpassungen nehmen sie von Verbänden oder Unternehmen der Rechtsberatung in Anspruch.

## 4.2 ,Gemeinsam Stärke zeigen'– Erzeugerzusammenschlüsse

Die beiden Erzeugerzusammenschlüsse aus Schweden und Slowenien stehen beispielhaft für diese zweite Gruppe.

Upplandsbondens ist ein Erzeugerzusammenschluss mit partieller Integration der WSK in die Region Uppland, Schweden. Charakteristisch ist neben der Öko-Zertifizierung die Eigenmarke ,Upplandsbondens'. Upplandsbondens hat cirka 100 landwirtschaftliche Mitglieder, die ihre ökologisch zertifizierten Schlachttiere (Rinder, Schafe, Schweine) über die Erzeugergemeinschaft verkaufen. Die vertraglich gebundene Schlachtung erfolgt in einem von mehreren regionalen Unternehmen. Die Erzeugergemeinschaft vermarktet das Gros des Fleisches an Großhändler, die es landesweit weiterverkaufen (Milestad/von Oelreich 2015).

Agricultural Cooperative Šaleška Valley in den Kamniker Alpen im Norden Sloweniens: Der Erzeugerzusammenschluss hat eine WSK aufgebaut, die durch Rückverfolgbarkeit der Herkunft des Fleisches teilweise integriert ist. Neben der Öko-Zertifizierung sind die Produkte durch das Label ,Ekodar' gekennzeichnet. Die Eigenmarke steht für die Erfolgsgeschichte der Genossenschaft Šaleška Valley, deren Mitglieder oft kleinbäuerliche Betriebe mit unter zehn Rindern haben. Supermärkte und Naturkostläden bieten die Fleischprodukte landesweit in ihren Selbstbedienungstheken an (Borec 2015).

Die Betrachtung der Erzeugerzusammenschlüsse Upplandsbondens und Šaleška Valley mit ,Ekodar' verdeutlicht, wie Zusammenschlüsse die Position landwirtschaftlicher Erzeugerbetriebe in der WSK stärken und Ausgangspunkt für den Aufbau einer wertebasierten WSK sein können. Beide haben sich zum Ziel gesetzt, ihren Kunden die Herkunft des Fleisches aus einer geografisch definierten Region als Alleinstellungsmerkmal zu vermitteln.

Das gelingt in der WSK von Upplandsbondens weit weniger gut als bei der Marke ‚Ekodar'. Denn bei Upplandsbondens bleibt die Öko-Zertifizierung des Fleisches bei der überregionalen Vermarktung zwar erhalten, aber die Information zur Herkunftsregion geht verloren. Diese Form der Vermarktung ist für die Mitgliedsbetriebe in Zeiten stabiler Preise für Öko-Fleisch zwar wirtschaftlich zufriedenstellend. Die Geschäftsführung der Erzeugergemeinschaft verfolgt aber darüber hinaus eine Strategie, die Vermarktung auch innerhalb der Uppland-Region aufzubauen und vor allem die Marke ‚Upplandsbondens' zu stärken. Trotz steigender Nachfrage nach ökologischen Lebensmitteln und günstigen politischen Rahmenbedingungen hemmten die teilweise gegensätzlichen Geschäftsstrategien der Beteiligten den Aufbau einer Fleisch-WSK, welche die beiden Qualitätsmerkmale ‚öko' und ‚regional' dem Kunden vermitteln und auch in Wert setzen konnte (Milestad/von Oelreich 2015). Grund für die fehlende Weitergabe des Wertes der Tierhaltung im Uppland sind die diesbezüglichen Wertvorstellungen in der Genossenschaft und in dem Schlachtunternehmen. Letztes legt Wert auf die Öko-Zertifizierung, die Regionalität spielt aber keine maßgebliche Rolle.

Mit dem Label ‚Ekodar' gelingt dagegen die Vermittlung des Wertes ‚kleinbäuerliche Tierhaltung aus dem Šaleška Tal' besonders gut. Der Genossenschaft ist es gelungen, nach wie vor die treibende und kontrollierende Kraft der WSK zu bleiben. Die Fleischprodukte im Kühlregal haben einen QR-Code, der beim Fleischeinkauf per Smartphone ausgelesen werden kann. Die Daten enthalten unter anderem den Namen der bäuerlichen Familie, die Lage des Hofes und die Tierzahl. Mit dieser technischen Lösung kann die Erzeugergenossenschaft die Qualitätsmerkmale über die WSK hinweg vermitteln und die Beteiligung der Mitgliedsbetriebe am erzielten Mehrwert beim Verkauf der Premiumprodukte gewährleisten. TV-Werbespots tragen zur Bekanntheit der Markenprodukte bei. Inwiefern die Kunden den QR-Code tatsächlich auf Dauer auslesen werden, bleibt abzuwarten (Borec 2015).

Die Möglichkeit, dass sich Unternehmen mit dem Ziel der gemeinsamen Vermarktung zusammenschließen dürfen, stellt vor dem Hintergrund des EU-Wettbewerbsrechts eine Ausnahmeregelung für die Landwirtschaft dar und wird speziell gefördert.[6] Hierdurch bieten sich Chan-

---

6  In Deutschland gab es schon sehr früh eine Rechtsgrundlage für Erzeugerzusammenschlüsse durch das heute noch gültige Agrarmarktstrukturgesetz.

cen, Kooperationen für den Aufbau werte-basierter WSK zu etablieren und somit Verhandlungspositionen gegenüber Marktpartnern zu stärken.

### 4.3 ‚Anschub aus der Mitte heraus' – Schlacht- und Verarbeitungsunternehmen

Die Fallstudien Røros Meat und Sonnberg verdeutlichen das Potenzial von verarbeitenden Betrieben, die in der Mitte der Lieferkette zwischen erzeugenden und vermarktenden Unternehmen stehen.

Røros Meat Ltd in Sør-Trøndelag, Norwegen: Das Unternehmen verarbeitet Fleisch von ökologisch zertifizierten und konventionell aufgezogenen Tieren. Die WSK ist teilweise integriert, denn der Haupteigentümer ist die bäuerliche Genossenschaft der Tierhalter. Røros Meat ist ein Fleischverarbeitungsunternehmen, das auf traditionelle Rezepturen spezialisiert ist. Bei der landesweiten Vermarktung nutzt es die Regionalmarke ‚Røros Food'. In der Tourismusregion Røros beliefert das Fleisch verarbeitende Unternehmen Gastronomie- und Cateringunternehmen. Zudem besteht ein Abnahmevertrag für Öko-Fleischwaren mit einem Lebensmitteldiscounter. Die bäuerliche Genossenschaft Økomat Røros BA trieb die Beteiligung und die Entwicklung von Røros Meat maßgeblich voran. Seit einiger Zeit besteht auch eine Verknüpfung mit dem lokalen Schlachthof (Røros Abattoir). Langfristig sollen die Erzeugergenossenschaft, der Schlachthof und das Fleisch verarbeitende Unternehmen rechtlich miteinander verbunden werden, um die Transparenz und Rückverfolgbarkeit der nachhaltig ausgerichteten lokalen landwirtschaftlichen Erzeugung gewährleisten zu können (Kvam/Bjørkhaug 2015b).

Sonnberg-Biofleisch GmbH aus dem Mühlviertel in Österreich ist ein mittelständisches Schlacht- und Verarbeitungsunternehmen. Es bezieht Schlachttiere von Partnerbetrieben, schlachtet und verarbeitet lokal und vermarktet in eigenen Bio-Fleischereifachgeschäften in und außerhalb der Region. Insofern gelang die Etablierung einer partiell integrierten WSK für Öko-Produkte. Die Sonnberg Biofleisch GmbH setzt auf Transparenz und Vertrauen in Bezug auf die zuliefernden Mastbetriebe und die eigene Herstellung. Im Schaubetrieb ‚Sonnberg Bio Wurst Erlebnis' können Kundinnen und Kunden die Verarbeitung besichtigen (Sonnberg 2017). Der Verarbeiter nutzt die Regionalmarke ‚Bioregion Mühlviertel', die zum Beispiel in Wien gut etabliert ist. Zum Aufbau der Ökoregion Mühlviertel haben neben unternehmerischem Engagement von Firmen, wie Sonnberg, auch Förderprogramme für den ökologischen Landbau und die ländliche

Wirtschaft und das Wachstum des Ökosektors in Österreich insgesamt beitragen (Furtschegger/Schermer 2015c).

Die Darstellung von Røros Meat und Sonnberg zeigt Verarbeitungsunternehmen, die maßgeblich zum Aufbau einer alternativen Fleischkette beigetragen haben und mit dieser in ein Konzept der Regionalwirtschaft eingebunden sind. Die regional basierte Integration der WSK erweist sich als
ein langfristiger Prozess, den die Unternehmen selbst vorangetrieben haben, von dem ihr Marketingerfolg gleichzeitig abhängig ist. Beide Beispiele verdeutlichen, dass der Aufbau von engen vertikalen Verflechtungen
auch erfolgreich von Verarbeitungsunternehmen, die im Zentrum einer
wertebasierten WSK stehen, vorangetrieben werden kann. Gleichzeitig ver-
mochten Røros Meat und Sonnberg Biofleisch, das regionale Umfeld strategisch gezielt zu nutzen, indem sie mit anderen lokalen Unternehmen
und dem Regionalmanagement beim Aufbau der Regionalmarken zusam-
mengearbeitet haben.

## 4.4 ,Nah dran am Fleischgenießer'– Vermarktung

Die folgenden drei Unternehmen aus Österreich, Deutschland und Schweden vertreten die Gruppe der Vermarkter von Öko-Fleischwaren.

BioAlpin eing. Gen. aus Tirol, Österreich vermarktet Bergbauernprodukte.
Damit gelingt eine partielle Integration der WSK. Die Genossenschaft hat
die starke Eigenmarke ,Bio-vom-Berg' in Österreich und Deutschland ein-
führen können. BioAlpin verbindet Tiroler Bergbauern und kleine Verarbeiter und vermarktet unter anderem regionaltypische Wurstwaren. Ab-
nehmer sind der Lebensmitteleinzelhandel in Österreich und ein deutsches Großhandelsunternehmen (Furtschegger/Schermer 2015b).

Erzeuger-Verbraucher-Gemeinschaft Landwege e.G. in Lübeck, Schleswig-
Holstein, Deutschland ist ein Lebensmitteleinzelhandel mit vollständiger
Integration der WSK von der ökologischen Erzeugung bis zum Konsum.
Sie nutzt die Eigenmarke ,Regional!' für die Produkte der Partnerbetriebe
aus der Umgebung. Die Erzeuger-Verbrauchergemeinschaft Landwege hat
sich seit den 1990iger Jahren aus einer kleinen Lebensmittelinitiative zu
einem lokalen Bio-Einzelhandelsunternehmen entwickelt, ohne dabei die
enge Bindung an die zuliefernden Betriebe zu verlieren (Münchhausen
2015).

Biohof Achleitner GmbH in Oberösterreich vermarktet die eigene Ernte und die von Partnerbetrieben. Der Biohof Achleitner hat sich aus einem bäuerlichen Familienbetrieb heraus entwickelt. Neben der Landwirtschaft und einem Hofrestaurant betreibt die Familie Achleitner ein Vermarktungsunternehmen, das Biokisten ausliefert und einen großen Hofladen unterhält. Damit gelingt die Integration der WSK fast vollständig. Kern der Unternehmensphilosophie des Familienunternehmens sind die Kreislauf- und die Humuswirtschaft des biologischen Landbaus. Diese Wertvorstellung des Unternehmers unterstützt neben den gängigen Qualitätsmerkmalen ‚ökologisch' und ‚regional', maßgeblich die wertebasierte Vermarktung (Furtschegger/Schermer 2015b).

Kolonihagen Ltd in Oslo, Norwegen ist ein Lieferdienst von Biokisten, der in erster Linie von bäuerlichen Partnerbetrieben und kleinen Verarbeitungsunternehmen aus Norwegen beliefert wird, die Kisten bestückt und direkt an die Haustür bringt. Damit gelingt eine partielle Integration der WSK (Kvam/Bjørkhaug 2015a).

Die beiden Genossenschaften BioAlpin und Landwege haben sich deshalb entwickelt, weil der Zusammenschluss einen Ausweg aus einer schwierigen Situation bot. Durch den Zusammenschluss von kleinbetrieblich strukturierten Betrieben in den Berggebieten Tirols wurde eine koordinierte Qualitätsvermarktung an den Groß- und Einzelhandel möglich. Dazu wäre zum Beispiel eine Sennerei mit Vermarktungsproblemen allein nicht in der Lage gewesen. Auch bei der Gründung von Landwege gab es ein Problem, das die beteiligten Personen durch den Zusammenschluss angehen konnten. Die Familien in der Stadt Lübeck konnten über die Erzeuger-Verbraucher-Gemeinschaft Lebensmittel aus der Region beziehen. Das war für sie von zentraler Bedeutung. Über die Jahre hinweg ist es beiden Zusammenschlüssen der ökologischen Land- und Lebensmittelwirtschaft gelungen, sich aus der Marktnische heraus zu Handelsunternehmen zu entwickeln.

Kolonihagen und Achleitner sind jeweils Einzelunternehmen. Sie liefern Biokisten mit Gemüse, Milch- und Fleischprodukten an Privathaushalte. Für sie ist die Weitergabe der Informationen rund um die Erzeugung in den landwirtschaftlichen Betrieben ein wesentlicher Teil der Geschäfts- und Vermarktungsstrategie.

Alle vier Unternehmen pflegen einen besonders engen Kontakt zu ihren Kundinnen und Kunden, da die Vermittlung der besonderen Werte der Lebensmittel im Vordergrund steht. Zwar sind auch hier die Lieferketten so stark gewachsen, dass – außer bei Achleitner – kein direkter Kontakt mehr zum landwirtschaftlichen Betrieb besteht. Dies gleichen die Vermarktungsunternehmen aber erfolgreich durch geeignete Kommunikationsmaßnahmen über die Beschäftigten im Verkauf, Veranstaltungen oder die sozialen Medien aus. Die Rolle als vertrauensvolle Verbindungspersonen können die Beschäftigten jedoch nur dann einnehmen, wenn sie die Qualitätsmerkmale überzeugend vermitteln können.

Nachdem die vier Gruppen von Fallstudien im jeweiligen Zusammenhang ihrer WSK und der mit dieser verbundenen Wert und Qualitätsmerkmale des Fleisches vorgestellt worden sind, folgt nun eine Zusammenschau der Erfahrungen. Dabei werden die Schlüsselaspekte, die zum erfolgreichen Aufbau der wertebasierten WSK führen, herausgestellt. Ziel des Kapitels ist es, die Herausforderungen und Lösungsansätze aus den Fallbeispielen zusammenzutragen und Schlussfolgerungen für den Erfolg alternativer Ansätze der Fleischerzeugung und -vermarktung abzuleiten.

## 5 Schlüsselaspekte für den Aufbau wertebasierter WSK oder „Wie's laufen kann beim Fleisch"

### 5.1 Kooperation entlang der WSK

Viele landwirtschaftliche Tierhalter haben ein Interesse an einer Einbindung in wertebasierte Wertschöpfungsketten für Qualitätsfleisch. Wie die Literaturauswertung herausgefunden hat, können sie nur dann höhere Erlöse für ihre Verkaufstiere erzielen, wenn die Höherwertigkeit von Tier und Fleisch vom Stall bis zum Teller gewährleistet und vermittelt werden kann und die Aufteilung der Gewinne in der WSK fair ist (vgl. Kap. 4). Dies ist bei Fleischwaren im Vergleich zu anderen Produktgruppen, wie Gemüse, Backwaren oder Käse, mit besonderen Herausforderungen verbunden, da die Kooperation mit einem Schlacht- oder Metzgerbetrieb unumgänglich ist. Da es in konventionellen ebenso wie in alternativen WSK immer deutlich mehr tierhaltende als schlachtende Betriebe gibt, nutzen diese ihre vergleichsweise starke Position bei Verkaufsverhandlungen aus und versuchen, die Preise für Schlachtvieh zu drücken. Die Fallstudien haben nachgewiesen, wie die Erzeugerbetriebe die ungünstige Verhandlungsposition über die WSK hinweg durch Transparenz überwinden können, durch welche die Endkunden die Herkunft des Produkts und seiner speziellen Qualitätsmerkmale kennenlernen (z. B. Ökofleisch Eppert, Hof Güntersforst, Gram Slot, Ekodar, Røros Meat). Durch die Rückverfolgbarkeit sind Verarbeitung und Handel ebenfalls von den tierhaltenden Betrieben ,abhängig'.

Landwirtschaftlichen Betrieben bietet sich zudem eine weitere Möglichkeit zum Aufbau alternativer WSK. Anstatt die Tiere zur Schlachtung zu verkaufen, können sie den Schlachthof als Dienstleistungsunternehmen in Anspruch nehmen und das Fleisch selbst vermarkten. Der organisatorische Aufwand des Hin- und Rücktransports von Schlachtvieh und Fleisch ist zwar oft hoch, dennoch ist die Direktvermarktung eine gute Möglichkeit für landwirtschaftliche Unternehmen, sich aktiv in die Verarbeitung, Qualitätssicherung, Preisbildung und Wertevermittlung an die Kunden einzubringen und auf diese Weise Premiumpreise zu erzielen, wie das Beispiel des Ökofleisch Eppert zeigt.

Dabei spielt die Produktdifferenzierung eine zentrale Rolle. Neben dem Haltungsverfahren, der Aufzuchtregion oder dem Schlachtprozess bietet die Vielfalt an Fleisch- und Fleischwaren Chancen für eine Produktdifferenzierung. Regionale Spezialitäten sind traditionell von großer Bedeutung für die Fleischvermarktung, aber auch innovative Fleischprodukte drängen auf den Markt (z. B. Røros Meat, BioAlpin, Landwege). Das Beispiel der slowenischen Marke ‚Ekodar‘ mit der vollständigen Rückverfolgbarkeit des Fleisches im Laden verdeutlicht, dass innovative Ansätze im Rahmen der Kundenkommunikation große Vorteile generieren können.

Bei jeder Form zertifizierter WSK ist die Einbindung der landwirtschaftlichen Betriebe über vertragliche Verpflichtungen unerlässlich. Diese schränkt zwar die Flexibilität der Landwirte ein, sie sichert aber die Standards ab und dokumentiert die Zahlungsverpflichtungen (Burke et al. 2014). Erzeugerzusammenschlüsse können die Position des Einzelbetriebs in dieser Hinsicht deutlich stärken, indem sie das Angebot mehrerer Erzeuger bündeln, die Mengen und Qualitäten längerfristig abstimmen und damit die Verhandlungsposition der Erzeuger stärken, das verdeutlichen die Fallstudien Røros Meat, Upplandsbondens, BioAlpin, Šaleška Valley Cooperative, Landwege.

Dabei ist eine weitgehende Übereinstimmung der übergeordneten Unternehmenswerte beziehungsweise -ziele der Beteiligten auf allen Wertschöpfungsstufen von zentraler Bedeutung, um gemeinsame Strategien entwickeln und Managementinstrumente auswählen zu können. Das zeigt die Organisation der WSK von Røros Meat und Ekodar, während die fehlende Abstimmung von Werten und Zielen nachteilig für die Landwirte sein kann, wie das Beispiel Upplandsbondens zeigt.

Grundlegend für die erfolgreiche Etablierung einer wertebasierten WSK waren in den vorliegenden Fällen die offene Kommunikation, effiziente Entscheidungsprozesse, die nachvollziehbare Preisfindung und die Verlässlichkeit der Vertragspartner. Dies gilt für die Einbindung sowohl der Erzeugerbetriebe als auch der Verarbeitungs- und Vermarktungsunternehmen.

## 5.2 Art der Schlachtung als Qualitätsmerkmal

Die Schlachtung bildet das Nadelöhr jeder WSK. Wenn Handwerksbetriebe und mittelständische Schlacht- und Verarbeitungsunternehmen aus der Umgebung der tierhaltenden Betriebe aufgeben, dann bedeutet das meist das Ende von lokalen Lieferketten. In den Gebieten hingegen, in denen es noch oder wieder regionale bzw. wertebasierte WSK für Fleisch gibt, bestand oftmals die Möglichkeit, die alternative Schlachtung und Verarbeitung vor Ort zu sichern (Rocha 2015). Das war oftmals nur durch eine flexible Auslegung relevanter Rechtsvorschriften des seit 2004 schrittweise verschärften Rechtsrahmens und durch begleitende Information und Kooperation möglich (Fink-Keßler/Müller 2011).

Oft sind es die Einzelunternehmen selbst, die neue Lösungen entwickeln, obwohl aufgrund fehlender finanzieller und personeller Ressourcen in der Landwirtschaft oder in kleinen Schlacht- und Verarbeitungsunternehmen kein gezieltes Innovationsmanagement praktiziert wird (Neumahr 2017). Geeignete Schulung und Beratung für die landwirtschaftlichen Betriebe und handwerklichen Metzgereien können wichtige Hilfestellung leisten. Denn die rechtlichen und technischen Möglichkeiten vor Ort sind jeweils ausschlaggebend für einen gelungenen Aufbau von lokalen, wertebasierten Fleisch-WSK (Fink-Keßler et al. 2011).

Die Handhabung des Schlachtviehs, insbesondere von Rindern aus extensiver Weidehaltung, stellt beispielsweise eine besondere Herausforderung dar. Werden Tiere nicht im Stall gehalten, sind sie oft scheu und unberechenbar. Das kann zu erheblichen Problemen beim Arbeitsschutz führen. Insbesondere für kleine regional orientierte Schlachtbetriebe ist die Handhabung solcher Tiere schwierig (Fink-Keßler/Trampenau 2015).

Tierhaltungsbetriebe, die Wert auf möglichst artgerechte Haltung und schonende Tötung legen, haben dazu ein alternatives Schlachtverfahren entwickelt, das auf der Anwendung einer EU-zugelassenen Schlachteinheit beruht: Der Kugelschuss auf der Weide als Schlachtverfahren für ganzjährig im Freien gehaltene Rinder. Eine solche „Weideschlachtung" kann eine Möglichkeit für alternative WSK sein. Dazu musste die Bundesregierung die Tier-Lebensmittelhygieneverordnung verändern. Die Durchführung bedarf jedoch der Genehmigung durch die Veterinärbehörde und das Ordnungsamt (Schießerlaubnis) vor Ort (Fink-Keßler/Trampenau 2015). Da es keine Standardlösungen für die Etablierung solch spezifischer WSK geben kann, stellen sowohl die Genehmigungsverfahren als auch die Produktionstechnik selbst eine Herausforderung für Betriebe und Behörden dar (Güntersforst, Landwege).

Eine Besonderheit stellt auch die Schlachtung von Tieren aus ökologischem Landbau dar. Die Erfüllung der Öko-Standards hat deshalb einen hohen Stellenwert, da eine Umstellung auf ökologische Wirtschaftsweise stets den gesamten landwirtschaftlichen Betrieb betrifft. Die Ökozertifizierung eines Schlachthofs erfordert dagegen lediglich die Trennung der ökologischen und konventionellen Warenströme. Spezielle Öko-Standards für die Schlachtung, Zerlegung, Kühlung usw. gibt es aber nicht (Fink-Keßler/Müller 2011). Das erschwert die Kommunikation der besonderen Qualitätsmerkmale entlang der Wertschöpfungskette vom Stall bis hin auf den Teller.

*5.3 Zertifizierungen, Labels und die Kommunikation entlang der WSK*

In wertebasierten WSK für Fleisch muss die Prozessqualität im Haltungsbetrieb unbedingt im Fokus der Kommunikation mit den Kunden stehen (Albersmeier/Spiller 2009). Nur dann ist die Höherwertigkeit im doppelten Sinne – mehr Tiergerechtigkeit, mehr regionale Einbindung und höhere Verkaufserlöse zur Deckung der Kosten für den Mehraufwand im Haltungsbetrieb – in vollem Umfang zu gewährleisten (Furtschegger/Schermer 2014).

In der Praxis ist das aber oft aufgrund der Heterogenität der Verkaufsprodukte (Tierart, Schlachtkörperklassifizierung, Art der Teilstücke, Herkunft/Rasse) deshalb schwierig, da eine Vergleichbarkeit der Chargen, die aus ökologischen oder anderen alternativen Tierhaltungsverfahren bei den Schlacht-, Verarbeitungs- und Handelsunternehmen angeliefert werden, häufig nicht gegeben ist (Jahberg 2015). Hinzu kommen verfahrenstechnische Herausforderungen. Schlachtvieh aus ökologischer Erzeugung wird beispielsweise häufig in Betrieben geschlachtet, die zwar ökologisch zertifiziert sind, ihre Kapazitäten aber vor allem durch konventionelle Schlachtungen auslasten. Um dies zu ermöglichen, enthalten weder die EU-Ökoverordnung noch die Richtlinien der Öko-Verbände eigenständige Vorgaben für die Schlachtung der Tiere (Fink-Keßler/Trampenau 2015). Problematisch ist auch, dass überregional agierende Schlachtstätten häufig keine Vorteile darin sehen, besondere Standards für das Schlachten von Bio-Tieren aus der Region zu entwickeln. Sie erfüllen die üblichen gesetzlichen Standards, ein darüber hinaus gehendes Interesse an einer wertebasierten WSK besteht, wie das Beispiel Upplandsbondens zeigt, oft nicht. Das bedingt eine geringe Unterstützung von Transparenz und Weitergabe der Werte.

Andererseits zeigen die Fallstudien, dass wertebasierte WSK, die vom landwirtschaftlichen Betrieb gesteuert werden, oft auf einer sehr guten und vertrauensvollen Kooperation mit dem Metzgerhandwerk beruhen (Gram Slot, Ökofleisch Eppert). Besitzt ein landwirtschaftliches Unternehmen eine eigene Schlacht- beziehungsweise Zerlegestätte, wie Hof Güntersforst, so lassen sich in der Vermarktung Authentizität und Integrität besonders gut kommunizieren. Der Name des Hofes dient dann bereits als Güteausweis (Fink-Keßler/Müller 2011). Dies kann für die Kundinnen und Kunden eine größere Bedeutung haben als zum Beispiel die ökologische Zertifizierung. Neben der Direktvermarktung ist eine ausgeprägte Integration der Ketten eine günstige Voraussetzung für die erfolgreiche Vermittlung der Höherwertigkeit der Produkte und bildet die Grundlage, um Mehrerlöse am Markt zu erzielen (Gram Slot, Landwege).

Mit Marken und Labels lassen sich gemeinsame Standards für alle Schritte der Erzeugung, Verarbeitung und Vermarktung definieren. Erzeugersiegel sind in sechs der vorgestellten Fallstudien ein zentrales Marketinginstrument und wichtig für die Einbindung der nachgeordneten Unternehmen. Maßnahmen des Marketings greifen die Standards der Qualitätslabel auf und nutzen sie gezielt für die Kundenkommunikation.

Labels und Marken bilden zwar die Grundlage der Kommunikation, aber der direkte Kontakt zu den unterschiedlichen Kundengruppen ist zusätzlich wichtig. In diesem Zusammenhang befinden sich die direktvermarktenden Betriebe im Vorteil (Günterforst, Biofleisch Eppert, Remeskylä Smokery). In den anderen wertebasierten WSK kann beziehungsweise muss die Vermittlung der besonderen Qualitätsmerkmale durch andere ,Botschafter' erfolgen, wie zum Beispiel bei der Verkostung im konventionellen Discounter (Røros Meat), in der persönlichen Kundenberatung im Einzelhandel (Landwege) oder in der Lieferung an die Haustür (Achleitner, Kolonihagen). Auch IT-gestützte Lösungen (Ekodar) und der individuelle Austausch in den neuen Medien, wie Facebook (Landwege, BioAlpin), sind Wege der erfolgreichen Kommunikation der besonderen Unternehmenswerte und Qualitätseigenschaften der Produkte. Letztere zeigen, dass auch bei einer zunehmenden Entfernung zwischen dem Erzeugerbetrieb und der Verkaufsstelle eine Wertevermittlung und vertrauensbasierte Kundenbindung möglich sind.

## 5.4 Faire Preisgestaltung

Das Prinzip der Fairness bei der Verteilung der Margen innerhalb der WSK ist für die landwirtschaftlichen Unternehmen von besonderer Bedeutung. Insbesondere dann, wenn Landwirte nicht selbst vermarkten, kann sich die Abhängigkeit vom Schlachtunternehmen – je nach Ausgestaltung der Geschäftsbeziehung – ungünstig auf die Erzeugerpreise und/oder auf die Bewahrung der speziellen Werte auswirken. Die enge Kooperation und das Verhandeln auf Augenhöhe bilden die Grundlage für eine faire Verteilung der Erlöse innerhalb der Wertschöpfungskette (Gram Slot, BioAlpin, Landwege, Achleitner, Kolonihagen).

## 5.5 Managementfähigkeiten und -kapazitäten

Beim Aufbau wertebasierter WSK kommt der Stärkung der Managementfähigkeiten der verantwortlichen Personen in allen Unternehmen der WSK eine zentrale Bedeutung zu. Dies betrifft insbesondere die strategische Planung und Führung, die Qualifizierung von Führungskräften und Beschäftigten, die Zertifizierung und Qualitätskontrolle der Verfahren sowie die Organisation von Erzeugung, Transport und Verarbeitung (Neumahr 2017).

In allen Fallstudien werden die zunehmenden Anforderungen an das Management im Zuge der Unternehmensentwicklung deutlich. Die landwirtschaftlichen Unternehmer geben an, im Zuge der Unternehmensentwicklung wichtige Managementerfahrungen gesammelt zu haben. Groß sind vor allem die Anforderungen an die Managementfähigkeiten in Unternehmen der Verarbeitung und Vermarktung, wenn diese sich aus der Nische heraus entwickeln. Upplandsbondens, Røros und Landwege wurden noch zu dem Zeitpunkt, als sie bereits aus kleinstbetrieblichen Strukturen herausgewachsen waren, von Personen geführt, die keine Ausbildung oder Erfahrungen in der Unternehmensführung hatten. Beispielsweise kam es bei Røros Meat immer dann zu einem Führungswechsel, sobald Defizite der verantwortlichen Personen in Entscheidungs- und Führungsprozessen offensichtlich wurden. Schließlich übernahm ein erfahrener Manager die Verantwortung und führte den Betrieb aus einer Krise. Für Upplandsbondens bot sich diese Chance nicht, sodass viele Probleme ungelöst blieben. Bei Landwege fand ein langjähriger interner Strategie- und Reorganisationsprozess statt, bis effiziente Führungsstrukturen etabliert waren und sich die verantwortlichen Personen für das Unternehmensmanagement weiterqualifiziert hatten.

Die Fallstudien haben herauskristallisiert, dass beim Aufbau der werte-basierten Ketten zunächst vor allem die Organisation der technischen Ab-läufe, wie die Handhabung von Tieren, die Schlachtung und Fleischverar-beitung und die jeweilige Qualitätssicherung, im Vordergrund steht. Ob-wohl auch gleichzeitig Anpassungen in den anderen Managementberei-chen – etwa im Personalmanagement – notwendig waren, erkannten dies die Verantwortlichen häufig erst viel später. Im Rückblick räumten sie dann ein, dass das Unternehmen sich noch erfolgreicher hätte entwickeln beziehungsweise Krisen bewältigen können, wenn die leitenden Personen sich bereits früher im Unternehmensmanagement qualifiziert oder die nö-tigen Erfahrungen mitgebracht hätten.

## 6 Perspektiven: „Wie steht's um den möglichen Aufbau alternativer WSK für Fleisch?"

Abschließend wird die Ausgangsfrage wieder aufgegriffen, ob wertebasier-te Vieh und Fleisch erzeugende Unternehmen und deren WSK eine Chan-ce haben, am Markt zu überdauern oder sich sogar neu zu etablieren. Die Antwort lautet „Ja, aber…", denn es ist zwar möglich, aber die Schlüssel-personen in den Unternehmen, welche die Integration der WSK hauptver-antwortlich vorantreiben wollen, müssen die begrenzten Möglichkeiten gezielt nutzen, um die vielfältigen Herausforderungen zu meistern. Auch die Rahmenbedingungen sollten zumindest in gewissem Maße günstig sein. Dieser letzte Abschnitt fasst die Chancen und Probleme für den Auf-bau wertebasierter WSK für Fleisch schlaglichtartig zusammen.

Vielfalt der WSK: Die Möglichkeiten zum Aufbau wertebasierter Ketten für Fleisch sind vielfältig. Modelllösungen kann es nicht geben, da die ver-schiedenen Rahmenbedingungen und betrieblichen Anforderungen spezi-fische Konzepte erfordern. Grundsätzlich kann ein landwirtschaftlicher Betrieb mit eigener Schlachtung und Vermarktung eine wertebasierte WSK ebenso gewährleisten wie eine Genossenschaft oder vertragsbasierte Verbindungen zwischen unabhängigen Unternehmen.

Managementkompetenzen: Um die genannten Punkte in Unternehmen und WSK erfolgreich umsetzen zu können, sind Managementkompeten-zen sowohl bei den Verantwortlichen der einzelnen Unternehmen als auch bei den koordinierenden Einheiten der WSK ein wesentlicher Er-folgsfaktor.

Mittragen der Werte: Für den Aufbau einer wertebasierten Lieferbezie-hung ist neben der rein technischen Einbindung der Verarbeitungs- und

Vermarktungsunternehmen auch das Mittragen der besonderen Tierschutz- und sonstigen Standards der Produkt- und Prozessqualität wichtig.

Herausforderung ‚Tierschutz- und Hygienerecht' meistern: Rechtliche Regelungen engen den Aufbau alternativer WSK oft stark ein. Eine konstruktive Zusammenarbeit aller Beteiligten, und zwar einschließlich der genehmigenden Behörden, kann Möglichkeiten im Umgang mit rechtlichen Regelungen ausloten.

Formale und informelle Vereinbarungen: Die Zusammenarbeit zwischen den eingebundenen Unternehmen beruht meist auf einer Kombination aus formalen (schriftlichen Verträgen) und informellen Vereinbarungen.

Zertifizierung, Marken und Labels: Das Festlegen verbindlicher Standards für Zertifizierungen und Qualitätssiegel ist wesentlicher Bestandteil der Vereinbarungen. Sie ermöglichen Transparenz (und Kontrolle) entlang der WSK und bilden eine wichtige Grundlage für das Vertrauen der Geschäftspartner und Verbraucherinnen und Verbraucher.

Kommunikation: In WSK ohne direkten Kontakt zwischen Tierhaltern und Konsumentinnen und Konsumenten sind eine vertrauensbasierte Kundenbindung und Kommunikation der besonderen Werte und Qualitätsmerkmale unerlässlich. Entsprechende Maßnahmen, wie Qualitätsbotschafter am Verkaufspunkt, Verkostungen, Auftritte in sozialen Medien oder Tage der offenen Tür, tragen zur Vertrauenssicherung in WSK bei.

Gemeinsame Strategie: Der Aufbau einer wertebasierten WSK für Fleisch erfordert eine abgestimmte strategische Ausrichtung und Abstimmung der kurz- und mittelfristigen Planungen der beteiligten Landwirte oder deren Erzeugergemeinschaft und der Schlacht- und Verarbeitungsunternehmen sowie der Groß- und Einzelhändler. Nur dann können die spezifischen Werte, die den ‚Mehrwert' des Produktes ausmachen, in entsprechende Standards gegossen und über die WSK hinweg den Verbrauchern vermittelt werden. Gute Kenntnisse der Nachfragepotenziale und der Wettbewerbsvorteile sind ebenso wichtig wie eine professionelle Produktionsplanung, ein umfassendes Qualitätsmanagement entlang der WSK und ein gezieltes Marketing. In diesem Rahmen gilt es, vor allem vertrauensbasierte Geschäftsbeziehungen zwischen den Geschäftspartnern aufzubauen und langfristig zu erhalten.

Realisierung des ‚Mehrwerts': Durch den Aufbau einer qualitäts- beziehungsweise wertebasierten WSK kann es gelingen, einen ‚Mehrwert' zu generieren und die Verbraucherinnen und Verbraucher zu einer erhöhten Zahlungsbereitschaft zu motivieren.

Faire Verteilung der Margen: Vertrauen und Verlässlichkeit aller Geschäftspartner sind nur dann dauerhaft gesichert, wenn die Margen aller

Partner fair verteilt sind. Dies erfordert eine langfristig ausgerichtete und vertrauensvolle Zusammenarbeit beim Aufbau, Wachstum und bei der erfolgreichen Weiterführung von wertebasierten WSK.

Im Zuge einer Verschiebung der Präferenzen in den verschiedenen Verbrauchergruppen hat sich der Markt für Fleisch zunehmend aufgegliedert. Die Unternehmen können besondere Produkt- beziehungsweise Prozessqualitäten zur Abgrenzung von anderen Angeboten nutzen. An dieser Stelle bieten sich – trotz der vielfältigen Schwierigkeiten – Möglichkeiten, bestehende wertebasierte WSK für Fleisch zu erhalten oder sogar neue zu etablieren.

## 7  Literaturverzeichnis

Arens, L. Diemel, M. und Theuvsen. L. (2011). Transparenz in der Fleischerzeugung – Wahrnehmung durch den Verbraucher am Point of Sale: YSA 2011, 189 – 216

Albersmeier, F. und Spiller, A. (2009). Das Ansehen der Fleischwirtschaft: Zur Bedeutung einer stufenübergreifenden Perspektive. In: J. Böhm, F. Albersmeier und A. Spiller (Hrsg.): Die Ernährungswirtschaft im Scheinwerferlicht der Öffentlichkeit, 4. Aufl. Josef Eul Verlag, Lohmar und Köln, S. 213-250.

BMEL – Bundesministerium für Ernährung und Landwirtschaft (2016). Landwirtschaft verstehen. Informationsbroschüre des Bundesministeriums für Ernährung und Landwirtschaft. https://www.bmel.de/SharedDocs/Downloads/Broschueren/Landwirtschaft-verstehen.pdf (download 15.2.2017)

Borec, A. (2015) Full case study report. Ekodar, Slovenia. CORE organic II Project 'Healthy-Growth – From Niche to Volume with Integrity and Trust'. http://orgprints.org/29239/ (download 2.2.2017)

Burke, P.F., Eckert, C. und Davis, S. (2014). Segmenting consumers' reasons for and against ethical consumption. European Journal of Marketing, 48(11/12), 2237-2261.

Carrigan, M., Szmigin, I. und Wright, J. (2004), "Shopping for a better world? An interpretive study of the potential for ethical consumption within the older market", Journal of Consumer Marketing, Vol. 21 No. 6, pp. 401-17.

CORE Organic (2014) CORE Organic II Project 'HealthyGrowth – From Niche to Volume with Integrity and Trust'. http://www.coreorganic2.org/healthygrowth (download 15.2.2017)

DBV - Deutscher Bauernverband (2016) Situationsbericht 2015/16 - Trends und Fakten zur Landwirtschaft. www.situationsbericht.de (download 15.2.2017)

Deutscher Fleischer-Verband (2016). Geschäftsbericht des Deutschen Fleischer-Verband e.V. http://www.fleischerhandwerk.de/presse/geschaeftsbericht-zahlen-und-fakten.html. (download 30.1.2017)

EIP-Agri Agriculture and Innovation (2016). An app to find out where our food comes from. Inspirational Ideas. EIP-Agri Newsletter 1/2016. http:// ec.europa.eu/eip/agriculture/sites/agri-eip/files/field_core_attachments/ nw_origin_trail_20160112_en.pdf (download 15.2.2017)

Fink-Keßler, A. und Trampenau, L. (2015). Mobiles Schlachten. Eine Alternative auch für Schlachtunternehmen? Beweggründe der Landwirte, Initiativen und aktuelle Rechtslage. In: Fleischwirtschaft 10/2015, S. 44-49.

Fink-Keßler, A., Müller, H.-J. und Franz, I. (2011). Flexible Vorschriften – ein Zukunftsmodell? Folgerungen aus den Erfahrungen mit der Umsetzung der neuen EU-Hygienevorschriften. In: Landwirtschaft 2011. Der Kritische Agrarbericht. AgrarBündnis (Hg.), 2011, Hamm, S. 141-144.

Fink-Keßler, A. und Müller, H.-J. (2011). Aushandlungsprozesse auf Augenhöhe. Hilfestellungen zur Umsetzung der EU-Hygieneverordnungen durch Biobetriebe mit handwerklicher Fleischverarbeitung. In: Beiträge zur 11. Wissenschaftstagung Ökologischer Landbau, Justus-Liebig-Universität Gießen, 16. -18. März 2011, Köster-Verlag, Berlin, S. 378-381.

Furtschegger, Ch., Schermer, M. Milestad, R. und Risku-Norja, H. (2013) WP – 3 Guideline for Data Collection. Deliverable D3.1 of the HealthyGrowth project. http://orgprints.org/27857 (download 15.2.2017)

Furtschegger, C. und Schermer, M. (2014) The perception of organic values and ways of communicating them in mid-scale values based food chains. http://orgprints.org/26081/. Abstract in: Schobert, Heike; Riecher, Maja-Catrin; Fischer, Holger; Aenis, Thomas und Knierim, Andrea (Hrsg.) Farming systems facing global challenges: Capacities and strategies, IFSA Europe, Leibniz-Centre for Agricultural Landscape Research (ZALF), Humboldt-Universität, Berlin, Book of abstracts http://project2.zalf.de/IFSA_2014/documents/ifsa-2014-berlin-book-of-abstracts.pdf (download 25.2.2017)

Furtschegger, C. und Schermer, M. (2015a) Full Case Study Report. Biohof Achleitner, Austria. CORE organic II Project 'HealthyGrowth – From Niche to Volume with Integrity and Trust'.
http://orgprints.org/29235/ (download 2.2.2017)

Furtschegger, C. und Schermer, M. (2015b) Full Case Study Report. Bio vom Berg, Austria. CORE organic II Project 'HealthyGrowth – From Niche to Volume with Integrity and Trust'.
http://orgprints.org/28801 (download 25.2.2017)

Furtschegger, C. und Schermer, M. (2015c) Full Case Study Report. Bioregion Mühlviertel, Austria. CORE organic II Project 'HealthyGrowth – From Niche to Volume with Integrity and Trust'. http://orgprints.org/29236 (download 15.2.2017)

Jahberg, H. (2015) Preiskampf bei Lebensmitteln. Grüne wollen kleine Bäcker und Metzger retten. Der Tagesspiegel online 12.09.2015. http://www.tagesspiegel.de/ wirtschaft/preiskampf-bei-lebensmitteln-gruene-wollen-kleine-baecker-und-metzger-retten/12311164.html (download 25.2.2017)

GLS Gemeinschaftsbank eG (2012). Biobodengesellschaft. In: Demeter e.V. Darmstadt [Hrsg.] 2012: Beteiligen! Landwirte und Bürger als Partner, S. 9. Heruntergeladen unter: https://www.slowfood.de/w/files/aktuelles_2012/broschuere_land _rz_0.pdf (download 8.2.2017)

Kvam, G.-T. und Bjørkhaug, H. (2015a) Full case study report: Kolonihagen – Norway. CORE organic II Project 'HealthyGrowth – From Niche to Volume with Integrity and Trust'. http://orgprints.org/29249 (download 16.2.2017)

Kvam, G-.T. und Bjørkhaug, H. (2015b) Full case study report: Røros Meat- Norway. CORE organic II Project 'HealthyGrowth – From Niche to Volume with Integrity and Trust'. http://orgprints.org/29248 (download 16.2.2017)

Laursen, K.B., Noe, E. und Kjeldsen, Ch. (2015). Full case study report: Gram Slot/ Rema1000 – Denmark. CORE organic II Project 'HealthyGrowth – From Niche to Volume with Integrity and Trust'. http://orgprints.org/29255 (download 2.2.2017)

Milestad, R. und von Oelreich, J. (2015) Full Case Study Report: Upplandbondens – Sweden. CORE organic II Project 'HealthyGrowth – From Niche to Volume with Integrity and Trust'. http://orgprints.org/28892 (download 2.2.2017)

Münchhausen, S. v., Häring, A.M. und Milestad, R. (2015). Bedeutung von Managementstrategien in expandierenden Unternehmen und Initiativen der Wertschöpfungsketten für ökologische Nahrungsmittel. Vortrag: 13. Wissenschaftstagung Ökologischer Landbau, Hochschule für nachhaltige Entwicklung Eberswalde, 17. – 20. März 2015. http://orgprints.org/27256/ (download 15.2.2017)

Münchhausen, S. v. (2015) Full Case Study Report: Full case study report: EVG Landwege – Germany. CORE organic II Project 'HealthyGrowth – From Niche to Volume with Integrity and Trust'. http://orgprints.org/29242/ (download 15.2.2017)

Neumahr, N. (2017). Empirische Untersuchung zur Anwendung von Management-Instrumenten für kleine Fleischerzeuger im Wachstum. Masterarbeit im Rahmen des Studiengangs M. Sc. Öko-Agrarmanagement, Hochschule für nachhaltige Entwicklung Eberswalde.

O´Doherty Jensen, K., S. Denver und R. Zanoli (2011) Actual and potential development of consumer demand on the organic food market in Europe. NJAS – Wageningen Journal of Life Sciences 58 (2011), pp. 79-84

Padel, S., K. Zander und K. Gössinger (2010) Regional production' and 'Fairness' in organic farming: Evidence from a CORE Organic project. 9th European IFSA Symposium, 4-7 July 2010, Vienna (Austria), pp. 1793-1802

Precht, R.D. (2016). Tiere denken. Vom Recht der Tiere und den Grenzen des Menschen. Goldmann Verlag, München.

Risku-Norja, H. (2015). Full Case Study Report: Kiuruvesi municipal catering – Finland. CORE organic II Project 'HealthyGrowth – From Niche to Volume with Integrity and Trust'. http://orgprints.org/28870/ (download 2.2.2017)

Rocha, B. (2015): Ergebnisse der DVS-Online-Befragung. In: LandInForm Spezial, Wertschöpfungskette Fleisch, Ausgabe 5, 2015. Deutsche Vernetzungsstelle Ländliche Räume, Bonn.

Schalk, R. (2016). Die Ohnmacht vor dem Tod. FAZ vom 11.04.2016

Statista (2016). Statistiken zum Thema Fleisch. Statista – das Statistikportal. https://de.statista.com/themen/1315/fleisch/ (download 15.2.2017)

Stevenson, G. W., Clancy, K., King, R., Lev, L., Ostrom, M., und Smith, S. (2011). Midscale food value chains: An introduction. Journal of Agriculture, Food Systems, and Community Development, 1(4), pp. 27-34

Sonnberg Biofleisch GmbH (2017). Sonnberg – Bio Wurst Erlebnis. Homepage der Firma. Geschäftsführer M. Huber. https://biofleisch.biz/ (download 15.2.2017)

Umüßig, B. und Weiger, H. (Hrsg.) (2016) Fleischatlas 2016. Daten und Fakten über Tiere als Nahrungsmittel. Deutschland regional. Im Auftrag der Heinrich-Böll-Stiftung und des BUND. https://www.boell.de/sites/default/files/fleischatlas_regional_2016_aufl_3.pdf. (download 2.2.2017)

Viitaharju, L.; Lähdesmäki, M.; Kurki, S., and Valkosalo, P. (2005) Food Supply Chains in Lagging Rural Regions of Finland: an SME Perspective. University of Helsinki.
http://hdl.handle.net/10138/17733 (download 15.2.2017)

Wieland, J. und Fürst, M. (2005) Moralische Güter und Wertemanagementsysteme in der Naturkostbranche. http://orgprints.org/5211/1/5211-04OE024-uni-oldenburg-2005-ethikmanagement.pdf (download 2.2.2017)

Wissenschaftlicher Beirat Agrarpolitik beim BMEL (2015). Wege zu einer gesellschaftlich akzeptierten Nutztierhaltung. Kurzfassung des Gutachtens. Berlin. http://www.bmel.de/DE/Ministerium/Organisation/Beiraete/_Texte/AgrBeirGutachtenNutztierhaltung.html (download 2.2.2017)

Zentralgenossenschaft des Fleischergewerbes (2016). Geschäftsbericht 2014 der Zentralgenossenschaft des europäischen Fleischergewerbes e.G.

*Persönliche Mitteilungen*

Emman, C. und Theuvsen, L. (2014). Gelebte Regionalvermarktung durch selbstschlachtende Fleischer: Herausforderungen und Handlungsempfehlungen. Studie im Auftrag der Marketinggesellschaft der niedersächsischen Land- und Ernährungswirtschaft. Universität Göttingen, Dept. für Agrarökonomie und Rurale Entwicklung; unveröffentlichte Ergebnisse; Zitate entstammen einer Mitschrift während der Präsentation der Ergebnisse, Workshop vom 18.11.2014 in Göttingen.

Lutz, W. (2014). Mündliche Mitteilung am 18. 11. 2014 auf Workshop von Uni Göttingen bei Vorstellung der Studie „Gelebte Regionalvermarktung durch selbstschlachtende Fleischer" (siehe Emman & Theuvsen 2014). Müller, H.-J. (2016). Mündliche Mitteilung am 1.3.2016. Hans-Jürgen Müller ist Landwirt und Vorsitzender des Verbandes der Landwirte mit handwerklicher Fleischverarbeitung e.V. (vlhf). Leider gibt es (noch) keine Untersuchungen zu Schlachtstrukturen im Ökolandbau sowie zu den rein ökologischen Schlachtstätten und den Transportwegen von Tieren aus ökologischer Haltung.

# Exkurs: Rechtliche und strukturelle Rahmenbedingungen der Fleischerzeugung

*Susanne v. Münchhausen und Andrea Fink-Keßler*

## 1 Einleitung: Erzeugung und Fleischverzehr in Deutschland

Insgesamt wurden in Deutschland im Jahr 2015 rund 3,6 Millionen Rinder geschlachtet, die zur Erzeugung von 1,1 Millionen Tonnen Rindfleisch dienen. Bei Schweinefleisch liegt die Produktion bei 5,6 Millionen Tonnen Fleisch oder 59 Millionen geschlachteten Tieren. Bei Rindern und Schweinen liegt der Anteil ökologisch gehaltener Tiere bei unter einem Prozent. Die ökologische Kennzeichnung spielt für die Auszeichnung höherer Tierwohlstandards die größte Rolle. Andere Label gibt es, aber sie sind von untergeordneter Bedeutung und haben oft eine lange Anlaufzeit.

Da die Erzeugung von Rind- und Schweinefleisch in den letzten Jahren in Deutschland zugenommen hat, der Fleischverbrauch sich aber nicht nennenswert veränderte, hat die Bedeutung der Exporte zugenommen. Mittlerweile beträgt der Selbstversorgungsgrad bei Schweinfleisch 117 Prozent, bei Rindfleisch 109 Prozent und bei Geflügelfleisch 111 Prozent (BMEL 2016a).

Die Geflügelfleischproduktion steht an dritter Stelle bei der Fleischerzeugung in Deutschland mit rund 1,5 Millionen Tonnen pro Jahr, das entspricht einer Anzahl von 716 Millionen Tieren (BMEL 2016a). Geschlachtet werden sie in rund 1.300 Betrieben, die zusammen über 40 Milliarden Euro im Jahr umsetzen. Die Bereiche Schlachtung und Fleischverarbeitung halten sich beim Umsatzvolumen etwa die Waage (Statista-Fleisch 2016).

Im Lauf der letzten Jahrzehnte sind die Schlachttierzahlen insgesamt, die Tierbestände je Betriebe und die Leistungen pro Tier gestiegen. Die Effizienzsteigerung in Fütterungs- und Haltungsverfahren und die Tierzucht ermöglichten diese Entwicklung. Mit der Ausdehnung der Mengen war die zunehmende Industrialisierung des Vieh- und Fleischsektor verbunden. Dieser Trend betraf nicht nur die gewerblichen Unternehmen, sondern auch landwirtschaftliche Familienbetriebe, wie statistische Erhebungen für Viehhaltungsregionen untermauern, wie zum Beispiel die Regional-Statistik für Vechta-Cloppenburg (Statistische Ämter des Bundes und der Länder 2011).

Nicht nur aufgrund der Industrialisierung der Tierhaltung und Schlachtung, aber auch wegen ihr, ist der Fleischkonsum in die Kritik geraten. Statistisch gesehen sank er zwar seit Ende der 1990iger Jahre leicht (-2 %), der Fleischverzehr liegt aber noch immer bei rund 60 bis 65 Kilogramm pro Kopf und Jahr (2015, Deutscher Fleischer-Verband 2016). Als neue beziehungsweise anhaltende Trends gewinnen Fleischverzicht und die vollständig fleischlosen Ernährungsstile an Bedeutung. Rund fünf Millionen Menschen bezeichnen sich in Deutschland mittlerweile als Vegetarier oder Personen, die weitgehend auf Fleisch verzichten (ca. 4,1 %). Rund ein Prozent der Bevölkerung gibt an, Veganer oder Veganerin zu sein und meidet tierische Erzeugnisse insgesamt (Statista-Fleisch 2016).

Dieser Exkurs will einen Einblick in die Struktur des Fleischsektors und die rechtlich-administrativen Rahmenbedingungen vermitteln und gibt so einen Rahmen für die vertiefenden Analysen in den folgenden Kapiteln. Die Darstellung der strukturellen und rechtlichen Rahmenbedingungen der Fleischerzeugung beruht in erster Linie auf einer Literaturanalyse. Ergänzend fließen Ergebnisse aus teilstrukturierten Interviews mit Expert/innen der Branche in den Jahren 2015 und 2016 ein.

## 2 Tiefgreifender Strukturwandel bei Schlachtung und Verarbeitung

Früher war die Schlacht- und Fleischbranche in Deutschland durch mittelständische Unternehmensstrukturen geprägt. Der Sektor mit Schlacht-, Zerlege- und Verarbeitungsunternehmen hat in den letzten zwanzig Jahren aber einen tiefgreifenden Strukturwandel durchlaufen. Dieser ging zulasten kleiner und mittlerer Unternehmen[1], die typischerweise eher regional ausgerichtet waren, und zugunsten großer und damit marktbeherrschender Schlacht- und Verarbeitungsunternehmen (UBA 2013).

Heute dominieren lediglich vier Schlachtkonzerne den deutschen Markt: Marktführer ist die Firma Tönnies (27 % Marktanteil), die 18,2 Millionen Schweine und 424.000 Rinder im Jahr 2015 geschlachtet hat. Tönnies exportiert rund die Hälfte seines Schweinefleisches. Es folgen die Unternehmen Vion mit 15 Prozent und Westfleisch mit 13 Prozent der

---

1 Nach EU-Definition haben kleine und mittlere Unternehmen bis zu 249 Mitarbeitende beziehungsweise einen Jahresumsatz von maximal 50 Millionen Euro (www.destatis.de 2018).

Marktanteile (Statista-Fleisch 2016). Zusammen mit Danish Crown (4,4 %) schlachten diese vier Fleischkonzerne rund 60 Prozent aller Schweine in Deutschland. Das restliche Schlachtvolumen verteilt sich auf den noch verbliebenen Mittelstand, der oft in besonderer Weise auf Regionalität und Qualität setzt (Greiner 2016).

Im Wettbewerb haben die großen Schlachtunternehmen mit ihren nachgelagerten Verarbeitungs- und Feinzerlegungsbetriebe in den letzten Jahrzehnten viele kleine und mittelständische Unternehmen übernommen beziehungsweise vom Markt verdrängt. Gleichzeitig fand eine Spezialisierung bei den verarbeitenden Unternehmen hin zum Tierfutter und zu Exporten statt. Das bedeutet, dass beispielsweise Schlachtabfälle wie Schweineohren und -schwänze nach China und Hühnerfüße nach Westafrika geliefert wurden beziehungsweise werden. Aufgrund dieser Spezialisierung stehen viele der kleinen Unternehmen nicht mehr für den Aufbau alternativer Wertschöpfungsketten in den Regionen zur Verfügung.

Die Schutzgasverpackung macht es möglich, dass auch Discountmärkte in ihren Selbstbedienungstheken Frischfleisch anbieten können. So vermarkteten die Discounter einen Anteil von über 40 Prozent der in Deutschland 2013 verkauften Fleisch- und Wurstwaren (BVDF 2014). Unter diesen Bedingungen verliert das Fleischerhandwerk mit Betrieben unter 20 Beschäftigten seit Jahren bei ohnehin geringen Marktanteilen weiterhin an wirtschaftlicher Bedeutung. Während es 2010 noch mehr als 26.000 Geschäfte gab, ist die Anzahl sechs Jahre später auf 22.100 Metzgereien gesunken. Allein im Jahr 2015 haben drei Prozent der deutschen Metzgereien geschlossen (Deutscher Fleischer-Verband 2016). Neben den Fachgeschäften stehen rund 5.000 mobile Verkaufsstellen regelmäßig auf Wochenmärkten (Deutscher Fleischer-Verband 2016). Ein nennenswerter Trend zeichnet sich bei der Zunahme der Filialisierung ab, also der Eröffnung zusätzlicher Verkaufsstellen eines bestehenden Unternehmens. Insgesamt betreiben 3.474 Fleischereien solche Filialen. Jedes vierte Metzgereigeschäft ist demnach nicht als unabhängig zu bezeichnen (Deutscher Fleischer-Verband 2016). Diese Zahlen zeigen deutlich, dass das Fleischhandwerk mit sinkenden Marktanteilen zu kämpfen hat. Teilweise konnte es aber seine Umsätze durch die Erschließung zusätzlicher Geschäftsfelder, wie zum Beispiel Partyservice oder gastronomische Angebote im Fachgeschäft noch stabil halten (Statista 2016).

Die handwerklichen Fleischereien leiden vor allem unter dem Preisdruck der Disco-unter und Selbstbedienungsmärkte. Sie haben nicht nur mit höheren Stückkosten infolge geringerer Verarbeitungs- und Verkaufsmengen zu kämpfen, sondern sehen sich auch absolut mit höheren Kostensätzen konfrontiert. So sind die Kosten für die Fleischbeschau im

Handwerksbetrieb und die Lohnkosten für qualifiziertes Personal in den vergangenen Jahren deutlich gestiegen. Zudem machen Verschärfungen der gesetzlichen Auflagen Investitionen erforderlich, so dass auch die Fixkosten steigen. Eine Untersuchung der Universität Göttingen (Emmann/Theuvsen 2014) ergab, dass die befragten Handwerksbetriebe 3,8fach höhere Personalkosten hatten als große Schlachtkonzerne, die trotz Einführung des Mindestlohns ihre Lohnkosten oftmals durch die Beschäftigung von Werkvertragsnehmern, die in der Regel aus Osteuropa stammen, auf einem vergleichbar niedrigen Niveau halten (Weinkopf 2018).

Angesichts dieses Wettbewerbs und des Preisdrucks sehen viele Branchenvertreter kaum mehr Perspektiven für das Fleischhandwerk. Wegen der schwierigen wirtschaftlichen Situation und fehlender Nachwuchskräfte stehen vor allem im Zuge des Generationswechsels immer öfter zu wenige Nachfolger oder Nachfolgerinnen zur Verfügung (Deutscher Fleischer-Verband 2016).

Neben den strukturellen Entwicklungen innerhalb Deutschlands sehen einige Verbraucher/innengruppen vor allem den internationalen Fleischhandel kritisch. Denn die globalen Verflechtungen auf den Fleischmärkten tragen durch Tier- und Fleischhandel im Inland sowie durch Im- und Exporte oder Reimporte von Fleischwaren zu einer Anonymisierung der Fleischwaren beziehungsweise deren Herkunft bei. So werden beispielsweise Schweinehälften von Deutschland nach Spanien exportiert, die als Serrano-Schinken wieder reimportiert werden. Komplexe Verschiebungen von Waren und Verarbeitungsschritten wirken sich nachteilig auf das Verbrauchervertrauen aus (HBS et al. 2018).

Die Herkunft von Rindfleisch muss seit der BSE-Krise laut EU-Verordnung nachvollziehbar sein, und seit 2015 muss auch unverarbeitetes und vorverpacktes Schweine-, Schaf-, Ziegen- und Geflügelfleisch verpflichtend mit dem Aufzuchtort und dem Schlachtort des Tieres gekennzeichnet werden. Das macht die EU-Lebensmittel-Informationsverordnung in Verbindung mit der Durchführungsverordnung der Europäischen Kommission (EU) Nr. 1337/2013 erforderlich (BMEL 2016b).

Trotz dieser Gesetze ist es für Verbraucherinnen und Verbraucher in den meisten Fällen kaum nachvollziehbar, woher ein Produkt stammt. Denn es fehlt eine umfassende und einheitliche Herkunftskennzeichnung auf den Verkaufsprodukten. Beim Einkauf ist somit kaum möglich, Fleisch danach auszuwählen, ob zum Beispiel die Tiere kurze Transportwege hatten oder in lokalen Betrieben gehalten und geschlachtet wurden (Foodwatch 2015).

Großkonzerne der Schlacht- und Lebensmittelbranche kennzeichnen ihre Fleisch- und Wurstwaren den Auflagen entsprechend, haben aber häufig kein Interesse, hochpreisiges Fleisch aus Verfahren mit erhöhten Standards anzubieten (Welt 2017). Aufgrund ihrer Marktmacht können sie Preise beziehungsweise Margen setzen. Sie vermögen mit Niedrigpreis-Angeboten die Produkte und Dienstleistungen kleinerer Schlachtunternehmen zu unterbieten. Gleichzeitig erhalten sie Vergünstigungen bei Gebühren für Fleischbeschau und -kontrolle. Auch können sie von Exportförderungen und staatlichen Förderungen für zusätzliche Verarbeitungskapazitäten sowie von steuerlichen Entlastungen profitieren (z. B. der EEG-Umlage). Aufgrund ihrer wirtschaftlichen Bedeutung für die Regionen beziehungsweise Bundesländer, in denen sie angesiedelt sind, vermögen die Fleischkonzerne auch politisch Einfluss zu nehmen. Das hat auch Steuerungswirkungen für die zunehmende Konzentration in der Landwirtschaft im Umland. Dieser Kontext beeinflusst insbesondere neue oder regionale Wertschöpfungsketten.

- Große Abnehmer/innen brauchen große Agrarbetriebe: Mit dem Strukturwandel in der Schlachtung und Fleischverarbeitung ging ein schneller Strukturwandel in der Produktion einher. So sind mit dem Wachstum der Verarbeitungsunternehmen auch die Mastbetriebe in den vergangenen Jahrzehnten expandiert (Unmüßig/Weiger 2016). Sowohl die anliefernden als auch die aufnehmenden Betriebe profitieren von sinkenden Stückkosten bei großen Liefercharges. Geflügelunternehmen sind beispielsweise durch Exklusivverträge an Schlachtfirmen gebunden; eine Entwicklung die sich derzeit für den Mastschweinebereich wiederholt. Im Ergebnis sind viele landwirtschaftliche Unternehmen ihrerseits nun bereits so groß geworden, dass die Lieferung weniger Tiere an ortsansässige Metzger mit arbeitsorganisatorischen und wirtschaftlichen Nachteilen verbunden wäre (Unmüßig/Weiger 2016). Damit stehen landwirtschaftliche Betriebe ebenso wie industrielle Tierhaltungsbetriebe[2] oft nicht mehr als regionale Lieferanten für diese Metzger zur Verfügung. Die Folge ist, dass selbst schlachtende Metzger teilweise in benachbarten Regionen nach Betrieben suchen müssen, die Einzeltiere oder Kleingruppen von Schweinen verkaufen.
- Bio-Zertifizierung von Schlachtstätten: Die Schlachtung und Verarbeitung von Bio-Fleisch erfordert die Kooperation mit Schlachtstätten, die

---

2 Der Begriff der intensiven oder industriellen Viehhaltung wird in der Verordnung zum Schadstofffreisetzungs- und Verbringungsregister (Verordnung (EG) Nr. 166/2006) EU-rechtlich definiert. Danach gehören zur Intensivtierhaltung Anlagen mit über 40.000 Plätzen für Mastschweine, 2.000 Sauen oder 40.000 Geflügelplätzen.

nach der EU-Öko-Verordnung zertifiziert sind und eine strikte Trennung der ökologischen und konventionellen Warenströme sicherstellen. Daher werden ökologisch zertifizierte Tiere in der Regel im Rahmen von Lohnschlachtungen an gesonderten Tagen im zertifizierten Unternehmen geschlachtet. (Müller/Fink-Keßler 2015).

- Weite Transportwege zu öko-zertifizierten Schlachtstätten: Da die Dichte ökologisch zertifizierter Schlachtbetriebe gering ist, werden Tiere aus Öko-Betrieben oft weit transportiert. Dies gewährleistet zwar eine ökologisch zertifizierte Wertschöpfungskette und damit einen höheren Preis für das Endprodukt, deckt sich aber nicht mit dem Wunsch der Kundinnen und Kunden nach möglichst kurzen Transport- und Wartezeiten für die Tiere (Fink-Keßler/Müller 2014).

Zusammenfassend lässt sich sagen, dass der Strukturwandel in der Schlachtvieherzeugung und der Schlachtung beziehungsweise Fleischverarbeitung in den letzten Jahrzehnten so umfassend war, dass heute kaum mehr regionale Wertschöpfungsketten in Deutschland zu finden sind. Maßgebliche Triebkräfte hierfür waren der nationale und internationale Wettbewerbsdruck auf die Fleischbranche, die Verschärfung von Gesetzen infolge von Tier- und Fleischskandalen und nicht zuletzt die Expansion und Intensivierung der Tierhaltung in den landwirtschaftlichen Betrieben selbst.

## 3 Rechtliche Regelungen und deren praktische Umsetzung

Im Gleichschritt mit den strukturellen Veränderungen in der Fleischerzeugung, vor allem aber in der Schlacht- und Fleischverarbeitungsindustrie sowie im Handel haben sich die rechtlichen Bestimmungen rund um die Lebensmittelsicherheit verschärft. Diverse Skandale zu Tierwohl und Lebensmittelhygiene haben ihren Teil beigetragen.

Die gesellschaftlichen Anforderungen an zum Beispiel Tierschutz und Transparenz sind gewachsen, dies vor allem wegen des zunehmenden Strukturwandels in der Branche, der Internationalisierung der Fleischmärkte und der Vieh- und Fleischskandale. Ausgelöst durch den BSE-Skandal haben die Gesetzgeber der Europäischen Union das vormals zersplitterte Lebensmittelrecht zum Ende des 20. Jahrhunderts neu gefasst und vom ‚Stall bis zum Teller' einer übergreifenden Logik unterworfen. Seit 2004 gelten einheitliche EU-Hygieneverordnungen für die Erzeugung tierischer Lebensmittel und seit 2009 für den Tierschutz bei Transport und Schlachtung.

Diese umfassenden tierschutz- und lebensmittelrechtlichen Vorgaben, die den Transport, die Schlachtung, Fleischverarbeitung und den Handel mit Fleisch regeln, begünstigten das Wachstum der Unternehmen und deren technologiebasierten Prozesse. Die rechtlichen Regelungen und deren Durchsetzungen haben Fleischprodukte tatsächlich sicherer gemacht, und sie tragen – sofern korrekt angewandt – auch zur Verbesserung des Tierwohls bei. Gleichzeitig aber wirkt sich die Begünstigung hochtechnisierter Verfahren in Erzeugung und Verarbeitung sowie einer Stärkung der Fleischkonzerne in einer strukturellen Benachteiligung der handwerklichen Verarbeitungsbetriebe aus.

Allerdings sah die EU-Gesetzgebung zum Schutz bestehender kleiner und mittlerer Betriebe bewusst Flexibilisierungen in den Verordnungen vor. Diese räumen den Behörden vor Ort Spielräume für die individuelle Auslegung auf nationaler, regionaler oder lokaler Ebene ein. Explizit heißt es in den EU-Verordnungen an mehreren Stellen, dass Ausnahmen für kleine Betriebe oder für Betriebe in schwierigen geographischen Lagen zu machen sind.

Auch die technischen Verfahren sind zunächst fest im Text definiert, aber auch dort besteht die Möglichkeit, das Recht so auszulegen, dass ,alternative Systeme' zulässig sind: So kann beispielsweise das Schlachten und Zerlegen der Tiere in einem Raum stattfinden (in sogenannten ,Ein-Raum-Metzgereien'), wenn es eine zeitliche Trennung zwischen den beiden Vorgängen gibt. Ein anderes Beispiel bezieht sich auf die Tische, denn anstatt der Verwendung gekühlter Zerlegetische kann das Fleisch auch portionsweise aus dem Kühlraum geholt und auf den herkömmlichen Tischen zerlegt werden. Wichtig ist laut Vorschrift lediglich, dass die vorherrschende Maßgabe der Lebensmittelhygiene sichergestellt wird. Da in Deutschland die Umsetzung veterinärhygienischer Vorschriften den Ländern obliegt, und diese die Aufgaben oft weiter auf die ausführende Ebene delegieren, unterscheidet sich die Genehmigungspraxis bezüglich dieser oder ähnlicher Details sogar zwischen Landkreisen und kreisfreien Städten. Diese Abweichungen bergen Chancen, aber auch Hemmnisse für kleine Schlacht- und Verarbeitungsbetriebe (Fink-Keßler et al. 2011).

Schwierig wird es für handwerkliche Fleischbetriebe immer dann, wenn sich die Veterinär- und Zulassungsbehörden sehr eng am Gesetzestext orientieren und die Interpretationsfreiräume unberücksichtigt lassen. Eine Risikoabschätzung im Vorfeld der Genehmigung kann hier helfen. Denn die Risiken für die Bevölkerung und für das Tierwohl sind bei der industriellen Bandschlachtung deutlich größer als in kleinen Betrieben. So sind Industriebetriebe stark arbeitsteilig organisiert mit vielen Zulieferbetrieben, Vorprodukten und vielen Menschen, durch deren Hände Rohstoffe und

Fertigprodukte laufen. Die Risiken fehlerhafter Produkte und mangelnder Hygiene sind sehr viel größer als in Kleinbetrieben. Fleisch beziehungsweise Tiere stammen aus unterschiedlicher Herkunft, so dass die Vielfalt der eingeschleppten Keime entsprechend groß und risikoreich ist. Kreuzkontaminationen von Menschen und Rohwaren sind nicht auszuschließen. Diese können Rückrufaktionen oder Lebensmittelskandale nach sich ziehen, die für allen Beteiligten der Wertschöpfungskette, einschließlich der Veterinärbehörden, schädlich sind (Simon 2011; Bartoschek 2017). Dies heißt nicht, dass es in handwerklichen Betrieben keine Risiken gibt. Selbstverständlich können auch dort Probleme entstehen, etwa durch Schad- und Hygienekeime. Aber sie sind aufgrund der überschaubaren Mengen und Lieferverbindungen deutlich geringer einzustufen als in der globalisierten Lebensmittelindustrie (Müller/Fink-Keßler 2015).

Die europarechtlichen Vorgaben müssen zweifellos auf die großen Risiken der industriellen Bandschlachtung und der arbeitsteilig organisierten Fleischkonzerne mit nationalen und internationalen Handelsgeschäften ausgerichtet sein. Beispielsweise ist die Einrichtung einer automatischen Hygieneschleuse mit Stiefelwaschanlage in Industrieanlagen vorgeschrieben, aber in handwerklichen Kleinbetrieben nicht unbedingt notwendig. Ähnliches gilt für Sterilisiergeräte für die Messer, deren Nutzung dann nicht verpflichtend sind, wenn- wie im Handwerk – keine Zeitnot beim Zerlegen der Tiere herrscht und ausreichend gereinigte Messer auf dem Tisch liegen können. Häufig können die handwerklichen Betriebe die bestehenden Risiken für Tiere, Mitarbeiter/innen und die Fleischhygiene durch andere organisatorische oder technisch vereinfachte Lösungen kontrollieren. Wenn die zuständige Behörde aber trotz theoretisch möglicher Ausnahmeregelung auf der Investition in eine Stiefelwaschanlage oder in ein Sterilisiergerät besteht, müssen auch handwerkliche Betriebe die zusätzlichen Kosten ohne nennenswerten Zusatznutzen aufwenden. Auch umfassende Dokumentationspflichten und Eigenkontrollen gehören zu den Anforderungen, die kleinere Betriebe übergebührend belasten (Emmann/Theuvsen 2014). Denn neben dem Geschäftsinhaber oder der -inhaberin gibt es in der Regel keine weitere Person, die für Ein- und Verkäufe, Kontrollen und Dokumentation zuständig ist. Neben den vielfältigen Verwaltungsaufgaben ist auch die Kenntnis der aktuellen Gesetzeslage wichtig. Dies beansprucht viel Zeit, die für das Management der Produktion häufig fehlt (Kähler et al. 2018).

Aus dem Bereich des Lebensmittelrechts lassen sich folgende Beispiele anführen: Seit dem 01.12.2016 gilt eine novellierte EU-Lebensmittelinformationsverordnung, die nicht nur Angaben über Inhaltsstoffe, sondern auch über Nährstoffanteile (Eiweiß, Fett usw.) erforderlich macht. Trotz

Ausnahmeregelung im EU-Recht wird diese Verordnung in manchen Bundesländern sehr eng ausgelegt. Problematisch für die handwerkliche Produktion ist die Tatsache, dass Naturprodukte, wie luftgetrocknete Rohwurst oder Leberwurst im Glas, schwankende Anteile aufweisen. Dies erfordert häufige Laboranalysen, um die Angaben zu überprüfen und neue Etiketten zu drucken. Die Ergänzung zur EU-Tierschutz-Schlachtverordnung 1099/2009 verlangt, dass Metzger und kleine Schlachtunternehmen ab dem 01.01.2020 neue Zangen zur Betäubung von Schafen und Schweinen anwenden. Die Anschaffungskosten für die Zange sind hoch. Die Messdaten zur Betäubungswirkung werden zwar automatisch aufgezeichnet, die Dokumentation der Daten ist aber aufwendig. Auch in diesem Fall haben die handwerklichen Metzger keinen Nutzen von der Messung und Aufzeichnung, da sie die Betäubung auch anhand des Lidreflexes und der Atmung prüfen können.

Anders als die kleinen Schlachtbetriebe verfügen große Fleischkonzerne über Verwaltungsabteilungen, Juristen, hauseigene Hygiene- und Kontrollbeauftragte, die ausschließlich für die Qualitätssicherung, die Dokumentation oder den Kontakt mit der zuständigen Behörde zuständig sind. Hierdurch sind sie im Wettbewerbsvorteil im Vergleich zu den kleinen und mittleren Schlachtbetrieben und Metzgereien.

Aus Sicht der Lebensmittelhygiene und des Tierwohls sind die Anforderungen in der Regel zu begrüßen. Da höhere Anforderungen in der Regel mit Investitionskosten oder organisatorischen Herausforderungen verbunden sind, war in der Vergangenheit zu beobachten, dass mit jeder Gesetzesnovelle vor allem kleine und handwerklich ausgerichtete Betriebe schlossen (Müller 2016). Für die Familienbetriebe ist das als unproblematisch zu bewerten, wenn die ältere Generation ohnehin in Ruhestand geht. Aber für das Image der Fleischerzeugung und die Verfügbarkeit regionaler Fleischprodukte war es von Nachteil. Viele Bürgerinnen und Bürgern lehnen die langen Transportstrecken und Wartezeiten für das Schlachtvieh ebenso wie den Tötungsprozess in den industriellen Schlachtfabriken ab (Wissenschaftlicher Beirat beim BMEL 2015).


*4 Schlussfolgerungen*

Die landwirtschaftliche Nutztierhaltung und die Produktion von Fleisch nehmen seit Jahren deutlich zu, sowohl für den Konsum in Deutschland als auch für den Exportmarkt (DBV 2016). Während früher Handwerksbetriebe und mittelständische Unternehmen die Fleischbranche prägten, hat in den letzten Jahrzenten ein fundamentaler Wandel stattgefunden. Die

Verlierer dieser Entwicklung sind das Fleischhandwerk und die damit verbundene regionale Fleischwirtschaft. Im Gegenzug hat sich die industrielle, hochtechnisierte Schlachtung mit Fleischverarbeitung in Großkonzernen etabliert, die auf die Zulieferung entsprechend großer Chargen aus ebenfalls industriell aufgestellten Tierhaltungsunternehmen angewiesen ist. Das gesamte System ist auf die Produktion großer Mengen und auf Kosteneffizienz ausgerichtet. Frischfleisch und Wurstwaren werden für den heimischen, den europäischen und den internationalen Markt hergestellt.

Die kritischen Stimmen zu den vorherrschenden Prozessen der konventionellen Vieh- und Fleischindustrie mehren sich. Sowohl zivilgesellschaftliche Initiativen[3] als auch anerkannte Expert/innen[4] halten die Praktiken, die sich in den letzten Jahrzehnten etabliert haben, oft für nicht mehr vereinbar mit dem Tierwohl, der Ethik sowie den ökologischen und sozialen Nachhaltigkeitsstandards der Gesellschaft. Der Aufbau und insbesondere der Erhalt alternativer Wertschöpfungsketten im Fleischsektor, die sich von den konventionellen Systemen abgrenzen, indem sie Regionalität, besondere Tierschutz- und andere Prozessstandards gewährleisten, sind aber den gleichen ökonomischen und rechtlichen Gegebenheiten unterworfen wie die ansonsten industriell geprägte Fleischbranche.

## 5  Literatur

Arens, L. Diemel, M. und Theuvsen. L. (2011). Transparenz in der Fleischerzeugung – Wahrnehmung durch den Verbraucher am Point of Sale: YSA 2011, 189 – 216

Albersmeier, F. und Spiller, A. (2009). Das Ansehen der Fleischwirtschaft: Zur Bedeutung einer stufenübergreifenden Perspektive. In: J. Böhm, F. Albersmeier und A. Spiller (Hrsg.): Die Ernährungswirtschaft im Scheinwerferlicht der Öffentlichkeit, 4. Aufl. Josef Euler Verlag, Lohmar und Köln, S. 213-250.

Bartoschek, D. (2017) Fipronil-Eier und kein Ende. SWR Umwelt und Ernährung. https://www.swr.de/marktcheck/globaler-markt-und-lieferketten-fipronil-eier-und-kein-ende/-/id=100834/did=20081386/nid=100834/1ao40e0/index.html

---

3  Mitglieder der Europäischen Dachorganisation für Tierschutz „Eurogroup for Animals", wie z. B. Vier Pfoten mit der Kampagne ‚#Stopthetrucks' (2016).

4  Der wissenschaftliche Beirat für Agrarpolitik beim Bundesministerium für Ernährung und Landwirtschaft hat das Gutachten ‚Wege zu einer gesellschaftlich akzeptierten Nutztierhaltung' veröffentlicht (2015).

BMEL – Bundesministerium für Ernährung und Landwirtschaft (2016a). Landwirtschaft verstehen. Informationsbroschüre des Bundesministeriums für Ernährung und Landwirtschaft. https://www.bmel.de/SharedDocs/Downloads/Brosch ueren/Landwirtschaft-verstehen.pdf

BMEL (2016b) Pflicht zur Herkunftsangabe bei Schweine-, Schaf-, Ziegen- und Geflügelfleisch. https://www.bmel.de/DE/Ernaehrung/Kennzeichnung/Verpflichte ndeKennzeichnung/Produktbezogene_Kennzeichnungsregelungen/_Texte/Lebe nsmittelInformationsverordnung-Fleisch.html

BVDF – Bundesverband der Deutschen Fleischwarenindustrie e.V. (2014). Discountanteil über 40%. https://www.bvdf.de/aktuell/discountanteil_ueber_vierzi g_prozent/ (Heruntergeladen 31.1.2017)

DBV – Deutscher Bauernverband (2016). Situationsbericht. Erzeugung und Märkte. https://www.bauernverband.de/situationsbericht-2015-16 (Heruntergeladen 30.1.2017)

Deutscher Fleischer-Verband (2016). Geschäftsbericht des Deutschen Fleischer-Verband e.V. http://www.fleischerhandwerk.de/presse/geschaeftsbericht-zahlen-und -fakten.html. (Heruntergeladen 30.1.2017)

Emmann, C. und Theuvsen, L. (2014). Gelebte Regionalvermarktung durch selbstschlachtende Fleischer: Herausforderungen und Handlungsempfehlungen. Präsentation einer Studie im Auftrag der Niedersächsischen Marketinggesellschaft und des Instituts für Betriebswirtschaftslehre des Agribusiness. Department für Agrarökonomie und Rurale Entwicklung der Universität Göttingen. Göttingen, 18.11.2014.

Fink-Keßler, A., Müller, H.-J. und Franz, I. (2011). Flexible Vorschriften – ein Zukunftsmodell? Folgerungen aus den Erfahrungen mit der Umsetzung der neuen EU-Hygienevorschriften. In: Landwirtschaft 2011. Der Kritische Agrarbericht. AgrarBündnis (Hg), 2011, Hamm, S. 141-144.

Fink-Keßler, A. und Müller, H.-J. (2011). Aushandlungsprozesse auf Augenhöhe. Hilfestellungen zur Umsetzung der EU-Hygieneverordnungen durch Biobetriebe mit handwerklicher Fleischverarbeitung. In: Beiträge zur 11. Wissenschaftstagung Ökologischer Landbau, Justus-Liebig-Universität Gießen, 16. -18. März 2011, Köster-Verlag, Berlin, S. 378-381.

Fink-Keßler, A. und Müller H.-J. (2014): (Fast) zerbrochene Beziehungen. Über Chancen und Hemmnisse regionaler Fleischvermarktung. In: Landwirtschaft 2014. Der Kritische Agrarbericht. AgrarBündnis (Hg), 2014, Hamm, S. 164-167.

Foodwatch (2015). Sag' mir, woher Du kommst. https://www.foodwatch.org/de/inf ormieren/herkunftsangaben/mehr-zum-thema/hintergrund/

Greiner, A. (2016). Klasse statt Masse. In: Fleischatlas – Daten und Fakten über Tiere als Nahrungsmittel. Deutschland Regional. Heinrich-Böll-Stiftung und BUND, Berlin. https://www.bund.net/fileadmin/user_upload_bund/publikation en/massentierhaltung/massentierhaltung_fleischatlas_regional_2016.pdf. (Heruntergeladen 10.2.2018)

HBS – Heinrich-Böll-Stiftung, BUND, Le Monde Diplomatique (2018). Fleischatlas 2018 – Rezepte für eine bessere Tierhaltung. https://www.boell.de/de/2018/01/1 0/fleischatlas-2018-rezepte-fuer-eine-bessere-tierhaltung (Heruntergeladen 10.2.2018)

Kähler, A., A. Fink-Keßler, H.-J. Müller, M. Albrecht-Seidel (2018). Zukunft braucht Handwerk. Das Lebensmittelhandwerk erfindet sich neu und kämpft zugleich gegen die Windmühlen von Bürokratie und Reglementierung. In: Der kritische Agrarbericht 2018, Hamm, S. 324-328.

Müller, H.-J. und Fink-Keßler, A. (2015). Regionale Fleischvermarktung: Chancen und (zu) viele rechtliche Hemmnisse? In: LandinFom Spezial „Wertschöpfungs-kette Fleisch", Ausgabe 5, 2015, S. 14-15.

Müller, H.-J. (2016). Mündliche Mitteilung als Vertreter der Vereinigung ‚Ökologi-scher Landbau in Hessen e.V.' (VÖL), Experteninterview, November 2016.

Rocha, B. (2015). Ergebnisse der DVS-Online-Befragung. In: LandInForm Spezial, Wertschöpfungskette Fleisch, Ausgabe 5, 2015. Deutsche Vernetzungsstelle Ländliche Räume, Bonn.

Simon, V. (2011). Die Angst isst mit. SDZ https://www.sueddeutsche.de/leben/lebe nsmittelskandale-und-ihre-folgen-die-angst-isst-mit-1.1106330

UBA – Umwelt Bundesamt (2013). Schlachtbetriebe und Verwertung tierischer Nebenprodukte. https://www.umweltbundesamt.de/themen/wirtschaft-konsum/ industriebranchen/nahrungs-futtermittelindustrie-tierhaltungsanlagen/schlachtb etriebe-verwertung-tierischer#textpart-1. Heruntergeladen am 2.2.2017.

Unmüßig, B. und Weiger, H. (Hrsg.) (2016). Fleischatlas 2016. Daten und Fakten über Tiere als Nahrungsmittel. Deutschland regional. Im Auftrag der Heinrich-Böll-Stiftung und des BUND. https://www.boell.de/sites/default/files/fleischatlas _regional_2016_aufl_3.pdf. Heruntergeladen am 2.2.2017.

Weinkopf, C. (2018). Arbeitsbedingungen in der Fleischwirtschaft im Vergleich. Springer Link. Arb. Wiss. (2018). https://doi.org/10.1007/s41449-018-0108-9

Schalk, R. (2016). Die Ohnmacht vor dem Tod. FAZ vom 11.04.2016

Statista (2016). Statistiken zum Thema Fleisch Fleisch. Statista – das Statistikportal. https://de.statista.com/themen/1315/fleisch/. Heruntergeladen am 2.2.2017.

Statistische Ämter des Bundes und der Länder (2011). Agrarstrukturen in Deutsch-land – Regionale Ergebnisse der Landwirtschaftszählung 2010. https://www.stati stikportal.de/sites/default/files/2017-07/landwirtschaftszaehlung_2010.pdf. Heruntergeladen am 2.2.2017.

Sonnberg Biofleisch GmbH (2017). Sonnberg – Bio Wurst Erlebnis. Homepage der Firma. Geschäftsführer M. Huber. Heruntergeladen am 15.2.2017

Welt (2017). Wie kann ein Kilo Fleisch billiger sein als ein Paket Zigaretten? Wirt-schaft. https://www.welt.de/wirtschaft/article165819524/Wie-kann-ein-Kilo-Fleis ch-billiger-sein-als-ein-Paket-Zigaretten.html (Heruntergeladen 10.2.2018)

Wissenschaftlicher Beirat Agrarpolitik beim BMEL (2015). Wege zu einer gesell-schaftlich akzeptierten Nutztierhaltung. Kurzfassung des Gutachtens. Berlin. http://www.bmel.de/DE/Ministerium/Organisation/Beiraete/_Texte/AgrBeirGut achtenNutztierhaltung.html

Zentralgenossenschaft des Fleischergewerbes (2016). Geschäftsbericht 2014 der Zentralgenossenschaft des europäischen Fleischergewerbes e.G.

# Schwein gehabt? Tier- und konsumethische Aspekte des Umgangs mit Schweinen

*Nora Klopp und Franz-Theo Gottwald*

Irgendwo zwischen Kastenstand, gekürzten Ringelschwänzen und dem Kilo Schweinehack im Angebot für etwa drei Euro in den großen Discountern ist dem Schweineland Deutschland, dem drittgrößten Schweineproduzenten der Welt, die Moral abhandengekommen. Die gesamte Produktionskette für Schweinefleisch wirft genauso wie der Konsum ethische Fragen auf. Nicht nur mit Blick auf das Tier und die Tiergerechtheit von Zucht und Haltung. Auch in Bezug auf den Menschen, die Wertschätzung von Arbeit, die Gesundheit, die Umwelt und das Klima stellt sich die Frage nach der Ethik von Fleischproduktion und -konsum.

Wie sollte ein Tier leben? Unter welchen Arbeitsbedingungen wird das tägliche Fleisch hergestellt? Welcher Preis wäre angemessen und gerecht? Und welche Verantwortung haben Handel und Verbraucher? Dieser Beitrag beleuchtet einzelne Stationen des Umgangs mit Schweinen hinsichtlich ihrer ethischen Aspekte.

## 1 Einleitung

Der Fleischkonsum in der westlichen Ernährungsweise trägt zu einer Veränderung des globalen Klimas, der Böden, der Wasserressourcen und der Biodiversität bei (Fleischatlas 2016, FAO 2013). Vielfältige Folgen der Fleischproduktion und des Fleischkonsums verändern die Lebensgrundlage künftiger Generationen, wenn sie diese nicht sogar existenziell bedrohen. Darüber hinaus müssen das Tierwohl, die gesundheitlichen Aspekte sowie die Gerechtigkeit zwischen den Generationen und die sozialen Zusammenhänge in und zwischen den Gesellschaften in Ost und West sowie Süd und Nord auf dem Globus beleuchtet und neu diskutiert werden, denn all dies wird vom Umgang mit Tieren beeinflusst.

"Misswirtschaft und Kundengeiz haben [das Schwein] zur Holland-Tomate unter den Fleischsorten gemacht" schreibt Michael Allmaier (ZEIT online 2016). Tatsächlich wird kaum ein Tier in der Landwirtschaft derart „verramscht" wie das Schwein. In Deutschland werden jährlich etwa 5,3

Millionen Tonnen Schweinefleisch produziert – im Vergleich: Die Rindfleischproduktion betrug im selben Zeitraum 1,1 Millionen Tonnen.[1] Von der Zucht bis hin zur Schlachtung ist dabei alles nach ökonomischen Gesichtspunkten optimiert. Bis zu etwa 750 Gramm Gewichtszunahme pro Tag kann das deutsche Industrieschwein heute schaffen: Eine gewaltige Leistung – und eine enorme Belastung für die Physiologie und Gesundheit der Tiere (vgl. Hörning 2008: 41, 56). Die industriellen Haltungsbedingungen für Schweine stehen immer wieder in der Kritik. Platzmangel, fehlende Einstreu und Beschäftigungsmöglichkeiten sowie nicht-kurative Eingriffe, wie Schwanzkürzen, Zähneschleifen oder die betäubungslose Ferkelkastration, sind in den vergangenen Jahren in den Fokus der Öffentlichkeit gerückt (vgl. ebd.). Außerdem werden trächtige Sauen noch immer in Kastenständen fixiert, nahezu unfähig, sich zu bewegen. Von Geburt an auf Hochleistung getrimmt, leiden die Tiere im Lauf ihres immer kürzer werdenden Daseins an zahlreichen gesundheitlichen Einschränkungen und Verhaltensstörungen. Nach etwa einem halben Jahr haben die Mastschweine ihr Schlachtgewicht von circa 110 Kilogramm erreicht. Der folgende Transport, das Verladen und die Tötung bedeuten enormen Stress für die Tiere. Insbesondere bei der Schlachtung ergeben sich weitere gravierende tierschutzrelevante Probleme, etwa eine mangelhafte Betäubung (DTSB 2012b).

In Deutschland wurde in gewerblichen Schlachtbetrieben ein leichter Rückgang von knapp einem Prozent von 2.684,1 Tonnen im ersten Halbjahr 2018 auf 2.583,6 Tonnen im ersten Halbjahr 2019 der Schweinefleischerzeugung registriert.[2] Die Produktion stagniert damit, jedoch auf hohem Niveau. Entsprechend hoch ist die Dichte an Tierbestand in Deutschland. Mit 25,9 Millionen Schweinen (Stichtag: 3. Mai 2019) ist er allerdings mit 7,8 % weniger Tieren der niedrigste der letzten fünf Jahre und ein weiterer Rückgang von 3,7 % zum Vorjahr zu verzeichnen.[3]

Der Fleischverzehr nimmt erstmals wieder ab, verbleibt jedoch mit circa 1.134 Gramm (davon im Schnitt knapp 700 Gramm Schweinefleisch) pro Woche und pro Person oberhalb des von der Deutschen Gesellschaft für

---

1 https://www.destatis.de/DE/Presse/Pressemitteilungen/2019/02/PD19_043_413.ht ml (Stand: 16.9.2019.)

2 https://www.destatis.de/DE/Themen/Branchen-Unternehmen/Landwirtschaft-Forst wirtschaft-Fischerei/Tiere-Tierische-Erzeugung/Tabellen/gewerbliche-schlachtung-j ahr-halbjahr.html (Stand: 16.9.2019.)

3 https://www.destatis.de/DE/Presse/Pressemitteilungen/Grafiken/Landwirtschaft-Fo rstwirtschaft-Fischerei/2019/infografik-schweinebestand-2019.html (Stand: 16.9.2019.)

Ernährung (DGE) empfohlenen Richtwerts von maximal 600 Gramm Fleisch pro Woche (vgl. DGE 2017; Fleischatlas 2018). Finanziell bessergestellte Verbraucher/innen konsumieren zunehmend weniger Fleisch, was ein Zeichen für einen gesellschaftlichen Wertewandel sein könnte. Die Präferenzen der Konsument*innen decken sich in Bezug auf das Tierwohl nicht mit dem Angebot tierischer Produkte. Neben dem Preis für Produkte mit höheren Tierschutzstandards tragen auch die Kennzeichnungslücken und die fehlende Glaubwürdigkeit bestehender Label zu nur marginalen Veränderungen des Konsument*innenverhaltens bei (WBA 2015).

## 2 Tierethische Aspekte

Die industrielle Fleischproduktion hat vielfältige Auswirkungen auf eine nachhaltige Gestaltung unseres Lebensraums. Im Kontext der gängigen Unterteilung in ökonomische, ökologische und soziale Aspekte der Nachhaltigkeit müssen ethische Fragen entlang der gesamten Produktionskette von der Zucht bis hin zu den Endverbraucher*innen diskutiert werden.

Die von den Autoren hier verwendete Tierethik stützt sich zum einen auf die Ehrfurchtsethik von Albert Schweitzer (2008) und zum anderen auf die Mitleidsmoral von Schopenhauer (2007), geht aber darüber hinaus, indem sie dem Menschen neben Empathie auch Vernunft unterstellt. Die Tiere werden in diesem Ansatz sowohl wahr- als auch ernstgenommen. Mit dem Begriff Mitgeschöpf wird den Tieren ein Platz zwischen Sachen und Personen gegeben. Sowohl die Ähnlichkeiten als auch Differenzen zwischen Mensch und Tier werden betont: Einem Mitgeschöpf wird Mitgefühl entgegengebracht und somit prinzipiell seine Leidensfähigkeit anerkannt, dennoch erhält es über die Gesetze andere beziehungsweise weniger Rechte und Schutz (vgl. Schockenhoff 1996, Busch et al. 2006).

In der Nutztierhaltung muss aus dieser Perspektive die Frage nach der Leidensfähigkeit der Tiere gestellt werden. Zum einen gilt es zu erkennen, wie sich das Leiden der Tiere für den Menschen äußert, zum anderen, was die Ursache für Leiden sein kann. Neben dem Verhalten und der Leistung des Tieres können physiologische, zum Teil angezüchtete Parameter, klinische Veränderungen, Todesfälle und ihre Ursachen Indikatoren sein. Das britische Farm Animal Welfare Council (FAWC 1979) hat fünf Freiheiten identifiziert, die eine ideale Situation für die Nutztiere beschreiben: Freiheit von Hunger und Durst (1), Freisein von Unbehagen (2), von Schmerzen, Verletzungen und Krankheiten (3), Freiheit zum Ausleben normaler Verhaltensweisen und Freisein von Angst und Leiden (5). Ihnen liegt der Brambell Report (1965) zugrunde, der die Missstände in der industriellen

Tierhaltung aufzeigt und die nationale ebenso wie die europäische Tier-schutzgesetzgebung nachhaltig beeinflusst hat.

Tiere können sich wie auch Menschen an ihr Umfeld anpassen, jedoch darf diese Anpassungsfähigkeit des Tieres nicht überbeansprucht werden, wie es derzeit in der Nutztierhaltung geschieht (Busch et al. 2006). Die In-tegrität des einzelnen Tieres muss erhalten bleiben. Sie umfasst die Ge-sundheit und das Miteinander der Tiere, aber auch das Verhalten dem Menschen gegenüber. Aus diesen grundsätzlichen ethischen Überlegungen heraus folgen für den Menschen gebotene Verhaltensweisen den Tieren und damit auch den Schweinen gegenüber.

### 2.1 Zuchtethik

Die Schweinezucht richtet sich heutzutage an der (extremen) Fleischleis-tung aus – keine Rolle spielen hingegen Langlebigkeit, Gesundheit und Robustheit der Tiere.[4] Nachgefragt wird mageres Schweinefleisch. Durch eine entsprechende Zucht und die Entwicklung der Mastleistung ver-suchen die Betriebe, die Wünsche der Konsument*innen nachzukommen (Hörning 2008). Besonders die industrielle Tierzucht von Hybriden ist kos-ten- und ressourcenintensiv. Sie stammen aus Inzuchtlinien, die ihre Ei-genschaften bei einer weiteren Kreuzung verlieren. Der Markt wird von Hightech-Fortpflanzung mit der Besamung durch wenige Zuchttiere be-herrscht. Dieses System führt zu einer Optimierung einiger weniger Ras-sen mit immer kürzerer Mastdauer bei abnehmendem Futterinput. Leid-tragende sind die Schweine, die bei einer zunehmend quantitativen Steige-rung der Fleischproduktion ihre Lebensqualität einbüßen: Sie werden al-lerdings – und dies muss aus Fairness den Mästern gegenüber klargestellt werden – entsprechend der Konsument*innenwünschen und den durch-rationalisierten, kostengünstigen Haltungsbedingungen gezüchtet (vgl. ebd.).

Die vermeintlich positiven Effekte der verkürzten Mastzeit, des hohen Anteils an Magerfleisch sowie die größeren Würfe bringen jedoch negative Veränderungen der Tiere – sowohl hinsichtlich ihrer Gesundheit als auch ihres Verhaltens – mit sich. So fehlt es den Schweinen an Vitalität, ihre Fruchtbarkeit sinkt, Muskeldegenerationen lassen sich beobachten und das Herz-Kreislaufsystem wird durch zusätzlich gezüchtete Muskelpakete in

---

4 Vereinzelte Ausnahmen finden sich in der ökologischen oder extensiven (als Pen-dant zur intensiven) Tierhaltung.

Mitleidenschaft gezogen. Ebenso lässt sich feststellen, dass die Tiere schneller erregbar sind, was sich in nervösem Kauen, hektischen Bewegungen und Schwanzbeißen manifestiert. Neben dem Leid für das Tier wirken sich diese Veränderungen auch auf die Fleischqualität aus. Durch den Stress weist das Fleisch PSE-Strukturen (Pale – hell, Soft – weich, Exudative – wässrig) auf (ebd.). Aus ethischer Perspektive ist das daraus resultierende Leid der Schweine nicht hinnehmbar.

Als Züchter von Nutztieren ist der Mensch verantwortlich für ihr Wohl. Unnötiges Leid durch die Anpassung von Physiognomie und Physiologie der Tiere für eine vereinfachte Haltung oder eine zusätzliche Rippe eines Schweines sind sowohl ethisch als auch tierrechtlich mehr als fragwürdig. Die Berücksichtigung von Gesundheit und Langlebigkeit bei der Auswahl der Leistungsmerkmale sowie die physiologischen und verhaltensbezogenen Merkmale, die dem Wohlsein der Tiere dienen, müssen (jenseits der Leistungsbeurteilung) aus ethischer Perspektive zwingend Beachtung finden.

Auch die Zentralisierung und Monopolisierung des Zuchtgutmarktes sind aus umwelt- und tierethischer Perspektive bedenklich, denn sie haben verheerende Auswirkungen auf die Artenvielfalt der landwirtschaftlichen Nutztierrassen und ihre Kultivierung. Insbesondere in den Entwicklungsländern sind die Menschen auf lokal angepasste, robuste Rassen angewiesen, die durch Zucht der Landwirte weiterentwickelt werden können. Der Klimawandel wird Pflanzen und Tieren zukünftig noch mehr Anpassungsleistung abverlangen. Die Probleme der modernen Hochleistungszucht sind aber auch im Biosektor eine zunehmende Herausforderung. Es werden robuste Tiere für die extensiven Haltungsbedingungen benötigt. Viele Praktiken sind nicht mit der Grundhaltung innerhalb der ökologischen Land- und Viehwirtschaft vereinbar. Der Trend muss daher eindeutig hin zu mehr bäuerlicher Selbstbestimmung und mehr Schutz der Agrarbiodiversität gehen (vgl. Fleischatlas 2016).

Deshalb wird vermehrt in die „andere Richtung" geforscht werden müssen: Robuste, stressstabile Tiere, mittlere Leistung bei langer Nutzungsdauer für die Muttersauen, stabile Konstitution und hervorragende Fleischqualität, aber auch gute Muttereigenschaften sind hier die primären Kriterien. Ein entsprechendes Verbot der Patentierung von Lebewesen sollte darüber hinaus seitens der EU beziehungsweise weltweit durch internationale Institutionen durchgesetzt werden, damit auch die bäuerliche Nachzucht und die Pflege lokaler Rassen ohne „Nachbaugebühren" möglich bleiben.

## 2.2 Haltungs-Ethik

In Bezug auf die Tierhaltung hat der Gesetzgeber im Tierschutzgesetz den Grundsatz in § 1 formuliert, dass niemand „einem Tier ohne vernünftigen Grund Schmerzen, Leiden oder Schäden zufügen [darf]".[5] Er spricht im ersten Satz gar von Verantwortung gegenüber dem Tier als Mitgeschöpf des Menschen. In der Realität der industriellen Fleischproduktion ist davon wenig zu sehen. Denn de facto wird das Tier den Haltungsbedingungen angepasst und nicht umgekehrt die Haltungsbedingungen den Bedürfnissen der Tiere (Hartung 2007).

Daraus resultiert, dass die Tiere unter Platzmangel, zu hoher Besatzdichte, kontrollierter, reizarmer Umgebung, Langeweile, homogenen Gruppen und mangelnden Möglichkeiten zur Ausübung arteigener Verhaltensweisen leiden. So fehlt dem Schwein das Wühlen bei der Futtersuche, es wird ihm die Möglichkeit eines Nestbaus vorenthalten, aber auch soziale Interaktionen, Auslauf und Beschäftigungsmöglichkeiten sowie ein geeigneter Rückzug werden den Tieren entzogen. Aus Kostengründen halten viele Betriebe Schweine auf Spaltenböden aus Beton. Das aufsteigende Ammoniak aus den angesammelten Fäkalien greift die Lungen der Tiere an; das Laufen auf dem Spaltenboden führt zu Klauen- und Gelenk-Erkrankungen. Der Anteil an Schweinen, die aufgrund von Verletzungen oder Krankheiten noch nicht einmal die sechs Monate bis zur Schlachtung überleben, liegt bei rund zehn Prozent (DTSB 2012b).

In Kombination mit den Zuchtzielen führen die nicht tiergerechten Haltungsbedingungen zu gravierenden Verhaltensstörungen, verbunden mit Leid und Schmerz für die betroffenen Tiere, wie stereotypes Verhalten und Aggression beim Schwein. Um dies zu verhindern, werden nicht etwa die Haltungsbedingungen verbessert, sondern die Schwänze und Ohren vorsorglich gekürzt. Dies geschieht in den ersten Lebenstagen – und wie die Kastration der Ferkel – oft noch immer ohne Betäubung[6] (vgl. Wolfschmidt 2016). Ethisch bedenklich in Bezug auf die fünf Freiheiten des Farm Animal Councils sind zum einen das Freisein von Unbehagen, Schmerzen, Verletzung und Krankheiten sowie das Ausleben normaler Verhaltensweisen ohne Angst und Leiden (Busch et al. 2006: 61).

Die Diskussion um die Tierhaltung verläuft häufig sehr emotional, was sich unter anderem darauf zurückführen lässt, dass oft nicht klar definiert

---

5 http://www.gesetze-im-internet.de/tierschg/BJNR012770972.html (Stand: 16.9.2019.)
6 Vgl. Fußnote 5

ist, was darunter zu verstehen ist. Tierwohl-Aspekte mit Bezug auf die Haltung spielen dabei jedoch eine große Rolle. Was ist unter Tierwohl in diesem Zusammenhang zu verstehen? Während Gesundheit ein zentraler Indikator ist, lässt sich der Begriff jedoch nicht darauf reduzieren. So leitet das Bundesministerium für Ernährung und Landwirtschaft (BMEL) das Wort Tierwohl direkt vom englischen Begriff animal welfare ab. Zweck des Tierschutzgesetzes ist es, „aus der Verantwortung des Menschen für das Tier als Mitgeschöpf dessen Leben und Wohlbefinden zu schützen. Niemand darf einem Tier ohne vernünftigen Grund Schmerzen, Leiden oder Schäden zufügen" (TierSchG 2016). Die staatliche „Tierwohl-Initiative" arbeitet seit 2014 an einer praktischen Umsetzung anhand von Maßnahmen, die zu einer tierschutzgerechten Haltung sowie höheren Hygienestandards und besserer Tiergesundheit führen sollen. Der Fokus liegt dabei nicht nur auf Kleinbetrieben, sondern unterstützt implizit auch Großunternehmen bei der Verwirklichung von Tierwohl-Standards in ihren Betrieben. Die Risiken für das Tierwohl können jedoch mit der Größe der Tierbestände zunehmen. Die Massentierhaltung und die damit einhergehende höhere Produktionsintensität stellen besondere Anforderungen an das Management des Betriebs. Insbesondere die Ausbildung und Qualifikation des Personals und des Managements nehmen eine zentrale Rolle ein. Denn Sachkunde und Fähigkeiten im Umgang mit den Tieren sind unerlässlich, um die Tierwohl-Aspekte berücksichtigen zu können. In der extensiven und intensiven Tierhaltung kommen dabei unterschiedlichste Schwerpunkte zum Tragen, die es in puncto Tierwohl zu beachten gilt.

## 2.3 Transport- und Schachtethik

### 2.3.1 Transport

In Deutschland werden mindestens 360 Millionen Nutztiere jährlich mindestens einmal transportiert, wobei Geflügeltransporte hierbei noch nicht mit eingerechnet sind.[7] Der erste Transport findet oft vom Zuchtbetrieb zum Mastbetrieb statt. Sobald die Tiere ihr Schlachtgewicht erreicht haben, treten sie eine weitere und auch letzte Reise zum Schlachthof an. Zu unterscheiden ist zwischen Transporten innerhalb einer Region, eines Landes, eines Kontinents, manchmal auch einer interkontinentalen Verschiffung.

---

7  https://www.tierschutzbund.de/Kampagne-tiertransporte (Stand: 16.9.2019.)

Ein Regelwerk für Tiertransporte bietet die Tierschutztransportverordnung:[8] Ein innerstaatlicher Transport zum Schlachthof darf in Deutschland nicht länger als acht Stunden dauern, Ausnahmen sind jedoch erlaubt. Im jährlichen Bericht der Bundesrepublik Deutschland gemäß Artikel 27 Absatz 2 der Verordnung (EG) Nr. 1/2005 über durchgeführte Kontrollen von Tiertransporten von 2013 ergibt sich folgendes Bild: Nichteinhaltung der Vorschriften hinsichtlich Ladekapazität, Lüftung, Wasserversorgung, Anbindung, Ruhe- und Fütterungszeiten bei 23 Prozent der Schweinetransporte. Festzuhalten sind ferner eine niedrige Kontrollfrequenz sowie seltene rechtliche Konsequenzen für die Spediteure: Bei über 60 Prozent der festgestellten Verstöße wurden lediglich Belehrungen ausgesprochen (BMEL 2013).[9]

Trotz der europaweiten „8-Stunden-Kampagne" mit mehr als einer Million Unterschriften, bei der eine Begrenzung der Transportzeit innerhalb der EU auf acht Stunden gefordert wurde, und obwohl sich die Mehrheit der Abgeordneten der Forderung mit der Schriftlichen Erklärung 49/2011 angeschlossen hat, teilte die EU-Kommission im März 2014 lediglich mit, dass anstelle einer Zeitbegrenzung eine konsequentere Umsetzung und Berichterstattung im Rahmen der bestehenden Bestimmungen erfolgen sollen (EU 2013). Bei der deutschen Agrarministerkonferenz im September 2014 haben die Minister sich für länderübergreifende Schwerpunktkontrollen von Tiertransporten ausgesprochen, um die tierethisch gebotene Einhaltung der geltenden Regeln sicherzustellen. 2015 wurde die Initiierung für 2016 in Anbindung an die europaweite Traffic Information System Police (TISPOL) im Protokoll der Agrarministerkonferenz in Fulda erneut festgehalten.

Aus ethischer Perspektive mit Blick auf die vom britischen Farm Animal Welfare Council aufgestellten normativ gedachten „5 Freiheiten" werden aktuell bei den meisten Tiertransporten zumindest vier der fünf verletzt. Die Schweine werden in mehrstöckigen Transportern zu den Mastbetrieben beziehungsweise zum Schlachthof gebracht. Die Fahrt bedeutet für die Tiere Stress. Daraus resultierende Verletzungen und Schmerzen aufgrund von langen Stehzeiten im Transporter sind ethisch bedenklich. Die Trennung von hierarchisch strukturierten Schweinegruppen und die neue Zusammenstellung in Transport- und Schlachtgruppen löst bei den Tieren zusätzlich Angst aus. Oft fehlt den Tieren die Möglichkeit, vor, während

---

8  Vgl. Fußnote 5
9  https://www.tierschutzbund.de/news-storage/landwirtschaft/270716-verstoesse-bei-tiertransporten-nehmen-zu.html (Stand: 16.9.2019.)

und nach dem Transport zu saufen, die Fütterungen werden zur Stressminderung bereits 18 Stunden vor dem Transport ausgesetzt. Gründe dafür sind jedoch nicht allein der Stress der Tiere, sondern insbesondere auch die gewünschte Fleischqualität.[10]

Die tierethischen Forderungen betreffen mithin eine Beschränkung der Transportzeit, die Bewahrung beziehungsweise Schaffung von Strukturen für kurze Transportwege, umfassendere, unabhängige und unangekündigte Kontrollen, strengere Auflagen und entsprechende Sanktionen bei Nichteinhaltung von Normen, umfassendere Versorgungskriterien, Schulung von Fahrern und Arbeitern in Bezug auf Tierwohlaspekte sowie die Ausstattungsstandards der Fahrzeuge. Die Begrenzung der Transportzeit für Schlacht- und Masttiere auf maximal vier Stunden (national), bei internationalen Transporten auf maximal acht Stunden wurde in der bereits erwähnten „8-Stunden-Kampagne" gefordert. Eine entsprechende rechtliche Umsetzung findet sich derzeit weder auf nationaler Basis noch auf der europäischen Ebene. Mit dieser Forderung geht die Schaffung einer Infrastruktur einher, die solche Transportzeiten ermöglicht. Hierzu gehören regionale Schlachthöfe beziehungsweise mobile Schlachteinheiten. Dieses Vorgehen würde auch kleinere Betriebe stützen beziehungsweise erhalten. Eine grundsätzliche Verpflichtung zur Schlachtung von Nutztieren am nächstgelegenen Schlachthof wäre in diesem Sinne zu befürworten (Fleischatlas 2016: 42). Des Weiteren ist die Anwesenheit eines Amtstierarztes bei Tiertransporten mit einer Dauer von mehr als vier Stunden bei Aufladung notwendig, um die Transportfähigkeit und Ladedichte der Tiere während des Ladevorgangs und für den Transport kontrollieren zu können. Aber auch der Abladevorgang nach Transporten mit einer Dauer von mehr als vier Stunden zur Kontrolle des Gesundheitszustands der Tiere sowie die Einhaltung der Tierschutzkriterien sollten durch den Amtstierarzt begleitet werden (DTSB 2012a).

Erweiterte Befugnisse eines größeren Stabs von Kontrollpersonen müssen eine Erhöhung der Kontrollen im Rahmen von EU-weiten, einheitlichen Regelungen der Zuständigkeiten ermöglichen. Eine verbesserte Zusammenarbeit der internationalen Behörden bei Kontrollen sowie bei der sofortigen Ahndung und Bestrafung von Verstößen würde einen großen Gewinn für die Tiere und ihr Wohl bedeuten. Spezielle Schulungen mit Blick auf das Tierwohl mit Erfolgsprüfung, Fortbildungen und unabhängi-

---

10  https://www.aid.de/inhalt/schweinefleisch-verarbeitung-1000.html (Stand: 16.9.2019.)

ge Kontrollen beziehungsweise Supervisionen in der Praxis sind für Transporteure, Kontrolleure und Polizei zu fordern.

Für den Tiertransport wird aus tierethischer Sicht ein Verbot elektrischer Treibhilfen gefordert. Stattdessen sollte in die Ausstattung investiert werden: Hierzu gehören rutschfeste Laderampen mit einer maximalen Steigung von 15 Grad, die seitlich solide begrenzt sind, aber auch die Festlegung einer maximalen Ladedichte für jedes Transportfahrzeug. Die Transportfahrzeuge müssen so gestaltet sein, dass die Kontrolle und der Zugang zu jedem einzelnen Tier gewährleistet sind und alle Tiere ausreichend Platz zum Liegen und Wiederaufstehen haben. Zusätzlich zu einem mechanischen Belüftungssystem für den Laderaum werden eingestreute Ladeflächen gefordert (ebd.).

### 2.3.2 Ethische Aspekte der Schlachtung

Dem Transport folgt das Schlachten selbst. Auch hier ist Effizienz der Maßstab des derzeitigen Modells. Gerade am Ende der Produktionskette lassen sich große Defizite ausmachen, die von den Konsument\*innen weitgehend ausgeblendet werden. Denn der Zeitstress in den hochindustrialisierten Schlachtbetrieben ist enorm: Die Schlachtzahlen erreichen bis zu 1.500 Schweine pro Stunde, sodass dem Personal nach der Elektrobetäubung im Schnitt weniger als zwei Sekunden Zeit bleibt, um ein Schwein zu stechen. Wenn der Stecher die großen Gefäße verfehlt, ein Tier übersieht oder ein Tier nur unzureichend betäubt ist, dann ist das Schwein am Schlachtband lebendig und wach. Nur selten finden sich Kontrollsysteme, um diese Tiere vor dem Verbrühen bei vollem Bewusstsein im anschließenden Brühsystem zur Entborstung zu bewahren. Dies geschieht jedoch bei einer halben Million Schweine jährlich (DTSB 2012b; Reymann 2016).

Ein zentrales Problem ist häufig die fehlende Schulung und Sachkompetenz der Schlachtmitarbeiter. Sie vergrößern das Leiden der Tiere an dieser letzten Station ihres ohnehin kurzen Lebens. Unnötiger Stress entsteht für die Schweine durch das Mischen von Gruppen. Sie leben während der Mast in geregelten hierarchischen Strukturen, die (wenn nicht schon vorher beim Transport) am Schlachthof aufgebrochen werden, sodass die Tiere versuchen, wieder gewaltsam eine Ordnung herzustellen. Das Schlachten selbst verursacht darüber hinaus einen aus ethischer Perspektive nicht vertretbaren Stress, aber auch Schmerzen. In großen Schlachtbetrieben müssen die Tiere natürlich der Betäubung und Schlachtung ihrer Artgenossen zusehen, was zusätzlich zu Stress und Unbehagen – durch das veränderte Umfeld – Angst auslöst.

Für das ethisch anzustrebende Tierwohl am Ende des Lebens in der Fleischproduktionskette muss die Geschwindigkeit aus dem Prozess genommen werden. Zunächst kann dies auf das Akkordschlachten bezogen werden. Hier ist ein klares Verbot zu fordern, sodass die sachgerechte Betäubung eines jeden Tieres kontrolliert und festgestellt sowie bei Abweichungen von der Betäubungswirkung eingegriffen werden kann. Dies ist nur dann gegeben, wenn jedes individuelle Tier zu jedem Zeitpunkt der Schlachtung seinem Zustand entsprechend behandelt wird. Ethisch lassen sich weitere Forderungen an eine tiergerechte Schlachtung stellen:

Erstens: Nur voll funktionsfähige, dem Tier angepasste und dem Stand der Technik entsprechende Betäubungsgeräte dürfen zum Einsatz kommen. Eine kontinuierliche Weiterentwicklung schonender Betäubungs- und Schlachtmethoden und ein zunehmender Austausch zwischen Wissenschaft, Behörden und Unternehmen würden den Tieren zugutekommen.

Zweitens: Die Wartebereiche sollten so ausgestattet sein, dass die Tiere dort Ruhe finden können, anstatt zusätzlichem Stress ausgesetzt zu sein. Diese Ruhezonen müssen bauliche, technische und managementbedingte Anforderungen erfüllen, die an die Bedürfnisse der Tiere anzupassen sind (u. a. Klima, Licht, Lüftung, rutschfeste und trockene Böden). Alle Tiere müssen die Möglichkeit haben, zur gleichen Zeit zu liegen. Insbesondere die Wartebuchten für Schweine müssen durch geschlossene Wände voneinander getrennt sein, die einen Sichtschutz zur Nachbargruppe bieten und damit den Stress für die Tiere maßgeblich reduzieren.

Drittens: Der Zugang zu Trinkwasser wird vielen Nutztieren in den letzten Stunden ihres Lebens verwehrt. Das muss geändert werden. Darüber hinaus sind Fütterung und Liegemöglichkeit bei der Aufstallung von mehr als sechs Stunden für eine tiergerechte Handhabe essenziell.

Viertens: Wie auch in den anderen Schritten der Produktionskette ist ein aktueller Wissensstand mit Fokus auf das Tierwohl aus ethischer Perspektive unumgänglich. Verpflichtende Sachkundenachweise und regelmäßige Fortbildungen der Arbeiter, Veterinäre und Tierschutzbeauftragten sind auch im Kontext des Schlachtens notwendig. Unabhängige Tierschutzbeauftragte für jeden Betrieb, die weisungsbefugt eingreifen können und regelmäßig über Missstände berichten, werden ebenfalls aus Gründen des Tierwohls gefordert. Um die Missstände zu beseitigen, genügen keine Stichproben. Nur durch ein engmaschiges Kontrollsystem könnten diese Fälle vermieden werden.

## 2.4 Arbeitsethik

Neben den Tieren würde die Umsetzung der Forderungen zu Tierschutz im Sinne eines One-Health-Approaches (Yamada et al. 2014; BMEL/BMBF 2015) auch den in der Industrie beschäftigten Menschen zugutekommen. Denn das Leid der Tiere ist nur die eine Seite der Medaille. Die andere Seite betrifft das Leid der Menschen, die Ausbeutung ihrer eigenen Gesundheit und die ethisch nicht haltbaren Arbeitsbedingungen innerhalb der Schlacht- und Verarbeitungsindustrie. Beispielsweise leben in Niedersachsen Schlachtarbeiter zum Teil im Wald, wenn die 8-Bett-Zimmer bereits ausgebucht sind – wobei für die Miete eines Betts etwa 300 Euro pro Monat verlangt werden. Diese Arbeitskräfte werden dort deshalb umgangssprachlich als „Waldmenschen" bezeichnet, weil sie schlecht bezahlt werden und für einen Hungerlohn Billigfleisch produzieren (müssen) (vgl. Kunze 2014). Zwischen Oldenburg in Niedersachsen und Rheda-Wiedenbrück in Nordrhein-Westfalen steht Deutschlands größte Schlachtanlage. Hier werden jedes Jahr allein 3,5 Millionen Tonnen Schweinefleisch produziert. Diese Massenproduktion ist in einem System verankert, das zum einen von Hochtechnologie und zum anderen von Menschenhandel, insbesondere aus Osteuropa, dominiert wird. Aufgrund einer Gesetzeslücke kann das Recht der entsprechenden Herkunftsländer der Arbeiter angewandt werden. Dies geschieht in Form von Werkverträgen, über die Betriebe aus den neuen EU-Mitgliedsstaaten Arbeitskräfte an Firmen in Deutschland ausleihen. Mindestens 40.000 Menschen arbeiten in Deutschland in prekären Anstellungsverhältnissen wie diesen; zumeist sind sie für das Schlachten und Zerlegen zuständig. Die Arbeitnehmer sind zum Teil weder versichert noch erhalten sie formale Gehaltsabrechnungen. Um weitere Effizienz bemüht, werden immer weitere Aufgaben auf Subunternehmen übertragen. Nur so kann die Gewinnspanne bei geringen Endverbraucherpreisen aufrechtgehalten werden. Die Leidtragenden sind neben den Tieren also auch die Arbeiter (vgl. ebd.; Fleischatlas 2016).

Die Industrialisierung der Land- und Viehwirtschaft hat darüber hinaus in den vergangenen Jahrzehnten viele Arbeitsplätze gekostet. Die Anzahl konventioneller Betriebe sinkt, während die Nutztierbestände zumindest gleichbleiben, wenn nicht sogar ansteigen. Für einen Mastbetrieb der neuen Generation mit 60.000 Schweinen und mehr wird kaum eine Arbeitskraft benötigt. In den modernen Tierhaltungsbetrieben ist die gesamte Versorgung automatisiert, von der Fütterung über die Lüftung bis hin zum Abtransport. Das Versprechen insbesondere ausländischer Investoren, durch solche Anlagen Arbeitsplätze zu schaffen, entspricht daher nicht der Realität. Klein- und Familienbetriebe können dieser Konkurrenz oft nicht standhalten. Dies führt zum Höfesterben, zur Ausdünnung dörflicher Gemeinschaften und Arbeitslosigkeit auf dem Land (vgl. BMEL 2015; Fleischatlas 2016).

Die Gesundheit der Arbeiter ist deshalb unmittelbar gefährdet, denn die Massentierhaltung bringt mit sich, dass „Brutstätte[n] für multiresistente Keime, gegen die manchmal keine Antibiotika mehr wirken" entstehen (Kunze 2014). Doch bereits vor der Fertigstellung des Endprodukts treten Gesundheitsgefahren für Landwirt/innen, Anwohner/innen und Konsument'*innen auf. Die Anzahl der Nutztierbestände führt zu Gesundheitsrisiken, wie beispielsweise in Vechta und Cloppenburg (Niedersachsen), wo bereits heute mehr Schweine als Menschen leben. Die hohe Dichte von Tieren begünstigt die Entstehung und Ausbreitung von Seuchen. In der Geflügel- und Schweinemast wachsen die Besatzdichten immer weiter an (Fleischatlas 2016). Durch diese Konzentration drohen den Menschen in den betroffenen Regionen zunehmend ernsthafte gesundheitliche Risiken. Neben den Böden werden die Oberflächengewässer sowie das Grundwasser durch Schwermetalle, pharmazeutische Rückstände sowie Nitrat- und Stickstoff verseucht. Darüber hinaus gelangen Pilze, Bakterien und Viren sowie Ammoniak, Methan und andere Schadgase in die Luft und können die Entstehung von Atemwegserkrankungen bei Mensch und Tier begünstigen. An der Spitze der angezeigten Berufskrankheiten bei den Landwirt*innen selbst stehen Atemwegserkrankungen, von Tieren auf den Menschen übertragbare Erkrankungen, Erkrankungen der Lendenwirbelsäule, Lärmschwerhörigkeit und Hauterkrankungen. Die Ursachen sind nur unvollständig bekannt (vgl. Hörning 2008; Gottwald et al. 2007).

Ein weiteres Problem sind die großen Mengen an (Reserve-)Antibiotika, die in der intensiven Nutztierhaltung eingesetzt werden – etwa 40mal so viel wie in den deutschen Kliniken (BMEL/BMBF 2015). Sie führen bei übermäßigem Einsatz zu Resistenzen. Sowohl Methicillin-resistente Staphylococcus aureus (MRSA) und Vancomycin-resistente Enterokokken (VRE) treten vermehrt in Gebieten der intensiven Nutztierhaltung bei Mensch und Tier auf (BMEL/BMBF 2015). In der EU kämpft man bereits heute mit den schwerwiegenden Folgen für die menschliche Gesundheit: Aggressive Keime, die gegen herkömmliche Antibiotika resistent sind, breiten sich zunehmend aus. Nach einer aktuellen Studie sind mittlerweile vier bis acht Prozent der Bevölkerung, also bis zu 6,4 Millionen Deutsche, Träger von sogenannten ESBL-Keimen (Extended Spectrum beta Laktalasen). Diese Keime tragen Gene in sich, die andere Bakterien gegen eine Vielzahl von antibiotischen Wirkstoffen resistent machen. Auch gibt es Studienergebnisse, die darauf hindeuten, dass eine Infektion mit multiresistenten Keimen, wie etwa dem hochgefährlichen Methicillin-resistenten

Staphylococcus aureus (LA-MRSA), bei Menschen in der Umgebung von Intensivtierhaltungsbetrieben mit hohen Bestandszahlen gehäuft auftritt – und zwar selbst dann, wenn sie überhaupt keinen Kontakt zu den Tieren haben (ebd.; Spelsberg 2013; Gottwald et al. 2007).

Die geschilderte Entwicklung ist unter ethischen Gesichtspunkten für Mensch und Tier nicht zu verantworten. Gesetzliche Maßnahmen, die Fehlentwicklungen entgegenwirken, sind unumgänglich. Dies betrifft zum einen den Missbrauch bei Werkverträgen mit osteuropäischen Subunternehmern. Die in Deutschland geltenden Gesetze müssen für alle Beschäftigte in Großschlachthöfen gelten und die Arbeitnehmer/innen müssen ihr Recht vor Ort geltend machen können. Das bedeutet ferner auch, dass der Arbeitgeber den Arbeitnehmern ermöglichen muss, in ein sozialversicherungspflichtiges Beschäftigungsverhältnis einzutreten.

Umfassende Maßnahmen zum Arbeits- und Gesundheitsschutz sind überall dort zu ergreifen, wo mit Tieren gearbeitet wird. Auch müssen die Maßnahmen gesetzlichen Kontrollen unterliegen sowie dokumentiert und regelmäßig überprüft werden. Arbeitskleidung, Handschuhe sowie Sicherheitsequipment müssen vom Betrieb bereitgestellt werden und den nationalen Sicherheitsstandards entsprechen. Neben der körperlichen Unversehrtheit durch direkte Verletzungen am Arbeitsplatz müssen die Schlacht- und Verarbeitungsbetriebe einer Ansteckung mit multiresistenten Keimen vorbeugen.

Tier- und Menschengesundheit bedingen sich: Krankheiten werden von Tieren auf Menschen übertragen – und umgekehrt. Als Beispiel kann die Schweinegrippe genannt werden. Gerade Subtypen einer solchen Influenza mit sich schnell anpassenden pathogenen Eigenschaften können dabei eine akute Bedrohung für Mensch und Tier darstellen. Der One-Health-Ansatz beschreibt die reziproke Abhängigkeit aller Lebewesen (Yamada 2014; BMEL/BMBF 2015) Aus ihr kann die Forderung nach einer Minimierung des Antibiotikaeinsatzes sowohl in der Human- als auch der Veterinärmedizin abgeleitet werden. Für die Einhaltung sind die zuständigen Überwachungsbehörden verantwortlich. Objektive Monitoring- und Bewertungsmöglichkeiten müssen in diesem Sinne weiterentwickelt werden, ebenso wie der zugrundeliegende rechtliche Rahmen für Tierschutz und Tiergesundheit. Auf dieser Grundlage kann eine entsprechend ausgerichtete einzelbetriebliche Förderung fußen, sodass insbesondere die Landwirte für Mehrleistungen an Tierwohl honoriert werden. Ihr Förderziel ist es, durch Beratung die Umsetzung nachhaltiger Tierhaltungssysteme und besonders tiergerechter Haltungsverfahren herbeizuführen. Nach Kontrollen kann dann eine Kennzeichnung des Endprodukts auf der Basis tier- und umweltschutzrelevanter Merkmale stattfinden. Dies trüge auch zur Förderung eines nachhaltigen Konsums seitens der Verbraucher/innen bei.


## 3 Verbraucherethische Aspekte

Laut aktuellen Umfragen des Bundeslandwirtschaftsministeriums würden mehr als 80 Prozent der Bundesbürger/innen höhere Kosten für tierische Produkte dann präferieren, wenn sie damit die Haltungsbedingungen der Tiere verbessern könnten. EU-weit befürworten 82 Prozent der Bürger/innen einen „besseren Schutz für Nutztiere" (DNR 2016). Ebenso lässt sich in der Praxis eine Zunahme von Initiativen beobachten, die alternative, nachhaltige Formen der Tierhaltung befördern: Beispielsweise in Produktionsgemeinschaften und solidarischen Landwirtschaften. Erneut lässt sich auch ein Trend zu Verwertung des ganzen Tieres – from nose to tail – verzeichnen (Fleischatlas 2016).

Die Verbrauchernachfrage im Supermarkt bestätigt diese Zahlen nicht. Als Ursache für diese Spaltung zwischen Einstellung und Kaufentscheidung pro Tierschutz können zumindest zwei Gründe identifiziert werden: Zum einen ist der reale Aufwand, die eigenen Verbrauchergewohnheiten zu ändern, trotz vorhandener Handlungsbereitschaft zu hoch. Dies liegt daran, dass die Entscheidungen gerade beim Lebensmitteleinkauf durch kurz- bis mittelfristiges Nutzendenken gesteuert werden (beispielsweise Preis und Optik), sodass die Verbraucherin oder der Verbraucher letztlich zumeist nicht auf einer langfristig rationalen oder ethischen Basis entscheidet (de Haan 1996). Zum anderen kann die Intransparenz von Produkten, Siegeln und Labels für die Kund/innen genannt werden. Insbesondere das schwindende Vertrauen in Herstellerangaben führt bei vielen Verbraucher/innen zu einer Lähmung oder Indifferenz bei der Auswahl beim Einkauf oder Konsum (hierzu Kapitel 4).


### 3.1 Kurzer Kulturvergleich

Regeln zum Konsum beziehungsweise zum Verzicht auf (Schweine-)Fleisch sind kulturell tief verankert, zumeist spirituell oder religiös. Sowohl im Koran als auch im Alten Testament finden sich Passagen, in denen der Konsum von Schweinefleisch verboten wird, da das Schwein als unrein gilt (vgl. Altes Testament, 3. Buch Mose, 11 und Koran, 2, 173 und 5, 3). Doch der Konsum von Schweinefleisch ist nicht nur gläubigen

Muslimen und Juden verboten. Sowohl im Hinduismus als auch im Buddhismus wird zumindest die Empfehlung ausgesprochen, prinzipiell auf Fleisch zu verzichten, da der Akt des Tötens als unrein qualifiziert wird. Eine vegetarische Ernährung wird hier ethisch höhergestellt. Die Wurzeln von vegetarischen Lebensweisen finden sich in der Indus-Zivilisation im 7. Jahrhundert vor Christus und lassen sich über die vorchristliche Antike bis in die Gegenwart nachverfolgen. Sie entsprangen der ethisch begründeten Ablehnung, Lebewesen Gewalt anzutun.

Neben den genannten religiösen und kulturellen Gründen lassen sich in christlich geprägten westlichen Kulturen weitere Argumente für einen Verzicht auf (Schweine-)Fleisch oder eine Verringerung des Konsums finden: Ethische Aspekte in Bezug auf Tierrechte und Tierwohl, die eigene Gesundheit, das Umweltbewusstsein und die globale Ernährungssicherung. Diese Aspekte werden derzeit in der Debatte um ein Tierwohllabel diskutiert.

### 3.2 Tierwohllabel – eine Lösung für eine Vielzahl ethischer Probleme?

Es gilt, Eingriffe in die Freiheit von Produktion und Konsum nur dann zu rechtfertigen, wenn Dritte zu Schaden kommen. Dies kann im Hinblick auf die industrielle Schweinefleischproduktion nicht ausgeschlossen werden (Gottschalk 2001), denn die Folgekosten der prekären Haltungsbedingungen trägt die Allgemeinheit. Sowohl in Bezug auf die Umwelt als auch die Gesundheit von Mensch und Tier. Hinzu kommen die aufgeworfenen ethischen Fragen zum Tierwohl und zu der Verantwortung des Menschen gegenüber seinen Mitgeschöpfen, die er als Nutztiere hält. Können Tierwohllabel diesem Missstand beikommen? Sollten die Betriebe die Wahl haben, zu partizipieren? Oder ist eine gesetzliche Verpflichtung sinnvoll?

Im Januar 2017 stieß der niedersächsische Agrarminister Christian Meyer zusammen mit seinem Vorgänger Uwe Bartels die Debatte um ein Tierwohllabel erneut an. Sie fordern „eine gemeinsame nationale Nutztierstrategie von Bund und Ländern" (Niedersächsisches Ministerium für Ernährung, Landwirtschaft und Verbraucherschutz 2017). Dabei verweisen sie auf die Richtlinien des Tierschutzlabels des Deutschen Tierschutzbunds e.V. für die Schweinemast. Diese Richtlinien sind umfangreich und die Standards übertreffen die gesetzlichen Rahmenbedingungen für die Schweinefleischproduktion. Sie umfassen Zucht, Eingriffe an Tieren, Haltung, Fütterung und Tränkung, Stallklima, Licht, Kontrollen, Behandlung bei Krankheit, Transport und Schlachtung. Darüber hinaus werden tierbezogene Kriterien der Tierhaltung zum Teil rückwirkend nach dem Transport und bei der Schlachtung erfasst und ausgewertet. Es werden zwei Labels je nach Umsetzung der Anforderungen vergeben: Einstiegsstufe und Premiumstufe. Werden die Richtlinien nicht eingehalten, erfolgt ein Ausschluss nach K.O. Kriterien (Deutscher Tierschutzbund e.V. 2017).

Der Erwerb des Tierschutzlabels des Deutschen Tierschutzbundes erfolgt auf freiwilliger Basis, die Anforderungen werden von unabhängigen Kontrollstellen geprüft. Der 2011 ins Leben gerufene normative Prozess versucht, der Diskrepanz zwischen dem Verbraucherwunsch, tiergerechtere Produkte zu erwerben, und dem vorherrschenden Misstrauen in die Bezeichnungen auf dem Markt beizukommen, indem ein Label mit unabhängiger Kontrolle angeboten wird.

Für die Premiumstufe gelten folgende Voraussetzungen: Ein etwa „doppeltes Platzangebot als gesetzlich vorgeschrieben", tierfreundliche Bodenbeschaffenheit, ein perforierter Aktivitätsbereich sowie ein „planbefestigter und eingestreuter Liegebereich" (Deutscher Tierschutzbund e.V. 2017). Die Schweine verfügen in Betrieben, die mit dieser Stufe gekennzeichnet sind, über Beschäftigungsmaterial, wie Stroh oder Ähnliches, verschiedene Temperaturzonen, aber auch Auslauf, wobei individuelle Ausnahmen für den Offenfrontstall gelten. Der Bestand ist auf 2.000 Schweinemastplätze begrenzt. Des Weiteren gelten die folgenden Kriterien für beide Stufen des Labels: Buchten mit getrenntem Aktivitäts-, Liege- und Kotbereich. Das Kürzen der Schwänze ist verboten, ebenso wie die betäubungslose Kastration. Bei der Ebermast ist die Kastration unter Betäubung in Kombination mit Schmerzmittelgabe möglich. Für den Transport gilt eine Obergrenze von vier Stunden, am Schlachthof sind Kontrollen vorgeschrieben, um eine „sichere und tiefe Betäubung" sicherzustellen.[11]

Die Arbeit des Deutschen Tierschutzbundes steht gewissermaßen in Konkurrenz zur „Initiative Tierwohl". Die „Initiative Tierwohl" als wirtschaftsgetragenes Bündnis hat in den letzten Jahren gezeigt, dass sich in der Branche Verbesserungen in der Nutztierhaltung als Reaktion auf entsprechende Verbraucherforderungen etablieren lassen. Landwirtschaft, Fleischwirtschaft und Einzelhandel arbeiten seit 2015 im Rahmen der Initiative zusammen, um die gesetzlichen Vorschriften in puncto Tierhaltung, Tiergesundheit und Tierschutz zu übererfüllen und Verantwortung entlang der Wertschöpfungskette zu übernehmen. Sie konzentriert sich derzeit auf die Schweinehaltung. Dabei gelten folgende Anforderungen an die Betriebe: Erfüllung der Basiskriterien in Bezug auf tierschutzgerechte Haltung, Hygiene und Tiergesundheit, Teilnahme am Antibiotikamonito-

---

11 http://www.tierschutzlabel.info/tierschutzlabel/premiumstufe/ (Stand: 16.9.2019.)

ring und am indexierten Schlachttierbefunddatenprogramm, ein jährlicher Stallklimacheck und Tränkewassercheck sowie Tageslichteinfall im Stall. Zusätzlich existieren Wahlpflichtkriterien, aus denen auszuwählen ist, wobei entweder zehn Prozent mehr Platzangebot oder ein ständiger Zugang zu Raufutter verpflichtend sind. Die Wahlkriterien sind an das gezahlte Nettoentgelt pro Schwein gekoppelt – insgesamt muss pro Schwein ein Wert von drei Euro oder mehr erreicht werden. Die Wahlkriterien betreffen eine Verbesserung in Bezug auf die Jungebermast, die Luftkühlungsvorrichtung, das Beschäftigungsmaterial, das Saufen aus der offenen Fläche, die Buchtenstrukturierung, die Scheuermöglichkeiten, die Außenklimareize, den weiteren Ausbau des Platzangebots, die Komfortliegeflächen und den Auslauf.[12]

Im Februar 2018 startete Lidl das eigene Label „Haltungskompass" für Fleischwaren, das vom Prinzip her so wie die bereits bekannte 4stufige Kennzeichnung bei Eiern aufgebaut war. Abgelöst wurde diese im April 2019 von dem ähnlichen Modell „Haltungsform", das „den Verbrauchern insgesamt mehr Transparenz und Einheitlichkeit bei der Kennzeichnung" anzubieten versucht, indem „Lidl und weitere Lebensmitteleinzelhändler im Rahmen des Branchenbündnis ‚Initiative Tierwohl' die bestehenden Haltungskennzeichnungen im Markt durch die unternehmensübergreifende ‚Haltungsform' vereinheitlicht". Hiermit werden seitdem alle Frischfleischprodukte gekennzeichnet. Diese Kennzeichnung soll kein Tierwohl-Label sein, sondern den Kunden aufzeigen, wie die Tiere gehalten wurden.[13]

Anfang 2019 wurde nun auch ein Gesetzentwurf für ein staatliches Tierwohlkennzeichen vom Bundeskabinett beschlossen. Es sieht auf freiwilliger Teilnahmebasis dreizehn Kriterien – vorerst nur für Schweine – vor: Vom Platzangebot und Futter über das Schwanzkupieren und Kastration bis hin zu Transport und Schlachtung. Das Siegel umfasst drei Stufen, die alle den gesetzlichen Mindeststandard übertreffen. Weitere Eckpunkte für das geplante Kennzeichen sollen eine Positivkennzeichnung für Produkte, die über dem gesetzlichen Standard liegen (z. B. Biosiegel), eine „umfassende Einbindung aller Vermarktungswege für Fleisch und Fleischerzeugnisse (verarbeitete Produkte)", eine „breite Beteiligung der ganzen Kette (u. a. Einzelhandel, Gastronomie, Handwerk, Verarbeiter)", die „Mitnahme einer großen Anzahl von Landwirten, die mehr für das Tierwohl tun

---

12  http://initiative-tierwohl.de/wp-content/uploads/2016/11/20161123_Handbuch_T eilnahmebedingungen_Schwein_V1.6.pdf (Stand: 16.9.2019.)

13  https://www.lidl.de/de/haltungsform/s7377909 (Stand: 16.9.2019.)

wollen" sowie eine „staatliche Förderung zur Erreichung dieser Ziele" sein.[14]

Der Gesetzesentwurf ist nicht verpflichtend, obwohl dies für die Verbraucher\*innen von Vorteil wäre. Denn eine landesübergreifende, einheitliche und verpflichtende Kennzeichnung würde Transparenz schaffen. Durch sie würden die externalisierten Kosten in der Fleischproduktion fairer verteilt, da diejenigen, die das Fleisch konsumieren, stärker in die Pflicht genommen würden. Ohne rechtlich verbindliche gesamtgesellschaftliche Arbeit pro Tierwohl für das Schwein wird es für die meisten Schweine keine Veränderung geben können.

## 4 Literaturverzeichnis

Allmeier, Michael (2016): Vor 9000 Jahren lernte das Schwein, was falsche Freunde sind. Eine Ehrenrettung, http://www.zeit.de/2016/12/schweinefleisch-landwirtschaft-ernaehrung (Stand: 16.9.2019)

Awater-Esper, Stefanie (2017): Nutztierstrategie: Niedersachsen setzt Schmidt unter Druck, https://www.topagrar.com/news/Home-top-News-Nutztierstrategie-Niedersachsen-setzt-Schmidt-unter-Druck-6919925.html (Stand: 16.9.2019)

Brambell, Francis William Rogers (1965): Report of the Technical Committee to Enquire into the Welfare of Animalskept under Intensive Livestock Husbandry Systems, presented to Parliament by the Secretary of State for Scotland and the Minister of Agriculture, Fisheries and Food by Command of Her Majesty, London: Her Maj.'s Stat. Off.

Bundesministerium der Justiz und für Verbraucherschutz: Tierschutzgesetz, http://www.gesetze-im-internet.de/tierschg/BJNR012770972.html (Stand: 16.9.2019)

Bundesministerium für Ernährung und Landwirtschaft (BMEL) (2019): Nutztierstrategie. Zukunftsfähige Tierhaltung in Deutschland, https://www.bmel.de/SharedDocs/Downloads/Broschueren/Nutztierhaltungsstrategie.pdf?__blob=publicationFile (Stand: 16.9.2019)

Bundesministerium für Ernährung und Landwirtschaft (BMEL) (2016): Abschlussbericht des Kompetenzkreises Tierwohl. Eine Frage der Haltung. Neue Wege für mehr Tierwohl, http://www.bmel.de/SharedDocs/Downloads/Tier/Tierwohl/KompetenzkreisAbschlussbericht.pdf;jsessionid=8B565C6273E2D96A67CF0091B6660DC1.2_cid288?__blob=publicationFile (Stand: 16.9.2019)

---

14 https://www.bmel.de/DE/Tier/Tierwohl/_texte/Einfuehrung-Tierwohllabel.html;nn=6260024 (Stand: 16.9.2019.)

Bundesministerium für Ernährung und Landwirtschaft (BMEL) (2015): Wege zu einer gesellschaftlich akzeptierten Nutztierhaltung, Gutachten, http://www.bme l.de/SharedDocs/Downloads/Ministerium/Beiraete/Agrarpolitik/GutachtenNutz tierhaltung.pdf?__blob=publicationFile (Stand: 16.9.2019)

Bundesministerium für Gesundheit, das Bundesministerium für Ernährung und Landwirtschaft/Bundesministerium für Bildung und Forschung (BMEL/BMBF) (2015): DART 2020. Antibiotika-Resistenzen bekämpfen zum Wohl von Mensch und Tier, http://www.bundesgesundheitsministerium.de/fileadmin/Dat eien/Publikationen/Ministerium/Broschueren/BMG_DART_2020_Bericht_dt.p df (Stand: 16.9.2019)

Bundesministerium für Gesundheit, das Bundesministerium für Ernährung und Landwirtschaft (BMEL) (2013): Jährlicher Bericht der Bundesrepublik Deutschland gemäß Artikel 27 Absatz 2 der Verordnung (EG) Nr. 1/2005 über durchgeführte Kontrollen von Tiertransporten, https://tierschutz.hessen.de/sites/tierschu tz.hessen.de/files/content-downloads/1-2005__VO_%C3%BCber_den_Schutz_v on_Tieren_beim_Transport-221204%5B1%5D.pdf (Stand: 16.9.2019)

Busch, Roger J.; Kunzmann, Peter (2006): Leben mit und von Tieren. Ethisches Bewertungsmodell zur Tierhaltung in der Landwirtschaft, Band 17 TTN-Akzente, München: Herbert Utz Verlag.

Constanza, Robert; Cumberland, John; Daly, Herman; Goodland, Robert; Norgaard, Richard (2001): Einführung in die Ökologische Ökonomik, Stuttgart: Lucius & Lucius.

Deutsche Gesellschaft für Ernährung (DGE), https://www.dge.de/ernaehrungspraxi s/vollwertige-ernaehrung/ernaehrungskreis/ (Stand: 16.9.2019)

Deutscher Tierschutzbund (DTSB) (2012a): Hintergrundinformationen: Tiertransporte, https://www.tierschutzbund.de/fileadmin/user_upload/Downloads/Hinte rgrundinformationen/Landwirtschaft/Hintergrund_Tiertransporte.pdf (Stand: 16.9.2019)

Deutscher Tierschutzbund (DTSB) (2012b): Systemimmanente Probleme beim Schlachten, https://www.tierschutzbund.de/fileadmin/user_upload/Downloads/ Hintergrundinformationen/Landwirtschaft/Systemimmanente_Probleme_beim _Schlachten.pdf (Stand: 16.9.2019)

Deutscher Tierschutzbund e.V. (DTSB) (2017): Richtlinie Mastschweine, Version 3.0, Kriterienkatalog für die Haltung und Behandlung von Mastschweinen im Rahmen des Tierschutzlabels „Für Mehr Tierschutz", https://www.tierschutzlab el.info/fileadmin/user_upload/Dokumente/Mastschweine/Richtlinie_Mastschwe ine_3.0.pdf (Stand: 16.9.2019)

Donaldson, Sue; Kymlicka, Will (2011): Zoopolis. A Political Theory of Animal Rights, Oxford: Oxford University Press.

DNR (2016): umwelt aktuell, Infodienst der europäischen und deutschen Umweltpolitik, 12.2016/01.2017, S. 20-21.

Europäische Union (EU) (2013): Durchführungsbeschluss der Kommission vom 18. April 2013 betreffend die Jahresberichte über nichtdiskriminierende Kontrollen gemäß der Verordnung (EG) Nr. 1/2005 über den Schutz von Tieren beim Transport und damit zusammenhängenden Vorgängen sowie zur Änderung der Richtlinien 64/432/EWG und 93/119/EG und der Verordnung (EG) Nr. 1255/97, http://eur-lex.europa.eu/legal-content/DE/TXT/PDF/?uri=CELEX:32 013D0188 (Stand: 16.9.2019)

Farm Animal Welfare Council (FAWC) (1979): Press Statement, http://webarchive. nationalarchives.gov.uk/20121007104210/http://www.fawc.org.uk/pdf/fivefreed oms1979.pdf (Stand: 16.9.2019)

Food and Agriculture Organization (FAO) (2013): Tackling Climate Change through Livestock. A Global Assessment of Emissions and Mitigation Opportunities: http://www.fao.org/docrep/018/i3437e/i3437e.pdf (Stand: 16.9.2019)

Gottschalk, Ingrid (2001): Meritorische Güter und Konsumentensouveränität – Aktualität einer konfliktreichen Beziehung. In: Jahrbuch für Wirtschaftswissenschaften / Review of Economics, Bd. 52, H. 2, S. 152-170.

Gottwald, Franz-Theo; Nowak, Dennis (Hrsg.) (2007): Nutztierhaltung und Gesundheit. Neue Chancen für die Landwirtschaft, Bd. 29, Tierhaltung, Kassel: Kassel University Press.

Greenpeace (2017): Kursbuch Agrarwende 2050. Ökologisierte Landwirtschaft in Deutschland, http://www.greenpeace.de/sites/www.greenpeace.de/files/publicati ons/20170105_studie_agrarwende2050_lf.pdf (Stand: 16.9.2019)

Haan, Gerhard de; Kuckartz, Udo (1996): Umweltbewusstsein. Denken und Handeln in Umweltkrisen, Opladen: Westdeutscher Verlag.

Hartung, Jörg (2007): Intensivtierhaltung und Tiergesundheit, in: Gottwald, Franz-Theo; Nowak, Dennis (Hrsg.): Nutztierhaltung und Gesundheit – Neue Chancen für die Landwirtschaft, Bd. 29, Tierhaltung, Kassel: Kassel University Press, S. 109-118.

Heinrich Böll Stiftung/BUND (2016): Fleischatlas 2016. Daten und Fakten über Tiere als Nahrungsmittel, Würzburg: Phoenix Print.

Heinrich Böll Stifung/BUND (2018): Fleischatlas 2018. Daten und Fakten über Tiere als Nahrungsmittel, Würzburg: Phoenix Print.

Hörning, Bernhard (2008): Auswirkungen der Zucht auf das Verhalten von Nutztieren, Bd. 30 Tierhaltung, Kassel: Kassel University Press.

Kunze, Anne (2014): Die Schlachtordnung, in: ZEIT Online, http://www.zeit.de/20 14/51/schlachthof-niedersachsen-fleischwirtschaft-ausbeutung-arbeiter (Stand: 16.9.2019)

Mekonnen, M.M.; Hoeckstra, A.Y. (2010): The Green, Blue and Grey Water Footprint of Farm Animals and Animal Products, http://waterfootprint.org/media/d ownloads/Report-48-WaterFootprint-AnimalProducts-Vol1_1.pdf (Stand: 16.9.2019)

Niedersächsisches Ministerium für Ernährung, Landwirtschaft und Verbraucher-schutz (2017): Pressemitteilung vom 13.01.2017: „Wir brauchen eine gemeinsa-me nationale Nutztierstrategie von Bund und Ländern", http://www.ml.nieders achsen.de/aktuelles/pressemitteilungen/wir-brauchen-eine-gemeinsame-national e-nutztierstrategie-von-bund-und-laendern-150156.html (Stand: 16.9.2019)

Reymann, Tanya Ursula (2016): Vergleichende Überprüfung des Tierschutzes in Schlachthöfen anhand rechtlicher Vorgaben und fachlicher Leitparameter, https://edoc.ub.uni-muenchen.de/19189/1/Reymann_Tanya.pdf (Stand: 16.9.2019)

Schockenhoff, Eberhard (1996): Die menschliche Verantwortung für das tierische Leben in der Landwirtschaft – Landwirtschaftliche Erfordernisse und unsere Verantwortung für Tiere als Mitgeschöpfe. Moraltheologische Überlegungen, Vortrag gehalten anlässlich der Tagung "Euch sollen sie zur Nahrung dienen…" – Ethik des Lebens zwischen Vegetarismus und Rinderwahn, Weingarten, 7. – 9. Juni 1996.

Schopenhauer, Arthur (2007): Über die Grundlage der Moral, Hamburg: Meiner.

Schweitzer, Albert (2008): Die Ehrfurcht vor dem Leben. Grundtexte aus fünf Jahr-zehnten, herausgegeben von Hans Walter Bähr, München: Beck.

Spelsberg, Angela (2013): Folgen des massenhaften Einsatzes von Antibiotika in Human- und Veterinärmedizin, https://doczz.net/doc/5843363/folgen-des-masse nhaften-einsatzes-von-antibiotika-in-human (Stand: 16.9.2019)

Wissenschaftlicher Beirat für Agrarpolitik beim BMEL (WBA) (2015): Wege zu einer gesellschaftlich akzeptierten Nutztierhaltung, Gutachten, http://www.bme l.de/SharedDocs/Downloads/Ministerium/Beiraete/Agrarpolitik/GutachtenNutz tierhaltung-Kurzfassung.pdf?__blob=publicationFile (Stand: 16.9.2019)

Wolfschmidt, Matthias (2016): Das Schweinesystem. Wie Tiere gequält, Bauern in den Ruin getrieben und Verbraucher getäuscht werden, Frankfurt am Main: S. Fischer.

Yamada, Akio; Kahn, Laura H.; Kaplan, Bruce; Monath, Thomas P.; Woodall, Jack; Conti, Lisa (Hrsg.) (2014): Confronting Emerging Zoonoses. The One Health Paradigm, Tokyo: Springer.

# Vom Wert des (Tier-) Lebens – Milchproduktion in Zeiten der Ökonomisierung von Natur und Leben

*Wiebke Wellbrock und Andrea Knierim*

**Bioökonomie: ein Narrativ**
Sie ernährt den Menschen.
Sie kleidet ihn.
Sie wärmt ihn.
Sie bewegt ihn.
Sie gibt ihm ein Dach über dem Kopf.
Sie pflegt und heilt ihn.
Sie verbindet ihn mit der Natur.
Und sie entwickelt Lösungen für eine bessere, nachhaltigere Zukunft.
(Bioökonomierat 2016, 4)

## 1. Einleitung

Der Begriff „Bioökonomie" wird seit zwei Dekaden zur politischen Ausrichtung nationaler Ökonomien in industrialisierten Nationen genutzt. In den aktuellen Diskussionen in Deutschland, Europa und weiteren OECD Staaten wird er so aufgegriffen, dass die Nutzung natürlicher Systeme und nachwachsender Ressourcen als wirtschaftliche Produktionsgrundlage ins Zentrum rückt. Dabei setzen politisch-strategische Diskurse in den USA, Kanada und Australien eine Priorität auf biotechnologische Entwicklungen im Rahmen von ‚bioeconomy', während in der Europäischen Union und insbesondere in Skandinavien und Deutschland der Begriff ‚bio-based economy' verwendet wird, um damit den Fokus auf die Potenziale erneuerbarer Ressourcen im Agrar- und Forstsektor (sowie im Gesundheits- und Energiebereich) zu betonen (Staffas et al. 2013). Mit dieser Herangehensweise soll Wissen aus den Lebenswissenschaften in nachhaltige, öko-effiziente und wettbewerbsfähige Produkte (EU 2005) verwandelt werden.

In der deutschen „Nationalen Forschungsstrategie Bioökonomie 2030" heißt es: „Das Konzept der Bioökonomie umfasst die Agrarwirtschaft sowie alle produzierenden Sektoren und ihre dazugehörigen Dienstleistungsbereiche, die biologischen Ressourcen – wie Pflanzen, Tiere und Mikroorganismen – entwickeln, produzieren, ver- und bearbeiten oder in irgendeiner Form nutzen. Sie erreicht damit eine Vielzahl von Branchen wie Land- und Forstwirtschaft, Gartenbau, Fischerei und Aquakulturen, Pflanzen- und Tierzüchtung, Nahrungsmittel- und Getränkeindustrie sowie die Holz-, Papier-, Leder-, Textil-, Chemie- und Pharmaindustrie bis hin zu Teilen der Energiewirtschaft" (Bioökonomierat 2010). Weiter unterstreicht der Rat die sogenannte wissensbasierte Bioökonomie, die „sämtliche Prozesse [umfasst], die die wettbewerbsfähige und nachhaltige Erzeugung und Nutzung von biobasierten Produkten zum Ziel haben" (ebenda: 12).

Diese Konnotation des Begriffs ‚Bioökonomie' mit ‚Wettbewerbsfähigkeit' und ‚Wirtschaftswachstum' hat sich über die Jahrzehnte gewandelt. So ist das heutige verwertungsorientierte Verständnis eine späte „Ironie des Schicksals", denn Jirì Zeman hat den Begriff „bioeconomics" in den späten 1960er Jahren ins Leben gerufen, um „eine neue ökonomische Ordnung zu beschreiben, die den biologischen Ursprung (fast) aller wirtschaftlichen Aktivitäten angemessen anerkennt" (Bonaiuti 2015). In diesem Sinne proaktiv genutzt und erstmals breiter bekannt gemacht wurde ‚Bioökonomie' dann in den 1970er Jahren durch Georgescu-Roegen, der damit den ökologischen und soziokulturellen Schäden der kapitalistischen Wirtschaftsentwicklung und des ökonomischen Wachstums entgegentreten wollte (Bonaiuti 2015). Welche ethischen Fragen, welche Wertsetzungen und gesellschaftlichen Prämissen entstehen nun daraus, dass die westlichen Nationen und insbesondere Deutschland seit den frühen 2000er Jahren das Bioökonomie Konzept dazu nutzen, um einen Forschungs- und Innovationsprozess zu fördern, der einseitig die bio-basierte, wirtschaftlich-technologische Entwicklung fokussiert und ungebrochen auf ökonomisches Wachstum setzt (vgl. Bioökonomierat 2010, Bioökonomierat 2016, Staffas et al. 2013)? Welche Konsequenzen für die Wertschätzung der Natur und den Umgang mit lebendigen Organismen sind zu erwarten? Das Konzept ‚Natur' und assoziierte Begriffe, wie ‚Lebewesen', werden hierbei als sozial konstruiert angesehen (Demeritt 2002). Demnach wird im Gegensatz zu der modernen Gesellschaft und ihrer produktionstechnisch orientierten Perspektive in der postmodernen Gesellschaft das Lebewesen als gefühlsfähiges Individuum in den Mittelpunkt gerückt (Buller /Morris 2003).

In Deutschland wird die Bioökonomiestrategie auch mit dem Ziel einer nachhaltigen Entwicklung verknüpft, was bedeutet, dass diese gesellschaftliche Transformation nicht nur ökonomischen, sondern auch ökologischen und sozialen Ansprüchen und Maßstäben genügen muss. Dass dieses holistische Verständnis besteht, wird auch mit dem einleitenden Zitat zur Bioökonomie als Narrativ unterstrichen. Wie passt dieses Verständnis mit den wirtschaftspraktischen Konsequenzen zusammen? Welche Herausforderungen stellen sich konkret für einen gesellschaftlichen Wandel im Kontext der Bioökonomie? Diese Fragen sollen im Folgenden an einem Beispiel aus der Nutztierhaltung veranschaulicht werden.

Zunächst geht es um die Ambivalenzen des Konzepts ‚Bioökonomie'. Im Anschluss daran soll sich den ethischen Konflikten von Akteur*innen in Landwirtschaft und Gesellschaft, bedingt durch die zunehmend intensive Agrarproduktion, zugewandt werden. Welche Rolle spielt das politisch geförderte Wirtschaftskonzept für den gesellschaftlichen Wandel? Bietet ‚Bioökonomie' ein passendes Framing für eine öffentliche Auseinandersetzung, einen gesellschaftlichen Dialog zum Umgang mit Natur und Lebewesen in der (Agrar-)Wirtschaft? Hierzu sollen die gesellschaftlichen Diskurse über die Milchwirtschaft, das sind hier landwirtschaftliche Betriebe und Unternehmen, die mit der Erzeugung und Verarbeitung von Milch zu tun haben (Milchwirtschaft 2017), anhand von Fallbeispielen näher betrachtet werden. Im Anschluss daran wird eine empirische Studie zum Thema Bullenkälber in der Milchwirtschaft präsentiert, bei der auf online veröffentlichte Aussagen und Inhalte zurückgegriffen wird. Abschließend werden das erforschte Naturverständnis diskutiert und die daraus resultierenden ethischen Konflikte im Rahmen der Bioökonomie beleuchtet.

## 2. Die Ambivalenzen des Konzeptes Bioökonomie

In den politischen Strategien zur Förderung der Bioökonomie (z.B. Bioökonomierat 2010: 2016) können zwei unterschiedliche argumentative Zielrichtungen herausgearbeitet werden: Zum einen die des Wirtschaftswachstums durch die ökonomische Inwertsetzung natürlicher Ressourcen, die verändert oder neu geschaffen werden (Biotechnologien, Schaffung neuer Produkte und Verfahren mittels biologischer Ressourcen, auch ‚Kommodifizierung' von Lebewesen), und zum anderen die des Wirtschaftswachstums und der Wirtschaftstransformation durch den Ersatz fossiler Energie und nichterneuerbarer Rohstoffe durch erneuerbare, nachwachsende Rohstoffe. Diesen politisch geführten, optimistischen Einschätzungen bioökonomischer Wirtschaftsstrategien stehen kritische Stimmen unterschiedlicher gesellschaftlicher Gruppen und aus den Sozialwissenschaften gegenüber, die zum Teil grundsätzlicher Art sind und sich andererseits mit Reformimpulsen positionieren.

Die ökonomische Inwertsetzung natürlicher Ressourcen berührt das Mensch-Natur-Verhältnis in besonderer Weise und eröffnet neue Dimensionen der Naturaneignung. Dies zeigt sich daran, dass ethische Fragen über den Umgang mit und der Verwertung von lebendigen Organismen beziehungsweise Anteilen davon aufgeworfen werden und sich gesellschaftliche Gruppen dazu befürwortend oder kritisch öffentlich positionieren. Diese Fragen werden besonders dann laut, wenn es sich um den ökonomischen Umgang mit und die Verwertung von Nutztieren handelt. So beschreiben Buller und Morris (2003) den Nutzen der Tiere als Ressource und Lebensmittel als „eine im Grunde genommen unüberwindbare Kluft zwischen Mensch und Tier, die sowohl ethische und moralische Standpunkte als auch Verbindungen zwischen Mensch und Tier nicht überwinden können" (S. 217). Sie beschreiben, dass der Nutzen der Tiere in der heutigen Zeit als eine konzeptionelle Schwierigkeit anzusehen ist, da uns die Postmoderne dazu anhält, den Unterschied Natur-Gesellschaft hinter uns zu lassen und Tiere als Individuen und subjektive Lebewesen zu sehen. Zur gleichen Zeit aber, so schreiben Buller und Morris weiter, werden die Tiere uns als Essen auf den Teller geliefert. Das Konzept Nutztiere impliziert somit deshalb ein hohes Maß an Ambivalenz, da die Tiere einen doppelten Charakter tragen: Als Lebewesen und als Produktionsmittel (Gotter 2018). Daraus resultiert für die landwirtschaftlichen Akteure, laut Jürgens (2008), eine ,vieldeutige' Mensch-Tier-Beziehung, in der die Grenze zwischen Objektivität und Subjektivität verschwimmt und die durch kulturelle, ethische, religiöse und arbeitstechnische Aspekte beeinflusst wird.

Aber auch die zweite Zielrichtung birgt Ambivalenzen in sich (Levidow et al. 2012). So wird im Kontext einer nachhaltigen, ökoeffizienten Bioökonomie die Landwirtschaft als Rohstofffabrik betrachtet, die in einer wettbewerblichen Situation biologische Rohstoffe für die industrielle Weiterverarbeitung liefert und für deren Inputs, Produktionsprozesse und Outputs Ökoeffizienzprinzipien und geschlossene Kreisläufe als Bewertungsstandards gelten. Reststoffe der ,Agrarfabrik' sind in diesem Kontext Abfall. Im Zusammenhang mit der Tierproduktion liegt hier „ethischer Sprengstoff" verborgen, was sich an den hitzigen gesellschaftlichen Diskussionen zeigt. Man nehme als Beispiel die „Abfallprodukte" männliche Küken in der Eierindustrie oder männliche Kälber in der Milchwirtschaft, die aus anatomischen Gründen keine wirtschaftliche Verwendung in ihrem jeweiligen Produktionssystemen finden (Bellamy 2017, Bundestierärztekammer 2015). Dem steht das Verständnis einer agrarökologischen Bioökonomie gegenüber, charakterisiert durch (vorwiegend) ökologische Produktionsweisen, kurze Wertschöpfungsketten und betriebsinterne, möglichst geschlossene Stoffkreisläufe. Reststoffe werden zur Rückführung von Wertstoffen in das Produktionssystem zurückgeführt (Levidow/Birch/ Papaioannou 2012). Was diese Zielrichtungen konkret für die intensive

Tierproduktion bedeuten, werden wir im folgenden Abschnitt anhand des Beispiels der Milchwirtschaft intensiv beleuchten.

## 3. Ethische Konflikte in der intensiven Agrarproduktion – Das Beispiel Milchwirtschaft

In der verbreiteten Auslegung des Begriffs Bioökonomie wird alles Lebendige als Ware oder potenzielle Ware angesehen. Um lebendige Organismen zu nutzen, werden sie ‚in Wert' gesetzt, das heißt, sie bekommen einen Marktwert. Im Umkehrschluss bedeutet das, dass Organismen, die keinen oder nur geringen Marktwert haben, keine Rolle spielen oder verworfen werden. Gottwald und Krätzer (2014) schreiben dazu: „Da ist es konsequent, dass die Ware Leben, sobald sie ihren Marktwert verloren hat, nur noch als Kostenfaktor betrachtet (…) als störender Ausschuss entsorgt wird" (S. 9). In der Milchwirtschaft werden Bullenkälber schon lange als ‚störender Ausschuss' diskutiert. Als Beispiel verweisen wir auf die Herodesprämie, die als agrarpolitische Maßnahme in den Jahren 1996-2000 in Frankreich angeboten wurde (EUParlament 1998). Bullenkälber aus der Milchwirtschaft setzen, genetisch bedingt, wenig Muskelmasse an und werden zumeist als Kälber geschlachtet (LEL-BW 2016). Vor allem in den Wintermonaten stellt sich den Landwirt*innen regelmäßig die Frage, ob schwarzbunte Bullenkälber von Milchkühen noch wirtschaftlich aufgezogen werden können (LEL-BW 2016). So ist der Preis für ein schwarzbuntes Bullenkalb stark fluktuierend. Lag der Preis für ein Kalb (60 Kilogramm) im Winter 2017 ab Hof im Bundesdurchschnitt bei knapp 70 Euro, so betrug dieser im Juli 2017 mehr als das Doppelte (130 Euro pro Kalb, 60 Kilogramm) (Agrarheute 2017). Preise für Kälber von Fleischrassen hingegen unterliegen kaum Schwankungen und erzielen deutlich höhere Preise (Agrarheute 2017).

Aufgrund der teilweise sehr niedrigen Endpreise für schwarzbunte Bullenkälber werden in verschiedenen Medien das Wohl dieser Tiere und ihre Existenz diskutiert. Hierbei wird auch unterstellt, dass Landwirte ihre Bullenkälber aus wirtschaftlichen Gründen nach der Geburt töten oder sterben lassen (vgl. Busse 2015, Busse 2016, Lambrecht /Hohndorf 2016, Wasmund 2016 u.a.). Im Gegensatz zu Ländern, wie Neuseeland, Großbritannien und Australien (Turner 2010), ist diese Praxis in Deutschland verboten und stellt einen Straftatbestand dar (Bundestierärztekammer 2015). Trotzdem, wie Meine-Schwenke (2012) von der Landwirtschaftskammer Niedersachsen erwähnt, sind die Todeszahl unter Bullenkälbern in der Milchwirtschaft mit 5,57 Prozent im Vergleich zu anderen Rassen (unter 5

Prozent) sowie auch die Anzahl von Notschlachtungen (3,07 Prozent) unter Bullenkälbern hoch. Auch die Bundestierärztekammer (2015) berichtet von Hinweisen, „dass im Einzelfall die männlichen Kälber milchbetonter Rassen gezielt vernachlässigt oder sogar absichtlich getötet werden" und führt diese Entwicklung auf den niedrigen Marktwert der Kälber zurück. Die genannten Anschuldigungen empören die Milchbauern, sodass einige öffentlich hierauf reagieren. Die Diskussionen hierzu sind (zum Teil) dokumentiert und öffentlich zugänglich und werden hier dazu genutzt, um Einblicke in die Werte und Normen zu erhalten, die das Für und Wider einer intensiven, an konsequenter Leistungssteigerung orientierten Tierproduktion charakterisieren.

*Forschungsmethode*

Um die Diskussionen über den Umgang und die Existenz von Bullenkälbern in der Milchwirtschaft zu analysieren, wird auf Onlinekommentare mit Bezug auf das Buch „Die Wegwerfkuh" von Tanja Busse, erschienen im Jahr 2015, zurückgegriffen. In diesem Buch nimmt Busse unter anderem die Bullenkälber in der Milchwirtschaft als Beispiel, um sich kritisch mit der Effizienzsteigerung und Technisierung in der Landwirtschaft auseinanderzusetzen. Basierend auf Gesprächen mit und Besuchen bei Landwirt\*innen, nutzt Busse das Beispiel eines männlichen Milchviehkalbs, um die Rolle der Tiere als Ware und Rohstofflieferant in der leistungsorientierten Agrarproduktion zu hinterfragen. Hierbei erwähnt sie auch, dass sich die Aufzucht von schwarzbunten Bullenkälbern wirtschaftlich kaum rentiert. Abschließend zeigt Busse Alternativen zum bestehenden Produktionssystem auf und bietet Lösungsvorschläge, die für sie vor allem auf einem Dialog und direkten Kontakt zwischen Landwirt\*innen und Verbraucher\*innen basieren. So empfiehlt sie im letzten Kapitel die solidarische Landwirtschaft, ein Öffnen der Höfe für Besuche (z. B. als Schulbauernhof) und die Direktvermarktung als Alternativen zum vorherrschenden, von den Verbraucher\*innen distanzierten Produktionssystem (Busse 2015). Das Buch wurde in verschiedenen Onlineformaten intensiv diskutiert und bietet so einen geeigneten Einstieg, um nach den Werten und Normen zu fragen, die der Diskussion um die Rolle des Lebens in der Bioökonomie zugrunde liegen.

Die Einrichtung von Kommentarfunktionen in digitalen Zeitschriften oder Blogs sind weitverbreitete Strategien des Journalismus, um direkt mit Leser\*innen in Kontakt zu treten (Ksiazek 2016, Ruiz et al. 2011). Handelt es sich um Themen, die hohe emotionale Reaktionen hervorrufen, so sind

Leser*innen oftmals motiviert, Kommentare abzugeben (Ksiazek 2016). Da es sich bei dem Thema „Bullenkälber in der Milchwirtschaft" um ein emotional konnotiertes Thema handelt, ist davon auszugehen, dass viele Leser*innen die Beiträge kommentieren wollen.

Die inhaltliche Analyse von Onlinekommentaren birgt deshalb zusätzliche Vorteile, weil sich die Kommentator*innen eine gewisse Anonymität versprechen, da sie ihre Identität nicht preisgeben beziehungsweise verschleiern können (Christopherson 2007). Diese gefühlte Anonymität vermittelt Kommentator*innen die Sicherheit und das Selbstbewusstsein, Gedanken und Gefühle zu äußern, ohne gleich erkannt und sozial bewertet zu werden (Christopherson 2007, Joinson 1999). Es kann davon ausgegangen werden, dass sowohl Landwirt*innen als auch Verbraucher*innen ihre Meinungen zum Thema Bullenkälber in der Milchwirtschaft im Internet frei von sozialen, psychischen und beruflichen Zwängen äußern. Letztlich stellt das Internet eine Möglichkeit dar, online in Diskussion zu treten und den direkten Austausch zwischen Landwirt*innen und Verbraucher*innen zu fördern. Um die Meinungen und Gedanken zu der Rolle von Bullenkälbern in der Milchwirtschaft systematisch zu untersuchen, werden folgende Fragen bearbeitet:

1. Welche Akteure beteiligen sich an Debatten über den Umgang mit Bullenkälbern in der Milchwirtschaft?
2. Wie können sie unter Berücksichtigung ihrer Funktion im Bioökonomiekontext charakterisiert und in ihren Werthaltungen verstanden werden?
3. Welches Verständnis von Natur im Sinne der Bioökonomie zeigen die verschiedenen Akteure, die sich mit der Intensivierung in der Milchwirtschaft und deren Folgen für den Wert des Tierlebens befassen?
4. Welche ethischen Konflikte zwischen den aktuellen Produktionspraktiken und den moralischen Vorstellungen der Landwirte und Landwirtinnen sowie nachgestellten gesellschaftlichen Herausforderungen zeichnen sich für die Milchproduktion ab?

Für die vorliegende Studie wurden Onlineartikel sowohl aus Fach- als auch aus allgemeinen Zeitschriften ausgesucht, in denen ein oder mehrere der folgenden Suchbegriffe vorkommen: „Bullenkälber", „Tanja Busse", „Wegwerfkuh", „Milchwirtschaft". Die ersten fünf Treffer wurden ausgewählt, wobei nur diejenigen gewählt wurden, die eine Kommentarfunktion enthielten. Vier der Fallbeispiele sind eine direkte Reaktion auf Busses Buch und wurden in 2015 und 2016 publiziert. Von jedem Artikel wurde eine knappe Zusammenfassung des Inhalts angefertigt (s. u.); die Kommentare zu den Artikeln wurden einer Inhaltsanalyse unterzogen. Das fünfte Fallbeispiel ist ein Onlineforum, in dem Landwirt*innen im Winter 2010/2011 die folgende Frage diskutierten: „Wohin mit den Bullenkälbern?". Die Onlinedialoge wurden mittels interpretativer Inhaltsanalyse mit induktiver Kategorienbildung analysiert (Poscheschnik et al. 2010). Die vorliegenden Ergebnisse haben aufgrund ihres Umfangs einen explorativen Charakter. Für eine repräsentative Studie sollten der Datenumfang erhöht und die Analysetechnik standardisiert werden.

## 4. Empirische Analyse von Onlinediskussionsbeiträgen zum Thema Bullenkälber in der Milchwirtschaft

In diesem Unterkapitel werden die Ergebnisse zur ersten und zweiten Forschungsfrage vorgestellt.

### 4.1. Welche Akteure beteiligen sich an den Debatten über das Wohl von Bullenkälbern in der Milchwirtschaft?

Um herauszufinden, wer über das Wohl der Bullenkälber in Onlineforen diskutiert, wurden die Kommentator*innen analysiert. Hierzu wurde eine Übersicht über die Artikel erstellt und die Kommentator*innen anhand ihres Geschlechts (männlich, weiblich, keine Angabe) und ihrer Funktion im Bioökonomiekontext („ressourcennutzend/Landwirt*in; produktverbrauchend/Verbraucher*in) differenziert. Die Funktionen wurden wie in Tabelle 1 definiert:

*Tabelle 1: Funktionen der Kommentator*innen und ihre Definition*

| Funktion | Definition |
|---|---|
| Landwirt*in | Eine Person, die in der Landwirtschaft tätig ist. |
| Verbraucher*in | Eine Person, die eindeutig kein Landwirt*in ist oder keine Information liefert, dass sie Landwirt*in sein könnte. |

Basierend auf den Inhalten ihrer Kommentare, wurden die einzelnen Kommentator*innen den verschiedenen Funktionen zugeordnet. Dies geschah zum einen dann direkt, wenn die Person angab, ein Landwirt/eine Landwirtin oder ein Verbraucher/eine Verbraucherin zu sein. Andere Kommentator*innen wurden nach der Analyse ihrer Kommentare und, somit abgeleitet, einer Funktion zugeordnet. Jeder Kommentator/jede Kommentatorin wurde nur einmal gezählt, unabhängig davon, wie viele Kommentare die Person gepostet hat. Personen, die nur Links, aber keine inhaltlichen Kommentare posteten, wurden nicht berücksichtigt. Unter den Landwirt*innen wurde kein Unterschied zwischen Milcherzeuger*innen und anderen Landwirt*innen gemacht, weil nicht überall die benötigte Information erkennbar war. Auch unter den Verbraucher*innen wurde keine weitere Differenzierung vorgenommen, um zum Beispiel Veganer*innen und Vegetarier*innen gesondert zu betrachten, weil keine ausreichenden Informationen vorlagen.

Insgesamt wurden 155 Kommentator*innen gezählt. 75 der Kommentator*innen fallen in die Kategorie „Landwirt*innen" (32 männlich, 31 weiblich und 12 ohne Angabe). Weitere 76 Kommentator*innen wurden als Verbraucher*innen klassifiziert (28 männlich; 8 weiblich; 40 ohne Angabe).

Die vier verbleibenden Personen waren die Autorin Tanja Busse, Bauer Willi, ein Kinderbuchautor und ein Vertreter einer Tierschutzeinrichtung. Diese Personen, ihre Statements und Kommentare wurden deshalb aus der weiteren Analyse ausgeschlossen, weil sie keiner der Funktionskategorien zugeordnet werden können.

## 4.2. Welches Verständnis von Natur im Sinne der Bioökonomie zeigen die verschiedenen Akteure, die sich mit der Intensivierung in der Milchwirtschaft und deren Folgen für den Wert des Tierlebens befassen?

Im zweiten Schritt wurden die Kommentare daraufhin analysiert, welches Naturverständnis die Kommentator*innen im Sinne der Bioökonomie zeigen und ob ein Rückschluss auf die den Aussagen zugrundeliegenden Werte und Normen der einzelnen Kommentator*innen möglich ist. Hierfür wurden alle Kommentare nach Adjektiven durchsucht, welche die Unterbringung, die Versorgung, die Aufzucht, das Leben, den Umgang, das Wohl, die Existenz und das Schlachten der Bullenkälber beschreiben. Inhalte, die nicht mit Bullenkälbern in Zusammenhang gebracht werden konnten, wurden nicht berücksichtigt. Die gefundenen Adjektive wurden gruppiert und mittels der Methoden der induktiven Inhaltsanalyse kategorisiert. Hierbei wurde zwischen Landwirt*innen und Verbraucher*innen sowie zwischen männlichen und weiblichen Kommentatoren differenziert. Die Analyse wurde mithilfe von Excel erstellt. Dabei stellte sich heraus, dass von den 417 analysierten Kommentaren nur 145 das Thema Bullenkälber gezielt aufgriffen. Im Folgenden werden die einzelnen Fallbeispiele nun detailliert angeschaut.

*Fallbeispiel 1: Rezension einer Lesung von Tanja Busse in Osnabrück, 1 Kommentar*

Das erste Beispiel ist die Rezension einer Lesung von Tanja Busse vor einem Publikum von rund hundert Leuten, überwiegend Landwirt*innen, im Osnabrücker Land. Der Autor schließt seine Rezension mit den Worten „nur ein Besucher unterstützte Busses Aussagen" (Barthel 2016). Hierauf reagiert ein Verbraucher wie folgt: „Herr Barthel (scheint) den halben Abend verschlafen zu haben. Wie anders konnte ihm entgehen, dass deutlich mehr Menschen als der Zuhörer aus Melle den Ausführungen von Frau Busse zugestimmt haben und deutliche und berechtigte Kritik an den Auswüchsen der ‚modernen' Landwirtschaft geübt haben. (…) Ich empfinde es als eine Unverschämtheit, die Öffentlichkeit mit dieser Darstellung des Abends hinters Licht zu führen." Anhand der Begriffe „berechtigte Kritik" und „Auswüchse der modernen Landwirtschaft" lässt sich schließen, dass die vorherrschenden Produktionspraktiken gegen die Werte und Normen des Kommentators sprechen.

*Fallbeispiel 2: Interview mit Tanja Busse, geführt von „Bauer Willi", 234 Kommentare*

‚Bauer Willi' ist ein Blog, mit dessen Hilfe zwei Landwirte versuchen, die Kommunikation zwischen Landwirt*innen und Verbraucher*innen über aktuelle Themen in der Landwirtschaft zu fördern (BauerWilli 2017). In unserem Fallbeispiel führt Bauer Willi mit Tanja Busse ein Gespräch. Busse erklärt, der Titel „Die Wegwerfkuh" habe ihr deshalb viele Probleme bereitet, da die Bauern sich hierdurch von ihr angegriffen fühlen und sich eher von dem Buch distanzieren, als es lesen. Busse erläutert weiterhin, dass in der Zeitschrift ‚Der Spiegel' ihre Aussage, für Milchviehbauern sei es unökonomisch, sich intensiv um ihren männlichen Nachwuchs zu kümmern (Busse 2015: 24), in der Formulierung „Milchviehbauern lassen Bullenkälber verrecken" (Koschnitzke /Schießl 2015) zusammengefasst wurde. Diese semantische Umdeutung und verbale Zuspitzung haben zu großer Empörung unter den Landwirt*innen geführt, obwohl es tatsächlich auch einige beweisende Fälle aus der Praxis gibt (siehe oben). Das Interview geht dann auf den Ärger der Landwirte mit den Bürger*innen und Verbraucher*innen ein, die sich nach Meinung der Landwirt*innen um das Wohl der Tiere sorgen, aber nicht dazu bereit sind, die Kosten hierfür zu zahlen. Busse schlägt vor, dass die Landwirt*innen das System dadurch mit verändern müssen, dass sie Bürger*innen auf ihre Höfe einladen, Informationslücken schließen oder alternative Produktionsformen, wie die solidarische Landwirtschaft oder Schulbauernhöfe, mittragen.

Anders als die Motivation des Blogs ‚Bauer Willi' suggeriert, zeigt das Fallbeispiel, dass Verbraucher*innen und Landwirt*innen, statt miteinander in Dialog zu treten, aneinander vorbeireden und unterschiedliche Werte und Normen repräsentieren. Das Aneinander-Vorbeireden zeigt sich unter anderem darin, dass in den Kommentaren hauptsächlich die Art der Berichterstattung thematisiert wird, der Umgang mit den Bullenkälbern aber in den Hintergrund rückt. Obwohl Bauer Willis Interview auf eine hohe Leserreaktion traf, befassen sich nur 16 der 243 Kommentare konkret mit dem Leben der Bullenkälber.

Die Mehrzahl der Kommentator*innen (25 von 41) sind Landwirt*innen, die ihren Berufsalltag aus professioneller Sicht reflektierten, ohne dabei auf ihre persönlichen Gefühle einzugehen. Die Landwirt*innen rücken somit die Werte und Normen ihrer Berufspraxis in den Vordergrund. Gotter (2018) folgend, hat dies auch mit der Sozialisierung der Landwirte in ihrer Berufsrolle zu tun. Während der Aneignung des Berufs Landwirt*in erlernt die Person die Berufsrolle und die damit verbundenen Erwartungen und bildet so ihre berufliche Identität heraus. In diesem Sinne kommentierte eine Landwirtin: „die nicht benötigten Tiere werden geschlachtet und gegessen – von Wegwerfen kann keine Rede sein. (…) Als Milchbäuerin kann ich nicht nachvollziehen, warum man junge oder mittelalte Kälber nicht schlachten soll" und „wenn die Tiere nicht genutzt würden, würden sie gar nicht leben." Ein Landwirt sagte dazu: „Es ist eine nüchterne Abwägung ohne Sentimentalität (…). Daten und Fakten!"

Von den kommentierenden Verbraucher*innen gehen nur zwei direkt auf die Bullenkälber ein, während die anderen die verfehlten Dialoge zwischen Landwirt*innen und Verbraucher*innen kommentieren. Bezüglich der Bullenkälber hinterfragen die kommentierenden Verbraucher*innen die Moral des bestehenden Milchproduktionssystems. Eine Person aus der Kategorie Verbraucher*innen (o. A.) nahm folgendermaßen Stellung: „Wenn Bauern glauben, Sie müssen den dummen Verbraucher aufklären, dann haben Sie die Lage nicht verstanden. Die Frage lautet vielmehr, wie Nutztiere in Zukunft gehalten werden sollen." Eine andere Person aus der Kategorie Verbraucher*innen sprach weiterhin von „Fehlentwicklungen" und von „beschämend niedrigen Milchpreisen". Diese Aussagen deuten darauf hin, dass die kommentierenden Verbraucher*innen eine Änderung des bestehenden Agrarsystems begrüßen würden.

*Fallbeispiel 3: Spiegel Online Artikel "Bauern lassen Bullenkälber verrecken", 89 Kommentare*

Dieser Artikel diskutiert den „zynischen Umgang" der Milchbäuer*innen mit Bullenkälbern und zitiert Busses Nachforschungen über die „grausamen Entsorgungsmethoden" in der „Agroindustrie" (Spiegel 2015). Auf diesen Artikel reagierten überwiegend männliche Verbraucher (20) und nur sechs der Kommentator*innen konnten als weiblich identifiziert werden. Weitere 33 Kommentator*innen blieben ohne Angaben. Interessant ist, dass 65 der 89 Kommentare sich tatsächlich mit dem Wert des (Kälber-)Lebens in der Viehwirtschaft befassen.

Die Inhalte der Kommentare lassen schlussfolgern, dass die aktuellen Produktionsmethoden nicht mit den Werten und Normen der Konsument*innen übereinstimmen. So waren die Kommentare zum Teil ironisch: „Darum ist Abfallfleisch so günstig. Dann gibt es morgen wieder Abfallbraten, lecker!" oder zynisch „Wenn ich bäuerliche Ethik höre[,] wird mir schlecht" (beide o. A.). Andere Kommentare konnten als belehrend klassifiziert werden „Jeder, der Fleisch und Milchprodukte isst, hat Mitschuld, ich lebe VEGAN" (o. A.) und wiederum andere als bewertend „tragisch" (o. A.), „grausam und widerwärtig" (weibliche Verbraucherin); „abartig" (o. A.).

*Fallbeispiel 4: Artikel in professioneller Landwirtschaftszeitung, 37 Kommentare*

Auch das vierte Fallbeispiel diskutiert die Verbindung zwischen Busses Buch und dem besagten Spiegel Online Artikel für ein landwirtschaftliches Fachpublikum. Der Artikel endet mit der Aussage, dass Lösungen für die existierenden Probleme in den Milchviehbetrieben gefunden werden müssen, und einem Link zum Artikel auf Spiegel Online, von dem die Autor*innen behaupten, Busse habe ihn selbst geschrieben (Spiegel 2015).

Außer zwei Verbraucher*innen konnten alle Kommentator*innen als Landwirt*innen identifiziert werden (16 männlich, 0 weiblich, 13 o. A.). Die Diskussion dreht sich hauptsächlich um das Leben der Bullenkälber und so wurden 26 der 37 Kommentare in die Analyse mit einbezogen. Allgemein kann konstatiert werden, dass die Landwirt*innen sich durch den Artikel angegriffen und in ihrer Ehre als Landwirte verletzt fühlen. Folglich reflektieren die Kommentare auch hier die Werte und Normen des Berufsstands der Milchbauern. Die Kommentare wurden zum Beispiel dazu genutzt, um Busses Behauptungen abzuschwächen, indem ihre breite Gültigkeit infrage gestellt wird („Schwarze Schafe!" „Verdammte Einzelfälle!", beide männlich) oder um sich von ihren Aussagen zu distanzieren „Der Umgang mit den Tieren sollten jedem Bauern Ehrensache sein und sie keinen wirtschaftlichen Druck spüren lassen" (k. A.). Andere Kommentator*innen nutzten die Gelegenheit, um die Preise und das Gewicht ihrer Bullenkälber zu vergleichen und vermieden dabei die ethische Diskussion. Dies kann nach Gotter (2018) auch als Schutzmechanismus der Landwirt*innen interpretiert werden, die sich so auf ihre Rolle als Landwirt*innen konzentrieren und versuchen, die ethischen und moralischen Anfechtungen abzublocken.

*Fallbeispiel 5: Onlineforum für Bäuerinnen zum Thema "Wohin mit den Bullenkälbern", 47 Kommentare*

Diese Onlinediskussion fand im Winter 2010/2011 statt, also zu einer Jahreszeit, in der Preise für Bullenkälber gewöhnlich niedrig sind, und bevor Tanja Busses Buch erschien. An dieser Diskussion beteiligten sich nur Landwirtinnen, zudem ist es das einzige vorliegende Fallbeispiel, das sich ausschließlich mit Bullenkälbern beschäftigt. Daher gehen auch 40 der 47 Kommentare direkt auf das Leben der Bullenkälber ein. Des Weiteren werden in diesem Forum die persönlichen Werte und Normen der Landwirtinnen offenbart, nicht nur die professionelle Sichtweise auf die Problematik (Bäuerinnentreff 2011).

Die Diskussion konzentriert sich auf die Frage, welche Praktiken moralisch und ethisch vertretbar sind. Eine Landwirtin schrieb: „Sollte es hier jemals soweit kommen, dass man Kälber tötet nur, weil sie „übrig" sind, wäre es für mich der Tag[,] mit der Viehhaltung aufzuhören." Eine andere Kommentatorin schrieb: „Müsste ich die Kälber nach der Geburt töten, wäre es für mich auch ein Grund aufzuhören, aber ist es ethischer nach 50 Tagen?" Und wieder eine andere Landwirtin schrieb: „Für mich ist es ethisch vertretbar, ein Kalb nach 50 Tagen zu töten, wenn es verwertet wird und nicht einfach nur entsorgt."

## 5. Die Wertschätzung der Natur im Rahmen der Ökonomisierung des Lebens

Nachdem die Ergebnisse der Analyse präsentiert worden sind, sollen nun die beiden verbleibenden Forschungsfragen diskutiert werden. Hierzu soll zunächst danach gefragt werden, wie sich die Akteure in ihrer Funktion im Bioökonomiekontext charakterisieren lassen und wie ihre Werthaltungen verstanden werden können. Danach sollen die ethischen Konflikte beleuchtet werden und die gesellschaftlichen Herausforderungen, die sich hierdurch abzeichnen. Auf Basis dieser Diskussion soll abschließend reflektiert werden, ob das Framing der Bioökonomie dazu geeignet ist, die Schärfe der öffentlichen Auseinandersetzungen und die damit verbundenen Wertekonflikte über den Umgang mit Natur und Leben in der intensiven Milchviehwirtschaft zu analysieren und zu interpretieren.

*Charakterisierung der Funktion der Akteure im Bioökonomiekontext und das Verständnis ihrer Werthaltungen*

Die Analyse der Diskussionen zeigt, dass es sowohl Landwirte und Landwirtinnen als auch Verbraucher*innen gibt, die eine Ökonomisierung des Lebens in der Milchwirtschaft in Form einer reinen Kosten-Nutzen-Orientierung moralisch nicht unterstützen. In Bezug auf die landwirtschaftliche Sicht schließen diese Erkenntnisse an Gotter (2018) an, die davon berichtet, dass, wie in anderen Berufen auch, die Landwirt*innen beim Erlernen ihres Berufs das vermittelte Fremdbild des Landwirts, der Landwirtin mit ihren inneren Erwartungen (Selbstbild) abgleichen. Hierbei kann es neben Übereinstimmungen auch zu Konflikten kommen, die eine Neuinterpretation des Berufsbilds oder dessen Ablehnung hervorrufen können.

Des Weiteren liefern die empirischen Ergebnisse einen Hinweis darauf, dass sich das Spannungsfeld Mensch-Nutztier-Beziehung aus dem ambivalenten Charakter der Nutztiere als Rohstofflieferant und Lebewesen (vgl. Gotter, 2018; Jürgens, 2009) sowie aus dem Konflikt zwischen modern, d.h. produktionsorientiert und postmodern, d.h. aus den an Lebewesen orientierten und durch sie geprägten Erwartungen (vgl. Buller/Morris 2003) an diese ergibt. Dies lässt sich vor allem an den Aussagen der Landwirt*innen erkennen. Auf der einen Seite kommentierte eine Vielzahl der Landwirt*innen das Leben der männlichen Kälber vor dem Hintergrund des Nutztieres als Rohstoff- und Lebensmittellieferant. Auf der anderen Seite wurde aber auch Bezug auf die Tiere als Individualitäten genommen. Weiter fällt auf, dass schon relativ früh (nämlich 2011) und ohne Bezug auf das Buch von Tanja Busse die Fragestellung der ‚wertlosen' Bullenkälber in einer Chatgruppe von Bäuerinnen gestellt wurde. Die Tatsache, dass die Diskussion netzöffentlich geführt wurde, zeigt, dass die Kommentatorinnen sich der Bedeutung des Themas und der damit verbundenen ethischen Dimensionen bewusst sind (vgl. Fallbeispiel 5). Die vorliegenden Ergebnisse unterstreichen somit Gotters (2018) Erkenntnis, dass Landwirte „mit den (damit) verbundenen emotionalen Bezügen und moralischen Werthaltungen in Bezug auf die Tiere (…) im Arbeitsalltag immer wieder auf Widersprüche [stoßen], und zwar dann, wenn sie gegen ihr Selbstbild als um das Wohl der Tiere besorgte empathische Tierpfleger verstoßen müssen" (S. 47). Gleichzeitig belegen die vielen Kommentare über die Zahlen und Fakten die Tatsache, dass, wie Gotter (2018) schreibt, Landwirte und Landwirtinnen sich Schutzmechanismen und emotional entlastende Umgangsweisen aneignen, um mit der Ambivalenz ihrer Tätigkeit in der intensiven Milchviehwirtschaft umgehen zu können.

Im Vergleich zu den Landwirt*innen ist in den Kommentaren der Verbraucher*innen die Ambivalenz der Nutztiere als Rohstofflieferant und als Lebewesen weniger präsent. Hier wird deutlich mehr auf die postmoderne, lebewesensorientierte Sichtweise eingegangen als auf die ressourcenorientierte Sichtweise der Moderne. Dieser Unterschied wird durch andere Studien unterstrichen, die ebenfalls eine unterschiedliche Wahrnehmung der Landwirte und Konsument*innen gegenüber der Haltung von Nutztieren und deren Wohl feststellten (Vanhonacker et al. 2008, Te Velde et al. 2002). Folglich stellen die Verbraucher*innen in ihren Aussagen das Tier als emotionsfähiges Individuum in den Mittelpunkt und üben erhebliche Kritik an dem Umgang mit den Bullenkälbern in der Milchwirtschaft. Wie schon durch andere Studien belegt, steht diese moralische Diskussion der Verbraucher*innen jedoch im Gegensatz zu dem Kaufverhalten vieler Bürger*innen (Liebe et al. 2016, Schröder /McEachern 2004).

Hieraus lässt sich schlussfolgern, dass das Verständnis vom Wert tierischen Lebens in der Milchviehwirtschaft als eine Dissonanz zwischen der moralischen Einstellung und dem tatsächlichen Handeln der Akteure zu sehen ist. Sowohl aufseiten der Landwirt*innen als auch auf Verbraucherseite war eine deutliche Rechtfertigungsverpflichtung wahrzunehmen bei Handlungen, die im Kontrast zu ihrer moralischen und ethischen Haltung stehen. Persönliche Schutzmechanismen, zum Beispiel das Fokussieren auf Zahlen und Fakten in Fallbeispiel 4, bieten eine Möglichkeit, um mit dieser Dissonanz umzugehen.

*Ethische Konflikte und ihre gesellschaftliche Dimension*

Die Untersuchung zeigt, dass der Umgang mit Bullenkälbern in der Milchviehwirtschaft die Verbraucher*innen und Landwirt*innen emotional aufwühlt. So weisen die Ergebnisse darauf hin, dass das Thema unter Verbraucher*innen überwiegend eine verurteilende Bewertung und bei den Landwirt*innen gemischte Reaktionen auslöst – dies belegen sowohl die sich selbst erklärenden, eigene Werthaltungen offenlegenden, als auch sich verteidigenden, anderen Verantwortung zuweisenden Aussagen.

Die ethische Diskussion über den Umgang mit den Bullenkälber kann in die Diskussion über ‚moralisch schwieriges Verhalten' eingeordnet werden, in der zum Beispiel auch das ‚Fleisch-Paradoxon' (Loughnan et al. 2014, Bastian /Loughnan 2017) und das Fürsorge-Tötungs-Paradoxon (Reeve et al. 2005) diskutiert werden. Das Fleisch-Paradoxon beschreibt zum Beispiel, dass Menschen auf der einen Seite nicht wollen, dass Tiere leiden, aber für ihren Fleischkonsum das Leid der Tiere in Kauf nehmen (Mannes

2017). Laut Bastian und Loughnan (2017) zeigt sich somit dann ein moralisch schwieriges Verhalten, wenn ein Konflikt zwischen den moralischen
Werten eines Menschen und seinem gezeigten Verhalten besteht, aber der
Mensch sein Verhalten trotzdem rechtfertigt, um seine Interessen zu schützen. In unserem Fallbeispiel steht die Verwertung der Bullenkälber in der
Milchviehwirtschaft im Zentrum des moralisch schwierigen Verhaltens,
und zwar insbesondere die Auseinandersetzung darüber, ob es einen Unterschied gibt zwischen Schlachten und Töten – wie es Protagonisten des
traditionellen Verständnisses von Nutztieren (hier z. B. in Fallbeispiel 5)
vertreten – oder ob das Töten von Tieren generell abzulehnen ist.

Wie eingangs erwähnt, unterscheiden sich in der Auseinandersetzung
die Diskussionen der Landwirt*innen von denen der Verbraucher*innen.
Unter den Landwirt*innen steht vor allem die Frage nach der Verwertung
eines Bullenkalbes im Vordergrund. Die Diskussionen gehen daher zumeist auf den Unterschied zwischen Schlachten und Töten ein, wobei das
Schlachten mit der ökonomisch relevanten Verwertung des Tierkörpers
und das Töten mit der Beseitigung des Tierkörpers ohne Verwertung assoziiert wird (vgl. Fallbeispiele 2, 4 und 5). Durch das Schlachten der Tiere
geben die Landwirt*innen den Tieren einen Nutzen, welches ihnen hilft,
ihre Handlungen zu rechtfertigen und ihre moralischen Bedenken gegenüber ihren ökonomischen Interessen zu minimieren. Wenn es aber, wie in
den Diskussionen um das Buch ‚Die Wegwerfkuh' von Tanja Busse (2015)
behauptet wird, darum geht, dass Landwirt*innen ihre Bullenkälber töten,
so ist diese Darstellung nicht kongruent mit dem Selbstbild der Landwirt*innen, was wiederum Empörungen auslöst und die Landwirt*innen
zu öffentlichen Rechtfertigungen veranlasst.

Des Weiteren deuten sich in der vorliegenden Untersuchung, wie schon
von Belamy (2017) erwähnt, sowohl auf Landwirt- als auch auf Verbraucherseite ethische Konflikte bezüglich des Töten von ‚Tierkindern' an. Besonders auf Verbraucherseite stößt die Diskussion über den Umgang mit
Bullenkälbern auf bewertende bis verurteilende Aussagen (vgl. Fallbeispiel
4). Anders als in den Diskussionen der Landwirt*innen werden hier allerdings nicht die Existenz und der Nutzen der Bullenkälber hinterfragt, sondern deren Töten als Tierkinder. Die Verbraucher*innen umgehen somit
die Frage nach der Funktion der Bullenkälber für die Milchgewinnung
und für die Wirtschaftlichkeit des Milchviehbetriebes und konzentrieren
sich auf das Schicksal der Bullenkälber als Individuen. Dies steht im Einklang mit der beschriebenen postmodernen Haltung der Verbraucher*innen.

Unsere Beobachtungen lassen uns somit darauf schließen, dass sowohl
unter Landwirt*innen als auch unter Verbraucher*innen ethische Konflik-

te im Umgang mit Bullenkälbern in der Milchviehwirtschaft zu verzeichnen sind. Des Weiteren zeigen unsere Untersuchungen, dass Landwirt*innen und Verbraucher*innen das Leben und den Tod der Bullenkälber unterschiedlich framen: Während das Bullenkalb für die Landwirt*innen zur Milchgewinnung und für ökonomische Zwecke geboren und getötet werden muss, konzentrieren sich Verbraucher*innen hauptsächlich auf die Tatsache, dass Bullenkälber als ,Tierkinder' ihr Leben lassen. Diese Differenz im Framing, so lässt sich annehmen, ist ein wesentlicher Grund für das Scheitern von zielorientierten Dialogen zwischen Landwirt*innen und Verbraucher*innen.

*Bietet die Bioökonomie einen passenden Rahmen für die Analyse des gesellschaftlichen Dialogs zum Umgang mit Natur und Leben in der Wirtschaft?*

Das Beispiel ,Bullenkälber in der Milchviehwirtschaft' zeigt, dass die ökonomische Verwertung natürlichen Lebens ein Thema ist, dass Kontroversen sowohl innerhalb der Berufsgruppe als auch in der (virtuellen) Öffentlichkeit hervorruft und ethische Standards und Beurteilungen herausfordert. Vor diesem Hintergrund kann das eingangs zitierte Narrativ, das der ,Nationalen Forschungsstrategie für Bioökonomie' (in ihrer Version von 2016) vorangeht, als naiv bezeichnet werden. Die Aussage ,sie [die Bioökonomie] verbindet ihn [den Menschen] mit der Natur' ist angesichts der hier beschriebenen Sachlage simplizistisch, sie wird den widerstreitenden Standpunkten und den mit den unterschiedlichen Werthaltungen verbundenen Emotionen nicht im Mindesten gerecht.

Auch wenn man sich nicht uneingeschränkt dem kritischen Urteil von Gottwald und Krätzer (2015) anschließen mag, dass im Rahmen der Bioökonomie „alles Lebendige zur Ware wird und nichts mehr lebenswert ist was keinen Marktwert hat", so zeigt die ausgewertete Literatur aber auch deutlich, dass die Bioökonomie-Strategie weder die Auseinandersetzung mit impliziten ethischen Fragen fördert, noch Antworten auf diese Herausforderungen bereithält. So besteht die Gefahr, dass die Ambivalenz des Mensch-Nutztierverhältnisses politisch verschärft wird und – insbesondere durch die in den sozialen Medien aufgebauten, öffentlichen Erwartungen – der Druck auf die Landwirt*innen, sich zu positionieren, steigt.

Abschließend können wir also feststellen, dass die Bioökonomie als Frame für die Milchwirtschaft ungeeignet ist, um die ethischen Konflikte auszuloten und zu klären, die aus den Divergenzen zwischen modernen und postmodernen Tierkonzepten und dem unterschiedlichen Wert- und Nutzenkonstrukt von Bullenkälbern zwischen Landwirt*innen und Verbraucher*innen resultieren. Angesichts der gesellschaftlichen Brisanz und den politischen Herausforderungen, ethisch begründete, breit akzeptierte und ökonomisch vorteilhafte Nutztierhaltungssysteme zu entwickeln (BMEL 2015), scheint es daher wichtig zu sein, die mit der Bioökonomie-Strategie in Deutschland verknüpften, die Natur und lebendige Organismen betreffenden Werte kritisch zu hinterfragen und in die öffentliche Diskussion zu rücken.

## 6. Literaturverzeichnis

AGRARHEUTE. 2017. Nutzkälber [Online]. Available: https://www.agrarheute.co m/markt/nutzkaelber [Accessed 02.08.2017].

Barthel, W. 2016. Kontroverse Diskussion zum Buch "Die Wegwerfkuh" in Georgsmarienhütte. In: Neue Osnabrücker Zeitung, 01.06.2016.

Bastian, B. & Loughnan, S. 2017. Resolving the Meat-Paradox: A Motivational Account of Morally Troublesome Behavior and Its Maintenance. In: Personality and Social Psychology Review, 21, 278-299.

BÄUERINNENTREFF. 2011. Wohin mit den Bullenkälbern? [Online]. Available: http://www.agrar.de/landfrauen/forum/index.php?topic=40893.0 [Accessed 17. September 2016].

BAUERWILLI. 2017. Wer wir sind [Online]. WordPress. Available: http:// www.bauerwilli.com/wir-sind/ [Accessed 06.09.2017].

Bellamy, D. 2017. Treatment of Unwanted Baby Animals. International Farm Animal, Wildlife and Food Safety Law. Springer.

Bioökonomierat 2010. Nationale Forschungsstrategie BioÖkonomie 2030. Bonn, Berlin: Bundesministrium für Bildung und Forschung.

Bioökonomierat 2016. Weiterentwicklung der "Nationalen Forschungsstrategie Bioökonomie 2030". In: EL-CHICHAKLI, B. (ed.). Berlin: Geschäftsstelle des Bioökonomierates.

BMEL, W. B. A. B. 2015. Wege zu einer gesellschaftlich akzeptierten Nutztierhaltung. Gutachten. Berlin.

Bonaiuti, M. 2015. Bioökonomie. In: D'ALISA, G., DEMARIA, F., KALLIS, G. (ed.) Degrowth- Handbuch für eine neue Ära.: Oekonom Verlag.

Buller, H. & Morris, C. 2003. Farm Animal Welfare: A New Repertoire of Nature-Society Relations or Modernism Re-embedded? In: Sociologia Ruralis, 43, 216-237.

Bundestierärztekammer. 2015. Stellungnahme zur Versorgung der Bullenkälber der Milchviehrassen [Online]. Berlin. Available: http://www.bundestieraerzteka mmer.de/downloads/btk/fachausschuesse/Stellungnahme_Bullenkaelber.pdf [Accessed].

Busse, T. 2015. Die Wegwerfkuh., München, Karl Blessing Verlag.

Busse, T. 2016. Die Milchmaschine. In: Die Zeit Online, 30.05.2016.

Christopherson, K. M. 2007. The positive and negative implications of anonymity in Internet social interactions: "On the Internet, Nobody Knows You're a Dog". In: Computers in Human Behavior, 23, 3038-3056.

Demeritt, D. 2002. What is the 'social construction of nature'? A typology and sympathetic critique. In: Progress in Human Geography, 26, 767-790.

Euparlament. 1998. Parlamentarische Anfragen [Online]. Brüssel: Europäisches Parlament. Available: http://www.europarl.europa.eu/sides/getAllAnswers.do?reference=E-1998-0794&language=DE [Accessed 30.01.2018 2018].

Gotter, C. 2018. Kompetenzanforderungen und Kompetenzentwicklung in der Arbeit mit Nutztieren: Eine explorative Betriebsfallstudie im Spannungsfeld von empathischer Fürsorge und emotionaler Distanz. In: KAUFFELD, S. & FRERICHS, F. (eds.) Kompetenzmanagement in kleinen und mittelständischen Unternehmen: Eine Frage der Betriebskultur? Berlin, Heidelberg: Springer Berlin Heidelberg.

Gottwald, F. T. & Krätzer, A. 2014. Irrweg Bioökonomie. Kritik an einem totalitären Ansatz., Berlin, Suhrkamp Verlag eg.

Joinson, A. 1999. Social desirability, anonymity, and internet-based questionnaires. In: Behavior Research Methods, Instruments, & Computers, 31, 433-438.

Jürgens, K. 2008. Emotionale Bindung, ethischer Wertbezug oder objektiver Nutzen? Die Mensch-Nutztier-Beziehung im Spiegel landwirtschaftlicher (Alltags-)Praxis. In: Zeitschrift für Agrargeschichte und Agrarsoziologie, 2.

Koschnitzke, L. & Schießl, M. 2015. Kälber für die Tonne. In: Der Spiegel, 25.04.2015.

Ksiazek, T. B. 2016. Commenting on the News. In: Journalism Studies, 1-24.

Die Ramschkälber, 2016. Directed by Lambrecht, O. & Hohndorf, D. Hamburg.

LEL-BW. 2016. Niedrige Preise für Holsteinbullenkälber- Anpassungsstrategien für Milchvieh- und Rindermastbetriebe [Online]. Schwäbisch Gmünd: Ministerium für Ländlichen Raum und Verbraucherschutz. Available: http://www.landwirtschaft-bw.info/pb/site/lel/get/documents/MLR.LEL/PB5Documents/lel/Abteilung_2/Oekonomik_der_Betriebszweige/Tierhaltung/Rinder/Rindermast/Bullenmast%20mit%20Holsteinbullenk%C3%A4lbern_21_11_2016.pdf [Accessed 18.09.2017 2017].

Levidow, L., Birch, K. & Papaioannou, T. 2012. EU agri-innovation policy: two contending visions of the bio-economy. In: Critical Policy Studies, 6, 40-65.

Liebe, U., Andorfer, V. A. & Beyer, H. 2016. Preis, Moral und ethischer Konsum: Ein Feldexperiment mit Nachbefragung zum Kauf von ökologischen Produkten. In: Berliner Journal für Soziologie, 26, 201-225.

Loughnan, S., Bastian, B. & Haslam, N. 2014. The Psychology of Eating Animals. In: Current Directions in Psychological Science, 23, 104-108.

Mannes, J. 2017. Die gesellschaftliche Konstruktion des Fleischkonsums. Und die Formierung des Karnismus-Habitus. In: Soziologiemagazin, 1, 13-32.

MILCHWIRTSCHAFT. 2017. The FreeDictionary.com [Online]. Available: http://de.thefreedictionary.com/Milchwirtschaft [Accessed 4. September 2017].

Poscheschnik, G., Lederer, B. & Hug, T. 2010. Datenauswertung. Kapitel V. In: Poscheschnik, G. H., T. (ed.) Empirisch Forschen. Die Planung und Umsetzung von Projekten im Studium. Wien: Verlag Huter und Roth KG.

Reeve, C. L., Rogelberg, S. G., Spitzmüller, C. & Digiacomo, N. 2005. The Care-Killing Paradox: Euthanasia-Related Strain Among Animal-Shelter Workers. In: Journal of Applied Social Psychology, 35, 119-143.

Ruiz, C., Domingo, D., Micó, J. L., Díaz-Noci, J., Meso, K. & Masip, P. 2011. Public Sphere 2.0? The Democratic Qualities of Citizen Debates in Online Newspapers. In: The International Journal of Press/Politics, 16, 463-487.

Schröder, M. J. A. & Mceachern, M. G. 2004. Consumer value conflicts surrounding ethical food purchase decisions: a focus on animal welfare. In: International Journal of Consumer Studies, 28, 168-177.

SPIEGEL. 2015. Entsorgte Kälber. Bulle? Stirb! In: Spiegel, 25.04.2015.

Staffas, L., Gustavsson, M. & Mccormick, K. 2013. Strategies and policies for the bioeconomy and bio-based economy: An analysis of official national approaches. In: Sustainability, 5, 2751-2769.

Te Velde, H., Aarts, N. & Van Woerkum, C. 2002. Dealing with Ambivalence: Farmers' and Consumers' Perceptions of Animal Welfare in Livestock Breeding. In: Journal of Agricultural and Environmental Ethics, 15, 203-219.

Turner, J. 2010. Animal Breeding, Welfare and Society, London, Earthscan Ltd.

Vanhonacker, F., Verbeke, W., Van Poucke, E. & Tuyttens, F. A. M. 2008. Do citizens and farmers interpret the concept of farm animal welfare differently? In: Livestock Science, 116, 126-136.

Wasmund, N. 2016. Warum männliche Kälber in SH nur ein Abfallprodukt sind. In: Flensburger Tagesblatt.

# Die Frau des Fleischers. Eine kultursoziologische Skizze

*Sebastian J. Moser*

## Einleitung

Als Soziologe sollte man gelernt haben, den Alltag methodisch auf Distanz zu bringen. Bereits Georg Simmel, Walter Benjamin oder Siegfried Kracauer setzten dafür das Flanieren ein.[1] Ein solcher vom Alltagsgeschäft gelöster Spaziergang durch die Straßen war der Ausgangspunkt für die folgenden Überlegungen. Ich wurde dabei auf die soziale Tatsache aufmerksam, dass es sich bei den Betreibern der Fleischerei-Fachgeschäfte auf meinem Weg ausnahmslos um (verheiratete) Paare handelte. Um einen gehaltvollen soziologischen Gegenstand zu generieren, wurde dieser Eindruck durch eine Erhebung der Internetpräsenz von Fleischereifachgeschäften in vier deutschen Großstädten geprüft. Diese ergab, dass es sich bei 64 Prozent der untersuchten Metzgereien um von Paaren geführte Unternehmen handelt; das heißt, es handelt sich um das Fortbestehen traditionaler Unternehmensstrukturen. Der Alltagsverstand versteht unter Familienunternehmen für gewöhnlich vom Vater an den Sohn weitergegebene Wirtschaftseinheiten.[2] Während gerade kleine Familienunternehmen häufig Namen, wie „Schmidt & Sohn" tragen, sieht man die Bezeichnung „Dietrich & Frau" allerdings nur selten.

Obgleich diese triadische Sozialform, die ja aus dem Aufeinandertreffen von Geschlechterdifferenz (Familie) innerhalb einer besonders organisierten Arbeitswelt (Arbeit) und einer spezifischen Berufsform (Profession) entsteht, soziologisch äußerst spannend ist, liegt meines Wissens bislang keine wissenschaftliche Studie vor, die diese Trias zum expliziten Untersu-

---

1 Es ist Aldo Legnaro (2010) zu verdanken, dass das Flanieren als sozialwissenschaftliche Methode wieder in den Diskurs eingeführt worden ist (vgl. auch: Moser 2014: 18-28). Hiermit ist eine Geisteshaltung beschrieben, die sich nicht dem Diktat des Tempos unterordnet, um hierdurch die Aufmerksamkeit auf alltägliche Mikrophänomene zu lenken, die in der universitären Betriebsamkeit allzu oft unbeachtet bleiben.

2 Mittlerweile kommt es selbstverständlich immer häufiger vor, dass Töchter das Familienunternehmen übernehmen. Worauf es hier ankommt, ist, dass Familienunternehmen sich scheinbar ausschließlich über die Generationenabfolge definieren.

chungsgegenstand macht. Zwar mehren sich in Deutschland sowohl die privaten als auch öffentlichen Forschungsinstitute, die sich vorrangig oder ausschließlich mit Familienunternehmen befassen (z. B. der Lehrstuhl für Familienunternehmen der Otto Beisheim School for Management in Düsseldorf, das Friedrichshafener Institut für Familienunternehmen der Zeppelin Universität oder das Wittener Institut für Familienunternehmen der Universität Witten/Herdecke).[3] Soziologen sind in den Forschungsteams allerdings eher selten.[4] Wenn Frauen in solchen Studien auftauchen, dann eigentlich ausschließlich als in die Fußstapfen des Vaters tretende Töchter (vgl. stellvertretend Erdmann 2011; Otten 2011). Da sich ein Soziologe, und zwar im Anschluss an Max Weber, für das So-und-nicht-anders-Gewordenseins der sozialen Welt interessieren sollte, möchte ich im Folgenden der Frage nachgehen, welches die Besonderheiten der Position der Unternehmergattin sind. Welchen Zwängen ist sie ausgesetzt? Und löst sie für das Unternehmen zentrale Probleme, die in dieser Form nur schwer von jemand anderem gelöst werden könnten?

### Theoretisch-methodische Rahmung

Die wenigen wissenschaftlichen Erkenntnisse zur Figur der Unternehmergattin lassen sich wie folgt zusammenfassen: Unternehmerfrauen empfinden es als belastend, dass es sich bei ihrer Familie um eine öffentliche handelt.[5] Zum einen ist es dem erwerbszentrierten Leben in Familienunternehmen geschuldet, dass nur über wenig bis gar keine Freizeit verfügt wird, und zwar weder über individuelle noch über jene, die mit der Familie außerhalb der Arbeit verbracht werden könnte. Zum anderen betrifft dies ebenfalls die kaum hintergehbare, permanente und (zum Teil) als störend empfundene Präsenz der Schwiegereltern sowohl im Unternehmen

---

3  Siehe zur volkswirtschaftlichen Bedeutung von Familienunternehmen den Bericht der „Stiftung Familienunternehmen", erhältlich auf: http://www.familienunterneh men.de.

4  Mit der Position der (Ehe-)Frau in Familienunternehmen befasst sich die Studie von Manuela Weller (2009). Zwar bedient sie sich soziologischer Theorien – vor allem Anthony Giddens' Strukturierungstheorie – ist allerdings in der Betriebswirtschaft angesiedelt. In der deutschsprachigen Literatur wären außerdem Beiträge von Martin Abraham (2003), Daniela Jäkel-Wurzer (2010) oder Isabell Stamm (2013) Ausnahmen. Ersterer befasst sich mit der Paarbeziehung, während es Letzteren um die Rolle der Tochter in der Nachfolge und nicht um die (Ehe-)Frau geht.

5  Das Folgende stützt sich auf den hervorragenden Literaturüberblick von Manuela Weller (2009: 15-23) sowie die Ergebnisse ihrer eigenen Studie (ebenda 131-164).

als auch in der Familie. Weiterhin muss die mitarbeitende (Ehe-)Frau im Betrieb oftmals die vom (Ehe-)Mann ungeliebte Arbeit übernehmen. Im Gegenzug erhält sie weder in der Kindererziehung noch im Haushalt eine wesentliche Unterstützung durch ihren Mann, was traditionellen Familienkonzeptionen entsprechen würde. Obwohl sich eine Familie vom soziologischen Standpunkt aus gerade durch die Nicht-Ersetzbarkeit ihrer einzelnen Mitglieder auszeichnet (vgl. Allert 1998), ist, so die Studien, eines der wesentlichen Strukturmerkmale der (Ehe-)Frau im Familienunternehmen ihre Unsichtbarkeit.

Man könnte geneigt sein, diese allgemeinen Feststellungen auf die Frau des Fleischers zu übertragen. Die Analyse der Präsentationen von Unternehmensgeschichten auf den erwähnten Metzgerei-Internetseiten macht deutlich, dass über Generationen hinweg zuvorderst ein Umstand beworben wird: Es handelt sich um einen traditionellen Handwerksbetrieb in Familienbesitz. Die (Ehe-)Frauen werden zwar namentlich erwähnt oder auf Fotos abgebildet, auf denen dann der Fleischer und seine Gattin freundlich lächelnd nebeneinanderstehen. Aber, so wird durch das Tragen der (rollenspezifischen) Arbeitskleidung symbolisiert, bei aller Liebe sind sie füreinander Kollegen. Es lächelt also nicht das glückliche Liebespaar, sondern die verheirateten Betreiber eines Fachgeschäfts. Ein gravierender Unterschied zu den bisherigen wissenschaftlichen Ergebnissen stellt in der Fleischerei jedoch der Umstand dar, dass die Frau des Fleischers gerade nicht durch Unsichtbarkeit auffällt – im Gegenteil.[6] Dies scheint einen ersten Hinweis darauf zu liefern, dass der Frau nicht einfach der Status der mithelfenden Familienangehörigen zugesprochen wird, sondern dass sie eine professionelle Existenz als gleichberechtigte Partnerin mit explizitem, eigenständigem Aufgabenbereich innerhalb des familiengeführten Handwerksbetriebs führt.

Wie die Familiensoziologie in der Vergangenheit immer wieder betonte, hat das bürgerliche Modell ehelicher Arbeitsteilung sukzessive an Geltung verloren. „Die Folge ist, dass sich Männer und Frauen bei der Haushaltsgründung nicht mehr wie selbstverständlich an den für sie gesellschaftlich vorgesehenen Platz begeben können, sondern eine für sie als Paar geltende Arbeitsteilung entwickeln müssen" (Maiwald 2009: 285). Kai-Olaf Maiwald entwickelt in seinem familiensoziologischen Ansatz den Begriff des Kooperationsmodus und bezeichnet damit die gemeinschaftli-

---

6 Ähnliches dürfte auf die Frau des Bäckers zutreffen, obgleich es vermutlich die symbolische Dimension des Fleisches sein dürfte, die einen gewichtigen Unterschied zwischen den beiden ausmacht.

che Praxis. Paare müssen im Alltag – zum Beispiel im Haushalt oder bei der Kindererziehung – ihre Kooperation regeln und aufeinander abstimmen und tun dies mittels einer sich sukzessive herausbildenden ungeschriebenen Verfassung:

> „Es geht um einen weitgehend impliziten Zusammenhang von Überzeugen und Standards, der den Akteuren im Alltag ihre jeweiligen Zuständigkeiten zuweist und festlegt, in welcher Weise die Dinge erledigt werden." (Maiwald 2009: 157)

Und weiter heißt es:

> „Grundlage für die Ausbildung eines gemeinsam geteilten Kooperationsmodus ist die Haltung partnerschaftlicher Solidarität (…). Sie lässt sich auf die Formel bringen, dass die Handlungsprobleme des einen immer auch die des anderen sind, und vice versa – eine Formel, die deutlich macht, dass der Kooperationsmodus in der Identität der Partner verankert sein muss." (ebd.: 158)

Dieser Umstand darf aus der Beschäftigung mit Familienunternehmen nicht ausgeklammert werden. Allerdings scheint dies – soweit ich erkennen kann – bei der bisherigen wissenschaftlichen Beschäftigung der Fall zu sein. Die Fleischerei ist meiner Ansicht gerade deswegen ein instruktives Beispiel, weil hier das in der Literatur hervorgehobene Strukturmerkmal der Unsichtbarkeit der Ehefrau innerhalb des Familienunternehmens nicht greift. Die alltägliche Kooperation im Geschäft stellt neben der Arbeitsbeziehung auch die öffentliche Darstellung der praktischen Seite einer Paarbeziehung dar. Die sich hier objektivierende Geschlechterdifferenz dürfte demnach auch Vorstellungen darüber beinhalten, welche Tätigkeiten von den Akteuren als weibliche und als männliche gerahmt werden.

Ziel der vorliegenden Skizze ist es, Forschungsfragen zu generieren für das noch unbearbeitete Feld der kultursoziologischen Beschäftigung mit der Rolle der (Ehe-)Frau in Familienunternehmen. Anhand des Beispiels des familiengeführten Fleischereiunternehmens soll der Frage nachgegangen werden, ob die Frau Aufgaben übernimmt, die in dieser Form von niemand anderem übernommen werden; ob also ihre Anwesenheit einen gewichtigen Unterschied für das Unternehmen macht. Die empirische Grundlage, auf die sich die folgenden Überlegungen stützen, sind die beim Flanieren gemachten Beobachtungen, die Erhebung und Analyse der Internetpräsenz von 48 Fleischerei-Betrieben sowie vier unstrukturiert geführte Interviews mit Ehepaaren, die gemeinsam eine Metzgerei betreiben. Die Analyse orientiert sich am Kodierparadigma der Grounded Theory (Strauss 1998).

## Historisches oder: Die Frau mit den blutigen Händen

Wenn im Folgenden die Frau des Fleischers das Studienobjekt sein soll, so muss eine wichtige definitorische Abgrenzung vorgenommen werden: Als Frau des Fleischers wird diejenige Person bezeichnet, die gemeinsam mit ihrem Gatten im – von den Eheleuten gemeinsam betriebenen – Geschäft steht und unter anderem das von ihrem Gatten zubereitete Fleisch sowie Wurstwaren an die Kunden verkauft. Es handelt sich demnach nicht um die Frau des Schlächters, also desjenigen, der das Tier zu Tode bringt. Der Metzger des Einzelhandels hat seit Beginn des 18. Jahrhunderts die Rolle des Tiertöters nach und nach an eine spezifische Berufsgruppe – die in industrialisierten Schlachthöfen Tätigen (vgl. hierzu Rémy 2004) – abgegeben. Es sind nicht seine technischen Instrumente, die eingesetzt werden, um in reglementierter Art und Weise Gewalt an noch lebenden Tieren zu verüben, wie Jagdwaffen oder die Bolzenschusspistole zur Betäubung. Das Messer oder die Säge, die der Metzger des Familienbetriebs am Tier ansetzt, treffen auf bereits leblose Körper. Dies war jedoch nicht immer so.

Hier ist nicht der Ort, um die sich ab dem 18. Jahrhundert durchsetzenden urbanen Hygienebestrebungen nachzuzeichnen, es muss jedoch darauf hingewiesen werden, dass diese einen nachhaltigen Einfluss auf den Berufsstand der Fleischer und somit auch auf die Rolle der Frau ausübten. Weil die öffentliche Sichtbarkeit von Gewalt immer mehr als Problem betrachtet wurde, schritt der Prozess der beruflichen Ausdifferenzierung von Tiertötung, Verarbeitung sowie Verkauf immer weiter voran. Dies führte zu der heutigen Situation: Auf der einen Seite stehen die Schlachthöfe, in denen aus lebendigen Tieren das Rohmaterial für den Einzelhandel beziehungsweise die Fleischverarbeitungsindustrie bereitgestellt wird, und auf der anderen Seite sind neben den großen Industriebetrieben klein- und mittelständische Unternehmen des Nahbereiches positioniert, die ihre selbst hergestellte Ware dem Kunden feilbieten. Die Historiker dieses auf die Fleischer bezogenen Wandlungsprozesses geben an, man habe diese aus Angst, die sichtbare Gewalt könne anderen zum Vorbild gereichen, aus dem öffentlichen Leben verbannen wollen (Agulhon zitiert nach Rémy 2004: 226). Bezogen auf unser Thema, bedeutet dies, dass bis in das 18. Jahrhundert hinein die Frau des Fleischers und die Frau des Schlächters ein und dieselbe Person waren. Dies belegt das folgende Zitat aus dem Buch „Geschichte des Frankfurter Metzger-Handwerks" von Franz Lerner, welches sich auf das 14. Jahrhundert bezieht:

> „In der Schirn war vornehmlich der Platz der Meistersfrau. Sie stand hinter dem Verkaufstisch, während ihr Mann über Land ging, um

Schlachtvieh einzukaufen oder mit dem Schlachten und Zubereiten von Wurst und Fleisch beschäftigt war. Immer wieder ist in den alten Urkunden von der 'Metzgerin' die Rede, und das hat sogar gelegentlich zu dem Missverständnis geführt, dass das Handwerk auch von Frauen selbstständig ausgeübt worden sei. Gemeint war damit aber stets nur die Frau oder Witwe des Metzgers" (Lerner 1959: 21 f.).

Ein Blick auf den Holzschnitt „Die Köchin und die Metzgerin"[7] von Susanna Maria Sandrart zu Elias Porzelius aus dem Jahre 1689 mag vielleicht dabei behilflich sein, die damalige Position der Frau des Fleischers/ Schlächters näher zu bestimmen. Auf diesem Bild ist der für jedermann sichtbar arbeitende Fleischer damit beschäftigt, ein an den Hinterpfoten aufgehängtes Schwein aufzuschneiden. Das vom Fleischer auf seinem Zug über Land von einem Bauern oder professionellen Schweinezüchter erstandene Tier besitzt noch Kopf, Beine, Haut und Knochen sowie Innereien. Die Aufgabe des Fleischers besteht nun darin, dem von ihm getöteten Tier die Haut abzuziehen, es auszuweiden und in seine Einzelteile zu zerlegen. Maurice Agulhon vermittelt einen lebhaften Einblick in die Zustände, die vor der Entstehung zentralisierter Schlachteinrichtungen auf den Straßen geherrscht haben müssen[8]: Lange Zeit wurde zwischen den Orten der Tiertötung, der Weiterverarbeitung und des Verkaufs keine Trennung vorgenommen. Das Fleisch, das auf den Märkten erstanden wurde, konnte unmittelbar dem lebenden Tier zugerechnet werden. Dieser Umstand gilt heute nicht mehr. Bis in das 19. Jahrhundert hinein musste der Fleischer aus Platzmangel mit seiner Arbeit auf die öffentlichen Straßen ausweichen. Der öffentliche Raum stellte eine Quasierweiterung seiner Werkstatt dar und diente zugleich als Abflusssystem für das ausströmende Blut.

Die heute geltenden zentralen Differenzen von sichtbar/unsichtbar, lebendiges Tier/konsumierbares Fleisch existierten zum damaligen Zeitpunkt noch nicht. Mit Bezug auf das Zitat von Lerner („Sie stand hinter dem Verkaufstisch") sowie mit einem flüchtigen Blick auf den erwähnten Holzschnitt könnte man geneigt sein zu denken, die Frau des Fleischers

---

7 Siehe: www.akg-images.fr/archive/Die-Kochin-und-die-Metzgerin-2UMDHUH5F-J9X.html.
8 Es ist im Übrigen bezeichnend, dass sich die deutsche Soziologie für den Beruf des Fleischers sowie des Schlächters, ganz zu schweigen von seiner Frau, bis heute nicht interessiert hat. Demgegenüber entwickeln sich die soziologische sowie die historische Forschung in Frankreich zu diesem Thema immer mehr. Sollte sich in den unterschiedlichen nationalen Forschungsinteressen das allgemeine Vorurteil wiederfinden, nachdem „der Deutsche" nicht gar so viel Wert auf das legt, was er „isst", „der Franzose" hingegen schon? (vgl. Frage/Moretti 2015.)

wäre vor allem als Verkäuferin tätig gewesen. Schaut man jedoch genauer hin, dann fällt der Blick auf das neben ihr liegende Beil. Diese Waffe gehört als Arbeitsinstrument zum Verkaufsraum und damit folglich zu ihren Tätigkeiten. Daher muss meines Erachtens die Positionierung der Frau als reine Verkäuferin revidiert werden. Sie unterhält eine spezifische Beziehung zum Fleisch, die sich grundlegend von der heutigen Situation unterscheidet. Im modernen Fleischereifachgeschäft, in dem eben gerade der Fleischer kein Schlächter mehr ist, obliegt es der Frau beziehungsweise den Verkäuferinnen – wenn überhaupt –, bereits geschnittene Fleischstücke für den Kunden auszuwählen und einzupacken, Wurstware in Scheiben zu schneiden oder andere Produkte zum Verkauf in Behältnisse zu füllen. Die Metzgerin auf dem Holzschnitt stimmt hingegen mit dem Beil die von ihrem Mann durchgeführte Grobeinteilung des Tieres auf die jeweiligen Wünsche der Kunden ab. Ihre Hände sind daher ebenso blutig wie die ihres Mannes. In einem metaphorischen Sinne könnte man sie deshalb als Komplizin bezeichnen.

Ein weiterer historischer Hinweis sei erlaubt: Die in Zünften organisierten Fleischer verkörperten eine geschlossene gesellschaftliche Gruppe. Die historischen Überreste dieses *fait social* finden sich in Bezeichnungen, wie „Fleischergasse" oder „Metzgerstrasse", in verschiedenen deutschsprachigen Städten wieder. Soziologisch damit verbunden sind intern zentrierte Reproduktionsmechanismen und daraus resultierende Anspruchsverhältnisse. Man hat es mit einer Sippe im Sinne Max Webers zu tun:

> „Die Sippe ist keine so 'naturwüchsige' Gemeinschaft, wie die Hausgemeinschaft oder der Nachbarschaftsverband es sind. (…) Dem Inhalt ihres Gemeinschaftshandelns nach ist die Sippe eine auf dem Sexualgebiet und in der Solidarität nach außen mit der Hausgemeinschaft konkurrierende, unsere Sicherheits- und Sittenpolizei ersetzende Schutzgemeinschaft und zugleich regelmäßig auch eine Besitzanwartsgemeinschaft derjenigen früheren Hauszusammengehörigen, die aus der Hausgemeinschaft durch Teilung oder Ausheirat ausgeschieden sind und deren Nachfahren. Sie ist also Stätte der Entwicklung der außerhäuslichen 'Vererbung'" (2005: 284).

Inwieweit sich solche Reproduktionsmuster bis in die Gegenwart hineinziehen, müssten weitere Untersuchungen herausfinden.[9] An dieser Stelle

---

9 Die Darstellung der Unternehmensgeschichten auf den Internetseiten erhärtet den Eindruck, dass es sich, auch was das Heiratsverhalten angeht, nach wie vor um eine stark innenbezogene Gruppe handelt.

soll lediglich darauf hingewiesen werden, dass Töchter und spätere Fleischersfrauen mit den Berufspraktiken nicht nur vertraut, sondern auch für diese einsetzbar waren. Mögen sie auch nicht die körperlich schwere Arbeit der Tiertötung (beispielsweise das Festhalten der sich möglicherweise wehrenden Tiere oder das Aufhängen und Auftrennen der ausgebluteten Körper) durchgeführt haben, so waren die von ihnen ausgeführten Tätigkeiten in dieser Zeit sicherlich körperlich sehr viel anstrengender als die ihnen heute zukommenden Arbeiten im Fleischereifachgeschäft. Dies soll jedoch nicht heißen, dass die Position der Fleischersfrau mit keiner ihr eigenen Härte ausgestattet wäre – ich komme darauf zurück.

*Fleischersmacherin oder: Die Zeit der Frauen*

In der historischen Entwicklung des Metzgerhandwerks kam scheinbar der Frau in Gestalt der Witwe oder der Tochter immer wieder die Rolle zu, einen mittellosen Meister oder ehemaligen Gesellen zum neuen Besitzer zu machen. Dies erinnert an die Figur des „Königsmachers". Hiermit wird laut der Online-Ausgabe des Dudens jemand bezeichnet, der dank seiner einflussreichen Position die Möglichkeit besitzt, einem Dritten zur Macht zu verhelfen. Durch das Ehelichen konnte ein gelernter Fleischer, der ansonsten mittellos war, das Geschäft des verstorbenen Mannes oder des Schwiegervaters übernehmen. Auch heute ist dies eine noch anzutreffende Praxis.[10]

Die Geschichte der Fleischerei Garbe in einer südöstlich gelegenen deutschen Großstadt, an der sich ebenfalls der „klassische Dreischritt in der Generationenfolge eines Familienbetriebs" (Hildenbrand 2011: 126) ablesen lässt, mag hier als Beispiel dienen:

Die Fleischerei Garbe wird Ende der 1930er Jahre vom Fleischermeister Wilfried Garbe und seiner Frau Tatiana gegründet. Bei ihnen handelt sich um die sogenannte „Aufbau-Generation". Nach etwa 40 Jahren wird der Betrieb an den Sohn, Fleischermeister Fritz Garbe, weitergegeben. Dieser führt das Geschäft gemeinsam mit seiner Frau Monika weiter und modernisiert den Betrieb. Nach dem Vokabular Hildenbrands handelt es sich hierbei um die „Erhaltungs-Generation". Ihre Funktion besteht in der Be-

---

10 Hiermit soll keinesfalls unterstellt werden, es würde sich in solchen Fällen nicht um Liebesheiraten handeln. Vermutlich ist es nicht zuletzt dem zeitlich-intensiven Einsatz in Familienunternehmen geschuldet, dass die Mitglieder nur wenig Zeit haben, Beziehungen außerhalb des Betriebs zu pflegen. Wo sollte man daher sonst den späteren Gatten kennenlernen als im elterlichen Betrieb?

wahrung des Aufgebauten: das, was durch der Hände Arbeit geschaffen wurde, soll an die kommenden Generationen weitergegeben werden. Jede Geschäftsweitergabe strukturiert nicht nur zu einem gewissen Grad die Zukunftsoffenheit der Folgegeneration, sondern gerade mit dieser Vorstrukturierung wird das bisher Aufgebaute aufs Spiel gesetzt. Denn was passiert, wenn der Nachwuchs mit dem Angebotenen nicht einverstanden ist? Daher kommt der Sozialisierung des Nachwuchses so viel Bedeutung zu (Leistungsethik, konservatives Weltbild). Das Paar führt das Geschäft noch einige Jahre nach der Wiedervereinigung weiter und übergibt es dann an ihre Tochter und den Schwiegersohn. Sie sind die „Transformations-Generation". Dieser Umstand lässt sich bereits daran ablesen, dass der Betrieb durch die Tochter zwar „in der Familie" bleibt, die handwerklich-technische Leitung aber an ein eingeheiratetes Mitglied übergeben werden muss. Auch damit wird also Neuland betreten. Unter der Inhaberschaft des Schwiegersohns Daniel Nübel wird die Fleischerei um eine Filiale erweitert, was weitreichende Personalentscheidungen (zehnköpfige Belegschaft) auslöst. Außerdem engagiert sich der Schwiegersohn im Innungsverband, fügt der Position seiner Vorgänger also eine politische Note hinzu. Obwohl er die Fleischerei seit gut 20 Jahren führt und auch die gemeinsamen Kinder (die vermutlich ebenfalls Nübel heißen) mit im Geschäft stehen, trägt die Fleischerei weiterhin den Mädchennamen seiner Frau. Sie spielt also in diesem Fall die Rolle der Königsmacherin.

Unterstreicht ein solches Beispiel die hier behauptete Zentralität der Frau für dieses volkstümlich als männlich bezeichnete Handwerk? Das Beispiel ist nicht nur kein Einzelfall, sondern es handelt sich, folgt man den Ausführungen von Franz Lernen, auch um keinen historischen Sonderfall. So ist in seiner bereits erwähnten Studie über die Frankfurter Metzger zu lesen:

> „Sie (die Frau, SJM) war für die Ausübung seines Berufs (des Metzgers, SJM) so unentbehrlich, dass man in späteren Zeiten (z. B. 1678 dem Sohn des Ratsherrn Ochs) unverheirateten Metzgern das Meisterrecht und damit die Begründung eines selbstständigen Gewerbebetriebs verweigerte." (Lerner 1959: 22)

Bereits im 17. Jahrhundert ist die Ausübung des Metzgerberufs nicht nur eine Frage des handwerklichen Könnens und des praktischen Know-hows. Zu ihm gehört ebenso ein spezifischer Familienstatus: Der Metzger muss verheiratet sein. Der Hinweis auf das 17. Jahrhundert, der sich im Zitat findet, ist aufschlussreicher, als es auf den ersten Blick scheinen mag. In seinen Studien zu Eheschließungsvorgängen weist Michael Schröter (1997) nämlich darauf hin, dass diese ab dem 16. Jahrhundert immer weniger selbstständig von Familien geregelt werden. Kam der verbindlichen Zusage der Eltern innerhalb einer Sippe bis dato ein vertragsgleicher Status zu, so setzt sich von nun an eine immer stärker werdende obrigkeitliche Regulierung durch, die der Amtsperson zwingend den zentralen Platz im Prozess der Eheschließung zuweist und damit eine vorherrschende familiäre Kompetenz weitestgehend ersetzt. Laut Schröter sei dieser „(...) neue und verallgemeinerte Code des Sexualverhaltens stärker von Zünften, d. h. jetzt der Masse der besitzschwächeren Handwerker (...)" (ebd.: 41) getragen worden, und zwar mit dem Ziel, sich gegen Mitglieder höherer Schichten und deren eher „lockere" Moral abzugrenzen. Hier zeigt sich, dass die Identität der Handwerker nicht allein auf ihrem praktischen Können gründet, sondern ebenfalls auf dem Vertreten einer neuen (Sexual-)Moral. Damit geht ebenfalls eine neue Art der Verhaltenssteuerung, die Schröter in Anlehnung an Norbert Elias als einen zunehmenden Zwang zum Selbstzwang beschreibt, einher. Mit dieser Art der Triebkontrolle dehnt sich der zeitliche Horizont, innerhalb dessen Zukünftiges antizipiert wird, aus.

Die letzte Anmerkung ist insofern nicht unwichtig, als von Familienunternehmen behauptet wird, sie würden sich von börsennotierten Aktiengesellschaften vor allem dadurch unterscheiden, dass sie auf einer „Langfristigkeit der Planung" (Simon 2002: 8) basierten. Antizipation wird von dem Soziologen Marc Bessin (2014), der Zeitstrukturen innerhalb von professionellen und familialen Fürsorgebeziehungen untersucht hat, aber gerade als eine eher weiblich konnotierte soziale Praktik begriffen. In Bessins Studien übernehmen vor allem Frauen die Verantwortung für die Synchronisierung der Zeitstrukturen der einzelnen Beteiligten. Der weibliche Zeitbezug sei, so Bessin, geprägt von Vorausschau und einer Berücksichtigung des anderen sowie der Fähigkeit, den „richtigen Moment" zu bestimmen. Letzterer sei weniger einer vorausschauend-rationalen Planung geschuldet, als vielmehr einer situativen Beurteilung der Befindlichkeiten und Imperative der jeweiligen Protagonisten. Sollte dem so sein, dann hat das Bestehen des Familienunternehmens viel eher mit einer geschlechtsspezifischen Aufgabenaufteilung zu tun. Während es dem Mann zukommt, die „berühmte Schmidt'sche Mortadella" über Generationen hinweg in identischer Art und Weise zu reproduzieren, sind die Langfristigkeit, die Beständigkeit und innere Balance des Familienunternehmens mit der Position der (Ehe-)Frau verbunden. Es wäre demnach zu untersuchen, welche Rolle die Mutter bei der Bestimmung des Zeitpunkts der Geschäftsübergabe spielt. Mit Blick auf die Untersuchungen von Bessin könnte vermutet werden, dass ihr eine Vermittlerrolle dann zukommt, wenn beispielsweise der Mann ihrer Ansicht nach noch nicht reif für die Rente ist, gleichzeitig aber der Sohn beziehungsweise die Tochter bereits im Hintergrund darauf wartet, endlich das Geschäft zu übernehmen.

*Knochenarbeit oder: Alltägliche partnerschaftliche Solidarität*

In den Gesprächen, die ich mit Fleischerpaaren führen durfte, wiesen gerade die Frauen immer wieder darauf hin, dass das Betreiben einer Fleischerei ein „harter Beruf" sei. Auf die Spitze wurde diese Darstellung getrieben, als Elisabeth eine Anekdote aus ihrer Jungend schilderte: Sie sei ein junges Mädchen gewesen, als ihre Tante, die selbst mit einem Fleischer verheiratet war, sie aufgefordert habe, sie solle bloß niemals einen solchen ehelichen. Auf die Frage, was die Tante denn damit gemeint habe, wurde mit der Härte des Berufs argumentiert. Soll dies bedeuten, dass die Härte, die sich Elisabeth relativ leicht für den physisch anstrengenden Part des Mannes vorstellen kann, von der Tante gewissermaßen automatisch auf die Tätigkeit der Gattin übertragen wird? Oder gibt es eine Härte, die der Position der Fleischersfrau inhärent ist und die aus dem Kooperationsmodus resultiert, der das Paar auf spezifische Solidaritätsmuster verpflichtet?

Das Argument der Solidarität scheint auf den ersten Blick stichhaltig zu sein. Die Frage ist nur, ob es der Frau nicht stillschweigend wiederum lediglich einen Platz in der „zweiten Reihe" zuweist. Wird sie in einer solchen Perspektive nicht auf eine Art „aufbauendes Schulterklopfen" reduziert? Dies trifft meiner Ansicht nach nicht zu. In den geführten Interviews wird zwar bestätigt, dass der Fleischermeister jeden Tag zwischen vier und fünf Uhr in der Frühe aufsteht; seine Frau kann, falls die Wohnstätte nicht zu weit vom Geschäft entfernt ist, etwas länger liegenbleiben. Diesen „Luxus" erkauft sie mit einer Doppelbelastung: Sie kümmert sich, falls diese Aufgabe nicht an die Schwiegereltern delegiert wird, um die möglicherweise schulpflichtigen Kinder oder erledigt möglichst rasch Haushaltstätigkeiten. All dies geschieht jedoch unter den Bedingungen der Unvorhersehbarkeit des Kundenstroms. Während der Fleischer mehr oder weniger feste Arbeitszeiten hat, zeichnet sich die Position der Frau durch eine hohe Flexibilität aus – sie steht gewissermaßen auf Abruf bereit, sobald Not am Mann ist. Sehr eindrücklich lässt sich dies anhand der Gegenwärtigkeit des Klingelgeräusches während des zweistündigen Gespräches mit dem mittlerweile verrenteten Fleischerehepaar, Elisabeth und Karl, verdeutlichen, das über dem Geschäft wohnt. Unzählige Male läuten Klingeln unterschiedlichster Art – Ladentür, Haustür, die zugleich Zugang für Lieferanten ist, Telefon des Geschäfts. Ihre Wohnung ist ununterbrochen durch irgendein Läuten mit dem Laden verbunden. Ständig steht Elisabeth auf, um zu schauen, ob das Läuten sie betrifft. Dass sie dies auch während des Interviews tut, ihr Mann hingegen jedes Mal sitzen bleibt, ist als Hinweis auf ihre gemeinschaftliche Praxis zu deuten.

Regelmäßig wiederkehrenden Klingelsignalen begegnet man im Einzelhandel, aber ebenso in der Schule (Kalthoff 1997: 73 ff.) oder, in früheren Zeiten, in der Industrie (Treiber/Steinert 1980: 29 ff.). Grundsätzlich appellieren Klingeln an den menschlichen Hörsinn. Dieser lässt sich nicht ohne weiteres verschließen, wie zum Beispiel die Augen. Als ungerichteter Sinn kann er die Ankunft einer Person oder eines Ereignisses ankündigen, ohne dass man die Aufmerksamkeit darauf richten müsste. Hören hat, wie Kalthoff (1997) feststellt, etwas mit Gehorchen zu tun, also mit der Befolgung einer Regel. Im Falle des Fleischerehepaars gibt die Regel Aufschluss über ihren Kooperationsmodus. Jedwedes Klingeln ist a priori für Elisabeth bestimmt. Dies reduziert sie jedoch nicht auf eine Position zweiten Ranges, sondern sie wird damit zu einer Art Torwächterin. Jeder, der irgendetwas will, muss sich zunächst ihr gegenüber behaupten. Im Unterschied zum Pausengong und der Fabrikglocke, die immer zu festgelegten Zeitpunkten zu hören sind und somit immer gleiche Rhythmen reproduzieren, ist die Klingel des Geschäfts Symbol der Unterwerfung unter die Unberechenbarkeit des Kunden, der kommt und geht, wann immer er will. Trotz dieser Unberechenbarkeit gilt es jedoch, dem Kunden jedes Mal einen freundlichen und zuvorkommenden Empfang zu bereiten.

Hierzu lässt sich auch die Aussage von Christel anführen. Sie erlebt die notwendige Gleichbehandlung von eigentlich ungleichen Kunden als eine Belastung, die für sie schwerer zu ertragen ist als für ihren Mann. Dies Faktum scheint der Figur des Torwächters durchaus angemessen. Der Kundenstamm ihres Geschäfts umfasst in etwa 200 Familien und es sei klar, dass „man nicht mit jeder Familie in Osmose" sein könne. Trotzdem müssten alle gleichbehandelt werden. Dass ihr Mann, wie er selbst sagt, die Dinge „nicht so an sich ranlasse", begründet er mit seiner langjährigen Erfahrung innerhalb des Familienbetriebs: Er kennt einfach nichts Anderes. Für Christel als Eingeheiratete ist so etwas hingegen durchaus befremdlich: Sie musste in die gleichzeitige Repräsentation von Geschäft und Familie, die sich ja von der Repräsentation eines anonymen Unternehmens durchaus unterscheidet, erst sozialisiert werden. Bei ihrem Mann handelt es sich dagegen um quasi verkörpertes Wissen. Diesem belastenden Gefühl begegne sie dadurch, dass sie alltäglich ihre „Zirkusnummer" aufführe, wie sie sagt. Der gewählte Begriff ist deshalb aufschlussreich, denn er lässt erahnen, wie der Fleischereibetrieb von Christel interpretiert wird: Der Zirkus ist ein Unterhaltungsunternehmen. Die Künstler, die dort auftreten, sind nicht als ganze Personen adressierbar, sondern spielen eine ihnen zugewiesene

Rolle. Die Unterhaltung des Zuschauers hat den Sinn, ihn aus der Realität des Alltags in eine Fantasie- oder Traumwelt zu entlassen. Die zentrale Differenz zwischen dem Zirkus und anderen Unterhaltungsveranstaltungen, wie zum Beispiel dem Konzert oder dem Kino, besteht darin, dass es immer wieder zu Interaktionen zwischen den Künstlern und dem Publikum kommt. Obwohl Vorstellungs- und Zuschauerraum visuell und materiell klar voneinander getrennt sind, vermischen sich beide während des Ablaufs immer wieder.

Übertragen auf das Fleischereifachgeschäft und die Position der Frau, bedeutet dies, dass Christel ihre Rolle als die einer Unterhalterin interpretiert und das unabhängig davon, ob das Publikum ihr sympathisch ist oder nicht. Zu ihrer Nummer gehören, ähnlich den Clowns, das immer lächelnde Gesicht und die Interaktion mit dem Gegenüber. Zudem werde sie mit Klatschgeschichten konfrontiert und müsse gekonnt mit diesen umgehen (vgl. allgemein hierzu: Bergmann 1987). Ein solch gekonnter Umgang bestehe in der Kommunikationsbeteiligung, ohne Position zu beziehen, in der Kunst, sich dem Gesagten anzuschmiegen, ohne sich selbst eines Vorwurfs beschuldigen lassen zu können, etwas Negatives gesagt zu haben. Es ist also die Kunst zu reden, ohne etwas zu sagen, welche die Frau des Fleischers erlernen muss und deren Beherrschung unumgänglich ist, da hier Familie und Geschäft gleichermaßen Schaden nehmen können. Die Frau ist, wenn wir den Fall von Christel als Beispiel heranziehen, proportional häufiger die Anwendung dieser Kunst ausgesetzt als ihr Mann. Im Geschäft kümmert sich Christel vorwiegend um den Aufschnitt und die Kasse. Weil sie selbst keine gelernte Fleischfachverkäuferin ist, kennt sie (zumindest offiziell) die einzelnen Partien des Fleisches nicht. Daher kommt es häufig vor, dass ihr Mann damit beschäftigt ist, das Fleisch für die Kunden zuzuschneiden oder möglicherweise etwas aus dem hinteren Bereich des Geschäfts zu holen. In dieser Zeit muss sie als Unternehmergattin Präsenz zeigen und die Zeit des Abwartens mit Plauderei überbrücken. Gerade darin besteht ihre Entertainerfunktion. Durch ihre gekonnte (oder unangemessene) Art trägt die (Ehe-)Frau in nicht unerheblicher Art und Weise dazu bei, den Familienbetrieb als einen sozialen Raum zu definieren: Handelt es sich um den Umschlagplatz der neuesten Gerüchte oder um einen Ort, an dem Kunden angenehm plaudern oder gar ihr Herz ausschütten können, ohne Befürchtungen haben zu müssen, dass das Erzählte an die Nachbarschaft weitergegeben wird? Dies zeigt, dass der Frau innerhalb des von einer Familie betriebenen Fleischfachgeschäfts eine wesentliche Verantwortung zukommt.[11]

## Die Bürgin oder: Vermittlerin zwischen Vorder- und Hinterbühne

Es wurde bereits erwähnt, dass der Fleischer früh im Geschäft sein muss, da am frühen Morgen traditionsgemäß entweder die Lieferungen aus dem Schlachthaus entgegengenommen und weiter verarbeitet werden müssen oder aber anderweitige Vorbereitungen anstehen, wie zum Beispiel Wurstherstellung, Räuchern des Fleischs oder Zubereitung von Tagesgerichten. Die Weiterverarbeitung der Schlachthauslieferung stellt das traditionelle Herzstück des Fleischerhandwerks dar, von ihm ist die (Ehe-)Frau in aller Regel ausgeschlossen: Es handelt sich um das Zerlegen der toten Tierkörper in ihre verkäuflichen Einzelteile (wie Steak, Filet, Nacken) mit dem besonderen Kunstgriff des Auslösens, das heißt, das Ablösen des Muskels vom Knochen. Wie Cécile Blondeau (2002) in ihrer Ethnographie einer Fleischerei verdeutlicht hat, verlangen das Auslösen und Zerlegen der Tierkörper eine hohe Kenntnis der Anatomie des Tieres. Es ist gerade diese Tätigkeit, bei welcher der Fleischer gewissermaßen auf „Tuchfühlung" mit dem ehemaligen Lebewesen geht. Der Zustand der Muskelmasse, der Abstand zwischen Muskel und Knorpel sowie deren Färbung geben ihm Aufschluss über das genaue Alter. Die Praxis des Auslösens und Zerlegens interpretiert Blondeau als eine kulturelle Lektüre der Physiologie des Fleisches. Es ist dieser dekonstruktive Akt, durch den der Fleischer das ehemalige Lebewesen in seinem Labor symbolisch in ein essbares Objekt verwandelt, dem die Herkunft vom lebendigen Tier nicht mehr anzusehen ist (Blondeau 2002: 18).

Es ist nicht zuletzt dieser Akt, der beim Kunden Unsicherheit und Misstrauen auslösen kann: Wie kann er sicher sein, was in der Wurst ist? Wie kann er trotz dieses maximalen Unsichtbar-Machens des ehemaligen lebenden Tieres, das wiederum die Grundlage des (heutigen) Fleischerhandwerks bildet, dem Meister vertrauen? Solche Fragen beziehen sich nicht nur auf Hüftsteak, Filet oder Rippchen, sondern werden bei Produkten, wie Wurstwaren, viel virulenter. Auf ihnen lastet die Unsicherheit da-

---

11 An diese Stelle sei vielleicht noch einmal explizit darauf hingewiesen, dass es sich bei diesen Phänomenen vermutlich um solche handelt, die auch für andere Einzelhandelsbetriebe in Familienbesitz gelten, in denen es zu täglichem Kundenkontakt kommt. Daher müsste die Rolle der Frau eingehender auch in anderen Zusammenhängen untersucht werden.

rüber, was drin ist. Bezogen auf den Großteil der Tätigkeiten des Fleischers, die sich – versteckt – hinter den Kulissen abspielen, scheint es demnach einen Unterschied zu machen, wer hinter der Fleischtheke steht. Daher kommt der (Ehe-)Frau, und zwar im Gegensatz zu einem einfachen Angestellten, eine ganz besondere Wichtigkeit zu: Die partnerschaftliche Solidarität, die sie durch ihre Anwesenheit zum Ausdruck bringt, kommt – so würde ich es interpretieren – einer Bürgschaft für die Glaubhaftigkeit und Vertrauenswürdigkeit ihres Mannes gleich: „Im Hintergrund geht alles mit rechten Dingen zu", eine solche Aussage kann der Kunde dem Fleischer, der selbst im Hintergrund agiert, nicht ernsthaft glauben, außer er beziehungsweise sie vertraute ihm blind. Die Anwesenheit der Frau macht es möglich, die Lasten, die durch die versteckt ausgeführte Dekonstruktion des Tieres im Hintergrund entstehen, zu teilen. Die Geheimnisse, die in den Wurstwaren symbolisch verankert sind und die vom Kunden ertragen werden müssen, werden nicht mehr individuell zugerechnet, sondern die Tätigkeit des einen wird zur Tätigkeit des anderen und löst somit einen Teil der Unsicherheit aufseiten des Kunden auf.

## Beobachtungsgabe oder: Die Würde der Fleischersfrau

In allen geführten Interviews sprechen zuerst die Frauen von dem bereits beschriebenen Handgriff des Auslösens. Mit dem etwa gleichen Ton, aus dem besondere Hochachtung spricht, sind es die Frauen, die darauf hinweisen, dass es beim Schneiden des Fleisches eine Richtung zu berücksichtigen gibt. Fleisch könne nicht einfach geschnitten werden, sondern es brauche dazu ein spezifisches Know-how. Die Bewunderung, die sie hier zum Ausdruck bringt, ist eine besondere Art des Anerkennungsmodus, wie sie der Arbeitssoziologe Stephan Voswinkel im Anschluss an Axel Honneth dargestellt hat: Bewunderung wird zuerkannt, sobald man sich in irgendeiner Form mit einer Differenz des Geleisteten konfrontiert sieht, wenn es sich bei der Performanz um eine Besonderheit oder um einen beeindruckenden Erfolg handelt (Voswinkel 2002: 70). Im Gegensatz dazu spricht Voswinkel von Würdigung als zweitem Anerkennungsmodus, der in Beziehungen sozialer Reziprozität angesiedelt ist. „Sie [die Würdigung] besitzt einen starken Gemeinschaftsbezug und bekräftigt die verbindenden Elemente von Leistung" (ebd.: 69). Wenn wir diese Unterscheidung zum interpretatorischen Ausgangspunkt nehmen, dann erscheint es unangemessen, den Handgriff des Auslösens zu bewundern. Letztlich stellt er den fachlich notwendigen Handgriff dar, ohne den der Fleischer kein Fleischer wäre. Dieses Argument wird durch die Erzählungen der Männer bezüglich ihrer bereits aus dem Geschäft ausgeschiedenen Väter gestützt: Regelmäßig werden diese gerufen, wenn es „mal eben" ein Stück Fleisch auszulösen gibt. Dieser handwerkliche Griff erfordert Können und Präzision, ist in seiner Banalität allerdings kein Garant für Bewunderung, da es sich eben um des Fleischermeisters Allgemeinwissen handelt.

Woher rührt also diese ausgedrückte Bewunderung? Was tut die (Ehe-)Frau, indem sie so redet? Meiner Ansicht nach spielt sie nicht auf das handwerkliche Können des Mannes an, sondern sie erteilt Auskunft – mir als Unbekanntem – über ein bei ihr vorhandenes Wissen, das weitgehend theoretischer Natur ist und an das keine normative Erwartungshaltung ihrer Umwelt geknüpft ist; zum Auslösen wird ihr Mann nicht auf sie zurückgreifen. Indem sie aber das Vorhandensein dieses Wissen anspricht, kommuniziert sie gleichzeitig einen spezifischen Aneignungsmodus. Was sie weiß, musste sie sich selbstständig aneignen. Die Kenntnis des Berufs ihres Mannes, aber auch die Art und Weise, wie sie ihre eigene Position ausfüllt, ist weitestgehend das Ergebnis von Beobachtungen.[12] Dieser Aneignungsmodus, den man als ein „Learning by Being- Fleischersfrau" bezeichnen könnte, wird in allen Gesprächen thematisiert.

Jeder Ethnograph kam ein Lied davon singen, wie viel Geduld, Langsamkeit und Aufmerksamkeit für Details dieser Prozess erfordert. Die teilnehmende Beobachtung, durch welche die Frau des Fleischers ihr Gewerbe erlernt, folgt dem Dreischritt von Teilnehmen, (Aus-)Probieren, Verstehen. Dazu gehört auch ein hohes Maß an Reflexivität in Bezug auf die eigene Stellung innerhalb einer Situation. Die Besonderheit der Position der (Ehe-)Frau, etwa im Vergleich zum Lehrling oder auch zum Ethnographen, besteht jedoch darin, dass sie die Grundlagen des Handwerks erlernt hat, ohne es jemals ausgeübt zu haben und ohne den praktischen Druck, diese ausüben (Lehrling) oder explizieren (Ethnograph) zu müssen. Dem Sohn, der später einmal das Geschäft übernehmen soll, werden die Handgriffe explizit erklärt und notfalls vom Vater/Meister korrigiert, damit die Praxis einmal richtig funktioniert. Die Frau des Fleischers muss nicht wirklich für den Ernstfall gerüstet sein, obgleich sie über ähnliches Wissen verfügt.

---

12 Zwar legen die Analysen der Internetseiten nahe, dass es sich bei Fleischersfrauen auch um ehemalige Fleischereifachverkäuferinnen handeln kann, die während ihrer Ausbildung den Sohn des Meisters kennengelernt haben. Dies traf auf die Frauen, mit denen ich gesprochen habe, allerdings nicht zu.

## Die etablierte Außenseiterin oder: Die Frau als innovatives Strukturmerkmal

Trotzdem steht auch ihr ein Modell zur Verfügung: Die Rede ist von ihrer Schwiegermutter. Sie ist, strukturell betrachtet, eine Fremde innerhalb einer fremden Familie. Zu dem normalen Schwiegermutter-Tochter-Verhältnis kommt im Familienunternehmen hinzu, dass die Schwiegertochter nicht nur die familiale, sondern auch die berufliche Nachfolge antritt. Sie muss sich demnach nicht nur in der Rolle der Schwiegertochter bewähren, sondern auch als Unternehmergattin innerhalb des fremden Familienverbandes. Kann demnach der von Hildenbrand (2011) erwähnte Dreischritt in der Generationenfolge des Familienbetriebs auch auf die daran beteiligten Frauen übertragen werden? Dies scheint mir nicht der Fall zu sein. Viel eher muss die Frau des Fleischers als ein innovatives Strukturelement des ansonsten eher konservativen Zusammenhangs von Aufbau/Erhaltung, von Tradition/Bewahrung gedeutet werden. Es scheint zwei grundsätzliche Möglichkeiten der Begegnung zwischen Schwiegermutter und Schwiegertochter innerhalb des Familienunternehmens zu geben: Entweder die ehemals Fremde (Schwiegermutter) akzeptiert die heutige Fremde (Schwiegertochter) als Gleiche, solidarisiert sich also als „etablierte Außenseiterin" (Rehberg 1996; allgemein: Elias/Scotson 1993) mit der, die so ist, wie sie einst war. Voraussetzung hierfür wären eine aufrechterhaltene (emotionale) Distanz zur Familie ihres Mannes sowie eine Bewahrung der Erinnerung an den schwierigen und steinigen Weg der Etablierung. Eine solche Distanz mag dadurch erleichtert werden, dass ja die männliche Linie bereits namentlich im Zentrum steht.

Oder aber die Schwiegermutter, die mittlerweile als Etablierte zu gelten hat[13], versteht den Eintritt der Schwiegertochter als Angriff auf die von ihr monopolisierten Machtquellen. Letzteres würde auf die immer prekär bleibende Stellung des etablierten Außenseiters verweisen, die sich auch bei anderen Fremden nachweisen lässt (etwa Gastarbeiter, „Zugezogene"). Der etablierte Außenseiter gehört nicht wirklich dazu, auch nach Jahrzehnten noch nicht. Strategien der Minimierung des Prekaritätsstatus bestehen darin, entweder die vorrangige Vertreterin der Werte und Tugenden von Familie X zu werden oder in den sogenannten „Schimpfklatsch" (Elias/Scot-

---

13 Und dies sowohl innerhalb der Familie als auch innerhalb des Kundenstamms. Letzteren muss man sich vorstellen als eine Figuration, die ein ständiges Mischungsverhältnis von alten Stammkunden, die von den Schwiegereltern mitübernommen werden, und hinzukommenden Neukunden darstellt. Dementsprechend ist das Bild der Schwiegermutter, welche die Dinge im Vergleich so oder so machte, immer auch für die Neuen präsent.

son 1990) gegen die Außenseiter einzustimmen. In den Gesprächen wurde immer wieder darauf hingewiesen, dass es gerade die Schwiegermutter gewesen sei, der man „nichts recht machen" konnte. Wie sehr die Schwiegermutter darüber entscheidet, was richtiges Verhalten ist und was nicht, verdeutlicht die Antwort von Elisabeth auf die Frage, ob die mittlerweile vom Sohn geschiedene Schwiegertochter früher auch im Geschäft gearbeitet habe: „Nein. Sie war sowieso nicht dafür gemacht."

## Zusammenfassung

Die historischen Ausführungen zu Beginn sollten deutlich machen, dass die Frau des Fleischers für dieses Handwerk schon immer eine zentrale Rolle gespielt hat. War es zu Anfang ihre Aufgabe, die Grobeinteilung des Fleisches zu verfeinern und es als Kollegin auf die Kundenwünsche abzustimmen, während der Schlächter im Hintergrund das getötete Tier zerlegte, so hat sich ihre Rolle auch mit der Ausdifferenzierung des Metzgerberufs gewandelt. Allerdings, so lautet die Ausgangsthese des vorliegenden Beitrags, ohne dabei in eine Stellung zweiten Ranges und schon gar nicht in Unsichtbarkeit zu verfallen. Der Frau kommt in der Folgezeit der Status der Königsmacherin zu, denn, ohne verheiratet zu sein, das heißt, ohne einer von den Zünften bevorzugten Moral zu entsprechen, ist es keinem Mann möglich, sein eigener Herr zu werden. Dass die Position der (Ehe-)Frau in der Folgezeit gewissermaßen rechtlich und moralisch verordnet wird, mag dafür verantwortlich zeichnen, dass sich handwerkliche Familienunternehmen durch eine besondere Antizipationsfähigkeit auszeichnen – was nicht mit rational-planendem Vorausschauen gleichgesetzt werden kann.

Die Tätigkeit der (Ehe-)Frau des Fleischers hat eine ihr eigene Härte, die sich nicht von der Härte des Berufs ihres Mannes herleiten lässt. Neben dem frühen Aufstehen, der Doppelbelastung von Beruf und Familie ist es gerade die ihr zukommende Entertainerfunktion. Diese darf nicht mit banaler Plauderei verwechselt werden. Hier hat das Paar als gegenwärtiger Vertreter einer mehr oder weniger langen Familientradition die Möglichkeit, sich einen Namen zu machen – sich von der Elterngeneration abzugrenzen. Die Frau trägt dafür innerhalb des von der Familie betriebenen Fleischfachgeschäfts eine wesentliche Verantwortung. Hinzu kommt eine weitere Härte ihres Berufs, nämlich die Rolle der Bürgin für ihren Mann und dessen Familientradition. Es wurde die These aufgestellt, dass es einen gravierenden Unterschied macht, ob der „Fleischer des Vertrauens" mit seiner Gattin zusammenarbeitet oder nicht. Dem Fleischer, der im versteckten Kämmerlein arbeitet, kann der Kunde nicht ohne weiteres glauben, dass alles mit rechten Dingen zugeht. Die Frau als etablierte (Familien-)Außenseiterin kann hier als Vertrauens-Vermittlerin fungieren.

Zu guter Letzt wurde gezeigt, worin die Würde der Fleischersfrau besteht. Sie lernt ethnographisch, das heißt, ihre eigene Teilnahme beobachtend. Ihre Kenntnis ist das Ergebnis von Geduld, Langsamkeit und Aufmerksamkeit für Details. Dahinter verbirgt sich ein Wissen über den Beruf des Fleischers, über die Familie des Familienunternehmens und über die Kunden, das sich mit dem ihres Mannes überschneiden mag; identisch ist es hingegen mit diesem nicht. Die Langsamkeit, die dem Aufbau dieses Wissens inhärent ist, mag dafür verantwortlich sein, dass der Status der Frau im Familienunternehmen immer ein prekärer bleibt: Sie bleibt, und zwar bis zum Auftauchen einer möglichen Nachfolgerin in Form der Schwiegertochter, die etablierte Außenseiterin. Daher, so wurde behauptet, ist diese „Fremde" in der Fremde ein innovatives Strukturelement des ansonsten eher konservativen Zusammenhangs von Tradition und Bewahrung, der gerade kleine und mittelständische Familienunternehmen kennzeichnet.

*Literaturverzeichnis*

Allert, Tilman (1998): Die Familie. Fallstudien zur Unverwüstlichkeit einer Lebensform, De Gruyter Verlag.

Bergmann, Jörg (1987): Klatsch. Zur Sozialform der diskreten Indiskretion, De Gruyter Verlag.

Bessin, Marc (2014): „Prrésences sociales. Une approche phénoménologique des temporalités sexuées du care", in: Temporaliés, online unter: http://temporalites. revues.org/2944, abgerufen am 23.12.2016.

Blondeau, Cécile (2002): „La boucherie. Un lieu d'innocence?", in: ethnographiques.org, Numéro 2, http://www.ethnographiques.org/2002/Blondeau.html, zuletzt abgerufen am: 23.12.2016.

Elias, Norbert/Scotson, John L. (1993): Etablierte und Außenseiter, Suhrkamp, Frankfurt am Main.

Erdmann, Christina (2011): Töchter in der Nachfolge. Ergebnisse einer Befragung von Familienmitgliedern aus Unternehmerfamilien in Kooperation mit DIE FAMILIENUNTERNEHMER ASU, Working Paper 10, Wittener Institut für Familienunternehmen, 23S.

Farge, Sylvain/Moretti, Setty (2015): „L'imaginaire culinaire en allemand, espagnol et francais: le rapport à la viande", in: ESSACHESS – Journal for Communication Studies 8 (2), S. 13-25.

Hildenbrand, Bruno (2011): „Familienbetriebe als 'Familien eigener Art'", in: Simon, Fritz B. (Hg.): Die Familie des Familienunternehmens. Ein System zwischen Gefühl und Geschäft, Carl-Auer-Systeme Verlag, S. 116-144.

Jäkel-Wurzer, Daniela (2010): Töchter im Engpass. Eine fallrekonstruktive Studie zur weiblichen Nachfolge in Familienunternehmen, Carl-Auer-Systeme Verlag.

Kalthoff, Herbert (1997): Wohlerzogenheit. Eine Ethnographie deutscher Internatsschulen, Campus Verlag.

Legnaro, Aldo (2010): Über das Flanieren als eine Methode der empirischen Sozialforschung. Gehen – Spazieren – Flanieren, in: Sozialer Sinn. Zeitschrift für hermeneutische Sozialforschung, Vol. 11(2), S. 275-288.

Lerner, Franz (1959): Geschichte des Frankfurter Metzger-Handwerks, Verlag Waldemar Kramer.

Maiwald, Kai-Olaf (2009): „Die Herstellung von Gemeinsamkeit. Alltagspraktische Kooperation in Paarbeziehungen", in: WestEnd. Neue Zeitschrift für Sozialforschung, 6. Jg., Heft 1, S. 155-165.

Moser, Sebastian J. (2014): Pfandsammler. Erkundungen einer urbanen Sozialfigur, Hamburger Edition.

Otten, Dominique (2011): Daughters in Charge. Issues and pathways of female leadership succession in German family businesses, Working Paper 11, Wittener Institut für Familienunternehmen, 36S.

Rehberg, Karl-Siegbert (1996): „Norbert Elias – ein etablierter Außenseiter", in: Ders. (Hrsg.): Norbert Elias und die Menschenwissenschaften. Studien zur Entstehung und Wirkungsgeschichte seines Werks, Suhrkamp Verlag.

Rémy, Catheriene (2004): „L'espace de la mise à mort de l'animal. Ethnographie d'un abattoir", in: Espaces et sociétés, 3, No. 118, S. 223-249.

Simon, Fritz B. (Hrsg.) (2002): Die Familie des Familienunternehmens. Ein System zwischen Gefühl und Geschäft, Carl-Auer-Systeme Verlag.

Stamm, Isabell (2013): Unternehmerfamilien. Über den Einfluss des Unternehmens auf Lebenslauf, Generationenbeziehungen und soziale Identität, Verlag Barbara Budrich Verlag.

Strauss, Anselm L. (1998): Grundlagen qualitativer Sozialforschung. Datenanalyse und Theoriebildung in der empirischen soziologischen Forschung, Wilhelm Fink Verlag.

Treiber, Hubert/Steinert, Heinz (1980): Die Fabrikation des zuverlässigen Menschen. Über die „Wahlverwandtschaft" von Kloster- und Fabrikdisziplin, Heinz Moos Verlag.

Weber, Max (2005): Wirtschaft und Gesellschaft. Grundriss der verstehenden Soziologie, Zweitausendeins.

Weller, Manuela (2009): Die soziale Positionierung der Ehefrau im Familienunternehmen. Eine Untersuchung in familiengeführten klein- und mittelständischen Handwerksbetrieben, Gabler.

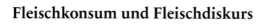

**Fleischkonsum und Fleischdiskurs**

# Fleischkonsum im Alter – ein Ländervergleich der europäischen Bevölkerung im Alter über 50 Jahre

*Fabio Franzese und Johanna Schütz*

## Einleitung

Dass Europa einen demografischen Wandel erlebt und sich mit dessen komplexen Konsequenzen auseinandersetzen muss, ist bekannt und prägt mittlerweile verschiedenste sozialwissenschaftliche Forschungsfelder. In den letzten beiden Jahrhunderten ist die menschliche Lebenserwartung stetig angestiegen. Westliche Gesellschaften stehen nun vor der Herausforderung, dass alte Menschen die am schnellsten expandierende Bevölkerungsgruppe verkörpern, welche wiederum am anfälligsten für Krankheit und Invalidität ist (Christensen et al. 2009; Oeppen / Vaupel 2002). Altersbedingte Krankheiten können jedoch durch Änderungen in der persönlichen Lebensweise und durch Präventionsstrategien positiv beeinflusst werden (Kouvari et al. 2016), dies zeigt etwa die Forschung zu körperlicher Aktivität im Alter (Rea 2017). Doch nicht nur physische oder geistige Betätigung kann als ein wichtiger Bestandteil des Gesundheitsverhaltens charakterisiert werden, sondern auch Ernährung. Dennoch wurde Ernährung im Alter als eine Komponente des Gesundheitsverhaltens bisher nur unzureichend erforscht (Kouvari et al. 2016). Eine Erforschung der Essgewohnheiten der älteren Bevölkerung ist deshalb in vielerlei Hinsicht relevant. Wissen über Ernährungsgewohnheiten älterer Menschen dient nicht nur der Bewältigung gesundheitsbezogener Aspekte sowie dem Gesundheitssystem, sondern spielt auch eine Rolle für die Organisation des Nahrungsmittelangebots und der Nahrungsmitteldienstleistungen für die stetig wachsende, ältere Bevölkerungsgruppe (Koehler / Leonhaeuser 2008; Fjellström et al. 2001).

Informationen über individuelle Essgewohnheiten älterer Europäer*innen liegen bisher fast ausschließlich in nationalen Studien vor, die aufgrund unterschiedlicher Erhebungsmethoden, -zeitpunkte und Stichproben nur begrenzt miteinander verglichen werden können (Volkert 2005). Wie die Ernährungsgewohnheiten älterer Menschen speziell beim Fleischverzehr aussehen, stand bisher nicht im Fokus dieses Forschungsgebiets. Diese Forschungslücke zu füllen, ist deshalb von Bedeutung, denn der

Fleischkonsum der europäischen Bevölkerung hat sich in den letzten hundert Jahren verdoppelt, Fleisch ist längst nicht mehr Luxusgut und Wohlstandsindikator wie einst (Trummer 2015). Zudem ist Fleischkonsum mittlerweile ein kontroverses Thema, das in Bezug auf ethische, ökologische und gesundheitliche Gesichtspunkte diskutiert wird (Kanerva 2013). Das Ziel dieses Beitrags ist darauf ausgerichtet, mittels Umfragedaten des Survey of Health, Ageing and Retirement in Europe (SHARE) den Fleischkonsum der europäischen Bevölkerung im Alter ab 50 Jahre empirisch zu beschreiben. Es soll herausgefunden werden, ob und wie häufig Personen in der zweiten Lebenshälfte Fleisch verzehren. Ist Fleisch ein fester oder ein unregelmäßiger Bestandteil ihrer Mahlzeiten? Zudem soll dargestellt werden, wie Gemeinsamkeiten und Unterschiede zwischen den europäischen Ländern in den Verzehrhäufigkeiten aussehen. Sind hier generell Muster im Fleischverzehr älterer Menschen zu erkennen oder zeichnet sich jedes Land durch ganz eigene Gewohnheiten aus? Bisherige Studien zu Ernährungsgewohnheiten älterer Leute in verschiedenen europäischen Ländern weisen auf eine große Variation zwischen den Ländern hin (Volkert 2005). Die folgenden Analysen sollen klären, ob dies auch beim Fleischverzehr der Fall ist. Darüber hinaus werfen wir zusätzlich einen genaueren Blick auf die „bekennenden Fleischessenden", also diejenigen Personen, die im Alter täglich Fleisch oder Fisch essen. Hierbei wird untersucht, ob Geschlechter- und Altersunterschiede bestehen. Auf der anderen Seite beschäftigen wir uns mit Älteren, die besonders selten Fleisch oder Fisch essen, und untersuchen, ob hierbei ökonomische Gründe verantwortlich sind.

*Fleisch- und Fischverzehr im Alter: Forschungsstand und Forschungslücken*

Obwohl Ernährung eine zentrale Komponente des Gesundheitsverhaltens darstellt, wurde dieser Faktor bisher nur in unzureichendem Maße für die ältere Bevölkerung erforscht (Kouvari et al. 2016).

Insbesondere zur Ernährung der älteren europäischen Bevölkerung gibt es keine umfangreiche Forschungslandschaft (Irz et al. 2014). Bisherigen Studien zu Ernährung im Alter in europäischen Ländern liegt kein Fokus auf Fleischverzehr zugrunde (Koehler / Leonhaeuser 2008; Fjellström et al. 2001). Die existierenden Studien, die den individuellen Fleisch- und Fischkonsum in der älteren Bevölkerung untersuchen, konzentrieren sich thematisch vorwiegend auf die Auswirkungen auf Mortalität oder Gesundheit (zum Beispiel kognitive Funktion, Sarkopenie, Krebs oder Herzkreislaufkrankheiten). Methodisch beschränken sich viele Studien auf einzelne

Länder oder verwenden nicht-repräsentative Stichproben, wie etwa klinische Samples (vgl. Kouvari et al. 2016 für eine Zusammenfassung). Im Folgenden werden Erkenntnisse zum Fleischverzehr der älteren Bevölkerung exemplarisch aus nationalen und länderübergreifenden europäischen Studien präsentiert.

*Fleischverzehr der älteren Bevölkerung in Europa: Nationale Studien*

Die umfangreichste Untersuchung des Ernährungsverhaltens in Deutschland ist die Nationale Verzehrstudie II, die in den Jahren 2005 und 2006 anhand von zwei sogenannten 24-Stunden-Recalls erhoben wurde (Max Rubner-Institut 2008a). Aus den Daten resultiert, dass der Verzehr von Fleisch, Wurstwaren und Fleischerzeugnissen mit dem Lebensalter leicht abnimmt. Die durchschnittlich konsumierte Menge an Fleisch, Wurstwaren und Fleischerzeugnissen ist sowohl bei Frauen als auch bei Männern in der höchsten Altersgruppe (65 bis 80 Jahre) am geringsten. Für Frauen sind es 46 Gramm Fleisch und Wurst pro Tag, für Männer 79 Gramm pro Tag (Max Rubner-Institut 2008b).

In einer weiteren deutschen Studie aus dem Jahr 2013 wurde die Einstellung zu Fleisch von 1.174 Personen in einer Online-Befragung erhoben (Cordts et al. 2013). Auch hier wird ein schwacher negativer Zusammenhang zwischen Fleischverzehr und Alter festgestellt: Ältere Befragte gaben an, etwas weniger Fleisch zu essen.

Im Österreichischen Ernährungsbericht 2012 (Elmadfa 2012) wurde das Ernährungsverhalten von 419 Erwachsenen im Alter von 18 bis 64 Jahren und 196 Senior*innen im Alter von 65 bis 80 Jahren erhoben. Anhand von 24-Stunden-Erinnerungsprotokollen dokumentierten die Studienteilnehmer*innen an zwei Tagen ihre Nahrungsaufnahme für neun Lebensmittelgruppen. Während bei männlichen Senioren die durchschnittlich konsumierte Menge an Fleisch und Wurst (angegeben in Gramm pro Tag) geringer ist als bei erwachsenen Männern unter 65 Jahren, ist dies bei den Frauen umgekehrt. Seniorinnen nehmen mehr Fleisch und Wurst zu sich als erwachsene Frauen unter 65 Jahren (Elmadfa 2012).

In Großbritannien wird die Ernährung der Bevölkerung regelmäßig im National Diet and Nutrition Survey erfasst, wobei die Teilnehmer*innen ihre Nahrung an vier aufeinanderfolgenden Tagen in einem Tagebuch dokumentieren (Public Health England 2016). Im aktuellen Bericht der Studie wird der durchschnittliche Verzehr von rotem und verarbeitetem Fleisch für Frauen mit 47 Gramm pro Tag im Alter von 19 bis 64 Jahren beziehungsweise 57 Gramm pro Tag ab 65 Jahren angegeben. Für Männer liegen die Werte bei 84 Gramm pro Tag im Alter von 19 bis 64 Jahren und bei 81 Gramm pro Tag ab 65 Jahren deutlich darüber (Public Health England 2016).

Auch wenn an dieser Stelle nicht erschöpfend auf den bisherigen Forschungsstand eingegangen werden kann, so zeigt sich doch, dass die verschiedenen nationalen Studien keine eindeutigen Muster aufweisen. Während in Deutschland die Älteren tendenziell etwas weniger Fleisch essen als die jüngere Bevölkerung, ist dies in Österreich nur für Männer zutreffend. Der Fleischverzehr bei älteren Frauen ist sowohl in Österreich als auch in Großbritannien hingegen etwas höher als bei jüngeren. Bei britischen Männern wurde nach Altersgruppen kein Unterschied gefunden.

## Fleischverzehr der älteren Bevölkerung in Europa: Ländervergleiche

Länderübergreifende Statistiken zu Fleischkonsum in Europa können aus Datenbanken von Eurostat (statistisches Amt der EU) und FAOSTAT (Statistische Abteilung der Food and Agriculture Organization of the UN (FAO)) abgerufen werden. Diese Informationen verschaffen Einblicke in die Produktion und das Angebot an Fleisch und Fisch in den einzelnen Ländern. Sie lassen jedoch keine Schlüsse auf die Menge von Fleisch zu, die tatsächlich von den Verbraucher*innen verzehrt wird. Einer Einschätzung der FAO zufolge gehen in Europa mehr als 20 Prozent der Fleischproduktion und mehr als 30 Prozent der Fischproduktion auf dem Weg zum Verbraucher durch Lagerungs-, Verpackungs- oder andere Prozessvorgänge verloren oder landen im Müll (FAO 2011; Kanerva 2013; Hallström / Börjesson 2013).

Kanerva (2013) vergleicht in einer Studie die offiziellen Fleischangebotsstatistiken der FAO für acht europäische Länder (Deutschland, Vereinigtes Königreich, Italien, Spanien, Frankreich, Niederlande, Finnland, Ungarn). Die Autorin definiert Konsum als Fleisch in Gramm pro Einwohner, das für den menschlichen Verzehr verfügbar ist. Die Daten berücksichtigen einige Verlust-Faktoren, welche zwischen Produktion und Verbrauch im Haushalt zustande kommen, beinhalten jedoch nicht die Verluste, die aus Zubereitung, Entsorgung oder Lagerung in den Haushalten resultieren (Kanerva 2013). Die Studie zeigt, dass in einem Land umso mehr Fleisch konsumiert wird, je höher der Anteil der über 65-Jährigen ist. Daraus kann allerdings nicht geschlossen werden, dass der Zusammenhang tatsächlich auf einen höheren Konsum der Älteren zurückgeht oder ob andere Faktoren hier interagieren. Darüber hinaus stellt Rindfleisch eine Ausnahme dar. In sieben der acht untersuchten europäischen Länder, mit Ausnahme von Spanien, ist der Rindfleischkonsum im höheren Alter geringer. Die Autorin spekuliert, dass die konservativen Ernährungsgewohnheiten älterer Kohorten sowie das negative Gesundheitsimage von Rindfleisch die Gründe dafür sind.

Zahlen zur Häufigkeit des Fleischverzehrs der europäischen Bevölkerung erhebt eine von der Europäischen Kommission durchgeführte Eurobarometer Umfrage von 2012. In 27 EU-Ländern und Kroatien wurden Personen im Alter über 15 Jahren befragt, wie oft sie pro Woche Fleisch essen. Die Ergebnisse verdeutlichen, dass erhebliche Unterschiede in der Häufigkeit des Fleischverzehrs in den Ländern der EU bestehen. Den häufigsten Fleischverzehr gibt die dänische Bevölkerung an. Dort berichten 55 Prozent, dass sie mehr als fünf Mal pro Woche Fleisch verzehren (bei den über 55-Jährigen: 43 Prozent). 26 Prozent der dänischen Bevölkerung essen Fleisch vier oder fünf Mal die Woche (bei den über 55-Jährigen: 29 Prozent). Auf Rang zwei rangieren die Niederlande mit einem (deutlich geringeren) Anteil von 34 Prozent, der öfter als fünf Mal die Woche Fleisch auf dem Speiseplan hat (bei den über 55-Jährigen sind es hier nur 23 Prozent). In Italien, Malta und Griechenland sind es in allen Altersklassen weniger als fünf Prozent der Bevölkerung, die angeben, dass sie mehr als fünf Mal pro Woche Fleisch essen. Der größte Anteil an Personen, der angibt, niemals Fleisch zu essen, lebt in Großbritannien (6 Prozent; 5 Prozent bei den über 55-Jährigen), gefolgt von Finnland (4 Prozent; 3 Prozent bei den über 55-Jährigen). In allen übrigen EU-Ländern liegt der Anteil derer, die auf Fleisch verzichten, zwischen 1 und 3 Prozent (European Commission 2013). Da es sich hierbei jedoch um Umfragedaten für die Gesamtbevölkerungen handelt, sind die Fallzahlen der älteren Befragten mitunter sehr gering und somit die Aussagekraft der Daten über den Fleischverzehr der älteren Bevölkerung äußerst begrenzt.[1]

*Datensatz- und Stichprobenbeschreibung*

Als Datengrundlage für die folgenden Analysen dient die fünfte Befragungswelle des Survey of Health, Ageing and Retirement in Europe (SHARE) (Börsch-Supan 2017)[2]. Bei SHARE handelt es sich um eine mul-

---

1 Eine weitere Umfrage der Europäischen Kommission erhebt Veränderungen im Fleischkonsum in Europa sowie persönliche Einschätzungen, ob Fleisch und Fisch gesund oder ungesund sind, jedoch keine Verzehrhäufigkeiten (European Commission 2006).
2 Die Analysen wurden mit der Datenversion 6.0.0 durchgeführt.

tidisziplinäre Längsschnittbefragung, welche die sozialen, ökonomischen sowie gesundheitlichen Bedingungen der Bevölkerung im Alter ab 50 Jahre in Europa erhebt (Börsch-Supan et al. 2013).

Der individuelle Fleischkonsum wurde in der Befragungswelle 5, die im Jahr 2013 durchgeführt wurde, in 14 europäischen Ländern sowie Israel erhoben. Hierbei handelt es sich um eine Selbstauskunft hinsichtlich der Verzehrhäufigkeit, wobei die Menge des Verzehrs nicht abgefragt wurde. Auf die Frage „In einer normalen Woche – wie oft essen Sie Fleisch, Fisch oder Geflügel?", standen den Befragten die Antwortmöglichkeiten „Täglich" / „3-6-mal pro Woche" / „Zweimal pro Woche" / „Einmal pro Woche" / „Weniger als einmal pro Woche" zur Verfügung. Gaben die Befragten an, zweimal pro Woche oder seltener Fleisch oder Fisch zu essen, wurden sie direkt im Anschluss daran gefragt, ob „sie es sich finanziell nicht leisten können" oder „aus anderen Gründen" nicht mehr Fleisch oder Fisch essen.[3] Im Folgenden werden demnach der Fleisch- und der Fischkonsum als Verzehrhäufigkeit verstanden. Die tatsächliche Menge kann dabei nicht in Betracht gezogen werden.

Die Stichprobe, die für die Analysen verwendet wird, besteht aus allen Personen im Alter ab 50 Jahre mit einer gültigen Antwort bei der Frage nach der Häufigkeit des Fleisch- und des Fischverzehrs. Aus den 15 Ländern, die in Welle 5 von SHARE enthalten sind, können somit Daten von insgesamt 64.812 Personen untersucht werden. Die Anzahl der Interviews pro Land liegt zwischen 1.586 in Luxemburg und 6.560 in Spanien. Eine Übersicht über die Stichprobe vermittelt Abbildung 1.

---

3  Aufgrund einer Abweichung im Fragebogeninstrument (Stuck et al. 2017: 32) gibt es einen geringen Unterschied in der Fallzahl der Folgefrage im Vergleich zu der Anzahl der Personen, die einen seltenen Fleisch- und Fischkonsum angegeben haben. Die Folgefrage wurde wenigen Befragten nicht gestellt, obwohl sie angegeben hatten, maximal zweimal pro Woche Fisch oder Fleisch zu essen.

| Land | Geschlecht | | Alter | | | | Gesamt |
|---|---|---|---|---|---|---|---|
| | männlich | weiblich | 50-59 | 60-69 | 70-79 | 80+ | |
| Österreich | 1.831 | 2.443 | 1.076 | 1.499 | 1.196 | 503 | 4.274 |
| Deutschland | 2.660 | 2.902 | 2.009 | 1.781 | 1.316 | 456 | 5.562 |
| Schweden | 2.107 | 2.399 | 825 | 1.839 | 1.257 | 585 | 4.506 |
| Niederlande | 1.850 | 2.258 | 1.176 | 1.614 | 898 | 420 | 4.108 |
| Spanien | 3.038 | 3.522 | 1.717 | 2.028 | 1.616 | 1.199 | 6.560 |
| Italien | 2.128 | 2.526 | 1.256 | 1.594 | 1.272 | 532 | 4.654 |
| Frankreich | 1.902 | 2.507 | 1.187 | 1.549 | 977 | 696 | 4.409 |
| Dänemark | 1.884 | 2.161 | 1.431 | 1.389 | 795 | 430 | 4.045 |
| Schweiz | 1.360 | 1.621 | 877 | 1.054 | 721 | 329 | 2.981 |
| Belgien | 2.494 | 3.022 | 1.898 | 1.780 | 1.118 | 720 | 5.516 |
| Israel | 1.114 | 1.404 | 620 | 907 | 632 | 359 | 2.518 |
| Tschechien | 2.297 | 3.223 | 1.338 | 2.259 | 1.385 | 538 | 5.520 |
| Luxemburg | 749 | 837 | 610 | 533 | 276 | 167 | 1.586 |
| Slowenien | 1.263 | 1.644 | 868 | 963 | 702 | 374 | 2.907 |
| Estland | 2.248 | 3.418 | 1.349 | 1.811 | 1.718 | 788 | 5.666 |
| Gesamt | 28.925 | 35.887 | 18.237 | 22.600 | 15.879 | 8.096 | 64.812 |

*Abbildung 1: Beschreibung der Stichprobe.*

Daten: SHARE w5 6-0-0, gewichtet. Eigene Berechnungen.

Die Ergebnisse der Analysen mit den SHARE-Daten werden mit Makroinformationen aus den einzelnen Ländern verknüpft. Das Bruttoinlandsprodukt (BIP) pro Person (in US-Dollar, kaufkraftbereinigt, zu jeweiligen Preisen) im Befragungsjahr 2013 ist der Datenbank der OECD entnommen (OECD 2016). Die Daten zu Preisniveauindizes für Nahrungsmittel, Fleisch und Fisch werden von EUROSTAT bereitgestellt (EUROSTAT 2016)[4]. Um repräsentative Aussagen für die Bevölkerung im Alter ab 50 Jahre tätigen zu können, werden für alle deskriptiven Analysen Querschnittsgewichte verwendet, die im SHARE Datensatz bereitgestellt werden (Stuck et al. 2017).

*Ländervergleich nach Verzehrhäufigkeiten*

In Abbildung 2 ist ersichtlich, wie häufig in den einzelnen Ländern Fleisch konsumiert wird. Auf den ersten Blick fällt auf, dass in allen Ländern entweder die Kategorie „täglicher Verzehr" oder die Kategorie „3-6-mal pro Woche" am häufigsten genannt wird. Regelmäßiger Fleisch- und Fischkonsum scheinen in den untersuchten europäischen Ländern sowie Israel zu den Ernährungsgewohnheiten der über 50-Jährigen zu gehören.

---

4  Diese enthalten jedoch keine Informationen für Israel.

In den Niederlanden, Frankreich, Dänemark, Belgien und Estland gibt über die Hälfte der Befragten an, täglich Fleisch beziehungsweise Fisch zu sich zu nehmen. In Schweden ist es genau die Hälfte der über 50-Jährigen. Spitzenwerte erreichen Dänemark und Frankreich, hier finden sich sogar über 70 Prozent tägliche Fleischkonsument*innen. Unter fünf Prozent der Befragten essen in allen Ländern weniger als einmal pro Woche Fleisch. Sofern Vegetarier*innen unter den Befragten sind, müsste sich deren Anteil also ebenfalls im einstelligen Prozentbereich befinden. Dass Vegetarier*innen aufgrund der fehlenden Antwortoption „nie" die Antwort auf diese Frage verweigern oder mit „weiß nicht" antworten, kann so gut wie ausgeschlossen werden. Unter den über 66.000 Interviews gab es nur vier Antwortverweigerungen und 30 Personen, die mit „weiß nicht" geantwortet haben.

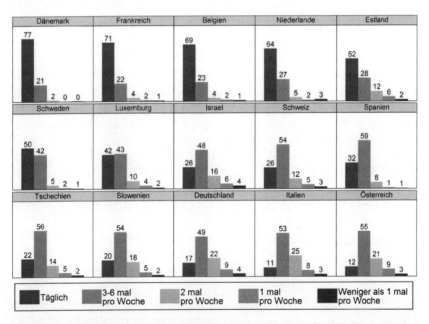

*Abbildung 2: Häufigkeit Fisch- und Fleischverzehr der Bevölkerung im Alter ab 50 Jahre (in Prozent). N=64.812.*

Daten: SHARE w5 6-0-0, gewichtet. Eigene Berechnungen.

*Alters- und Geschlechterunterschiede bei „bekennenden Fleischessern"*

Im Folgenden betrachten wir ausschließlich Personen im Alter über 50 Jahre, bei denen täglich Fleisch beziehungsweise Fisch auf dem Speiseplan steht.

Zunächst einmal werden in allen Ländern die bekannten Geschlechterunterschiede deutlich (vgl. u. a. Gossard / York 2003; Prättälä et al. 2007; Fekete et al. 2012; Schösler et al. 2015). Männer verzehren länderübergreifend öfter täglich Fleisch, als Frauen dies tun. In Italien, Schweden und Spanien ist der Unterschied jedoch sehr gering (weniger als drei Prozentpunkte). Größere Unterschiede zeigen sich in Luxemburg, Estland, Israel, Tschechien, Deutschland und Österreich (zwischen rund neun und 14 Prozentpunkten) (siehe Abbildung 3).

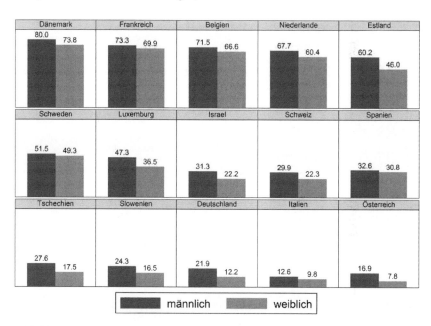

*Abbildung 3: Täglicher Fisch- und Fleischverzehr nach Geschlecht (in Prozent). N=64.812.*

Daten: SHARE w5 6-0-0, gewichtet. Eigene Berechnungen.

In Abbildung 4 ist dargestellt, wie groß die Anteile der täglichen Fleischesser*innen in den verschiedenen Altersgruppen sind. Die größten Differenzen existieren jeweils zwischen der jüngsten und ältesten Gruppe in Estland und Slowenien (19,3 und 15,4 Prozentpunkte). In den meisten Ländern sind die Unterschiede zwischen den Altersgruppen relativ klein. Dennoch zeigen sich Muster im Zusammenhang von Alter und Fleisch- beziehungsweise Fischkonsum. In den Niederlanden sowie in Belgien und Dänemark nimmt mit dem Alter auch der Anteil derjenigen Personen zu, die täglich Fisch oder Fleisch verzehren. In Österreich, Deutschland, Spanien, Slowenien, Tschechien und Estland hingegen ist der Anteil der täglichen Fleischesser*innen in höheren Altersgruppen geringer. Zu den Ländern, in denen keine (systematischen) Unterschiede zwischen den Altersgruppen zu erkennen sind, gehören Schweden, Schweiz, Italien, Frankreich, Israel und Luxemburg.

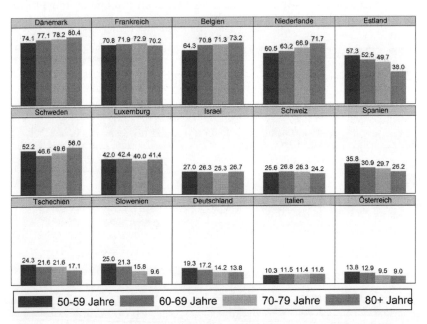

*Abbildung 4: Täglicher Fisch- und Fleischverzehr nach Altersgruppen (in Prozent). N=64.812.*

Daten: SHARE w5 6-0-0, gewichtet. Eigene Berechnungen.

Da in dieser Studie Querschnittsdaten verwendet werden, kann nicht geklärt werden, ob es sich bei den aufgezeigten Unterschieden um Alterseffekte oder Kohorteneffekte handelt. Kohorteneffekte wären deshalb denkbar, da Personen einer Altersgruppe in ähnlichen Bedingungen aufgewachsen sind und sozialisiert wurden. Die gesellschaftliche und wirtschaftliche Situation und die damit einhergehende Ernährung in der Kindheit haben Auswirkungen auf die Einstellung, Gewohnheiten und Vertrautheit bezüglich Nahrungsmitteln bis ins hohe Alter (Brombach 2000; Winter Falk et al. 1996). Das Erleben von Krieg und Hungersnot sind etwa Gemeinsamkeiten von Geburtskohorten, welche die Wertschätzung und Präferenz für Nahrungsmittel dauerhaft beeinflussen können. Mögliche Alterseffekte – also Veränderungen im Essverhalten mit dem Alter – könnten gesundheitliche Gründe haben, wenn zum Beispiel eine Krankheit eine gewisse Diät erfordert, sich Geruchs- und Geschmackssinn verändern oder natürliche durch künstliche Zähne ersetzt werden (Koehler / Leonhaeuser 2008). Im Großen und Ganzen lässt sich jedoch annehmen, dass Verhaltensänderungen mit zunehmendem Alter eher unwahrscheinlicher werden. Bestätigung für diese Annahme in Bezug auf das Essverhalten liefert eine Studie aus Deutschland (Winter 2013; vgl. auch Volkert 2005).

*Gründe für geringen Fisch- und Fleischverzehr*

Anschließend gilt der Fokus denjenigen Personen, die angeben, eher selten oder nie Fleisch zu essen. Wie oben beschrieben, ist es in den meisten Ländern eher eine Minderheit der über 50-Jährigen, die weniger als dreimal pro Woche Fleisch oder Fisch essen. Wird diese Minderheit nach den Gründen für den geringen Fleischverzehr gefragt, geben wiederum nur wenige von ihr finanzielle Gründe an (siehe Abbildung 5). In neun der 15 Länder sind es – zum Teil deutlich – unter zehn Prozent der Befragten. Dennoch gibt es auch Länder, in denen bei größeren Teilen der Bevölkerung ökonomische Aspekte den Fleischkonsum beeinflussen. In Estland gibt es mit 33 Prozent die mit Abstand meisten Befragten, die aus finanziellen Gründen nicht öfter Fleisch essen, in Spanien trifft dies immerhin auf 18 Prozent der Befragten mit geringem Fleischkonsum zu.

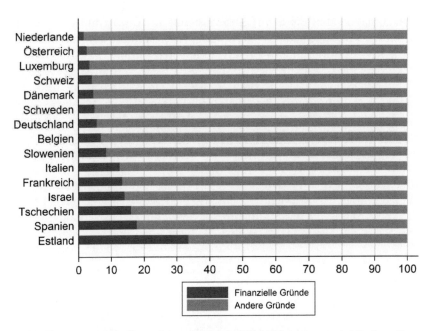

*Abbildung 5: Gründe für geringen Fisch- und Fleischkonsum nach Ländern (in Prozent). N=10.420.*

Daten: SHARE w5 6-0-0, gewichtet. Eigene Berechnungen.

## Einfluss ökonomischer Faktoren auf die Ernährungsweise

Laut Selbstauskunft der befragten Europäer*innen scheinen in vielen Ländern monetäre Gründe dann keine große Rolle zu spielen, wenn es um Fleischverzicht geht. Rein objektiv betrachtet, variieren Angebot und Preise für Fleisch und Fisch zwischen den einzelnen Ländern Europas jedoch deutlich.

Um sich dem Zusammenhang von Fleischkonsum und ökonomischen Faktoren zu nähern, lohnt sich ein Blick auf das Verhältnis der Preise von Nahrungsmitteln in den europäischen Ländern. In Abbildung 6 sind die Preise für Fleisch, Fisch sowie Nahrungsmittel insgesamt in den einzelnen Ländern im Verhältnis zum EU-Durchschnitt dargestellt.[5] Wenig überra-

---

5 Die Darstellung wurde in Anlehnung an Eyerund (2015) erstellt.

schend ist, dass die Preise für Lebensmittel in den Ländern mit relativ hohem Bruttoinlandsprodukt (BIP) deutlich über dem Durchschnitt liegen, während die wirtschaftlich schwächeren Länder unterhalb des EU-Mittelwertes liegen. Verknüpft man die Nahrungsmittelpreise mit den Häufigkeiten des Fisch- und Fleischkonsums, basierend auf SHARE-Daten auf Länderebene, lässt sich kein Zusammenhang erkennen (Ergebnisse werden hier nicht gezeigt).

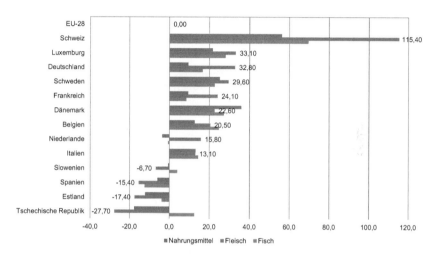

*Abbildung 6: Preisniveauindizes für Nahrungsmittel, Fleisch und Fisch im Jahr 2013 im Vergleich zum EU-Durchschnitt.*

Daten: Eurostat (2016). Eigene Darstellung.

Welche Rolle ökonomische Faktoren bei der Ernährungsweise spielen, wurde bereits in einigen Studien sowohl auf der Mikro- als auch auf Makroebene untersucht. Bisherige Untersuchungen aus verschiedenen europäischen Ländern berichten übereinstimmend, dass ein höheres Einkommen mit höherem Fischkonsum einhergeht (Bonaccio et al. 2012; Maguire / Monsivais 2015; Méjean et al. 2016; Moreira / Padrão 2004).[6] Was die Verzehrhäufigkeit älterer Erwachsener betrifft, so zeigen Dijkstra et al. (2014), dass auch hier ein höheres Einkommen mit einem häufigeren

---

6  Fischkonsum wird in diesen Studien anhand der Verzehrmenge in Gramm pro Tag gemessen (mit Ausnahme von Moreira / Padrão (2004), die Verzehrhäufigkeit untersuchen).

Fischverzehr pro Woche einhergeht. Für Fleischkonsum und Einkommen wurde in den gleichen europäischen Studien ein negativer Zusammenhang festgestellt (Bonaccio et al. 2012; Maguire / Monsivais 2015; Méjean et al. 2016; Moreira / Padrão 2004). Auch für ältere Erwachsene zeigt sich, dass Personen mit niedrigerem Einkommen häufiger pro Woche Fleisch essen, was vor allem für Männer gilt (Samieri et al. 2008). Bei den Befunden handelt es sich vermutlich nicht um einen direkten Effekt des Einkommens. Wahrscheinlicher ist, dass das Einkommen stark mit anderen Eigenschaften, wie etwa Bildung, Wissen über Nahrungsmittel und ökologische Einstellungen, korreliert (vgl. Méjean et al. 2016).

Der Zusammenhang zwischen Wohlstand und Fleischkonsum wurde auch bereits in Makroanalysen aufgezeigt. Größtenteils wurden hierbei auf Ebene der Nationalstaaten Indikatoren für Wohlstand mit Informationen zum Konsum beziehungsweise Angebot von Fleisch verknüpft. Meist wurde dabei festgestellt, dass der Zusammenhang zwischen BIP pro Person und Fleischkonsum umgekehrt U-förmig ist (Cole / McCoskey 2013; Vranken et al. 2014; Vinnari et al. 2006). In der Studie von Cole und McCoskey (2013) liegt der Wendepunkt allerdings bei einem sehr hohen Einkommenslevel, sodass bisher nur wenige Länder diesen Punkt, nach dem der Fleischkonsum wieder rückläufig ist, erreicht haben. Andere Studien finden eher einen positiven linearen als einen umgekehrt U-förmigen Zusammenhang heraus (Frank 2008; Sans / Combris 2015; York / Gossard 2004). Eine weitere Studie beschreibt mit FAO Daten, dass zwar mit steigendem BIP pro Person der Anteil der Nahrung aus tierischen Quellen zunimmt, es aber keinen Zusammenhang zwischen Fleischkonsum (in Prozent der gesamten Energiezufuhr) und BIP gibt (Mathijs 2015).[7]

Im Gegensatz zu den oben genannten Makrostudien, die einen Zusammenhang zwischen Wohlstand eines Landes und dessen Fleischkonsum aufzeigen, kann dies mit den hier verwendeten Daten nicht bestätigt werden. Es ist nur ein geringer Zusammenhang zwischen BIP pro Person und dem Anteil der älteren Bevölkerung, der täglich Fleisch oder Fisch konsumiert, erkennbar (r = 0,15, siehe Abbildung 7).

---

7 Fleischkonsum leitet sich in diesen Studien von Makrodaten der FAOSTAT zu Fleischangebot ab, gemessen in kg/per capita pro Land beziehungsweise pro Anteil der Kalorienzufuhr über tierische Produkte.

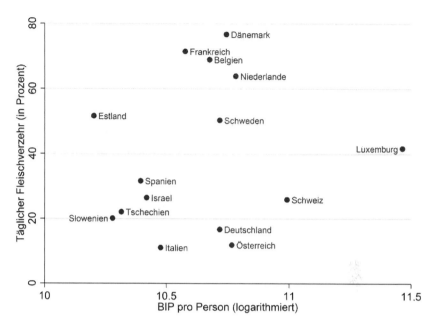

*Abbildung 7: Anteil täglich Fleischessender im Alter über 50 Jahre in Bezug auf BIP des Landes.*

Daten: SHARE w5 6-0-0, OECD (2016). r = 0,15. Eigene Berechnungen.

Die Abweichung zu den Ergebnissen bisheriger Untersuchungen können mehrere Gründe haben. Die Messung des Fleischkonsums erfolgt in den SHARE-Daten nicht über eine Mengenangabe, sondern über die Verzehrhäufigkeit. Zudem werden hier relativ wenige und hauptsächlich (wohlhabende) europäische Länder im Querschnitt betrachtet, sodass es weniger Variationen gibt als bei weltweiten Vergleichen beziehungsweise Zeitreihenanalysen.

Der Wohlstand eines Landes scheint innerhalb Europas also nicht mit der Häufigkeit des Fleisch- und Fischkonsums zusammenzuhängen. Allerdings lässt sich ein deutlicher Zusammenhang dann erkennen, wenn man das BIP und den Anteil der Befragten, die aus finanziellen Gründen nicht öfter Fleisch essen, zueinander in Beziehung setzt. In Abbildung 8 sind die beiden Werte für alle untersuchten Länder sowie die daraus resultierende Regressionsgerade in ein Koordinatensystem eingetragen, wobei ein deutlicher Zusammenhang zu erkennen ist (r = −0,70). Je höher das BIP eines

Landes ist, umso geringer ist der Anteil der Bevölkerung, der aus finanziellen Gründen nicht öfter Fleisch oder Fisch isst.[8]

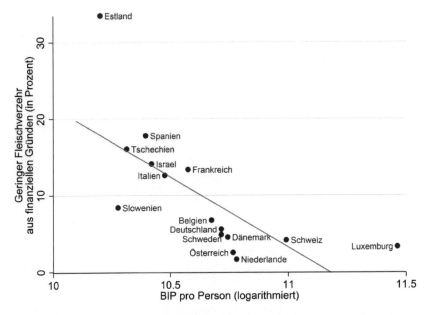

*Abbildung 8: Anteil der über 50-Jährigen, die aus finanziellen Gründen selten Fisch und Fleisch verzehren in Bezug auf das BIP des Landes.*

Daten: SHARE w5 6-0-0, OECD (2016). r = -0,70. Eigene Berechnungen.

## Diskussion

Vor dem Hintergrund der Bevölkerungsalterung sowie der gestiegenen Lebenserwartung spielt Forschung zum Gesundheitsverhalten, zu dem auch die Essgewohnheiten gehören, eine wichtige Rolle. Auf dem heutigen Stand der Forschung kann Fleisch zwar nicht per se als gesundes oder ungesundes Nahrungsmittel klassifiziert werden, doch für manche Krankheitsbilder gibt es bereits konkrete Empfehlungen, was den Konsum von

---

8 In Abbildung 8 wird der natürliche Logarithmus des BIP verwendet. Auch wenn das BIP ohne Transformation verwendet wird, existiert ein deutlicher Zusammenhang (r = -0,58).

Fleisch oder Fisch angeht. So ist Fleisch in der menschlichen Ernährung einerseits ein Lieferant für Proteine und essenzielle Mikronährstoffe, wie Eisen, Zink oder Vitamin B12. Auf der anderen Seite wird der Verzehr von rotem, insbesondere verarbeitetem Fleisch mit einem erhöhten Risiko von Diabetes Typ 2, Darmkrebs, Herzkreislauferkrankungen und generell Mortalität in Verbindung gebracht (Ekmekcioglu et al. 2016). Diese nichtübertragbaren Krankheiten sind zur vorherrschenden Todesursache in Europa geworden (OECD/EU 2016) und spielen in der zweiten Lebenshälfte eine entsprechend größere Rolle. Allerdings gibt es auch Hinweise, dass unverarbeitetes, rotes Fleisch als eine wichtige Proteinquelle dienen kann, die Muskelschwund und kognitiver Dysfunktion im Alter entgegenwirken könnte (Kouvari et al. 2016). Was den Fischkonsum betrifft, ist die Forschungslage ähnlich kontrovers. Auf der einen Seite gilt die Aufnahme von Omega-3-Fettsäuren, Protein und weiteren Nährstoffen durch Fischverzehr als gesundheitsförderlich in Bezug auf Herz-Erkrankungen, Typ 2 Diabetes, neurologische Entwicklung und Mortalität. Auf der anderen Seite ist die Belastung von Meerestieren mit Umweltgiften in Form von Schwermetallen, wie Quecksilber oder Arsen, bekannt (Miklavcic et al. 2013; Ren et al. 2016).

Wie auch immer zukünftige Ernährungsempfehlungen oder gesundheitspolitische Überlegungen aussehen mögen, Daten über das tatsächliche Ausmaß des Fleischkonsums der älteren Bevölkerung können hierfür bedeutend sein. Um die Herausforderungen der Bevölkerungsalterung in Europa zu bewältigen, ist das Wissen um die Bedürfnisse und Vorlieben im Ernährungsverhalten der älteren Menschen ein relevanter Baustein. Ziel des Beitrages war es, die Gemeinsamkeiten und Unterschiede des Fleischkonsums der Bevölkerung im Alter ab 50 Jahre in europäischen Ländern zu beschreiben. Die Analysen zeigen, dass sich die typischen Geschlechterunterschiede in allen Ländern beobachten lassen. Der Zusammenhang zwischen Alter und Häufigkeit des Fleischverzehrs ist hingegen von Land zu Land unterschiedlich. Es gibt keine eindeutigen Muster, ob die Häufigkeit des Fleischkonsums im Alter zunimmt, abnimmt oder gleichbleibt. Allgemein lässt sich jedoch formulieren, dass die untersuchten Kohorten regelmäßige Fleischesser*innen sind und Vegetarier*innen die Ausnahme darstellen. Ein weiteres Ergebnis ist, dass die Häufigkeit des Fleischverzehrs für die untersuchte Stichprobe nicht mit ökonomischen Gründen zu erklären ist. Der Zusammenhang ist wesentlich komplexer, wobei wohl kulturelle, regionale und viele andere Aspekte der Makroebene, wie auch individuelle, sozio-demografische Eigenschaften eine Rolle spielen (Kutsch 2000; Kanerva 2013). Interessant wären Informationen zu

Motiven für den Verzehr beziehungsweise Nichtverzehr, die hier aber leider nicht verfügbar sind.

Bereits erwähnte Vorteile der Studie sind die einheitliche Erfassung und somit Vergleichbarkeit der Häufigkeit des Fleischverzehrs für viele Länder. Im Unterschied zu Studien, die Daten zum Fleischangebot in den jeweiligen Ländern heranziehen und in Relation zur Einwohnerzahl setzen, kann mit den SHARE-Daten die tatsächlich berichtete, individuelle Häufigkeit von Fleischkonsum pro Person abgebildet werden.

An dieser Stelle soll aber auch ausdrücklich auf die Grenzen und Einschränkungen der hier verwendeten Daten hingewiesen werden. Erstens ist nicht differenzierbar, zu welchen Teilen es sich bei den Verzehrhäufigkeiten um Fleisch oder Fisch handelt. Da Fischfang und somit der Fischkonsum in verschiedenen europäischen Ländern ganz unterschiedliche Bedeutungen haben, wäre es interessant, diesen gesondert analysieren zu können. Zweitens handelt es sich bei den Daten um eine Selbstauskunft der Verzehrhäufigkeit, welche durch das Antwortverhalten der Befragten Verzerrungen aufweisen kann. Wie oft Fleisch tatsächlich von der älteren Bevölkerung gegessen wird, könnte demnach von den berichteten Angaben abweichen, etwa durch eine falsche Einschätzung, was der eigene Konsum in „einer gewöhnlichen Woche" ist, oder durch kulturelle Unterschiede im Antwortverhalten. Drittens sind Vegetarier*innen nicht eindeutig identifizierbar. Zwar ist deren Anteil sicher der Gruppe zuzuordnen, die angibt, einmal oder weniger in der Woche Fleisch zu essen, allerdings lässt sich der genaue Anteil nicht exakt quantifizieren. Trotz allem kann mit Sicherheit festgestellt werden, dass der Anteil an älteren Leuten, die sich potenziell vegetarisch ernähren, in allen Ländern unter vier Prozent liegt. Schließlich bleibt zu betonen, dass es sich bei der Untersuchung um reine Querschnittsdaten handelt. Die untersuchten Unterschiede in den Ernährungsgewohnheiten der verschiedenen Altersgruppen der älteren Bevölkerung sind zwar aufschlussreich und leisten einen Beitrag zu der noch überschaubaren Forschungslandschaft. Jedoch können lediglich Aussagen über die Geburtskohorten des SHARE Surveys getroffen werden. Wie sich zukünftige Generationen im Alter ernähren werden, kann damit nicht prognostiziert werden. Beispielsweise wäre denkbar, dass die heutige jüngere Generation, die unter den Eindrücken der Fleischskandale und Vegetarismus- und Veganismus-Trends aufwächst, im Alter viel seltener Fleisch verzehrt als die heutigen Alten.

## Anmerkungen

Finanzierung: Johanna Schütz erhielt Förderung durch MaxNetAging.
The SHARE data collection has been primarily funded by the European Commission through FP5 (QLK6-CT-2001-00360), FP6 (SHARE-I3: RII-CT-2006-062193, COMPARE: CIT5-CT-2005-028857, SHARELIFE: CIT4-CT-2006-028812) and FP7 (SHARE-PREP: N°211909, SHARE-LEAP: N °227822, SHARE M4: N°261982). Additional funding from the German Ministry of Education and Research, the Max Planck Society for the Advancement of Science, the U.S. National Institute on Aging (U01_AG09740-13S2, P01_AG005842, P01_AG08291, P30_AG12815, R21_AG025169, Y1-AG-4553-01, IAG_BSR06-11, OGHA_04-064, HH-SN271201300071C) and from various national funding sources is gratefully acknowledged (see www.share-project.org).

## Literaturverzeichnis

Bonaccio, Marialaura, Americo E. Bonanni, Augusto Di Castelnuovo, Francesca de Lucia, Maria B. Donati, Giovanni de Gaetano, und Licia Iacoviello. 2012. Low income is associated with poor adherence to a Mediterranean diet and a higher prevalence of obesity: cross-sectional results from the Moli-sani study. BMJ open 2: 1–9. doi: 10.1136/bmjopen-2012-001685.

Börsch-Supan, Axel. 2017. Survey of Health, Ageing and Retirement in Europe (SHARE) Wave 5. doi: 10.6103/SHARE.w5.600.

Börsch-Supan, Axel, Martina Brandt, Christian Hunkler, Thorsten Kneip, Julie Korbmacher, Frederic Malter, Barbara Schaan, Stephanie Stuck, und Sabrina Zuber. 2013. Data Resource Profile: the Survey of Health, Ageing and Retirement in Europe (SHARE). International journal of epidemiology 42: 992–1001. doi: 10.1093/ije/dyt088.

Brombach, Christine. 2000. Ernährungsverhalten im Lebensverlauf von Frauen über 65 Jahren. Eine qualitativ biographische Untersuchung. Gießen: Köhler.

Christensen, Kaare, Gabriele Doblhammer, Roland Rau, und James W. Vaupel. 2009. Ageing populations: the challenges ahead. Lancet 374: 1196–1208.

Cole, Jennifer R., und Suzanne McCoskey. 2013. Does global meat consumption follow an environmental Kuznets curve? Sustainability: Science, Practice, & Policy 9: 26–36.

Cordts, Anette, Achim Spiller, Sina Nitzko, Harald Grethe, und Nuray Duman. 2013. Fleischkonsum in Deutschland. Von unbekümmerten Fleischessern, Flexitariern und (Lebensabschnitts-) Vegetariern. FleischWirtschaft: 59–63.

Dijkstra, S. C., J. E. Neter, I. A. Brouwer, M. Huisman, und M. Visser. 2014. Adherence to dietary guidelines for fruit, vegetables and fish among older Dutch adults; the role of education, income and job prestige. The journal of nutrition, health & aging 18: 115–121. doi: 10.1007/s12603-013-0402-3.

Ekmekcioglu, Cem, Peter Wallner, Michael Kundi, Ulli Weisz, Willi Haas, und Hans-Peter Hutter. 2016. Red meat, diseases, and healthy alternatives. A critical review. Critical reviews in food science and nutrition: 1–15. doi: 10.1080/10408398.2016.1158148.

Elmadfa, Ibrahim. 2012. Österreichischer Ernährungsbericht 2012. Wien.

European Commission. 2006. Special Eurobarometer 246. Health and Food Wave 64.3.

European Commission. 2013. Flash Eurobarometer 367. Attitudes of Europeans towards building the single market for green products.

EUROSTAT. 2016. Kaufkraftparitäten (KKP) und vergleichende Preisniveauindizes für die Aggregate des ESVG 2010 (prc_ppp_ind).

Eyerund, Theresa. 2015. Fleischkonsum in Deutschland und Europa. Ausgewählte Zahlen und Fakten. IW-Report.

FAO. 2011. Global food losses and food waste – Extent, causes and prevention. Rom.

Fekete, Christine, Simone Weyers, Susanne Moebus, Nico Dragano, Karl-Heinz Jöckel, Raimund Erbel, Stefan Möhlenkamp, Natalia Wege, und Johannes Siegrist. 2012. Age-Specific Gender Differences in Nutrition: Results from a Population-Based Study. Health Behaviour & Public Health 2: 10–20.

Fjellström, Christina, Birgitta Sidenvall, und Margaretha Nydahl. 2001. Food Intake and the Elderly — Social Aspects. Food, People and Society, Hrsg. Lynn J. Frewer, Einar Risvik, und Hendrik Schifferstein, 197-209. Berlin, Heidelberg: Springer Berlin Heidelberg. doi: 10.1007/978-3-662-04601-2_13.

Frank, Joshua. 2008. Is there an "animal welfare Kuznets curve"? Ecological Economics 66: 478–491. doi: 10.1016/j.ecolecon.2007.10.017.

Gossard, Marcia H., und Richard York. 2003. Social Structural Influences on Meat Consumption. Human Ecology Review 10: 1–9.

Hallström, Elinor, und Pål Börjesson. 2013. Meat-consumption statistics: reliability and discrepancy. Sustainability: Science, Practice, & Policy 9: 37–47.

Irz, Xavier, Laura Fratiglioni, Nataliya Kuosmanen, Mario Mazzocchi, Lucia Modugno, Giuseppe Nocella, Behnaz Shakersain, W. B. Traill, Weili Xu, und Giacomo Zanello. 2014. Sociodemographic determinants of diet quality of the EU elderly: a comparative analysis in four countries. Public health nutrition 17: 1177–1189. doi: 10.1017/S1368980013001146.

Kanerva, Minna. 2013. Meat consumption in Europe: Issues, trends and debates. artec-paper Nr. 187.

Koehler, Jacqueline, und Ingrid-Ute Leonhaeuser. 2008. Changes in food preferences during aging. Annals of nutrition & metabolism 52 Suppl 1: 15–19. doi: 10.1159/000115342.

Kouvari, Matina, Stefanos Tyrovolas, und Demosthenes B. Panagiotakos. 2016. Red meat consumption and healthy ageing: A review. Maturitas 84: 17–24. doi: 10.1016/j.maturitas.2015.11.006.

Kutsch, Thomas. 2000. Konturen einer Ernährungssoziologie. Konsum. Soziologische, ökonomische und psychologische Perspektiven, Hrsg. Doris Rosenkranz, und Norbert F. Schneider, 149-168. Opladen: Leske + Budrich.

Maguire, Eva R., und Pablo Monsivais. 2015. Socio-economic dietary inequalities in UK adults: an updated picture of key food groups and nutrients from national surveillance data. The British journal of nutrition 113: 181–189. doi: 10.1017/S0007114514002621.

Mathijs, Erik. 2015. Exploring future patterns of meat consumption. Meat Science 109: 112–116. doi: 10.1016/j.meatsci.2015.05.007.

Max Rubner-Institut. 2008a. Nationale Verzehrsstudie II. Ergebnisbericht, Teil 1.

Max Rubner-Institut. 2008b. Nationale Verzehrsstudie II. Ergebnisbericht, Teil 2.

Méjean, Caroline, Wendy Si Hassen, Christelle Lecossais, Benjamin Allès, Sandrine Péneau, Serge Hercberg, und Katia Castetbon. 2016. Socio-economic indicators are independently associated with intake of animal foods in French adults. Public health nutrition 19: 3146–3157. doi: 10.1017/S1368980016001610.

Miklavcic, Ana, Anica Casetta, Janja Snoj Tratnik, Darja Mazej, Mladen Krsnik, Marika Mariuz, Katia Sofianou, Zdravko Spiric, Fabio Barbone, und Milena Horvat. 2013. Mercury, arsenic and selenium exposure levels in relation to fish consumption in the Mediterranean area. Environmental research 120: 7–17. doi: 10.1016/j.envres.2012.08.010.

Moreira, Pedro A., und Patricia D. Padrão. 2004. Educational and economic determinants of food intake in Portuguese adults: a cross-sectional survey. BMC public health 4: 58. doi: 10.1186/1471-2458-4-58.

OECD. 2016. GDP per capita and productivity levels. doi: 10.1787/data-00686-en.

OECD/EU. 2016. Health at a Glance: Europe 2016. Paris: OECD Publishing. doi: 10.1787/23056088.

Oeppen, Jim, und James W. Vaupel. 2002. Demography. Broken limits to life expectancy. Science (New York, N.Y.) 296: 1029–1031. doi: 10.1126/science.1069675.

Prättälä, Ritva, Laura Paalanen, Daiga Grinberga, Ville Helasoja, Anu Kasmel, und Janina Petkeviciene. 2007. Gender differences in the consumption of meat, fruit and vegetables are similar in Finland and the Baltic countries. European journal of public health 17: 520–525. doi: 10.1093/eurpub/ckl265.

Public Health England. 2016. National Diet and Nutrition Survey Results from Years 5 and 6 (combined) of the Rolling Programme (2012/2013 – 2013/2014). London.

Rea, Irene M. 2017. Towards ageing well. Use it or lose it: Exercise, epigenetics and cognition. Biogerontology 18: 679–691. doi: 10.1007/s10522-017-9719-3.

Ren, Z., C. Huang, H. Momma, Y. Cui, S. Sugiyama, K. Niu, und R. Nagatomi. 2016. The consumption of fish cooked by different methods was related to the risk of hyperuricemia in Japanese adults: A 3-year follow-up study. Nutrition, metabolism, and cardiovascular diseases: NMCD 26: 778–785. doi: 10.1016/j.numecd.2016.05.009.

Samieri, Cecilia, Marthe-Aline Jutand, Catherine Feart, Lucile Capuron, Luc Letenneur, und Pascale Barberger-Gateau. 2008. Dietary patterns derived by hybrid clustering method in older people: association with cognition, mood, and self-rated health. Journal of the American Dietetic Association 108: 1461–1471. doi: 10.1016/j.jada.2008.06.437.

Sans, P., und P. Combris. 2015. World meat consumption patterns: An overview of the last fifty years (1961-2011). Meat Science 109: 106–111. doi: 10.1016/j.meatsci.2015.05.012.

Schösler, Hanna, Joop de Boer, Jan J. Boersema, und Harry Aiking. 2015. Meat and masculinity among young Chinese, Turkish and Dutch adults in the Netherlands. Appetite 89: 152–159. doi: 10.1016/j.appet.2015.02.013.

Stuck, Stephanie, Sabrina Zuber, Markus Kotte, Fabio Franzese, Stefan Gruber, und Tim Birkenbach. 2017. SHARE Releaseguide 6.0.0.

Trummer, Manuel. 2015. Die kulturellen Schranken des Gewissens – Fleischkonsum zwischen Tradition, Lebensstil und Ernährungswissen. Was der Mensch essen darf, Hrsg. Gunther Hirschfelder, Angelika Ploeger, Jana Rückert-John, und Gesa Schönberger, 63-79. Wiesbaden: Springer Fachmedien Wiesbaden. doi: 10.1007/978-3-658-01465-0_5.

Vinnari, Markus, Jarmo Vehema, und Luukkanen Jyrki. 2006. Animal based food consumption in the EU: do we decrease our meat consumption when income levels rise? Lifestyles and social change. Essays in economic sociology. Turun kauppakorkeakoulun julkaisuja, Keskustelua ja raportteja, 11:2005, Hrsg. Terhi-Anna Wilska, und Leena Haanpää, 229-252. Turku: Turun kauppakorkeakoulu.

Volkert, Dorothee. 2005. Nutrition and lifestyle of the elderly in Europe. Journal of Public Health 13: 56–61. doi: 10.1007/s10389-004-0092-8.

Vranken, Liesbet, Tessa Avermaete, Dimitrios Petalios, und Erik Mathijs. 2014. Curbing global meat consumption. Emerging evidence of a second nutrition transition. Environmental Science & Policy 39: 95–106. doi: 10.1016/j.envsci.2014.02.009.

Winter, Kristin. 2013. Soziale und sozialpsychische Determinanten des Gesundheitsverhaltens. Eine theoriegeleitete Analyse am Beispiel von Überernährung und Tabakkonsum. Inaugural-Dissertation zur Erlangung des Doktorgrades (Dr. phil.). Berlin.

Winter Falk, Laura, Carole A. Bisogni, und Jeffery Sobal. 1996. Food Choice Processes of Older Adults. A Qualitative Investigation. Journal of Nutrition Education 28: 257–265. doi: 10.1016/S0022-3182(96)70098-5.

York, Richard, und Marcia H. Gossard. 2004. Cross-national meat and fish consumption: Exploring the effects of modernization and ecological context. Ecological Economics 48: 293–302. doi: 10.1016/j.ecolecon.2003.10.009.

# „Beim Fußball geht es um die Wurst". Die Stadionwurst als kulinarische Praxis

*Jaya Bowry*

## 1. Einführung

Das Essensangebot in deutschen Fußballstadien ist, bis auf einige Ausnahmen, ähnlich (Stadionwelt INSIDE 2011). Bratwurst und Bier dominieren das Bild. In letzter Zeit werden jedoch vermehrt Alternativen angeboten, und zwar auch in Form vegetarischer Speisen. (Fussballwurst.de, PETA 2015).[1] Dennoch stehen die Essensangebote im Stadion nach wie vor in einem starken Kontrast zu dem, was sowohl die Sportler/innen auf dem Feld als auch ein Teil der Zuschauer/innen in ihrem Alltag essen (Leunig 2016).

Im folgenden Beitrag geht es darum, jene scheinbar selbstverständliche Symbiose von Wurst und Fußball zu betrachten, die auch der Soziologe Florian Renz in seinem Buch „Auf der Suche nach der perfekten Stadionwurst" beschreibt:

> „Wenn Sie Fußballfan sind, dann kennen Sie das. Vielleicht haben Sie sich schon unzählige Male eine Wurst geholt, manchmal auch schon vor dem Spiel und eine zweite Wurst nach dem Spiel. Die Wurst, sie ist für die meisten Fans untrennbar mit dem Spielgeschehen verbunden" (Renz 2014: 8).

Woher rührt diese Wahrnehmung der „Untrennbarkeit" und warum wird Besucher/innen in Fußballstadien vorwiegend der Verzehr von Fleisch und Alkohol zugesprochen, während sie 22 jungen, durchtrainierten Menschen beim Fußballspielen zusehen? Warum wird die (Brat-)Wurst in deutschsprachigen Ländern augenscheinlich besonders mit dem Fußball in Verbindung gebracht, sodass sogar Begriffe, wie „Stadionwurst", geprägt wur-

---

1 Bei Feldforschungsaufenthalten in verschiedenen Bundesligastadien wurde beobachtet, dass am Stadionkiosk meist Bratwurst, Brezeln und verschiedene Schokoriegel angeboten werden. Zusätzlich gab es vereinzelt Stände, die weitere Speisen anboten, wie Pizza, Burger und Schmalzbrötchen.

den? Eine Google Suche ergibt immerhin 558.000 Treffer für die Begriffe Fußball und Wurst. Bei Fußball und Bier sind es sogar 1.080.000 Treffer[2].

Der Beitrag stützt sich auf die Teilauswertung des empirischen Materials eines geplanten Dissertationsvorhabens[3] zum Ess- und Trinkverhalten in Fußballstadien. Das Ziel der kulturwissenschaftlichen Untersuchung ist darauf ausgerichtet, die verschiedenen Bedeutungsebenen von Nahrungsmitteln am Beispiel der Stadionverpflegung herauszuarbeiten. Es sollen Erklärungsansätze zur Praxis der Essensauswahl entwickelt werden, um so ein Bild darüber zu zeichnen, welche Symbole und Bedeutungsebenen hinter den von Stadionbesuchern bevorzugten Speisen stehen. Dabei wird hinterfragt, inwieweit die Handlungsweisen, bezogen auf Ernährung und Fußball, kulturell tradiert sind und unhinterfragt bleiben. Welche Funktion erfüllen die vollzogenen Praktiken und welche Identitätsentwürfe und (Gruppen-)Dynamiken stehen dahinter? Wie verankert sind diese Handlungsweisen und inwieweit gibt es Möglichkeiten, diese in Richtung einer nachhaltigen und ausgewogeneren Essensauswahl zu verändern?

Dieser Aufsatz fasst die ersten Ergebnisse der Analyse qualitativer Interviews zusammen und diskutiert die von den Befragten genannten Deutungsmuster und Interpretationsansätze zum eigenen Essverhalten, speziell bezogen auf die Bratwurst. Anschließend wird diese „kulinarische Praxis" mit dem Aspekt der Nachhaltigkeit und insbesondere dem Fleischverzehr in Bezug gesetzt, um Hinweise darüber zu erhalten, ob und in welcher Ausprägung „nachhaltige" Speisen und Getränke denkbare oder gar gewünschte Alternativen für Besucher im Stadion wären. Nach einer theoretischen Einführung folgen ein Abschnitt zur gewählten Methodik und die Analyse von Interviewpassagen. Am Ende erfolgt eine Zusammenfassung.

## 2. Theoretische Rahmung: Essverhalten zwischen Kontinuität und Wandel

Der folgende Theorieteil beinhaltet einerseits die für die Analyse zentralen Aspekte zur Art und Ausprägung sowie zur Entstehung von Ernährungsverhalten heute und betrachtet dabei die Veränderungen im Bereich „Essen außer Haus" sowie das Essen im Zusammenhang mit Nachhaltigkeit

---

2 Internetrecherche vom 30.06.2017.
3 Die Promotion wird im Rahmen des Forschungsprojekts „„NAH_Gast' – Entwicklung, Erprobung und Verbreitung von Konzepten zum nachhaltigen Produzieren und Konsumieren in der Außer-Haus-Verpflegung" durchgeführt. Ziel ist es, eine kohlenstoffarme, ressourceneffiziente und -schonende, ebenso wie eine sozial inklusive Wirtschaft zu fördern (FH Münster et al. 2014).

und Gesundheit. Zusätzlich werden mögliche Bedeutungsebenen und Sinnzuschreibungen von Essen und Essensauswahl angeführt.

### 2.1 Außer-Haus-Verpflegung im Wandel des Ernährungsverhalten

Menschen in Deutschland und anderen europäischen Ländern essen heutzutage zunehmend „außer Haus" – und dies zu den unterschiedlichsten Gelegenheiten. Ein Grund hierfür ist die Veränderung der Alltagsroutinen der Menschen. Längere und flexiblere Arbeitszeiten, erhöhte Mobilität, weniger Zeit mit der Familie durch volle Arbeits-, Stunden- und Freizeitplanungen und, daraus resultierend, kaum Gelegenheit zum Einkaufen und Kochen bilden Erklärungsansätze für diese Entwicklung (vgl. Hayn 2005: 55; Ploeger/Hirschfelder/Schönberger 2011: 15 f.; Rützler 2011: 82 f.).

Essen „außer Haus" ist alltäglich geworden. Arbeitnehmer/innen gehen in die Kantine oder Stammrestaurants in Arbeitsplatznähe, welche regelmäßig wiederkehrende Gerichte auf der Speisekarte anbieten. Auch Kinder nehmen Mahlzeiten immer häufiger in Kindertagesstätten, Schulen oder anderen Betreuungseinrichtungen ein; selbst zu kochen, ist für viele Familien daher keine Notwendigkeit mehr und wird dementsprechend immer seltener erlernt und praktiziert (vgl. Hayn, 2005: 55; Ploeger/ Hirschfelder/Schönberger 2011: 15 f.; Rützler 2011: 82 f.).

Ist auf der einen Seite Essen „außer Haus" alltäglich geworden, kann es auf der anderen Seite und in besonderen Situationen aber auch einen Kontrastpunkt zum alltäglichen Essen darstellen: Insbesondere bei größeren Veranstaltungen, wie Straßenfesten oder Konzerten, wird meist ein anderes Essverhalten als im Alltag praktiziert und „das Besondere" am Essen zelebriert. Die Menschen gönnen sich Fettiges, Alkoholreiches oder Süßes beziehungsweise Nahrungsmittel, die zumindest für manche Personenkreise nicht täglich zum Speiseplan gehören oder laut Ernährungsempfehlungen (zum Beispiel der DGE – Deutschen Gesellschaft für Ernährung e. V.) nicht in übermäßigem Maße verzehrt werden sollten.

Essen, Nahrungsaufnahme und Essensauswahl sind also im stetigen Wandel. Dabei darf nicht vergessen werden, dass dies kein neues Phänomen ist. Insbesondere bei den Themen Gesundheit und Nachhaltigkeit sowie Veränderung von Einschätzungen und Wertevorstellungen waren in der europäischen Esskultur viele Schwankungen zu verzeichnen.

## 2.2 Ernährung und kulturelle Bedeutung

Die Nahrungsaufnahme ist eine Handlung, die der Mensch jeden Tag notwendigerweise zum Überleben vollzieht. Denn Essen ist eben nicht nur zum Erhalt des Körpers notwendig, es spiegelt auch die soziale und die kulturelle Wirklichkeit innerhalb sozialer Gruppen wider. Speisen haben eine symbolische Bedeutung und dienen dazu, Bilder für die Außenwelt zu erzeugen. Dabei geht es um vielfältige Symbolkategorien, wie die Soziologin Deborah Lupton anführt:

> „There are manifold cultural meanings and discources surrounding food practices and preferences in all human societies. Indeed, food is the symbolic medium par excellence. Food consumption habits are not simply tied to biological needs but serve to mark boundaries between social classes, geographic regions, nations, cultures, genders, lifecycle stages, religions and occupations, to distinguish rituals, traditions, festivals, seasons and times of day." (Lupton 1996: 1)

Was als Nahrung angesehen wird, welche Nahrungsmittel essbar sind und was in welcher Situation verzehrt wird, ist kulturell tradiert. Ein gewisser Handlungsspielraum ist vorhanden, jedoch ist der Mensch weitgehend formenden Einflüssen ausgesetzt, die sein Essverhalten bestimmen. Dieser Geschmackskonservatismus, ein Begriff, der von Ulrich Tolksdorf geprägt wurde, impliziert, dass Ernährungsgewohnheiten bereits im Kindes- und Jugendalter den späteren Geschmack bestimmen (Tolksdorf 2001: 247).

Andreas Hartmann beschreibt festliche oder besondere Anlässe – hierzu sind auch Events, wie Fußball, zu zählen –, die in der Regel stark mit Essen verbunden werden als gute Rahmung für kollektive Erinnerungen. Auch das kulinarische Gedächtnis besteht aus „Körper- und Kulturtatsachen". Der Mensch sei fortlaufend damit beschäftigt, kulinarische Erinnerungen zu suchen und wiederzufinden (Hartmann 2006: 150 ff.). Der bereits erwähnte Geschmackskonservatismus ist eine Ausprägung dessen. Arjun Appadurai weist Konsumgütern ein "soziales Leben" zu und betont, dass Konsumgüter kulturell und sozial aufgeladen werden (Appadurai 2013; vgl. Römhild 2008: 17).

In der ethnologischen Nahrungsforschung stellt die Mahlzeit die Grundeinheit und den Ausgangspunkt von Untersuchungen dar. „Mahlzeiten zu analysieren", bedeutet, Ernährung in ihrer zeitlichen und sozialräumlichen Verankerung zu sehen und zu fragen, wann, wie lange, warum, wo, mit wem und wie gegessen wird. Das Alltagsverständnis von Mahlzeiten umfasst Kategorien, wie Frühstück, Mittagessen, Abendessen sowie Zwischenmahlzeiten, wie zum Beispiel zweites Frühstück, Kaffeetrinken oder Snacks (vgl. Hayn 2005: 28). Essen und Ernährung bedürfen daher einer Untersuchung, welche die verschiedenen Symbole und Bedeutungsebenen aufgreift und zu einem Bild zusammenfügt.

## 2.3 Essen, Sport und Ritual

Die unterschiedlichen Sinnzuschreibungen, die Güter (und damit auch Nahrungsmittel) erlangen können, fasst Lina Gandras in Bezug auf Mary Douglas Gedanken zur Entstehung von Ritualen folgendermaßen zusammen:

> „(...) ein bestimmtes Gut symbolisiert nicht zwangsläufig einen bestimmten kulturellen Aspekt, sondern bekommt diese Bedeutung erst durch die Wahl zugeschrieben. Damit diese Bedeutungen aber nicht zu wandelbar und willkürlich, und somit für die Menschen unüberschaubar sind, sondern ihren Ausdruck weiterhin durch bestimmte Güter finden, werden sie durch Rituale immer wieder öffentlich definiert. Die Konsumtion stellt einen solchen rituellen Prozess dar, dessen wichtigste Funktion in der Sinngebung verschiedener Handlungen liegt, so dass hier alle sozialen Kategorien immer wieder neu definiert werden." (Gandras 2009: 15)

Rituale können vielfältige Funktionen erfüllen. Kaschuba bezeichnet diese, sich auf van Genneps Ritualtheorie der „rites de passage" beziehend, als „Scharniere der kulturellen Funktionssysteme jeder Gesellschaft [...], da sie das Individuum in seine soziale Bezugsgruppe integrieren, den Umgang mit Gefühlen und Beziehungen regeln und dadurch letztlich Identität sichern." (Kaschuba 2006: 189)

Der Psychologe Stuart A. Vyse weist in seiner Untersuchung zur „Psychologie des Aberglaubens" darauf hin, dass Aberglaube auch in der modernen Gesellschaft weitverbreitet sei. Insbesondere in Bereichen, die für den Menschen unberechenbar seien, trete dieser gehäuft auf. Sportler selbst (ebenso wie Schauspieler, Studenten und Glücksspieler) beschreibt er als besonders anfällig für abergläubische Handlungen. Diese sind insbesondere dann zu verzeichnen, wenn die Situation für eine Person oder Gruppe als ungewiss oder unberechenbar erscheine (vgl. Vyse 1999: 36 ff.). Laut Schmidt-Lauber ist Fußball „für viele begeisterte Anhänger ein fester Marker der Zeiteinteilung und bildet häufig den Ausgangspunkt für eigene Rituale des Alltags" (Schmidt-Lauber 2004: 8). Zudem ermöglichen Fußballspiele „eine ritualisiert gestaltete, räumlich und zeitlich begrenzte Auszeit aus den Routinen des Alltags – eine ‚Sonderzeit', in der kurzfristig geläufige Normen außer Kraft gesetzt und durch andere ersetzt sind" (Schmidt-Lauber 2004: 8).

Rituale sind Teil unseres Alltags und werden in verschiedensten Formen und Situationen angewandt und verändert. Sie erfüllen die Aufgabe, identitätsstiftend oder -sichernd zu wirken. Handeln wird über Rituale öffentlich definiert. Gerade im Sport und Ernährungsbereich gibt es viele Beispiele für ritualisierte Handlungsweisen, wie zum Beispiel Fangesänge oder Speisenfolgen an Fest- und Feiertagen.

## 2.4 Das Dilemma der Speisenauswahl

Wie bereits angeführt, beeinflussen verschiedene Faktoren das Essverhalten und die Essensauswahl. In den Medien werden fortlaufend Wege zu einem „perfekten" und „gesunden" Körper propagiert. Vegetarische oder vegane Kost, sogenannte Detox-Diäten, Raw Food und Paleodiäten bestimmen die Titelseiten der Lifestyle-Magazine. Demgegenüber stehen die Statistiken, dass wenig Sport und eine einseitige Ernährung zu einer Zunahme von Übergewicht und Herz-Kreislauf-Erkrankungen führen. Es wird vermutet, dass Fehlernährung eine Ursache für Krebserkrankungen sein könnte (vgl. Offenberger 2010: 54). Auch kann ein Verlust der Geschmackskompetenzen, genauer gesagt der Geschmacksformung, beobachtet werden, da eine Gewöhnung an „standardisierte, industrialisierte Fertignahrung mit hohem Zucker-, Salz- und/oder Fettgehalt und an die dabei häufig eingesetzten Aromen" stattfindet (Rützler 2011: 78). Der Ernährungspsychologe Christoph Klotter spricht davon, dass das heutige Gesundheitsbewusstsein auf individueller Ebene zwanghafte Züge annehmen kann und rigorose Ideale mitunter immer wichtiger werden. Zügelloses Essen wird zunehmend verurteilt, einige Individuen praktizieren ein vermeintlich „gesundes" oder vom Ideal des schlanken Körpers angetriebenes Essverhalten, welches fast religiöse Züge annehmen kann. Die Folge eines zwanghaften Essverhaltens seien im Extremfall Rückzug und Isolation, da soziale Kontakte gemieden werden. Auch Dörhöfer ist der Ansicht, dass Essen heute moralisiert werde und strengen Regeln unterworfen sei (z. B. die Regel 5 a day[4]) (Dörhöfer 2015). In der protestantischen Ethik galt „nur der sich mäßigende, seine Pflicht erfüllende Mensch als gottgefällig. Heute, wo der christliche Glaube nicht mehr diese Rolle spielt, hat sich die

---

4 Die „5 a day" als Ernährungsregel bedeutet fünf Portionen Obst und Gemüse am Tag.

Tugend der Mäßigung verbürgerlicht und eine Transformation hin zu einem Ideal der Schlankheit durchlaufen" (Dörhöfer 2015). Das Verständnis von Gesundheit, Moral und Verzicht beim Essen war in der Vergangenheit einem Wandel unterworfen, zusätzlich waren das Essverhalten und die Möglichkeiten zur Nahrungsaufnahme geprägt von Mangel und Überfluss in und nach Krisen und Kriegszeiten (Hirschfelder/Wittmann 2015: 2 ff.). Den Transformationsprozess im Verständnis und der Bewertung von „angemessenem" Essen beschreiben Hirschfelder und Wittmann als einen Grund für die Unsicherheit der Verbraucher/innen darüber, was gegessen werden darf und soll und aus welchen Gründen (Hirschfelder/ Wittmann 2015: 6). Heute führt die Globalisierung mit ihren weltweiten Produktions- und Vertriebsketten zu zusätzlicher Komplexität und somit zu zunehmender Verunsicherung von Verbraucher/innen (Hirschfelder/ Wittmann 2015: 6).

Iris Heindl macht auf den teilweise widersprüchlichen Charakter des Diskurses hinsichtlich Gesundheit und Ernährung in den Medien und dessen Auswirkungen aufmerksam:

> „Angesichts der Komplexität des gesamten Themenfeldes zwischen Ernährung, Gesundheit und Konsum bleibt der Leser und Nutzer der medial vermittelten Erkenntnisse nicht selten am Ende komplett verwirrt zurück. Ausdruckformen dieser Überforderung zeigen sich zwischen den Extremen eines versatzstückartigen naturwissenschaftlich-medizinischen Detailwissens über Sorgen und Ängste bezüglich der Lebensmittelqualität bis zu völliger Gleichgültigkeit im Umgang mit der täglichen Nahrungsbeschaffung [...]." (Heindl 2016: 134)

Konrad Köstlin beschreibt einen Rechtfertigungszwang im Bereich Essen auf unterschiedlichen Ebenen, sei es auf moralischer Ebene (Stichworte Tierwohl, Nachhaltigkeit) oder auf gesundheitlicher Ebene. Laut Köstlin werden diese Erklärungsgeschichten durch die Medien vermittelt (Köstlin 2006: 10). Mit dieser Ansicht knüpft er an die Zivilisationstheorie von Elias an, in der postuliert wird, dass die Selbstzwänge dann zunehmen, wenn sich die Zwänge von außen reduzieren (vgl. Elias 1978: 445; Elias 1988: 277).

Die Unsicherheit in Bezug auf das richtige und falsche Essen beeinflusst die Auswahl und das Essverhalten. Die Informationen über das Essen wandeln sich stetig und widersprechen sich zum Teil. Nicht durchgängig aber entscheiden Individuen sich für das vermeintlich „Richtige", „zu sündigen" gehört für viele Personen mehr oder weniger dazu, insbesondere in Freizeitsituationen. Die Auswahl des Essens erfolgt nach unterschiedlichen Mustern, manche Personen werden in starkem Maße durch gesellschaftliche Debatten rund um die Ernährung beeinflusst, andere ignorieren wissenschaftlich gesicherte Erkenntnisse.

### 2.5  Fleischverzehr und Vegetarismus

Zur Frage der richtigen Ernährung gehören heute auch Aspekte der Nachhaltigkeit. Fast in jedem Konsumbereich kann heute auf „nachhaltigere"[5] Alternativen zurückgegriffen werden. Auf der anderen Seite steigt das Konsumniveau und Menschen kaufen trotz zum Teil komfortabler finanzieller Situation bei Discountern ein. Deutschland zählt, neben England und Österreich, zu den europäischen Ländern, in denen am wenigsten Geld für die Ernährung ausgegeben wird (vgl. Destatis 2015).[6]

Eine fleisch- und fettreiche Ernährung hat nicht nur negative Auswirkungen auf die eigene Gesundheit, auch hinsichtlich der Nachhaltigkeitsaspekte ergeben sich Reflexionsbedarfe. Denn der Bereich der Ernährung ist mit großen Kohlendioxid-Emissionen und Ressourcenverbräuchen verbunden. So werden im Ernährungssektor vielfältige ökologische, ökonomische, soziale und gesundheitliche Auswirkungen verursacht. Die Ernährungsindustrie ist neben den ressourcenintensiven Bereichen Wohnen und Mobilität in Europa für zirka 17 Prozent der Treibhausgasemissionen und 28 Prozent der Ressourcenverbräuche verantwortlich (vgl. EU Kommission 2011).

Im Durchschnitt konsumierten die Deutschen im Jahr 2015 täglich 120 Gramm Fleisch. Dabei waren beträchtliche regionale Unterschiede festzustellen. Während die Fleischproduktion in Deutschland zunimmt, sinkt der Fleischverzehr der Deutschen leicht. Dies hängt aber laut Fleischatlas der Heinrich-Böll-Stiftung nur zum Teil damit zusammen, dass die Deutschen sich bewusst für weniger Fleisch entscheiden, sondern auch damit, dass die Bevölkerung altert und die älteren Menschen weniger Fleisch und

---

5  Hier wird bewusst der Begriff „nachhaltigere" eingesetzt. Dieser ist offenkundig wenig konkret und weist auf die Unsicherheit der Verbraucher/innen bei der Essensauswahl hin. Auf einige Aspekte (welche für die Auswertung zielführend sind) wird im Folgenden hingewiesen, dabei werden nicht alle Aspekte der Nachhaltigkeitsdebatte hinsichtlich Ernährung aufgegriffen.

6  Laut Destatis bildet England mit 8,6 Prozent für Lebensmittelausgaben, bezogen auf die gesamten Konsumausgaben, das Schlusslicht in Europa, die Deutschen geben 10,2 Prozent und die Österreicher 10,5 Prozent aus. Spitzenreiter bei den Lebensmittelausgaben in Europa ist die Ukraine mit 37,5 Prozent. In vielen afrikanischen Ländern betragen dagegen die Ausgaben für Essen sogar um die 50 Prozent (vgl. Destatis 2015).

vermehrt pflanzliche Nahrungsmittel konsumieren. Die wachsende Fleischproduktion kommt durch die Nachfrage aus Ländern, wie China und Indien, zustande (Heinrich Böll Stiftung/BUND 2016).

Wie bereits erwähnt, ernähren sich immer mehr Deutsche fleischlos oder versuchen, weniger Fleisch zu essen. Dennoch nehmen 47 Prozent der Männer und 22 Prozent der Frauen mehrmals täglich Fleisch zu sich. Laut einer Befragung des BMEL liegt der Prozentsatz der Vegetarier/innen in Deutschland bei lediglich drei Prozent. Frauen leben dabei mit sechs Prozent deutlich häufiger fleischfrei, bei den befragten Männern waren es nur ein Prozent (BMEL 2016: 6).

Dennoch erscheint Vegetarismus heute in den Medien weitaus präsenter als noch vor einigen Jahren. Die meisten Speisekarten, selbst in bürgerlichen Restaurants mit ansonsten fleischlastigen Gerichten, bieten häufig eine vegetarische Alternative an. Vegetarismus ist kein neues Phänomen, die Beweggründe können völlig unterschiedlicher Natur sein und sich etwa auf gesundheitliche, ökologische, politische, ethische oder auch ästhetische Argumente stützen (Boje 2009: 83).

Nachhaltigkeit spielt im Ernährungsbereich, insbesondere bezogen auf den Fleischverzehr, eine Rolle. Neben der Herausforderung einer Essensauswahl, welche gut für den eigenen Körper ist, sieht jeder Mensch sich zusätzlich mit der Frage konfrontiert, was gut für den Planeten und die darauf lebenden und nachfolgenden Generationen ist, und muss selbst einzuordnen und entscheiden, wie er oder sie sich dazu verhält.

Die vorangegangenen Ausführungen verdeutlichen, in welchem Maße das Essverhalten und insbesondere dessen Veränderung durch verschiedene Faktoren geprägt werden. Dem Konsumgut beziehungsweise Nahrungsmittel wird über verschiedene Symbolkategorien eine Bedeutung beigemessen. Rituale des Alltags sind beispielsweise dazu in der Lage, Konsumgütern, wie Nahrungsmitteln es sind, einen Sinn zuzuschreiben. Feste und Sportevents stellen einen guten Rahmen für kollektive Erinnerungen dar, welche das Essverhalten beeinflussen und prägen können. Unterschiedliche Empfehlungen für das richtige und falsche Essverhalten, wie etwa hinsichtlich des ressourcenintensiven Fleischverzehrs, führen zu verunsicherten Konsument/innen.

## 3. Erhebung der empirischen Daten und Auswertung

Für den vorliegenden Aufsatz wurde mithilfe von qualitativen Methoden, und zwar in Form von teilstandardisierten Leitfadeninterviews und teilnehmender Beobachtung,[7] die Rolle von Essen, Essensauswahl und -angeboten beim Besuch von Fußballspielen (1. und 2. Bundesliga) unter dem besonderen Augenmerk von nachhaltigen und gesunden Speise- und Getränkeangeboten erhoben und anschließend analysiert. Diesem Beitrag werden die ersten zehn mit Fußballfans geführten Interviews[8] (von insgesamt etwa 24 geplanten) zugrunde gelegt. Der Fokus der Auswertung für diesen Aufsatz lag auf den in den Interviews beschriebenen Deutungsmustern für die jeweilige Essensauswahl. Zudem wurden die Nachhaltigkeitsaspekte von Fleisch und Vegetarismus in den Blick genommen. Die Interviews umfassten jedoch noch weitere Aspekte, die in der entstehenden Dissertation ihre Berücksichtigung finden. Die Interviews dauerten jeweils zwischen 30 und 60 Minuten. Zunächst wurde der Frage nachgegangen, was (und ob überhaupt) die Befragten im Stadion verzehren und warum. Voraussetzungen für die Auswahl der Interviewpartner/innen waren regelmäßige Stadionbesuche von Fußballstadien der 1. oder 2. Liga. Es wurden Personen befragt, die regelmäßig (auch verschiedene) Stadien besuchen und von dortigen Erfahrungswerten berichten konnten.[9] Aufgrund des Wohnorts der Autorin und der Nähe zu Frankfurt am Main, war ein Großteil der Befragten Eintracht Frankfurt-Fans beziehungsweise kannten die Frankfurter Commerzbank-Arena als Stadion am besten. Neben Eintracht Frankfurt-Fans wurden jedoch auch Fans weiterer Vereine befragt, die in ihrer Altersstruktur möglichst heterogen waren. Die zehn Befragten waren im Alter zwischen 25 und 62 Jahren, eine der Befragten war weiblich. In

---

7  Mit „Feld" ist hier nicht nur das Bundesligastadion gemeint, sondern Ziel war es zudem, in den Alltag von Fußballinteressierten Einblick zu gewinnen. Daher wurden Orte besucht, an denen Personen als „Fußballfans" zu finden sind, wie Kneipen und Public Viewing, aber auch Foren, Chats und Facebook Gruppen.

8  Die Auswahl der Interviewpartner erfolgte auf unterschiedliche Weise. In erster Linie wurde versucht, mithilfe des eigenen Bekanntenkreises und eines Eintracht Frankfurt-Fanclubs Personen ausfindig zu machen, die regelmäßige Besucher von Fußballstadien waren. Nach den ersten Anfragen wurden über Weiterempfehlungen zahlreiche weitere Interviewpartner gewonnen. Einschränkungen hinsichtlich Häufigkeit des Stadionbesuchs, Clubzugehörigkeit oder gewisser Ernährungsweisen im Alltag wurden nicht vorgenommen. Es wurde lediglich darauf geachtet, eine Abdeckung der verschiedenen Altersstufen zu gewährleisten, sowie ein gewisser Frauenanteil angestrebt.

9  Drei der Befragten (Paul K., Florian R. und Andre W.) schätzten sich selbst als sogenannte Groundhopper ein, die möglichst viele Stadien in Deutschland und im Ausland in unterschiedlichen Ligen besuchen. Auch bei den anderen Befragten gab es zahlreiche Fans, die auch zu Auswärtsspielen fuhren und somit Aussagen über ein möglicherweise anderes Essensangebot in deutschen Erstligastadien machen konnten.

der weiteren Erhebung wird die Altersspanne ausgeweitet und weitere Frauen werden einbezogen. Informationen zum Essverhalten im Stadion und Alltag wurden im Vorfeld nicht eingeholt.

Die Interviews wurden im Anschluss an das jeweilige Treffen transkribiert sowie mit Notizen zur Interviewsituation versehen. Die Analyse der Daten erfolgte in mehreren Schritten. Nach einer intensiven Auseinandersetzung mit den einzelnen Transkripten erfolgte eine schrittweise Systematisierung der Daten über eine Einteilung in verschiedene Themenfelder beziehungsweise Kategorien mit Unterkategorien (wie zum Beispiel Nachhaltigkeit mit den Unterkategorien regional, bio), welche sich zum Teil aus Themen des im Vorfeld erstellten Interviewleitfadens, zum Großteil jedoch aus im Forschungsprozess induktiv generierten Themenfeldern (vgl. Schmidt-Lauber 2007: 236) zusammensetzten. Anhand der Systematisierung fanden die Auswertung und Verschriftlichung des Datenmaterials statt. Aus dieser Vorgehensweise leiteten sich auch die im nächsten Kapitel dargestellten Themenstellungen ab.

## 4. Ergebnisdarstellung und Diskussion

Im Folgenden werden zwei Themen, die bei der Analyse der qualitativen Interviews herausgearbeitet wurden, dargestellt. Zum einen werden in „Die Bratwurst: Praktikabilität und Ritual" zwei Erklärungsansätze für die Gründe der Essensauswahl der Befragten dargelegt. In „(Nachhaltige) Alternativen zu Wurst auch für Fußballfans?!" wird unter anderem die Bereitschaft zum Verzehr einer Biowurst im Stadion analysiert.

### 4.1 Die Bratwurst: Praktikabilität und Ritual

Dieser Abschnitt vermittelt zunächst einen Überblick über die Antworten zur Einstiegsfrage der durchgeführten Interviews: „Wann waren Sie das letzte Mal im Stadion und haben Sie da etwas gegessen?" und dazugehörige Nachfragen zu den Gründen für die Auswahl der eingangs angegebenen Speisen und Getränke. Die am häufigsten genannten Erklärungsansätze Ritual und Praktikabilität werden im Folgenden analysiert.

Bei den Antworten der zehn Befragten fällt auf, dass die Bratwurst im Stadionkontext zum einen von fast allen Befragten genannt wurde und zudem Zuschreibungen zu dieser, wie „normal, klassisch, immer so", formuliert und oft wiederholt wurden. So zum Beispiel von Marco V., der angibt, „die klassische Stadionwurst"[10] zu sich genommen zu haben. Auch für Christian W. ist die Wurst ein wichtiges Thema: „Also witzigerweise ist das bei mir eigentlich schon immer irgendwie im Kopf, wenn ich zum Fußball gehe, in Frankfurt isst man ne Wurscht und trinkt ein schlechtes Bier."

Eine Art „natürliche Verankerung" von Bier und Wurst beim Fußball erwähnt auch Paul K.:

> „Ja, also, eigentlich gehört es zum Fußball [...] dazu, also ganz, ganz klassisch. Wann auch immer, [...]. Kommt immer auch auf das Stadion drauf an, wie gut die Wurst im Stadion ist, weil es gibt auch Stadien, da gibt's halt einfach bessere Wurst davor. [...] also es muss auch nicht immer nur Wurst sein, finde ich. Also zum Beispiel Millerntor, die haben auch noch so 'nen veganen Stand davor. Die Sachen sind immer ganz gut." (Paul K.)

Die Aussage von Paul K. beinhaltet mehrere Aspekte. Zum einen geht es um die Stadionwurst als „klassisches Element" beim Fußball und wo diese (ob direkt im Stadion oder außerhalb) am besten zu verzehren sei. Andererseits ist sie für Paul K. nicht derart wichtig, dass keine Alternativangebote erwogen werden. Für ihn ist laut Interviewausschnitt das Fleisch nicht von entscheidender Bedeutung, wie die Erwähnung des veganen Stands des Zweitligisten FC St. Pauli am Millerntor impliziert. Bei der Betrachtung seines Interviews in Gänze fällt dennoch auf, dass er sich in den meisten Fällen für den Verzehr der „Stadionwurst" entscheidet und bei ihm lediglich eine gewisse Offenheit für andere Gerichte, insbesondere für das Angebot für Vegetarier/innen, welches auch Personen innerhalb seines Freundeskreises in Anspruch nehmen, besteht.

Ein Fußballspiel dauert meist lediglich 90 Minuten. Angepfiffen werden die meisten Bundesligaspiele samstags um 15.30 Uhr. Selbst dann, wenn die Fans und Zuschauer/innen zeitliche Puffer für die An- und Abreise sowie Zeit für das Verweilen in der Gruppe einplanen, ist es nicht unbedingt erforderlich, im Stadion eine Mahlzeit zu sich zu nehmen. Es könnte auch vorab zu Mittag und nach dem Spielende zu Abend gegessen werden. Marco V. ist jedoch der Einzige der Befragten, der die Notwendigkeit einer Mahlzeit im Stadion komplett infrage stellt. Für andere hingegen ist die Bratwurst ein Ritual, welche als feste Mahlzeit eingeplant wird, andere essen die Wurst nur im Falle eines aufkommenden Hungergefühls.

---

10 Der Begriff der Stadionwurst wurde in den Leitfadeninterviews nicht vorgegeben, sondern von einigen der Interviewten selbstständig benutzt.

Die Wiederholung des Verzehrs bestimmter Nahrungsmittel in bestimmten Situationen bedarf genauerer Betrachtung. Andre W. beschreibt auf die Nachfrage, ob Fußball und Wurst für ihn zusammengehören:

> „Also ich würde dem prinzipiell schon zustimmen, nicht für mich persönlich, aber ich sag mal so, der Begriff Stadionwurst, also der hat schon Inhalt sozusagen für mich. [...] Ein Freundeskreis von mir, die auch Dauerkarten haben, die treffen sich ja wirklich regelmäßig immer an einer bestimmten Würstchenbude und nehmen immer die Wurst, also eines ist die Genusssache und das andere ist halt die Ritualfrage. Das gehört dann einfach dazu, das geht so weit, dass möglicherweise das mit dem Spielausgang auch zu tun hat, ob man jetzt die richtige Wurst vorher gegessen hat." (Andre W.)

Gerade aus kulturwissenschaftlicher Sicht ist es interessant, dass die Wurst vor dem Fußball von einigen Verzehrenden selbst als Ritual genannt wird, welches – ihrer Wahrnehmung nach – sogar Einfluss auf das Spielgeschehen nehmen kann. Dadurch wird diesem Vorgang eine besondere Bedeutung beigemessen, die sogar bis hin zu magischem Denken im Sinne von Aberglauben reicht. Wie bereits Deborah Lupton schreibt, zeigt sich, dass der Verzehr der Bratwurst im Kontext des Spiels mit verschiedenen Symbolen unterlegt ist. Diese Symbole strukturieren deren verschiedene Lebensbereiche und Ausprägungen (wie Gruppenzugehörigkeit, Fest- und Alltagssituationen, zeitliche und räumliche Verortung) (Lupton 1996: 1). Andre W. nennt in dem obigen Zitat einige der Symbole und Zuschreibungen, bezogen auf die Bratwurst im Stadion: Geschmack, Umgang mit Ritualen sowie Aberglaube und Gruppenzugehörigkeit. In der Gruppe, in der Andre W. sich bewegt, ist die Bratwurst vor dem Spiel ein Symbol, in dem sich ihre Gruppenzugehörigkeit manifestiert. Dieses kann jedoch sogar auf die gesamte Gruppe der Stadiongänger/innen angewandt werden, da durch das Ritual die Bratwurst als Symbol öffentlich definiert ist und kulturell verstanden wird.

Der Besuch eines Fußballspiels wird von vielfältigen und unterschiedlichen Ritualen begleitet, welche den Tag strukturieren. Neben den Fangesängen gehören hier auch der Verzehr von Bratwurst und das Trinken von Bier als „standardisierte gemeinsame Aktivitäten" für viele Besucher/innen dazu (Balke 2007: 11). Solche Rituale gibt es zwar in vielen Lebensbereichen, jedoch ist das Stadion eine „besondere symbolisch ausgestaltete Sozialwelt" (Schmidt-Lauber 2004: 8). Allein die Bundesligasaison ist für viele Fans mit den regelmäßig wiederkehrenden Spieltagen ein „wichtiges Strukturelement im Zeiterleben" (Schmidt-Lauber 2004: 8) und Ausgangspunkt für eigene „Rituale des Alltags" (Schmidt-Lauber 2004: 8), wie beispielsweise der Verzehr der „richtigen" Wurst an der „richtigen" Wurstbude.

Aus Sicht von Florian R. ist der Verzehr der Wurst etwas, das zum Teil schon in der Kindheit mit Freizeit und Entspannung assoziiert wurde, quasi als Belohnung für die Arbeitswoche oder etwas (wie in seinem Fall das Einkaufen), das „geschafft" wurde:

> „Aber ich glaube mal so für uns Deutschsprachige ist das tatsächlich so: es ist einfach gelernt, du gehst halt zum Fußball, du hast Hunger, du willst etwas genießen, deswegen isst du das, was es gibt: erst mal 'ne Wurst. [...] Die Wurst ist ja tatsächlich so ein Stück der deutschsprachigen Ernährungsgeschichte. Ich muss da auch immer dran denken, dass es nicht nur so ist im Fußballstadion, sondern wenn ich zum Beispiel früher mit meiner Mutter auf den Markt gegangen bin oder auf ein Stadtfest oder sonst irgendwohin, man hat immer als Belohnung, als Gratifikation quasi, hab ich als Kind eine Wurst bekommen. [...]. Ich glaube, Wurst essen oder Bratwurst essen im Brötchen zum Beispiel, ist, was irgendwie aus der Kindheit schon gelernt ist, was mit Belohnung zu tun hat. Sich etwas Gutes gönnen. Dann komm' ich wieder zurück zum Bier, das ist nämlich auch was Gutes gönnen und dann bin ich beim Fußball mit Wurst und Bier." (Florian R.)

Hartmanns Aussage, dass festliche Anlässe eine gute Ausgangslage für kollektive Erinnerungen bilden (vgl. Hartmann 2006: 150 ff.), lässt sich in den Ausführungen von Florian R. wiederfinden. Florian R. assoziiert die Bratwurst hier eher mit einem allgemeinen Freizeitgefühl als mit dem Fußball, obwohl sie gerade für ihn eine sehr wichtige Rolle spielt, wie der Rest des Interviews zeigte.

Nach Vyses (1999) Beschreibung von persönlichen, abergläubischen Ritualen von Profisportlern bietet Übereinstimmungen mit denen von Fans. Die beobachteten Rituale rund um den Verzehr der Bratwurst sind zwar sehr unterschiedlich und individueller Ausprägung, dennoch lässt sich vermuten, dass deren Verzehr zur rituellen Welt eines Besuchers von deutschsprachigen Fußballstadien gehört.

Christian W. beschreibt einen Besuch im VIP-Bereich des Stadions:

> „[...] ich habe da ganz sicher auch was verzehrt, allerdings nicht die klassische Stadionwurst. Das heißt, das stimmt nicht, auch die Stadionwurst, aber ich hatte insofern Glück, weil ich 'ne Einladung hatte und in einer dieser Lounges war und die haben ja, wie man es unbedingt für den Fußball braucht [ironisch], immer dann innendrin noch ein eigenes kleines Buffet mit so Dingen[,] wie Sushi und Pasta und

Antipasti, also alles, was unheimlich viel mit Fußball und Stadion zu tun hat." (Christian W.)

Die ironische Erwähnung von Sushi und Pasta durch den Befragten verdeutlicht, dass diese Gerichte für den Befragten nicht mit Fußball in Verbindung gebracht werden und für ihn fehl am Platz sind, obwohl er, wie er an anderer Stelle des Interviews erwähnte, diese in anderen Kontexten, ebenso wie die genannten Weine und Sekte, sehr gerne verzehrt. Anzumerken ist, dass insbesondere in der Halbzeit auch in den VIP-Bereichen die Bratwurst am Buffet angeboten und gerne verzehrt wird.

Während einige der Befragten stark den Ritualcharakter betonten, wurde auch ein weiterer Aspekt genannt, wie die Aussagen von Tim H. beispielhaft zeigen: „Ja, viel Auswahl hat man ja nicht. Also meistens läuft es tatsächlich auf Bratwurst hinaus." (Tim H.) Bei der Nachfrage, ob auch trotz des geringen Angebots Alternativen erwogen werden, antwortete er:

> „Ja, klar, das schon. Aber in der Konstellation, wie es im Moment angeboten wird, ist es einfach am sinnvollsten[,] die Bratwurst zu essen." (Tim H.)

Tim H. beschreibt die Bratwurst als „sinnvoll". Auch von anderen Befragten wird ihr aus rationalen und organisatorischen Gründen die höchste Praktikabilität (in der einen Hand die Bratwurst, in der anderen das Bier) und ein gutes Preis-Leistungsverhältnis zugeschrieben.

Die Befragten hatten Schwierigkeiten zu erklären, warum sie Bier und Wurst mit dem Fußball verbinden. Die für einen Teil der Befragten logische Begründung, dass die Bratwurst ein praktisches und günstiges Essen sei, ist zu hinterfragen. Snacks, wie belegte Brötchen und Pizzastücke, sind nicht zwingend weniger praktisch. In anderen Ländern werden zum Beispiel durchaus andere Speisen beim Fußball konsumiert.[11]

Viele der Interviewten beschreiben erste Besuche von Fußballspielen bereits im Kindesalter (sowohl im Fußballstadion als auch beim Amateurfußball), bei denen sehr häufig die Bratwurst angeboten wurde, was auf eine frühe Prägung und eine kulinarische Erinnerung hinweist (vgl. Hartmann 2006: 150 ff.). Deutlich wird, dass die Befragten versuchten, dem Konsum der Bratwurst einen Sinn zuzuschreiben, indem sie entweder der Bratwurst eine besondere Praktikabilität zuschrieben oder andere Speisen aus verschiedenen Gründen ablehnten oder abwerteten. Pizza und Brötchen oder

---

11  Wie zum Beispiel gefüllte Teigtaschen in England, verschiedene Fleischsorten im Brot oder Brötchen, u. a. in Spanien und Frankreich, Sonnenblumenkerne in Spanien und Osteuropa sowie weitere lokale Spezialitäten (vgl. UEFA 2015).

andere Nahrungsmittel werden von den Befragten aber nicht per se verneint, sondern nur im Kontext des Stadions und in ihrer Rolle als Besucher des Fußballspiels. Hier lässt sich eine Art „situationsabhängiger" Geschmackskonservatismus feststellen (Tolksdorf 2001: 247).

In der Regel wurde den Befragten erst in dem Interview bewusst, dass sie in verschiedenen kulturellen Kontexten (wie bei dem Besuch eines Konzerts oder eines Fußballspiels) verschiedene Speisen und Getränke verzehren und in einigen dieser Kontexte nicht auf die Idee kämen, eine Bratwurst zu essen. Warum einige der Befragten die Bratwurst mit dem Fußball assoziierten und keine plausible Antwort darauf geben konnten, impliziert eine Unsicherheit, als sei ihnen diese Feststellung selbst unangenehm. Vyse hatte in diesem Zusammenhang bemerkt, dass gerade in Befragungen zu abergläubischen Themen besonders häufig Falschaussagen getroffen werden, und zwar aus Angst, bewertet zu werden (vgl. Vyse 1999: 27).

Bei Nachfrage, ob denn auch etwas Anderes dann verzehrt werden würde, wenn es ein größeres oder anderes Angebot gäbe, war bei den Befragten eine hohe Zufriedenheit mit dem bestehenden Angebot zu konstatieren. Auch traten rituelle oder abergläubische Gründe dem Konsum von Alternativen entgegen. Der Wunsch nach vermeintlich einfachen Erklärungsmustern, wie Praktikabilität, ging zum Teil mit den rituellen Begründungen einher und ist nicht als isolierte, gegeneinanderstehende Meinung zu betrachten, sondern als Teil des Bedeutungsgeflechts. Die Bratwurst bekommt ein „soziales Leben" und erfährt eine kulturelle Einordnung auf verschiedensten Ebenen (vgl. Appadurai 2013). Sie ist sicher eine einfach zu essende und herzustellende Speise. Die Praktikabilität als alleinige Begründung anzuführen, greift jedoch zu kurz, wie die oben genannten Ausführungen gezeigt haben.

Dieser Abschnitt zeigte, welches Speisen- und Getränkeangebot von den Befragten bei dem Besuch im Stadion verzehrt werden und welche Gründe und Erklärungsmuster dafür angegeben wurden. Zwei zentrale Aspekte waren einerseits die Einordnung in eher praktische und logische Denkmuster sowie andererseits in rituelle Handlungen bis hin zu abergläubischen Sinnzuschreibungen.

## 4.2 *(Nachhaltige) Alternativen zu Wurst auch für Fußballfans?!*

Wie oben bereits angedeutet, stehen im Fußballstadion mittlerweile Alternativangebote zur Bratwurst zur Verfügung. Eine wichtige Frage der Forschungsarbeit lautet, ob möglicherweise Anknüpfungspunkte bestehen, zukünftig ein breiteres und möglicherweise nachhaltigeres Angebot in Fußballstadien zu schaffen. Ob Interesse an einem nachhaltigen Essensangebot im Stadion besteht, wurde daher auch in den Interviews erfragt. Der Begriff der Nachhaltigkeit, bezogen auf die Ernährung, wurde in den Interviews thematisiert, ohne diesen bewusst im Vorfeld zu erläutern oder einzugrenzen, um so die Relevanz, die das Thema für die Befragten einnimmt, besser einschätzen zu können.

Nachhaltigkeit wurde zwar von den Befragten unterschiedlich interpretiert, war aber allen ein Begriff. Dabei gab es Themenfelder der Nachhaltigkeit, die den Befragten besonders wichtig waren, wie zum Beispiel Regionalität. Diese Schwerpunktsetzung auf Regionalität hinsichtlich Nachhaltigkeit ist interessant und im Sinne von Lokalpatriotismus und der Unterstützung für den eigenen (oft regional nahegelegenen) Verein, aber auch im Zusammenhang mit dem oben genannten Geschmackskonservatismus zu betrachten. Die Auseinandersetzung mit Nachhaltigkeit hatte bei den Interviewten meist einen persönlichen Grund oder Auslöser (z. B. über das Studium, die vermehrte Thematisierung in Job und Medien oder die vereinfachtere Kennzeichnung von Lebensmitteln und damit die Sichtbarkeit von Nachhaltigkeit im Supermarkt), wie die Aussage von Marco V. verdeutlicht:

> „Nachhaltigkeit ist mir generell wichtig und mir geht's halt in letzter Zeit speziell aufgrund meines Studiengangs und der Thematisierung in der Masterarbeit viel um umwelt- und klimapolitische Ziele und, dass da der Schutz auch im Vordergrund steht, weshalb ich Regionalität dann bevorzuge. Dadurch ist natürlich auch die Nachhaltigkeit wichtig." (Marco V.)

Die Idee einer Biowurst im Stadion stieß generell auf breite Zustimmung und wurde von einigen Interviewten selbstständig und ohne konkrete Nachfrage ins Spiel gebracht (meist, wenn über mögliche nachhaltige Speisenangebote im Stadion gesprochen wurde). Zum Teil wurde im Zuge der Frage nach der Relevanz von Nachhaltigkeit, bezogen auf das Kauf- und Essverhalten im Alltag, gezielt nachgefragt, ob die Befragten eine Biowurst im Stadion kaufen würden. Das Preisargument, welches ein häufiges Hemmnis beim Kauf von Biolebensmitteln darstellt, wurde im Stadionkontext relativiert, denn laut Aussagen der Interviewten sei ein Tag im Stadion ohnehin relativ teuer, da seien die Mehrkosten für eine Biowurst vertretbar:

> „Also ich, angenommen, es gäbe das Angebot von einer anderen Wurst, die als Biowurst deklariert ist. Von der ich ja nicht tatsächlich

wüsste, ob es so ist. Ja, aber unterstellen wir mal, es wäre so, wäre ich auch bereit[,] mehr zu zahlen. Das hat aber auch mit meinem privaten Fleischkonsum zu tun, den ich einfach vor ein paar Jahren angepasst habe." (Christian W.)

Christian W. führt hier von sich aus die Biowurst an. Häufig versuchten sich die Befragten, für „nicht-nachhaltiges" Handeln[12] zu rechtfertigen. Es wurde darauf hingewiesen, dass eine konsequente Linie nicht immer möglich sei und zwischenzeitlich der Versuchung nachgegeben werde. Hier spiegelt sich die von Heindl angesprochene Überforderung hinsichtlich der Ernährungsweise und der Versuch, Vorstellungen gerecht zu werden, wider (vgl. Heindl 2016: 134).

> „Ich kaufe das bewusst auch hier und versuch, dass es auch von hier kommt. Klar sagt man sich manchmal, ich hätte jetzt mal ganz gerne ein Dry Aged Beef, was es halt im REWE gibt, und der kriegt das meinetwegen aus Norddeutschland, dann ist dem halt so, dann hab ich jetzt mal Lust drauf, aber generell versuche ich doch, dass es von hier kommt, weil im Endeffekt sehe ich, es ist auch besser[,] die Landwirte oder Metzgereien von hier zu unterstützen, als dass es von außerhalb kommt." (Marco V.)

Marco V. spricht hier den Verzehr von Fleisch aus der Region an. Die Verbindung von Fleischverzehr und moralisch „fragwürdiger" oder „ungesunder" Lebensweise ist ein Blickwinkel, den zwar nicht alle Befragten teilen, der aber häufiger genannt wurde:

> „Gesund lass' ich mal so da ein großes Fragezeichen dahinter. Weil im Endeffekt bin ich ein Fleischfetischist und jeder weiß, dass Fleisch nicht so gesund ist. Ich versuch[,] meine Vitamine pro Tag zu mir zu nehmen, aber es kommt auch mal vor, dass ich es nicht schaffe. Aber ich versuche es." (Marco V.)

Diese beiden Zitate von Marco V. verdeutlichen die auch von Dörhöfer angesprochene Moralisierung von Essen und das Regelwerk, welchem sich die Menschen unterworfen fühlen (vgl. Dörhöfer 2015).

Der Befragte Florian R. erwähnte, dass die Ernährungstrends, die in den Medien publiziert werden, nur einen kleinen Teil der Bevölkerung beträfen. Bei dem Großteil der Bevölkerung sei die Ernährung weiterhin von Fertigprodukten, Fleisch und viel Zucker geprägt – und mit dieser Klientel

---

12 Für den Einkauf im Discounter, häufigen Fleischverzehr etc.

müsse man auch in den Stadien zum Großteil rechnen und daher sei es für viele Fußballfans nicht ungewöhnlich, regelmäßig Fleisch zu essen:

> „Das sind halt die, wenn man sich so Marktanteile von Knorr oder von Maggi oder so anschaut und die wegrechnet, die sich dem verschrieben haben und davon weggehen. Die, die übrigbleiben, die essen immer mehr von dem ganzen Kack, von dem ganzen Scheiß. Das sind nämlich die gleichen, die im Stadion ‚ne Wurst haben wollen, die ganz normal von dem Elektrogrill kurz mal runtergeschmissen kommt." (Florian R.)

Dennoch deuteten die geführten Interviews darauf hin, dass im Alltag der Befragten ein etwas anderes Essverhalten als im Stadion vorherrschte. Allerdings betraf dies nicht bei allen einen geringeren Fleischverzehr. Die Befragten räumten ein, dass das Wissen über eine vermeintlich gesündere Ernährung mit weniger Fleisch vorhanden ist. Dieses Wissen führte jedoch nicht unbedingt zu einem anderen Verhalten.

Hinsichtlich der Frage nach den vegetarischen und veganen Speiseangeboten waren die Antworten unterschiedlich. Lediglich eine Person unter den Befragten ernährte sich vegetarisch: „Ich bin Vegetarier, wenn ich im Stadion was esse, esse ich höchstens ‚ne Brezel. Sonst gibt es für mich nix. Also insofern ist das sehr eingeschränkt." Auf die Frage, welche weiteren vegetarischen Angebote in seinem Heimstadion angeboten werden, antwortete er:

> „Hab ich noch nicht gesehen. Ich hab vielleicht auch lange nicht mehr hingeguckt, weil irgendwann hat man so einen Film, den man abspielt. Aber es wird auch keine Werbung in die Richtung gemacht. Also das ist mir nicht bekannt, ob das jetzt ne, [...] manchmal gibt es ja so Pizzaecken oder so, dieses ein oder andere." (Dieter P.)

Ein neues Angebot würde dieser Aussage nach von Dieter P. möglicherweise deshalb nicht wahrgenommen, da er verinnerlicht hat, dass das Essen im Stadion für ihn uninteressant ist. Auch als Vegetarier verbindet er das Fußballstadion mit einem fleischlastigen Essensangebot. Zumeist gaben die übrigen Interviewten ebenfalls an, sich eines vegetarischen Angebots nicht bewusst zu sein, beziehungsweise vermuteten, dass es sich lediglich auf die Brezeln beschränke.

Dieter P. gab zudem an, ein vegetarisches Angebot unterstützen zu wollen, um den Wandel in der Gesellschaft voranzutreiben, und schrieb auch Stadien und Caterern eine Verantwortung zu. Diejenigen, die sensibilisierter bezüglich des vorhandenen vegetarischen Essensangebots waren, hatten Vegetarier im Bekanntenkreis und waren sich der Problematik des Angebots bewusst: „Grad meine Freundin, wenn die mal mitkommt, was auch jetzt in letzter Zeit öfters vorgefallen ist mal. Die hat dann halt keine Chance im Stadion. Außer Brezeln, ja." (Rafael S.)

Die Vereine verbessern in der letzten Zeit das vegetarische Angebot (PE-TA 2015), welches auch dem Befragten Paul K. auffällt. Einigen Vereinen wird dabei eher zugesprochen, für Vegetarier zu sorgen, wie zum Beispiel dem St. Pauli oder Freiburg:

> „Das Einzige, was man halt merkt, dass mehr Stadien auf dieses vegetarische, vegane Essen gehen. Also vor allem am Millerntor waren die, glaube ich, recht früh damit, das anzubieten, weil einfach eine sehr, sehr große Nachfrage ist. Weil die Mitglieder da ja mitentscheiden dürfen. Wurde das, glaube ich, in irgendwann mal in einem Antrag gestellt und dann müssen die das auch umsetzen." (Paul K.)

Paul K. bekennt sich als großer Fleischliebhaber, hat auch schon häufiger vegetarische Alternativen in St. Pauli probiert. Er erklärt sich das entsprechende Angebot damit, dass dort seiner Meinung nach der Anteil der Vegetarier höher als im Durchschnitt in Deutschland ist.

Interessant war, dass die Frage nach der Nachhaltigkeit zuweilen sehr schnell auf das Thema Fleisch in Kombination mit dem Thema Gesundheit bezogen wurde, ohne dass explizit danach gefragt wurde – hier greift wieder die These von Konrad Köstlins Rechtfertigungszwängen, welche medial vermittelt werden können. Das Bild des ungesunden Fleisches scheint in den Köpfen der Menschen tief verankert zu sein und dessen Verzehr wird daher über verschiedene Narrative legitimiert (vgl. Köstlin 2006: 10).

Dieter P. beschreibt sein Außenseiterdasein als Vegetarier bei Grillabenden der Fußballsenioren im Vereinsheim folgendermaßen:

> „Wir hatten bei uns auch einen Metzger, der immer ordentlich viel mitgebracht hat, und das war am Anfang ein bisschen schwierig[,] den Kollegen, den Freunden dann zu sagen: ‚Ne, für mich nicht, mir reicht Brot.' Ich krieg immer was oder wenn da irgendwas Grünes ist, das ist dann auch ok. Bis irgendwann mal einer gesagt hat: ‚Du Dieter P., ich hab dir auch Käse mitgebracht.' Das war zwar der billigste Käse aus'm Discounter, was für meine Geschmacksnerven eine Herausforderung war. Aber da hab ich gemerkt, aha, es ist sozusagen anerkannt, es wird respektiert. [...] Ich kann mich erinnern, eine Situation, da hat der Metzgerfreund, Fußballer, Würstchen mitgebracht und hat gesagt: ‚Mensch Dieter P., komm, du kannst doch mal probieren. Stirbst doch nicht davon.' Da hab ich gesagt: ‚Dir zuliebe, damit du siehst, dass ich

da keine Angst davor habe, esse ich jetzt auch mal ein Würstchen.' Also ich bin da nicht dogmatisch mit umgegangen. [...] Und natürlich, was ich auf den Plätzen erlebt habe. Ich hab auch lange Zeit Jugendmannschaften trainiert bei uns im Verein. Also von den Kleinsten bis zur A-Jugend, alles durchtrainiert. Wenn die Eltern was mitgebracht haben, ob das die Salate waren, wo natürlich immer Speckbeilage oder was auch immer, Fleischwurst und, und, und. Klar, da ist kein Bewusstsein dafür da." (Dieter P.)

In diesem Ausschnitt wird nicht nur das Dilemma des Vegetariers deutlich. Auch die inhaltliche Dimension des Essens als Kommunikationsmittel und Gemeinsamkeit stiftendes Moment wird von ihm angerissen. Dieter P. ist zwar bei der Mahlzeit dabei, aber durch seinen Fleischverzicht grenzt er sich von der Gruppe ab. Der soziale Druck führt dazu, dass er versucht, sich mit dem Wurstverzehr, und zwar entgegen seiner Grundüberzeugung, der Gruppe anzunähern. Denn nicht nur für Völlerei, sondern auch für den Verzicht gibt es einen Rechtfertigungszwang (vgl. Köstlin 2006: 10).

Auch Mary Douglas betont die Bedeutung der Herstellung von Nähe und Distanz beim Essen (Schahadat 2012: 26 ff.). Bei Dieter P. ist durch den Vegetarismus eine Art Distanz zur Gruppe beziehungsweise Gemeinschaft entstanden, die er zu überwinden versucht. In seiner Aussage wird deutlich, welche Dominanz Fleisch beim Fußball in Amateurligen einnimmt. Es sind nur wenige vegetarische Optionen vorhanden, welche eher Beilagen als echte Alternativen darstellen. Der Gewöhnungsprozess an den Vegetarismus dauert lange. Aus der Sicht seiner Fußballkollegen oder der Eltern der Kinder, die er trainiert, muss eine vollwertige Mahlzeit unbedingt Fleisch enthalten. Auf Alternativen lassen sie sich nur schwer ein, was sich Dieter P. damit erklärt, dass kein Bewusstsein für Vegetarismus und die Auswirkungen des Fleischkonsums vorhanden ist.

In diesem Kapitel sollte die Bereitschaft, ein nachhaltigeres Angebot zu konsumieren, analysiert werden, um Aufschluss darüber zu gewinnen, ob das Stadion ein potenzieller Ort ist, an dem nachhaltige Speisenangebote verzehrt werden. Eine Offenheit herrschte insbesondere für regionale Angebote und konkret eine „Biowurst", während gänzlich andere Speisenangebote, wie zum Beispiel Pizza und Döner (unabhängig davon, ob diese mit nachhaltigen Zutaten hergestellt wurden oder nicht), beim Fußball eher weniger gewünscht waren. Fleisch ist im Stadionkontext ein wichtiger Faktor, scheint aber im Alltag der Befragten mehr und mehr negativ behaftet zu sein. Viele der Befragten tendierten dazu, den eigenen Fleischkonsum zu rechtfertigen. Vegetarier/innen haben im Stadion vereinzelt

Möglichkeiten, etwas zu essen zu finden, dennoch ist das Angebot eingeschränkt. Sie weichen daher häufig auf andere Angebote vor und nach
dem Spiel aus.

## 5. Zusammenfassung

Die Interviews zeigten, dass die grundsätzliche Tendenz zum Verzehr einer
Wurst im Fußballstadion besteht. Dabei hatten die Befragten Schwierigkeiten, dafür Erklärungen zu finden. Die wiederkehrenden Deutungsmuster
lauteten zum einen, dass die Bratwurst am sinnvollsten und praktischsten
sei, und zum anderen, dass sie ein Ritual darstellt.

Viele der Befragten praktizierten ihre eigenen, gruppenspezifischen Rituale. Auch die Personen, die nicht oft zur Bratwurst greifen, benannten
Freunde und Bekannte, für die eine Stadionwurst zu einem guten Spiel
unbedingt dazugehört. Somit stellte sich der Besuch im Stadion für manche als ein hochritualisierter Vorgang dar, der auch die Wahl des „richtigen" Essens im „richtigen" Moment einschließt.

Dem Verzehr von Alternativen standen die Befragten grundsätzlich
skeptisch gegenüber. Interessanterweise bewerteten sie nachhaltigere Optionen, wie eine Biowurst, positiver als den Verzehr von alternativen Speisen, welche als unpraktisch oder unpassend bezeichnet wurden. Die Mehrkosten für eine Biowurst scheinen einen Großteil der Befragten dann nicht
abzuschrecken, wenn diese „im Rahmen" bleibt. Auf Fleisch wollten die
Befragten im Stadion nicht verzichten, versuchten, den Verzehr von
Fleisch im Allgemeinen allerdings zu rechtfertigen, da Fleisch von ihnen
als „ungesund" eingestuft wurde.

Insgesamt lässt sich sagen, dass die sogenannte Stadionwurst mit diversen Bedeutungsebenen aufgeladen ist und als Symbol im Kontext des Fuß-
ballsports gelten kann. Ein gewisser Geschmackskonservatismus scheint
vorhanden, auch wenn dieser nicht statisch erscheint. Nachhaltigere Alternativen, wie eine Biowurst, sind durchaus denkbar und eine Nachfrage für
diese Alternativprodukte ist für die Befragten vorstellbar. Gesunde Speisenangebote waren im Stadion, welches einen Ort der Freizeit und Entspannung im Gegensatz zum Alltag darstellt, weniger gefragt.

## Literaturverzeichnis

Appadurai, A. (Hg.) (2013): The social life of things: commodities in cultural perspective (11. print). Cambridge: Cambridge University Press.

Balke, G. (2007): Rituale, Selbstdarstellung und kollektive Orientierung: Konturen der lebensweltlichen Wirklichkeit von Fußballfans. In: Sport Und Gesellschaft, 4(1), 3-28.

Boje, C. (2009): „VEGETARIER! KAROTTE! GURKENHEINI!" Eine kulturwissenschaftliche Analyse der Darstellungs- und Inszenierungspraktiken des Vegetarismus im zeitgenössischen Film. Universität zu Köln.

Bundesministerium, & für Ernährung und Landwirtschaft (BMEL) (2016): Deutschland, wie es isst. Der BMEL-Ernährungsreport 2016. Berlin.

Destatis (2015): Basistabelle: Konsumausgaben privater Haushalte: Nahrungsmittel. Zugriff: 15. Februar 2016, https://www.destatis.de/DE/ZahlenFakten/LaenderRegionen/Internationales/Thema/Tabellen/Basistabelle_KonsumN.html

Dörhöfer, S. (2015): Essen wird heute moralisiert. In: Frankfurter Rundschau, 30. 11. 2015, S. 3.

Elias, N. (1978): Wandlungen der Gesellschaft: Entwurf zu einer Theorie der Zivilisation (Vol. 159). Frankfurt am Main: Suhrkamp Taschenbuch Wissenschaft.

Elias, N. (1988): Über den Prozeß der Zivilisation: Soziogenetische und psychogenetische Untersuchungen. Wandlungen des Verhaltens in den weltlichen Oberschichten des Abendlandes (13. ed.). Frankfurt am Main: Suhrkamp Taschenbuch Wissenschaft.

Fussballwurst.de» Beim Fußball geht es um die Wurst! Zugriff: 17. August 2015, http://www.fussballwurst.de/

Gandras, L. (2009): Warum Bio? Eine Untersuchung zum Kaufverhalten im Lebensmittelbereich.

Hartmann, A. (2006). Der Esser, sein Kosmos und seine Ahnen. Kulinarische Tableaus von Herkunft und Wiederkehr. In: R. E. Mohrmann (Hg.), Essen und Trinken in der Moderne (S. 147–157). Münster: Waxmann.

Hayn, D. E., Claudia; Halbes, Silja. (2005): Ernährungswende: Trends und Entwicklungen von Ernährung im Alltag. Frankfurt am Main: Institut für sozialökologische Forschung.

Heindl, I. (2016): Essen ist Kommunikation: Esskultur und Ernährung für eine Welt mit Zukunft. Wiesbaden: Umschau Zeitschriftenverlag.

Heinrich-Böll-Stiftung, & BUND (2016): Fleischatlas 2016. Daten und Fakten über Tiere als Nahrungsmittel. Atlas Manufaktur. http://www.bund.net/fileadmin/bundnet/publikationen/landwirtschaft/160113_bund_landwirtschaft_fleischatlas_regional_2016.pdf

Hirschfelder, G., & Wittmann, B. (2015): "Was der Mensch essen darf"-Thematische Hinführung. In: Was der Mensch essen darf. Ökonomischer Zwang, ökologisches Gewissen und globale Konflikte (S. 1–13). Wiesbaden: Springer VS.

Klotter, D. C. (2015): Identität durch Fleisch: Ein historisch-psychologischer Erklärungsansatz. In: AID Ernährung Im Fokus, (15), 262–267.

Köstlin, K. (2006): Modern essen. Alltag, Abenteuer, Bekenntnis: Vom Abenteuer entscheiden zu müssen. In: R. E. Mohrmann (Hg.), Essen und Trinken in der Moderne (S. 9–21). Waxmann.

Leunig, M. Was essen eigentlich Fußballstars? Zugriff 19. Oktober 2106, http://eats-marter.de/ernaehrung/kochen-mit-holger-stromberg

Lupton, D. (1996). Food, the Body and the Self. London: SAGE Publications Ltd.

Offenberger, D. M. (2010): Ernährungsforschung. Gesünder essen mit funktionellen Lebensmitteln. Bonn/Berlin: Bundesministerium für Bildung und Forschung.

PETA (2015): PETAs Ranking der Veggie-freundlichsten Stadien 2015. Zugriff: 12. August 2015, http://www.peta.de/fussball2015#.Vcr7cUWzLt0

Ploeger, A., Hirschfelder, G., & Schönberger, G. (2011): Die Zukunft auf dem Tisch. Analysen, Trends und Perspektiven der Ernährung von morgen: eine Einführung. In: A. Ploeger, G. Hirschfelder, & G. Schönberger (Hg.), Die Zukunft auf dem Tisch. Analysen Trends und Perspektiven der Ernährung von morgen (S. 15–18). Wiesbaden: VS Verlag für Sozialwissenschaften.

Renz, F. (2014): Auf der Suche nach der perfekten Stadionwurst: von Hamburg bis Phnom Penh – Groundhopping im Bratwurstuniversum. Hamburg: Verlag Edition Bratwurst.

Römhild, R. (2008): Fast Food. Slow Food. Diskurse, Praktiken, Verflechtungen. In: R. Römhild, C. Abresch, M. Nietert, & G. Schmidt (Hg.), Fast Food. Slow Food. Ethnographische Studien zum Verhältnis von Globalisierung und Regionalisierung in der Ernährung (Vol. 76, S. 7–18). Frankfurt am Main.

Rützler, H. R., Wolfgang. (2011): Vorwärts zum Ursprung. Gesellschaftliche Megatrends und ihre Auswirkungen auf eine Veränderung unserer Esskulturen. In: A. Ploeger, G. Hirschfelder, & G. Schönberger (Hg.), Die Zukunft auf dem Tisch. Analysen, Trends und Perspektiven der Ernährung von morgen. Wiesbaden: VS Verlag für Sozialwissenschaften.

Schahadat, S. (2012): Essen: "gut zu denken", gut zu teilen. Das Rohe, das Gekochte und die Tischsitten. In: Zeitschrift Für Kulturwissenschaften, 1/2012, 19–29.

Schmidt-Lauber, B. (2004): Symbol, Ritual, und Mythos im Fußball: Zur FANomenologie des Hamburger Stadtteilvereins FC St. Pauli. In: FC St. Pauli: Zur Ethnographie eines Vereins (S. 4–26). Münster: LIT-Verlag.

Stadionwelt INSIDE (2011): Auswertung: Umfrage zur Stadion-Gastronomie. Stadionwelt INSIDE Zugriff: 12. August 2015, http://www.stadionwelt.de/sw_stadien/index.php?head=Auswertung-Umfrage-zur-Stadion-Gastronomie&folder=sites&site=news_detail&news_id=6941

Tolksdorf, U. (2001): Nahrungsforschung. In: R. W. Brednich (Ed.), Grundriss der Volkskunde. Einführung in die Forschungsfelder der Europäischen Ethnologie (S. 239–252). Berlin.

UEFA (2015): What do Europe's football fans eat? Zugriff: 3. Juni 2017, http://www.uefa.com/memberassociations/news/newsid=2304882.html

Vyse, S. A. (1999). Die Psychologie des Aberglaubens: schwarze Kater und Maskottchen. Basel: Birkhäuser.

# Das Tier und sein Fleisch. Wen essen wir? Eine Diskursanalyse über die Klassifizierung von Tieren

*Christina Schröder*

## *Einleitung*

Fleisch ist ein fester Bestandteil der Speisekarte der modernen Gesellschaft. Wir kaufen es abgepackt im Supermarkt-Regal, ohne ein Problem damit zu haben, dass wir es nur dann bekommen, wenn dafür ein Tier stirbt. Andererseits leben wir mit Tieren – wie Hund oder Katze – in einem freundschaftlichen Verhältnis zusammen. Das heißt, wir essen nicht alle Tiere, sondern differenzieren beziehungsweise klassifizieren Tiere in essbar und nicht essbar. Aber wie kommt es zu diesem ambivalenten Verhältnis zum Tier und zu seiner Klassifizierung? Obwohl das ambivalente Verhältnis zum Tier in soziologischer Perspektive betrachtet und theoretische Überlegungen zur Essbarkeit von Tieren ausgearbeitet wurden, untersucht die dem Beitrag zugrundeliegende Studie erstmals empirisch die Frage nach der (Re-)Produktion der Klassifizierung von Tieren in essbar und nicht essbar in sozialwissenschaftlicher, diskurs-theoretischer Perspektive und bietet damit eine Grundlage für die Formulierung einer Theorie über die soziale Dimension der Essbarkeit von Tieren. Die zugrundeliegende Studie basiert auf der rekonstruktiven Analyse eines Online-Diskurses über die Essbarkeit von Tieren. Hierzu wurden Nutzer*innen-Beiträge in verschiedenen Online-Foren betrachtet, um die wissensbildenden und handlungsleitenden diskursiven Zusammenhänge zu ermitteln, die für die Klassifizierung von Tieren hinsichtlich ihrer Essbarkeit wirksam sind.

Der folgende Beitrag vermittelt zunächst einen Überblick über das Mensch-Tier-Verhältnis in soziologischer Perspektive, wobei das ambivalente Verhältnis der Menschen den Tieren gegenüber fokussiert wird, da sich dieses deutlich in der Konstruktion der legitimen Essbarkeit von Tieren widerspiegelt. Darauf aufbauend, werden theoretische Konzeptionen über die soziale Dimension der Essbarkeit von Tieren vorgestellt. Um anschließend die empirischen Ergebnisse der Analyse des Diskurses über die legitime Essbarkeit von Tieren vorzustellen, werden vorweg das methodische Vorgehen und die Untersuchungsgrundlage erläutert.

## Mensch und Tier in soziologischer Perspektive

Die Soziologie befasste sich über einen langen Zeitraum kaum beziehungsweise gar nicht mit der Beziehung zwischen Mensch und Tier. Dies ist die logische Konsequenz, die aus der Identifizierung der Soziologie mit einer Humansoziologie resultiert (vgl. Wiedenmann 2002: 9). Dennoch stellte sich schon Max Weber die Frage, „inwieweit auch das Verhalten der Tiere uns sinnhaft 'verständlich' ist und umgekehrt [...][,] inwieweit also theoretisch es auch eine Soziologie der Beziehungen des Menschen zu Tieren (Haustieren, Jagdtieren) geben könne" (Weber 1980: 7). Theodor Geiger (1931) war der erste Soziologe, der sich umfangreicher mit der Beziehungsfähigkeit zwischen Mensch und Tier in seinem Werk „Das Tier als geselliges Subjekt" auseinandersetzte. Aber erst seit Mitte der 1990er Jahre ist ein wesentlicher Zuwachs an soziologischen Beiträgen, die sich mit der Beziehung des Menschen zum Tier befassen, zu verzeichnen. So entstand ein neues interdisziplinäres Forschungsgebiet, welches unter dem Begriff „Human Animal Studies (HAS)" zusammengefasst wird.

## Das ambivalente Verhalten der Menschen den Tieren gegenüber

Innerhalb der soziologischen Forschung herrscht weitestgehend Einigkeit darüber, dass die Beziehung zwischen Mensch und Tier in den westlichen Gesellschaften durch Anthropozentrismus geprägt ist. „Diese grundlegende Weltanschauung stellt den Menschen in den Mittelpunkt: Natur und Tiere stehen zu unserem Nutzen zur Verfügung" (Knoth 2008: 172). Ein Beispiel par excellence für dieses anthropozentrische Weltbild bietet die heutige Nutztierhaltung in Form von Massentierhaltung. Der Nutzen der Tiere wird bestimmt durch ökonomische Faktoren und unterliegt einzig den Regeln des Marktes. Hingegen scheint die Beziehung des Menschen zu den sogenannten Haustieren durch andere Wertorientierungen geprägt zu sein. Wie sind nun dieser scheinbare Widerspruch und das ambivalente beziehungsweise diametrale Verhalten der Menschen gegenüber den Tieren zu erklären?

Nach Wiedenmann (2005) entspringt dieses ambivalente Verhalten in erster Linie den unterschiedlichen sozialen Konstruktionen des Tieres: „Diese Entkoppelung, ja Polarisierung der Mensch-Tier-Beziehungsformen zeigt sich darin, daß sich in den verschiedenen gesellschaftlichen Teilbereichen (wie Freizeit und Familie, Sport, Politik, Wissenschaft) spezifische Tierkonstrukte etabliert haben, die durch zum Teil sehr unterschiedliche Nutzungs- und Kommunikationsmuster geprägt sind" (Wiedenmann

2005: 299). Durch die Agrarindustrie würden Tierkonzepte konstruiert und vorgegeben, welche ausschließlich dem Rentabilitätskalkül und dem ökonomischen Nutzen angepasst seien. Das Tier in dieser Konzeption verliere sowohl seine Subjektqualität, indem es zur Ware wird, als auch seine Du-Evidenz[1], womit es nicht mehr als kommunikatives, empfindsames Gegenüber wahrgenommen werden könne. Durch diese Ausklammerung der subjektiven Bedürfnisse der Tiere und das Absprechen der Du-Evidenz innerhalb dieser Tierkonstruktion kann eine „moralische Indifferenz gegenüber dem Leid von Nutztieren [...] dann mitunter als Diktat wirtschaftlicher beziehungsweise wirtschaftspolitischer Sachzwänge entschuldigt" (Wiedenmann 2005: 299) werden.

Das Tierkonstrukt der heutigen Haustiere sei hingegen durch entgegengesetzte Zuschreibungen gekennzeichnet. Hier spielen Sinnorientierungen und Kommunikationsprozesse, welche die Du-Evidenz des Tiers in den Mittelpunkt stellen, die tragende Rolle (vgl. Wiedenmann 2005: 299). Dadurch würden sachliche Nutzungsinteressen in Bezug auf das Tier in den Hintergrund rücken beziehungsweise gänzlich verschwinden[2].

Buschka und Rouamba (2013) sehen ebenfalls in der Konstruktion unterschiedlicher Tierbilder die Ursache für das ambivalente Verhältnis zu Tieren. Sie heben vor allem die Gestaltungsmacht der Sprache in diesem Kontext hervor: „Die Sprache und ihre Repräsentationsmacht spielen in der sozialen Konstruktion der Mensch-Tier-Differenz eine tragende Rolle. Mit Hilfe von Sprache werden Differenzbildungen und dichotome Gegensatzpaare formuliert, in Diskurse sowie soziale Praktiken eingeschrieben und reproduziert. Im gesellschaftlichen Sprachgebrauch gibt es viele Beispiele dafür, wie Tiere konstruiert werden: Als Nutztier, Zuchtvieh, Haustier und vieles mehr. Diese Natürlichkeit vorspiegelnden sprachlichen Zuschreibungen verleihen den entsprechenden Handlungspraxen eine scheinbar biologisch begründete Legitimation." (Buschka/Rouamba 2013: 26).

---

1 Wiedenmann (2005) verweist hier auf den von Geiger (1931) etablierten Begriff der „Du-Evidenz", welche er als Grundvoraussetzung für die Kommunikationsfähigkeit eines Gegenübers charakterisiert. Das heißt, Ego muss Alter überhaupt erst als Gegenüber (Du) wahrnehmen, um eine soziale Beziehung aufbauen zu können. Nach Geiger ist dies zwischen Mensch und Tier grundsätzlich der Fall.

2 Als Indizien für einen kommunikativen Umgang mit Tieren und eine Sozialintegration der Heimtiere sieht Wiedenmann (2005), dass zahlreiche Tierhalter ihr eigenes Tier als Familienmitglied betrachten, „um jemanden zu haben, mit dem man sprechen kann" (Wiedenmann 2005: 300), und nicht zuletzt auch darin, dass die Zahl der Tierfriedhöfe in den letzten Jahren stark zugenommen hat, was auf eine Übertragung der humanen Riten auf die Haustiere schließen lassen könne.

Durch diese scheinbare Natürlichkeit der Bestimmung der unterschiedlichen Tiere entsteht eine Normalität in der entsprechenden Behandlung des jeweiligen Tiers und bleibt somit unhinterfragt und erscheint gegeben. Der Begriff des „Nutz"-Tiers impliziert, dass dieses Tier durch seinen Nutzen charakterisiert ist. Der Begriff blendet die Leidensfähigkeit des Tieres aus. Der Begriff impliziert, dass dieses Tier benutzt werden darf, und rückt einzig seinen Nutzen in den Vordergrund (vgl. Buschka/Rouamba 2013: 27).

Stewart und Cole (2009) erkennen eine ähnliche Logik. Sie machen sowohl den gesellschaftlichen Diskurs als auch verschiedene Medien (vor allem Kinderbücher) dafür verantwortlich, dass sich ein unterschiedliches Tierbild schon im Kindesalter durchsetzt. Demnach bleiben „Nutztiere" der Gesellschaft sowohl materiell als auch diskursiv weitestgehend verborgen. In Kinderbüchern sind sie so dargestellt, dass sie ein glückliches Leben haben; ihre tatsächliche Situation bleibt im Verborgenen. Darstellungen anderer Tiere (insbesondere der „Haustiere") sind in Filmen, Büchern oder in Form von Spielzeug weitaus sichtbarer und machen somit den Umgang mit den „Nutztieren" unsichtbar und akzeptabel.

Es sind also mitunter auch Institutionen, Sprache und Medien, welche für die Konstruktion der unterschiedlichen Tierkonzepte verantwortlich sind. Das ambivalente Verhalten „Haus"- und „Nutz"-Tieren gegenüber kann auf die unterschiedlichen Orientierungsrahmen und -konstruktionen zurückgeführt werden. Diese Logik lässt sich konzeptionell auf die Klassifizierung der Tiere in essbar und nicht essbar übertragen und bildet damit das Fundament der nachstehenden Untersuchung.

*Klassifizierung in legitim essbare und nicht essbare Tiere: Theoretische Konzeptionen*

Einige wenige (Sozial-)Wissenschaftler*innen befassten sich bereits explizit mit der Frage, welche Tiere gesellschaftlich als essbar beziehungsweise als nicht essbar anerkannt werden. Klaus Eder (1988) behandelt in seinem Werk „Die Vergesellschaftung der Natur. Studien zur sozialen Evolution der praktischen Vernunft" sehr detailliert und umfangreich das Entstehen und Fortbestehen von Esstabus im Zeitverlauf. Eder erkennt den Grundstein seiner Analyse in den Gedanken von Georg Simmel (1957), dass Essen eine äußerst soziale Aktivität sei und Essregeln damit tiefgreifende soziale Regeln seien. Essregeln erfüllen demnach eine hohe soziale Funktion, welchen eine kulturelle Logik zugrunde liegt. Diese kulturelle Logik verdeutlicht Eder an den Esstabus, die einen speziellen Fall von Essregeln darstellen (vgl. Eder 1988: 103). Er definiert Esstabus als „kulturell tiefsitzende und zugleich emotional hochbesetzte Essverbote. Sie drücken ein kollektives moralisches Gefühl oder moralisches Empfinden aus, das vor allem moralischen Bewusstsein bereits besteht. Als Esstabus bezeichnen wir eine kollektiv geteilte Abscheu, das Fleisch[3] bestimmter Tiere zu essen" (Eder 1988: 103 f.). Eder fasst die verschiedenen theoretischen Ansätze zur Erklärung der Entstehung von Esstabus zu drei Theoriesträngen zusammen: Die rationalistischen, die funktionalistischen und die strukturalistischen Erklärungsansätze.

Der erste Ansatz folgt der Formel „Tiere sind gut zum Verbieten" (Eder 1988: 106). In diesem Zusammenhang werden materielle Gründe hinter den Esstabus vermutet. Letztlich seien Bedürfnisse des Magens für die Präferenz bestimmten Fleisches beziehungsweise das Verbot bestimmten Fleisches verantwortlich. Ein Tier wird dann verboten, wenn es „schlecht zu essen" ist (Eder 1988: 104). Weiterhin spielen hier ökologische Nützlichkeitsgesichtspunkte eine Rolle. So ist nach diesem Ansatz das Fleisch derjenigen Tiere verboten, deren Haltung und Produktion einen großen ökologischen Schaden (wie beispielsweise durch Überjagung) verursachen würden.[4]

Die funktionalistischen Erklärungsansätze machen keine Präferenzstrukturen, sondern „Zwänge der Aufrechterhaltung einer sozialen Ordnung selbst" (Eder 1988: 107) für Esstabus verantwortlich. Der Verzehr der Schildkröte beispielsweise wird demnach nicht deshalb verboten, weil sie schlecht zu essen ist, sondern weil sie „gut zum Verbieten" (Eder 1988: 107) ist. Dadurch wird das verbotene Tier zu einem Kommunikationsmedium für die normativen Regelungen, welche die soziale Ordnung aufrechterhalten (vgl. Eder 1988: 107). Esstabus werden hier zu einem wichtigen Faktor der sozialen Integration. Durch Esstabus und deren Einhaltung wird deutlich, wer zu einem bestimmten sozialen System gehört und wer nicht. Doch die funktionalistische Theorie kann nicht erklären, warum ge-

---

3 Bemerkenswert ist hier, dass sich Eder in seiner Definition der Esstabus explizit auf Fleisch bezieht.

4 Auf die moderne Gesellschaft übertragen, bedeutet dies, dass Hunde und Katzen beispielsweise deshalb nicht gegessen werden, da ihr ökonomischer Nutzen zu gering ist. Im Vergleich zu Schweinen liefern sie einen weitaus geringeren Proteinanteil in ihrem Fleisch in der Relation zu ihrem benötigten Proteinanteil, den sie für die „Produktion" ihres Fleisches benötigen. Diese Theorie gerät allerdings dann in Schwierigkeiten, wenn bedacht wird, dass in anderen Regionen der Welt Hunde und Katzen durchaus (z. B. im asiatischen Raum) verspeist und eigens zur Fleischproduktion gehalten und gezüchtet werden.

rade bestimmte Tiere in einem bestimmten sozialen System verboten sind, da dafür nicht das Sozialsystem als Resultat, sondern der Prozess des Entstehens eines Sozialsystems betrachtet werden muss. Sozialsysteme werden zuerst gedacht, bevor sie entstehen (vgl. Eder 1988: 109).

Um zu erklären, warum gerade bestimmte Tiere als nicht essbar erachtet werden, bedarf es der strukturalistischen Theorie. Die Schildkröte wird beispielsweise deshalb zu einem Esstabu, weil sie eine symbolische Bedeutung hat, auf der die soziale Ordnung des entstehenden sozialen Systems aufbaut, und nicht, weil sie nicht schmeckt oder zur Erhaltung einer gesellschaftlichen Ordnung benötigt wird. Diese Theorie sucht die Erklärung von Esstabus in der kognitiven Konstruktion der Esstabus selbst (vgl. Eder 1988: 109) und in den Folgen der Logik „Tiere sind gut zum Denken" (Eder 1988: 106): „Man kann sie einteilen, klassifizieren, man kann in die Tierwelt eine Ordnung bringen. Damit steht ein Modell einer Ordnung zur Verfügung, dass man zum Denken einer sozialen Ordnung benutzen kann" (Eder 1988: 110). Als Unterscheidungskriterium für essbare/nicht essbare Tiere identifiziert Eder die Normalität beziehungsweise Anomalität eines Tieres. Ein Tier wird dann tabuisiert, wenn es als anomal eingestuft wird. Als normal gilt zum Beispiel, dass Tiere vor dem Menschen weglaufen und ihren Kontakt scheuen, anomal ist es dann, wenn sie es nicht tun, wie die meisten Hunde und Katzen oder generell Haustiere.[5] Auch in der strukturalistischen Theorieperspektive werden die Esstabus als normative Regeln verstanden. Brauchbar erscheint dieser Ansatz insofern, als dass die sozial und kulturell konstruierten und etablierten Orientierungsschemata handlungsleitend wirken. Jedoch weist die These über die (A-)Normalität der Tiere im Hinblick auf ihre Essbarkeit ähnliche Schwächen auf wie der vorherige Ansatz.

Eine solche kognitive Konstruktion wird durch Edmund Leach (1972) noch gestärkt. Auch der Kategorisierung von Leach liegt eine anthropozentrische Annahme zugrunde. Der Mensch als Individuum bildet den Ausgangspunkt seiner Theorie, deren Quintessenz aus der Betrachtung der Nähe und Ferne des jeweiligen Tieres zum Ego (dem Menschen) resultiert: Sowohl Tiere, die dem Menschen sehr nahe sind, als auch Tiere, die dem

---

5 Weiter werden andere Attribute der Tiere beobachtet, die als normal angesehen werden: „Fleischfressende Tiere sollten etwa Fell haben und Klauen aufweisen im Unterschied zu pflanzenfressenden Tieren, die Hufe und eine weiche Haut haben. Als problematisch erscheinen dann jene Pflanzenfresser, die Fell oder Klauen haben. [...]. Auf der Erde lebende Tiere haben vier Füße und laufen oder klettern. Als problematisch erscheinen dann jene Arten, die vier Füße haben und Eier legen (etwa die Schildkröte)" (Eder 1988: 111).

Menschen am fernsten sind, sind verboten (vgl. Leach 1972: 53 f.). Demnach seien Haustiere nicht essbar, da sie dem Ego als wesensverwandt und „menschlich" erscheinen (vgl. Eder 1988: 146). Hingegen seien wilde Tiere (hier vor allem Raubtiere) dem Ego am weitesten entfernt, da sie dem Ego als „unmenschlich" erscheinen (vgl. Eder 1988: 146). Essbar seien nun diejenigen Tiere, die eine intermediäre Position zwischen diesen beiden Extremen einnehmen. Auf der einen Seite seien also essbar: „Haustiere, die nicht Schoßtiere sind, und die auf freier Wildbahn lebenden Tiere, die nicht Raubtiere sind" (Eder 1988: 144). Das Schwein und der Feldhase fallen nach dieser Einordnung beispielsweise in diese Kategorie. Leach führt als Unterscheidungsparameter für essbar/nicht essbar den Parameter der Ähnlichkeit an: Dem Ego ähnliche Tiere seien nicht essbar, dem Ego unähnliche Tiere seien essbar. Nach dieser Logik sind Haus- und Raubtiere dem Menschen deshalb am ähnlichsten, weil sie entweder Interaktionspartner oder Jäger/Fleischfresser sind und sich über die Natur stellen (vgl. Eder 1988: 146; Leach 1972: 50 ff.). Haustiere beziehungsweise Stalltiere und wildlebende Nichtraubtiere seien dem Menschen deshalb unähnlich, „weil sie Pflanzenfresser sind und weil sie Objekte, sei es der Fürsorge des Menschen, sei es des Hungers von Raubtieren, sind" (Eder 1988: 46). Allerdings erscheint diese These insofern fraglich, als dass beispielsweise Schweine, welche einen wesentlichen Fleischlieferanten darstellen, keine Pflanzenfresser sind, sondern zu den Allesfressern gehören. Einschlägig ist jedoch auch bei Leachs These die Differenzierung der Tiere in Subjekte und Objekte. Haustiere und Raubtiere werden zum Subjekt, ihnen werden menschenähnliche Eigenschaften zugesprochen, während die entfernten Haustiere und Stalltiere zum Objekt deklariert werden, welches der menschlichen Natur unterliegt.[6]

---

6  Leach geht in seinen Überlegungen noch einen Schritt weiter und fasst das Schema der Kategorisierung der Tierwelt in essbar und nicht essbar als ein Abbild der Logik der Gesellschaft auf und überträgt das Schema der Heiratsnormen auf das der Klassifizierung der Tiere in essbar beziehungsweise nicht essbar (vgl. Leach 1972: 52 ff.; Eder 1988: 148). Leach sieht hier eine Parallelität zwischen dem Tabu der sexuellen Beziehung zu den nahestehenden Verwandten (Geschwister) und dem Tabu des Essens der ähnlichen Tiere (s.o.). Entsprechend seien sexuelle Beziehungen und Heiratsbeziehungen zu entfernteren beziehungsweise unähnlicheren Individuen erlaubt und akzeptiert (vgl. Leach 1972: 53). Doch in den Heiratsvorschriften den Grund dafür zu sehen, dass bestimmte Tiere als essbar beziehungsweise nicht essbar kategorisiert werden, erscheint als wenig haltbar in Anbetracht der Tatsache, dass in hochentwickelten und modernen Gesellschaften das Schema der verwandtschaftlichen Beziehungen eine stark untergeordnete Rolle spielt und andere Organisationen und Institutionen die soziale Ordnungsfunktion überneh-

Eder (1988) bezieht hingegen auch die Moral beziehungsweise die Konstruktion der Moral über die Essbarkeit der Tiere mit in die strukturale Analyse ein. Im Vergleich zu allen anderen Normen würden Esstabus nicht nur das Verhalten überhaupt, sondern das moralische Verhalten regulieren. „Das können sie nur dadurch, daß in ihnen bereits eine Moral steckt. In allen Eßtabus ist ein elementares moralisches Problem enthalten: nämlich das Problem des Tötens. [...]." (Eder 1988: 155). Somit sei das Befolgen von Esstabus das Ergebnis allgemein geltender moralischer Vorstellungen, welche der kognitiven Ordnung der (Tier-)Welt vorausgehen, in der sie transportiert und kommuniziert werden (vgl. Eder 1988: 152).

DeMello zeichnet in ihrem Werk „Animals and Society" (2012) ähnliche Theoriestränge nach: Nach rein „technischen" Kriterien ist jedes Tier essbar; allein soziale und kulturelle Faktoren bestimmen über die Essbarkeit von Tieren (vgl. DeMello 2012: 127). Die Gründe für das Tabu bestimmten Fleisches sieht sie, ähnlich wie Eder, in hauptsächlich zwei Erklärungsansätzen. Auf der einen Seite stützen sich funktionale Erklärungen auf die Nützlichkeit eines Tieres oder entscheiden anhand ökonomischer, ökologischer oder gesundheitlicher Gründe über die Essbarkeit eines Tieres. Symbolische Erklärungen auf der anderen Seite suchen den Grund für die Essbarkeit eines Tieres im Wesen des Tieres selbst. Ein Beispiel für die symbolische Bedeutung eines Tieres und die daraus resultierende Nichtessbarkeit des Tieres bietet die Kuh in Indien. Im Hinduismus ist sie heilig und ihr Verzehr verboten (vgl. DeMello 2012: 127). Diese symbolischen Bedeutungen sind geprägt durch Geschichte, Kultur und Religion. Weiterhin betrachtet auch sie die persönliche Beziehung zu einem Tier, den Besitz eines Namens und das Zuschreiben des alleinigen Nutzens der Fleischproduktion in Bezug auf „Nutz"-Tiere, welche zu einer Ausklammerung der Subjektivität und der zu erleidenden Schmerzen führen, als Faktoren, welche eine nicht legitime Essbarkeit des Tieres begründen. Zusätzlich erkennt sie auch in der Fleischlobby einen nicht zu verachtenden Faktor, welcher die Essbarkeit der sogenannten „Nutz"-Tiere legitimiert und fördert beziehungsweise fordert (vgl. DeMello 2012: 129 ff.).

Fiddes (2001) verbindet in gewisser Weise die Ansätze von Eder und Leach. Sowohl Moral als auch Ähnlichkeit spielen in seinen Studien zur Kategorisierung der Tiere in essbar und nicht essbar eine Rolle. Die moralische Komponente erwächst hier aus dem Tabu des Kannibalismus. Kan-

---

men (vgl. Wiedenmann 2002: 26). Auch kann eine Gleichsetzung der Heiratsnormen beziehungsweise der sexuellen Beziehungen nicht ohne Weiteres mit dem Verzehr des Fleisches bestimmter Tiere erfolgen.

nibalismus ist eine der am meisten schockierenden Formen von Gewalt, Unmenschlichkeit und Sittenwidrigkeit. Das Kannibalismus-Tabu stellt eines der stärksten moralischen Gebote dar. Aus diesem Tabu entspringt die Komponente der Ähnlichkeit: Tiere, die dem Menschen nahe beziehungsweise ähnlich sind, würden aus dem Grunde nicht gegessen, weil ihr Verzehr das Kannibalismus-Tabu tangieren würde. Hunde, Katzen und andere Haustiere gelten in den westlichen Gesellschaften als Freunde, Gefährten, Interaktionspartner, welchen menschliche Eigenschaften zugesprochen werden. Das Essen von Haustieren erwecke im Menschen das Gefühl, ein artverwandtes Wesen zu essen; damit erscheine es als moralisch verwerflich und erzeuge ein Gefühl des Ekels. Ähnlich verhält es sich mit den Raubtieren. Diese würden ebenfalls aus dem Grunde der Ähnlichkeit nicht gegessen werden. Sie selbst verspeisen Fleisch, töten und jagen. Sie seien den Menschen zwar nicht sozial oder räumlich nahe, weisen aber eine starke funktionale Ähnlichkeit auf und ihr Verzehr würde damit ebenfalls das Kannibalismus-Tabu brechen (vgl. Fiddes 2001: 169).

Dieser Abriss über die theoretischen Ansätze zur sozial legitimen Essbarkeit des Fleisches verschiedener Tiere hat gezeigt, dass zwar (mehr oder weniger rudimentäre beziehungsweise veraltete) Ansätze zur Essbarkeit von Tieren existieren, es aber bisher versäumt wurde, dazu eine empirische Untersuchung durchzuführen.

## Methode: Wissenssoziologische Diskursanalyse (WDA)

Die vorangegangenen Überlegungen machen deutlich, dass eine Klassifizierung der Tiere in legitim essbare Tiere und nicht legitim essbare Tiere keine naturgegebene Ordnung ist, sondern sozial konstruiert ist und kontinuierlich reproduziert wird. Dieser Ordnungsprozess wird insbesondere durch Symbole – vor allem die Sprache – gesteuert. Die konstruktivistische Wirkung der Sprache spielt in der Soziologie eine bedeutende Rolle und wird in verschiedenen Theoriesträngen aufgegriffen[7].

Die zugrundeliegende Methode der Analyse basiert auf der wissenssoziologischen Diskursanalyse von Reiner Keller, da sie eine Methode darstellt, welche es vermag, die Herstellung sozialer Situationen zu rekonstruieren. Das Besondere an Kellers Diskursanalyse ist die Verknüpfung der

---

7 Der WDA liegen hauptsächlich die theoretischen Überlegungen von Peter L. Berger/Thomas (1969) Luckmann und Michel Foucault (1974; 1988) zugrunde, welche in ihrer Kombination die Grundlage der gewählten Methode darstellen.

Hermeneutischen Wissenssoziologie mit der Diskursforschung und verbindet damit „zwei Traditionen der sozialwissenschaftlichen Analyse von Wissen, die bislang nur sporadisch miteinander in Kontakt getreten sind und entwickelt daraus einen Vorschlag zur Analyse der diskursiven Konstruktion symbolischer Ordnungen" (Keller 2005: 9). Keller greift den Gedanken der kommunikativen Konstruktion der Wirklichkeit der Hermeneutischen Wissenssoziologie auf, welcher durch Berger und Luckmann (1969) in Bezug auf die kollektiven Wissensvorräte bereits formuliert wurde, und übersetzt diesen in den Gedanken der diskursiven Konstruktion der Wirklichkeit (Keller 2005: 181). In Bezug auf die Analyse fügt Keller dem Konzept die hermeneutische Interpretationsarbeit hinzu, welche er für unerlässlich innerhalb der Diskursforschung erachtet.

Ziel der Wissenssoziologischen Diskursanalyse ist es, „Prozesse der sozialen Konstruktion, Objektivation, Kommunikation und Legitimation von Sinn-, das heißt Deutungs- und Handlungsstrukturen auf der Ebene von Institutionen, Organisationen beziehungsweise sozialen (kollektiven) Akteuren) zu rekonstruieren und die gesellschaftlichen Wirkungen dieser Prozesse zu analysieren" (Keller: 2011: 125). Sie zielt also auf die „Rekonstruktion der diskursiven Konstruktion der Wirklichkeit" (Keller 2005: 267) ab. Dieser Wissensvorrat lässt sich auf sozial hergestellte symbolische Systeme zurückführen und wird vornehmlich in Diskursen gesellschaftlich sowohl produziert als auch legitimiert sowie kommuniziert und transformiert (Keller 2011: 125).[8] Im speziellen Fall ist es das Ziel, die Grundlagen für eine Theorie über die soziale Essbarkeit von Tieren zu schaffen.

## Forschungsgegenstand

„Die Wirklichkeit ist diskursiv" (Jäger 1996). Die Realität wird durch Sprache beziehungsweise durch den Diskurs selbst erzeugt und als soziale

---

8 Der Vorteil der Wissenssoziologischen Diskursanalyse liegt darin begründet, dass sie zwei verschiedene Perspektiven berücksichtigt: Auf der einen Seite wird durch die Foucault'sche Perspektive die Relevanz von Macht und Institutionen bedacht, gleichwohl werden auf der anderen Seite durch die Perspektive der „Gesellschaftlichen Konstruktion der Wirklichkeit" die Prozesshaftigkeit der Gestaltung von Diskursen und die Rolle der einzelnen Akteure miteinbezogen. Durch diese konzeptionelle Verbindung, insbesondere durch die Ergänzung des interpretativen Paradigmas, verspricht diese Vorgehensweise, die tiefgehenden Sinnzusammenhänge und Strukturen innerhalb der Klassifikationsmechanismen der Tiere in legitim essbar und nicht essbar erfassen zu können.

Wirklichkeit kann sie nicht unabhängig von Sprache und Diskurs existieren. Daher stellt der Diskurs (beziehungsweise sein Textprotokoll) über die sozial legitime Essbarkeit der Tiere den Forschungsgegenstand dar. Beobachtet wird dieser Diskurs über die internetbasierte Form der Kommunikation und der daraus folgenden Erzeugung diskursiver Realitäten. Der Online-Diskurs wird betrachtet als die „internetbasierte Kommunikation über öffentliche Themen, die in gesamtgesellschaftliche Diskurse integriert sind. Das Web kann dabei als ein Resonanzraum eines Diskurses beschrieben werden, in dem Themen zumeist aus traditionellen Massenmedien aufgenommen und in Teilöffentlichkeiten des Netzes, wie etwa in Blogs, Wikis oder Social Networks diskursiv weiterverarbeitet werden" (Galanova/Sommer 2011: 169). Durch die Möglichkeit der individuellen Teilnahme am öffentlichen Diskurs jedes Menschen eignet sich der Online-Diskurs als Forschungsgegenstand im besonderen Maße, um eine tiefgehende Erfassung der Sinnstrukturen, Normen und Werte, welche durch den Diskurs vermittelt werden und welche die soziale Realität kreieren, aufzudecken.[9]

Dieser Online-Diskurs als Forschungsgegenstand wurde verkörpert durch verschiedene Online-Foren, welche das Thema der Essbarkeit von Tieren behandeln. Es handelt sich um Plattformen ganz unterschiedlicher Art, sie sind lediglich anhand ihrer inhaltlichen Thematik – die Essbarkeit von verschiedenen Tieren – ausgewählt. Als Beispiele hierfür können Haustier- oder Rezepteforen genannt werden. Neben solchen Foren dienen auch die Kommentarspalten unter online veröffentlichten Zeitungsartikeln zu der Thematik oder die Kommentare in sozialen Netzwerken als Datenmaterialien. Die Datenerhebung erfolgte nicht reaktiv, es wurden also keine gezielten Fragen durch die Forscherin gestellt oder in die Diskussion eingegriffen. Die Analyse basiert auf der reinen Beobachtung des bestehenden Wissensvorrats. Beobachtet wurde dieses Alltagswissen über einen Zeitraum von sechs Monaten (März bis September 2014). Die hieraus emigrierende Wissensordnung für das spezifische Praxisfeld der legitimen Essbarkeit von Tieren, die sich durch den Diskurs manifestiert und Alltagswissen produziert und reproduziert, verspricht Aufschluss über die eigentliche Forschungsfrage – Wen essen wir? – zu liefern.

---

9 Der Online-Diskurs beschränkt die Teilnahme an ihm nicht auf einen speziellen Personenkreis (wie z. B. am wissenschaftlichen Diskurs nur Vertreter*innen der Wissenschaft teilnehmen können oder aus dem massenmedialen Diskurs hauptsächlich die Eindrücke, Meinungen und Werte der Journalisten in die Öffentlichkeit dringen).

## Welche Tiere essen wir denn nun?

Aus dem zugrundeliegenden Online-Diskurs über die gesellschaftliche Klassifizierung der Essbarkeit der Tiere können vier Hauptdimensionen extrahiert werden: Die soziale (durch familiale und kulturelle Sozialisation vermittelte Ordnungsschemata), die emotionale (auf Nähe/Distanz basierende Begründungszusammenhänge und daraus folgende (De-)Anonymisierung), die sprachliche (durch Sprache vermittelte Ordnungsschemata; insbesondere die sprachliche Unterscheidung zwischen „Nutz"- und „Haus"-tier mit einhergehender Objektivierung/Subjektivierung) und die rationale/logische Dimension (Klassifizierung der Tiere aufgrund rational begründbarer Faktoren, wie Geschmack, Bekömmlichkeit, Nachhaltigkeit, Wirtschaftlichkeit).

### Die soziale Dimension der Essbarkeit von Tieren

Aus dem Diskurs geht hervor, dass die Wissensordnung in Bezug auf die Essbarkeit des Fleisches von Tieren deutlich durch Normen, Werte und Weltanschauungen beziehungsweise Konventionen geprägt ist, welche in der jeweiligen sozialen Umgebung existieren:

> *„Es ist eine sehr wirksame Ideologie, die uns vom Mitfühlen mit bestimmten Lebewesen fernhält. Wenn ein Hund vor Schmerz schreit, hilft man ihm, wenn ein Schwein vor Schmerz schreit, haut man noch drauf oder bringt es um [...]."*
> (http://www.focus.de/gesundheit/ernaehrung/provokante-vegane-thesen-bei-der-dld-women-2013-warum-essen-wir-schweine-und-keine-katzen_aid_1045351.html; Stand: 30.9.2014; DK: 11)

> *„Es ist einfach eine Frage der Kultur und bei uns [ist] es eben üblich[,] keine Katzen und Hunde zu essen. Bei uns werden diese als Haustiere gehalten und deshalb werden sie wegen der gesellschaftlichen Konventionen nicht gegessen [...]."*
> *„Das ist historisch so gewachsen und diese Werte werden halt von Generation zu Generation weitergegeben..."*
> (http://www.gutefrage.net/frage/warum-essen-wir-rind-schwein-huhn-aber-keine-katzen-hunde; Stand: 30.9.2014; DK: 22)

In diesen Zitaten werden unvermittelt und direkt die moralischen, ethischen und ideologischen Maßstäbe angesprochen, welche die Entscheidung über die Essbarkeit des Fleisches eines bestimmten Tieres determinieren. Darin zeigt sich, dass selbst im Diskurs eine relative Objektivität gegenüber dem Diskursgegenstand gegeben ist. Die sozialen Konstruktionen dieser Tierbilder bleiben folglich nicht in ihrer Gänze unbemerkt, sondern den Teilnehmer*innen des gesellschaftlichen Diskurses ist es hier bewusst, dass diese Klassifizierung durch soziale Prozesse entstanden ist.

Diese Objektivität ist allerdings nicht im gesamten Diskurs zu finden. Einige Kommentare zeigen, dass bestimmte Verhaltensweisen in Bezug auf den Verzehr bestimmten Fleisches als gesellschaftlich verwerflich beziehungsweise komplementäre Verhaltensweisen als „normal" angesehen werden. Mit einigen Aussagen wird sinngemäß argumentiert, dass es ‚schon immer so sei und man gar nicht genau sagen kann, warum manche Tiere gegessen werden und manche nicht', dass es ‚nun mal so ist' und dass es ‚einfach normal' sei, diese ‚üblichen Tiere' zu essen. In solchen Aussagen werden dann die immanenten Strukturen der Moral, der Ethik und der gesellschaftlichen Konventionen reproduziert. Dies zeigt, wie stark das Individuum sein Handeln an Konventionen beziehungsweise sozialen Regeln orientiert, ohne sich dieser bewusst zu sein. Dieses Deutungsmuster bildet im Diskurs über die Essbarkeit von Tieren die Orientierungsgrundlage für das eigene Handeln, ohne es mit konkreten Argumenten zu füllen. Durch die Orientierung des Handelns am stark vereinfacht gesagten ‚es ist nun mal so' werden die Verhaltensweisen lediglich reproduziert, ohne inhaltlich relevante Argumente berücksichtigen zu können.

Normen, Werte und Moral legen also fest, was als sozial angemessenes Handeln erachtet wird. Sie werden über den Sozialisationsprozess internalisiert (vgl. Peuckert 2006: 213). Familie und Kultur können hier als die zentralen Vermittlungsinstitutionen betrachtet werden. Dies spiegelt sich auch im zugrundeliegenden Diskurs wider, indem oftmals Kultur und Eltern oder Großeltern als diejenigen beschrieben werden, welche die Vorstellungen und Auffassungen über die Essbarkeit des Fleisches verschiedener Tiere prägen. Beide Faktoren – Kultur, Familie und Erziehung als solche – werden im Diskurs deutlich als die ausschlaggebenden Faktoren für den eigenen Habitus gegenüber den verschiedenen Tieren und ihrer Essbarkeit gekennzeichnet.

> *„Es kommt halt darauf an, mit welcher Kultur man in der Familie groß wird [...]."*
> (http://www.tierforum.de/t169034-esst-ihr-jedes-fleisch.html; Stand: 30.9.2014; DK: 192)

> *„Der Grund, warum wir zwischen Nutztieren und Haustieren beziehungsweise zwischen Tieren, die wir essen[,] und Tiere[n,] mit denen wir kuscheln wollen[,] unterscheiden, ist einfach, dass es uns von Anfang an so beige-*

*bracht wird. Als Kind würden wir sowieso niemals auf die Idee kommen, einem Tier etwas zuleide zu tun. Welches zweijährige Kind würde schon auf die Idee kommen, einen Hasen zu essen, anstatt mit ihm zu spielen? Das würde es erst tun, wenn es dann von den Eltern beigebracht bekommen hat, dass Hasen zum Essen da sind und nicht zum Spielen.* "
(http://www.talkteria.de/forum/topic-220116.html; Stand: 30.9.2014; DK: 423)

Wenngleich die soziale Dimension ein im Diskurs stets wiederkehrendes Muster darstellt, kann die emotionale Dimension als deutlich stärkere beziehungsweise offensichtlichere Komponente innerhalb der Wissensordnung über die Essbarkeit von Tieren identifiziert werden.


## Die emotionale Dimension der Essbarkeit von Tieren

Als entscheidende Einflussgröße, welche die sozial legitime Essbarkeit eines Tieres determiniert, kann im Diskurs die Form der emotionalen Bindung zu dem jeweiligen Tier ausgemacht werden. Dieser Faktor kann in einer knappen Formel zusammengefasst werden: Unterhält der Mensch zu einem Tier – beziehungsweise zu einer Tierart – eine persönliche Beziehung, ist es nicht essbar. Ist das Tier hingegen für den Menschen anonym, ist es essbar.

Im Diskurs immer wiederkehrende bedeutungsvolle Begriffe, die dieses Deutungsmuster unterstreichen, sind unter anderem „Freundschaft", „persönlicher Kontakt", „tiefe Verbindung", „Loyalität", „Verhältnis" und „emotionale Bindung". All diese Begrifflichkeiten sind charakteristisch für die Nichtessbarkeit eines Tieres:

*„Wir sehen das Verhaeltnis zwischen uns und Hund halt nur als ein Verhaeltnis von Freundschaft [...]."*
(http://www.gutefrage.net/frage/warum-essen-wir-rind-schwein-huhn-a ber-keine-katzen-hunde; Stand: 30.9.2014; DK: 21)

*„Ich finde es mehr als verwerflich, dass der Mensch in der Schweiz den „Besten Freund des Menschen" isst. Frage mich dann, wann dann unliebsame Familienmitglieder gegessen werden. Pfui sowas."*
(http://www.hundemeldungen.de/news/artikel/hundefleisch-kommt-i n-unseren-nachbarland-schweiz-gerne-auf-den-teller/; Stand: 30.9.2014; DK: 152)

*„[…]. Tiere wurden zum Sozialpartner. Diesen tötet man nicht."*
(http://www.wer-weiss-was.de/tiere/ethischer-unterschied-haustiere-vs-
nutztiere; Stand: 30.9.2014; DK: 319)

*„NNNNNEEEEEIIIIINNNNN; was soll denn da noch alles auf der Welt
passieren!!!!!! Hört endlich auf mit diesem Mord an den Haustieren, sie sind
doch wahre Freunde von Menschen, lasst sie leben, verdammt noch mal!!!!!*
(http://www.einfachtierisch.de/katzen/skandal-in-der-schweiz-katzen-la
nden-auf-dem-teller-id39310/; Stand: 30.9.2014; DK: 419)

All diesen Kommentaren liegt das Deutungsmuster zugrunde, welches auf
dem Verständnis basiert, dass Tiere, zu denen der Mensch eine persönliche
Verbindung besitzt oder sie als Freund beziehungsweise Begleiter betrachtet, als nicht essbar behandelt werden. Innerhalb dieser Dimension spielt
auch der Grad der Anonymität eines Tieres eine Rolle: Erscheint ein Tier
anonym, ist es legitim essbar. Wird das Tier als Individuum selbst wahrgenommen, ist es nicht legitim essbar:

*„[…] Wenn man das Schwein im Garten stehen hat und eine emotionale
Bindung zu ihm aufgebaut hat[,] wird sicher keiner mehr daran denken,
dieses Schwein jetzt auf den Teller zu bringen. Anonymisierte Nahrungsmittel sind hier der Grund, viele verschiedene Fleischsorten zu essen. […]"*
(http://www.mopo.de/nachrichten/mopo-aktion-probieren-sie-doch-m
al-hundefleisch-,5067140,25027122.html; Stand: 30.9.2014; DK: 399)

*„Haustiere werden von uns individualisiert, als Subjekt wahrgenommen –
und ein Familienmitglied isst man eben nicht", sagt die Soziologin Julia
Gutjahr. […]."*
(http://www.derwesten.de/panorama/wochenende/warum-wir-keine-h
unde-essen-schizophrenie-der-gewohnheit-id8996951.html; Stand:
30.9.2014; DK: 59)

In Bezug auf die Wahrnehmung eines Tieres als Subjekt spielt der Name
eines Tieres eine entscheidende Rolle. Hat ein Tier einen Namen, wird es
als individuell und als nicht legitim essbar klassifiziert. Ist es hingegen na-
menslos und somit anonym, wird es als legitim essbar erachtet:

*„Ich würde nie!!! Ein Lebewesen essen, was ich vorher mit Namen angespro-
chen habe. […]."*
(http://www.tierforum.de/t169034-esst-ihr-jedes-fleisch.html; Stand:
30.9.2014; DK: 192)

*„Alles[,] was einen Namen hat, isst man nicht […].“*
(https://www.facebook.com/photo.php?fbid=10152309661008643&set
=a.10150256067508643.343437.90035328642&type=1&theater; Stand:
30.9.2014; DK: 240)

Das Kriterium der Anonymität beziehungsweise im Umkehrschluss das
der Individualisierung beziehungsweise Subjektivierung eines Tieres oder
einer Tierrasse ist von enormer Wichtigkeit bei der Frage nach der Essbarkeit eines Tieres. Es ist das Kriterium im Diskurs, welches am häufigsten in
den Aussagen aufgenommen wird.

Emotionen spielen nicht nur in Bezug auf die Beziehung, die zum entsprechenden Tier besteht – und somit die Entscheidung über seine Essbarkeit legitimiert – eine Rolle. Deutlich wird, dass die Auseinandersetzung
mit der Thematik selbst – die Frage nach der Essbarkeit bestimmten Fleisches – hochgradig emotional aufgeladen ist: Diese zweite Form der Emo-
tionalität kann unter einem eigenständigen Deutungsmuster formuliert
werden, welches durch Wut, Empörung und Zorn geprägt ist. Im gesamten Diskurs treten wiederkehrend Aussagen auf, welche ein solches Deutungsmuster, das auf Wut, Zorn und Empörung gründet, nahelegen. Begriffe, wie „pervers" / „widerlich" (DK: 61, 71, 269, 409), „krank" (DK: 98,
262), „abartig" (DK: 266, 318) oder „barbarisch" (DK: 118, 142, 152) treten
immer wieder im Zusammenhang mit dem Verzehr von sog. Haustieren
auf:

*„Das ist einfach nur widerlich, abstoßend und ganz erbärmlich!!!"*
(http://www.tagesanzeiger.ch/schweiz/standard/Schweizer-sollen-keine
-Hunde-und-Katzen-mehr-essen/story/19945914; Stand: 30.9.2014; DK:
71)

*„wie pervers und krank ist das denn? Meien katze gehört in/an mein herz
und nicht auf den teller!!!!!!!!!!!!! pfui teufel, solche menschen gehören ein-
gesperrt"*
(http://www.einfachtierisch.de/katzen/skandal-in-der-schweiz-katzen-la
nden-auf-dem-teller-id39310/; DK: 420)

*„Sollte man sofort alle für 5 Jahre ins Gefängnis stecken. Die zerstören doch
unser friedliches und auch Tierfreundliches Land. Leider gibt es nicht mehr
viele von diesen „netten" Ländern. Für mich sind die Leute schwer krank im
Kopf, einfach abartig. Sie verraten unser Land du unsere Haustiere."*
(http://www.focus.de/politik/deutschland/haustiere-auf-dem-teller-fdp-
nachwuchs-will-hunde-und-katzen-schlachten_aid_1157309.html;
Stand: 30.9.2014; DK: 262).

Interessant ist in Bezug auf dieses Deutungsmuster die Tatsache, dass sich die Wut beziehungsweise der „Ekel" des Verzehrens von Tieren ausschließlich auf die sogenannten „Haustiere" bezieht. Hier wird insbesondere der normative Aspekt von Deutungsmustern innerhalb eines Diskurses sichtbar. Reproduziert wird hier ein Schema, welches das Verzehren von sogenannten „Haustieren" als stark von der Norm abweichend deutet und bewertet.

## Die sprachliche Dimension der Essbarkeit von Tieren

Eines der häufigsten und prägnantesten Merkmale in Bezug auf die kollektive Unterscheidung der Tiere in legitim essbar und nicht essbar ist die sprachliche Einteilung der Tiere in „Haus"-Tiere beziehungsweise „Nutz"-Tiere. Der kollektive Wissensvorrat beinhaltet die Überzeugung und normative Vorgabe, dass die Tiere, welche als „Haus"-Tiere gelten, nicht essbar sind. Ein Verstoß gegen dieses moralische Gebot wird mit Empörung oder Missgunst geahndet. Hingegen zeigt sich, dass es beim Verzehr von Tieren, welche als „Nutz"-Tiere deklariert werden, zu keinerlei moralischen Bedenken oder Sanktionen durch die Allgemeinheit kommt. Dieses allgemeine Verständnis ist nicht nur durch diese einfache Unterscheidung gekennzeichnet, sondern auch mit konkreten Inhalten gefüllt:

Den unterschiedlichen Tierkategorien werden unterschiedliche Aufgaben, Zwecke und Funktionen zugesprochen. Die sogenannten Nutztiere dienen in diesem Verständnis als Nahrung und werden als Lebensmittellieferant charakterisiert, während sogenannte Haustiere, wie Hunde und Katzen, beispielsweise die Aufgabe des Wächters, Begleiters oder Haus und Hof „schädlingsfrei" zu halten, erfüllen.

> „[...] egal ob Hühner, Schweine, Kühe, Schaf, Hunde oder Katzen. [...]. Jedes Tier hatte seine Aufgabe.
> *Huhn: Eier- und Fleischlieferant*
> *Kuh: Milch. Und Fleischlieferant*
> *Schwein: Müllschlucker und Fleischlieferant*
> *Schaf: Woll- und Fleischlieferant*
> *Katze: Ungeziefer vertreiben*
> *Hund: Hof bewachen"*
> (http://www.derwesten.de/panorama/wochenende/warum-wir-keine-h unde-essen-schizophrenie-der-gewohnheit-id8996951.html; Stand: 30.9.2016; DK: 56)

*„[…]. Es geht […] um die unterschiedlichen Funktionen von Tieren für uns Menschen. Hunde haben in unserer Kultur eine andere Funktion – etwa als Jagdbegleiter, Polizei, Wachhund und insbesondere als Familienmitglied, Begleiter, Kuscheltier […]."*
(http://www.derwesten.de/panorama/wochenende/warum-wir-keine-h unde-essen-schizophrenie-der-gewohnheit-id8996951.html; Stand: 30.9.2016; DK: 48)

*„Man darf auch nicht vergessen[,] das[s] diese Tiere [Schweine; Anmerkung der Autorin] nur diesen einen Zweck haben!"*
(https://www.facebook.com/photo.php?fbid=10152309661008643&set =a.10150256067508643.343437.90035328642&type=1&theater; Stand: 30.9.2016; DK: 243)

*„Ich würde ihn [Hund; Anmerkung der Autorin)] dann essen, wenn er dafür gezüchtet wird."*
(https://www.facebook.com/photo.php?fbid=10152309661008643&set =a.10150256067508643.343437.90035328642&type=1&theater; Stand: 30.9.2016; DK: 248)

*„[…]. Lieber esse ich doch ein Nutztier, was ja nur dafür gezüchtet wurde, anstatt ein Tier, dessen Leben ich unbehelligt lassen kann."*
(https://www.facebook.com/photo.php?fbid=10152309661008643&set =a.10150256067508643.343437.90035328642&type=1&theater; Stand: 30.9.2016; DK: 256)

Diese Zitate veranschaulichen auf eine sehr eindringliche Art und Weise, dass diese Klassifizierung und der zugesprochene Nutzen der „Nutz"-Tiere als unhinterfragt und unveränderbar angesehen werden. Da diese Tiere „nur dafür gezüchtet wurden", wird ihr Verzehr nicht als anstößig oder moralisch fragwürdig betrachtet. Diese für den Verzehr gezüchteten Tiere besitzen im Diskurs keinen anderen Nutzen oder Zweck, als gegessen zu werden. Somit ist das Töten eines solchen Tieres nur die logische Konsequenz im Rahmen dieses Schemas.

Diese Differenzierung der Tiere in „Nutz"- und „Haus"-Tiere führt weiterhin dazu, dass das „Mitgefühl" für „Nutztiere" einfacher ausgeblendet werden kann: Auf der einen Seite durch die inhaltliche Unterscheidung (da sie einen anderen Zweck, eine andere Funktion erfüllen), auf der anderen Seite aber auch durch die sprachliche Differenzierung in „Nutz"- und „Haus" –Tier:

*„Das Ausblenden von Mitgefühl gibt es ja nur in Bezug auf Nutztiere.*
*[…]."*
(http://www.focus.de/gesundheit/ernaehrung/provokante-vegane-these
n-bei-der-dld-women-2013-warum-essen-wir-schweine-und-keine-katze
n_aid_1045351.html; Stand: 30.9.2016; DK: 9)

*„[…]. Und da die meisten mit Nutztieren auch kein Mitleid haben, ist es*
*für die meisten auch kein Problem, sie zu essen. Wenn man ihnen dagegen*
*Hundefleisch auf dem Teller servieren würde, dann würden sie es sofort ab-*
*lehnen, weil sie dann womöglich an ihren eigenen Hund denken, denn sie ja*
*auch niemals als etwas ansehen würden, was man essen kann, sondern eher*
*als Teil der Familie zum liebhaben."*
(http://www.talkteria.de/forum/topic-220116.html; Stand: 30.9.2016;
DK: 423)

*„[…]. Die weltweite Barbarei des Menschen im Umgang mit seinen Mitge-*
*schöpfen muss vermehrt ins Bewusstsein der ignoranten Fleischesser gebracht*
*werden. Dies betrifft auch und vor allem die Tiere, die wir zu „Nutztieren"*
*umbenannt haben, um sie mit weniger schlechtem Gewissen ausbeuten zu*
*ermorden zu können."*
(http://www.tagesanzeiger.ch/schweiz/standard/Schweizer-sollen-keine
-Hunde-und-Katzen-mehr-essen/story/19945914; Stand: 30.9.2016; DK:
90)

Diese sowohl inhaltliche als auch sprachliche Differenzierung ermöglicht
den Verzehr von sogenannten Nutzieren ohne ein schlechtes Gewissen.
Die Differenzierung scheint so tief im gesellschaftlichen Wissensvorrat verankert zu sein, dass die Menschen diese nicht mehr hinterfragen und sie
im Diskurs reproduzieren, ohne sachliche Argumente hervorbringen zu
müssen:

*„[…]. Haustiere sollte man nicht essen. Stalltiere sind was Anderes."*
(http://www.tagesanzeiger.ch/schweiz/standard/Schweizer-sollen-keine
-Hunde-und-Katzen-mehr-essen/story/19945914; DK: Stand: 30.9.2016;
109)

*„Wer nicht zwischen Nutztieren und Haustieren unterscheiden kann und*
*das verzehren von Hund und Katze gutheißt, ist zu bedauern. […]."*
(http://www.tagesanzeiger.ch/schweiz/standard/Schweizer-sollen-keine
-Hunde-und-Katzen-mehr-essen/story/19945914; DK: Stand: 30.9.2016;
124)

„[…]. *Es gibt genug Fleisch von den üblichen Schlacht-Tieren und ich finde,*
*Haustiere sollten nicht gegessen werden. […]. "*
(http://www.tagesanzeiger.ch/schweiz/standard/Schweizer-sollen-keine
-Hunde-und-Katzen-mehr-essen/story/19945914; Stand: 30.9.2016; DK:
121)

## Die rational-logische Dimension der Essbarkeit von Tieren

Als rationale Gründe werden im Folgenden Aspekte bezeichnet, welche
sich weder auf persönliche Erfahrungen durch das soziale Umfeld, noch
auf individuelle Emotionen, noch auf sprachliche Klassifizierungen, die zu
einer Trennung zwischen sogenannten „Nutz-" und „Haustieren" führen,
zurückführen lassen. Diese sind im Wesentlichen zwei Aspekte: Ökonomische Gründe und gesundheitliche beziehungsweise geschmackliche Gründe. Gleichwohl ist anzumerken, dass es sich hier selbstverständlich nicht
um rein objektiv rationale Gründe handelt. Es sind hier eher subjektiv rationale Gründe, das heißt, Argumente, welche zwar „sachliche" (also keine
emotionalen) Argumente liefern, aber natürlich nicht frei von diskursiven
und gesellschaftlichen Erfahrungen sind beziehungsweise die allgemein
geltenden Vorstellungen ebenso aufnehmen und reproduzieren.

Ökonomische Gründe, welche dieses rationale Deutungsmuster mit definieren, beziehen sich vor allem auf die Verfügbarkeit des Fleisches bestimmter Tiere in der jeweiligen Region und die Effizienz der (potenziellen) Produktion des jeweiligen Fleisches (vgl. DK: 9, 10, 17, 24, 59, 285,
293, 295):

> „Die Frage, warum unsere Lebensmittelindustrie kein Interesse an all den
> anderen Tieren unseres Planeten hat, beschäftigt mich auch des Öfteren. Wir
> beschränken uns hier ja meist auf Rind, Schwein und Geflügel. Das kann
> auf die Dauer ziemlich eintönig werden. Dabei gibt es noch so viele andere
> wirklich leckere Tierarten rund um den Globus. Ich sage: Würde unsere Le-
> bensmittelindustrie endlich ihren festgefahrenen Kurs ändern und beginnen,
> den Menschen auch andere Fleischarten schmackhaft zu machen (z. B. durch
> Werbung), dann würde sich auch die „unterschwellige Ideologie" etwas lo-
> ckern. […]. "
> (http://www.focus.de/gesundheit/ernaehrung/provokante-vegane-these
> n-bei-der-dld-women-2013-warum-essen-wir-schweine-und-keine-katze
> n_aid_1045351.html; Stand: 30.9.2014; DK: 9)

*„[…]. Jetzt leben wir in einer kultivierten Zeit und da hat sich eben das Schlachtvieh durchgesetzt, was am meisten Fleisch liefert. […]."*
(http://www.focus.de/gesundheit/ernaehrung/provokante-vegane-these
n-bei-der-dld-women-2013-warum-essen-wir-schweine-und-keine-katze
n_aid_1045351.html; Stand: 30.9.2014; DK: 10)

*„[…]. Es ist eine Frage der Herstellkosten für ein Kilo. Wenn sich das bei zum Beispiel Hunden mehr rechnet als bei Schweinen, spricht nichts gegen Hundezucht als Nahrungsmittel. […]."*
(http://genickbruch.com/vb/showthread.php?t=62074; Stand: 30.9.2014; DK: 293)

Die Argumente für beziehungsweise gegen den Verzehr bestimmten Fleisches, welche hier unter den gesundheitlichen beziehungsweise geschmacklichen Gründen zusammengefasst werden, beinhalten insbesondere Verweise auf die Bekömmlichkeit des jeweiligen Fleisches. Diese Bekömmlichkeit bezieht sich auf der einen Seite auf die rein organische Bekömmlichkeit (Gesundheit) – hier zielen die Aussagen im Diskurs darauf ab, dass das Fleisch von Tieren, die selbst Fleisch essen, weniger bekömmlich für den Menschen sei, da sich Schadstoffe durch die Aufnahme von Aas und totem Tier beim menschlichen Verzehr noch im Körper des Tieres, sprich auch im zu verzehrenden Fleisch, befinden würden. Auf der anderen Seite wird auch die rein geschmackliche Komponente angesprochen. Konsens im Diskurs besteht innerhalb dieses Deutungsmusters: Fleisch, das schmeckt, wird gegessen; Fleisch, das nicht schmeckt, wird nicht gegessen.

### *Die Beständigkeit des moralischen Problems – Töten für den Fleischverzehr*

Als weiteres wiederkehrendes Muster zeichnet sich im Diskurs das moralische Problem des Tötens für den Fleischkonsum ab. Obwohl die Story des Diskurses eigentlich eine andere ist – die legitime Essbarkeit verschiedenen Fleisches – wird dieses moralische Problem der primären Problematik übergeordnet und „schwebt" sozusagen über den Dimensionen der Essbarkeit des Fleisches:

*„[…]. Ob ich töte, um zu essen, obwohl es für eine gesunde Ernährung nicht notwendig ist (wie z. B. bei einem Löwen) und es dadurch nur Luxus darstellt oder wenn ich jemandem die Freiheit nehme und er für mich unter*

*widrigen Bedingungen arbeiten soll, dann sind es keine persönlichen Entscheidungen.“*
(http://www.facebook.com/photo.php?fbid=10152309661008643seta.1
015026067508643.343437.90035328642&type=1&theater; Stand:
30.9.2014; DK 205)

*„[…]. Leider gibt es kein Fleisch von glücklichen Tieren – nur von toten Tieren“*
(http://www.facebook.com/photo.php?fbid=10152309661008643seta.1
015026067508643.343437.90035328642&type=1&theater; Stand:
30.9.2014; DK 201)

*„[…]. Einerseits heißt es „Du sollst nicht töten“. Und dann töten wir Milliarden Tiere, um sie zu essen. […].“*
http://www.focus.de/gesundheit/ernaehrung/provokante-vegane-these
n-bei-der-dld-women-2013-warum-wir-schweine-und-keine-katzen_aid
_1045351.html; Stand: 30.9.2014; DK:1)

Dieses moralische Problem erscheint im Diskurs als äußerst komplex und teilweise diffus. Auch beschränkt es sich nicht auf das Töten für den Fleischkonsum. Ein weiterer, aus dem Diskurs emigrierender Argumentationsstrang basiert auf Rechtfertigungen des Fleischkonsums an sich. Die Interpretationsgrundlage dieses Deutungsmusters liegt nicht in wiederholten Begriffen oder speziellen Argumenten, die den Verzehr vom Fleisch verschiedener Tiere befürworten beziehungsweise ablehnen. Dieses Deutungsmuster leitet sich vielmehr aus wiederholten Mustern des Ausweichens der eigentlichen Frage (warum nicht jedes Fleisch gegessen wird) ab (vgl. DK: 8, 12, 13, 14, 36, 201, 455).

*„[…]. Wir sind Allesfresser, weil wir darauf angewiesen sind. […].“*
(http://www.focus.de/gesundheit/ernaehrung/provokante-vegane-these
n-bei-der-dld-women-2013-warum-essen-wir-schweine-und-keine-katze
n_aid_1045351.html; DK: 12)

*„Der Mensch besitzt Eckzähne, also Reißzähne: Er ist also offensichtlich genetisch als Fleischesser gedacht. […].“*
(http://www.focus.de/gesundheit/ernaehrung/provokante-vegane-these
n-bei-der-dld-women-2013-warum-essen-wir-schweine-und-keine-katze
n_aid_1045351.html; DK: 13)

Ebenso wie diese beiden Zitate zielen auch die anderen Aussagen, welche diesem Deutungsmuster zugeordnet werden, auf die Rechtfertigung des Fleischkonsums durch physische beziehungsweise evolutionäre Faktoren ab. Wichtig wird dieses Argument im Zusammenhang mit der Frage, warum wir nicht jedes Fleisch essen, allein dadurch, weil es eben nicht auf diese Frage antwortet. Es weicht dieser Frage aus und lenkt von dieser Frage ab. Daraus ableiten lässt sich die Tatsache, dass der Mensch keine begründbare Antwort auf diese Frage zu bieten hat und sich des widersprüchlichen Umgangs mit dem Verzehr der Tiere unterschwellig bewusst ist. Aufgrund des Faktums, dass er selbst durch die Beschäftigung und durch die Konfrontation mit dieser Frage einen moralischen Widerspruch in seinen eigenen Handlungsweisen feststellen muss und diesen nicht der Öffentlichkeit preisgeben will, weicht er der Frage aus und rechtfertigt den Konsum des Fleisches der allgemein als essbar gehandelten Tiere. Auch diese Aussagen reproduzieren diskursiv die Konstruktion der Essbarkeit unterschiedlicher Tiere. Die Frage, warum gerade die Tiere, die von der Mehrheit der Gesellschaft gegessen werden, als essbar erachtet werden, bleibt ungeklärt. Aber gerade durch die Rechtfertigung des Konsums dieses Fleisches reproduziert sich ein Bild der Notwendigkeit des Verzehrs von Fleisch.

*Transformation und Modifikation der traditionellen Wissensordnung*

Grundsätzlich zeigt sich im Diskurs, dass die Akteure unter Rekurs auf die ihm immanente Wissensordnung diese nicht nur reproduzieren. Einige wenige Diskursteilnehmer*innen stellen die traditionelle Wissensordnung über die Essbarkeit der Tiere dadurch infrage, dass sie die vorhandenen Strukturen durch eine Transformation beziehungsweise Modifikation der Wissensordnung aufbrechen. Inhaltlich bedeutet dies, dass es sich um willkürliche Differenzierungen handelt und in Bezug auf die Essbarkeit der verschiedenen Tiere kein wesentlicher Unterschied besteht, sondern dieser allein durch die unterschiedliche Konstruktion der Tierbilder existiert. Diese Struktur folgt argumentativ nicht den bestehenden Strukturen, sondern produziert neue, den bestehenden Mustern entgegengesetzte Argumente:

> „Also ich bemühe mich[,] kein Fleisch zu essen einfach aus ethischen Gründen. Wenn ich Fleisch esse, mache ich da aber keinen Unterschied. Ein Pferd hat für mich das gleiche Recht auf Leben wie eine Kuh oder eine Katze. Es ist völlig egal, was für ein Tier hinter dem Fleisch steht. Im Grunde ist es schade um jedes und es ist mir ein Rätsel[,] wie man sich massenhaft Rind reinhauen kann, aber mit dem Finger auf jemanden Zeigt, der Kaninchen oder Pferd isst. Meiner Meinung nach ist das Doppelmoral. […]."
> (http://www.tierforum.de/t169034-esst-ihr-jedes-fleisch.html; DK: 194)

*„Sich über den Verzehr von Hunde- und Katzenfleisch aufzuregen und dann bedenkenlos zum Wiesenhof-Hühnchen zu greifen, ist schon etwas schizophren. Beides sind schmerz- und leidensfähige Tiere. Bei den einen nimmt man Qual billigend in Kauf, die anderen umhätschelt man. An sich sollte die Aktion der FDP, die sicher anders gemeint war („freies Fressen für freie Bürger"), dazu anregen, mal die eigenen Konsumgewohnheiten zu überdenken...."*

(http://www.mopo.de/nachrichten/mopo-aktion-probieren-sie-doch-mal-hundefleisch-,5067140,25027122.html; DK: 395)

*„Ich denke es ist genau dieser Gedanke [„Fleisch ist Fleisch"; Anmerkung der Autorin) den man begreifen muss, um sicher entscheiden zu können, ob es nun ok ist, Tiere zu essen oder nicht.*
*Jedes einzelne Tier ist gleichermaßen wertvoll. Jedes Leben sollte man einen gewissen Respekt entgegenbringen. Das bedeutet eben auch, dass man keine Artengrenze zieht und keinen Unterschied macht, welche Art man nun isst oder nicht (Geschmack mal außen vor), sondern in den Vordergrund stellt, dass dieses eine Tier[,] das man isst[,] gut gelebt hat.*
*Wenn man es nicht über sich bringt, einen Hund oder ein Pferd zu essen, dann doch bitte auch kein Schwein, Rind oder Pute. Würde ich so handeln, hätte ich stets das Gefühl[,] Verrat an mir selbst zu begehen und auch an meinen Haustieren neben mir. [...]."*

(http://www.tierforum.de/t169034-esst-ihr-jedes-fleisch.html; DK: 166)

*„Und was unterscheidet Hunde- und Katzenfleisch von Kaninchen, Lamm, Rind etc.? Im Grunde doch gar nichts, außer die Verlogenheit des Menschen zu glauben, dass es da einen Unterschied gibt. Widerlich."*

(http://www.mopo.de/nachrichten/mopo-aktion-probieren-sie-doch-mal-hundefleisch-,5067140,25027122.html; DK: 393)

Zu erkennen ist ein großes Unverständnis in Bezug auf die soziokulturelle Klassifizierung der Tiere in legitim essbar und nicht legitim essbar. Gleichzeitig bieten sie mit den Ansätzen der konkurrierenden Wissensordnung eine Möglichkeit zur Auslösung des moralischen Problems des Tötens.

Die Aufschlüsselung der Dimensionen im Diskurs hat gezeigt, dass vor allem zwei Muster zu erkennen sind (Reproduktion/Modifizierung). Beide Muster implizieren jeweils unterschiedliche Werte, die durch den Diskurs vermittelt werden. Auf der Seite der Reproduktion sind es Werte, wie Tradition, Gewohnheit, Familienzugehörigkeit und Kultur. Dagegen handelt es sich auf der Seite der Modifizierung des Wissens um Werte, wie Moral, Ethik, Gleichheit, Empathie, Verbundenheit, Respekt vor dem Leben und Friedfertigkeit:

*„Um es nochmal auf den Punkt zu bringen und zu vereinfachen:*
*Man kann über Ethik und Moral lange und bezüglich ganz unterschiedlicher Aspekte philosophieren.*
*Wir reden hier aber von Tierrechten und da sind die Zusammenhänge ganz einfach:*
*Wir brauchen für Tierrechte nämlich keine neue Ethik (deshalb ist das auch keine Frage der Meinung), sondern Tierrechte leiten sich von der zurzeit mehrheitlich akzeptierten Ethik und Moral ab.*
*Es ist ein wesentlicher Grundsatz unserer Moralvorstellung, dass man keine willkürlichen Diskriminierungen vornimmt, oder gar grundlos tötet.*
*Allerdings unterscheiden wir dabei sehr streng zwischen Menschen und Tieren – diese Unterscheidung wird aber nur aufgrund überalterter Traditionen und objektiv falschen Annahmen gemacht.*
*Kurzum: Tierrechtler fordern keine neue Ethik und Moral, sondern weisen nur auf einen „Anwendungsfehler" in der bereits längst mehrheitlich akzeptierten Ethik und Moral hin......*
*Beispiele in der Geschichte der Menschheit verdeutlichen geradezu überdeutlich[,] was damit gemeint ist und wie zukünftige Generationen über die heutige Epoche einmal urteilen werden."*
(https://www.facebook.com/photo.php?fbid=10152309661008643&set =a.10150256067508643.343437.90035328642&type=1&theater; DK: 212)

*Resümee*

Die Analyse hat gezeigt, dass es keine willkürliche und im Rahmen der existenten sozialen Realitäten keine widersprüchliche Praxis ist, als bekennender Tierfreund Fleisch von Tieren zu essen. Diese augenscheinlich widersprüchliche Praxis ist die Konsequenz der Wissensordnung, welche durch den Diskurs über die legitime und nicht legitime Essbarkeit vermittelt wird. Diese soziale Realität, welche der Diskurs produziert und reproduziert, beinhaltet eine klare, sowohl sprachliche als auch faktische Differenzierung zwischen den sogenannten „Haus"-Tieren und „Nutz"-Tieren. In dieser Realität existieren tiefgreifende Unterschiede zwischen den beiden Tierformen, welche sich insbesondere in ihrer legitimen Essbarkeit zeigen. Das „Nutz"-Tier ist charakterisiert durch und wird beschränkt auf seinen Nutzen, welcher in erster Linie in seiner Funktion als Nahrungsmittellieferant begründet liegt. Diese sprachliche Zuspitzung in seiner Betitelung als „Nutz"-Tier ermöglicht das Ausklammern der Subjektivität und der Empfindsamkeit des Tieres. An dieser Stelle wird die konstruierende Wirkung der Sprache im besonderen Maße sichtbar. Hingegen wird durch den Begriff des „Haus"-Tieres ein engeres Verhältnis zu einem Tier impliziert, da es im Haus lebt und das Tier in die Familie integriert werden kann.

Doch nicht nur diese unterschiedliche Betitelung ist Bestandteil der Wissensordnung, die zu der alltäglichen Praxis führt. Die soziale Konstruktion der unterschiedlichen Tierbilder und die Klassifizierung der Tiere in legitim essbar und nicht legitim essbar basieren vor allem auf kulturell bedingten Denkmustern und daraus resultierenden Praktiken. Die Vorstellungen von der legitimen Essbarkeit von Tieren rekurrieren auf spezifische Normen, Werte und Moral (z. B. die Beziehung zu einem Tier als Kriterium seiner Essbarkeit), die durch familiale und gesellschaftliche Sozialisation vermittelt und reproduziert werden. Diese Moral wird durch den Diskurs kommuniziert.

Das bedeutet aber auch, dass die Produktion neuer Wissensordnungen beziehungsweise der Modifizierung der alten Wissensordnungen und damit auch die Erzeugung neuer sozialer Realitäten möglich und im Diskurs beobachtbar sind. Die Denkmuster, die daraus resultierenden Praktiken und Realitäten, welche sich auf die legitime und nicht legitime Essbarkeit von Tieren beziehen, sind zwar für den Großteil der Gesellschaft Bestandteil des Alltagswissens und handlungsleitend, aber nicht universell und unveränderbar gültig. Der Großteil der Gesellschaft orientiert sich an diesem Alltagswissen, welches die unterschiedlichsten Kriterien zur Entscheidung über die legitime Essbarkeit von Tieren bereitstellt. Dennoch existieren auch ein komplementäres Denkmuster und damit verbundene Realitäten und Wissensordnungen, welche die Kriterien aus der bestehenden Wissensordnung infrage stellen und eine neue Wissensordnung produzieren.

Diese beinhaltet, dass keine logischen Kriterien für die legitime oder nicht legitime Essbarkeit von Tieren existieren. Ihr Inhalt fordert eine Gleichstellung der Tiere und die Auflösung der Kategorien „Haus"-Tier und „Nutz"-Tier. Dies kann sowohl zu der Praxis führen, dass für alle Tiere eine legitime Essbarkeit besteht, als auch dazu, dass gar keine legitime Essbarkeit für irgendein Tier existiert. Möglich sind beide Praktiken, aber im Diskurs überwiegt für diese neue, modifizierende Wissensordnung die Tendenz zur zweiten Praktik, dass jedes Tier ein Recht auf Leben besitzt und die Moral gegen das Töten von Tieren spricht und somit auch gegen ihren Verzehr.

Nicht geklärt werden konnte durch die Analyse, welche der beiden konkurrierenden Wissensordnungen sich auf die Dauer durchsetzen wird. Aktuell besitzt noch die alte, traditionelle Wissensordnung deutlichen Vorrang im Diskurs und es existiert nur eine Minderheit, welche die bestehende Wissensordnung anzweifelt und versucht, neues Wissen zu produzieren. Somit bleibt es offen, ob sich diese Wissensordnung weiter durchsetzt, und ist für die weitere Diskursforschung durchaus spannend, da hier eine Verschiebung oder die Produktion einer neuen Wissensordnung beobachtbar wird (wie z. B. die Ausbreitung der veganen Gerichte in Mensen und Kantinen, die Etablierung von Supermärkten, welche gänzlich auf tierische Produkte verzichten, die Aufnahme veganer Schuhkollektionen von bekannten Modemarken).

## *Literaturverzeichnis*

Berger, Peter L./Luckmann, Thomas (1969): Die gesellschaftliche Konstruktion der Wirklichkeit. Eine Theorie der Wissenssoziologie. Mit einer Einleitung zur deutschen Ausgabe von Helmuth Plessner. Übersetzt von Monika Plessner. Frankfurt/Main: Fischer Taschenbuch Verlag.

Buschka, Sonja/Rouamba, Jasmine (2013): Hirnloser Affe, blöder Hund? 'Geist' als sozial konstruiertes Unterscheidungsmerkmal, in: Pfau-Effinger, Birgit/Buschka, Sonja (Hrsg.): Gesellschaft und Tiere. Soziologische Analysen eines ambivalenten Verhältnisses, Wiesbaden: VS Verlag für Sozialwissenschaften. S. 23-56.

DeMello, Margo (2012): Animals and Society. An Introduction to Human-Animal Studies. Columbia: University Press.

Eder, Klaus (1988): Die Vergesellschaftung der Natur. Studien zur sozialen Evolution der praktischen Vernunft. Frankfurt: Suhrkamp.

Fiddes, Nick (2001): Fleisch. Symbol der Macht. 3. Aufl., Frankfurt: Zweitausendeins.

Galanova, Olga / Vivien Sommer (2011): Neue Forschungsfelder im Netz. Erhebung, Archivierung und Analyse von Online-Diskursen als digitale Daten. In: Schomburg, Silke / Leggewie, Claus / Lobin, Henning und Cornelius Puschmann: Digitale Wissenschaft. Stand und Entwicklung digital vernetzter Forschung in Deutschland. Köln: S. 169-178.

Geiger, Theodor (1931): Das Tier als geselliges Objekt. In: Legewie, Hermann (Hrsg.): Arbeiten zur biologischen Grundlegung der Soziologie. Leipzig: Hirschfeld. S. 283-307.

Jager, Siegfried (1996): Die Wirklichkeit ist diskursiv. Vortrag auf dem DISS-Sommer-Workshop vom 13.-15. Juni 1996 in Lünen

Keller, Reiner (2005): Wissenssoziologische Diskursanalyse. Grundlegung eines Forschungsprogramms. Wiesbaden: VS Verlag für Sozialwissenschaften.

Knoth, Esther (2008): Die Beziehung vom Menschen zum Heimtier. Zwischen Anthropozentrismus und Individualisierung – ein Gegensatz? In: Modelmog, Ilse/Lengersdorf, Diana/Motakef, Mona (Hg.): Annäherung und Grenzüberschreitung: Konvergenzen Gesten Verortungen. Sonderband 1 der Schriften des Essener Kollegs für Geschlechterforschung, online einsehbar unter: https://www.uni-due.de/imperia/md/content/ekfg/sb_knoth.pdf (Stand: 20.2.2014).

Leach, Edmund (1972): Anthropologische Aspekte der Sprache: Tierkategorien und Schimpfwörter. In: Lenneberg, Erich H. (1972): Neue Perspektiven in der Erforschung der Sprache. Frankfurt a. M: Suhrkamp. S. 32-73.

Simmel, Georg (1957) Soziologie der Mahlzeit. In: Simmel, Georg (Hrsg.): Brücke und Tür. Stuttgart: Köhler. S. 243-250.

Stewart, Kate/Cole, Matthew (2009): The conceptual separation of food and animals in childhood. In: Food, Culture and Society. Reihe 12, Nr. 4: S. 457-476.

Wiedenmann, Rainer E. (2002): Die Tiere der Gesellschaft: Studien zur Soziologie und Semantik von Mensch-Tier-Beziehungen. Konstanz: UVK.

Wiedenmann, Rainer E. (2005): Geliebte, gepeinigte Kreatur. Überlegungen zu Ambivalenzen spät- moderner Mensch-Tier-Beziehungen. In: Forschung & Lehre, Reihe 12, Nr. 6: S. 298-300.

*Internetquellen*

VEBU (2016): Vegetarierbund Deutschland. https://vebu.de/ (Stand: 1.12.2016)

# 'Frikadellenkrieg' – Schweinefleischkonsum als biopolitisches Regulierungsinstrument des Neo-Rassismus

*Larissa Deppisch*

Am 1. März 2016 reichten Abgeordnete der CDU einen Antrag im Schleswig-Holsteiner Landtag ein, der die Landesregierung dazu aufforderte, „sich dafür einzusetzen, dass Schweinefleisch auch weiterhin im Nahrungsmittelangebot sowohl öffentlicher Kantinen als auch in Kitas und Schulen erhalten bleibt" (Schleswig-Holsteiner Landtag 2016: Drucksache 18/3947(neu)). Grund der Besorgnis der CDU-Fraktion sei die Beschneidung der freien Entscheidung der allgemeinen Mehrheit „aus falsch verstandener Rücksichtnahme" (ebd.) etwa gegenüber einer religiösen Minderheit. Dies bringt die subtile Regressivität dieses Vorhabens zum Ausdruck und bestärkt, dass der Trend zur Islamophobie zunehmend auch von der Mitte der Gesellschaft getragen wird (vgl. Decker et al. 2016: 50).

Was in der deutschen Politik Spott und Kritik auf sich zog (vgl. Hebel 2016), war in Dänemark zu diesem Zeitpunkt bereits Realität (vgl. Przibylla 2016). Mit 16 zu 15 Stimmen wurde dort im Januar 2016 die Schweinefleischpflicht in allen öffentlichen Kantinen der Kommune Randers eingeführt – initiiert von der liberalen Venstre sowie der rechtspopulistischen Dansk Folkeparti, welche auf Platz zwei der dänischen Parteienlandschaft rangiert (vgl. Randers Kommune: Forslag fra Frank Nørgaard, Dansk Folkeparti og Venstre, vedr. madordning i kommunale institutioner, Kückmann 2016). Die dänische Debatte um die Schweinefleischpflicht reicht bis ins Jahr 2013 zurück, in dem bereits 30 von 1.719 Kindertagesstätten Dänemarks ihre Menüs schweinefleischlos gestalteten (vgl. Langer 2016). In der Vergangenheit setzten sich nicht nur rechte und liberale, sondern auch sozialdemokratische Parteien für Schweinefleisch auf dänischen Tellern ein (vgl. Schmiester 2016) und auch heute unterstützt mit 60 zu 40 Prozent die Mehrheit der dänischen Bevölkerung diese Forderung (vgl. Wäschenbach 2016b). „Nur knapp jeder Fünfte wäre überhaupt nicht einverstanden" (Neue Osnabrücker Zeitung 2016: 25).

Vor diesem Hintergrund möchte ich im Folgenden auf den Diskurs um die Schweinefleischpflicht in Randers eingehen, welche Modell für das Unterfangen der CDU stand. Während der Gesetzestext mit der genauen Wortwahl Interpretationsspielraum lässt, bettet der populär-mediale Diskurs diesen in konkrete Argumentationsmuster ein. Mit Michel Foucaults methodischen Werkzeugen der Diskursanalyse sowie dessen Konzepten von Rassismus und Biopolitik möchte ich mich den Fragen widmen, welche Strategien der Diskurs um die Schweinefleischpflicht verfolgt und ob dieser eine Fortsetzung des Rasse-Diskurses (nach Foucault) darstellt. Dafür werde ich sowohl das Biopolitikkonzept und den Rassismusbegriff Foucaults erläutern als auch die Ergebnisse Foucaults historischer Analyse der Rasse(n)-Diskurse umreißen, um anschließend die Untersuchung des Diskurses um die Schweinefleischpflicht diesbezüglich einzuordnen. Inhaltlich stehen hier das Motiv der Rasse, die Rolle des Gesetzes, des Staates und die damit zusammenhängende spezifische Machtform und Regulierungstechnik im Zentrum sowie die zentralen Strategien, welche dieser Diskurs verfolgt.

Unter einem 'Diskurs' versteht Foucault eine historisch spezifische Gesamtheit aller effektiven Aussagen. Damit ist ein Konglomerat von Aussagen gemeint, welches in einem bestimmten Zeitraum als wahr anerkannt wird. Diese Bereiche des Sagbaren sind nicht statisch festgeschrieben, sondern unterliegen stets der Veränderung oder/und Reproduktion (vgl. Foucault 2013: 500 f.).[1]

Um die Entwicklung von Diskursen im zeitlich größeren Maßstab zu erfassen, wird die Veränderung der dem Diskurs innewohnenden Regelmäßigkeit analysiert. Dieses System der Aussagenstreuung wird als „diskursive Formation" (ebd.: 512) bezeichnet, welche auf ein Beziehungsgeflecht verweist, das die Nutzung bestimmter Begriffe, Gegenstände und Äußerungen wahrscheinlicher macht als die Nutzung anderer (ebd.: 552). Dies bedeutet allerdings nicht, dass alle Aussagen, die sagbar sind, auch tatsächlich gesagt werden. Vielmehr ist das, was letztendlich an die Oberfläche des Diskurses dringt, eine strategische Auswahl an Aussagen aus dem Bereich des Sagbaren (ebd.: 544).

Foucault bietet für die Analyse von Diskursen zahlreiche Instrumente an, wobei ich mich auf einen für meine Untersuchung benötigten Bruchteil davon beschränken werde. Die Grundlage bildet die Beschreibung der Strategien, der Organisation des Aussagenfeldes anhand der sich formierenden Aussagegruppen, wobei auch im Widerspruch stehende Aussagegruppen im selben Diskurs koexistieren können (ebd.: 532 f.). Daran an-

---

1 Meine Ausführungen zum Machtverständnis Foucaults wurden in Teilen und in ähnlicher Formulierung aus meiner Masterarbeit „Gesellschaftliche Naturverhältnisse – Netzwerke aus Cyborgs, Aliens und anderen Monstern" entnommen, welche im Jahre 2017 an der Goethe-Universität Frankfurt am Main entstanden ist.

schließend folgt die Bestimmung möglicher Bruchpunkte des Diskurses und des damit einhergehenden Wandels diskursiver Strategien (ebd.: 542). Dabei kennzeichnen „Aussagen, die nicht mehr zugelassen und nicht diskutiert werden, die infolgedessen kein Korpus von Wahrheiten oder ein Gültigkeitsgebiet definieren" (ebd.: 534) das Erinnerungsgebiet des Diskurses.

Es ist umstritten, ob Foucaults Beitrag zur Rassismusanalyse und dessen Konzept der Biopolitik die aktuelle Form, die der Rassismus im Spannungsfeld zwischen biologischen und kulturellen Kategorisierungen angenommen hat – der sogenannte 'Neo-Rassismus' – fassen kann. Auf der einen Seite der Debatte um den Neo-Rassismus steht eine klare Trennung zwischen kulturellem und biologischem Rassismus. Letzterer bezieht sich auf „körperliche Merkmale zur Klassifizierung bestimmter Bevölkerungsgruppen" (Hall 1989: 913). Kultureller Rassismus greift hingegen zum selbigen Zweck auf die Bewertung von Fähigkeiten, Lebens- und Verhaltensweisen zurück (ebd.: 917). Während diese Position für eine Ablösung des biopolitischen Rassediskurses nach Foucault spricht, ist dieser aus einer konträren Perspektive durchaus anschlussfähig.

Auf der anderen Seite befindet sich die These, dass es sich im Rahmen neo-rassistischer Diskurse bei den Begrifflichkeiten 'Kultur' und 'Rasse' keineswegs um zwei voneinander entfernte Extreme handelt. Vielmehr schließt dort der Begriff der „'Kultur' die Vorstellung einer 'biologischen Gemeinschaft'" (Magiros 1995: 123) bereits ein oder hat diese zur Grundlage. Kultur spielt hier die Rolle „einer externen Regulierungsform des 'Lebendigen'" (Balibar 1992: 35), der Reproduktion, der Leistungen und der Gesundheit der Bevölkerung.

Positionsübergreifend besteht Einigkeit darüber, dass zentrale Motive biologisch-rassistischer Diskurse im neo-rassistischen erhalten bleiben. Der Kulturbegriff tritt zwar an die Stelle des Rassebegriffs, ersetzt dessen Rolle jedoch äquivalent und erhält damit die Funktionsweise des biologisch-rassistischen Diskurses: Die strikte Fixierung einer Unterteilung der Gesellschaft in antagonistische Gruppen im Kampf gegen die Vermischung, ganz gleich ob kultureller oder biologischer Art (vgl. Balibar 1992: 28; Magiros 2006: 336; Hall 1989: 921; Signer 1997: 157 f.). Auch vor diesem Hintergrund fiel meine Wahl auf den foucaultschen Ansatz, um aus einem sozialwissenschaftlichen Erkenntnisinteresse heraus dessen Aktualität auf die Probe zu stellen.

Wem die Terminologie der Machtanalytik Foucaults sowie dessen Untersuchung der Rasse(n)-Diskurse bekannt sind, kann die folgenden beiden Abschnitte überspringen und gleich zum Ergebnisteil vorstoßen. Um Transparenz und Verständlichkeit hinsichtlich des Vorgehens zu schaffen,

werde ich im Folgenden auf Foucaults Verständnis von Macht(-beziehun-
gen), auf das Verhältnis zwischen Biopolitik und Rassismus sowie auf die
Ergebnisse Foucaults eigener Analyse der Rasse(n)-Diskurse eingehen.

## Das Recht zu töten in einer Zeit des Lebenmachens

Unter Macht versteht Foucault im Allgemeinen eine Handlung, die auf
das potenzielle Handlungsfeld anderer (wie etwa Personen oder Diskurse)
einwirkt und das Eintreten bestimmter Handlungen wahrscheinlicher
macht als das Eintreten anderer. Macht wird hier als Kräfteverhältnis gedacht, welches im Vollzug selbst existiert und somit weder an eine Person
gegeben noch von einer Person besessen werden kann (vgl. Foucault
2005b: 286; Foucault 2001a: 28-32). Spricht Foucault von Macht, so ist stets
eine Machtbeziehung gemeint (vgl. Foucault 2005a: 889 f.).

Foucault beschreibt im Rahmen seiner historischen Analyse verschiedene Phasen, für die jeweils unterschiedliche Machtformen kennzeichnend
sind. Mit dem gesellschaftlichen Wandel, der Industrialisierung und dem
rasanten Wachstum der Bevölkerung geht eine Transformation der Machtform einher, von der Souveränitätsmacht zur Biomacht/-politik. Die Souveränitätsmacht findet ihre Anfänge im 17. Jahrhundert und steht schließlich im 19. Jahrhundert in voller Blüte (vgl. Foucault 1977: 168; Foucault
2001b: 284 f., 288). Vereinnahmte einst die Souveränitätsmacht den Tod,
so stellt das Leben nun den primären Bezugspunkt der Biomacht/-politik
dar. Das neue Recht verfährt dementsprechend nach dem Prinzip, „leben
zu machen und sterben zu lassen" (Foucault 2001b: 284). Der Tod befindet
sich nun nicht mehr im Bereich des Zugriffs, sondern stellt vielmehr dessen Grenze dar (Foucault 1977: 165). Anstelle der repressiven Macht, der
Hemmung und Vernichtung tritt nun eine produktive Macht, welche Leben hervorbringt, fördert, dieses verwaltet und ordnet (ebd.: 163). Die Ab-
schöpfungsfunktion, welche im Rahmen der Souveränitätsmacht eine zentrale Rolle einnahm (ebd.: 162), geht dabei nicht verloren, tritt aber in
ihrer Bedeutung zurück. Sie wird vielmehr ein Zweck unter vielen, wie etwa „Anreizung, Verstärkung, Kontrolle, Überwachung, Steigerung und
Organisation" (ebd.: 163) von Kräften.

Die neue Machtform ist Foucault zufolge in zwei Kategorien zu unter-
gliedern, welche auf unterschiedlichen Ebenen auf das Leben zugreifen,
zugleich aber auch miteinander verbunden sind. Unter Biomacht versteht
Foucault Disziplinartechniken, welche auf die Dressur der individuellen
Körper abzielen (ebd.: 166), die allerdings in dieser Arbeit nicht von Relevanz sind. Biopolitik wirkt hingegen auf der Ebene des kollektiven Kör-

pers, wobei sich diesbezügliche Machttechniken biologischen Prozesshaftigkeiten der Bevölkerung (in diesem Sinne auch gedacht als 'Gattung') widmen. Sie zielen auf die Förderung und „vollständige Durchsetzung des Lebens" (Foucault 1977: 166) sowie dessen Optimierung ab (Foucault 2001b: 290). Das Gesundheitsniveau, aber auch die Fortpflanzungs-, Geburten- und Sterblichkeitsrate sowie die Lebensdauer stellen in diesem Zusammenhang die entscheidenden Indikatoren und Anknüpfungspunkte biopolitischer Instrumente dar (Foucault 1977: 166). Dementsprechend entfaltet Biopolitik ihre Wirkungskraft über diejenigen Regulierungstechniken, „die von nun an den Körper, die Gesundheit, die Ernährung, das Wohnen, die Lebensbedingungen und den gesamten Raum der Existenz besetzen" (ebd.: 171). Dem Wandel der Machtform entsprechend, verändert sich auch die Rolle des Gesetzes: Weg von einer Repressionsfunktion zugunsten des Souveräns hin zu einem Verwaltungsinstrument. Dieses trägt dazu bei, „das Lebende in einem Bereich von Wert und Nutzen zu organisieren" (ebd.) und die Subjekte an einer entsprechenden Norm auszurichten (ebd.: 172), so etwa auch ihre Verhaltensweisen (vgl. Foucault 2001b: 296).

Obwohl die Grundprinzipien der Biomacht/-politik die Optimierung und Förderung des Lebens sind, wird das Recht zu töten trotzdem beansprucht – so auch insbesondere vom modernen Staat (Foucault 2001b: 300 f.). Unter 'zu töten' versteht Foucault nicht nur den direkten Mord, sondern auch indirekte Formen des Tötens, wie etwa „jemanden der Gefahr des Todes aus[zu]liefern, für bestimmte Leute das Todesrisiko oder ganz einfach den politischen Tod, die Vertreibung, Abschiebung usw. [zu] erhöhen" (ebd.: 303). Dieses Moment des Tötens als Teil von Biomacht/-politik bezeichnet Foucault als Rassismus. Im Gegensatz zur Souveränitätsmacht liegt diesem jedoch ein anderer Zweck zugrunde. Laut Foucault erfüllt der Rassismus zwei Funktionen: Zum einen die Einführung einer Aufteilung der Gattung in den Bereich, der leben, und in den, der sterben muss. Die Bevölkerung wird also fragmentiert, in Untergruppen aufgeteilt, wobei die einen auf- und die anderen abgewertet werden (ebd.: 301). Zum anderen führt der Rassismus eine neue Logik des Tötens ein. Töten hat hier den Zweck, leben zu machen: Je mehr minderwertige Gruppen „im Verschwinden begriffen sind, je mehr anormale Individuen vernichtet werden, desto besser werde ich – nicht als Individuum, sondern als Gattung – leben, stark sein" (ebd.: 302). In diesem Sinne ist Rassismus sowohl für den modernen, biopolitisch agierenden Staat konzeptionell unumgänglich, sobald dieser vom Recht zu töten Gebrauch macht, als auch, damit das Töten in der Normalisierungsgesellschaft allgemein akzeptiert wird (ebd.).

## Vom Rassenkrieg zum Kampf um das Leben

Um zu bestimmen, ob es sich beim Diskurs um die Schweinefleischpflicht zum einen überhaupt um einen Rassediskurs und zum anderen um eine Transformation oder Weiterführung eines bestehenden Rassediskurses handelt, werde ich im Folgenden Foucaults Analyse der Entwicklung der diskursiven Formationen der Rasse(n)-Diskurse überblicksartig anführen.

Der erste Diskurs über die Gesellschaft, in dem das Motiv der Rasse auftaucht, ist ein historisch-politischer Diskurs, der im 16./17. Jahrhundert entsteht und einen den Souverän glorifizierenden und stützenden Diskurs ablöst (Foucault 1986b: 29; Foucault 1986a: 10, 24). Dieser sowohl bürgerliche als auch aristokratisch geführte Rassendiskurs stellt die absolutistische Monarchie gänzlich infrage (Foucault 1986a: 10): „Es ist ein Diskurs, der im Grunde dem König den Kopf abschlägt" (ebd.: 24) und die Identifikation des Volkes beziehungsweise der Nation mit dem Monarchen beziehungsweise dem Souverän auflöst (Foucault 1986b: 33).

„Krieg als dauernde soziale Beziehung" (Foucault 1986a: 10) spielt in diesem Diskurs eine zentrale Rolle – auch hinsichtlich des Rassemotivs (ebd.: 24). So ist an dieser Stelle von einem 'Rassenkrieg' die Rede, bei dem der Gesellschaftskörper in zwei Rassen untergliedert ist, welche miteinander um den Sieg der einen über die andere ringen (ebd.: 25). Rasse wird (noch) nicht biologisch gedacht, sondern mythisch-religiös hergeleitet. Eine Rasse blickt in diesem Sinne auf eine gemeinsame Geschichte zurück (Foucault 1986b: 36). Es handelt sich also nicht um eine biologische, sondern vielmehr um eine „historisch-politische Spaltung" (ebd.: 44) in Rassen, welche sich durch verschiedene Merkmale (wie die Herkunft, die ursprüngliche Sprache, aber auch die Religion) unterscheiden. Allein durch die kriegerische Eroberung der einen durch die andere Rasse finden diese beiden Gruppen eine politische Einheit (Staat/Nation), was allerdings weder eine Gleichberechtigung noch eine kulturelle Einheit impliziert. Im Gegenteil: „Man spricht also [dann] von zwei Rassen, wenn es zwei Gruppen gibt, die sich trotz ihres Zusammenlebens nicht vermischt haben: aufgrund von Differenzen, von Asymmetrien, von Barrieren, die auf Privilegien, auf Sitten und Rechte, auf die Verteilung der Vermögen und auf die Weise der Machtausübung zurückzuführen sind" (ebd.: 45).

Die diskursive Strategie, welche sich im Rahmen dieses Rassendiskurses abzeichnet, ist gänzlich darauf ausgerichtet, den Sieg der einen und die Unterwerfung der anderen Rasse aufrechtzuerhalten (Foucault 1986a: 17 f.). Auch das Recht der Rasse, welches sich in Form des Gesetzes manifestiert, ist in diese Logik des Diskurses, die Logik der Unterwerfung der Eroberten eingeschrieben. So entsteht das Gesetz „aus wirklichen Schlachten, aus Siegen, aus Eroberungen mit ihren Schandtaten und ihren Schreckenshelden" (ebd.: 11).

Foucault verortet einen markanten Bruchpunkt des Rasse(n)-Diskurses im 19. Jahrhundert. Dort erfährt die diskursive Formation des historisch-politischen Rassendiskurses eine entscheidende Transformation, welche sich entlang des Wandels zentraler Begrifflichkeiten und Aussagen nachzeichnen lässt. So ist nun nicht mehr von Rassen (im Plural) die Rede, die stets im Kampf um die Oberhand stehen. Stattdessen spricht der Diskurs von der Rasse (im Singular) (Foucault 1986b: 51). Dies verweist auf einen veränderten Bezugsrahmen des Rassebegriffs – weg vom historisch-politischen hin zum biologisch-medizinischen. Anstelle antagonistischer Rassen tritt eine Gesellschaft, welche eine biologische Einheit bildet. Diesbezüglich erhält auch der Kampf einen neuen, einen biopolitischen Sinnzusammenhang – weg vom Eroberungskrieg hin zum Kampf um das Leben. Die Bedrohung der Rasse stellt also nicht eine andere Rasse dar, sondern „heterogene Elemente" (ebd.: 49), die in den Gesellschaftskörper eindringen und das optimale Leben, die „Reinheit der Rasse" (ebd.), bedrohen. Gemeint sind „die Fremden, die sich eingeschlichen haben; [...] die Abweichenden; [...] die Nebenprodukte dieser Gesellschaft" (ebd.).

An dieser Stelle wird die rassistische Strategie dieses Diskurses deutlich. Die Gesellschaft wird in Gruppen unterteilt: In diejenigen, die das Leben fördern, und in diejenigen, die diesem schaden und folglich sterben müssen. In diesem Sinne ändert sich auch die Funktion des Staates – weg von dem institutionellen Rahmen der Sicherung der Unterdrückung der einen Rasse durch die andere hin zur Gewährleistung der biologischen Reinheit der Gattung und so auch der Norm (Foucault 1986b: 49 ff.): „Die 'ständige Reinigung' wird zu einer grundlegenden Dimension der gesellschaftlichen Normalisierung" (Foucault 1986a: 27). Dieser „Staatsrassismus" (Foucault 1986b: 49) vollzieht sich also nach einer primär das Leben schützenden Logik.

Im Rückblick auf Foucaults Analyse der Rasse(n)-Diskurse stellt sich nun die Frage, ob es sich beim Diskurs um die Schweinefleischpflicht überhaupt um einen in diesem Sinne Rasse(n)-Diskurs handelt. Und: Vollzieht sich dieser im Rahmen der diskursiven Formation des medizinisch-biologischen Rassediskurses oder ist hier eine erneute Transformation mit dementsprechendem Bruchpunkt zu erkennen?

Der Diskurs um die Schweinfleischpflicht ist in vier Aussagegruppen gegliedert. Die erste, welche sich dem Ausgangspunkt der Geschehnisse widmet, stellt den Bezugspunkt zwischen der zweiten und dritten dar. Diese legen den Verzicht auf Schweinefleisch unterschiedlich aus und koexistieren in einem widersprüchlichen Verhältnis zueinander. Die vierte Aussagegruppe erschließt der zweiten, welche für die Schweinefleischpflicht eintritt, eine Wirkung nach außen, indem sie mit dem Diskurs um Migration und Geflüchtete in Verbindung steht.

### 1. Strategie: der 'Schweinefleisch-Exit' als Auslöser

Die erste Strategie umfasst all jene Aussagen, welche die Ursache des diskursiven Konflikts schildern. Eine Kindertagesstätte der dänischen Stadt Randers hat im Jahr 2015 gänzlich auf Schweinefleisch im Speiseplan verzichtet (vgl. Focus 2016a). „Akut wurde die Debatte im vergangenen Jahr, als im Kinderhaus Jennumparken in Randers plötzlich das Schweinefleisch von der Speisekarte verschwand" (Bonsen 2016). Unterschiedlich wird der Grund für diese Entscheidung ausgelegt. Auf der einen Seite wird auf die hohe Anzahl muslimischer Kinder verwiesen, die den Verzehr von Schweinefleisch auf Basis religiöser Speisevorschriften ablehnen (vgl. Hannoversche Allgemeine Zeitung 2016). „Der Grund für die Aufregung: Eine Kita hatte das Schweinefleisch im vergangenen Jahr mit Blick auf die vielen muslimischen Kinder in der Einrichtung vom Speiseplan gestrichen" (Wäschenbach 2016a). Auf der anderen Seite steht eine rein pragmatische Kausalität: Weder die politische Rücksichtnahme auf Minderheiten noch die ideologische Übernahme der Speiseplangestaltung durch muslimische Eltern, sondern allein die rationale Kosten-Nutzen-Kalkulation der Kindertagesstätte hat zum Schweinefleischverzicht geführt: „Der dortige Schweinefleisch-Exit vor einem Jahr wurde jedoch nicht durch Druck von außen entschieden, sondern war eine Reaktion der Einrichtung auf die schwache Nachfrage" (Schleswig-Holsteiner Zeitungsverlag 2016) und „finanzieller Natur" (Süddeutsche Zeitung 2016).

Bereits diese Aussagegruppe macht das zentrale biopolitische Moment des Diskurses um die Schweinefleischpflicht deutlich. So verortet diese Strategie die Ausgangsproblematik im Bereich der staatlich regulierten Ernährung der dänischen Bevölkerung und rückt diesbezügliche Verhaltensweisen in den Mittelpunkt einer öffentlichen Debatte. Die kulturelle Besetzung des biologischen Vorgangs der Ernährung durch den Diskurs um die Schweinefleischpflicht wird im Folgenden eine zentrale Rolle spielen.

Die zweite und die dritte Aussagegruppe nehmen Bezug auf den in der ersten Aussagegruppe angeführten gesellschaftlichen Trend des Verzichts auf Schweinefleisch und werten diesen unterschiedlich. Während dieser Deutungskonflikt auf gesetzlicher Ebene längst in Form der Schweinefleischpflicht für öffentliche Einrichtungen entschieden ist (vgl. Randers Kommune, Junge Freiheit 2016b: 8), ringen beide Aussagegruppen um die

Vorherrschaft im Diskurs, was auch als „Frikadellenkrieg" (Schmiester 2016) bezeichnet wird.

## 2. Strategie: Muslimischer Schweinefleischverzicht als Bedrohung der dänischen Norm

Die zweite Aussagegruppe wertet den Verzicht der Kindertagesstätte auf Schweinefleisch als Verdrängung der dänischen durch die muslimische Esskultur (vgl. Süddeutsche Zeitung 2016) sowie als Exempel einer übergreifenden Bedrohung: „Wir reden doch auch mit den Menschen auf der Straße und die machen sich eben Sorgen über das, was in Dänemark und Europa passiert und fragen sich, ob die Kultur unseres kleinen Landes ganz einfach, still und leise verschwindet" (Weiler 2016). Wahlweise wird hier auf eine falsche Rücksichtnahme dänischer Kindertagesstätten gegenüber der muslimischen Minderheit (vgl. ebd.) oder auch auf eine aktive Kampfansage muslimischer Eltern verwiesen (vgl. Junge Freiheit 2016a).

Durch die gesetzlich vorgeschriebene Schweinefleischpflicht müsse nun keine Kindertagesstätte Randers „mehr mit muslimischen Eltern über den Speiseplan streiten" (Bonsen 2016). Durch die Verankerung des Schweinefleischkonsums in dänischen Kantinen seien nun auch dänische Kinder davor geschützt, mit muslimischem Gedankengut von reinem und unreinem Essen aufzuwachsen (vgl. Schmiester 2016). Schweinefleischkonsum wird hier nicht nur als essenzieller Bestandteil dänischer Esskultur – gar als „nationales Gut" bezeichnet (Weiler 2016) – hervorgehoben (vgl. Bonsen 2016, Express 2016b: 4), auch die dänische Esskultur selbst wird als schützenswerte Norm[2] produziert, welche durch „die Einwanderung von Muslimen und ihren Ernährungsregeln" (Wäschenbach 2016a) bedroht werde. Die Idee einer Integration – also einer Vermischung – durch Verzicht auf Schweinefleisch wird hier vehement abgelehnt: „Es wird behauptet, Integration gelinge besser, wenn man auf Schweinefleisch verzichtet. Wir meinen, das ist falsch. [...] Deshalb wollen wir gerne an Frikadellen und Schweinefleisch festhalten" (Weiler 2016).

In diesem Zusammenhang wird die rassistische Logik dieses Diskurses mehr als deutlich. Die Gesellschaft wird in Untergruppen fragmentiert, in

---

2  „In kaum einem anderen Land in Europa verspeisen die Menschen pro Einwohner so viel Schweinefleisch. Mehr als 30 Kilo landen im Jahr auf dem Teller eines Durchschnitts-Dänen, das Nationalgericht ist Schweinebauch mit Schwarte" (Frankfurter Allgemeine Zeitung 2016).

die dänische und die muslimische Untergruppe, welche sich durch ihre jeweilige Esskultur kennzeichnet. Während der Schweinefleischkonsum positiv hervorgehoben wird, erfährt der Schweinefleischverzicht eine negative Konnotation. Obwohl im Rahmen dieser Aussagegruppe von Einwanderung der Muslim_innen gesprochen wird, handelt es sich nicht, wie etwa beim Rassendiskurs, um eine Eroberung und eine politische Unterwerfung Dänemarks, bei der die Rasse der Muslim_innen der Rasse der Dän_innen den Schweinefleischverzicht aufzwingt und gesetzlich verankert. So steht auch die tatsächliche Migrationsgeschichte nicht an erster Stelle, sondern der proklamierte Gegensatz von Alltagspraktiken. Vielmehr schließt sich die hier vorgefundene diskursive Strategie des Rassediskurses insofern an, als dass Muslim_innen zu den 'Fremden', den 'Abweichenden' gemacht werden, die sich heimlich, still und leise in den Gesellschaftskörper eingeschlichen haben und mit der ihnen eigenen Praktik des Schweinefleischverzichts das Optimum, also die zu erhaltende Norm, bedrohen – eine „Islamisierung" (Wäschenbach 2016a) der dänischen Esskultur.

Als Verantwortungsträger, der die dänische Norm des Schweinefleischkonsums aufrechterhalten und den Gesellschaftskörper von den bedrohlichen Elementen reinigen soll, wird hier der Staat angerufen. Um der Bedrohung der Kultur Einhalt zu gebieten, greift dieser zu den ihm zur Verfügung stehenden Techniken: Mittels der kommunalen Verordnung einer Pflicht zum Schweinefleischangebot in allen öffentlichen Kantinen dreht dieser den Spieß um und transformiert das Problem zum Regulierungsinstrument. Der Staat beziehungsweise die Kommune Randers agiert hier beispielhaft biopolitisch nicht etwa mit offensiv repressiver Gewalt gegenüber Muslim_innen, sondern mit der durchaus vehementen Verpflichtung eines Angebots (vgl. Focus 2016b; Langer 2016), welches die kulturelle 'Gesundheit' des dänischen Volkskörpers produktiv erhalten soll. Der Verzehr von Schweinefleisch wird hier zum kulturell besetzten biopolitischen Regulierungsinstrument eines Staatsrassismus, welches seine Wirkung subtil und flächendeckend in die alltäglichen Konsumpraktiken einschreibt.

### 3. Strategie: Vollkornbrot statt Schweinefleisch

Die Strategie der dritten Aussagegruppe steht mit der Strategie der zweiten im fundamentalen Widerspruch. Zum einen wird der Schweinefleischverzicht nicht als Bedrohung der dänischen Esskultur gewertet. So blieben etwa andere typisch dänische Nahrungsmittel im Speiseplan erhalten: „[...] Die Kinder bekommen dänisches Obst und Gemüse. Darüber hinaus ist dänisches Vollkornbrot ein wesentlicher Bestandteil der Ernährung. Es muss nicht unbedingt Schweinefleisch sein, um dänisch zu sein.'" (Hougaard 2016: 11). Während einerseits betont wird, dass die Ernährung der Kinder institutionell bereits so reguliert werde, dass dänisch besetzte Nahrungsmittel im Speiseplan schon enthalten sind und auch erhalten bleiben, gibt es andererseits auch solche Stimmen, die das kulturell-dänische Moment Ernährungsregulierung generell infrage stellen: „'[...] Und ich meine nicht, dass man schon Kindern beibringen sollten [sic!], sich als durch und durch ur-dänisch zu sehen'" (Schmiester 2016).

Des Weiteren wird angeführt, dass der Verzicht auf Schweinefleisch die Gesundheit – ebenfalls ein zentrales biopolitisches Moment – dänischer Kinder nicht gefährde, im Gegenteil: „In Dänemark achten die Kommunen darauf, dass den Kindern gesunde und nahrhafte Kost angeboten wird" (Weiler 2016). Die Gesundheit der jungen dänischen Bevölkerung werde also nach wie vor durch die institutionelle Regulierung der Ernährung sichergestellt.

Zum anderen wird die Schweinefleischpflicht selbst als Bedrohung angesehen. So werde etwa aus einer pädagogischen Perspektive das inkludierende Moment des gemeinsam eingenommenen Mahls gefährdet: „Gemeinsamkeit beim Essen ist ein pädagogisches Ziel, damit alle ein gemeinsames Fundament bekommen. Dass die Volkspartei jetzt meint, Schweinefleisch müsse Vorrang haben vor anderer Kost" (Weiler 2016), wird abgelehnt. Mit diesem Aussagezusammenhang wirkt die dritte Strategie der im foucaultschen Sinne rassistischen Strategie (der zweiten) entgegen. Statt einer durch den Schweinefleischkonsum oder auch -nichtkonsum sichtbar werdenden gesellschaftlichen Trennung und anschließender Auf- beziehungsweise Abwertung der entstandenen Gruppen wird hier eine Gemeinschaftlichkeit propagiert. Mit dem Ausschluss des Schweinefleischs vom Speiseplan entfällt auch die damit einhergehende Funktion der kulturellen Abgrenzungsfolie. Die Auseinandersetzung über eine Grenzziehung findet in dieser Strategie – wie auch in den vorangegangenen – über die biopolitische Regulierung der Ernährung statt.

Aber auch aus einer basisdemokratischen Perspektive wird die Schweinefleischpflicht zur Bedrohung erklärt: Nicht durch den Verzicht auf Schweinefleisch, sondern durch die Angebotspflicht werde die Selbstbestimmung der Elternverbände beschnitten: „'Wir haben eine Basisdemokratie mit lokalen Elternvorständen, die sich um so etwas [die Speisepläne der Kindertagesstätten, Anmerk. d. Verf.] kümmern. [...]'" (Schleswig-Holsteiner Zeitungsverlag 2016). Somit ist nicht nur die Frage, was den Kindern serviert wird, sondern auch die Frage, welcher Institution die biopolitische Regulierung obliegt, Gegenstand dieses Diskurses. So sei es „wirklich unglaublich und ein Skandal, dass Politiker sich in die Sache der Institutionen derart einmischen würden" (ebd.).

Diese Empörung ist symptomatisch für den Statuswandel des Fleischkonsums. Während dieser einst in der Sphäre des Privaten – hier auch im Sinne einer Privatsache der einzelnen Einrichtung gedacht – verortet war, wird Fleischkonsum nun in die Sphäre der breiten Öffentlichkeit gezerrt, zum Politikum gemacht: „'[…] Wir stellen fest, dass die Menüs in den Tagesstätten jetzt zu einem Puzzlestück in einem wertepolitischen Spiel werden sollen […]'" (ebd.). Dass dies keine Selbstverständlichkeit darstellt, zeigt beispielsweise die Untersuchung Kirschsiepers zur Frage der Privatheit der Ernährung und des Fleischkonsums im Besonderen (vor allem vor dem Hintergrund tierethischer und ökologischer Folgen): 'Schaut mir nicht in meinen Kochtopf!', lautet dort ein zentraler Imperativ (vgl. Kirschsieper 2015). Die Stadt Randers lässt sich in diesem Sinne jedoch von keinem Topfdeckel aufhalten. Es wird nicht nur sehr genau in den Kochtopf geschaut, sondern auch kräftig umgerührt, sortiert und die Zusammensetzung der Zutaten auf ihre Richtigkeit hin penibel überprüft.

Die dritte Aussagegruppe produziert dieses Vorgehen vor diesem Hintergrund auch als Aufdrängung einer politischen Ideologie (vgl. Express 2016a): „Eigentlich möchte man den Muslimen sagen: Ihr sollt euch anpassen und Schweinefleisch essen" (Weiler 2016). Der Schweinefleischverzicht wird hier aus der Perspektive des pädagogischen Alltags vielmehr zum eigentlich 'nicht vorhandenen Problem'" (ebd.) erklärt. Dementsprechend werde der Schweinefleischkonsum integrationspolitisch vereinnahmt und instrumentalisiert.

## 4. Strategie: Schweinefleischpflicht als Abschreckung

Die hier verfolgten diskursiven Strategien haben allerdings nicht nur über den Einfluss auf die konkreten öffentlichen Kantinen Randers einen Effekt ins Innere, sondern entfalten ihre Wirkmächtigkeit auch nach außen. So ist der Diskurs um die Schweinefleischpflicht in den Diskurs um die 'Einwanderung von Geflüchteten' eingebettet, zu welchem die vierte Aussagegruppe Verbindungen knüpft: „In Zeiten massenhafter Einwanderung auch in ihre Region ist das Schwein für sie [Dansk Folkeparti, Anmerk. d. Verf.] ein Nationalsymbol" (Weiler 2016). Dass sich die Schweinefleischpflicht nicht explizit gegen Vegetarier_innen, sondern gegen das Eindringen von Muslim_innen in den 'dänischen Volkskörper' allgemein sowie auch gegen muslimische Geflüchtete insbesondere richtet, zeigt die Konfrontation eines Abgeordneten der Dansk Folkeparti, Christian Langballe, mit einer Geflüchteten aus Syrien: „Und was sagen die Flüchtlinge? Mit Masse lieber gar nichts. Aber diese junge Syrerin hatte keine Chance, Langballe zu entkommen. Er stellte sie vor laufender Kamera und wollte wissen, wie sie das denn so findet mit dem Schweinefleisch" (Schmiester 2016).[3]

Darüber hinaus sei Dänemark „bekannt für seinen strikten Umgang mit Flüchtlingen" (Focus 2016a) und habe die Asylgesetze parallel zur Hochzeit des Diskurses um die Schweinefleischpflicht nochmals verschärft.[4] Mithilfe von Zeitungsanzeigen im Ausland sollten schließlich potenziellen Einwander_innen die für sie unattraktiven Lebensumstände in Dänemark vermittelt werden – ein Effekt, den auch die weltweite diskursive Ausbreitung der Debatte um den 'Frikadellenkrieg' mitträgt: „Die Einwohner von Randers staunen, dass diese lokalpolitische Posse ihre Stadt weltweit ins Gespräch gebracht hat. Der Frikadellenkrieg scheint gut zu passen zu den Bemühungen dänischer Politiker, ihr Land für Flüchtlinge unattraktiv zu machen. So sehr, dass Dänemarks Ruf im Ausland bereits Schaden nimmt" (Weiler 2016).

Demnach nimmt die hier verfolgte übergreifende biopolitische Strategie das souveräne Recht zu töten in seiner indirekten Form in Gebrauch, denn die erläuterte Abschreckungspolitik hält potenzielle Geflüchtete in ihre Existenz bedrohenden Lebensumständen. An dieser Stelle tritt auch die zweite Funktion des Rassismus im foucaultschen Verständnis deutlich zutage. Um die dänische Kultur zu erhalten, um leben zu machen, „wird sogar eine Schweinefleischfrikadelle zur Waffe" (Schmiester 2016).

*Fazit*

Mit der vorliegenden Analyse des Diskurses um die Schweinefleischpflicht der Stadt Randers für alle öffentlichen Kantinen wurde gezeigt, dass hier

---

3 Und weiter: „Peinlich, denn die Frau hatte die Frage offenbar gar nicht verstanden und antwortete mit pflichtschuldiger Höflichkeit: 'Sehr gut. Sie kümmern sich hier um unsere Kinder. Aber mein Sohn ist noch so klein, für ihn ist das alles sehr schwer...'" (Schmiester 2016).

4 Beispielsweise: „Erst Anfang des Jahres [2016, Anmerk. d. Verf.] kam es zu verstärkten Grenzkontrollen nach Schweden und Deutschland. Jetzt hat das Kopenhagener Parlament rund 20 neue verschärfte Reglungen bezüglich des Ausländerrechts beschlossen. So müssen Flüchtlinge unter anderem Geld und Wertsachen abgeben – ihnen bleibt nur ein Sockelbetrag von rund 1.300 Euro. Die Familienzusammenführung wird dazu deutlich erschwert" (Weiler 2016).

der Schweinefleischkonsum zum kulturell besetzten biopolitischen Regulierungsinstrument gemacht wird. Dieses organisiert die Ernährung, verwaltet was den Verdauungsprozess des Körpers durchläuft und was nicht, durchsetzt damit die Existenz sowie die Lebensbedingungen der dänischen Bevölkerung. Fleisch stellt hier die entscheidende Materie dar, welche diskursiv und in ihrer Bedeutung biopolitisch vereinnahmt wird.

Insbesondere die dritte Strategie hebt in diesem Zusammenhang den Aspekt der Gesundheit hervor, auf welche die staatliche Regulierung der Ernährung abzielt. Dem Schweinefleisch selbst wird hier die Rolle als essenzieller Bestandteil der die Gesundheit der Bevölkerung fördernden Ernährung abgesprochen. Die institutionelle Verwaltung der Ernährung mit dänischem Obst und Gemüse sowie Vollkornbrot erfüllt laut dieser Aussagegruppe sowohl die adäquate Versorgung mit Nährstoffen als auch die kulturell-dänische Besetzung dieses biologischen Prozesses. Die Schweinefleischpflicht hingegen stellt an dieser Stelle die tatsächliche Bedrohung dar. Zum einen greift diese die unabhängige Selbstverwaltung der einzelnen Tagesstätten an und entfacht eine Auseinandersetzung darum, welcher Institution – den Elternverbänden der einzelnen Kindertagesstätten oder der Kommune – die biopolitischen Regulierungsinstrumente obliegen. Zum anderen problematisiert die dritte Aussagegruppe die integrationshemmende Wirkung der Pflicht zum Schwein und tritt damit für eine kulturelle Vermischung im Rahmen der Ernährung ein.

Die zweite und vierte Strategie vertreten eine konträre Logik des Diskurses. Diese ist eine im foucaultschen Verständnis rassistischer Art, welche die Bevölkerung in die dänische Kultur schadende und die dänische Kultur fördernde Gruppen sowie die dementsprechenden Praktiken – den dänischen Schweinefleischkonsum und dessen Konterpart, den muslimischen Schweinefleischverzicht – unterteilt. Dem Staat wird hier die Verantwortungsrolle zugewiesen, über Gesetze und Verordnungen die (dänische) Norm zu wahren, die kulturelle 'Gesundheit' der Bevölkerung zu schützen und folglich auch den kollektiven Gattungskörper von den ihm innerlichen und gleichzeitig bedrohlichen Elementen zu befreien. Die Schweinefleischpflicht wird Teil einer übergeordneten, an potenzielle, muslimische Einwander_innen gerichteten Abschreckungspolitik und hält somit bestimmte muslimische Gruppen in schlechten bis existenzbedrohlichen Lebensumständen.

Vor diesem Hintergrund ähneln diese Strategien des Schweinefleischpflicht-Diskurses dem bereits von Foucault erörterten Rassediskurs: Um die den Gesellschaftskörper vor Verunreinigung des Optimums, der Norm, zu bewahren, greifen staatliche Institutionen zu Regulierungsinstrumenten, unterteilen die Gesellschaft und treten deren als schädlich deklarierten Elementen entgegen.

Allerdings liegt hier eine adaptierte diskursive Formation vor. So ist weder in der zweiten noch in der vierten Strategie des Schweinefleischpflicht-Diskurses von 'Rasse' oder dessen Begleitern, wie biologischen Einheiten, Erbgut, Reproduktion oder der Reinheit des 'Blutes', die Rede. Während demnach der Begriff der 'Rasse' dem Erinnerungsgebiet des Diskurses zuzuordnen ist, erfüllt hier, im Diskurs um die Schweinefleischpflicht, der Begriff der 'Kultur' dieselbe Funktion – ein Rassediskurs ohne Rasse(begriff).

Es stellt sich nun die Frage, ob sich die diskursive Formation damit so gravierend verändert hat, dass – ähnlich dem Übergang vom Rassen- zum Rassediskurs – ein diskursiver Bruch attestiert werden muss. Im Hinblick auf die verschiedenen Positionen der Debatte um Neo-Rassismus lässt sich diese Frage aus zwei Blickwinkeln beantworten. Aus der Perspektive der Position, die eine klare Trennung zwischen kulturellem und biologischem Rassismus vertritt, liegt hier ein klarer diskursiver Bruch vor. Weder in der zweiten noch in der vierten Strategie werden biologisch-körperliche Merkmale weder zur Grenzziehung und Formierung des Gesellschaftskörpers herangezogen noch wird deren Optimierung angestrebt, sondern allein Lebens- und Verhaltensweisen. Der Schweinefleischkonsum ist demnach biopolitisches Regulierungsinstrument eines Neo-Rassismus, der auf die Optimierung des kulturellen statt des biologischen Lebens abzielt – ein Kulturrassismus, der sich der staatlichen Steuerung des biologischen Prozesses der Ernährung bedient.

Aus dem Blickwinkel der Position, die eine fundamentale Verknüpfung zwischen der Vorstellung einer kulturellen und einer biologischen Gemeinschaft in neo-rassistischen Diskursen sieht, ist hier der Schweinefleischkonsum nicht nur ein kulturell besetztes biopolitisches Regulierungsinstrument, sondern verweist darüber hinaus. Die Regulierung der Kultur geht demnach mit der Regulierung des Lebendigen im biologischen Sinne einher, was nicht für einen diskursiven Bruch, sondern für die Fortführung eines begrifflich adaptierten Rassediskurses spricht. So hat der Diskurs um die Schweinefleischpflicht durch die Mitwirkung an einer Abschreckungspolitik ebenfalls daran teil, dass Personen aus anderen Bevölkerungen weder ihre Kultur noch ihre Gene in den dänischen Gattungskörper einfügen und somit – aus einer biopolitisch-rassistischen Perspektive heraus – die Gesundheit oder auch die Reinheit der dänischen Bevölkerung nicht gefährden. Diese Argumentation wird so allerdings nicht im Diskurs um die Schweinefleischpflicht ausgeführt. Vor diesem Hintergrund bleibt jedoch hervorhebenswert, dass sowohl die zweite als auch die vierte Strategie die Esskultur der Vegetarier_innen oder der Veganer_innen nicht problematisieren, die mit ihrem Fleischverzicht ebenfalls die dänische Esskultur gefährden würden. Die bedrohliche Kultur stellt hier allerdings ausschließlich der Islam sowie dessen Ernährungsvorschriften dar. Auch das Vermischungstabu ist explizit gegen Muslim_innen allgemein und im Speziellen gegen geflüchtete Muslim_innen, also Personen aus anderen Gattungskörpern, gerichtet.

Perspektivenübergreifend bestätigt sich Thomas Lemkes These einer taktischen Flexibilität und „inneren Wandlungsfähigkeit des Rassendiskurses" (Lemke 2007: 60). Foucaults Konzepte der Biopolitik und des Rassismus haben sich rückblickend als aktuell und als gewinnbringende Werkzeuge der Analyse neo-rassistischer Diskurse erwiesen.

Gleichwohl erschöpft sich die Untersuchung des sozialen Komplexes um die Schweinefleischpflicht mit den vorangegangenen Ausführungen nicht. So ist es mir etwa durch die gewählte Methode der Diskursanalyse nicht möglich, nicht-textuale beziehungsweise materielle Aspekte abseits ihrer diskursiven Dimension einzubeziehen. Mieke Roscher weist in diesem Zusammenhang kritisch auf den Anthropozentrismus der Diskursanalyse hin: Dem nichtmenschlichen Tier (in diesem Fall dem Schwein) „ist es weder möglich, mit dem Diskurs zu interagieren noch ihn zu bewerten oder ihn zu unterwandern. Es bleibt letztlich passiver Gegenstand nicht nur der gesellschaftlichen Produktionsprozesse, sondern auch der kulturellen Konstruktionen" (Roscher 2011: 131).

Weiterführend ist eine tiefer gehende Untersuchung des Fleischkonsums aus praxistheoretischer Perspektive oder auch eine Analyse der mit dem Schweinefleischpflicht-Diskurs verflochtenen Diskurse der Produktion kultureller Identitäten vielversprechend. Auch das ökonomische Element sollte nicht außer Acht gelassen werden. So ist etwa „Danish Crown mit 21,8 Millionen geschlachteten Schweinen in 2013" (Krauß 2014) der weltweit viertgrößte (Schweine-)Fleischproduzent, ein in Dänemark verwurzeltes Unternehmen – mit seinem Hauptsitz in Randers (vgl. Danish Crown 2014). Eine diesem Umfang an Vielschichtigkeit angemessene Methode, welche jene heterogenen Elemente in ihrer komplexen Verknüpfung erfassen kann, ist meines Erachtens eine umfassende Dispositivanalyse, für die ich hoffe, mit meiner Untersuchung einen fruchtbaren Anfang geschaffen zu haben.

Mein herzlicher Dank gilt Tobias Teichmann, Andreas Folkers und Katharina Hoppe für ihre hilfreichen Hinweise zu einer früheren Version dieses Beitrags.

## *Literaturverzeichnis*

Balibar, Étienne (1992): Gibt es einen „Neo-Rassismus"?, in: Balibar, Etienne; Wallerstein, Immanuel (Hrsg.): Rasse Klasse Nation. Ambivalente Identitäten. Hamburg/Berlin: Argument-Verlag, S. 23-28.

Bonsen, Götz (2016): Dansk Folkeparti macht Schweinefleisch zur Pflichtkost. Kitas in Dänemark, Schleswig-Holsteinischer Zeitungsverlag, 19.01.2016: http://w ww.shz.de/deutschland-welt/dansk-folkeparti-macht-schweinefleisch-zur-pflichtk ost-id12495246.html (zuletzt geprüft am 10.11.2016).

Danish Crown (2014): Hauptsitz: http://www.danishcrown.de/Kontakt/Niederlassu ngen/Hauptsitz.aspx (zuletzt geprüft am 15.11.2016).

Decker, Oliver; Kiess, Johannes; Eggers, Eva; Brähler, Elmar (2016): Die „Mitte"-Studie 2016: Methode, Ergebnisse und Langzeitverlauf, in: Decker, Oliver; Kiess, Johannes; Brähler, Elmar (Hrsg.): Die enthemmte Mitte. Autoritäre und rechtsextreme Einstellung in Deutschland. Gießen: Psychosozial-Verlag, S. 23-66.

Express (2016a): Anti-Islam-Beschluss: Schweinefleisch muss auf die Karte!, Express, 20.01.2016: http://www.express.de/news/politik-und-wirtschaft/daenemark -anti-islam-beschluss--schweinefleisch-muss-auf-die-karte--23420792 (zuletzt geprüft am 10.11.2016).

Express (2016b): Schweinefleisch als Pflicht, Express, 21.01.2016, S. 4.

Focus (2016a): "Frikadellenkrieg": Dänische Stadt schreibt Schweinefleisch in Kantinen vor. Gegen muslimische Speisevorschriften, Focus, 20.01.2016: http://ww w.focus.de/politik/videos/gegen-muslimische-speisevorschriften-frikadellenkrieg-daenische-stadt-schreibt-schweinefleisch-in-kantinen-vor_id_5225730.html (zuletzt geprüft am 10.11.2016).

Focus (2016b): "Rettung der Esskultur": Stadt führt Schweinefleisch-Pflicht für Kitas ein. "Frikadellenkrieg" in Dänemark, Focus, 21.01.2016: http://www.focus.de /panorama/welt/frikadellenkrieg-in-daenemark-daenische-stadt-fuehrt-schweinef leisch-pflicht-fuer-kindergaerten-ein_id_5228263.html (zuletzt geprüft am 10.11.2016).

Foucault, Michel (1977): Der Wille zum Wissen. Sexualität und Wahrheit I. Frankfurt am Main: Suhrkamp Verlag.

Foucault, Michel (1986a): 21. Januar 1976, in: Seitter, Walter (Hrsg.): Vom Licht des Krieges zur Geburt der Geschichte. Berlin: Merve Verlag, S. 7-27.

Foucault, Michel (1986b): 28.1.1976, in: Seitter, Walter (Hrsg.): Vom Licht des Krieges zur Geburt der Geschichte. Berlin: Merve Verlag, S. 28-54.

Foucault, Michel (2001a): Vorlesung vom 7. Januar 1976, in: Bertani, Mauro; Fontana, Alessandro (Hrsg.): In Verteidigung der Gesellschaft. Frankfurt am Main: Suhrkamp Verlag, S. 13-36.

Foucault, Michel (2001b): Vorlesung vom 17. März 1976, in: Bertani, Mauro; Fontana, Alessandro (Hrsg.): In Verteidigung der Gesellschaft. Frankfurt am Main: Suhrkamp Verlag, S. 282-311.

Foucault, Michel (2005a): Die Ethik der Sorge um sich als Praxis der Freiheit, in: Defert, Daniel; Ewald, François; Lagrange, Jacques (Hrsg.): Schriften in vier Bänden. Dits et Ecrits, Bd. IV 1980-1988. Frankfurt am Main: Suhrkamp Verlag, S. 875-902.

Foucault, Michel (2005b): Subjekt und Macht, in: Defert, Daniel; Ewald, François; Lagrange, Jacques (Hrsg.): Schriften in vier Bänden. Dits et Ecrits, Bd. IV 1980-1988. Frankfurt am Main: Suhrkamp Verlag, S. 269-294.

Foucault, Michel (2013): Archäologie des Wissens, in: Ders.: Die Hauptwerke. Frankfurt am Main: Suhrkamp Verlag, S. 471–699.

Frankfurter Allgemeine Zeitung (2016): Zum Schweinefleisch verpflichtet. Rechtspopulisten in Dänemark, Frankfurter Allgemeine Zeitung, 20.01.2016: http://w ww.faz.net/aktuell/gesellschaft/menschen/daenische-stadt-verordnet-schweinefle isch-14024760.html (zuletzt geprüft am 10.11.2016).

Hall, Stuart (1989): Rassismus als ideologischer Diskurs, in: Das Argument. Zeitschrift für Philosophie und Sozialwissenschaften (178), S. 913-921.

Hannoversche Allgemeine Zeitung (2016): Stadt setzt Schweinefleisch auf Speiseplan. "Frikadellenkrieg" in Dänemark, Hannoversche Allgemeine Zeitung, 20.01.2016: http://www.haz.de/Nachrichten/Panorama/Uebersicht/Daenische-St adt-beschliesst-Schweinefleisch-Pflicht-auf-Speiseplan-von-Kitas (zuletzt geprüft am 10.11.2016).

Hebel, Christina (2016): Abgeordnete verhohnepipeln Schweinefleisch-Offensive der CDU, Der Spiegel, 09.03.2016: http://www.spiegel.de/politik/deutschland/sc hweinefleisch-offensive-der-cdu-spd-und-gruene-machen-sich-lustig-a-1081521.ht ml (zuletzt geprüft am 10.11.2016).

Hougaard, Carsten (2016): Schweinereien aus der Provinz, Die Tageszeitung, 21.01.2016, S. 11.

Junge Freiheit (2016a): Dänische Stadt macht Schweinefleisch zur Pflichtkost, Junge Freiheit, 20.1.2016: https://jungefreiheit.de/politik/ausland/2016/daenische-st adt-macht-schweinefleisch-zur-pflichtkost/ (zuletzt geprüft am 10.11.2016).

Junge Freiheit (2016b): Randers: Schweinefleisch künftig obligatorisch, Junge Freiheit, 29.01.2016, S. 8.

Kirschsieper, Dennis (2015): Ist Fleischkonsum (noch) Privatsache?. Ergebnisse einer Internetanalyse und qualitativer Interviews, Vortrag auf der Tagung der DGS-Sektion Land- und Agrarsoziologie „Fleisch. Vom Wohlstandssymbol zur Gefahr für die Zukunft", 06.-07.11.2015, Fulda: Hochschule Fulda.

Krauß, Hermann (2014): Schwein: Die zehn größten Schlachthöfe weltweit: http:// www.agrarheute.com/news/schwein-zehn-groessten-schlachthoefe-weltweit (zuletzt geprüft am 15.11.2016).

Kückmann, Franziska (2016): Stadt in Dänemark setzt Schweinefleisch auf Speiseplan. „Dänische Essenskultur", Neue Osnabrücker Zeitung, 20.01.2016: http://w ww.noz.de/deutschland-welt/politik/artikel/660413/stadt-in-danemark-setzt-schw einefleisch-auf-speiseplan (zuletzt geprüft am 10.11.2016).

Langer, Annette (2016): Dänische Stadt verordnet Schweinefleisch-Verzehr. "Frika-dellenkrieg", Der Spiegel, 20.01.2016: http://www.spiegel.de/panorama/gesellsch aft/daenemark-frikadellenkrieg-randers-verordnet-schweinefleisch-verzehr-a-1072929.html (zuletzt geprüft am 10.11.2016).

Lemke, Thomas (2007): Biopolitik zur Einführung. Hamburg: Junius Verlag.

Magiros, Angelika (1995): Foucaults Beitrag zur Rassismustheorie. Hamburg/ Berlin: Argument-Verlag.

Magiros, Angelika (2006): Foucaults Werkzeuge für eine Analyse der Fremden-feindlichkeit: Mein fiebriges „Foucault – warum nicht?", in: Kerchner, Brigitte; Schneider, Silke (Hrsg.): Foucault: Diskursanalyse der Politik. Eine Einführung. Wiesbaden: VS Verlag für Sozialwissenschaften, S. 331-344.

Neue Osnabrücker Zeitung (2016): Schwein wird Pflicht auf Speiseplan. Dänen be-sorgt um Esskultur, Neue Osnabrücker Zeitung, 21.01.2016, S. 25.

Przibylla, Marie (2016): Mit Schweinefleisch-Pflicht gegen die Islamisierung, N24, 21.01.2016: http://www.n24.de/n24/Mediathek/videos/d/7947016/mit-schweinefl eisch-pflicht-gegen-die-islamisierung.html (zuletzt geprüft am 10.11.2016).

Randers Kommune: Forslag fra Frank Nørgaard, Dansk Folkeparti og Venstre, ve-dr. madordning i kommunale institutioner.

Roscher, Mieke (2011): Where is the animal in this text? Chancen und Grenzen einer Tiergeschichtsschreibung, in: Chimaira – Arbeitskreis für Human-Animal Studies (Hrsg.): Human-Animal Studies. Über die gesellschaftliche Natur von Mensch-Tier-Verhältnissen. Bielefeld: transcript Verlag, S. 121-150.

Schleswig-Holsteiner Landtag (2016): Drucksache 18/3947(neu).

Schleswig-Holsteinischer Zeitungsverlag (2016): Zwang zum Schwein: Dänemark streitet über politischen Speiseplan. „Frikadellenkrieg" in Randers, Schleswig-Holsteinischer Zeitungsverlag, 20.01.2016: http://www.shz.de/deutschland-welt/ zwang-zum-schwein-daenemark-streitet-ueber-politischen-speiseplan-id12505251 .html (zuletzt geprüft am 10.11.2016).

Schmiester, Carsten (2016): Dänemarks Frikadellen und die Flüchtlingsdebatte, Südwestrundfunk2, 26.01.2016: http://www.swr.de/swr2/kultur-info/daenemark s-frikadellen-und-die-fluechtlingsdebatte/-/id=9597116/did=16852756/nid=95971 16/147i3kx/index.html (zuletzt geprüft am 10.11.2016).

Signer, David (1997): Fernsteuerung. Kulturrassismus und unbewußte Abhängig-keiten. Wien: Passagen Verlag.

Süddeutsche Zeitung (2016): Dänische Stadt zwingt Schulkantinen dazu, Schwei-nefleisch anzubieten. Debatte um Toleranz, Süddeutsche Zeitung, 20.01.2016: http://www.sueddeutsche.de/panorama/debatte-um-toleranz-daenische-stadt-zwingt-schulkantinen-dazu-schweinefleisch-anzubieten-1.2826678 (zuletzt ge-prüft am 10.11.2016).

Wäschenbach, Julia (2016a): Mit Schweinefleisch-Pflicht gegen die Islamisierung, Die Welt, 21.01.2016: http://www.welt.de/vermischtes/article151276448/Mit-Sch weinefleisch-Pflicht-gegen-die-Islamisierung.html (zuletzt geprüft am 10.11.2016).

Wäschenbach, Julia (2016b): Dänen ringen ums Schwein, Kieler Nachrichten, 21.01.2016, S. 1.

Weiler, Maren (2016): Dänemarks "Frikadellenkrieg". Wie Schweinefleisch die dänischen Werte retten soll, Das Zweite Deutsche Fernsehen, 26.01.2016: https://www.zdf.de/politik/auslandsjournal/daenemarks-frikadellenkrieg-100.html (zuletzt geprüft am 10.11.2016).

# Der aktuelle Forschungsstand zum öffentlichen Diskurs zu Fleisch und fleischloser Ernährung in der medialen Berichterstattung

*Verena Fingerling und Jasmin Godemann*

Die im Folgenden dargestellte Analyse von bisher publizierten Studien zum Diskurs zu Fleisch und fleischloser Ernährung in der medialen Berichterstattung ist als Bestandteil einer systematischen Aufarbeitung des Forschungsfeldes der Ernährungskommunikation zu verstehen. Es wurden dafür relevante wissenschaftliche Auseinandersetzungen, die in den letzten 25 Jahren in anerkannten wissenschaftlichen Fachzeitschriften erschienen sind, identifiziert, bewertet und in einer Synthese zusammengeführt. Die Analyse zielt darauf ab, die wissenschaftliche Diskussion um die medial vermittelte, öffentliche Kommunikation über Fleisch und fleischlose[1] Ernährung zu ordnen und Kernelemente zu aggregieren.

## 1 Einleitung

Der Verzehr von Fleisch ist tief in der Menschheitsgeschichte verankert und geht weit über die Befriedigung physiologischer Bedürfnisse hinaus. Die kulturgeschichtliche Bedeutung von Fleisch hat einen Wandel vollzogen, kurz gesagt entwickelte sich Fleisch vom Indikator für Wohlstand, der mit Attributen, wie gesund und lebenswichtig versehen ist, hin zu einer ökologisch riskanten Massenware (vgl. Spiekermann 2004; Frei/Groß/Meier 2011; Trummer 2015). Ernährungsbezogene Normen und Werte sind tradiert und kulturell verankert. Aus der Perspektive der Ernährungskommunikation ist es daher interessant zu fragen, wie über das Phänomen Fleisch öffentlich kommuniziert wird und welche Bedeutungszuschreibungen wie auch Wertekonflikte in kommunikativen Austauschprozessen gesellschaftlich verhandelt werden. Die öffentliche Debatte über Ernährung hat derzeit Konjunktur und auch die Frage des Verzehrs oder Nicht-

---

1 Im Folgenden wird von fleischlos gesprochen und sowohl tier- als auch fleischlos gemeint.

verzehrs von Fleisch hat mittlerweile einen festen Platz in den Medien. Nach Niklas Luhmann (1996) basieren unser Welt- und Meinungsbild stark auf den Massenmedien. Sie sind eine zentrale Informationsquelle für die gesellschaftliche Wahrnehmung von Themen jeglicher Art. Entsprechend findet eine wissenschaftliche Auseinandersetzung mit Medien hinsichtlich Nutzung, Wirkung, Charakteristika, Machtkonstellationen und Deutungshoheit statt. Bisher wird die Kommunikation über Fleisch nur selten mit dem Fokus der Ernährungskommunikation analysiert, sondern es finden eher vereinzelte empirische Auseinandersetzungen mit diesem Gegenstandsbereich aus jeweils unterschiedlichen disziplinären Perspektiven heraus statt.

## 2  Gegenstandbereich: Die öffentliche Kommunikation über Fleisch

Zur Annäherung an die Forschung zur medienvermittelten öffentlichen Auseinandersetzung mit dem Thema Fleisch ist es sinnvoll, eine Systematisierung der verschiedenen Kommunikationsebenen vorzunehmen (vgl. Abb. 1): Der Gegenstandsbereich, auf den sich die Kommunikation bezieht, ist „Fleisch" als Nahrungsmittel, und zwar in einem weitgefassten Sinn (wie Tierhaltung, Schlachtung, Produktion, Verzehr, Entsorgung), und entsprechende Gegenpositionen, also den Nichtverzehr von Fleisch. Unterschiedliche Akteur/innen innerhalb der Gesellschaft fungieren als bewertende und beobachtende Instanzen und generieren Erkenntnisse zum Gegenstandsbereich (1). Diese Beobachtungen und Interpretationen aus dem jeweiligen System heraus (z. B. Wissenschaft, Politik, Wirtschaft) werden kommuniziert, beispielsweise werden Ergebnisse zur Wirkung des Verzehrs von rotem Fleisch und dessen krebserregende Wirkung in entsprechenden Fachpublikationen dargestellt. Diese Inhalte werden durch Journalist/innen oder andere Kommunikator/innen selektiv aufgegriffen und bewertet (2)[2]. Sie finden schließlich Eingang in die mediale öffentliche Kommunikation. Auf einer weiteren Ebene wird diese Kommunikation durch Wissenschaft beobachtet (3) und beispielsweise danach gefragt, wie sich die Berichterstattung während der BSE-Krise[3] auf den Konsum von Rindfleisch auswirkte, und damit der Prozess der öffentlichen Kom-

---

2  Vgl. Nachrichtenwerttheorie und Agenda-Setting-Ansatz.
3  Die Rinderkrankheit „Bovine Spongiforme Encephalophathie" (BSE) beziehungsweise das menschliche Pendant „Kreuzfeld-Jacob-Krankheit" (CJK bzw. vCJD) ist eine lebensgefährliche Nervenkrankheit.

munikation fokussiert. Auf einer weiteren übergeordneten Ebene reflektiert Wissenschaft sich selbst (4) und die auf die Kommunikation bezogenen Studien werden aufgearbeitet, um das Forschungsfeld der öffentlichen medial vermittelten Ernährungskommunikation in Bezug auf Fleisch und fleischlose Ernährung[4] systematisieren zu können. Auf dieser Meta-Ebene bewegen sich die folgenden Ausführungen.

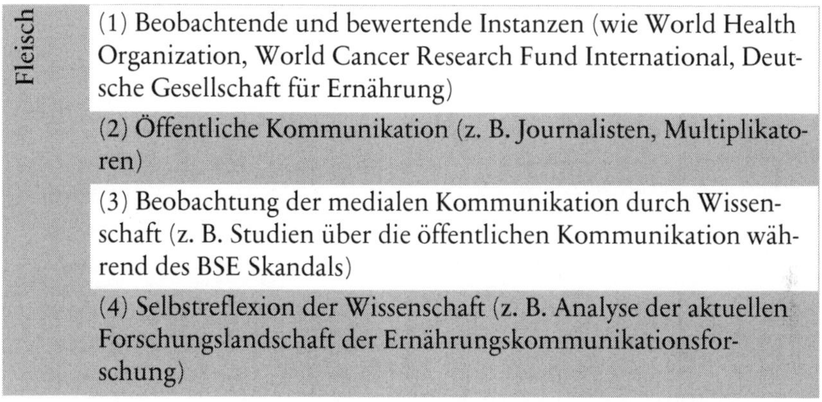

| Fleisch | (1) Beobachtende und bewertende Instanzen (wie World Health Organization, World Cancer Research Fund International, Deutsche Gesellschaft für Ernährung) |
| --- | --- |
| | (2) Öffentliche Kommunikation (z. B. Journalisten, Multiplikatoren) |
| | (3) Beobachtung der medialen Kommunikation durch Wissenschaft (z. B. Studien über die öffentlichen Kommunikation während des BSE Skandals) |
| | (4) Selbstreflexion der Wissenschaft (z. B. Analyse der aktuellen Forschungslandschaft der Ernährungskommunikationsforschung) |

*Abbildung 1: Ebenen der Ernährungskommunikation (eigene Darstellung)*

Die Forschungslandschaft der Ernährungskommunikation ist bisher als solche noch wenig systematisiert und Analysen auf der Ebene, in der sich dieses Wissenschaftsfeld selbst reflektiert (Ebene 4), werden bisher kaum vorgenommen. Am gewählten Gegenstandsbereich der medial vermittelten öffentlichen Kommunikation über Fleisch können exemplarisch ein Forschungszweig der Ernährungskommunikation strukturiert aufgezeigt und Forschungslücken dargestellt werden.

## 3 Die Analyse

Die Analyse legt den Fokus auf Publikationen zur öffentlichen Kommunikation über Fleisch aus den Jahren 1990 bis 2018, wobei vor 1999 keine

---

4 In diesem Beitrag wird wertneutral von fleischloser Ernährung gesprochen, da die gesellschaftlich verbreiteten Begriffe „Vegetarismus/Veganismus" soziale Konstrukte sind. Fleischlose Ernährung wird zudem oftmals als „Fleischverzicht" tituliert, dies impliziert jedoch ebenfalls eine Wertung und sollte deshalb nicht mit fleischloser Ernährung gleichgesetzt werden.

der aufgefundenen Publikationen als relevant für die hier verfolgte Fragestellung eingestuft wurde. In die Analyse gingen englisch- und deutschsprachige wissenschaftliche Artikel aus Peer-reviewed-Journalen (international und national) ein[5]. Es wurden alle Studien berücksichtigt, die sich inhaltlich mit der Berichterstattung zum Gegenstandsbereich Fleisch beschäftigen und die sich auf gängige mediale Kontexte beziehen. Ausgeschlossen wurden Publikationen mit den Schwerpunkten Werbung, Unterhaltungsformate (wie Serien, Filme, Belletristik) und Bildungsmaßnahmen. Die Texte wurden durch eine systematische Schlagwortsuche (Tabelle 1) in den Datenbanken „EBSCOhost" und „Web of Science" von September bis Dezember 2018 ermittelt.

*Tabelle 1: Schlagworte der Textsuche*

| Mindestens einer der Begriffe | Kombination mit mind. einem der Begriffe | | Ausschluss von Veröffentlichungen mit Begriffen |
|---|---|---|---|
| • Meat • vegetari* • vegan • beef • pork • poultry • horsemeat | • discourse/ discoursive • press • coverage • narrative • online media • news article* • print media | • international media • local media • regional media • newspaper • television • blog • forum | • concentration • epidemiology • biomarker • marketing |

Die folgende Ergebnisdarstellung ist dreistufig. In einem ersten Schritt werden die untersuchten Publikationen beschrieben. Im zweiten Schritt erfolgt eine Synthese der Fragestellungen der Arbeiten auf inhaltlicher und theoretisch-methodischer Ebene und im dritten Schritt findet eine umfassende Synthese der Ergebnisse der analysierten Publikationen statt.

---

5  Die Publikationen von Rehaag/Waskow (2005), Hagenhoff (2003) sowie Böcker/ Mahlau (1999) sind andernorts publiziert, für die Diskussion jedoch wichtig.

## 4  Die Ergebnisse

### 4.1  Beschreibung der analysierten Studien

Die 42 für die Analyse relevanten Arbeiten wurden in einer Bandbreite von Zeitschriften publiziert, was die Interdisziplinarität der Thematik verdeutlicht. Die Beiträge finden sich vorwiegend in Fachzeitschriften mit kommunikations- und sozialwissenschaftlichem, agrar- und umweltwissenschaftlichem oder medizinischem Schwerpunkt. Insgesamt hat die Anzahl der Publikationen seit 2009 zugenommen. Die meisten Veröffentlichungen stammen aus den Jahren 2015 und 2016. Die ältesten Artikel sind aus dem Jahr 1999.

In den Studien wurde primär die mediale Kommunikation in westlichen Ländern untersucht. Den Schwerpunkt bilden in Europa die Länder Großbritannien, Deutschland und die Niederlande[6]. Einen weiteren Schwerpunkt stellen die USA und Kanada dar, auf die sich zusammen mit Großbritannien häufig Vergleichsstudien beziehen. Lediglich eine Studie nahm eine globale Perspektive ein.[7]

Überregionale Tageszeitungen sind mit Abstand das am meisten erforschte Format, gefolgt von regionalen Tageszeitungen. Das Internet beziehungsweise Internetforen und Webseiten rücken seit 2004 zunehmend in den Fokus der Analysen.

Inhaltsanalysen (quantitative und qualitative) bilden als Auswertungsmethode den Schwerpunkt. Die Diskursanalyse wurde dagegen weniger explizit als Analysemethode angegeben, und wenn, dann insbesondere mit Verweis auf die kritische Diskursanalyse oder die Framing-Analyse. Weitere Methoden sind Textanalysen, Fallstudien und die Bildnarrativanalyse. Auch werden Methoden miteinander kombiniert und beispielsweise unterschiedliche Daten trianguliert sowie qualitative Daten durch eine Regressionsanalyse ergänzt. Teils wurden keine konkreten Angaben zur Analysemethode gemacht.

---

6  Drei der vier Analysen aus den Niederlanden stammen aus demselben Sample (vgl. Sneijder/te Molder 2004, 2005, 2009).

7  Quantitative Analyse zur Themenkarriere von Vogelgrippe weltweit (Hellsten/Nerlich, 2010).

## 4.2 Synthese der Fragestellungen der untersuchten Studien

Per Einschlusskriterium zeichnen sich die einbezogenen Studien durch die Gemeinsamkeit aus, dass sie sich mit medialer Kommunikation befassen. Daher lassen sich Parallelen in den Fragestellungen finden, die sich auf das Mediensystem und die darin auftretenden Akteur/innen beziehen. Hier war für die Autor/innen von Interesse[8]:

- wie Kommunikationsinhalte aufbereitet und in Kontexte eingebettet werden [9), 17), 21), 28), 33-34)],
- welche Positionierungspraktiken Akteur/innen nutzen [3), 6), 11), 13), 15), 20), 26), 30)] und welche Verantwortungszuschreibungen beziehungsweise welche Schuldige/Opfer/Löser/innen-Konstellationen sich in Medien finden lassen [3), 6),26), 28), 34), 42)],
- welche Rolle und Funktion Medien in Krisen als primärer diskursiver Filter spielen [11), 23), 24), 29)], auch in Bezug auf verschiedene Medienformen (regional/überregional, traditionelle/neue Medien, rural/urban) [4), 17), 28), 29), 35)], Zeitungsformate [insb. 8), 17), 24), 25)], Ressorts [17)] und verschiedene geografische Regionen [5), 9), 35)] sowie
- welche Quellen Medien heranziehen [15)] und welchen Einfluss sie und deren Qualität auf die Berichterstattung ausüben [24), 25), 35)].

Zudem lassen sich Fragestellungen der Studien zusammenfassen, die sich jeweils auf spezifische Gegenstände beziehen. Ernährungskommunikation wird häufig als Skandalkommunikation gedeutet und dabei Bezüge zu Risiken, Folgen für die Gesundheit und Wirkungen auf die Umwelt herstellt. Bei einem Großteil der analysierten Texte bilden Skandale und Risiken die Kommunikationsanlässe der untersuchten Diskurse. Studien, die kurzfristige Risiken zum Gegenstand haben, fragen vor allem:

- inwiefern aus technisch-ökonomischer Perspektive die Medienberichterstattung Einfluss auf die Fleischnachfrage nahm, um daraus abzuleiten, wie wirtschaftliche Schäden in künftigen Krisen besser verhindert werden können [4), 5), 17), 34)],
- welche Verläufe die mediale Krisenberichterstattung genommen hat[17), 18), 28), 34), 42)] und inwieweit sich diese an den auftretenden Ereignissen orientierte [5), 17)],

---

8  Der besseren Übersichtlichkeit wegen sind in die Referenzen in den Spiegelstrichen jene Zahlen angegeben, die sich in der angehängten Tabelle nachlesen lassen. Um die Zahlen von den Fußnoten abzugrenzen, werden sie zusätzlich mit der Klammer markiert.

- welche Potenziale für die Politisierung [13], [30] und gesellschaftliche Veränderung [11] bestehen.

Neben der Kommunikation über kurzfristige Risiken, die aus der Produktion und Verarbeitung von Fleisch resultieren, zum Teil auch schon mit dem Fokus auf die schädlichen Wirkungen von Fleisch, beschäftigen sich Studien damit, wie langfristige Risiken kommunikativ verhandelt werden. In Bezug auf gesundheitliche Aspekte wurde gefragt,

- welche gesundheitlichen Vor- und Nachteile tierischer Lebensmittel im Zeitverlauf kommuniziert wurden[16], [27],
- wie medial über den gesundheitlichen Zusammenhang von Ernährung beziehungsweise Fleischkonsum und Krebs verhandelt wird [27], [31], [41].

Mit der zunehmenden Präsenz des Themas Nachhaltigkeit in den öffentlichen Medien (Neff/Chan/Smith 2009) wird auch die Ernährung als ein Teilaspekt von Nachhaltigkeit diskutiert (Kiesel 2009; Neff et al. 2009). Arbeiten aus diesem Bereich fokussieren den Stellenwert öffentlicher Kommunikation, bezogen auf den Klimawandel und das Fleisch, und suchen nach Kommunikationsmöglichkeiten, die das gesellschaftliche Engagement für eine nachhaltige Entwicklung unterstützen. Die Analysen behandeln:

- wie unterschiedliche Akteur/innen Kommunikationsinhalte aufbereiten und dabei in ihren Bedeutungszuschreibungen von Fleisch als umweltschädlichem Faktor variieren[1], [3], [6] [14], [26],
- die Veränderung der Berichterstattung über längere Zeiträume hinweg [1], [3], [26] und welchen Einfluss ein prominenter FAO[9]-Bericht[10] darauf ausübte [6].

Teils in enger Verbindung mit Nachhaltigkeitsdiskursen und insbesondere mit Bezug zu fleisch- und tierlosen Ernährungsformen werden auch Fragen der öffentlichen Verhandlung des Konzeptes Tierwohl aufgegriffen. Im Zentrum stehen dabei:

---

9 Food and Agriculture Organization of the United Nations.
10 Der Bericht „Lifestock's Long Shadow" hat ergeben, dass die meisten primären Klimaauswirkungen zwar größtenteils vom Transportwesen verursacht werden, sofern jedoch sekundäre Klimaeffekte in die Bilanz eingerechnet werden, macht diese die lebensmittelverarbeitende Industrie und insbesondere die Fleischindustrie für den größten Anteil der Klimaschäden verantwortlich (Steinfeld et al., 2006).

- Sprachpraktiken vor dem Hintergrund der Wirkmächtigkeit von Sprache zu identifizieren und zu kritisieren [7), 10), 14), 32)],
- Positionierung und Wirkung von Gegenöffentlichkeiten in öffentlich-medialen Diskursen und Spezialdiskursen (z. B. Foren im Internet) zu beobachten[7)],
- Praktiken der Konstruktion kollektiver Identitäten mittels sozialer Medien, und zwar auch in Bezug darauf, wie Teilnehmende mit negativen Vermutungen über mögliche Gefahren umgehen[18), 37),-39)],
- Entwicklung nationaler Identität in Bezug auf bestimmtes Fleisch (z. B. Wal) und darauf rekurrierende mediale Diskurse und Narrative der Verteidigung dieses Kulturgutes[2), 32)].

In offeneren Ansätzen wird zudem nach der sich wandelnden gesellschaftlichen Verankerung von Fleisch gefragt[10), 29)].

Ein neuer Aspekt in der öffentlichen Diskussion über Fleisch ist das sogenannte „synthetische Fleisch"[11]. Im August 2013 wurde unter großer medialer Aufmerksamkeit ein erstmals aus Stammzellen synthetisiertes Burger-Patty verkostet (Post 2014)[12]. Die öffentliche Rezeption dieser neuen Entwicklung ist bereits Gegenstand von Forschungsarbeiten und im Vergleich zu den bisher vorgestellten Feldern ist der Anteil der Arbeiten hierzu relativ hoch. Die Fragen beziehen sich auf:

- aus der aktuellen Kommunikation ableitbare Strategien für eine erfolgreiche Markteinführung [15), 19), 23)] oder auf die Prüfung der Bedenken gegenüber synthetischem Fleisch beziehungsweise dessen gesellschaftlicher Akzeptanz [12), 22)],
- die Unterschiede der öffentlich diskutierten ethischen Dimensionen [12), 22)], die Schwerpunkte und den Tenor der Medienberichterstattung [19), 23)] sowie deren Veränderung[12)] im Zeitverlauf[, 40)].

Nachdem nun die verschiedenen Fragestellungen der im Sample enthaltenden Publikationen aufgezeigt wurden, lassen sich die Ergebnisse des analysierten Literaturkorpus zusammenführend darstellen. Es sollen die Kernelemente des bisherigen Forschungsfeldes zur öffentlichen Kommuni-

---

11  Dieses wird im Labor aus Stammzellen synthetisiert. Somit werden ursprünglich biomedizinische Technologien für die Nahrungsprodukion anwendet. Für die Produkte wird eine lange Reihe an Synonymen verwendet, etwa „In-Vitro-Fleisch", „kultiviertes Fleisch", „Laborfleisch", „künstliches Fleisch", „Retortenfleisch", aber auch despektierliche Begriffe, wie „Frankenstein-Fleisch" und „Zombie-Fleisch".

12  Goodwin und Shoulders (2013) lagen mit ihrer Studie als Einzige zeitlich vor der Burger-Verkostung.

kation über Fleisch verdeutlicht werden. In diesem Zusammenhang wird herausgestellt, welche öffentlichen Kommunikationsanlässe und thematischen Schwerpunkte den wissenschaftlichen Diskurs bislang ausmachen. Zudem wird dargelegt, welche Schuldige-/Opfer-/Problemlöser-Konstruktionen durch die Autor/innen der verschiedenen Beiträge bisher als dominierend festgestellt werden und ob bereits Aussagen darüber getätigt werden, inwieweit die öffentliche Kommunikation über Fleisch in Relation zum Kommunikationsmedium differiert.

Wie oben dargelegt, sind die folgenden Ausführungen eine Reflexion der bisherigen wissenschaftlichen Auseinandersetzungen mit der Thematik, das heißt, sie sind auf einer Metaebene anzusiedeln (vgl. Abbildung 1) und es werden nicht die den Studien ursprünglich zugrundeliegenden medialen Diskurse re-analysiert. Diese werden lediglich zur Veranschaulichung herangezogen.

## 5 Synthese der Erkenntnisse aus Studien zur medialen Kommunikation über Fleisch

### 5.1 Fleischskandal mit Konsequenzen – BSE

Durch die enorme Alltagsnähe und die Bedrohung tödlichen Risikos (Barlösius/Philipps 2006; Feindt/Kleinschmit 2011; Washer 2006) hatte BSE eine besondere Brisanz (Washer 2006) und moralische Grundfesten standen zur Diskussion (Spiekermann 2004). In Diskursen zur sogenannten BSE-Krise, die in den 1990er Jahren begannen und sich über ein Jahrzehnt lang hinzogen, waren zahlreiche Akteur/innen involviert und traten als Sprecher/innen auf (Medien, Politik, Wirtschaft, Recht) (Barlösius/Philipps 2006). Die langjährige mediale Berichterstattung über BSE bot auch für die Forschung erstmals Anlass für eine umfassende Auseinandersetzung mit der Fleisch-Thematik.

Einige Autor/innen setzen sich damit auseinander, dass derartige, besonders einschneidende Risikoereignisse wie die europäische BSE-Krise das Potenzial zur Initiierung neuer gesellschaftlicher Diskurse haben könnten (vgl. Davidson/Bogdan 2010; Hagenhoff 2003; Washer 2006). Für die Kommunikation über Fleisch zeigen die Studien, dass in den 1990er Jahren BSE in den deutschen Medien noch als Problem der europäischen und insbesondere britischen „Anderen" und als ein Risiko in der Ferne galt (Böcker/Mahlau 1999; Brookes 1999; Hagenhoff 2003). In den deutschen Medien wurde eine gewisse Distanz zu BSE durch die Konstruktion der verantwortungsbewussten Politiker/innen und vernünftigen Verbraucher/

innen aufgebaut (Hagenhoff 2003), während der britische Mediendiskurs durch Verunglimpfung der EU-Politik geprägt und die Bedrohung der britischen Individualität und Souveränität im Vordergrund stand, so Brookes (1999). Nach Auftreten des ersten deutschen BSE-Falles im Jahr 2000 scheinen sich die Narrative verändert zu haben und im Mittelpunkt standen laut Hagenhoff (2003) vor allem das verlorene öffentliche Vertrauen in die Fleischindustrie und ein verändertes Bild des Verbrauchers, der als uninformiert und hilflos dargestellt wurde.

Die Autor/innen weisen darauf hin, dass BSE in Europa vielerorts politisches Umdenken angeregt und zu einer Reihe von Veränderungen geführt habe, etwa zu der verstärkten Verantwortung von Unternehmen in Lebensmittelkrisen und zu der Implementierung verbesserter privatwirtschaftlicher Qualitätssicherungssysteme (Rehaag/Waskow 2005, Schulze/Böhm/Kleinschmidt/Spiller/Nowak 2008; vgl. auch Barlösius/Philipps 2006). Jedoch habe sich auch in Europa gezeigt, dass diese Implementierungen bei späteren Krisen zumindest nicht mehr aufgegriffen wurden und das durch BSE etablierte Paradigma unternehmerischer Verantwortlichkeit zugunsten verstärkter politischer Kontrollen wieder zurückgedrängt worden sei (Schulze et al. 2008).

## 5.2 Skandale als Kommunikationsanlass

Skandale sind ein wesentlicher Anlass für die öffentliche Auseinandersetzung mit Fleisch. Insgesamt wird die entsprechende Berichterstattung von verschiedenen Autor/innen als überwiegend negativ beschrieben (z. B. Hagenhoff 2003; Hellsten/Nerlich 2010; Lee/Koh 2009, 2010; Rehaag/Waskow 2005; Schulze et al. 2008). Bei der Vogelgrippe etwa haben Hellsten und Nerlich (2011) die Angst vor einer möglichen Pandemie als Referenzrahmen der Medienkommunikation identifiziert. Sie stellten fest, dass die Krise teilweise sogar mit biblischen Endzeitszenarien verknüpft wurde. In der deutlich kurzlebigeren Berichterstattung über BSE in Kanada scheinen hingegen überwiegend positive Frames verwendet worden zu sein (Boyd/Jardine/Driedger 2009; Davidson & Bogdan, 2010)[13], ähnlich zeigte es sich in der lokalen Berichterstattung über den sogenannten Pferde-

13  Boyd et al. (2009) führen diese positive Berichterstattung auf das hohe Vertrauen der kanadischen Bevölkerung in ihre Regierung zurück, wohingegen Davidson und Bogdan (2010) darauf verweisen, dass Kanadier die regierungskritischste Bevölkerungsgruppe Amerikas seien.

fleischskandal im Baskenland (Marín Murillo/Armentia Vizuente/Caminos Marcet 2015). Insgesamt zeigt die Analyse der Studien, dass Schuld- und Verantwortungszuschreibungen sowie die Benennung von Opfern, Problemlösern und -lösungen eine wichtige Rolle in öffentlichen Diskursen über Fleischskandale spielen (vgl. v. a. Brookes 1999; Brún et al., 2016; Feindt/Kleinschmit 2011; Hagenhoff 2003; Marín Murillo/Armentia Vizuente/Caminos Marcet 2015; Schulze et al., 2008; Washer 2006).

### 5.2.1 Sprecher/innen

Verschiedene Studien kommen zu dem Ergebnis, dass sich in Diskursen über Fleisch insbesondere Politiker/innen und politische Institutionen sowie Journalist/innen als dominierende Sprecher/innengruppen zeigen, Wissenschaftler/innen und Expert/innen hingegen unterrepräsentiert sind oder ihre Rolle nicht eindeutig ist (Feindt/Kleinschmit 2011; Hagenhoff 2003; Rehaag/Waskow 2005; Schulze et al. 2008; Washer 2006). Regionale Medien scheinen dabei, so verdeutlichen Marín Murillo/Armentia Vizuente/Caminos Marcet 2015, den mitunter globalen Charakter von Skandalen wesentlich mitzubestimmen. Spitzt sich ein Skandal zu, konnte festgestellt werden, dass Wissenschaftler/innen und Expert/innen zum Teil auch vermehrt konsultiert und auf sie in der Berichterstattung rekurriert wird, was jedoch der Verunsicherung in der Bevölkerung nicht unbedingt entgegengewirkt habe. Brookes (1999) gelangt zu dem Schluss, dass bestehende, stark emotionalisierende Rahmungen (Gefährlichkeit, Unvorhersehbarkeit und Abnormalität von BSE) in der medialen Kommunikation von Wissenschaftler/innen lediglich reproduziert würden (Brookes, 1999). Laut Washer (2006) werden wissenschaftliche Einschätzungen teilweise sogar als übermäßig ängstlich präsentiert, wie zu Beginn der BSE-Krise in Großbritannien, um so ihre Glaubwürdigkeit einzuschränken.

Einige Studien stellen fest, dass Fleischskandale primär als industrielle Krisen gerahmt werden (z. B. Brún et al. 2016; Feindt/Kleinschmit 2011; Schulze et al. 2008), wobei die so konstruierten schuldigen und verantwortlichen industriellen Akteur/innen in öffentlichen Medien wenige Sprechanteile zu haben scheinen und sich somit kaum zu den Vorwürfen äußern können (Schulze et al. 2008). Eine Ausnahme bildet lediglich der kanadische mediale BSE-Diskurs, in dessen Rahmen wirtschaftliche und pro-industrielle politische Akteur/innen die höchsten Sprechanteile hatten (Boyd et al. 2009; Davidson/Bogdan 2010). Diese mangelnde Problemwahrnehmung wird von den Autor/innen als Hindernis für die Implementierung notwendiger struktureller Änderungen in der Lebensmittelwirtschaft eingestuft (Davidson/Bogdan 2010). Allgemein weisen verschiedene Autor/innen darauf hin, dass kaum über konkrete Auswirkungen auf den Konsument/innen berichtet wurde, sodass die öffentliche Kommunikation nicht unbedingt zur Reduzierung der Verbraucher/innenverunsicherung beigetragen habe (Boyd et al. 2009; Davidson/Bogdan 2010; Rodriguez/Lee 2016).

### 5.2.2 Rollenzuschreibungen von Opfern, Schuldigen und Problemlöser/innen

Tendenziell verdeutlichen die Studien, dass die öffentliche Kommunikation im Kontext von Skandalen strategisch gerahmt ist. BSE zu Beginn als vornehmlich ökonomisches Risiko darzustellen, scheint in erster Linie dazu gedient zu haben, die Öffentlichkeit von den Gesundheitsrisiken abzulenken und Panik zu verhindern[14] (Washer 2006). Generell scheinen gesundheitliche Auswirkungen von Fleischskandalen je nach Krise unterschiedlich stark in der medialen Berichterstattung aufgegriffen zu werden, dies reicht von Missachtung bis Panikstimmung (Böcker/Mahlau 1999; Brún et al. 2016; Davidson/Bogdan 2010). Nach Schulze et al. (2008) beziehen sich Schuldzuweisungen in den Medien häufig auf die Wirtschaft im Allgemeinen, selten werden konkrete Schuldige benannt. Auch auf politischer Ebene scheint dies der Fall zu sein, und es wird zwar der Staat als Verursacher genannt, selten jedoch konkrete Politiker/innen. Verbraucher/innen werden überwiegend als Opfer konstruiert und es wird ihnen kaum Mitschuld zugesprochen, etwa in Bezug auf fehlendes Qualitätsbewusstsein oder geringe Zahlungsbereitschaft für Lebensmittel. Ein Grund dafür wird von den Autor/innen unter anderem darin gesehen, dass die Verbraucher/innen Hauptzielgruppe der Medien sind. Im Diskurs konstruierten Tätern (Lebensmittelwirtschaft, Politiker) oder Opfern (Verbraucher/innen, Lebensmitteleinzelhandel) wird selten die Problemlöser/innenrolle zugeschrieben. Wenn sich dies anbietet, werden auch Akteur/innen aus dem Ausland als Schuldige konstruiert (Böcker/Mahlau 1999; Ibrahim/Howarth 2016; Washer 2006), so geschehen etwa beim sogenannten Pferdefleischskandal (Ibrahim/Howarth 2016).

---

14 In der britischen BSE-Krise wurde diese Strategie erst verändert ab 1996, als bekannt wurde, dass BSE speziesübergreifend sein kann und somit der Verdacht auf vermutete Zusammenhänge zwischen BSE und der beim Menschen vorkommenden Kreuzfeld-Jakob-Krankheit erhärtet wurde. Stattdessen wurden dann die Regierung, Bauern und die heutige Lebensweise kritisiert (Washer 2006).

Die Autor/innen weisen darauf hin, dass sich Politik als gesellschaftliche Akteurin mit höchster Deutungsmacht medial selbst als Problemlöserin inszeniert und ihr diese Rolle auch von anderen Akteur/innen am häufigsten zugeschrieben wird (Schulze et al. 2008). Zugleich scheint die Regierung in öffentlichen Diskursen teils als eigentliche Verursacherin von Skandalen gesehen zu werden, da sie ihre Aufsichtsplicht nicht erfülle und keinen Überblick über oder keine Handhabe gegen schädliche Praktiken der Industrie habe (Brún et al. 2016; Schulze et al. 2008). Somit wird der Regierung die Rolle einer Kontrollinstanz zugeschrieben. Als Lösungen werden diskursiv gegensteuernde Maßnahmen gefordert, etwa die Erhöhung staatlicher Kontrollen, und bessere Verbraucher/innenrechte. Auch die Forderung nach mehr Markttransparenz und einer verbesserten Informationspolitik, höheren Sanktionen und marginal auch ein verändertes Verbraucherverhalten wurden als Lösungsvorschläge medial diskutiert, wobei die Vorschläge zu diesen möglichen Maßnahmen allgemein blieben. Teilweise wurden auch weitere gesellschaftliche Akteur/innen als Löser/innen konstruiert, indem sich beispielsweise der Fleischfachhandel in Lebensmittelkrisen als Kontrast zur negativ behafteten Großindustrie positionierte (Brún/Shan/Regan/McCommon/Wall 2016).

Die Ergebnisse der verschiedenen Studien verdeutlichen, dass die Berichterstattung zu Zeiten eines Fleischskandals dominiert ist durch politische Sprecher/innen und Journalist/innen, die sich selbst eine aufklärende Position zuschreiben. Andere Sprecher/innengruppen haben vergleichsweise nur einen geringen Raum, um ihre Lösungen zu äußern, was insbesondere im Hinblick auf die Durchsetzung von einseitigen Deutungen und Interessen und entsprechender Einflussnahme nach Ansicht der Autor/innen problematisch sei (Feindt/Kleinschmit 2011; Rehaag/Waskow 2005; Schulze et al. 2008).

## 5.3 Kommunikation über langfristige Risiken

Im Bereich langfristig wirksamer Risiken wie Klimawandel, Gesundheit und Tierwohl haben wissenschaftliche Erkenntnisse einen anderen Stellenwert als bei den im vorigen Abschnitt dargestellten, plötzlich bekanntwerdenden Risiken. Neues Wissen kann hier selbst als Auslöser von Diskursen fungieren oder bestehende Diskurse speisen. Wie in Abschnitt 2 dargestellt, generieren unterschiedliche Akteur/innen Erkenntnisse zum Thema Fleisch, die dann, interpretiert, bewertet und „übersetzt", in den öffentlichen Medien kommuniziert werden. Es zeigt sich, dass die Qualität der wissenschaftlichen Presseberichte als erstes Glied einer langen Kette maßgeblich den weiteren Verlauf der weiteren Berichterstattung bestimmt (Riesch/Spiegelhalter 2011; Taylor/Long/Ashley/Denning/Gout/Hansen 2015). Taylor et al. (2015) konnten zeigen, dass sobald die ersten Artikel erschienen sind, sie den Pressebericht in den folgenden Artikeln als gewöhnlich wichtigste Referenz ablösen. Später publizierte Einordnungen, Korrekturen und neue Erkenntnisse von Wissenschaftler/innen finden wenig bis keinen Eingang in die Presseberichterstattung, sodass sie öffentlich kaum wahrgenommen werden.

Die Reduzierung von Komplexität und die Auswahl relevanter Themen bilden den Kern journalistischen Arbeitens. Verschiedene Autor/innen machen deutlich, dass sich insbesondere negative und provokante Aspekte besser kommunizieren lassen als nüchterne wissenschaftliche Betrachtungen (Greiner/Clegg/Gualler 2010; Riesch/Spiegelhalter 2011; Taylor et al. 2015). Hier wird auch deutlich, dass Themen anschlussfähig zu bestehenden Diskursen sein oder gemacht werden müssen. Etwa scheinen sich Diskurse über Fleisch und Nachhaltigkeit nach Almiron und Zoppeddu (2015) und Austgulen (2014) primär auf ökonomische Kosten, Gewohnheitsrechte von Konsument/innen und Arbeitsplätze in der Fleischindustrie zu fokussieren. Diskussionen im Zusammenhang mit dem Aspekt Gesundheit finden hauptsächlich über die Thematisierung des individuellen Wohlbefindens statt (Sneijder/te Moler 2004, 2005, 2009). Teils wird Fleisch im Zusammenhang mit Nachhaltigkeit medial kaum erwähnt. Der Autor führt dies auf die starke kulturelle Verankerung von Fleisch zurück, welche es Jounalist/innen nicht ermöglicht, negativ darüber zu berichten (Lahsen 2017). Ein drittes Beispiel ist die ethisch motivierte fleischlose Ernährung. Diese wird nach Cole und Morgan (2011) sowie Rodan und Mummery (2016) medial in erster Linie anhand von Individuen und ihrer Ernährungsweise thematisiert, das heißt Veganer/Vegetarier/in sein als Charaktereigenschaft dargestellt, nach Cole und Morgan (2011) und Singleton (2016) verknüpft mit übermäßiger Sensibilität und Naivität, fehlendem Bezug zur „Natur" und als nicht wohlwollend gegenüber sogenannten Omnivoren, gleichzeitig aber mit Disziplin, Engagement und Mut verbunden. Dagegen werden die hinter diesem Lebensstil stehenden Motive, wie Tierwohl, Nachhaltigkeit und Gesundheitsbewusstsein, weniger bis nicht thematisiert. Diese Form der Ernährung wird zugleich als Verzicht, Schwierigkeit, kurzweiliger Trend oder auch als Gefahr gedeutet (Cole/ Morgan 2011). In neueren Arbeiten zeichnen sich dagegen Entwicklungen ab, die auf eine ausgewogenere Berichterstattung hinweisen (Morris 2018).

Aus den Studien wird auch deutlich, dass sich öffentliche Sagbarkeit zum Thema „Fleisch" zumindest bezüglich einzelner Kommunikationsanlässe verändert (Arch 2016; Dilworth/McGregor 2015). Dies wird am Bereich „synthetisches Fleisch" besonders deutlich. Neben verbreiteten öffentlichen Äußerungen von Ekel vor technisch hergestellter Nahrung aus dem Labor scheint hier ähnlich wie in der Kommunikation über Nachhaltigkeit auch eine vermeintlich sachlich-neutrale Perspektive mit Blick auf die technischen Potenziale der Nahrungsproduktion dominant zu sein (Dilworth/McGregor 2015; Goodwin/Shoulders 2013; Hopkins 2015; Laestadius/Caldwell 2015; Stephens/Ruivenkamp 2016). Eine Darstellung des „neuen" Fleisches als denkbare Antwort der Wissenschaft auf aktuelle Missstände, verbunden mit der Neugier auf sich bietende Möglichkeiten, wie etwa den bedenkenlosen Fleischkonsum auch von exotischen Spezies (Dilworth/McGregor 2015), erleichtert und befördert offenbar Kritik gegenüber herkömmlichem Fleisch. So zeigen Studien, dass medial beispielsweise die Problematik der Landnutzung, der energiereichen Futtermittelproduktion und des Methanausstoßes von Nutztieren, aber auch die grausamen Haltungs- und Schlachtungsbedingungen als negativer Kontrast zur vermeintlich besseren Umweltverträglichkeit synthetischen Fleischs verwendet werden (Dilworth/McGregor 2015; Goodwin/Shoulders 2013; Hopkins 2015; Laestadius 2015; Laestadius/Caldwell, 2015; Stephens/Ruivenkamp 2016).

Insgesamt werden mediale Darstellungen aus wissenschaftlicher Perspektive häufig als unterkomplex und eindimensional eingestuft. Almiron und Zoppeddu (2015) kritisieren, dass Fleischproduktion und -konsum lediglich von Wissenschaftler/innen ernsthaft in den öffentlichen Diskurs eingebracht werden, die jedoch nicht die Hauptsprecher/innengruppe darstellen. Bei synthetischem Fleisch wird in den Medien marginale und in Wissenschaftsdiskursen umso lautere Zweifel an der höheren Effizienz der Herstellung synthetischen gegenüber traditionellen Fleisches geäußert, außerdem werden Rebound Effekte, also erhöhter Fleischkonsum durch erhöhte Verfügbarkeit sowie Konzentration auf einige wenige Herstellerbetriebe, befürchtet (Dilworth/McGregor 2015; Laestadius 2015; Laestadius/Caldwell 2015).[15] Insgesamt stellen die Autor/innen in den untersuchten Diskursen eine deutliche Ambiguität fest, sowohl zwischen den Sprecher/innengruppen als auch zwischen wissenschaftlichem Kenntnisstand und

---

15 Die Herstellung synthetischen Fleisches ist mit einer kostenintensiven Grundausstattung und spezifischen Laborbedingungen verbunden, darüber hinaus besteht die Sorge, dass Patente den Zugang zum Lebensmittelmarkt noch stärker beschränken als bisher. Auch die Autonomie von sogenannten Entwicklungsländern, die bereits zum heutigen Zeitpunkt stark von westlichen Märkten beeinflusst wird, könnte durch die Etablierung von synthetischem Fleisch weiter beschnitten werden.

öffentlicher Kommunikation (Almiron/Zoppeddu 2015; Bristow/Fitzgerald 2011).

Ähnlich wie bei plötzlich auftretenden Skandalen spielen Schuld- und Verantwortungszuschreibungen auch in Diskursen um langfristige Risiken eine wichtige Rolle (Brun et al. 2016, Freeman 2010, Lee/Newell/Wolch/Schneider/Joassart-Marcelli 2014; Singleton 2016). In den Studien zeigt sich, dass die Hauptverantwortung ebenfalls hauptsächlich der Regierung zugeschrieben wird und politische Lösungsvorschläge wenig konkretisiert werden. Laut Lee et al. (2014) nutzen politische Akteur/innen, insofern sie sich überhaupt öffentlich dazu äußern, wissenschaftliche Studien, um auf technologische Möglichkeiten zur Verringerung der Klimaauswirkungen durch die Industrie aufmerksam zu machen, oder konstruieren den Transportsektor als primären Klimasünder (Bristow/Fitzgerald 2011; Lee et al. 2014). Die Emissionen, die von der Industrie ausgehen, sowie die Konsequenzen menschlichen Handelns bleiben laut Lee et al. (2014) im Diskurs weitestgehend unberücksichtigt oder werden mit dem rhetorischen Mittel der Ironie dargestellt, wie Almiron und Zoppeddu (2015) feststellen. Unternehmen werden einerseits als Verantwortliche diskutiert, dann aber eher ohne konkrete Bezüge und auf einer sehr allgemeinen Ebene, nach Vermutung der Autor/innen womöglich aus Rücksicht auf die fleischproduzierende Industrie (Bristow/Fitzgerald 2011; Freeman 2010). Austgulen (2014) merkt an, dass die niederländische Fleischindustrie zumindest konkret wegen der aktiven Bewerbung tierischer Produkte und somit der Förderung des Fleischkonsums in die Kritik geraten sei.

Zur Rolle von Konsument/innen scheinen medial vermittelte Deutungen widersprüchlich zu sein. Verhaltensänderungen scheinen einerseits als freiwillig und damit als nicht unbedingt nötig gerahmt zu werden (Austgulen 2015; Bristow/Fitzgerald 2011; Freeman 2010), andererseits wird insbesondere das Kaufverhalten als wichtige Einflussmöglichkeit zur Erreichung von Nachhaltigkeit dargestellt. Dazu werden auf normativen Werten basierende Empfehlungen für Verbraucher/innen zur Reduzierung ihres Fleischkonsums und/oder zum Verzehr von Bio- und/oder regionalem Fleisch vermittelt (Austgulen 2015; Leroy et al. 2018; Rodan/Mummery 2015). Die Autor/innen merken an, dass diese Ambiguität möglicher Handlungsanweisungen jedoch zu Verunsicherung führen und ihr Ziel verfehlen kann (Austgulen 2014; Leroy et al. 2018).

Die Hauptverantwortung scheint sowohl im Bereich Gesundheit als auch im Bereich Nachhaltigkeit häufig überwiegend bei Konsument/innen verortet zu werden, welche durch Forderungen nach politischen Anreizen lediglich unterstützt werden sollen (Austgulen 2014; vgl. auch Samerski/Henkel 2015). In den Studien zeigt sich beispielsweise, dass die Regierung dazu aufgerufen wird, durch erhöhte Besteuerung zu weniger Fleischkonsum beizutragen, wodurch wiederum Verhaltensänderungen auf ökonomische Gründe beschränkt würden (Lee et al. 2014). Jedoch wurde medial beispielsweise in Bezug auf die vermeintliche krebserregende Wirkung von Fleisch Empörung über Gesundheitsempfehlungen deutlich, welche als Bevormundung interpretiert wurden (Riesch/Spiegelhalter 2011). Lee et al. (2014) kritisieren, dass durch die Zuschreibung von Verantwortung primär auf Verbraucher/innen das bestehende System der Selbstregulierung von Märkten bestätigt und nicht die Notwendigkeit politischer/unternehmerischer Reformen in den Diskurs eingebracht werden (Lee et al. 2014).

## 5.4 Kommunikationskanäle

Generell gesprochen nehmen Medien in Fleischkrisen und in der Kommunikation über langfristige Risiken von Fleischproduktion und -konsum eine Schlüsselrolle ein. Durch die mediale Berichterstattung gelangen Themen in die Öffentlichkeit und werden dann in bestehende gesellschaftliche Wissensstrukturen eingebettet, wenn sie anschlussfähig sind (z. B. Davidson/ Bogdan 2010; Lee et al. 2014). Dies gilt sowohl für traditionelle Medien als auch für die Kommunikation über soziale Netzwerke (v. a. Feindt/Kleinschmit 2011; Hellsten/Nerlich 2010; Lee et al. 2014; Schulze et al. 2008; Shan/Regan/Brún/Barnett/van der Sanden/Wall/McCommon 2014). Sowohl zwischen nationaler/internationaler[16] (Almiron/Zoppeddu 2015; Brún et al. 2016; Marín Murillo/Armentia Vizuente/Caminos Marcet 2015) als auch zwischen regionaler/überregionaler Presse[17] (Böcker/Mahlau 1999; Hagenhoff 2003) unterscheidet sich die Berichterstattung zum Teil deutlich. Die Unterschiede zwischen traditioneller Berichterstattung und der Kommunikation in sozialen Netzwerken werden in den untersuchten Studien unterschiedlich bewertet. Einerseits weisen Hellsten und Nerlich (2010) darauf hin, dass in Online-Diskussionen insbesondere die Konstruktion von Katastrophenszenarien vorherrschend sei. Shan et al. (2014) beurteilen den Tenor in den sozialen Medien als weniger negativ als in den traditionellen Medien. Broad (2013) sowie Cole und Morgan (2011) wiederum gelangen zu dem Ergebnis, dass in den traditionellen Medien

---

16 Etwa i der Häufigkeit des Aufgreifens bestimmter Themen (Almiron/Zoppeddu 2015) und der vermittelten Frames (Brún et al. 2016).

17 Bspw. stieg der medienvermittelte Grad an Beunruhigung bei Böcker und Mahlau (1999) umso mehr, je weiter entfernt ein BSE-Fall auftrat. Umgekehrt wurde die Sicherheitslage in der eigenen Region höher dargestellt als anderswo.

hauptsächlich die Zielgruppe des fleischkonsumierenden Publikums ange-sprochen werde.

Das Internet scheint nicht als Raum dazu genutzt zu werden, um erwei-terte Perspektiven in Diskurse einzubringen, im Gegenteil, dort wird sich stark auf traditionelle Medien bezogen und das Perspektivenspektrum nicht erweitert, sondern primär die in traditionellen Medien vermittelten Expertenmeinungen diskutiert. Shan et al. (2014) stellen fest, dass die Dis-kurse in beiden Bereichen zwar unterschiedlich waren, aber nicht unter-schiedlich genug, um von einem Paralleldiskurs sprechen zu können. Des Weiteren konstatieren sie, dass die Themenkarrieren in den traditionellen und sozialen Medien vergleichbar seien, lediglich die ersten Berichte er-scheinen über die sozialen Medien schneller als in den traditionellen Me-dien, im weiteren Verlauf wird die Berichterstattung der traditionellen Medien der Bezugspunkt der Auseinandersetzung und dem Verlaufsmus-ter entsprechend zeitlich verzögert (ebd.).

Entwicklungen hin zu einer „Gesellschaft ohne Diskurs" (Stapf/Prin-zing/Filipović 2016), in der Akteur/innen Kontroversen weniger miteinan-der, sondern vermehrt mit Gleichgesinnten verhandeln, lassen sich auch beim Thema Fleisch erkennen. Wie in Abschnitt 2 beschrieben, wird öf-fentlich nicht nur über Dritte, wie zum Beispiel Journalisten, kommuni-ziert, sondern auch aus unterschiedlichen Systemen (z. B. Deutsche Gesell-schaft für Ernährung, Wissenschaft) heraus. Über Fachzeitschriften und Webseiten werden direkt bestimmte Gruppen angesprochen. Die verschie-denen Organisationen, Verbände oder Gruppen kommunizieren jeweils die in ihrem Interesse liegenden Schwerpunkte und variierenden Aspekte (nicht) (Bristow/Fitzgerald 2011; Freeman 2010).

Von wirtschaftlicher und politischer Seite her wird auf den eigenen Webseiten der Zusammenhang zwischen Fleischproduktion und Klima-wandel nicht oder nur verzerrt dargestellt, das heißt auf Emissionen von Nutztieren reduziert, auf Biogas und Ethanol als wesentliche Klimaschäd-linge verwiesen, wie Bristow und Fitzgerald (2011) zeigen, oder diese Ak-teur/innen konstruieren sich in Fachzeitschriften selbst als Opfer der De-batte, so Schulze et al. (2008). Die Kommunikation mit Gleichgesinnten ermöglicht generalisierende Zuweisungen von Schuld und Verantwortung auf die jeweils anderen (Staat, Industrie, Landwirtschaft etc.). Eine Ernäh-rungsumstellung wird als zwar wünschenswert und klimafreundlich, aber als ein für die breite Bevölkerung unrealistisches Ideal konstruiert (Bris-tow/Fitzgerald 2011; Freeman 2010).

Tierwohlorganisationen scheinen dagegen radikale Umbrüche zu for-dern und starke sprachliche Mittel zu nutzen, um auf bestehende Missstän-de aufmerksam zu machen, nach Freeman (2010) teils mit aggressiven rhetorischen Mitteln. Zum Beispiel werden Fischer als Piraten bezeichnet und damit die Kritik an den Fangmethoden unterstrichen (Broad 2013; Cole/ Morgan 2011; Freeman 2010; Rodan/Mummery 2016). Narrative beziehen sich auf die Rahmung von Schlachtung als Mord und Tiere als stumme, wehrlose, unschuldige und dadurch ultimative Opfer von Kommerz und Fleischeslust (Rodan/Mummery 2016; Singleton 2016).

## 6 Zusammenfassung und Schlussfolgerungen

Die Forschungslandschaft der Ernährungskommunikation ist bisher als solche noch wenig systematisiert und Analysen auf der Ebene, in der sich Wissenschaft in diesem Bereich selbst reflektiert, finden sich bisher eher wenig (vgl. Abbildung 1). Am gewählten Gegenstandsbereich der Forschung über medial vermittelte öffentliche Kommunikation über Fleisch kann exemplarisch ein Forschungszweig der Ernährungskommunikation strukturiert aufgezeigt und Forschungslücken beziehungsweise -bedarfe dargestellt werden. Mit diesen Ausführungen wird der derzeitige Forschungsstand abgebildet und die bisherige Forschungslandschaft zur Analyse der öffentlichen Diskurse über Fleisch kann eingeschätzt und für die Ernährungskommunikation nutzbar gemacht werden.

Für den Zeitraum von 1990 bis 2018 konnten 42 Studien identifiziert werden, die den Auswahlkriterien entsprachen und in die Analyse eingegangen sind (vgl. Tabelle 2). Die Studien wurden durch eine Schlagwortsuche in einschlägigen Datenbanken recherchiert und stammen aus kommunikations-, sozial-, agrar- und umweltwissenschaftlichen nationalen und internationalen Fachzeitschriften. Insgesamt nimmt die Zahl an Publikationen seit 2009 zu. Die Studien fokussieren hauptsächlich die mediale Kommunikation einiger Länder Westeuropas und der Vereinigten Staaten von Amerika, nur marginal analysiert werden Südamerika, Asien und Australien und es liegen keine Forschungsarbeiten über die Kommunikation in Afrika vor. Überregionale Tageszeitungen sind das am häufigsten analysierte Format, die internetgestützte Kommunikation rückt seit 2004 zunehmend in den Fokus. Die analysierten Zeiträume umfassen häufig ein bis drei oder mehr Monate und die Ergebnisse basieren zumeist auf Analysen von 300-500 Artikeln. Methodisch finden sowohl die qualitative als auch die quantitative Inhaltsanalyse am häufigsten Anwendung. Die Fragestellungen sind im Wesentlichen den Oberthemen „Kurz- und langfristige Risiken des Nahrungsmittels Fleisch und Alternativen, wie synthetischem Fleisch", zuzuordnen.

Zur Kommunikation über das Thema „Fleisch" existieren verhältnismäßig wenige Arbeiten. Zudem fokussieren viele der ins Sample eingegangenen Studien nicht hauptsächlich die öffentliche Kommunikation über Fleisch, sondern es stehen andere Fragestellungen im Mittelpunkt (vgl. Abschnitt 4.2), wobei dies vor allem auf ältere Arbeiten zutrifft. Aktuellere Studien mit Blick auf Umwelt-/Nachhaltigkeitsthemen sowie synthetisches Fleisch richten verstärkt den Fokus auf die mediale Kommunikation über das Lebensmittel Fleisch (und nicht auf die Kommunikation über Krisen, wie BSE).

Insbesondere Skandale bieten Anlass zur öffentlichen medialen Kommunikation und wurden daher wissenschaftlich auch verstärkt untersucht. Vor allem Tierkrankheiten sind dabei von Interesse. Konstruktionen von Schuldigen, Opfern und Problemlöser/innen bilden häufig den Analysefokus und es wird dabei der Frage nachgegangen, welches Wissen, Bilder, Deutungs- und Handlungsmuster Medien anbieten. Fleischskandale werden medial überwiegend strategisch kommuniziert, wobei Journalist/innen und Politiker/innen über die größten Sprechanteile verfügen. Sie werden als Krise der Industrie gerahmt und insgesamt negativ dargestellt.[18] Der Fleischfachhandel wird der Großindustrie gegenübergestellt und Verbraucher/innen als Opfer konstruiert, die kaum Mitschuld an dem Phänomen tragen. Lösungen werden hauptsächlich vom Staat gefordert (etwa durch Kontrollen, Informationspolitik, Sanktionen).

Lange wurden insbesondere die kurzfristigen Folgen von Fleischskandalen medial aufgegriffen und langfristige und krisenübergreifende Risiken von Fleisch verblieben im Hintergrund. In den letzten zehn Jahren wurden jedoch medial auch Themen wie Gesundheit, Nachhaltigkeit und Tierwohl, im Zusammenhang mit Fleisch diskutiert und diese Kommunikation auf wissenschaftlicher Ebene erforscht. In diesen Zusammenhängen wird Verbraucher/innen eine andere Verantwortlichkeit als bei Fleischskandalen zugeschrieben – sie können und sollen durch ihr Konsumverhalten zur Bewältigung des Problems beitragen. Diskurse um Tierwohl und eine pflanzenbasierte Ernährungsweise rücken die Charaktereigenschaften der Individuen in den Vordergrund und ihre Ernährungsweise wird als beachtliche Diszipliniertheit oder auch als naive Schwäche diskutiert. Der relativ neue Aspekt des synthetischen Fleisches wird als Alternative zur herkömmlichen Fleischproduktion in den Diskurs eingebracht. Ne-

---

18 Eine Ausnahme bildet die BSE-Krise in Kanada, in einem Land, das stark durch die Rindfleischindustrie geprägt ist und in dem die regionalen Medien vor allem Sicherheit und kollektiven Zusammenhalt vermittelten.

ben negativen Rahmungen, die im Labor hergestelltes Fleisch als ekelerregend beschreiben, werden auch positive Narrative verwendet, die sich auf den technischen Fortschritt und die Potenziale zur Lösung aktueller Problemstellungen beziehen. In diesen Zusammenhängen wird synthetisches Fleisch als Alternative zur dann betont negativ gerahmten, herkömmlichen Fleischproduktion diskutiert.

Die noch sehr verhaltene Auseinandersetzung mit der Kommunikation über Fleisch in der medialen Öffentlichkeit lässt sich sicher auch mit der eingangs erwähnten Verankerung in der Menschheitsgeschichte und der kulturgeschichtlichen Bedeutung von Fleisch erklären. Erst in den letzten Jahren findet eine zunehmende wissenschaftliche Auseinandersetzung statt und es ist zu vermuten, dass auch zunehmend, losgelöst von Fleischskandalen, die Problematik der Fleischproduktion und des zunehmenden -verzehrs sowohl medial als auch wissenschaftlich aufgegriffen und damit weniger skandalzentriert sein wird. Dieser Trend zeichnet sich bereits bei der Auseinandersetzung mit synthetischem Fleisch sowie mit Fragen von Umwelt und Nachhaltigkeit ab. Bisher ist die mediale Auseinandersetzung mit dem Thema Fleisch durch eine starke Vereinfachung und Verkürzung der Inhalte charakterisiert und es wäre notwendig, die Komplexität der Thematik angemessen in den öffentlichen Diskurs einzubringen, um die Gestaltung eines zukunftsfähigen Ernährungssystems unter Beteiligung der Gesellschaft zu ermöglichen und die Frage „Wie wollen wir uns in Zukunft ernähren?" in öffentlichen Diskursen auszuhandeln. Ernährungskommunikationsforschung kann die aktuellen Diskurse reflektieren, dominante Positionen, nicht eingebrachte Perspektiven oder Machtkonstellationen aufzeigen und sich auch selbst am Diskurs beteiligen.

## 7 Literaturverzeichnis

Almiron, Núria & Zoppeddu, Milena (2015). Eating Meat and Climate Change. The Media Blind Spot—A Study of Spanish and Italian Press Coverage. In: Environmental Communication, 9 (3), 307-325.

Arch, Jakobina (2016). Whale Meat in Early Postwar Japan. Natural Resources and Food Culture. In: Environmental History, 21 (3), 467-487.

Austgulen, Marthe H. (2014). Environmentally Sustainable Meat Consumption. An Analysis of the Norwegian Public Debate. In: Journal of Consumer Policy, 37 (1), 45-66.

Barlösius, Eva & Philipps, Axel (2006). „Eine Zeit lang haben wir kein Rindfleisch gegessen". BSE zwischen Alltagsbewältigung, politischer Krise und medialer Skandalisierung. In: Zeitschrift für Agrargeschichte und Agrarsoziologie (2), 23-35.

Böcker, Andreas & Mahlau, Gudrun (1999). Die BSE-Krise aus regionaler Sicht. Medienanalyse und Verbraucherverhalten. In: Betriebswirtschaftliche Mitteilungen der Landwirtschaftskammer Schleswig-Holstein, Nr. 528/529, 29-41.

Boyd, Amanda Dawn, Jardine, Cynthia G. & Driedger, S. Michelle (2009). Canadian Media Representations of Mad Cow Disease. In: Journal of Toxicology and Environmental Health. Part A, 72 (17-18), 1096-1105.

Bristow, Elisabeth & Fitzgerald, Amy J. (2011). Global Climate Change and the Industrial Animal Agriculture Link. The Construction of Risk. In: Society & Animals, 19 (3), 205-224.

Broad, Garrett M. (2013). Vegans for Vick. Dogfighting, Intersectional Politics, and the Limits of Mainstream Discourse. In: International Journal of Communication, 7, 780-800.

Brookes, Rod (1999). Newspapers and national identity. The BSE/CJD Crisis and the British Press. In: Media, Culture & Society, 21 (2), 247-263.

Brún, Aoife de, Shan, Liran, Regan, Aine, McConnon, Aine & Wall, Patrick (2016). Exploring Coverage of the 2008 Irish Dioxin Crisis in the Irish and UK Newsprint Media. In: Health communication, 31 (10), 1235-1241.

Cole, Matthew (2008). Asceticism and Hedonism in Research Discourses of Veg*anism. In: British Food Journal, 110 (7), 706-716.

Cole, M. & Morgan, Karen (2011). Vegaphobia. Derogatory Discourses of Veganism and the Reproduction of Speciesism in UK National Newspapers. In: The British Journal of Sociology, 62 (1), 134-153.

Davidson, Debra J. & Bogdan, Eva (2010). Reflexive Modernization at the Source. Local Media Coverage of Bovine Spongiform Encephalopathy in Rural Alberta. In: Canadian Review of Sociology/Revue canadienne de sociologie, 47 (4), 359-380.

Dilworth, Tasmin & McGregor, Andrew (2015). Moral Steaks? Ethical Discourses of In Vitro Meat in Academia and Australia. In: Journal of Agricultural and Environmental Ethics, 28 (1), 85-107.

Feindt, P. H. & Kleinschmit, D. (2011). The BSE Crisis in German Newspapers. Reframing Responsibility. In: Science as Culture, 20 (2), 183-208.

Frei, Alfred G., Groß, Timo & Meier, Toni (2011). Es geht um die Wurst. Vergangenheit, Gegenwart und Zukunft tierischer Kost. In: A. Ploeger, G. Hirschfelder & G. Schönberger (Hrsg.), Die Zukunft auf dem Tisch. Analysen, Trends und Perspektiven der Ernährung von morgen (S. 57-75). Wiesbaden: VS Verlag.

Freeman, Carrie P. (2010). Meat's Place on the Campaign Menu. How US Environmental Discourse Negotiates Vegetarianism. In: Environmental Communication, 4 (3), 255-276.

Goodwin, Joy N. & Shoulders, Catherine W. (2013). The Future of Meat. A Qualitative Analysis of Cultured Meat Media Coverage. In: Meat Science, 95 (3), 445-450.

Greiner, Amelia, Clegg Smith, Katherine & Guallar, Eliseo (2010). Something Fishy? News media presentation of complex health issues related to fish consumption guidelines. In: Public health nutrition, 13 (11), 1786-1794.

Hagenhoff, Vera (2003). Analyse der Printmedien-Berichterstattung und deren Einfluß auf die Bevölkerungsmeinung. Eine Fallstudie über die Rinderkrankheit BSE 1990 – 2001 (Schriften zur Medienwissenschaft, Bd. 3). Zugl.: Kiel, Univ., Diss., 2003. Hamburg: Kovač.

Hellsten, Lina & Nerlich, Brigitte (2010). Bird flu hype. The spread of a disease outbreak through the media and Internet discussion groups. In: Journal of Language and Politics, 9 (3), 393-408.

Hopkins, Patrick D. (2015). Cultured Meat in Western Media. The Disproportionate Coverage of Vegetarian Reactions, Demographic Realities, and Implications for Cultured Meat Marketing. In: Journal of Integrative Agriculture, 14 (2), 264-272.

Ibrahim, Yasmin & Howarth, Anita (2016). Constructing the Eastern European Other. The Horsemeat Scandal and the Migrant Other. In: Journal of Contemporary European Studies, 24 (3), 397-413.

Kiesel, Laura (2009). A comparative Rhetorical Analysis of US and UK Newspaper Coverage of the Correlation between Livestock Production and Climate Change. In: E. Seitz, T. P. Wagner & L. Lindenfeld (Hrsg.), Environmental Communication as a Nexus. Proceedings of the 10th Biennial Conference on Communication and the Environment (S. 247-255). Maine.

Luhmann, Niklas (1996). Die Realität der Massenmedien, Opladen: Westdt.

Laestadius, Linnea I. (2015). Public Perceptions of the Ethics of In-vitro Meat. Determining an Appropriate Course of Action. In: Journal of Agricultural and Environmental Ethics, 28 (5), 991-1009.

Laestadius, Linnea I. & Caldwell, Mark. A. (2015). Is the Future of Meat Palatable? Perceptions of In Vitro Meat as Evidenced by Online News Comments. In: Public Health Nutrition, 18 (13), 2457-2467.

Lahsen, M. (2017). Buffers Against Inconvenient Knowledge. Brazilian Newspaper Representations of the Climate-Meat Link. In: Desenvolvimento e Meio Ambiente, 40. https://doi.org/10.5380/dma.v 40i0.49258

Lee, Gunho & Koh, Heungseok (2009). Conservative and Progressive Papers News Presentation of the U.S. Beef Imports Issue. Analysis of Sources in Korean Newspaper Articles. In: Korea Journal, 49 (4), 29-56.

Lee, Gunho & Koh, Heungseok (2010). Who Controls Newspapers' Political Perspectives? Source Transparency and Affiliations in Korean News Articles about US Beef Imports. In: Asian Journal of Communication, 20 (4), 404-422.

Lee, Keith C. L., Newell, J. P., Wolch, Jennifer, Schneider, Nicole & Joassart-Marcelli, Pascale (2014). "Story-Networks" of Livestock and Climate Change. Actors, Their Artifacts, and the Shaping of Urban Print Media. In: Society & Natural Resources, 27 (9), 948-963.

Leroy, F., Brengman, M., Ryckbosch, W. & Scholliers, P. (2018). Meat in the Post-Truth Era. Mass Media Discourses on Health and Disease in the Attention Economy. In: Appetite, 125 (25), 345–355.

Marín Murillo, F., Armentia Vizuete, J. I. & Caminos Marcet, J. M. (2015). Global News, Local Coverage. How the Basque Press Framed the Horsemeat Crisis. In: Communication & Society, 28 (3), 29–50.

Morris, C. (2018). 'Taking the Politics out of Broccoli'. Campaign Debating (De)meatification in UK National and Regional Newspaper Coverage of the Meat Free Mondays. In: Sociologia Ruralis, 58 (2), 433-452.

Neff, Roni A., Chan, Iris L. & Smith, Katherine C. (2009). Yesterday's Dinner, Tomorrow's Weather, Today's News? US Newspaper Coverage of Food System Contributions to Climate change. In: Public Health Nutrition, 12 (7), 1006-1014.

Post, Mark J. (2014). Cultured beef. Medical Technology to Produce Food. In: Journal of the Science of Food and Agriculture, 94 (6), 1039-1041.

Rehaag, Regine & Waskow, Frank (2005). Ernährungswende. Der BSE-Diskurs als Beispiel öffentlicher Ernährungskommunikation. Köln: KATALYSE Institut für angewandte Umweltforschung.

Riesch, Hauke & Spiegelhalter, David J. (2011). 'Careless Pork Costs Lives'. Risk Stories from Science to Press Release to Media. In: Health, Risk & Society, 13 (1), 47-64.

Rodan, Debbie & Mummery, Jane (2016). Doing Animal Welfare Activism Everyday [sic!]. Questions of Identity. In: Continuum, 30 (4), 381-396.

Rodriguez, Lulu & Lee, Suman (2016). What's the Beef in South Korea Protests? The Technical, Psychometric, and Sociocultural Dimensions of News Coverage of Risk. In: Journal of Agricultural & Food Information, 17 (2-3), 129-141.

Samerski, Silja & Henkel, Anna (2015). Responsibilisierende Entscheidungen. Strategien und Paradoxien des sozialen Umgangs mit probabilistischen Risiken am Beispiel der Medizin. In: Berliner Journal für Soziologie, 25 (1-2), 83-110.

Schulze, Holger, Böhm, Justus, Kleinschmit, Daniela, Spiller, Achim & Nowak, Beate (2008). Öffentliche Wahrnehmung der Primärverantwortung für Lebensmittelsicherheit. Eine Medienanalyse der Gammelfleischskandale. Agrarwirtschaft, 57 (7). Zugriff am 20.03.2016.

Shan, Liran, Regan, Aine, de Brún, Aoife de, Barnett, Julie, van der Sanden, M. C. A., Wall, P. et al. (2014). Food Crisis Coverage by Social and Traditional media. A Case Study of the 2008 Irish Dioxin Crisis. In: Public Understanding of science, 23 (8), 911-928.

Singleton, Benedict (2016). Love-iathan, the Meat-whale and Hidden People. Ordering Faroese Pilot Whaling. In: Journal of Political Ecology (23), 26-48.

Spiekermann, Uwe (2004). Die Normalität des (Lebensmittel-)Skandals. Risikowahrnehmungen und Handlungsfolgen im 20. Jahrhundert. In: Hauswirtschaft und Wissenschaft (2), 60-69.

Stapf, Ingrid, Prinzing, Marlis & Filipović, Alexander (Hrsg.) (2016). Gesellschaft ohne Diskurs? Digitaler Wandel und Journalismus aus medienethischer Perspektive (Kommunikations- und Medienethik). Baden-Baden: Nomos.

Steinfeld, Henning, Gerber, Pierre, Wassenaar, Tom, Castel, Vincent, Rosales, Mauricio & de Haan, Cees (2006). Livestock's Long Shadow. Environmental Issues and Options. Rom: FAO of the UN.

Stephens, Neil & Ruivenkamp, Martin (2016). Promise and Ontological Ambiguity in the In Vitro Meat Imagescape. From Laboratory Myotubes to the Cultured Burger. In: Science as Culture, 25 (3), 327-355.

Taylor, Joseph W., Long, Marie, Ashley, Elizabeth, Denning, Alex, Gout, Beatrice, Hansen, Kayleigh et al. (2015). When Medical News Comes from Press Releases. A Case Study of Pancreatic Cancer and Processed Meat. In: PloS one, 10 (6), e0127848.

Trummer, Manuel (2015). Die kulturellen Schranken des Gewissens. Fleischkonsum zwischen Tradition, Lebensstil und Ernährungswissen. In: Was der Mensch essen darf (pp. 63-79). Springer Fachmedien Wiesbaden.

Washer, Peter (2006). Representations of Mad Cow Disease. In: Social Science & Medicine, 62 (2), 457-466.

World Cancer Research Fund; American Institute for Cancer Research (2007). Food, Nutrition, Physical Activity and the Prevention of Cancer. A Global Perspective. Washington D.C.: American Institute for Cancer Research.

*Tabelle 2: Textkorpus der Untersuchung*

| | Autor/innenschaft | Jahr | Journal / Verlag | Methoden | Region | Untersuchungszeitraum[19] | Genre[20] | Anzahl Beiträge |
|---|---|---|---|---|---|---|---|---|
| 1) | Almiron, Zoppeddu | 2015 | Environmental Communication | Inhaltsanalyse (qualitativ), Kritische Diskursanalyse | Spanien, Italien | 2006/01 – 2013/12 | Tageszeitungen (ür)(10) | 138 |
| 2) | Arch | 2016 | Environmental History | Keine Angabe (k. A.) | Japan | 1945/01 – 1952/12 | Tageszeitungen, Magazine, Bücher (k. A. zum Genre) | k. A. |
| 3) | Austgulen | 2014 | Journal of Consumer Policy | Inhaltsanalyse (qual.) | Niederlande | 2000/01 – 2010/12 | Tageszeitungen (r/ür) (5) | 231 |
| 4) | Böcker, Mahlau | 1999 | Betriebswirtschaftliche Mitteilungen der Landwirtschaftskammer Schleswig-Holstein | Inhaltsanalyse (quantitativ), Regressionsanalyse | Deutschland (Schleswig-Holstein, Hamburg) | 1996/01 – 1997/08 | Tageszeitungen (1 r/1 ür) | 911 |
| 5) | Boyd, Jardine, Driedger | 2009 | Journal of Toxicology and Environmental Health | Inhaltsanalyse (quant.) | Kanada | 2003/05/20 + 10 Tage, ebenso bei folgenden lokalen BSE-Fällen | Tageszeitungen (r/ür) | 309+[21] |
| 6) | Bristow, Fitzgerald | 2011 | Society & Animals | Kritische Diskursanalyse | Kanada, USA, International | 2004/01 – 2008/04 | Tageszeitungen (ür)(2), Dokumente von Advocacy Websites (18) | k. A. |
| 7) | Broad | 2013 | International Journal of Communication | k. A. | USA | k. A. | Websites (3), Tageszeitungen (keine weiteren Angaben) | k. A. |
| 8) | Brookes | 1999 | Media, Culture & Society | Kritische linguistische Text-analyse | Großbritannien | 1996/03/20 + 7 Tage | Tageszeitungen (ür)(5) | k. A. |
| 9) | Brun, Shan, Regan, McConnon, Wall | 2016 | Health Communication | Inhaltsanalyse (quant.) | Großbritannien, Irland | 2008/12 – 2009/02 | Tageszeitungen (ür)(16) | 141 |

| | Autor/innenschaft | Jahr | Journal / Verlag | Methoden | Region | Untersuchungszeitraum[19] | Genre[20] | Anzahl Beiträge |
|---|---|---|---|---|---|---|---|---|
| 10) | Cole, Morgan | 2011 | British Journal of Sociology | Kritische Diskursanalyse | Großbritannien | 2007/01 – 2007/12 | Tageszeitungen (ür) (Vollerhebung) | 397 |
| 11) | Davidson, Bogdan | 2010 | Canadian Review of Sociology | Inhaltsanalyse (qual.) | Kanada (Alberta) | 2003/05 – 2006/04 | Tageszeitungen (r)(3) | 400 |
| 12) | Dilworth, McGregor | 2015 | Journal of Agricultural and Environmental Ethics | Metaanalyse von Studien, Diskursanalyse | Australien, Neuseeland | 2005/01 – 2013/12 | Wiss. Studien, Tageszeitungen (r/ür)(Vollerhebung), Science-Fiction-Bücher & -Filme | 41 Zeitungsartikel |
| 13) | Feindt, Kleinschmit | 2011 | Science as Culture | Framing-Analyse | Deutschland | 2000/01 – 2001/12 | Tageszeitungen (ür)(5) | 5067 |
| 14) | Freeman | 2010 | Environmental Communication | Kritische Diskursanalyse | USA | 2009/08 | Websites (15) | K.A. |
| 15) | Goodwin, Shoulders | 2013 | Meat Science | k. A. | USA, Europa | 2005/01 – 2011/12 | Tageszeitungen (r/ür) (Vollerhebung) | 34 |
| 16) | Greiner, Clegg, Gualler | 2010 | Public Health Nutrition | Deskriptive Textanalyse | USA | 1993/01 – 2007/12 | Tageszeitungen (3 ür/2 r), TV-Nachrichtensendungen (3) | 310 |
| 17) | Hagenhoff | 2003 | Dr. Kovac Verlag Hamburg (Dissertation) | Inhaltsanalyse (qual.), Regressionsanalyse | Deutschland | 1990/01[22] – 2001/06 | Tageszeitungen (2 r/ 2 ür), Magazine (2) | 1131 |
| 18) | Hellsten, Nerlich | 2010 | Journal of Language and Politics | Inhaltsanalyse (quant.) | International | 1997/01 – 2006/12 | Biomedizinische Studien, Tageszeitungen, Foren (nicht spezifiziert) | k. A. |
| 19) | Hopkins | 2015 | Journal of Integrative Agriculture | k. A. | USA, Kanada, Großbritannien | 2011 + früher[23], zudem 2013/08 | Magazine, *Advocacy Websites* (Keine näheren Angaben) | k. A. |
| 20) | Ibrahim, Howarth | 2016 | Journal of Contemporary European Studies | Kritische Diskursanalyse | Großbritannien | 2013/01 – 2013/03 | Öffentlich-Rechtliche Fernsehsender (2), Tageszeitungen (ür)(9) | 263 |

| | Autor/innenschaft | Jahr | Journal / Verlag | Methoden | Region | Untersuchungszeitraum[19] | Genre[20] | Anzahl Beiträge |
|---|---|---|---|---|---|---|---|---|
| 21) | Lahsen | 2017 | Desenvolvimento e Meio Ambiente | Kritische Diskursanalyse, Inhaltsanalyse | Brasilien | 2007 – 2008 | Tageszeitungen (ür)(3) | k. A. |
| 22) | Laestadius | 2015 | Journal of Agricultural and Environmental Ethics | Diskursanalyse, Inhaltsanalyse (qual.) | USA | 2013/08 | Online-Kommentare zu je einem Artikel von Tageszeitungen (ür)(5) | 814 |
| 23) | Laestadius, Caldwell | 2015 | Public Health Nutrition | Diskursanalyse, Inhaltsanalyse (qual.) | USA | 2013/08 | Online-Kommentare je einem Artikel von Tageszeitungen (ür)(5) | 814 |
| 24) | Lee, Koh | 2009 | Korea Journal | Inhaltsanalyse (quant.) | Südkorea | 2008/04 – 2008/10 | Tageszeitungen (Titelseiten)(ür)(5) | 459 |
| 25) | Lee, Koh | 2010 | Asian Journal of Communication | Inhaltsanalyse (quant.) | Südkorea | 2008/04 – 2008/10 | Tageszeitungen (Titelseiten)(ür)(5) | 459 |
| 26) | Lee, Newell, Wolch, Schneider, Joassart-Marcelli | 2014 | Society & Natural Resources | Inhaltsanalyse (qual.) | USA | 1999/01 – 2010/12 | Tageszeitung (ür)(1) | 406 |
| 27) | Leroy, Brengman, Ryckbosch, Scholliers | 2018 | Appetite | Diskursanalyse (qual. + quant.) | Großbritannien | 2000/01 – 2015/12 | Tageszeitung (ür)(1) | 1310 |
| 28) | Marín Murillo, Armentia Vizuete, Carminos Marcet | 2015 | Communication & Society | Inhaltsanalyse (qual.) | Spanien | 2013/01 – 2013/04 | Tageszeitungen (r/ür)(7) | 72 |
| 29) | Morris | 2018 | European Society for Rural Sociology | k. A.; orientiert sich methodisch an 10) | Großbritannien | 2009 – 2015/07 | Tageszeitungen (ür)(alle), Tageszeitungen (r)(2) | 138 |

| | Autor/innenschaft | Jahr | Journal / Verlag | Methoden | Region | Untersuchungszeitraum[19] | Genre[20] | Anzahl Beiträge |
|---|---|---|---|---|---|---|---|---|
| 30) | Rehaag, Waskow | 2005 | KATALYSE Institut für angewandte Umweltforschung | Kritische und Argumentative Diskursanalyse | Deutschland | 2000/08 – 2001/07 | Zitierte Positionen in Artikeln einer Tageszeitung (ür)\(1) | 492 |
| 31) | Riesch, Spiegelhalter | 2011 | Health, Risk & Society | Fallstudien | Großbritannien | 2007/10 – 2007/11 | Tageszeitungen (ür)\(10) | 86 |
| 32) | Rodan, Mummery | 2016 | Continuum | Diskursanalyse | Australien | 2013/10 – 2014/01 | Postings auf einer Tierrechts-Website | 2198 Postings (!) |
| 33) | Rodriguez, Lee | 2016 | Journal of Agricultural & Food Information | Inhaltsanalyse (qual.) | Südkorea | 2008/02 – 2008/10 | Tageszeitung (ür)\(1) | 85 |
| 34) | Schulze, Böhm, Kleinschmit, Spiller, Nowak | 2008 | Agrarwirtschaft | Inhaltsanalyse (quant.) | Deutschland | 2005/04 – 2006/03 | Tageszeitungen (ür)\(3), Wochenmagazin (1), Fachzeitschriften (3) | 347 |
| 35) | Shan, Regan, Brun, Barnett, van der Sanden, Wall, McConnon | 2014 | Public Understanding of Science | Inhaltsanalyse (quant.) | Großbritannien, Irland | 2008/12 – 2009/02 | Tageszeitungen (ür)\(16), Blogs & Foreneinträge, Twittermeldungen | 141 Aritikel, 107 Posts, 68 Tweets |
| 36) | Singleton | 2016 | Journal of Political Ecology | *Method Assemblage* (Leitfadeninterviews, Gespräche vor Ort, Medienanalyse) | Dänemark (Färöer-Inseln) | 2014/06 – 2014/09 | Dokumente, Videos, Websites (keine näheren Angaben) | 101 |
| 37) | Sneijder, te Molder | 2004 | Journal of Health Psychology | Diskursive Psychologie | Niederlande | 2001/09 + früher[33] – 2002/08 | Beiträge in einem veganen Forum | 45 |
| 38) | Sneijder, te Molder | 2005 | Discourse & Society | Diskursive Psychologie | Niederlande | 2001/09 + früher[33] – 2002/08 | Beiträge in einem veganen Forum | 45 |
| 39) | Sneijder, te Molder | 2009 | Appetite | Diskursive Psychologie | Niederlande | k. A. | Beiträge in einem veganen Forum | 40 |

267

| Autor/innen-schaft | Jahr | Journal / Verlag | Methoden | Region | Untersuchungszeit-raum[19] | Genre [20] | Anzahl Bei-träge |
|---|---|---|---|---|---|---|---|
| 40) Stephens, Rui-venkamp | 2016 | Science as Culture | Narrativ-Analyse, Visuelle Semiotik | Großbritan-nien | 2011 und 2013 (nicht spezifiziert) | Bild-Datenbanken | 310 |
| 41) Taylor, Long, Ashley, Den-ning, Gout, Hansen | 2015 | PloS one | Diskursanalyse | Großbritan-nien | 2012/11 – 2013/09 | „News-Storys" (nicht spezifiziert) | 312 |
| 42) Washer | 2006 | Social Science and Medicine | k. A. | Großbritan-nien | 1987/12-1989/06 + 2x je 1 Woche in 1999/05 & 1996/03 | Tageszeitungen (ür)(3) | 182 |

19 Angegeben sind jeweils Jahr und Monat (JJJJ/MM – JJJJ/MM), bei Zeiträumen kürzer als ein Monat außerdem Angabe von Tagen.
20 In Klammern angegeben ist bei Tageszeitungen, ob sie regional (r) oder überregional (ür) erscheinen, zudem ist die Anzahl der untersuchten Formate angegeben oder ob eine Vollerhebung durchgeführt wurde.
21 309 Artikel beim ersten BSE-Fall, für die weiteren Events keine konkrete Angabe.
22 Ursprünglich seit 1985, jedoch waren bis 1990 keine verwertbaren Zeitungsartikel erschienen.
23 Zudem wurden Archivdaten aufgenommen, zu denen die Autorinnen keine Zeitangabe machen.

# Fleisch und Schule. Zur kritischen Auseinandersetzung mit der deutschen Fleischproduktion im (geographischen) Unterricht und Schulbuch

*Sabine Lippert und David Ullrich*

## 1. Einleitung

Fleisch ist heute in aller Munde – im wörtlichen wie auch im übertragenen Sinn. Denn während sich der Fleischkonsum in Deutschland in den letzten hundert Jahren verdoppelte (Kriener 2013: 20), gibt es heute kaum ein Thema aus dem Bereich der Ernährung, das in solchem Maße polarisiert. Der Gegenstand vereint auf verschiedenen Maßstabsebenen zahlreiche gesellschaftsrelevante (und im didaktischen Sinne zumeist problemorientierte) Fragestellungen aus den Bereichen Ökologie, Ökonomie, Politik und Ethik. Die Kontroversität und disziplinübergreifende Relevanz des Lebensmittels Fleisch zeichnen es als hervorragendes Unterrichtsthema aus. Es stellt sich daher die Frage, inwiefern das Thema aktuell Eingang in den Unterricht und damit in die Schule findet – die als Ort der Sozialisation junger Menschen auch die Wahrnehmung und Einstellung der Schülerinnen und Schüler beeinflusst.

Im Folgenden wird, nach einer kurzen Erläuterung über den Stand der Forschung, in Anlehnung an die Didaktische Analyse nach W. Klafki in knapper Form der Bildungsgehalt des Gegenstands skizziert. Nach einer überblicksartigen Darstellung der gesellschaftlichen Relevanz des Themas und seiner Korrespondenz mit den Zielen der Bildung für nachhaltige Entwicklung, wird im Rahmen einer exemplarischen Schulbuchanalyse die Repräsentation des Themas in gegenwärtig verwendeten Unterrichtsmaterialien herausgearbeitet und kritisch hinterfragt.

## 2. Stand der Forschung

Um den Stand der Forschung zum Thema zu recherchieren, wurde unter anderem eine Schlagwortsuche bei Web of Science, Google Scholar und Google durchgeführt. Das benutzte Schlagwort waren das Wort ‚Fleisch' in verschiedenen Kombinationen mit den Schlagworten ‚Geographie',

‚Schule', ‚Unterricht' und ‚Didaktik'[1]. Dabei ergaben sich keine relevanten Treffer in wissenschaftlichen Publikationen oder Buchbeiträgen mit Ausnahme der Zeitschrift „Praxis Politik" (Praxis Politik 2013), die eine komplette Ausgabe (6/2013) der didaktischen Darstellung des Themas Fleisch im Unterrichtsfach Politik gewidmet hatte. Die Beiträge nutzen verschiedene Methoden (z. B. Mysteries und Schaubildanalysen) und sind mit Zusatzmaterialien für die Unterrichtspraxis unterfüttert. Darüber hinaus gab es keinerlei Studienergebnisse hierüber, wie das Thema Fleischproduktion und -konsum in der schulischen Praxis behandelt wird; auf verschiedenen Webseiten für Lehrmaterialien gibt es lediglich Ansätze zur praktischen Umsetzung, die allerdings nicht theoretisch fundiert sind, keinem Reviewprozess unterliegen und daher in unserer Suche nicht berücksichtigt wurden.

Auf der Suche nach vergleichbaren Beispielen zu ähnlich kontroversen Themen und deren Behandlung in geographischen Schulbüchern fanden sich nur begrenzt Ergebnisse. Nach gründlicher Durchsicht der relevantesten geographiedidaktischen Zeitschriften[2] zeigte sich, dass Schulbücher kaum Gegenstand geographiedidaktischer Forschungen sind, und dass es insbesondere an kritischen Analysen zur Konstruktion und Darstellung kontroverser Themen – wie zum Beispiel Lässig (2012) für Geschichte – einen großen Forschungsbedarf bezogen auf geographische Schulbücher gibt. Eine Recherche auf den Seiten des Georg-Eckert-Instituts für internationale Schulbuchforschung zeigte, dass vergleichbare kritische Analysen durchaus vollzogen werden, allerdings häufig in Bezug auf die Darstellung verschiedener Regionen wie Europa oder China (Zecha 2006; Nohn 2001). Lediglich einige wenige Ausnahmen behandeln kontroverse Themen in geographischen Schulbüchern, zum Beispiel Mönter / Schiffer-Nasserie (2007) über Rassismus oder Kuckuck (2014) über die Darstellung von Konflikten im Raum. Beide Schulbuchanalysen ergeben eine durch Konfliktvermeidung und Harmonisierung geprägte Auseinandersetzung in geographischen Schulbüchern mit den genannten Themen; dies führt zu der Frage, ob die Darstellung anderer kontroverser Themen in (geographischen) Schulbüchern ähnlich geprägt ist.

---

1  In deutscher und englischer Sprache.
2  Zeitschrift für Geographiedidaktik, GW-Unterricht, Geographiedidaktische Forschungen, Journal for geography and higher education, European Journal of Geography.

### 3. Zum Bildungsgehalt von „Fleisch" als Unterrichtsthema

Im Folgenden soll durch eine kurze Didaktische Analyse legitimiert werden, inwiefern sich Fleischproduktion und -konsum mit Schwerpunkt auf Deutschland überhaupt als Unterrichtsthema eignet. Die Didaktische Analyse gilt in der Bildungswissenschaft und Unterrichtspraxis als das „Kernstück" der Unterrichtsvorbereitung. Mit ihrer Hilfe klärt die Lehrperson, welchen Bildungsgehalt ein Unterrichtsthema aufweist, indem dieses im Hinblick auf die Unterrichtsplanung didaktisch interpretiert, begründet und strukturiert wird (Klafki 1986). Hierbei orientiert sich Klafki an folgenden Fragen als Analysekriterien:

- Welche Bedeutung hat das Unterrichtsthema bereits jetzt im Leben der Schülerinnen und Schüler (Gegenwartsbedeutung)?
- Worin liegt die Bedeutung des Themas für die Zukunft der Lernenden (Zukunftsbedeutung)?
- Welche allgemeineren Zusammenhänge, Beziehungen oder Gesetzmäßigkeiten lassen sich in der Auseinandersetzung mit dem Inhalt exemplarisch erfassen (Exemplarität)?
- Welches ist die besondere Struktur dieses Inhalts (Struktur)?
- Wie gestaltet sich die Darstellbarkeit des Inhaltes für die Schülerinnen und Schüler (Zugänglichkeit)?

Für Schülerinnen und Schüler besitzt Fleischkonsum nicht nur durch die starke mediale Verbreitung von Lebensmittelskandalen, Tierseuchen oder Haltungsbedingungen von Nutztieren eine große Gegenwartsbedeutung. Der gesellschaftliche Wandel hin zu einer in der medialen und gesellschaftlichen Debatte[3] mitunter als positiv bewerteten fleischarmen beziehungsweise fleischlosen Ernährung wird wahrscheinlich auch in ihrem Familien- und Freundeskreis kontrovers diskutiert und mit den eigenen Wertehaltungen verglichen. Denn in vielen Fällen ist der Konsum beziehungsweise Nicht-Konsum von Fleisch nicht nur eine Frage des persönlichen Geschmacks, sondern – anders als bei vielen anderen Lebensmitteln – mit moralischen und ethischen Fragen verbunden. Dieser Umstand schlägt die Brücke zur hohen Zugänglichkeit der Thematik: Durch den Bezug zur Lebenswelt der Lernenden sowie der polarisierenden Wirkung von Fleisch ist das Thema bei vielen Menschen mehr oder weniger stark emotional be-

---

3 Insbesondere die mediale Berichterstattung über Vegetarismus und Veganismus ist überaus positiv geprägt (Vieth 2015). Diskurslinguistische Studienergebnisse zum Thema Fleischkonsum in Deutschland fehlen bislang.

setzt. Hierdurch und durch die hohe Problemorientierung des Gegenstands steigt die Wahrscheinlichkeit, dass die Schülerinnen und Schüler auch intrinsisch motiviert sind, sich mit der Produktion und dem Konsum von Fleisch kritisch auseinanderzusetzen. Die Zukunftsbedeutung des Themengebiets liegt auf der Mikroebene in zukünftigen gesellschaftlichen Veränderungen und Diskursen über Fleischkonsum. Auf der Makroebene sind vor allem die ökologischen und wirtschaftlichen Auswirkungen der Fleischproduktion von großer Relevanz; denn die mit der Produktion von Fleisch zusammenhängende Prozesse wie Klimawandel und Grundwasserbelastung, aber auch Lebensmittelskandale oder Tierseuchen werden zukünftig höchstwahrscheinlich auch im Leben der Lernenden eine Rolle spielen. Gleichzeitig können diese gesellschaftsrelevanten Prozesse durch die Behandlung von Fleisch im Unterricht exemplarisch erläutert werden: So können beispielhaft die Merkmale des Sojaanbaus in Südamerika (als Futtermittel für deutsches Vieh) auf andere Exportprodukte angewendet werden, deren Plantagenwirtschaft ebenfalls zur Abholzung in anderen Ländern beitragen (z. B. Palmöl oder Kakao). Dass man anhand des Themas „Fleisch" exemplarisch eine Vielzahl von allgemeinen Zusammenhängen und Gesetzmäßigkeiten im Unterricht erarbeiten kann, zeigt sich auch darin, dass sich mehrere Fächer zur Auseinandersetzung mit diesem interdisziplinären Themenfeld eignen: Tierschutz und Tierrechte können im Ethikunterricht behandelt werden, der Einsatz von Hormonen und Antibiotika in der industriellen Tierhaltung in Biologie, während man in Sozialkunde beispielsweise Globalisierungsfolgen, wie die Beeinflussung ausländischer Märkte durch von der EU subventionierte Exportprodukte thematisieren kann. Insbesondere der Geographieunterricht hat durch seine Brückenfunktion zwischen den Natur- und Gesellschaftswissenschaften großes Potenzial, die sozialen, ökonomischen, politischen und ökologischen Prozesse und Konflikte der Fleischproduktion im Spannungsfeld normativer Ansprüche und gesellschaftlicher Wirklichkeit zu vermitteln. Dies sollte unter Bezugnahme auf das UNESCO-Weltaktionsprogramm Bildung für nachhaltige Entwicklung (Deutsche UNESCO-Kommission e.V.) sowie, als ein Teilbereich dieses Konzepts, auf den Orientierungsrahmen für den Lernbereich der Globalen Entwicklung (Engagement Global 2016) geschehen, die beide als allgemein anerkannte Orientierungsrahmen für die Geographiedidaktik gelten.

## 4. Fleischproduktion und -konsum im Lichte einer Bildung zur nachhaltigen Entwicklung

Das fächerübergreifende Ziel einer Bildung zur nachhaltigen Entwicklung ist insbesondere im Geographieunterricht von großer Bedeutung (DGfG 2014: 24, 95). Gemäß dem Drei-Säulen-Modell der Nachhaltigkeit wird die wechselseitige Beziehung zwischen sozialer (globalgesellschaftliche Gerechtigkeit), ökonomischer (Befriedigung materieller Bedürfnisse) und ökologischer (Bewahrung der Umwelt) Nachhaltigkeit dargestellt (Dierkes 1985). Das Thema „Fleisch" kann hierbei in allen drei Bereichen Eingang im Geographieunterricht finden. Im Folgenden soll daher kurz skizziert werden, welche einzelnen Aspekte und Wirkungszusammenhänge der Fleischproduktion unter dem übergeordneten Lernziel einer Bildung zur nachhaltigen Entwicklung im (Geographie-)Unterricht behandelt werden können.

### 4.1 Soziale Dimension

Wichtige soziale Aspekte der Tierhaltung und Fleischerzeugung betreffen zum Beispiel die Ursachen und Folgen des steigenden Fleischkonsums (Weltagrarbericht 2016). Verbunden mit dieser Fragestellung ist die Behandlung von Massentierhaltung, wie sie häufig in der Orientierungsstufe stattfindet. Hier kann hinterfragt werden, ob die industrielle Produktion von Fleisch eine Ursache oder eine Folge der steigenden Nachfrage ist. Der internationale Vergleich von Konsumgewohnheiten gibt Aufschluss über gesellschaftlich inhärente Entwicklungsdisparitäten; denn außerhalb der Industriestaaten können sich gerade in Armut lebende Menschen den Verzehr von Fleisch häufig nicht leisten, während gleichzeitig durch den steigenden Wohlstand auch der Fleischkonsum in Schwellenländern wie China oder Brasilien zunimmt (Piller 2010). Ein weiterer sozialer Aspekt sind die Arbeitsbedingungen der Menschen, die in der Fleischindustrie arbeiten: Wie viele Menschen sind in Deutschland in dieser Branche tätig? Welche Bedingungen herrschen am Arbeitsplatz? Welche soziokulturellen Hintergründe spielen eine Rolle?

## 4.2 Ökonomische Dimension

Diese Fragen sind wiederum sehr stark verknüpft mit den wirtschaftlichen Aspekten der Fleischerzeugung. Fleisch ist wie alle Marktgüter eine Ware und wird produziert, um Profit zu erwirtschaften. Die Profitabilität von Fleischprodukten ist allerdings eng an die wirtschaftspolitischen Rahmenbedingungen, wie zum Beispiel Subventionen geknüpft. Ebenso werden viele der durch die Fleischproduktion entstehenden Umweltschäden externalisiert; die Verantwortung für die damit entstehenden Kosten wird also auf die Allgemeinheit übertragen und das Verursacherprinzip damit nicht genutzt (UBA 2017: 74 ff.). Aufgrund der globalen Dimensionen der Fleischproduktion kann sich die Diskussion nicht nur um die Folgen für den Binnenmarkt Deutschlands (oder der Europäischen Union) drehen, es müssen auch die Folgen für die Wirtschaft in den Importländern behandelt werden. Denn durch die öffentliche Förderung der Fleischprodukte können diese derart kostengünstig exportiert werden, dass lokale kleinbetriebliche Strukturen im Ausland nicht mit der Billig-Konkurrenz aus Europa mithalten können und vom Markt gedrängt werden (Reichert 2011). Gleichzeitig werden in vielen fleischexportierenden Ländern Handelsbeschränkungen aufgebaut, um den eigenen Markt vor Importen zu schützen (Chemnitz 2013a: 14 f.; Reichert 2011). Die auf diese Weise entstehenden sozialen Konsequenzen und Abhängigkeiten sollten im Unterricht diskutiert werden, um die Komplexität und globale Dimension der subventionierten Massentierhaltung aufzuzeigen. Diese äußern sich auch in Bezug auf Landgrabbing, das vorrangig in sogenannten „Entwicklungsländern" stattfindet: Land wird billig von international agierenden Akteuren gekauft beziehungsweise gepachtet und beispielsweise in den Dienst der Futtermittelproduktion für ausländische Fleischproduzenten gestellt (Papacek 2009). Damit fehlen in diesen Ländern wertvolle Flächen für die Nahrungsmittelproduktion, was sie wiederum von Nahrungsimporten abhängig macht – und damit anfällig für Lebensmittelengpässe und Nahrungskrisen. Und während in vielen „Entwicklungsländern" (wie beispielsweise in Kenia, Sudan oder Tansania) weniger Nahrung für die lokale Bevölkerung produziert wird, landet in den meisten Industrieländern wiederum ein großer Teil des mit dem Futtermittel produzierten Fleisches ungegessen auf dem Müll (von Braun / Meinzen-Dick 2009; Baxter 2011.). Die Schülerinnen und Schüler sollten sich in diesem Zusammenhang damit auseinandersetzen, dass die Verteilung von Nahrungsmitteln auf der Welt nicht von der Nachfrage (wie z. B. eine Hungerkrise), sondern von der zahlungsfähigen Nachfrage bestimmt wird (Piller 2010): Lebensmittel sind letztendlich nur dort verfügbar, wo Menschen für sie auch bezahlen können.

## 4.3 Ökologische Dimension

Die Verschwendung von Lebensmitteln, insbesondere von Fleisch, führt wiederum zu der Frage, wie viele Ressourcen generell für die Produktion von Fleisch aufgewendet werden müssen und welche ökologischen Folgen damit verbunden sind. Hier kann man unterscheiden zwischen direkten und indirekten mit der Tierhaltung zusammenhängenden Umweltfolgen. Direkt wirken sich die durch die Verdauung von Tieren entstehenden Methanemissionen auf den Klimawandel aus (Goedecke 2008: 25 f.). In diesen Bereich fällt auch die regional zum Teil übermäßige Düngung mit Gülle beziehungsweise das ungewollte Austreten von Gülle in die Umwelt, ebenso die starke Nutzung von Mineraldünger innerhalb der Futtermittelproduktion. Die damit verbundene Ammoniakentstehung kann zur Eutrophierung von Landflächen, Grund- und Oberflächengewässern führen, was zusätzlich zur generellen Toxizität von Ammoniak auf die Gesundheit von Menschen und Pflanzen zu Bodenfruchtbarkeitsproblemen und Trinkwasserbelastungen und damit verbundenen Gesundheitsgefährdungen führen kann (UBA 2017: 23; 31). Darüber hinaus trägt Ammoniak zur Entstehung von sekundärem Feinstaub (ebd.), und Lachgas bei, einem Klimagas mit einer 300-fachen Klimawirkung von Methan (ebd.: 23). Durch Tierhaltung werden 65 Prozent der weltweiten Lachgasemissionen verursacht (Schlatzer 2011: 59). Der fortschreitende Klimawandel ist maßgeblich für das Aussterben der globalen Artenvielfalt mitverantwortlich (IPCC 2014: 64 f.). Die Verringerung der Artenvielfalt ist eine der indirekten Folgen, die vorrangig durch den Anbau von Futtermitteln entstehen. Dabei geht es nicht nur um die Zucht von spezifisch genutzten Sorten, in welchem Kontext die Lernenden auch die Risiken und Vorzüge von gentechnisch veränderten Pflanzen in der Landwirtschaft diskutieren können. Auch die Verringerung der Biodiversität durch den flächendeckenden Einsatz von Pestiziden ist dabei von zentraler Bedeutung. Da auf Futtermittelflächen größtenteils Monokulturen angebaut werden, die anfällig für Schädlinge sind, werden große Mengen an Pestiziden ausgebracht. Diese zerstören nicht nur die Fraßfeinde und Nebenkräuter auf dem Acker, sondern auch nicht-schädliche Organismen. Neben den bereits erwähnten negativen Effekten auf die Biodiversität führt dies oft auch zu unmittelbaren gesundheitlichen Schädigungen der Feldarbeiterinnen und Feldarbeiter sowie der umliegenden Bevölkerung (Vogt 2012: o. S.). Eine wichtige Rolle spielt auch der Flächenverbrauch für den Futtermittelanbau selbst: Durch die Umwandlung von bewaldeten Flächen – wie tropischer Regenwald – in Agrarland werden Lebens- und Rückzugsräume für eine Vielzahl von Arten zerstört (Fatheuer 2013: 42 f.). Darüber hinaus erzeugt die Rodung von (Regen-)Waldflächen weitere Treibhausgasemissionen (IPCC 2014: 67). Eine weitere Konsequenz des industriellen Futtermittelanbaus berührt verstärkt soziale Aspekte: Durch die Marktdominanz der Unternehmen, die Futtermittel mit industriellen Methoden herstellen, werden lokale kleinbäuerliche Strukturen wettbewerbsunfähig und damit verdrängt (Chemnitz 2013b.: 12 f.).

### 4.4 Zwischenfazit

Deutlich wurde, dass sich die einzelnen Aspekte der Fleischproduktion nicht scharf voneinander trennen lassen; im Sinne des Globalen Lernens sind sie miteinander vernetzt und bedingen sich oft gegenseitig. Aus diesem Grund ist es unabdingbar, die ökologischen, ökonomischen, sozialen und politischen Wechselbeziehungen im Unterricht angemessen zu beleuchten und neben der notwendigen sachlichen Tiefe auch die Breite des Problemfeldes anzugehen. Nur so werden die Schülerinnen und Schüler dazu befähigt, mit der Komplexität dieser Zusammenhänge umzugehen und einen kritischen sowie konstruktiven Zugang dazu zu finden.

Doch wird das Thema „Fleisch" im Geographieunterricht tatsächlich in seiner ganzen Komplexität behandelt? Da es zu dieser Thematik bislang keine Studienergebnisse aus der Schulpraxis gibt, können uns Schulbücher einen Hinweis auf die unterrichtliche Auseinandersetzung geben. Im Folgenden werden die Ergebnisse einer exemplarischen Schulbuchanalyse präsentiert, welche die Darstellungsform der Fleischproduktion und die didaktische Aufbereitung der Thematik untersucht.

## 5. Exemplarische Schulbuchanalyse

### 5.1 Theoretischer Hintergrund

Da die Institution Schule als Ort sekundärer Sozialisation gilt, können Schulbücher als Sozialisationsmittel bezeichnet werden: Als wesentlicher Faktor für die Bewusstseinsentwicklung von Schülerinnen und Schülern – und damit einer ganzen Generation – sind sie zugleich Ausdruck gesellschaftlicher sowie wissenschaftlicher Diskurse und spiegeln deren Wandel wieder (Kievel 1982: 357; Mönter / Schiffer-Nasserie 2006: 197). Seiner Konzeption und Funktion nach ist das Unterrichtsmedium jedoch nicht nur ein Träger des politischen Zeitgeistes, sondern nach Stein (1979: 12) in erster Linie „Informatorium und Paedagogicum – ein Hilfsmittel zur Unterstützung schulischer Unterrichts- und Erziehungsprozesse". Als Materialien- und Mediensammlung sollen sie möglichst viele Informationen didaktisch reduzieren beziehungsweise rekonstruieren und dienen damit als Orientierungs- und Planungshilfe für Lehrkräfte. Da Schulbücher genehmigungspflichtig sind und ein strenges Prüfverfahren der jeweiligen Landesministerien durchlaufen, orientieren sie sich weitgehend an vorgegebene Richtlinien, Lehrpläne und Curricula (Mönter / Schiffer-Nasserie 2006: 198 f.). Zur gutachterlichen Bewertung wird vom jeweiligen Ministerium ein Katalog allgemeiner sowie fächerspezifischer Kriterien formuliert: Übergeordnete inhaltliche Grundforderungen sind unter anderem die Grundgesetz- und Verfassungskonformität, das Fehlen jeglicher Indoktrination und der Verzicht auf einseitige Darstellungen bei kontroversen Themen (Wieczorek 1995: 4 f.).

Die vorliegende Analyse basiert auf der Annahme, dass die Inhalte von Schulbüchern als staatlich genehmigte und daher geprüfte Informationen gesellschaftlich repräsentative Wissensstände und Debatten wiederzugeben versuchen. Folgt man den Thesen des Beutelsbacher Konsenses zur Vermittlung politischer Bildung in der Schule[4] muss gefordert werden, dass Schulbücher die Kontroversität und Multiperspektivität wichtiger gesellschaftlicher und wissenschaftlicher Diskurse berücksichtigen und inhaltlich darstellen (Mönter / Schiffer-Nassiere 2006: 199, 202). Da die Inhalte von Schulbüchern jedoch selbst Produkte eines gesellschaftlichen Bewusstseins sind und daher subjektive Einstellungen, Normen und Werte ihrer

---

4   Die Thesen des Beutelsbacher Konsens wurden von Politikdidaktiker*innen und Mitarbeiter*innen der Landeszentrale für politische Bildung Baden-Württemberg verfasst und lauten wie folgt:
Die Lernenden dürfen nicht im Sinne einer Indoktrination überwältigt werden.
Kontroversen in Wissenschaft und Politik müssen auch im Unterricht kontrovers und unter Berücksichtigung unterschiedlicher Standpunkte behandelt werden.
Die Lernenden müssen befähigt werden, eine politische Lage und die eigenen Interessen daran zu analysieren und Handlungsmöglichkeiten zu entwickeln (Wehling 1977: 179 f.).
Der Beutelsbacher Konsens bildet das Fundament der Politik- beziehungsweise Sozialkundedidaktik, gewinnt aber seit Jahren durch die stärkere Zuwendung des Faches Erdkunde hin zu politischen Themen immer mehr Bedeutung in der Geographiedidaktik (Budke / Kuckuck / Wienecke 2016).

Autorinnen und Autoren sowie der sie prüfenden Stellen enthalten, können sie Themen einseitig oder inhaltlich isoliert darstellen. Diese Inhalte können in Texten und Abbildungen transportiert werden und haben insofern eine große Bedeutung für die Sozialisation der Lernenden, da soziale Wirklichkeit unter anderem auch durch mediale Rezeption (re-)konstruiert wird (ebd.: 203 f.).

## 5.2 Fragestellung und methodisches Vorgehen

Übergeordnete Fragestellungen dieser Analyse sind, wie die Produktion und der Konsum von Fleisch im geographischen Schulbuch dargestellt wird und ob diese dem Bildungsziel der nachhaltigen Entwicklung entspricht. Ohne Anspruch auf Vollständigkeit oder Repräsentativität wurden in hermeneutischer Form ausgewählte Problembereiche dieser Thematik untersucht, erläutert und bewertet. Grundlage der Analyse ist eine Stichprobe von dreißig Schulbüchern des Faches Geographie beziehungsweise Erdkunde verschiedener Verlage für verschiedene Bundesländer aus den Jahren 2003-2016, wobei die meisten Bücher nach 2008 veröffentlicht wurden. Fünfzehn Bücher sind für die Orientierungsstufe (Klasse 5 und 6) vorgesehen, zehn für die Mittelstufe (Klasse 7 und 8) und fünf für die Sekundarstufe II.

Bei der Analyse wurden einzelne Untersuchungseinheiten (Kapitel, Texte, Bilder, Aufgaben) identifiziert, die mit dem Thema Fleischproduktion und -konsum direkt oder indirekt in Zusammenhang stehen (wie Klimawandel, Bodenerosion, Regenwaldrodung). Bei den Schulbüchern der Orientierungsstufe wurde berücksichtigt, dass sie üblicherweise der Altersstufe angemessen komplexe Prozesse didaktisch stark reduzieren. Deshalb wurden Schulbücher der Sekundarstufe II dahingehend untersucht, ob sie die sozialen, ökologischen, ökonomischen und politischen Systembedingungen beziehungsweise Auswirkungen der Fleischproduktion in ihrer Komplexität und Kontroversität behandeln. Dabei wurden in der Analyse beziehungsweise Bewertung einzelner themenbezogener Passagen innerhalb der untersuchten Schulbücher folgende Kriterien in Anlehnung an Schuch (1991: 121 ff.) herangezogen:

1. Komplexität: Wird das Thema der Fleischproduktion in gesellschaftliche, ökologische, wirtschaftliche und politische Zusammenhänge eingebettet beziehungsweise werden die Entstehungsbedingungen entstandener Ordnungen erläutert und hinterfragt?

2. Werte und Normen: Welche Wertvorstellungen sind den Ausführungen zugrunde gelegt beziehungsweise welche werden angesprochen?
   Behandelt das Schulbuch neue gesellschaftliche Diskurse und Innovati-
   onsprozesse oder trägt es zur Konservierung tradierter (und eventuell
   überholter) Annahmen bei?
3. Methodik: Welche Aufgaben werden den Schülerinnen und Schülern
   gestellt? Wird über Meinungsbildungsprozesse hinaus die Handlungsbereitschaft der Lernenden gefördert?
4. Quantität: Welchen Umfang nimmt das Thema, sofern es behandelt
   wird, in den Schulbüchern ein?

### 5.3 Vorstellung und Diskussion der Ergebnisse

Die letztgenannte Frage nach dem Umfang des Themas in Schulbüchern
lässt sich bei der Präsentation und Diskussion der Ergebnisse am Einfachs-
ten beantworten: In den Schulbüchern, die Fleisch und seine Produktion
aufgreifen, werden durchschnittlich 3,5 Seiten zur Behandlung der Thematik verwendet. Der Umfang schwankt hierbei zwischen zwei bis sechs Seiten bei einer Durchschnittsseitenzahl der Schulbücher von 192 Seiten.
Hierzu muss man anmerken, dass das Thema jedoch nahezu ausschließlich
in den Schulbüchern der Orientierungsstufe behandelt wird, was durch
den Lehrplan der Bundesländer begründet ist: Da das Thema „Deutschland als Wirtschafts- und Landschaftsraum" traditionell Stoff der 5. Klasse
ist, wird auch hier die deutsche Landwirtschaft und mit ihr die Fleischproduktion verortet. In der 7. und 8. Klasse stehen vielmehr geowissenschaftli-
che Prozesse wie beispielsweise Klima und Vegetationszonen, die Umwer-
tung von Räumen, Landnutzung und Umweltschutz im Vordergrund.

### 5.3.1 Wandel des Viehhaltungssektors: Industrialisierung und Spezialisierung

Im Folgenden wird zunächst die fachliche Auseinandersetzung in den
Schulbüchern der Sekundarstufe I erläutert und bewertet. Als offensicht-
lichstes Merkmal des gewandelten Umgangs mit dem Produkt Fleisch in
den letzten Jahrzehnten wird in einigen Texten angemerkt, dass Fleisch als
teures Produkt früher nicht oft gegessen wurde, während Fleisch heutzutage – bedingt durch die niedrigen Preise – von vielen Menschen nahezu täglich konsumiert wird (Kron / Neumann 2008: 74). Der Konkurrenzkampf
um die günstigsten Preise führte auf ökonomischer Ebene dazu, dass viele

kleinere Betriebe aufgeben mussten, „da sie sich wirtschaftlich nicht mehr lohnten" (ebd.: 62). Dieser Strukturwandel der Landwirtschaft wird in Verbindung mit der Spezialisierung und Mechanisierung der verbliebenen Betriebe in den meisten Schulbüchern beschrieben. Die Automatisierung der Viehhaltung im Sinne der industrialisierten Landwirtschaft („Agroindustrie") wird dabei mit positiven Werten besetzt, wie man am Beispiel dieses Textausschnitts aus „Terra Geographie 1" erkennen kann:

> „'Schweineproduktion ist heute Hightech' sagt Herr Bohnekamp stolz und macht das am Abferkelstall seines Hofes deutlich. ,Hier bekommen die Sauen 16 Wochen nach der künstlichen Befruchtung ihre Ferkel. Temperatur und Luftfeuchtigkeit werden per Computer sogar für Ferkel und Sau unterschiedlich gesteuert und eine Automatik sorgt dafür, dass sich die Sau nicht auf ihre Kinder legen kann'." (Wilhelmi 2012: 96).

Hierbei wird jedoch nicht erläutert, dass vollautomatisierte Haltebedingungen nicht zwangsläufig zum Wohlergehen der Tiere beitragen; so werden beispielsweise Abferkelbuchten in modernen Stallanlagen so konzipiert, dass sich die Muttersauen in ihnen wochenlang kaum mehr bewegen können. Auf den harten Betonstegen können sie gerade mal aufstehen und sich wieder hinlegen, und selbst das nur mit Schwierigkeiten. Lobenswert ist, dass Viehhaltung beziehungsweise Fleischproduktion – entgegen dem durch Werbemaßnahmen geförderten, hartnäckig festsitzenden gesellschaftlichen Bild einer kleinbäuerlichen Bauernhofromantik – im Schulbuch weitgehend realitätsnah dargestellt werden: Die Spezialisierung der meisten landwirtschaftlichen Betriebe, die nicht mehr, wie noch in der Nachkriegszeit eine Mischkultur aus Obst-, Gemüse- und Getreideanbau sowie die Haltung verschiedener Tierarten betreiben, sondern sich auf wenige Schritte in der Wertschöpfungskette der Fleischproduktion konzentrieren (Plieninger et. al. 2006: 27), wird in allen Schulbüchern erwähnt. Verwirrend ist in diesem Zusammenhang der häufig verwendete Begriff „Bauernhof"; dieser wird vor allem unter methodischen Fragestellungen („Wir erkunden einen Bauernhof!") in den untersuchten Schulbüchern genutzt, impliziert jedoch trotz der industriellen Merkmale von Viehhaltungsbetrieben das oben beschriebene traditionelle Bild einer (artgerechten) kleinbäuerlichen Landwirtschaft. Hierzu passt auch das in circa einem Drittel der Schulbücher verwendete Raumbeispiel „Rindfleisch aus Eiderstedt", welches die sommerliche Weidehaltung von Mastbullen auf der Marsch beschreibt (Kron / Neumann 2008: 70; Latz 2008a: 44). Im Kontrast hierzu wird in sämtlichen Schulbüchern der Orientierungsstufe die Fleischproduktion in Deutschland in ihrer gängigen Form als Massentierhaltung dargestellt und problematisiert. Am häufigsten geschieht dies am Beispiel der Schweinemast: Nahezu 90 Prozent der Schulbücher unterstreichen ihre Ausführungen mit Fotographien aus einem Schweinemastbetrieb; circa 44 Prozent zeigen Bilder aus der Putenmast und 20 Prozent (insbesondere die älteren Exemplare) enthalten Abbildungen zur Haltung von Hühnern in Legebatterien. Als wichtigste Merkmale der Massentierhaltung werden insbesondere eine hohe Stückzahl an Tieren pro Betrieb mit damit einhergehendem Platzmangel, die Verwendung von Kraftfutter sowie die chemische Düngung von Futterpflanzen, die Anfälligkeit für Tierkrankheiten und die damit verbundene hohe Medikation der Tiere sowie die kostengünstige Produktion von Fleisch genannt. Dabei werden auch die zahlreichen negativen Aspekte der Massentierhaltung beschrieben: Auf Seiten der Verbraucherinnen und Verbraucher können Rückstände von Pflanzenschutzmitteln und Medikamenten durch Nahrungsaufnahme in den menschlichen Körper gelangen und dadurch zu einer Antibiotikaimmunisierung beitragen (Latz 2008a: 50); zudem kritisieren viele Anwohnerinnen und Anwohner den Geruch der Tierställe sowie die gesundheitlich bedenkliche Abluft der Anlagen. Aus Sicht der Tiere wird dagegen die „nicht-artgerechte" Haltung in dämmrigen, stinkenden, fabrikartigen Hallen angeführt, der Stress und die Eintönigkeit in einem solchen Umfeld, der Bewegungsmangel sowie die Verhaltensstörungen, welche die meisten Tiere entwickeln – und deren Aggressivität, die dazu führt, dass man Hühnern Beruhigungsmittel verabreicht, Ferkeln die Eckzähne abschleift (auch zum Schutz der Muttersauzitzen) oder die Ringelschwänze kupiert (Wilhelmi 2012: 108; Vossen 2006: 80). Die dieser Handlung zugrundeliegende Wertevorstellung auf Seiten der Produzierenden, dass man zur Vermeidung von Verhaltensstörungen nicht die Haltungsbedingungen verändert, sondern für den reibungslosen Ablauf der Wertschöpfungskette die Tiere den Haltungsbedingungen anpasst, wird in den Schulbüchern dabei nicht kritisch hinterfragt. Dennoch lassen sich unterschiedliche Tendenzen in der Bewertung der für die Nutztiere negativen Begleiterscheinungen ihrer industrialisierten Haltung (wie Krankheiten, Verletzungen, Schmerzen, Stress) in den verschiedenen Schulbüchern feststellen. Hierzu zwei Zitate im Vergleich:

> „Die Wahrheit über die Hühnerhaltung ist grausam. Denn zweifelsohne leiden Tiere in den heutigen Fleisch- und Eierfabriken. Wo sie un-

ter industriellen Bedingungen gezeugt, geboren, gemästet, transportiert und getötet[5] werden" (Vossen 2006: 80).

„Begriffe wie Massentierhaltung und Agrarfabrik haben ein schlechtes
Bild von der intensivierten Landwirtschaft entstehen lassen. Meist verbindet man damit die Vorstellung, dass viele Tiere in engen, dunklen
Ställen mit wenig Bewegungsfreiheit auf hohen Ertrag getrimmt werden. [...] Freilich können moderne Tierhaltungssysteme nicht schon
deshalb verurteilt werden, weil sich mehr Tiere in einem Stall befinden als früher. Auch bei höherer Anzahl der Tiere in einem Betrieb
oder in einem Stall können Tiere artgerecht gehalten werden"
(Eckert / Huber 2003: 117).

Die industrielle Tierhaltung wird in fast allen Schulbüchern durch verschiedene Faktoren gerechtfertigt: Aus ökonomischer Sicht wird argumentiert, dass die Landwirte nur durch eine hohe Stückzahl die Kosten für Ma-
schinen, Futter und Stallausstattung decken, ihr Familieneinkommen sichern und gleichzeitig preisgünstig produzieren können. Letzteres sei
nicht nur für das Überleben des Betriebs wichtig, um konkurrenzfähig zu
bleiben; es wird argumentiert, dass der hohe Preisdruck durch die Verbraucherinnen und Verbraucher geschaffen wird, die bei großer Nachfrage
gleichzeitig günstige Preise verlangen (Latz 2008a: 48): „Diese Form der
Massentierhaltung ist die Antwort der Landwirte auf den Verbraucherwunsch nach möglichst billigem Fleisch" (Wilhelmi 2012: 108). In Bezug
auf das „Tierwohl" wird dazu nüchtern festgestellt: „Die nicht artgerechte
Tierhaltung nimmt man dabei in Kauf" (Weidner 2008: 95). Mit solchen
Aussagen werden die politischen Vorgaben und ökonomischen Systembedingungen der industriellen Tierhaltung ausgeblendet und die Verantwortung „dem" Verbraucher zugeschrieben, gleichzeitig wird eine zwingende
Notwendigkeit von „Tierleid" impliziert, da man sich als Landwirt den
Wünschen der Konsumentinnen und Konsumenten zu beugen habe. Dies
spiegelt sich auch in der methodischen Auseinandersetzung mit der Thematik wieder, beispielsweise durch Aufgaben wie „Welchen Einfluss kann
der Verbraucher mit seinem Einkaufsverhalten auf die Massentierhaltung
nehmen?" (Vossen 2006: 81). Ein anderes Schulbuch schneidet dagegen die
Diskussion um Top-Down und Bottom-Up Ansätze an, indem von den
Lernenden eine argumentationsgestützte Bewertung der Haltungsbedingungen gefordert wird: „Deine Meinung ist gefragt: Landwirtschaft oder

---

5 Dieser Text stellt mit dem Terminus „Töten" eine Ausnahme dar, da in den meisten anderen Schulbuchtexten – wenn dieser Vorgang überhaupt Erwähnung findet
– der formellere Begriff des „Schlachtens" verwendet wird.

Verbraucher – was sollte sich ändern? Begründe deine Entscheidung" (Wilhelmi 2012: 108). Konsens aller Schulbücher ist hierbei, dass die industrielle Massentierhaltung zu kritisieren ist und Änderungsbedarf besteht. Dieser Änderungsbedarf führt zur beispielhaften Erläuterung von Alternativen; in fast allen untersuchten Schulbüchern werden daher Formen von als artgerecht bezeichneter Tierhaltung in der ökologischen Landwirtschaft vorgestellt und häufig mit konventionellen Mastbetrieben verglichen; zumindest zielen viele Aufgaben auf den Vergleich von industrieller und ökologischer Tierhaltung ab. In den meisten Fällen wird jedoch nicht genau erläutert, was man unter artgerechter Haltung versteht; häufig werden in Zusammenhang mit diesem Begriff „mehr Platz" und „Auslauf im Grünen" erwähnt. Vossen (2006: 81) erklärt die artgerechte Tierhaltung als „Haltung von (Nutz-)Tieren auf der Grundlage ihrer arteigenen Verhaltensweisen und Lebensraumbedingungen". Als dazugehörigen Kriterien werden genannt: eine an die Tierart angepasste Größe der Gruppe, genügend Platzangebot pro Tier, Gelegenheit zum Auslauf, getrennte Lebensbereiche zum Essen, Liegen und Koten, optimales Stallklima, artgerechte Fütterung und ein „tierwürdiges" Töten der Tiere.

Bemerkenswert hierbei ist, dass die prinzipielle Notwendigkeit der Fleischproduktion – und damit das Töten von Tieren – in keinem einzigen Schulbuch auch nur ansatzweise infrage gestellt wird. Die Thematik wird in den Schulbüchern häufig auf den Vergleich von industrieller und ökologischer Tierhaltung reduziert, während Fleischlosigkeit beziehungsweise -reduktion offenbar keine diskussionswürdige Option im schulischen Diskurs über Massentierhaltung darstellt. Problematisch hieran ist, dass die Lernenden auf der Basis von Faktenwissen und eigenen Wertevorstellungen Stellung zum Thema Fleisch beziehen sollen; dies wird jedoch erschwert, wenn in Schulbüchern Fleischkonsum als objektiv normal, notwendig und alternativlos präsentiert wird. Die speziesistische und karnistische[6] Wertehaltung, die dieser Annahme zugrunde liegt, wird im Schulbuch nicht offengelegt, weil sie seit langer Zeit die dominante Norm in der Mensch-Tier-Beziehung ist: Von klein auf werden Kinder dazu konditioniert, es sei normal, dass bestimmte Tiere für den Verzehr vorgesehen sind. Dabei wird jedoch diese scheinbar objektive Normalität auch durch die mediale Rezeption des Fleischkonsums sozial konstruiert: So wird die Wahrnehmung von Schülerinnen und Schülern beeinflusst, wenn Schwei-

---

6 Der Begriff „Karnismus" wurde von der US-amerikanischen Psychologin Dr. Melanie Joy entwickelt und bezeichnet eine Ideologie, wonach das Essen bestimmter Tiere als ethisch vertretbar und angemessen betrachtet wird (Mannes 2012).

ne, Rinder, Hühner und Co. in Schulbüchern eher als Objekte denn als Individuen dargestellt werden. Es wird meistens nicht die Anzahl der getöteten Tiere genannt, sondern stattdessen die Summe ihres Gewichts. Auch im Sprachgebrauch spiegelt sich diese Objektivität wieder: Wenn wir Fleisch essen, essen wir etwas, und nicht jemanden. Und auch die Bezeichnung der „artgerechten" oder „tierwürdigen" Tötung, die in vielen Schulbüchern verwendet wird, verschleiert die unterdrückenden und gewaltvollen Prozesse, die bei der Produktion von Fleisch von sogenannten „Nutztieren" einhergehen (Mannes 2012, o. S.).

### 5.3.2 *Ökologische und soziale Folgen*

Dass Fleischkonsum aber nicht nur eine Sache persönlicher Ethik ist, sondern zahlreiche negative Konsequenzen für Mensch und Umwelt mit sich bringt (wie bereits beschrieben), wird im Schulbuch jedoch kaum dargelegt. Die ökologischen Folgen der Fleischproduktion in Deutschland werden ausschließlich am Themenfeld der Gülle behandelt. „Gülle in Maßen" wird in einem Schulbuch als grundsätzlich guter Dünger beschrieben; zum Umweltproblem wird sie, wenn sie bei einer Überdüngung der Äcker in Flüsse, Seen und Grundwasser gelangt. Neben einer Gefährdung der Trinkwasserversorgung kann sie – so wird erläutert – zur Eutrophierung und damit zum Fischsterben von Gewässern beitragen (Brameier 2008: 133). Problematisch an dieser Darstellung ist das Fehlen von Zahlen und Fakten über das tatsächliche Ausmaß der Überdüngung in bestimmten Regionen Deutschlands, da hier immer nur von „Möglichkeiten" gesprochen wird. Das tatsächliche Umweltproblem bleibt so im Ungefähren. Auch werden in diesem Buch keine weiteren Beispiele für Umweltprobleme aufgeführt.

Ein weiteres bereits ausgeführtes, unterrichtsrelevantes Problemfeld ist die Produktion von Futtermitteln. Da Masttiere in möglichst kurzer Zeit möglichst viel Gewicht zunehmen sollen, werden sie unter anderem mit importiertem eiweißreichen Sojaschrot gefüttert. In circa jedem zweiten Buch wird erwähnt und erläutert, dass Soja hauptsächlich in Nord- und Südamerika angebaut und vom Futtermittelhandel an die jeweiligen Betriebe verkauft wird. Ansonsten finden sich in den Schulbüchern der Orientierungsstufe keine weiteren Hinweise auf die ökologischen und sozialen Folgen, die mit dem Sojaanbau (insbesondere aus Südamerika) einhergehen. Da das Thema „Regenwald(-zerstörung)" im Lehrplan der 7. und 8. Klasse verortet ist, wurden entsprechende Schulbücher dahingehend untersucht, ob erstens die Rodung von tropischen Regenwald unter anderem mit dem Anbau von Soja begründet wird, und wenn dies zutrifft, ob zweitens der Sojaanbau mit dem Futtermittelbedarf der Fleischproduktion in Deutschland in Verbindung gebracht wird.

Als Ergebnis wird festgestellt, dass 60 Prozent der untersuchten Schulbücher die Zerstörung des südamerikanischen Regenwalds nicht mit dem Bau von Sojaplantagen verbinden. Stattdessen wird die Ursache der Abholzung mit dem Interesse an Tropenholz (Gerber 2008: 89), der Entstehung von Rinderfarmen (Wilhelmi 2016: 185) oder dem Flächengewinn für die wachsende Bevölkerung der entsprechenden Länder begründet (Latz 2008b: 93). In den verbliebenen 40 Prozent der Schulbücher wird zwar der Sojaanbau mitunter als Grund für die Zerstörung von Regenwald angeführt, und meistens auch die Verwendung von Soja als Futtermittel genannt, jedoch wird in keinem einzigen untersuchten Schulbuch die direkte Verbindung zur deutschen oder europäischen Fleischproduktion gezogen. So wird beispielsweise in „Seydlitz Erdkunde 2" für Rheinland-Pfalz der deutsche Fleischkonsum für die Regenwaldabholzung verantwortlich gemacht, allerdings in Bezug auf importiertes Rindfleisch aus Südamerika:

> „Essen wir den Regenwald auf? Sicher essen viele von euch gerne einen Hamburger, ein saftiges Rindersteak oder ein knuspriges Hähnchen. Wer denkt dabei daran, dass dafür möglicherweise ein Stück Regenwald gerodet werden musste? In den letzten Jahren ist weltweit die Nachfrage nach Fleischprodukten ständig gestiegen. Ein hoher Anteil wird aus Südamerika eingeführt" (Thomas et al. 2010: 159).

Obwohl tatsächlich circa zwei Drittel der entwaldeten Flächen Brasiliens für Viehweiden verwendet werden, führt der Textausschnitt dennoch in die Irre, da in Deutschland hauptsächlich einheimisches Rindfleisch gegessen wird (Fatheuer 2013: 42). Der Bezug zum Sojaimport fehlt in den meisten Büchern, obwohl der Sojaanbau durchaus als Grund für Abholzung genannt wird. Da Soja den meisten Schülerinnen und Schülern hauptsächlich als Bestandteil von Tofu und Sojamilch bekannt ist, ist es lobenswert, dass das soeben zitierte Schulbuch deutlich macht, dass nur ein geringer Teil der Sojabohnenernte für die direkte menschliche Ernährung verwendet wird:

> „77 % der Sojaernte wird zu Sojamehl, 20 % zu Sojaöl weiterverarbeitet. [...] Das Mehl wird hauptsächlich als Futter für Geflügel eingesetzt. Auch Rinder und Schweine werden mit Sojamehl gefüttert. Nur 3 % wird davon vom Mensch verzehrt" (Thomas et. al. 2010: 160).

Doch auch in diesem Textausschnitt fehlen Zahlen und Fakten zum Futtermittelimport aus Südamerika nach Deutschland. Zudem findet der Beitrag des Sojaanbaus zur Emission von Treibhausgasen kaum Beachtung in den untersuchten Schulbüchern. Der Zusammenhang von Regenwaldzerstörung und Klimawandel wird in einigen Büchern am Beispiel von Palmölplantagen behandelt (Geiger / Klein / Paul 2009: 24), in anderen wird hauptsächlich die Methanproduktion von Rinderherden erwähnt (Thomas et. al. 2010: 163). Bei der Auseinandersetzung mit dem (anthropogenen) Treibhauseffekt werden in den untersuchten Schulbüchern als Grund für die erhöhte Emission von Treibhausgasen hauptsächlich die Verbrennung fossiler Brennstoffe, der Reisanbau, der Verkehr oder die Energieerzeugung genannt. Entwaldung wird in einigen Büchern zwar angeführt, allerdings ohne näheren Bezug zum Anbau von Futtermitteln.

Dass in den untersuchten Schulbüchern der 5.-8. Klasse insbesondere die ökologischen Auswirkungen der Fleischproduktion didaktisch nur stark reduziert und lückenhaft beschrieben werden können, ist durch den Anspruch auf Altersangemessenheit verständlich. Diese fachlichen Lücken könnten bei Gymnasien in der Sekundarstufe II durch die ausführliche Auseinandersetzung mit den politisch-ökonomischen Systembedingungen sowie sozial-ökologischen Auswirkungen der Fleischproduktion gefüllt werden; allerdings musste in der Analyse der Schulbücher für die Sekundarstufe II festgestellt werden, dass die Thematik in der Oberstufe entweder gar keine oder nur wenig Beachtung findet. Auch hier reduziert sich die Komplexität der Fleischproduktion auf die Gegenüberstellung von industrieller und ökologischer Landwirtschaft.

## 5.4 Zusammenfassung der Ergebnisse

Die Ergebnisse der Schulbuchanalyse haben gezeigt, dass das Thema Fleischproduktion und -konsum in geographischen Schulbüchern häufig auf eine Gegenüberstellung von industrieller und ökologischer Viehhaltung reduziert wird. Die isolierte Betrachtungsweise zeigt sich darin, dass es nicht in einen Wirkungszusammenhang mit anderen relevanten Unterrichtsthemen (wie z. B. Klimawandel oder Regenwaldrodung) gebracht und daher in vielen Fällen nur lückenhaft, harmonisierend und wenig bewertungsorientiert behandelt wird.

Hierdurch wird die Realität wichtiger Problemstellungen innerhalb der Thematik ignoriert oder verzerrt, wodurch viele Untersuchungseinheiten eine ungeeignete Grundlage bilden, um im Rahmen einer politischen Bildung den Schülerinnen und Schülern wesentliche kontroverse Aspekte der Fleischproduktion beziehungsweise des Fleischkonsums zu vermitteln. Es dominieren hier konfliktvermeidende Darstellungen, die ein harmonisches Bild des kooperativen Interessenausgleichs suggerieren. In den geographischen Schulbüchern werden zwar auch problemorientierte Perspektiven angesprochen, jedoch geschieht dies – je nach Klassenstufe mehr oder weniger didaktisch reduziert – oft unter der Ausklammerung von politökonomischen Entstehungsbedingungen entstandener Ordnungen und ihrer sozial differenzierten Konsequenzen: Interessenkonflikte – vor allem in Bezug auf Massentierhaltung – werden hier zwar besprochen, aber auf das Individuum reduziert, indem der Fokus auf die „Macht" der Verbraucherinnen und Verbraucher sowie die Abhängigkeit der Produzenten vom „Markt" gelenkt wird. Dieses Desiderat sollte von Schulbuchverlagen aufgegriffen werden, um im Sinne einer Bildung für nachhaltige Entwicklung das Thema in seiner globalen Tragweite zu erfassen.

## 6. Fazit

Das kritische Lesen von Schulbüchern sollte nicht nur Gegenstand der (geographie-)didaktischen Forschung sein, sondern zur grundlegenden (schulischen) Medienbildung von Schülerinnen und Schülern gehören. Denn um die Qualität von Medien beurteilen zu können und um sich bewusst zu sein, welche Gefahren und Implikationen deren Manipulation sowie die Steuerung durch Medien mit sich bringen, benötigen Jugendliche eine hohe Medienreflexionskompetenz. In diesem Sinne riet Erich Kästner einmal den Schulanfängern zur Vorsicht:

> „Misstraut gelegentlich euren Schulbüchern! Sie sind nicht auf dem Berge Sinai entstanden, meistens nicht einmal auf verständliche Art und Weise, sondern aus alten Schulbüchern, die aus alten Schulbüchern entstanden sind, die aus alten Schulbüchern..." (nach Wieczorek 1995: 25).

Nur so werden die Lernenden zum kritischen und reflexiven Denken angeregt und angehalten, die Darstellungen der Fleischproduktion zu hinterfragen. Voraussetzung hierfür ist jedoch, dass eine kritische Schulbuchlektüre bereits Teil der Lehramtsausbildung ist und dementsprechend in Studium, Referendariat und Weiterbildungen verankert sein sollte. Durch das fehlende einheitliche Curriculum innerhalb der Lehramtsausbildung (insbesondere in Bezug auf Medienbildung) wird diese Forderung jedoch deutlich erschwert.

Neben diesem methodischen Bildungsziel muss die Handlungsbereitschaft der Schülerinnen und Schüler neben wertorientierten Einstellungen vor allem auch auf kritisch-theoretisch abgeleiteten Erkenntnissen basieren: Im Sinne einer politischen Bildung unter dem Bildungsziel der nachhaltigen Entwicklung müssen die Zusammenhänge und Wechselwirkungen von ökonomischen, politischen, sozialen und ökologischen Prozessen und Strukturen erkannt und in die Entwicklung von Problemlösungsstrategien integriert werden. Die Darstellung der industriellen Viehhaltung als Ergebnis politisch-gesellschaftlicher Systembedingungen und wirtschaftlicher Zielsetzungen ist gerade für die Handlungskompetenz der Schülerinnen und Schüler von entscheidender Bedeutung: Anstelle einer Reduzierung des Handlungsvermögens der Lernenden auf ihre Rolle als Konsumentinnen und Konsumenten werden in einer solchen Auseinandersetzung verstärkt die Optionen politischen Handelns im Sinne einer Erziehung zur Mündigkeit diskutiert.

## Literaturverzeichnis

Baxter, J. (2011): Wie Gold, nur besser. In: Le Monde diplomatique: Cola, Reis & Heuschrecken. Welternährung im 21. Jahrhundert. S. 42-46.

Budke, A. / Kuckuck, M. / Wienecke, M. (2016): Bedeutung der politischen Bildung im Geographieunterricht
aus der Sicht von Geographielehrkräften. In: GW-Unterricht 142/143 (2-3/2016), S. 49–61.

Chemnitz, C. (2013a): Exporteure und Protektionisten. In: Fleischatlas. Daten und Fakten über Tiere als Nahrungsmittel. 8. Auflage, Juli 2014. Hg. Von Heinrich-Böll-Stiftung / BUND / Le Monde diplomatique. Online verfügbar unter https://www.boell.de/sites/default/files/fleischatlas_1_1.pdf, zuletzt geprüft am 03.03.2018.

Chemnitz, C. (2013b): Neue Methoden, neue Produzenten. In: Fleischatlas. Daten und Fakten über Tiere als Nahrungsmittel. 8. Auflage, Juli 2014. Hg. Von Heinrich-Böll-Stiftung / BUND / Le Monde diplomatique. Online verfügbar unter https://www.boell.de/sites/default/files/fleischatlas_1_1.pdf, zuletzt geprüft am 03.03.2018.

Deutsche Gesellschaft für Geographie (DGfG) (2014). Bildungsstandards im Fach Geographie für den mittleren Schulabschluss – mit Aufgabenbeispielen. Berlin.

Deutsche UNESCO-Kommission e. V.: UNESCO Weltaktionsprogramm Bildung für Nachhaltige Entwicklung. Online verfügbar unter http://www.bne-portal.de /, zuletzt geprüft am 07.01.2018.

Dierckes, M. (1985): Menschen, Gesellschaft, Technik – Auf dem Weg zu einem neuen gesellschaftlichen Umgang mit der Technik. In: Wildemann, Rudolf (Hrsg.): Umwelt, Wirtschaft, Gesellschaft – Wege zu einem neuen Grundverständnis. Stuttgart.

Engagement Global (Hrsg.) (2016): Orientierungsrahmen für den Lernbereich Globale Entwicklung. Ergebnis des gemeinsamen Projekts der Kulturministerkonferenz (KMK) und des Bundesministeriums für wirtschaftliche Zusammenarbeit und Entwicklung (BMZ). 2. Auflage. Bonn.

Fatheuer, T. (2013): Der Regenwald hat viele Feinde. In: Fleischatlas. Daten und Fakten über Tiere als Nahrungsmittel. 8. Auflage, Juli 2014. Hg. Von Heinrich-Böll-Stiftung / BUND / Le Monde diplomatique. Online verfügbar unter https://www.boell.de/sites/default/files/fleischatlas_1_1.pdf, zuletzt geprüft am 03.03.2018.

Goedecke, M. (2008): Klimawandel und Landwirtschaft. Eine umweltökonomische Analyse. Hamburg.

IPCC (2014): Climate Change 2014: Synthesis Report. Contribution of Working Groups I, II and III to the Fifth Assessment Report of the Intergovernmental Panel on Climate Change [Core Writing Team, R.K. Pachauri and L.A. Meyer (eds.)]. IPCC, Geneva, Switzerland.

Kievel, W. (1982): Pädagogische Freiheit des Lehrers: Rechtliche Grundlagen, Hindernisse und Chancen. In: Jander, L. et. al. (Hrsg.): Metzler Handbuch für den Geographieunterricht. Ein Leitfaden für Praxis und Ausbildung. Stuttgart: Verlag J. B. Metzler. S. 253 – 263.

Klafki, W. (1986): Die bildungstheoretische Didaktik im Rahmen kritisch – konstruktiver Erziehungswissenschaft – oder: Zur Neufassung der Didaktischen Analyse. In: Gudjons, H.: Didaktische Theorien / Westerrnanns Pädagogische Beiträge. Braunschweig.

Kriener, M. (2013): Deutsche Konsumenten zwischen Massenware, Bio und Entsagung. In: Fleischatlas. Daten und Fakten über Tiere als Nahrungsmittel. 8. Auflage, Juli 2014. Hg. Von Heinrich-Böll-Stiftung / BUND / Le Monde diplomatique. Online verfügbar unter https://www.boell.de/sites/default/files/fleischatlas_1_1.pdf, zuletzt geprüft am 03.03.2018.

Kuckuck, M. (2014): Konflikte im Raum. Verständnis von gesellschaftlichen Diskursen durch Argumentation im Geographieunterricht. Dissertation an der Universität zu Köln. Geographiedidaktische Forschungen 54, Verlagshaus Monsenstein und Vannerdat OHG Münster. Online verfügbar unter https://www.uni-muenster.de/imperia/md/content/geographiedidaktische-forschungen/gdf_54_kuckuck.pdf, zuletzt geprüft am 05.03.2018.

Lässig, S. (2012): Repräsentationen des "Gegenwärtigen" im deutschen Schulbuch. In: Aus Politik und Zeitgeschichte (APUZ) 1-3. Online verfügbar unter http://www.bpb.de/apuz/59797/repraesentationen-des-gegenwaertigen-im-deutschen-schulbuch?p=all#footnodeid_7-7, zuletzt geprüft am 03.03.2018.

Mannes, J. (2012): Karnismus – die Psychologie des Fleischkonsums. Online verfügbar unter https://albert-schweitzer-stiftung.de/aktuell/karnismus-die-psychologie-des-fleischkonsums, zuletzt geprüft am 20.12.2016.

Mönter, L. / Schiffer-Nasserie, A. (2007): Antirassismus als Herausforderung für die Schule. Von der Theoriebildung, zur praktischen Umsetzung im geographischen Schulbuch. Verlag Peter Lang, Frankfurt, Europäische Hochschulschriften, Reihe XI, Pädagogik Band 955.

Nohn, G. (2001): China und seine Darstellung im Schulbuch. Dissertation im Fachbereich Geographie/Geowissenschaften der Universität Trier. Online verfügbar unter http://ubt.opus.hbz-nrw.de/volltexte/2004/202/pdf/20010213.pdf, zuletzt geprüft am 05.03.2018.

Papacek, T. (2009): Die neue Landnahme. Amazonien im Visier des Agrobusiness. Hg. v. Forschungs- und Dokumentationszentrum Chile – Lateinamerika FDCL e.V. Berlin. Online verfügbar unter http://fdcl-berlin.de/fileadmin/fdcl/Publikati onen/LandgrabAmazonien_WEB.pdf, zuletzt geprüft am 31.12.2016.

Piller, T. (2010): Die Kuh als Sparkasse. In: FAZ Online. Online verfügbar unter http://www.faz.net/aktuell/wirtschaft/der-volks-und-betriebswirt/fleischkonsum-und-hunger-die-kuh-als-sparkasse-1643201.html, zuletzt geprüft am 07.01.2018.

Plieninger, T. / Bens, O. / Hüttl, R. F. (2006): Landwirtschaft und Entwicklung ländlicher Räume. In: Aus Politik und Zeitgeschichte: Ländlicher Raum. 37/2006. Herausgegeben von der Bundeszentrale für Politische Bildung. S. 23-30.

Praxis Politik (Hg.) (2013): Fleisch. Die Produktion von Hunger und Verschwendung: Westermann (Praxis Politik, 6). Online verfügbar unter https://verlage.we stermanngruppe.de/westermann/artikel/23301306/Praxis-Politik-Fleisch-Die-Pro duktion-von-Hunger-und-Verschwendung?w=PP13, zuletzt geprüft am 08.01.2018.

Reichert, T. (2011): Wer ernährt die Welt? Die europäische Agrarpolitik und Hunger in Entwicklungsländern. Hg. v. Bischöfliches Hilfswerk MISEREOR e.V. Online verfügbar unter https://www.misereor.de/fileadmin/publikationen/studi e-wer-ernaehrt-die-welt-2011.pdf, zuletzt geprüft am 31.12.2016.

Schlatzer, M. / Leitzmann, C. (2011): Tierproduktion und Klimawandel. Ein wissenschaftlicher Diskurs zum Einfluss der Ernährung auf Umwelt und Klima. 2., überarb. Aufl. Wien: Lit (Bioethik, Bd. 1).

Schuch, K. (1991): Politische Bildung in den Schulbüchern für Geographie und Wirtschaftskunde – einige Anmerkungen. In: Vielhaber, C. / Wohlschlägl, H. (Hrsg.): Fachdidaktik gegen den Strom. Nichtkonformistische Denkansätze zur Neuorientierung einer Geographie- (und Wirtschaftskunde-) Didaktik. Materialien zur Didaktik der Geographie und Wirtschaftskunde, Band 8. Wien: Institut für Geographie der Universität Wien. S. 119 – 130.

Stein, G. (1979): Von der Notwendigkeit und den Schwierigkeiten einer Versachlichung öffentlicher Schulbuchdiskussionen. In: Gerd Stein (Hrsg.): Schulbuch-Schelte als Politikum und Herausforderung wissenschaftlicher Schulbucharbeit. Stuttgart: Klett-Verlag.

Umweltbundesamt (2017): Umweltschutz in der Landwirtschaft. Hg. v. Umweltbundesamt. Dessau-Roßlau. Online verfügbar unter https://www.umweltbundes amt.de/publikationen/umweltschutz-in-der-landwirtschaft, zuletzt geprüft am 07.01.2018.

Vieth, J. (2015): „Trendy, sexy und gesund": Wie Medien über Vegetarismus und Veganismus berichten. In: Fachjournalist. Online verfügbar unter http://www.fa chjournalist.de/trendy-sexy-und-gesund-wie-medien-ueber-vegetarismus-und-veg anismus-berichten/, zuletzt geprüft am 03.03.2018.

Vogt, J. (2012): Die Mütter und das Gift der Felder. Hg. v. taz – Die Tageszeitung. Online verfügbar unter http://www.taz.de/!5092045/, zuletzt geprüft am 31.12.2016.

von Braun, J. / Meinzen-Dick, R. (2009): „Land Grabbing" by Foreign Investors in Developing Countries: Risks and Opportunities. In: IFPRI (International Food Policy Research Institute) Policy Brief 13.

Wehling, H.-G (1977): in: Schiele, S./ Schneider, H. (Hrsg.) Das Konsensproblem in der politischen Bildung, Stuttgart Online verfügbar unter http://www.bpb.de /die-bpb/51310/beutelsbacher-konsens, zuletzt geprüft am: 08.01.2018.

Wieczorek, U. (Hrsg.) (1995): Zur Beurteilung von Schulbüchern. Augsburger Beiträge zur Didaktik der Geographie, Heft 10. Augsburg: Selbstverlag des Lehrstuhls für Didaktik der Geographie der Universität Augsburg.

Weltagrarbericht (2016): Fleisch und Futtermittel. Online verfügbar unter http://www.weltagrarbericht.de/themen-des-weltagrarberichts/fleisch-und-futtermittel.html, zuletzt geprüft am 31.12.2016.

Zecha, S. (2006): Darstellung Europas in Geographieschulbüchern der 7.-9. Jahrgangsstufe. In: Zeitschrift für Geographiedidaktik, Heft 3/2006. S. 124-138.

*Zitierte Schulbücher*

Brameier, U. (2008): Diercke Geographie für Gymnasien in Hamburg, Klasse 5. Westermann.

Braun et. al. (2010): Seydlitz Erdkunde 2, Rheinland Pfalz, Schroedel.

Eckert, U. / Huber, M. (2003): TERRA. Erdkunde 5, Gymnasium Bayern. Klett.

Geiger, M. / Klein, R. / Paul, H. (2009): Terra Erdkunde 2. Schulen mit mehreren Bildungsgängen Rheinland-Pfalz und Saarland. Klett.

Gerber, W. (2008): Diercke Geographie Gymnasium Sachsen, Klasse 7. Westermann.

Kron, E. / Neumann, J. (2008): Cornelsen: Mensch und Raum. Geographie. Klasse 5/6. Nordrhein-Westfalen.

Latz, W. (2008a): Diercke Erdkunde Rheinland-Pfalz, Band 1. Westermann.

Latz, W. (2008b): Diercke Erdkunde für Gymnasien in Nordrhein-Westfalen. Westermann, Klasse 7.

Vossen, J. (2006): Diercke Erdkunde 6, Realschule Bayern. Westermann.

Weidner, W. (2008): Diercke für Gymnasien in Baden-Württemberg. Westermann. Klasse 5.

Wilhelmi, V. (2012): Terra Geographie 1. Gymnasium Rheinland-Pfalz und Saarland. Klett. Für Klasse 5 und 6.

Wilhelmi, V. (2016): Terra Geographie 2, Gymnasium Rheinland-Pfalz und Saarland. Klett.

**In-vitro-Fleisch**

# Ethische Argumente pro und contra In-vitro-Fleisch

*Birgit Beck*

„Given the novelty of the technology the ethics of IVM [in vitro meat] are far from set, instead we are in an interesting phase where ideas from the realms of science, science fiction, environment, food and animal rights, are influencing how proponents, opponents and potential consumers come to construct and value the forms of meat being produced."
(Dilworth/McGregor 2015: 87)

Am 5. August 2013 präsentierten niederländische Wissenschaftler*innen um Mark J. Post im Rahmen eines vielbeachteten Medienevents in London den ersten Hamburger aus in vitro kultivierten bovinen Stammzellen zur Verkostung (Post 2014). Damit war der anschauliche Beweis erbracht, dass die biotechnische Herstellung von Muskelfleisch mittels Gewebezüchtung zukünftig eine tatsächlich praktikable Alternative zur herkömmlichen Fleischerzeugung darstellen könnte (vergleiche auch Moritz et al. 2015; Genovese et al. 2017). Allerdings ist diese Technologie schon allein aufgrund der enormen Kosten noch nicht marktreif: Der in London präsentierte Burger kostete rund 250.000 Euro (Laestadius/Caldwell 2015: 2458). Während der Präsentation wurde eine Kommerzialisierung innerhalb eines Zeitraums von zehn Jahren prognostiziert (ebd.). Gegenwärtig findet sich auf der Website des von Mark Post zwischenzeitlich gegründeten Start-up-Unternehmens Mosa Meat die Einschätzung, die Marktreife werde Anfang der 2020er Jahre erreicht. Laut Kalkulation von Mosa Meat soll es mittlerweile möglich sein, die Kosten für einen Burger auf neun Euro zu senken.[1] Darüber hinaus bedarf die Herstellung von In-vitro-Fleisch jedoch weiterer Verbesserungen, und zwar unter anderem hinsichtlich der Verwendung pflanzlich basierter Nährlösung, der Entwicklung von Geschmack, Aussehen, haptischen Eigenschaften und Nährwert (Post 2014; Ferrari 2015; Hocquette 2016).

---

1 Vergleiche https://www.mosameat.com/faq [12.09.2019]; Böhm/Ferrari/Woll (2017: 5).

Bereits zuvor hatte Post (2012) auf die dringende Notwendigkeit der Ablösung konventioneller Fleischerzeugung durch neue technische Möglichkeiten verwiesen, die er mit der steigenden Nachfrage in den wachsenden Mittelschichten der Schwellenländer und den massiven Nachhaltigkeits-, Umwelt- und tierethischen Problemen konventioneller Massenproduktion begründete. In der Tat verspricht die In-vitro-Fleisch-Produktion eine beträchtliche Reduktion von Energie-, Flächen- und Wasserverbrauch sowie von Emissionen (Tuomisto/Teixeira de Mattos 2011; Mattick et al. 2015) und gilt als sowohl nachhaltige als auch tierfreundliche Alternative. Die Entwicklung dieser Technologie wurde von staatlichen wie privaten Investoren unterstützt, von PETA befürwortet[2] und hat bereits eine Diskussion über Vor- und Nachteile sowie mögliche Hindernisse für die Verbraucherakzeptanz ausgelöst (Marcu et al. 2015; Laestadius/Caldwell 2015; Laestadius 2015; Kadim et al. 2015; Hocquette et al. 2015; Verbeke et al. 2015; Hopkins 2015).

Aus umwelt- und tierethischer Perspektive erscheint die Aussicht auf vergleichsweise ressourceneffizient, gesundheitlich unbedenklich und erschwinglich produziertes In-vitro-Fleisch (IVM)[3] auf den ersten Blick als Gewinn (Hopkins/Dacey 2008; Pluhar 2010; Welin 2013; Schaefer/Savulescu 2014). Allerdings warnen kritische Stimmen davor, sich auf technische Lösungen moralischer Probleme zu verlassen (Miller 2012; Cole/Morgan 2013; Galusky 2014). Darüber hinaus werden neue Perspektiven der Reflexion über IVM und Fleischkonsum im Allgemeinen aufgezeigt (van der Weele/Driessen 2013; van Mensvoort/Grievink 2014).

Der vorliegende Beitrag systematisiert gängige Argumente pro und contra IVM aus umwelt- und tierethischer Sicht und weist bei deren Diskussion die zugrundeliegenden philosophischen Annahmen aus, um implizite Prämissen und investierte theoretische Festlegungen sichtbar zu machen. Dadurch soll deutlich werden, dass eine Würdigung der Vor- und Nachteile von IVM keineswegs ausschließlich von empirischen Voraussetzungen abhängt, sondern eine Befürwortung oder Ablehnung dieser Technologie

---

2 Bereits im Jahr 2008 lobte PETA ein hohes Preisgeld (1 Million US$) für die Entwicklung von In-vitro-Geflügelfleisch aus. Im März 2017 stellte Memphis Meat, eines von mehreren Start-up-Unternehmen, die sich mittlerweile der neuen Technologie angenommen haben, erstmals solches Fleisch vor; vergleiche https://www.me mphismeats.com/[12.09.2019].

3 Im Folgenden wird der etwas sperrige Ausdruck ‚In-vitro-Fleisch‘ durch IVM (in vitro meat) abgekürzt, da im Deutschen die Abkürzung IVF bereits für In-vitro-Fertilisation im Rahmen der medizinisch assistierten Reproduktion steht.

jeweils nur vor dem Hintergrund bestimmter normativer und evaluativer Vorannahmen plausibel erscheint.

## 1) Argumente pro In-vitro-Fleisch

Befürworter*innen der Entwicklung und Vermarktung von IVM bringen hauptsächlich drei Argumente vor, um dessen Vorteile zu veranschaulichen: a) Die Reduktion von Tierleid, b) die gegenüber der konventionellen Fleischproduktion verbesserte Ökobilanz sowie c) die Steigerung menschlicher Nahrungssicherheit und Gesundheit. Generell lässt sich feststellen, dass Argumente für IVM auf Argumente gegen Massentierhaltung und -schlachtung rekurrieren, die unmittelbar und aus beinahe jeder erdenklichen moraltheoretischen Position heraus einsichtig sind (Pluhar 2010: 458 f.). Dies wiederum verleiht auch der Ersetzung konventioneller Fleischerzeugungspraktiken durch die Produktion von IVM zunächst eine hohe Plausibilität.

### a) Tierethische Argumente

Aus einer Tierschutz- (wenn auch nicht unbedingt aus einer Tierrechts-) Perspektive[4] erscheint IVM auf den ersten Blick klar als Gewinn. Von der Verlagerung der Fleischproduktion aus industrialisierten Massenproduktions- und Schlachtstätten ins Labor wird erwartet, dass weniger Tiere unter grausamen Aufzuchtbedingungen leiden und getötet werden müssen.[5] Als langfristiges Ziel wird angegeben, konventionelle Massentierhaltung abzuschaffen oder zumindest einzudämmen. Eine kleinere Anzahl von Nutztieren[6] könnte stattdessen unter ‚humanen‘ Haltungsbedingungen im Zuge

---

4  Vergleiche zum Unterschied zwischen Tierschutz- und Tierrechtstheorien Schmitz (2014).

5  Die Umstände und sowohl physischen als auch psychischen Konsequenzen der industriellen Massentierhaltung werden hier als bekannt vorausgesetzt und daher nicht im Detail wiedergegeben. Vergleiche zu eindringlichen Schilderungen zum Beispiel Eisnitz (2006); Colb (2013a); Schmitz (2014); Sezgin (2014).

6  Die Verwendung des Ausdrucks ‚Nutztiere‘ und die Klassifizierung nichtmenschlicher Tiere in verschiedene Kategorien von Nutztieren, Haustieren und Wildtieren sind bereits höchst voraussetzungsreich (Joy 2010), werden hier jedoch zum Zweck der Wiedergabe der einschlägigen Positionen beibehalten. Um der besseren Lesbarkeit willen ist in diesem Beitrag überwiegend nur von ‚Tieren‘ die Rede anstatt von ‚nichtmenschlichen Tieren‘.

schmerzfreier obligatorischer veterinärmedizinischer Untersuchungen als ‚Zellspender'[7] fungieren (Pluhar 2010: 464 f.; Schaefer/Savulescu 2014: 194). Ein diesbezüglicher Vorschlag („the pig in the backyard"; van der Weele/Driessen 2013)[8] zielt auf den Aufbau regionaler Labore zur Fleischerzeugung, mit zugehörigen Zellspendern, die als Haustiere und Gefährten in einer „hybriden Gemeinschaft" von Menschen und Tieren ein ‚artgerechtes' und möglichst unbeeinträchtigtes Leben führen könnten. Eine solche enge Mensch-Tier-Beziehung sei für alle Beteiligten von Vorteil:

> „Here, all of a sudden, we get a glimpse of a possible world in which we can have it all: meat, the end of animal suffering, the company of animals and simple technology close to our homes. The pig in the backyard or in the community, that is a pet and a cell donor for cultured meat at the same time, creates the possibility of sharing the world with animals in sustainable as well as conscientious ways, while we do not have to give up eating meat" (van der Weele/Driessen 2013: 656).

Jenseits solch idealisierter Vorstellungen des Zusammenlebens von Menschen und Tieren könnte sich die Produktion von IVM auch positiv auf das Wohl und Überleben individueller Wildtiere auswirken. Zum Beispiel müssen Nutztierbestände, wenn sie außerhalb geschlossener Mastanlagen gehalten werden, vor Raubtieren geschützt werden, was eine Schädigung Letzterer nach sich ziehen kann. Gäbe es weniger Nutztiere, die derartigen Schutz benötigen, so lautet das Argument, würden auch weniger Raubtiere in Mitleidenschaft gezogen. Darüber hinaus kommen beim Anbau und bei der Ernte benötigter Futtermittel häufig kleinere Wildtiere, wie Mäuse, zu Schaden. Eine Reduktion der Nutztierbestände und damit des Futter-

---

7 Eine Spende setzt im Allgemeinen Freiwilligkeit voraus, wovon im vorliegenden Fall nicht ausgegangen werden kann. Schaefer/Savulescu (2014: 194) merken jedoch an, angesichts der effektiven Vermeidung von Tierleid im Vergleich zur herkömmlichen Intensivhaltung erscheine die fehlende Einwilligung unbedenklich, solange die Intervention sicher und schmerzlos erfolge und die ‚Spender' gegebenenfalls für den Eingriff mit für sie jeweils erfreulichen Gegenleistungen etwa in Form von Leckerbissen oder Spielzeug entschädigt würden.

8 Dieser Vorschlag wurde während eines Workshops zum Thema erörtert und bestand in der Vision: „That in the future we might all have a pig in our backyard or in our local community, from which some stem cells are taken every few weeks in order to grow our own meat, either in a machine on our kitchen sink or in a local factory" (van der Weele/Driessen 2013: 655; vgl. dazu auch van der Weele/Tramper 2014).

mittelbedarfs würde auch derartige ‚Kollateralschäden‘ reduzieren (Colb 2013a: 179 ff.).

Zusätzlich wird betont, dass durch die Produktion von IVM gefährdete Tierarten geschützt werden könnten, da sich im Prinzip aus Zellen beliebiger Tiere Muskelfleisch produzieren ließe, ohne den Artbestand zu gefährden (Welin 2013: 34). Dadurch könnten sowohl exotische Speisewünsche auf ethisch und rechtlich unproblematischem Wege erfüllt (ebd.) als auch das Problem der Überfischung und Überjagung von Wildbeständen eingedämmt werden (Tuomisto/Teixeira de Mattos 2011: 6122).

Ein eher selten vorgebrachtes Argument stellt darauf ab, dass IVM vorrangig zur Herstellung von Haustierfutter Verwendung finden könnte, um die Tötung von Tieren zu diesem Zweck zu vermeiden (Deckers 2016: 98 f.).[9]

### b) Umweltethische Argumente

Auch aus umweltethischer Perspektive[10] erscheint IVM auf den ersten Blick als die bessere Option, verglichen mit konventioneller Fleischerzeugung. Letztere verbraucht große Mengen an Energie, Wasser und schädigt durch den monokulturellen Anbau von Tierfutter und extensiven Chemikalieneinsatz verfügbare Böden und Gewässer. Gjerris (2015: 523) zählt folgende negative Effekte auf:

> „Extensive use of arable land to feed production, deforestation to provide grazing lands, overgrazing, compaction, erosion and desertification of pastures leading to degradation of arable land, depletion of scarce water resources, eutrophication, degeneration of coral reefs and general pollution of water, air and soil caused by animal waste, hormones, antibiotics, fertilizers and pesticides spent in feed production etc."

Der steigende Bedarf an Anbauflächen führt zum Rückgang naturbelassener Gebiete weltweit (Welin 2013: 26). Die hohe Emissionsrate von Treibhausgasen im Rahmen konventioneller Tierzüchtung, die im Falle von

---

9 Dieses Argument wird allerdings auch ins Negative gewendet: IVM wird dieser Vorstellung nach ein minderwertiges Produkt sein, das den Nahrungsmitteln der ärmeren Bevölkerung und Tiernahrung ‚untergejubelt‘ werden wird, während wohlhabende Verbraucher*innen weiterhin ‚echtes‘, dann teures Fleisch konsumieren können (Laestadius 2015: 999).

10 Vergleiche zu verschiedenen umweltethischen Positionen Ott (2014).

Wiederkäuern durch die Tiere selbst mit verursacht und durch die langen Transportwege und die Verarbeitung noch gesteigert wird, trägt in einem erheblichen Umfang zum Klimawandel bei (Steinfeld et al. 2006; Gerber et al. 2013; Post 2014; Hallström et al. 2015; Lee et al. 2017).

Demgegenüber verspricht die Produktion von IVM eine beträchtliche Reduktion von Flächen- und Wasserverbrauch sowie der Emission von Treibhausgasen (Tuomisto/Teixeira de Mattos 2011). Belastete Anbaugebiete und Böden könnten sich erholen und renaturiert werden. Es bestünde auch nicht die Notwendigkeit der fortschreitenden Ausweitung landwirtschaftlicher Nutzflächen, was zum Beispiel dem Erhalt von Regenwäldern und folglich der Biodiversität zugutekäme. Die Wasserverschmutzung durch den intensiven Einsatz von Pflanzenschutzmitteln beim Anbau von Tierfutter sowie die Abfälle von Mast- und Schlachtanlagen würden verringert. Der benötigte Energieverbrauch wird allerdings – entgegen den Ergebnissen der optimistischen Life-Cycle-Analyse von Tuomisto und Teixeira de Mattos (2011) – in einer neueren Studie vergleichsweise hoch eingeschätzt (Mattick et al. 2015). Die prospektive Gesamtbilanz fällt jedoch trotzdem positiver aus als für die bisherige konventionelle Produktion.[11]

## c) Food Securitiy, Food Safety, Public Health

Bezüglich einer stabilen globalen Lebensmittelversorgung wird angemerkt, dass sich der in den nächsten Dekaden aller Voraussicht nach stark ansteigende Fleischkonsum keinesfalls im Rahmen konventioneller Erzeugung decken lassen wird (Post 2012, 2014). IVM sei dagegen dazu in der Lage, ein im Prinzip unbegrenztes Angebot zu gewährleisten. Die Proteinverwertung im Rahmen der bisherigen Fleischproduktion wird zudem als höchst ineffizient eingestuft: 75 bis 95 Prozent der Proteinzufuhr, die Menschen zugutekommen könnte, würden über den Umweg der Tiermast verschwendet (Pluhar 2010: 463 f.). Die Produktion von IVM würde die Reduktion des Anbaus von Futtermitteln für Nutztiere nach sich ziehen, wodurch landwirtschaftliche Flächen zum Anbau von Getreide und Nahrungsmitteln für den unmittelbaren menschlichen Konsum frei würden,

---

11  Vgl. Mattick et al. (2015: 11947): „Even though industrial energy consumption may rise, agricultural land requirements could decline. [...] This study suggests that variances in a few key production factors could lead to large changes in energy use, GWP [global warming potential], EP [eutrophication potential], and land use".

sodass auch eine Preissenkung für pflanzliche Lebensmittel erwartet werden könne. Drohende Hungerkatastrophen seien so vermeidbar (Schaefer/ Savulescu 2014: 190, vgl. auch Laestadius 2015: 996).

Hinsichtlich der öffentlichen Gesundheit könne zudem den bekannten gesundheitlichen Risiken des (übermäßigen) Fleischkonsums, wie der Ausprägung von Typ-2-Diabetes, Arthritis, Herz-Kreislauf- und diversen Krebs-Erkrankungen, präventiv begegnet werden, indem IVM bereits bei der Produktion mit gesunden Inhaltsstoffen angereichert werde, so zum Beispiel mit gesünderen Fetten (Omega 3), mehr Vitamin B12 oder Vitamin D. Zusätzlich ließen sich durch eine sterile Produktion im Labor kontaminationsbedingte Krankheiten (z. B. durch Salmonellen, Listerien, E-Coli-Bakterien) vermeiden sowie solche, die durch Tierseuchen auf Menschen übertragbar sind. Konsument*innen würden durch ihre Nahrung nicht länger versteckten Antibiotika- und Hormonbelastungen ausgesetzt und mit Schadstoffen oder Fäkalien kontaminierte Produkte könnten im Gegensatz zur bisherigen Produktion verlässlich ausgeschlossen werden (Zaraska 2013).

Zusammenfassend lässt sich konstatieren, dass die Chancen von IVM darin gesehen werden, dass eine Ersetzung konventioneller Fleischprodukte einen effektiven Tierschutz sowie ebensolche ökologischen und gesundheitlichen Vorteile nach sich zieht, ohne die Notwendigkeit, traditionell verankerte und daher schwer abzulegende Ernährungsgewohnheiten aufseiten der Verbraucher*innen aufzugeben (Laestadius 2015: 993).

## 2) Argumente contra In-vitro-Fleisch

Kritiker*innen von IVM setzen sich mit den genannten Argumenten der Befürworter*innen auseinander und bringen darüber hinaus weiterreichende Argumente gegen dessen Entwicklung und Vermarktung vor. Die gegensätzlichen Ansichten zum prospektiven Nutzen von IVM speisen sich aus unterschiedlich optimistischen Einschätzungen empirischer Befunde, aber auch aus differierenden (meta-)ethischen, werttheoretischen, naturphilosophischen und anthropologischen Voraussetzungen. Im Folgenden werden zunächst einige praktische Einwände behandelt, denen durch geeignete technische Entwicklung, Regulierung und gesellschaftliche Aufklärung begegnet werden kann (a-d). Danach wird auf die generellen Einwände näher eingegangen, die in tiefer liegenden Wertdiskrepanzen wurzeln (e-g).

*a) Wissenschaftlich-technische Schwierigkeiten*

Um die Versprechungen von IVM einzulösen, müssen zunächst einige technische Schwierigkeiten bewältigt werden (detailliert dazu Post 2014).[12] Zur Kultivierung, Vermehrung (Proliferation) und Ausdifferenzierung von Muskelzellen aus Stammzellen in sogenannten Bioreaktoren, die man sich in etwa wie Braukessel vorstellen kann, ist es zunächst nötig, ein geeignetes Nährmedium unter Zusatz von Nährstoffen, Wachstumshormonen und Antibiotika zu verwenden. Die Entwicklung eines solchen Kulturmediums, das für verschiedene Zellarten gleichermaßen anwendbar, kostengünstig und kein Beiprodukt der bisherigen industriellen Fleischproduktion ist, stellt eine der größten Herausforderungen dar, die der weiteren zellbiologischen Forschung bedarf. Ein bislang verwendeter Bestandteil des Kulturmediums ist fetales Kälberserum. Dessen Einsatz ist deshalb umstritten, da es aus dem Blut mindestens drei Monate alter Rinderföten gewonnen wird, die dem Uterus schwangerer Schlachtkühe entnommen und im Zuge der durch die Herzpunktion vorgenommenen Blutentnahme getötet werden. Zudem weist dieses Serum aufgrund der Gefahr der Kontamination mit Krankheitserregern Sicherheitsmängel auf. Die Gewinnung aus individuellen Tieren erlaubt aufgrund der variablen Qualität darüber hinaus keine standardisierte Zellkultivierung, was die Reproduzierbarkeit der Ergebnisse beeinträchtigt. Schließlich unterliegt die Anschaffung fetalen Kälberserums aufgrund der Abhängigkeit von der Rindfleischindustrie marktbedingten Preisschwankungen. Die Muskelstammzellen zur Generierung von Posts Burger – der tatsächlich nur als proof of concept dienen sollte – stammten von konventionell geschlachteten Kühen und wurden ebenfalls in einem Kulturmedium unter Verwendung fetalen Kälberserums generiert. Ohne die Entwicklung eines geeigneten synthetischen oder pflanzlich basierten Mediums kann IVM kaum die Erwartungen als tatsächlich tierfreundliche oder gesundheitsförderliche Alternative erfüllen (Böhm/Ferrari/Woll 2017: 9). Es wird jedoch bereits an

---

12 Hocquette (2016: 170) nennt als technische Hindernisse zusammenfassend „the need to eliminate animal-derived materials, a limited scalability, repetitive handling, high risk of contamination, high cost of production, inefficiency in use of resources (energy, water, manpower and so on), low resemblance with conventional meat and the lack of proven safety of artificial meat". Eine übersichtliche Erklärung des Verfahrens und der aktuellen technischen Schwierigkeiten der IVM-Herstellung bietet die Informationsbroschüre des Projekts „Visionen von In-vitro-Fleisch – Analyse der technischen und gesamtgesellschaftlichen Aspekte und Visionen von In-vitro-Fleisch (VIF)" (Böhm/Ferrari/Woll 2017).

der Entwicklung einer geeigneten Nährlösung auf der Grundlage von Bakterien, Hefen, Pilzen oder Mikro-Algen geforscht (zu weiteren Alternativen vergleiche auch van der Valk et al. 2017) und Mosa Meat vermeldet auf seiner Website, mittlerweile ein alternatives Nährmedium entwickelt zu haben.[13]

Zudem besteht die einzige derzeit umsetzbare Verwendungsweise derart kultivierter Muskelzellen in der Verarbeitung zu Hackfleisch beziehungsweise der Pressung mehrerer Lagen von Muskelfasern zu ,Buletten', wie im Falle des präsentierten Burgers. Es wird jedoch erwartet, dass potenzielle Konsument*innen darüber hinaus nach IVM-Produkten verlangen werden, die in ihrer Konsistenz, im Aussehen und Geschmack weiteren gewohnten Fleischprodukten entsprechen – ein beliebtes Beispiel sind etwa Steaks. Eine weitere Herausforderung liegt deshalb darin begründet, größere, geäderte (vaskularisierte) Fleischstücke zu produzieren (eventuell mittels 3-D-Druck, vergleiche Post 2014: 1041), die eine vertraute Textur, Konsistenz und Färbung aufweisen, ganz abgesehen von der komplizierten Konfiguration der Geschmackskomponenten (ebd.: 1040). Dazu gilt es, zum einen „die Herstellung von lebensmittelverträglichen und essbaren Gerüsten, die notwendig für Haftung, Wachstum und Reifung der Zellen sind", zu optimieren (Ferrari 2015: 115). Solche Strukturen werden dazu verwendet, um die Muskelzellen im Bioreaktor zum Wachstum und zur Differenzierung anzuregen und in eine gewünschte Form zu bringen.[14] Zum anderen ist die komplexe Kombination aus Muskelzellen, Fettzellen und anderen Bestandteilen, wie Myoglobin, das in Verbindung mit Sauerstoff dem Fleisch seine rote Farbe und den charakteristischen Geschmack verleiht, noch in einer experimentellen Phase und bedarf weiterer Forschung zur optischen, haptischen und geschmacklichen Verbesserung des resultierenden Produkts.

Bevor eine mögliche breite Vermarktung vorgenommen werden kann, gilt es schließlich, wie bereits erwähnt, die Produktionskosten weiter zu senken. Vordringlich ist außerdem, die gesundheitliche Unbedenklichkeit für potenzielle Verbraucher*innen zu gewährleisten.

---

13 Vergleiche https://www.mosameat.com/faq [12.09.2019].

14 Vergleiche Böhm/Ferrari/Woll (2017: 5): „Um die Zellen heranwachsen zu lassen, sind Gerüste notwendig, die die wachsenden Zellen tragen. Die Gerüste müssen aus einem geeigneten Material bestehen, das idealerweise essbar ist, damit es im Nachhinein nicht entfernt werden muss. Als Trägerstrukturen kommen auch Schwämme, Membranen oder Kügelchen in Frage. Mögliche Stoffe für die Trägerstrukturen sind beispielsweise pflanzlich oder chemisch hergestelltes Chitin oder Collagen".

## b) Ausweitung globaler Ungerechtigkeiten

Ein öffentlich wahrgenommenes Problem der weltweiten Nahrungsversorgung besteht in der Monopolstellung einzelner global agierender Konzerne, deren Wirtschaftsmacht als ein Grund für globale Ungerechtigkeit, Nahrungsmangel und Armut in Schwellenländern und weniger entwickelten Ländern gilt. Zudem wird ein nicht unerheblicher Teil der in reichen Überflussgesellschaften konsumierten Nahrungsmittel unter prekären Bedingungen in gerade diesen Ländern produziert. Durch die Etablierung von Fair-Trade-Beziehungen und die Vermarktung entsprechender Produkte werden Anstrengungen unternommen, die Subsistenz lokaler Erzeuger in den ärmeren Ländern zu gewährleisten (Hocquette 2016: 171).

Ein Bedenken, das im Zusammenhang mit der angestrebten Massenproduktion von IVM geäußert wird, bezieht sich auf die mögliche Aufrechterhaltung oder gar Ausweitung globaler Ungerechtigkeit, falls IVM aufgrund der hohen Investitionskosten sowie des technischen Aufwands ebenfalls ausschließlich in den Händen großer multinationaler Konzerne liegen sollte. Dadurch bestehe die Gefahr, dass solche Großunternehmen ihre Vormachtstellung zulasten der Autonomie und Subsistenz traditioneller Landwirte festigen könnten (Hocquette 2016: 171; Laestadius 2015: 998; Miller 2012: 41). Dieses Problem wäre prinzipiell durch eine geeignete internationale rechtliche Regulierung anzugehen. Einer lokalen Lösung entspräche etwa die Realisierung des oben erwähnten „Pig in the backyard"-Vorschlags von van der Weele/Driessen (2013).[15]

## c) Mangelnde Verbraucherakzeptanz

Ein sehr wahrscheinliches und häufig diskutiertes Hindernis für die Vermarktung von IVM besteht in der – zumindest in einer Übergangsphase – geringen Verbraucherakzeptanz (Hocquette et al. 2015: 283). Bislang vorliegende empirische Studien über die öffentliche Rezeption von IVM präsentieren eine ambivalente Erwartungshaltung. Während die Probleme der konventionellen Fleischproduktion durchaus – allerdings eher theore-

---

15  Eine konkrete Umsetzung der Idee, IVM als erschwingliche und privat nutzbare DIY-Technologie zu etablieren, wird im Rahmen des japanischen „Shojinmeat Project" angestrebt; vergleiche https://shojinmeat.com/wordpress/en/ [12.09.2019].

tische – Anerkennung finden, die sich nicht unbedingt in der alltäglichen Praxis niederschlägt, stößt die Bereitschaft, IVM zu konsumieren, auf Vorbehalte. Diese Zurückhaltung gründet zum einen in Bedenken bezüglich der verlässlichen Abschätzung von Gesundheitsrisiken, zum anderen in der verbreiteten reservierten Haltung gegenüber Biotechnologien im Allgemeinen und der undifferenzierten thematischen Vermischung der Produktion von IVM mit schlecht beleumundeten gentechnischen Eingriffen, der Erzeugung genetisch modifizierter Organismen (GMOs) und Klonierung (Marcu et al. 2015). Eine Umfrage unter generell wissenschaftsaffinen und über IVM aufgeklärten Studienteilnehmer*innen ergab, dass die Mehrheit der Befragten IVM zwar als realistisch ansieht und eine diesbezügliche Forschungsförderung befürwortet. Gleichzeitig gab sie allerdings an, eher ihren Fleischkonsum reduzieren oder verstärkt auf ‚human‘ produzierte Fleischprodukte anstatt auf IVM zurückgreifen zu wollen.[16] Die Autor*innen der Studie betonen die eigentümliche Widersprüchlichkeit dieser Aussagen:

„Those respondents who recognized issues within the meat industry, but were unwilling to eat artificial meat may seem a little contradictory. [...] Curiously, among the people who were ready to recommend artificial meat, not all of them were willing to eat it themselves" (Hocquette et al. 2015: 282).

Hocquette et al. schließen aus den Studienergebnissen, „the apparent contradiction between the importance of the problems to solve and the relative inefficiency of the solution chosen by respondents (eating less meat) is an important matter for debate" (Hocquette et al. 2015: 282).

Das wohl größte Hemmnis für die Akzeptanz von IVM ist dessen unterstellte ‚Unnatürlichkeit‘. Diese Einstellung gegenüber IVM wurde bereits von Hopkins und Dacey (2008) in deren Einschätzung ethischer Probleme kritisiert und in der Folge von anderen Diskussionsteilnehmer*innen,

---

16 Vergleiche zum Argument, als vorzugswürdige Alternative zu IVM käme eine ‚humane‘ Fleischproduktion infrage, auch Hocquette (2016: 172 f.); Dilworth/ McGregor (2015: 96 f.); Laestadius/Caldwell (2015); Levinstein/Sandberg (2015). Gegen den Lösungsvorschlag, vermehrt ‚human‘ produzierte Fleischprodukte zu konsumieren, wird eingewandt, dass dies, langfristig betrachtet, weder das Nachhaltigkeitsproblem lösen könne, da die prognostizierte Nachfrage nach Tierprodukten nicht mit anderen als hochindustrialisierten Produktionsverfahren gedeckt werden könne, noch eine angemessene Antwort auf tierethische Bedenken darstelle, da die öffentliche Wahrnehmung der Tiernutzung als moralisches Problem damit nur weiter eingedämmt würde (Colb 2013a: 141–155).

ebenfalls in kritischer Absicht, aufgegriffen (Welin 2013; Schaefer/Savules-
cu 2014). Die Annahme, IVM sei unnatürlich, findet sich jedoch im öffentlichen Diskurs und auch in Ergebnissen empirischer Umfragen wieder
(Verbeke et al. 2015; Laestadius/Caldwell 2015; Laestadius 2015; Hopkins
2015). Selbstverständlich kann man darüber streiten, ob die Bezeichnung
‚Fleisch‘ angesichts der vielfältigen soziokulturellen Konnotationen des Begriffs für im Labor kultivierte Muskelzellen angemessen ist (Hocquette
2016: 169). Jedoch tut die ‚künstliche‘ Herstellung von IVM der Natürlichkeit des Endprodukts zumindest in dem Sinne keinen Abbruch, dass es
sich dabei tatsächlich um Muskelgewebe animalischen Ursprungs handelt
(Tuomisto/Teixeira de Mattos 2011: 6122). Dadurch unterscheidet es sich
von Fleischersatzprodukten – die im Übrigen auch natürlichen Ursprungs
sind – oder von „fake meat" (Hopkins 2015: 266). Je nachdem, welches Be-
griffsverständnis von ‚natürlich‘ bzw. welcher Gegenbegriff – etwa ‚technisch‘ anstatt ‚künstlich‘, ‚nicht authentisch‘ oder ‚unecht‘ – in Anschlag
gebracht wird, ist zudem fraglich, wie viel ‚natürlicher‘ konventionelle
Fleischerzeugungsprozesse im Vergleich mit der Produktion von IVM ab-
laufen (Colb 2013b). Beide stellen hochtechnisierte Produktionsprozesse
dar. Die häufig artikulierte ‚Unnatürlichkeit‘ von IVM ist daher wohl am
ehesten mit ‚Unvertrautheit‘ zu übersetzen.[17]

Den von Befürworter*innen betonten Vorteilen zum Trotz wird IVM
als „inferior product to conventional animal meat" (Laestadius 2015: 999)
wahrgenommen und löst Erfahrungsberichten zufolge recht häufig spontane Ekel-Reaktionen aus (van der Weele/Driessen 2013: 653 f.).[18] Derartige Bezeugungen von Abscheu angesichts (der Produkte) neuer Technologi-
en werden in bioethischen Diskussionen von Proponent*innen bioliberal-
er Positionen üblicherweise als notorischer „yuck factor" behandelt und
auf eine unreflektierte neo- beziehungsweise technophobe Neigung zurückgeführt, die häufig zur Propagierung von Tabus und ‚Diskursstop-
pern‘ ohne argumentative Auseinandersetzung verleitet. Auch im vorliegenden Kontext ist diese Annahme nicht von der Hand zu weisen. So wurde IVM – in Anlehnung an Mary Shelleys Roman „Frankenstein oder Der
moderne Prometheus" – bereits öffentlich als „Frankenfoods" (Laestadius/
Caldwell 2015: 2459), „Frankenmeat" (Hopkins 2015: 266) und „Franken-
burger" (Laestadius 2015: 1000) betitelt. Über die ‚Weisheit‘ solchen Wi-

---

17  Zur generellen Problematik normativer Natürlichkeitsargumente vergleiche Birn-
    bacher (2006).
18  Diese Reaktion lässt sich tatsächlich reproduzierbar in Gesprächen etwa mit Stu-
    dierenden und im Bekanntenkreis nachweisen.

derstrebens (der Beitrag von Kass 1997, auf den diese Diskussion zurück-geht, titelt „The Wisdom of Repugnance") herrscht in der Bioethik eine geteilte Meinung.

Bezüglich IVM wird angemerkt, dass eine angewiderte Reaktion nicht nur von unreflektierter und irrationaler Abscheu zeugen, sondern umge-kehrt durch ein vorgängiges ethisches Urteil hervorgerufen werden kann (Laestadius 2015: 1002). Dieser Zusammenhang erscheint in der Tat plau-sibel, allerdings ist wohl anzunehmen, dass diejenigen, die generell eine Abneigung gegen Fleisch empfinden, diese auch angesichts von IVM zei-gen, und zwar nicht aufgrund dessen unterstellter ‚Unnatürlichkeit', son-dern aufgrund der – durchaus reflektierten und begründeten – Ansicht, dass empfindungsfähige Wesen oder auch nur Derivate von Teilen empfin-dungsfähiger Wesen nicht als Nahrungsmittel zu betrachten sind (Dia-mond 2012; Colb 2013a; Colb 2013b; Hopkins 2015[19]). Diese Einstellung unterscheidet sich jedoch von einem generellen biokonservativen Tabu, ungebührlich in die ‚Natur' einzugreifen („tempering with nature"; Laesta-dius 2015: 999).

Um dem „yuck factor" entgegenzuwirken und etwaige negative Konno-tationen von vornherein zu vermeiden, wird seitens einiger Befürwor-ter*innen und Entwickler*innen von IVM eine terminologische Lösung vorgeschlagen: Anstatt von IVM, ‚lab-grown' oder ‚cultured meat' zu spre-chen, wird die Einführung des Ausdrucks „clean meat" als Alternative vor-gebracht, um die oben beschriebenen Vorteile in den Vordergrund zu rü-cken (Rousseau 2016).[20]

Als wie (un-)reflektiert die Eindrücke der ‚Unnatürlichkeit' von IVM seitens Wissenschaftler*innen und Ethiker*innen auch immer aufgefasst werden mögen, Laestadius (2015: 1003) merkt an, dass aus einer Vernach-lässigung der öffentlichen Rezeption wissenschaftlicher Entwicklungen in jedem Fall praktische und ethische Konsequenzen resultieren.

---

19 Hopkins (2015: 268) unterscheidet anhand verschiedener Motive, auf Fleisch be-ziehungsweise Tierprodukte zu verzichten, zwischen „health vegetarians", utilita-ristischen und deontologischen „moral vegetarians" und „emotional vegetarians or purist vegans". Die letztere Kategorie unterschätzt, dass Veganer*innen in der Regel einigen argumentativen Aufwand investieren müssen, um ihre Überzeu-gungen verständlich zu machen (vergleiche Colb 2013a).

20 Dieser terminologische Vorschlag wird unter anderem von der gemeinnützigen Organisation The Good Food Institute vorgebracht; vergleiche http://www.gfi.org /clean-meat-the-clean-energy-of-food [12.09.2019].

## d) Kannibalismus

Ein auf den ersten Blick recht konstruiert wirkendes Slippery-Slope-Argument[21], das jedoch tatsächlich auch in empirischen Studien auftaucht (Laestadius/Caldwell 2015; Laestadius 2015), besagt, die Vermarktung von IVM könnte einem – wiewohl gewaltfreien – Kannibalismus Vorschub leisten (Hopkins/Dacey 2008; Schaefer/Savulescu 2014).[22] Wenn aus beliebigen Muskelstammzellen Fleisch generiert werden könne, sei auch die Möglichkeit gegeben, menschliches Fleisch zu kultivieren, was eine – wenngleich voraussichtlich spärliche – Nachfrage nach sich zu ziehen drohe. Diesbezüglich ist einerseits zu fragen, wie wahrscheinlich eine solche Vorhersage ist, und andererseits, worin genau das ethische Problem bestünde, sollte sie sich bewahrheiten.

Einer verbreiteten Nachfrage nach Menschenfleisch stünde wohl der oben erwähnte „yuck factor" entgegen. Menschen essen in der Regel keine anderen Menschen, weil sie sich entweder davor grausen – was biologische Gründe der Krankheitsprävention haben mag – oder andere Menschen nicht als Nahrungsmittel betrachten – was soziokulturelle Gründe hat. Abweichungen von diesem Verhalten werden üblicherweise entweder als barbarisch (rituelle, magische, medizinische Anthropophagie), als pathologisch (z. B. der ‚Kannibale von Rotenburg')[23] oder als tragisch (Überlebensnotwendigkeit in Extremsituationen) angesehen. Es besteht jedenfalls ein weitverbreitetes Tabu des Verzehrs von Menschenfleisch. Ob dieses durch die Möglichkeit der Produktion von humanem IVM aufgeweicht würde, ist eine empirische Frage. Möglicherweise gäbe es Interessent\*innen, die aufgrund „seltsamer Vorlieben, unüblicher kultureller Normen

---

21 Vergleiche zu verschiedenen Formen von Slippery-Slope-Argumenten Jefferson (2014).

22 Vergleiche Laestadius (2015: 1000): „Others were worried humans might use the technology for socially unacceptable practices such as culturing human animal meat to allow cannibalism. One commenter suggested that we would soon 'find a market for grown human animal meat for those who crave the taste but don't fancy cannibalism'" Laestadius/Caldwell (2015: 2464): „Soylent Green, the food derived from human remains, featured in the 1973 dystopian science fiction film also titled Soylent Green, was mentioned on a number of occasions".

23 Im Jahr 2001 verstümmelte und tötete der als ‚Kannibale von Rothenburg' bekannt gewordene Computertechniker Armin Meiwes einen Mann, der sich zuvor in einem Internetforum mit ihm verabredet und mehrfach den Wunsch geäußert hatte, von ihm verspeist zu werden. Der Fall zog große Aufmerksamkeit auf sich und gab in der Folge Anlass zu zahlreichen musikalischen, literarischen und filmischen Aufarbeitungen.

oder aus reiner Neugier" (Schaefer/Savulescu 2014: 197, eigene Übersetzung) nach humanem IVM verlangten. Eine Normalisierung von Kannibalismus, die zu einer breiten Nachfrage führen könnte, ist aber eher unwahrscheinlich.

Selbst dann, wenn diese Situation aber wider Erwarten einträte, was genau wäre daran moralisch bedenklich? Dies scheint wiederum von den ethischen, werttheoretischen und anthropologischen Grundannahmen der jeweiligen Kritiker*innen abzuhängen. Eine Deontologin könnte etwa vorbringen, dass ,die Menschheit' in jeder Person durch den Verzehr von humanem IVM instrumentalisiert würde, was aufgrund des inhärenten Werts – der Würde – menschlicher Personen nicht sein dürfe. Menschliche Personen seien jederzeit (auch) als Zweck an sich zu betrachten, eine Klassifizierung von Derivaten menschlichen Gewebes als Nahrungsmittel sei respektlos und schließe eine solche Betrachtung aus. Dagegen könnte eingewandt werden, dass die Produktion humanen IVMs niemanden davon abhalte, menschliche Personen jederzeit auch als Zweck an sich zu betrachten. Außerdem werde niemand durch humanes IVM geschädigt, solange keine seiner Zellen ohne oder wider seine Zustimmung zu dessen Produktion verwendet werde. Schaefer/Savulescu (2014: 197 ff.) weisen aus einer utilitaristischen Perspektive darauf hin, dass gar nicht klar ist, ob im Falle eines gewaltfreien Kannibalismus überhaupt ein moralisches Problem bestünde, da dadurch – freiwillige Zellspende vorausgesetzt[24] – niemand zu Schaden komme; keine Person müsse dafür getötet und kein toter Körper geschändet werden. Die Autoren weisen ebenfalls darauf hin, dass die einfachste Lösung dieses Problems in einer entsprechenden rechtlichen Regulierung bestünde: „The most obvious reaction to this possibility of human IVM is to ban it" (ebd: 197).

*e) Verringerung der Glückssumme in der Welt*

Ein Argument, das sich sowohl gegen IVM als auch gegen Veganismus richtet (Colb 2013a: 156-172), besagt, eine allmähliche Abschaffung der kommerziellen Aufzucht und Schlachtung von Nutztieren hätte letztlich deren Aussterben zur Folge, da diese Tiere ohne die Nachfrage nach

---

24  Vergleiche Schaefer/Savulescu (2014: 199): „[I]t might be that initial human IVM production requires a human 'donor' to provide genetic or tissue samples that would serve as the model for future products. However, this just means that the donor must give their proper informed consent; once consent has been obtained, there would be little reason to worry the donor is being treated disrespectfully".

Fleisch und anderen Tierprodukten von vornherein nicht ins Leben gebracht würden. Dieses Aussterben käme aber einem Verlust gleich – entweder i) für die Tiere selbst oder ii) weil dadurch ein schlechterer Weltzustand herbeigeführt werde als ein vergleichbarer mit Tieren. Die Plausibilität dieses Arguments lässt sich, je nach Lesart, folgendermaßen hinterfragen:

i) Zunächst kann man nicht sinnvoll davon sprechen, es sei für eine Entität vor ihrer Existenz besser, in diese Existenz gebracht zu werden als
nicht. Für eine nicht-existente Entität (ein Widerspruch in sich) kann
nichts gut, besser oder schlechter sein, und zwar aus dem einfachen
Grund, dass überhaupt nichts irgendwie für sie sein kann, weil sie nicht
existiert. Es erscheint also zumindest unsinnig, zu behaupten, es sei für
noch nicht existente Nutztiere besser, zukünftig ins Leben gebracht zu
werden als nicht. Das Argument, dass Nutztiere dann aussterben würden,
wenn sie nicht mehr zur Nutzung produziert würden, und dass dies
schlecht für diese Tiere sei (Laestadius 2015: 997)[25], läuft also ins Leere.
Deren Aussterben mag schlecht für die Menschen sein, die sie hätten konsumieren wollen, oder es ließe sich aus biozentrischer oder holistischer
Sicht[26] bedauern, dass ‚Arten‘ aussterben, etwa deshalb, weil dies zu einer
verringerten Biodiversität führt.[27] Allerdings setzt dies voraus, dass nicht
individuelle Subjekte als moralisch zu berücksichtigende Wesen gelten,
sondern Kollektive (‚Arten‘) oder Abstrakta (‚Natur‘, ‚ökologisches Gleichgewicht‘). Von einer tierethischen Position, wie sie mit dem vorgebrachten
Argument vermeintlich eingenommen wird, hat man sich damit verabschiedet.

Vielleicht ist es sinnvoller, aus der Perspektive der dann existierenden
individuellen Nutztiere zu postulieren, dass es für sie besser ist, zu leben,
als nie gelebt zu haben. Allerdings bemerken Schaefer und Savulescu
(2014: 195) zumindest in Bezug auf Tiere in Intensivhaltung: „The life of
such animals may not consist of constant torture, but the degree of mal-

---

25 Vergleiche Laestadius (2015: 997): „If this lab raised meat were to take the place of
 traditional meat farming, [f]armers will not continue to raise animals that they
 cannot sell. They will sell them all off to be butchered for the last crop of traditional beef and not raise anymore. This will not be good for cows".

26 Eine biozentrische Position zeichnet generell Leben als moralisch schützenswert
 aus, eine holistische Sicht die Natur als Ganze.

27 Ein solches Argument wäre allerdings sehr zweifelhaft. Erstens stellt die konventionelle Fleischproduktion aufgrund ihrer negativen ökologischen Konsequenzen
 (s. o.) selbst eine Bedrohung für Biodiversität dar und zweitens entsprechen die
 auf menschliche Produktionsbedürfnisse hin gezüchteten Nutztiere längst keinen
 ‚natürlichen Arten‘ mehr.

treatment certainly makes it plausible that such animals may be better off dead."

Selbst dann, wenn man zugesteht, dass es um das Wohlergehen von Tieren im Rahmen einer ökologischen Viehwirtschaft besser bestellt ist als um das von Tieren in der Massenproduktion, kann man immer noch die Prämisse anzweifeln, dass es generell besser ist, ein kurzes, einigermaßen gutes Leben zu führen als gar keines. Außerdem kann man weiterhin darüber streiten, was ‚einigermaßen gut' genau beinhalten sollte (zum Beispiel nicht instrumentalisiert, zwangsfertilisiert, depriviert und von Familienmitgliedern getrennt zu werden oder einen frühen, gewaltsamen Tod zu erleiden). Eine solche inhaltliche Bestimmung wird wiederum in Abhängigkeit von den jeweiligen ethischen und werttheoretischen Prämissen zu unterschiedlichen Ergebnissen führen.

ii) Vorausgesetzt, dass Nutztiere ein Mindestmaß an Lebensfreude[28] empfänden und dass es aufgrund der hohen Nachfrage sehr viele dieser Tiere gäbe, würde die Glückssumme in der Welt durch das Wegfallen dieser Tiere massiv reduziert, was im Vergleich mit einer Welt mit einer höheren Glückssumme einen schlechteren Weltzustand darstelle. Eine solche utilitaristische Argumentation[29] wird etwa von Levinstein/Sandberg (2015, Hervorhebung im Original) vorgebracht:

> „[I]f we stop or nearly stop raising livestock, then the sum of pig, cow, and chicken happiness in the world will be approximately zero. Although the sum currently is very likely negative, it would be a shame if virtual extinction of these species is our best moral option. On nearly any aggregative view in population ethics (i.e., on any view that cares about the net totality of well-being), we have strong *prima facie* reason to prefer humane farming practices to an in vitro meat takeover. Suppose, for instance, we could make factory farmed animals have lives that are on average just barely worth living. In that case, given the massive numbers of animals currently consumed, the totality of their happiness would still come out much higher than zero."

Die Autoren stellen somit die Behauptung auf, es sei gut, möglichst viele Nutztiere ins Leben zu bringen, da deren jeweils minimales Glück sich aufsummieren ließe. Die damit verbundene These lautet, es sei besser,

---

28  Die Ausdrücke ‚Glück', ‚Lebensfreude' und ‚Wohlergehen' werden hier der Einfachheit halber synonym gebraucht, wiewohl dies eine theoretische Verkürzung darstellt.

29  Für eine Zurückweisung derartiger Argumente ebenfalls aus utilitaristischer Perspektive vergleiche Gruzalski (2004).

mehr Wesen mit minimalem Lebensglück zu produzieren als weniger Wesen mit höherem Lebensglück, da dadurch die Glückssumme in der Welt gesteigert werde. Die Konsequenz aus einem derartigen Kalkül wurde von Derek Parfit (1984) als „abstoßende Schlussfolgerung" (repugnant conclusion) bezeichnet (darauf verweisen auch Schaefer/Savulescu 2014: 195). Um eine solche Argumentation zu vertreten, muss man annehmen, individuelles Glück ließe sich aggregieren,[30] die Glücks-‚Träger' seien jeweils austauschbar[31] und es gebe ein nicht-subjektbezogenes Glück, das gesteigert werden könne. Was hier also verbessert werden soll, sind abstrakte Weltzustände, nicht das Wohlergehen einzelner Subjekte. Aus einer pathozentrischen Perspektive, die das Wohl und Wehe empfindungsfähiger Subjekte als moralisch bedeutsam erachtet, kann dagegen eingewandt werden, dass Weltzustände, sofern sie gut sein sollen, immer gut für jemanden sein müssen und nicht einfach gut simpliciter sein können. Letztere Vorstellung ergibt aus dieser Perspektive keinen Sinn.

Zusammenfassend lässt sich festhalten, dass das Argument von den ‚glücklichen Tieren', so es besagt, es sei im Interesse von Nutztieren selbst, menschlichen Belangen zu dienen, – je nach den Umständen, in denen sie sich befinden – mehr oder weniger zynisch wirkt, und so es besagt, eine Welt mit vielen minimal glücklichen Tieren sei besser als eine Welt ohne solche Tiere, eine beträchtliche theoretische Begründungslast aufweist.

### f) Verletzung der Integrität der Natur

Ein weiteres Argument gegen die Entwicklung und Vermarktung von IVM zielt auf eine Lesart der bereits angesprochenen ‚Unnatürlichkeit' dieser Technik ab, die auf einen holistischen Naturbegriff rekurriert, und kann als ‚naturromantisches' (Hopkins 2015: 266) oder traditionalistisches Argument bezeichnet werden. Diesem zufolge nimmt die ‚Integrität der Natur' Schaden, wenn wir unsere traditionellen Beziehungen zu ihr abwerten und aufgeben. Der massive Einsatz von Technik zur Naturbeherrschung entfremde Menschen von der Natur und bringe damit die ‚natürli-

---

30 Vergleiche zur Kritik an dieser Voraussetzung Lübbe (2015).
31 Vergleiche Levinstein/Sandberg (2015): „[T]he lives of farm animals, unlike the lives of humans, are plausibly fungible. They don't have long-term plans and projects but instead lead moment-to-moment existences. Killing a chicken painlessly and then replacing it with another equally happy chicken is therefore disanalogous to killing a human and replacing it with another, given the distinct good-making features of chicken and human lives".

che Ordnung' aus dem Gleichgewicht. Dieser Gedanke richtet sich sowohl gegen industrialisierte Massentierhaltung als auch gegen die Entwicklung von IVM (Schaefer/Savulescu 2014: 191), allerdings in beiden Fällen aufgrund der unterstellten ‚Technisierung' und Instrumentalisierung der Natur, die als ‚Hybris' angesehen wird und außerdem eine bedenkliche individualistische Fast-Food-Kultur forciere, die wiederum pietätlosem Verhalten und dem Verlust sozialer Tugenden Vorschub leiste (Scruton 2004). In diesem Zusammenhang stehen die oben angeführten tierethischen, ökologischen und gesundheitsbezogenen Argumente hinter anthropologischen, soziokulturellen und naturphilosophischen Erwägungen zurück. Es geht ganz grundlegend um die Stellung des Menschen in der Welt und um angemessene Relationen zwischen Menschen, Tieren und einer holistisch verstandenen Natur.

Fleischkonsum als solcher gilt aus dieser Sicht gerade als ‚natürlich' und gut, eine Abkehr von selbigem dagegen als ‚respektlos' der Natur gegenüber (Schaefer/Savulescu 2014: 191 f. mit Bezug auf Scruton). ‚Humane' Tierhaltung und Tötung sowie gemeinsamer Fleischverzehr nehmen in einer traditionalistischen Vorstellung von ländlicher Idylle, familiären Beziehungen und sittsamer Lebensführung eine herausragende Stellung ein: „[T]hey secure for us an honorable place in the scheme of things" (Scruton 2004: 90). Die Vorstellung, es gebe eine planvolle Ordnung der Dinge, in der Mensch und Tier jeweils ihren rechten Platz einnehmen könnten, setzt eine teleologische Weltsicht voraus, mindestens aber eine Stufenordnung der Natur, einen Wertrealismus sowie die epistemische Zugänglichkeit dieser Ordnung für die menschliche Vernunft.

Eine derartige Position findet offenbar intuitiven Anklang. Aus einer internationalen Studie zur Verbraucherakzeptanz von IVM resultierten Bedenken hinsichtlich „adverse societal consequences associated with the loss of culinary traditions, rural livelihood, the preservation of livestock, open space and biodiversity" (Verbeke et al. 2015: 56). Die Befragten sorgten sich um den Verlust traditioneller Landwirtschaft, kultureller Praktiken in Verbindung mit Fleischkonsum und gesellschaftlicher symbolischer Werte hinsichtlich der Verbindung zur Natur und zu Tieren (ebd.).

Im Zusammenhang mit der romantisierten Sicht auf die omnivore Kultur tauchen – als Gegenstück zur Wertschätzung der von Menschen unberührten Natur oder ‚Wildnis' – häufig auch Bilder vom ‚edlen Jäger' als Angehörigem indigener Völker auf, der die Tötung von Tieren mit Respekt vor diesen und vor der Natur vereint (Colb 2013a: 130-140). Jagd und Fleischverzehr gelten aus einer solchen Perspektive als „attempt to embrace the natural world and to participate in it" (Hettinger 2004: 299).

Die Produktion von IVM wird dagegen als ungebührliche Abkehr von der Natur verstanden.

Auch hinsichtlich dieser Argumentation kann eine nicht unerhebliche theoretische Begründungslast konstatiert werden. Es muss aber wohl zugestanden werden, dass derartige Argumente allem Anschein nach verbreitete intuitive Überzeugungen widerspiegeln.[32]

### g) Bestätigung einer instrumentalistischen Mensch-Tier-Beziehung

Das letzte Argument gegen IVM, das hier besprochen werden soll, hat ebenfalls die Relation zwischen Menschen und Tieren zum Gegenstand und bezweifelt die von Befürworter*innen vorgebrachten tierethischen Vorteile, zielt aber in die entgegengesetzte Richtung. Während die beiden voranstehenden Vorbehalte davon ausgehen, dass die Produktion von IVM einem ‚humanen' und ‚natürlichen' Umgang mit Tieren und insbesondere Nutztieren entgegenstehe, zielt der vorliegende Einwand auf die Unzulässigkeit der Vorstellung von ‚Nutztieren' überhaupt, die allerdings durch IVM noch bekräftigt werde. Miller (2012: 41) etwa betrachtet IVM „as an aspect of a still prevalent instrumentalist approach to other species. Rather than spelling an end to current animal husbandry practices, in vitro meat may instead ultimately add value to them by facilitating nostalgia for conventional meat as an integral component of a 'natural' diet." Angesichts des eben erläuterten naturromantischen Einwands erscheint diese Einschätzung recht plausibel.

Auch Colb (2013b) wendet sich aus einer Tierrechtsperspektive gegen die Produktion von IVM. Ihre Argumentation lässt sich analog zu dem oben angeführten deontologischen Einwand gegen humanes IVM rekonstruieren: Nichtmenschliche Tiere als empfindungsfähige Wesen verfügen über einen inhärenten Wert, der begründet, dass diese nicht instrumentalisiert (und nicht getötet) werden dürfen. Durch die Produktion und den Verzehr von animalischem IVM würden nichtmenschliche Tiere instrumentalisiert (und auch immer noch getötet), was aufgrund ihres inhärenten Werts nicht sein dürfe. Nichtmenschliche Tiere seien jederzeit (auch) als Zweck an sich zu betrachten, eine Klassifizierung nichtmenschlicher

---

32 Dies ist lediglich als Feststellung zu verstehen, dass Naturromantik offenbar ein verbreitetes Phänomen ist, und soll nicht bedeuten, die Übereinstimmung mit vortheoretischen Intuitionen könne generell als Adäquatheitskriterium für normative oder evaluative Aussagen angesehen werden.

Tiere oder auch nur von Derivaten animalischen Gewebes als Nahrungs-mittel sei respektlos und schließe eine solche Betrachtung aus.

Dagegen könnte wiederum eingewandt werden, dass die Produktion animalischen IVMs niemanden davon abhalte, etwa die von van der Weele und Driessen (2013) vorgeschlagenen, als Mitglieder der mensch-tierlichen Gemeinschaft lebenden Zellspender-Gefährten-Haustiere jederzeit auch als Zweck an sich zu betrachten. Solange diesen kein Leid geschehe und sie ein gutes Leben führten, liege kein moralisches Problem vor. Die Frage ist nur, wie realistisch eine solche Aussicht ist.

Cole und Morgan (2013: 211 f.) weisen darauf hin, dass die Produktion von IVM mit einer Menge Tierleid verbunden sein werde, da es mit einer schmerzlosen Zellspende nicht getan sei. Der Vermarktung von IVM wür-den etwa intensive Verträglichkeits- und Geschmackstests vorausgehen, zu deren Zweck Versuchstiere und Tierfleisch eingesetzt würden. Daher wür-den individuelle Tiere – zumindest anfänglich – unausweichlich weiterhin instrumentalisiert, geschädigt und getötet werden, um IVM zu einem ge-nießbaren Produkt zu machen. Außerdem sei mit der einseitigen Fixie-rung auf die Herstellung von Fleisch die Abschaffung von Tierleid über-haupt nicht gewährleistet. Solange weitere Tierprodukte, wie „Milch, Eier, innere Organe, Blut, Haare, Haut, Federn, Knochen usw." (ebd.: 212, eige-ne Übersetzung), nachgefragt würden, könne von einer letztlichen Ab-schaffung der industriellen Tierproduktion und einer nennenswerten Re-duktion von Tierleid keine Rede sein (dazu auch Colb 2013a: 37-50).[33] Die-se ‚Produkte' seien jedoch austauschbar und überflüssig. Die Nachfrage nach diesen entstünde überhaupt nur durch den anhaltenden Fleischkon-sum und dessen Nebenerzeugnisse. Daher gelangen sie zu folgendem Schluss:

> „Therefore, an argument could be made that without the imperative to farm other animals for their flesh, the demand for these subsidiary products would dissipate, given that none of them share the mystique and powerful symbolism that surrounds the consumption of flesh" (Cole/Morgan 2013: 212).

---

33 Das junge Forschungsgebiet der Cellular Agriculture zielt jedoch bereits darauf ab, traditionelle Tierprodukte, wie Milch, Milchprodukte, Eiweiß und Leder, mit-tels gentechnischer Verfahren ohne den Einsatz von Tieren herzustellen (verglei-che http://www.new-harvest.org/about#cellular_agriculture [12.09.2019]). Das Unternehmen Perfect Day hat sich beispielsweise auf die Herstellung von Milch-produkten aus Hefezellen spezialisiert, das Unternehmen Clara Foods auf die Pro-duktion von hühnerfreiem Eiweiß (vergleiche http://www.perfectdayfoods.com/; http://www.clarafoods.com/; 12.09.2019]).

In diesem Lichte wirkt auch die positive Einschätzung von Schaefer und Savulescu (2014: 189), IVM „would allow [...] weak-willed individuals to consume tasty hamburgers and steaks without worrying about causing animal suffering", suggestiv und problematisch. Worauf die in diesem Abschnitt erwähnten Kritiker*innen von IVM hinweisen, ist ja gerade die Tatsache, dass der sorglose Umgang mit Ernährung überhaupt erst die Ursache für die eingangs geschilderten Probleme darstellt, denen nun paradoxerweise durch einen fortgesetzten sorglosen Umgang entgegengewirkt werden soll. Auf diese Weise können weder eine weitere Instrumentalisierung nichtmenschlicher Tiere verhindert, noch eine nachhaltigere oder gesündere Lebensweise umgesetzt werden.

Auch die theoretischen Voraussetzungen einer tierrechtsethischen Position erscheinen komplex und sind nicht einfach zu begründen, zumindest dann nicht, wenn aus einer deontologischen Perspektive auf einen inhärenten Wert oder gar eine Würde empfindungsfähiger Wesen und daraus folgende moralische Rechte abgestellt wird.[34] Allerdings lässt sich aus einer pragmatischen Perspektive auch hier eine Parallele zu der oben geschilderten Situation eines drohenden Kannibalismus ziehen: Ebenso wie Menschen in der Regel deshalb keine Menschen essen, weil sie diese aus kontingenten soziokulturellen Gründen nicht als Nahrungsmittel betrachten, müssen andere empfindungsfähige Wesen ebenfalls nicht als solche betrachtet werden (Diamond 2012). Dass die Vorstellung, einige nichtmenschliche Tiere und deren leibliche Bestandteile und Sekrete seien Nahrungsmittel (oder Kleidung, Füllmaterial, Werkstoffe), verbreitet ist, liegt einer einflussreichen psychologischen Theorie (Joy 2010) zufolge in einer dominanten omnivoren Kultur begründet, die von der Autorin als „Karnismus" bezeichnet wird und die bislang von vielen (zumindest den meisten Angehörigen heutiger industrialisierter und Schwellenländer) im Zuge der individuellen Enkultation und Sozialisation unreflektiert übernommen, durch vielfältig verflochtene soziale Praktiken stabilisiert und selten hinterfragt wird, solange kein Anlass dazu besteht und die damit verbundenen moralischen Probleme nicht in den Vordergrund treten (vergleiche dazu auch Rothgerber 2014 und Piazza et al. 2015).

---

34 Eine utilitaristische beziehungsweise konsequentialistische Begründung von Tier*rechten* erscheint jedoch kaum überzeugender, denn moralische Rechte sind in einer solchen Ethik nicht vorgesehen; sie können allenfalls in Form einschränkender Bedingungen (constraints) berücksichtigt werden, sind aber letztlich nicht abwägungsresistent. Vergleiche jedoch zur Kompatibilität eines indirekten Konsequentialismus mit der Idee moralischer Rechte Schöne-Seifert (2012).

Die Entwicklung bzw. Vermarktung von IVM, so die Argumentation tierrechtsethischer Kritiker*innen, sei von vornherein nur vor dem Hintergrund dieser verbreiteten vorreflexiven Einstellung überhaupt sinnvoll und trage letztlich durch die Bekräftigung der unhinterfragten Normalität der omnivoren Kultur zu deren Perpetuierung bei. Zudem würden bereits verfügbare alternative Lösungsstrategien für die erwähnten drängenden globalen Probleme unter Verweis auf zukünftig verfügbare Technologien ignoriert. Ein Perspektivenwechsel, der einen bereits jetzt zu bewerkstelligenden Wandel hin zu einer tatsächlich tier-, umwelt- und menschenfreundlichen Ernährung einleiten könnte, werde in diesem Falle nicht befördert.

## 3) Fazit

Die Analyse der gängigen Argumente pro und contra IVM macht deutlich, dass eine Befürwortung oder Ablehnung dieser aufstrebenden Technologie nicht nur von empirischen Fragen nach deren Effizienz, Sicherheit und Kostengünstigkeit abhängt, sondern ebenso in konträren (meta-)ethischen, werttheoretischen, naturphilosophischen und anthropologischen Grundpositionen wurzelt. Die Vorteile von IVM erschließen sich am ehesten aus einer anthropozentrisch ausgerichteten umweltethischen Perspektive. Aus instrumentellen Gründen der Nachhaltigkeit und langfristigen Ernährungssicherheit unter den prognostizierten Umständen erscheint es möglicherweise plausibel, die Entwicklung von IVM als ressourcenschonende ‚Brückentechnologie' zu begrüßen und auf dessen zukünftige breite Vermarktung hinzuarbeiten.[35] Andere umweltethische Positionen, die etwa biozentrisch ausgerichtet sind oder wie der oben vorgestellte Ansatz auf einen holistischen Naturbegriff rekurrieren, liefern dagegen eher Gründe für eine Zurückweisung von IVM.

Aus tierethischer Perspektive erscheint die Entwicklung bzw. Vermarktung von IVM ambivalent. Zum einen ist die durch eine flächendeckende Kommerzialisierung von IVM intendierte Reduktion des Leids, das im Rahmen der industriellen Fleischproduktion verursacht wird, aus der Perspektive einer pathozentrischen Position und aus tierschutzethischen Er-

---

35 Bezeichnenderweise bewirbt Mosa Meat auf seiner Website prominent zwei Vorteile von IVM: Ernährungssicherheit und Klimaschutz. Tierethische Erwägungen finden nur mehr nebenbei eine knappe Erwähnung in den FAQs (vergleiche https://www.mosameat.com/faq [12.09.2019]).

wägungen durchaus als erstrebenswertes Ziel anzusehen. Von einer realistischen Umsetzung dieses Ziels ist die Entwicklung von IVM jedoch beim gegenwärtigen Stand der Technik noch weit entfernt. Zum anderen lassen die dargestellten Einwände tierrechtsethischer Kritiker*innen hinsichtlich der gesellschaftlichen ,Nebenwirkungen' von IVM – vornehmlich der Bekräftigung der unreflektierten Normalität des Konsums von Tierprodukten unter Vorspiegelung moralischer Unbedenklichkeit – dessen angepriesene Tierfreundlichkeit in einem weniger überzeugenden Licht erscheinen.

Ob sich die optimistischen Vorstellungen der Befürworter*innen tatsächlich realisieren lassen, damit auch die Verbraucherakzeptanz im Laufe der Zeit steigen wird, und ob die öffentliche Debatte um IVM generell zum Anlass genommen wird, eine grundlegende Reflexion tradierter Ernährungsgewohnheiten anzustoßen, muss die Zukunft zeigen.[36]

*Literaturverzeichnis:*

Birnbacher, D. (2006): Natürlichkeit. Berlin: de Gruyter.

Birnbacher, D. (2007): Analytische Einführung in die Ethik. 2., durchgesehene und erweiterte Auflage, Berlin: de Gruyter.

Böhm, I./Ferrari, A./Woll, S. (2017): IN-VITRO-FLEISCH. Eine technische Vision zur Lösung der Probleme der heutigen Fleischproduktion und des Fleischkonsums? Institut für Technikfolgenabschätzung und Systemanalyse (ITAS) am Karlsruher Institut für Technologie, http://www.itas.kit.edu/pub/v/2017/boua17b.pdf [12.09.2019].

Colb, S. F. (2013a): Mind If I Order The Cheeseburger? And Other Questions People Ask Vegans. New York: Lantern Books.

Colb, S. F. (2013b): What's Wrong With In Vitro Meat? https://verdict.justia.com/2013/10/02/whats-wrong-with-in-vitro-meat [12.09.2019].

Cole, M./Morgan, K. (2013): Engineering Freedom? A Critique of Biotechnological Routes to Animal Liberation. Configurations, 21(2): 201–229.

Deckers, J. (2016): Animal (De)liberation: Should the Consumption of Animal Products Be Banned? London: Ubiquity Press. DOI: http://dx.doi.org/10.5334/bay. License: CC-BY 4.0.

---

36 Für hilfreiche Diskussionen und kritische Anmerkungen zu früheren Versionen dieses Beitrags danke ich herzlich Armin Glatzmeier, Mandy Stake, Bert Heinrichs, Jan-Hendrik Heinrichs, Thomas Mohrs und Johann S. Ach sowie den Herausgeberinnen.

Diamond, C. (2012): Fleisch essen und Menschen essen. In: Dies.: Menschen, Tiere und Begriffe. Aufsätze zur Moralphilosophie, hg. von C. Ammann und A. Hunziker, Berlin: Suhrkamp, 83–106.

Dilworth, T./McGregor, A. (2015): Moral Steaks? Ethical Discourses of In Vitro Meat in Academia and Australia. In: J Agric Environ Ethics 28: 85–107.

Eisnitz, G. A. (2006): Slaughterhouse: The shocking story of greed, neglect, and inhumane treatment inside the U.S. meat industry. Amherst, NY: Prometheus Books.

Ferrari, A. (2015): Ethik des Essens: In-vitro-Fleisch und „verbesserte Tiere". Bericht zur Konferenz „The Ethics of In-Vitro Flesh and Enhanced Animals Conference". In: Technikfolgenabschätzung – Theorie und Praxis 24(1): 115–119.

Galusky, W. (2014): Technology as Responsibility: Failure, Food Animals, and Lab-grown Meat. In: J Agric Environ Ethics 27: 931–948.

Genovese, N. J./Domeier, T. L./Telugu, B. P. V. L./Roberts, R. M. (2017): Enhanced Development of Skeletal Myotubes from Porcine Induced Pluripotent Stem-cells. In: Scientific Reports 7, Article number: 41833. Doi: 10.1038/srep41833.

Gerber, P. J./Steinfeld, H./Henderson, B./Mottet, A./Opio, C./Dijkman, J./Falcucci, A./Tempio, G. (2013): Tackling climate change through livestock – A global assessment of emissions and mitigation opportunities. Food and Agriculture Organization of the United Nations (FAO), Rome. http://www.fao.org/3/a-i3437e.pdf [12.09.2019].

Gjerris, M. (2015): Willed Blindness: A Discussion of Our Moral Shortcomings in Relation to Animals. In: J Agric Environ Ethics 28: 517–532.

Gruzalski, B. (2004): Why It's Wrong to Eat Animals Raised and Slaughtered for Food. In: Sapontzis, S. F. (Ed.): Food for Thought. The Debate over Eating Meat. New York: Prometheus Books, 124–137.

Hallström, E./Carlsson-Kanyama, A./Börjesson, P. (2015): Environmental impact of dietary change: a systematic review. In: Journal of Cleaner Production 91: 1–11.

Hettinger, N. (2004): Bambi Lovers versus Tree Huggers. In: Sapontzis, S. F. (Ed.): Food for Thought. The Debate over Eating Meat. New York: Prometheus Books, 294–301.

Hocquette, A./Lambert, C./Sinquin, C./Peterolff, L./Wagner, Z./Bonny, S. P. F./Lebert, A./Hocquette, J.-F. (2015): Educated consumers don't believe artificial meat is the solution to the problems with the meat industry. In: Journal of Integrative Agriculture 4(2): 273–284.

Hocquette, J.-F. (2016): Is in vitro meat the solution for the future? Meat Science 120: 167–176.

Hopkins, P. D./Dacey, A. (2008): Vegetarian Meat: Could Technology Save Animals and Satisfy Meat Eaters? In: Journal of Agricultural and Environmental Ethics 21: 579–596.

Hopkins, P. D. (2015): Cultured meat in western media: The disproportionate coverage of vegetarian reactions, demographic realities, and implications for cultured meat marketing. In: Journal of Integrative Agriculture 14(2): 264–272.

Jefferson, A. (2014): Slippery Slope Arguments. Philosophy Compass 9(10): 672–680.

Joy, M. (2010): Why We Love Dogs, Eat Pigs and Wear Cows. An Introduction to Carnism. San Francisco: Conari Press.

Kass, L. R. (1997): The Wisdom of Repugnance. New Republic 216(22): 17–26.

Lee, M. A./Davis, A. P./Chagunda, M. G. G./Manning, P. (2017): Forage quality declines with rising temperatures, with implications for livestock production and methane emissions. In: Biogeosciences 14: 1403–1417. Doi: 10.5194/bg-14-1403-2017.

Levinstein, B./Sandberg, A. (2015): The moral limitations of in vitro meat. http://blog.practicalethics.ox.ac.uk/2015/09/the-moral-limitations-of-in-vitro-meat/ [12.09.2019].

Lübbe, W. (2015): Nonaggregationismus. Grundlagen der Allokationsethik. Münster: mentis.

Marcu, A./Gaspar, R./Rutsaert, P./Seibt, B./Fletcher, D./Verbeke, W./Barnett, J. (2015): Analogies, metaphors, and wondering about the future: Lay sense-making around synthetic meat. In: Public Understanding of Science 24(5): 547–562.

Mattick, C. S./Landis, A. E./Allenby, B. R./Genovese, N. J. (2015): Anticipatory Life Cycle Analysis of In Vitro Biomass Cultivation for Cultured Meat Production in the United States. In: Environmental Science and Technology 49, 11941–11949.

Miller, J. (2012): In Vitro Meat: Power, Authenticity and Vegetarianism. In: Journal for Critical Animal Studies 10(4): 41–63.

Moritz, M. S. M./Verbruggen, S. E. L./Post, M. J. (2015): Alternatives for large-scale production of cultured beef: A review. In: Journal of Integrative Agriculture 14(2): 208–216.

O'Riordan, K./Fotopoulou, A./Stephens, N. (2017): The first bite: Imaginaries, promotional publics and the laboratory grown burger. In: Public Understanding of Science 26(2): 148–163.

Ott, K. (2014): Umweltethik zur Einführung. 2., ergänzte Auflage, Hamburg: Junius.

Parfit, D. (1984): Reasons and Persons. Oxford: Clarendon Press.

Piazza, J./Ruby, M. B./Loughnan, S./Luong, M./Kulik, J./Watkins. H. M./Seigerman, M. (2015): Rationalizing meat consumption. In: The 4Ns. Appetite 91: 114–128.

Pluhar, E. B. (2010): Meat and Morality: Alternatives to Factory Farming. In: J Agric Environ Ethics 23: 455–468.

Post, M. J. (2012): Cultured meat from stem cells: Challenges and prospects. In: Meat Science 92: 297–301.

Post, M. J. (2014): Cultured beef: medical technology to produce food. In: J Sci Food Agric 94: 1039–1041.

Rothgerber, H. (2014): Efforts to overcome vegetarian-induced dissonance among meat eaters. In: Appetite 79: 32–41.

Rousseau, O. (2016): Lab-made meat rebranded 'clean meat' to address 'yuck' factor. http://www.globalmeatnews.com/Analysis/Lab-made-meat-rebranded-clean-meat [12.09.2019].

Schaefer, G. O./Savulescu, J. (2014): The Ethics of Producing In Vitro Meat. In: Journal of Applied Philosophy 31(2): 188–202.

Schmitz, F. (2014): Einleitung. In: Dies. (Hrsg.): Tierethik. Grundlagentexte. Berlin: Suhrkamp, 13–73.

Schöne-Seifert, B. (2012): Ethischer Konsequentialismus und moralische Rechte. Preprints and Working Papers of the Centre for Advanced Study in Bioethics, 32, http://www.uni-muenster.de/imperia/md/content/kfg-normenbegruendung/intern/publikationen/schoene-seifert/32_sch__ne-seifert_-_ethischer_konsequentialismus_und_moralische_rechte.pdf [12.09.2019].

Scruton, R. (2004): The Conscientious Carnivore. In: Sapontzis, S. F. (Ed.): Food for Thought. The Debate over Eating Meat. New York: Prometheus Books, 81–91.

Sezgin, H. (2014): Artgerecht ist nur die Freiheit. Eine Ethik für Tiere oder Warum wir umdenken müssen. München: C. H. Beck.

Steinfeld, H./Gerber, P./Wassenaar, T./Castel, V./Rosales, M./De Haan, C. (2006): Livestock's long shadow: Environmental issues and options. Food & Agriculture Organization of the United Nations (FAO), Rome.

Tuomisto, H. L./Teixeira de Mattos, M. J. (2011): Environmental Impacts of Cultured Meat Production. In: Environmental Science and Technology 45(14): 6117–6123.

van der Valk, J./Bieback, K./Buta, C./Cochrane, B./Dirks. W. G./Fu, J./Hickman, J. J./Hohensee, C./Kolar, R./Liebsch, M./Pistollato, F./Schulz, M./Thieme, D./Weber, T./Wiest, J./Winkler, S./Gstraunthaler, G. (2017): Fetal Bovine Serum (FBS): Past – Present – Future. ALTEX- Alternatives to animal experimentation, 35(1): 99-118. DOI: 10.14573/altex.1705101.

van der Weele, C./Driessen, C. (2013): Emerging Profiles for Cultured Meat; Ethics through and as Design. Animals 3: 647–662.

van der Weele, C./Tramper, J. (2014): Cultured meat: Every village its own factory? In: Trends in Biotechnology 32: 294–296.

van Mensvoort, K./Grievink, H.-J. (2014): The In Vitro Meat Cookbook. Amsterdam: BIS Publishers.

Verbeke, W./Marcu, A./Rutsaert, P./Gaspar, R./Seibt, B./Fletcher, D./Barnett, J. (2015): 'Would you eat cultured meat?': Consumers' reactions and attitude formation in Belgium, Portugal and the United Kingdom. In: Meat Science 102: 49–58.

Welin, S. (2013): Introducing the new meat. Problems and prospects. Etikk i praksis. In: Nordic Journal of Applied Ethics 7(1): 24–37.

Zaraska, M. (2013): Is Lab-Grown Meat Good For Us? The Atlantic, Aug 19, 2013, https://www.theatlantic.com/health/archive/2013/08/is-lab-grown-meat-good-for-us/278778/ [12.09.2019].

# Fleisch aus dem Labor: Zur soziobiotechnischen Komplexität des Fleischkonsums

*Roland Lippuner und Minna Kanerva*

## 1 Einleitung

In-Vitro-Fleisch (IVF) oder cultured meat beziehungsweise clean meat, wie es von seinen Befürwortern auf Englisch vorzugsweise bezeichnet wird, das heißt Fleisch, das durch die Züchtung von Muskelfasern im Labor herge-stellt wird, hat in den letzten Jahren sowohl in der Forschung als auch in der Öffentlichkeit von sich reden gemacht. Nicht nur die Vorstellung hin-sichtlich einer Fleischproduktion, die ohne das Töten von Tieren aus-kommt, regt die Fantasie an. Mit der Entwicklung von IVF verbinden sich auch Hoffnungen auf eine „ökologischere" Produktion von Fleisch sowie die Aussicht auf neue Möglichkeiten der Produktgestaltung (Fleischdesign bzw. Designer-Fleisch), alternative Produktionssysteme und damit eine grundlegende Veränderung der Konsumgewohnheiten.

IVF hat in der öffentlichen Diskussion eine bemerkenswerte Präsenz ge-wonnen. Sowohl bei den Konsumentinnen und Konsumenten als auch bei den Expertinnen und Experten gilt es als „Versprechen" für die Ernährung der Zukunft. Für den Konsum geeignete Produkte stehen zwar noch nicht zur Verfügung, der zunehmende Einsatz von Investitionskapital nährt aber (vor allem bei den beteiligten Unternehmen) die Hoffnung, bereits in we-nigen Jahren in die kommerzielle Produktion einsteigen zu können. Bei der sozialwissenschaftlichen Beschäftigung mit IVF stehen deshalb nicht eingeschliffene Konsummuster im Zentrum, sondern Erwartungen, die sich im (öffentlichen) Diskurs abzeichnen.[1] Diese Auseinandersetzung mit

---

1 „Zukunftsversprechungen" der Biotechnologie und der life sciences waren in der (jüngeren) Vergangenheit immer wieder Gegenstand von sozialwissenschaftlichen Studien (vgl. dazu Brown 2003, Sunder Rajan 2006, Fortun 2008, Taussig et al. 2013, Jönsson 2016). Vielfach besteht das Interesse dieser Untersuchungen im Nachzeichnen von soziobiotechnischen Visionen, die in den aktuellen Forschungs- und Entwicklungsprozessen zum Ausdruck kommen, sowie in der Frage, wie durch diese Vorstellungen von einer (besseren) Zukunft die Forschungsarbeit be-einflusst und somit letztlich auch die Gegenwart strukturiert werden (z. B. Borup et al. 2006).

den Hoffnungen und den Befürchtungen, welche die Entwicklung von IVF begleiten, soll Aufschluss über die Vorstellungen geben, die mit dem Fleischkonsum der Zukunft verbunden werden. Sie zeigt aber auch, welche Fragen die Konsumentinnen und Konsumenten derzeit beschäftigen und welche Bedeutung dem Fleisch als Nahrungsmittel gegenwärtig zugeschrieben wird. In der Diskussion über IVF zeichnet sich, mit anderen Worten, ein Bild des Fleischkonsums der Zukunft ab, dessen Gestaltung in technologischer und sozialer (symbolischer und moralischer) Hinsicht bereits begonnen hat.[2]

Der Ausgangspunkt für diese Auseinandersetzung mit IVF bildet die These, dass die aktuelle Diskussion über IVF sowohl Ausdruck einer Ökologisierung als auch einer Technisierung des Konsums ist. In der Diskussion über IVF treffen also zwei Tendenzen aufeinander, die in klassisch (spät-)moderner Deutung eher in einem Widerspruch zueinanderstehen: Ökologische Nachhaltigkeit (d. h. Aufmerksamkeit für Natur) auf der einen und der Einsatz von Technik auf der anderen Seite. Eine Grundlage für diese Neuverhandlung von Natur und Technik sind soziobiotechnische Verflechtungen, die den (Fleisch-)Konsum umfassen und die am Beispiel des IVF besonders deutlich hervortreten. Die Bestrebungen zur Entwicklung und Herstellung von IVF stellen ein geradezu paradigmatisches Beispiel dar für die Überwindung der spätmodernen gesellschaftlichen Naturverhältnisse durch eine neue technoökologische Konstellation.

Um diese These zu erläutern, sollen in Kapitel 2 zunächst die biotechnischen Herausforderungen der Entwicklung von IVF und deren Bewältigung nachgezeichnet werden. So können beispielhaft die Verflechtungen veranschaulicht werden, in die der Konsum durch den Einsatz von Biotechnologie verwickelt ist. Im Anschluss daran werden in Kapitel 3 soziale und moralische Implikationen der Herstellung und des (potenziellen) Konsums von IVF in den Blick genommen. Das betrifft zum einen die Frage der Akzeptanz und zum anderen die Veränderung der Objekt- und Subjektverhältnisse. In Bezug auf die Frage der Akzeptanz von IVF können zwei moralische Rechtfertigungsprofile unterschieden werden, die je spezifische Begründungsmuster für und gegen den Konsum von IVF enthalten. Darüber hinaus berührt die Entwicklung von IVF aber auch die herrschen-

---

2 Der vorliegende Beitrag basiert auf einer Studie, in der die öffentliche Diskussion über IVF exemplarisch anhand von Kommentaren analysiert wurde, welche die Leserinnen und Leser der Online-Ausgabe einer großen britischen Tageszeitung (The Guardian) zwischen 2015 und 2017 zu verschiedenen Artikeln über IVF formuliert haben (siehe dazu ausführlich Kanerva 2019).

den Vorstellungen in Bezug auf Fleisch sowie das Selbstverständnis der Konsumentinnen und Konsumenten.

In Kapitel 4 rücken schließlich die bislang noch weitgehend ungelösten verfahrenstechnischen Probleme der Herstellung von IVF-Produkten in den Blick. Neben moralischen (insbesondere tier-ethischen) und ökologischen Erwägungen treten hier unter dem Gesichtspunkt der soziobiotechnischen Verflechtungen vor allem sozio-ökonomische Implikationen zutage, darunter zum Beispiel Vorbehalte gegenüber einer fortschreitenden Technisierung oder Industrialisierung des Konsums, aber auch Vorteile, die in neuen Möglichkeiten der lokalen Produktion gesehen werden.

## 2 Stammzellen und Zellkulturen – ökologische und soziale Aspekte einer biotechnologischen Innovation

Das Ziel der Ausführungen in diesem Kapitel ist darauf ausgerichtet, anhand der wesentlichen biotechnologischen Entwicklungsschritte nachzuzeichnen, welche soziobiotechnischen Konstellationen der Entwicklung von IVF zugrunde liegen und wie diese durch den Einsatz von Biotechnologie für die Nahrungsmittelproduktion verändert werden. Vorher sollen jedoch einige ökologische Effekte des IVF erörtert werden, um zu zeigen, inwieweit IVF jene umweltfreundliche, gesunde und moralisch überlegene Alternative zu konventionellem Fleisch darstellt, als die sie von seinen Befürwortern vielfach angepriesen wird.

### Clean meat: Labor-Fleisch – eine verantwortungsvolle Alternative?

Der nach wie vor hohe Fleischanteil in der westlichen Ernährung gilt als eines der größten Hemmnisse für eine nachhaltigere Konsum- und Lebensweise. In der Kritik stehen insbesondere die direkten und indirekten Emissionen von Treibhausgasen sowie der hohe Energieverbrauch beziehungsweise der Energieverlust bei der Umwandlung pflanzlicher Kohlenhydrate und Proteine in tierische Muskelmasse und Fette. Nach einem Bericht der Food and Agriculture Organization (FAO) der Vereinten Nationen aus dem Jahr 2013 werden 14,5 Prozent der gesamten Treibhausgasemissionen durch die landwirtschaftliche Tierhaltung verursacht (zitiert in Gerber et al. 2013). Außerdem wird die Fleischproduktion für den zunehmenden Flächenverbrauch und die Umwandlung von Naturlandschaft (insbesondere Urwald) in landwirtschaftliche Nutzflächen (vor allem für den Anbau

von Monokulturen) mit entsprechendem Artenverlust verantwortlich gemacht. So stellten die Autoren einer umfassenden FAO-Studie über die
Auswirkungen von landwirtschaftlicher Tierhaltung bereits 2006 fest, dass
70 Prozent der weltweiten Agrarflächen für den Futteranbau oder als Weide genutzt werden (Steinfeld et al. 2006). Als problematisch erweist sich
auch der hohe Wasserverbrauch in der Tierhaltung, bei dem insbesondere
die Bewässerung der Flächen für den Futteranbau zu Buche schlägt. Dazu
kommt das Ausmaß der Verwendung von Medikamenten (vor allem von
Antibiotika) in der Tierzucht mit dem Folgeproblem der Entstehung von
resistenten Keimen, deren ökologische Auswirkungen noch nicht in vollem Umfang abschätzbar sind.

Die ökologischen Parameter des Fleischkonsums ergeben dann ein
noch dramatischeres Bild, wenn man die Zunahme des Verbrauches in
Rechnung stellt, der, global gesehen, für die nächsten Jahrzehnte prognostiziert wird. Schon heute werden 70 Prozent der landwirtschaftlich nutzba-
ren Fläche in der einen oder anderen Weise für die Viehhaltung benötigt.
Nach aktuellen Prognosen wird sich der Fleischkonsum binnen 40 Jahren
verdoppeln. Vor diesem Hintergrund kann man sich, wie Mark Post, einer
der Protagonisten im Forschungsfeld des IVF, 2012 in der Zeitung The
Guardian zu Protokoll gab, leicht ausrechnen, dass wir Alternativen brauchen (Post zit. in Van der Weele/Driessen 2013: 652). Das gilt insbesondere
dann, wenn Fleisch auch in Zukunft in breiten Bevölkerungsschichten als
Nahrungsmittel verfügbar sein soll – denn dann, wenn „wir" nichts unternehmen, wird das Fleisch zu einem sehr kostspieligen Luxusgut, das sich
nur noch wenige Menschen regelmäßig leisten können (Post zit. in Van
der Weele/Driessen 2013: 652).

Die Hoffnung mit Fleisch aus Zellkulturen dereinst eine ökologischere
Alternative anbieten zu können, gründet unter anderem auf Studien, die
dem IVF eine in vielerlei Hinsicht günstigere Prognose ausstellen (siehe
z. B. Mattick et al. 2015 oder Tuomisto et al. 2014). Darin werden dem IVF
in Bezug auf die meisten ökologischen Parameter des Fleischkonsums teilweise erhebliche Verbesserungen zugeschrieben. Zwar entspricht der Energieaufwand der Produktion von IVF in etwa dem von konventionell hergestellten (europäischen) Rindfleisch, die Treibhausgasemissionen könnten
nach aktuellen Schätzungen jedoch um circa 95 Prozent verringert werden. Auch der Flächenverbrauch läge bei circa 5 Prozent der Flächen, die
gegenwärtig für die landwirtschaftliche Herstellung von Rindfleisch benötigt werden. Der Wasserverbrauch fiele nach diesen Berechnungen bei der
Produktion von IVF um circa 50 Prozent geringer aus (Tuomisto et al.
2014: 1364). Über die ökologischen Verbesserungen hinaus werden dem
IVF von seinen Befürwortern auch sozialethische Vorteile zugeschrieben.

In Anbetracht der steigenden Nachfrage nach Agrarprodukten sei die Entwicklung von IVF ein wichtiger Weg, die Ernährung einer wachsenden Weltbevölkerung in Zukunft sicherzustellen (ohne dabei die verbleibenden Naturräume komplett in Agrarland verwandeln zu müssen) (Tuomisto/Teixeira de Mattos 2011: 45).

Neben den ökologischen und moralischen Einwänden sprechen gegen den Fleischkonsum auch gesundheitliche Bedenken. Zum einen ist Fleisch anfällig für Verunreinigungen und den Befall durch Keime, zum anderen gilt der (übermäßige) Konsum von Fleisch als gesundheitlich problematisch. Mit IVF verbindet sich zum einen das Versprechen, die Verbreitung von Bakterien durch die Laborbedingungen bei der Fleischproduktion besser eindämmen zu können. Zum anderen eröffnet IVF die Aussicht auf ein Fleischdesign, bei dem der Anteil gesundheitsschädlicher Substanzen (wie zum Beispiel Fett) reduziert oder diese gänzlich vermieden und besonders wertvolle Inhaltsstoffe (zum Beispiel Protein) angereichert werden können, um eine gesündere Ernährung zu gewährleisten (Post 2012).

Dass seit einiger Zeit intensiv über IVF diskutiert wird, ist nicht zuletzt der Tatsache geschuldet, dass die Forschungsanstrengungen zur Herstellung von IVF und die bisher erzielten Entwicklungsergebnisse immer wieder gezielt in die Öffentlichkeit getragen wurden. Herausragend war in dieser Hinsicht zweifellos der Auftritt von Mark Post von der Universität Maastricht, der 2013 den ersten Burger aus IVF in einer aufwendig inszenierten Online-Koch-Show in London präsentierte. Ein Burger, bestehend aus 85 Gramm im Labor gezüchteten Muskelfasern, wurde in dieser Sendung vor 200 Journalisten live zubereitet und von bekannten Restaurantkritikern verkostet.[3]

Der Auftritt von Mark Post markiert zwar den bisherigen Höhepunkt der Bemühungen, IVF in der Öffentlichkeit als zukünftiges Nahrungsmittel und als Alternative zu herkömmlichem Fleisch bekannt zu machen. Bestrebungen, die Fortschritte der Biotechnologie für die Produktion von Nahrungsmitteln (in einem kommerziellen Sinn) zu nutzen, gab es jedoch schon zuvor. Das erste Patent für die Produktion von IVF wurde bereits 1999 in den Niederlanden gemeinsam von zwei Forschern aus der Medizin und einem Unternehmer angemeldet (Jönsson 2016: 5). Und zum Verzehr angeboten wurde IVF erstmals in einer Aktion der beiden Künstler Oron Catts und Ionat Zurr, die 2003 während der Ausstellung L'Art Biotech in Nantes einige Gramm „Frosch-Fleisch" servierten, das im Labor erzeugt wurde. Catts und Zurr wollten mit dieser Aktion nach eigenen Angaben

---

3  Siehe http://www.new-harvest.org/mark_post_cultured_beef [06.06.2017].

französische Essgewohnheiten und Vorbehalte gegenüber Food-Engineering hinterfragen (Catts/Zurr 2014: 22).

Die Idee, Muskelfasern in Zellkulturen zu züchten, um daraus Nahrungsmittel herzustellen, taucht schon früh im 20. Jahrhundert auf. Sie schließt an ein diskursives Gemenge an, in dem sich Science-Fiction-Elemente, weltanschauliche Projektionen, Wissenschaftsfantasien und politische Visionen miteinander vermischen. Ein Beispiel dafür ist die häufig zitierte Äußerung von Winston Churchill (1931), der in einem Aufsatz über die Herausforderungen des modernen Lebens schreibt, dass wir das absurde Verfahren aufgeben sollten, ganze Hühner zu züchten, wenn wir letztlich nur die Brust und die Flügel verzehren. Erik Jönsson (2016) weist darauf hin, dass auch das berühmte (und gescheiterte) Experiment des französischen Mediziners Alexis Carrel (1912), der zu Beginn des 20. Jahrhunderts versuchte, Muskelfasern von Hühnerherzen in vitro für nahezu unbeschränkte Zeit am Leben zu erhalten, zum ideellen Kontext von IVF gehört. Außerdem ist die Idee, Fleisch für die Herstellung von Nahrungsmitteln im Labor zu züchten, ein gängiges Motiv aus dem Bereich der Science-Fiction. Laut Brian J. Ford (2011: 44) wird IVF in Kurd Laßwitz' Roman „Auf Zwei Planeten" überhaupt zum ersten Mal erwähnt.

*Identifikation und Isolation von Stammzellen*

Die erste biotechnische Herausforderung für die Entwicklung von IVF besteht beziehungsweise bestand in der Identifikation und Isolation von Zellen mit entsprechender Replikationsfähigkeit. Im Grunde kommen zwei Arten von Zellen als Ausgangsmaterial infrage: Embryonale und adulte Stammzellen. Embryonale Stammzellen besitzen eine nahezu unbeschränkte Selbsterneuerungskapazität und scheinen sich deshalb besonders für die Anlage von Zellkulturen zu eignen. Mit einer einmal angelegten Zellkultur könnte bei entsprechend langsamer Mutation theoretisch in einem nahezu unbeschränkten Umfang Zellmasse erzeugt werden. Voraussetzung für die fortlaufende Replikation von Stammzellen ist, dass sich diese nicht in eine andere Art von Zellen verwandeln, wie zum Beispiel Muskelzellen, aus denen ein Organismus letztlich aufgebaut ist. Für die Produktion von IVF ist allerdings genau dies erforderlich: Eine Differenzierung embryonaler Stammzellen in sogenannte Myoblasten, die embryonale Vorstufe jener Zellen, aus denen schließlich Muskelfasern entstehen. Die Initiierung einer solchen Differenzierung hat sich in Zellkulturen als überaus schwierig erwiesen (Bhat et al. 2014: 1671 f.). Außerdem ist es trotz langer Erfahrungen mit der Kultivierung embryonaler Stammzellen bisher nicht gelungen, von landwirtschaftlichen Nutztieren (Rind, Schwein, Huhn) embryonale Stammzellenlinien mit entsprechendem Replikationspotenzial zu erzeugen. Obwohl davon ausgegangen werden kann, dass Erfolge in dieser Hinsicht nicht ausbleiben, wird für die Produktion von IVF in der Regel eine andere Art von Stammzellen verwendet (Post 2012: 299).

Bereits in den 1960er Jahren ist es in der Stammzellenforschung gelungen, Myoblasten in der Skelettmuskulatur von ausgewachsenen Organismen zu identifizieren – sogenannte Satellitenzellen, deren natürliche Funktion in der Regeneration von Muskelfaserrissen besteht und die deshalb eine begrenzte Neubildung von Muskelfasern bei Adulten ermöglichen (Mauro 1961 zit. in Post 2012: 299). Obwohl die Vermehrung dieser muskulären Stammzellen in Zellkulturen einige Schwierigkeiten bereitet, werden sie bei der Produktion von IVF bevorzugt, da sie sich relativ leicht in Myotuben und Myofibrillen, das heißt in die Vorstufe von Muskelfasern und schließlich in die definitiven Muskelzellen ausdifferenzieren (Post 2012: 299). Die Entdeckung dieser muskulären Stammzellen ist aber auch insofern wichtig, als muskuläre Stammzellen theoretisch durch eine Biopsie aus dem Muskelgewebe von lebenden Organismen entnommen werden können. Damit besteht die Aussicht, die unter tierethischen Gesichtspunkten problematische Verwendung von embryonalen Stammzellen zu umgehen. Die soziobiotechnische Innovation der Entdeckung adulter Stammzellen besteht somit aus der Verzweigung der Deutungs- und Verhaltensmöglichkeiten, die im Anschluss an die Entdeckung ihrer biologischen Funktion möglich werden: Die Entdeckung von Stammzellen führt zur Ausdifferenzierung einer (tier-)ethisch bedenklichen und einer weniger problematischen Form der Herstellung von Fleisch und zur Möglichkeit, an der einen oder anderen Form in sozial kompatibler Weise anzuschließen.

*Diversifizierung und Kultivierung von Zellen*

Neben der Identifikation und Isolierung von Stammzellen besteht eine weitere biotechnische Voraussetzung für die Produktion von IVF darin, die Zellreproduktion in Zellkulturen aufrechtzuerhalten und eine Differenzierung der Stammzellen in die verschiedenen Stufen der Entstehung von Muskelfasern sowie eine maximale Proteinproduktion zu erreichen. Die Entwicklung von IVF greift auch in dieser Hinsicht auf Erfolge aus der medizinischen Forschung zurück, in deren Rahmen schon in den 1920er Jahren erfolgreich mit der Kultivierung von Säugetierzellen experimentiert wurde. Wesentliche Fortschritte bei der Entwicklung von Zellkulturtechnologien haben dazu geführt, dass insbesondere die Replikationskapazität erheblich vergrößert und damit die Möglichkeit geschaffen werden konnten, in relativ kurzer Zeit einen beträchtlichen Zuwachs an Zellmasse zu erzeugen (Post 2012: 299 f.).

Der einfachste Weg, in Zellkulturen Biomasse zu produzieren, bestünde aus biotechnologischer Sicht darin, Muskelgewebe zu isolieren und dieses in einer künstlichen Umgebung wachsen zu lassen. In den frühen 2000er Jahren finanzierte die US-amerikanische Weltraumbehörde NASA Studien, in denen es gelang, bei isoliertem Muskelgewebe von Karauschen (Carassius auratus) auf diese Weise einen verwertbaren Zuwachs zu erzielen. Ziel dieser Studien war es, Möglichkeiten der Versorgung von Astronauten auf langen Weltraummissionen zu erforschen (Benjaminson et al. 2002). Das Ergebnis überzeugte die Tester zwar in Bezug auf Geschmack und Textur, für die Produktion von IVF stellt ein solches Verfahren jedoch deshalb keine sinnvolle Alternative dar, weil auf diese Weise nur Massenzuwachs abgeschöpft wird und deshalb immer wieder große Mengen Muskelgewebe als Ausgangsbasis eingesetzt werden müssen. Eine „tierfreie" Produktion von Fleisch(-produkten) wird damit also nicht erreicht. Deshalb greift die Entwicklung von IVF auch bei diesem Problem auf Errungenschaften aus der medizinischen Forschung, genauer gesagt aus der rekonstruktiven Chirurgie, zurück. Dort stellt die künstliche Gewebekonstruktion, das sogenannte tissue engineering, eine zentrale Herausforderung bei der Entwicklung von organischen Implantaten dar, die für die Behandlung von Herzinfarkten oder Hautverbrennungen verwendet werden sollen (Landecker 2009).

Bei der Gewebekonstruktion wird als Verankerung der Gewebezellen ein Substrat benötigt, das eine ganze Reihe von Voraussetzungen erfüllen muss: Es sollte eine möglichst große Oberfläche besitzen, an der die Zellen anhaften können; zudem muss es elastisch sein und spontane oder stimulierte Kontraktionen von anhaftenden Zellen zulassen. Es muss für das in der Zellkultur verwendete Medium durchlässig sein und es muss sich schließlich vom Muskelgewebe wieder abtrennen lassen oder ohne Einschränkung genießbar sein und idealerweise aus einer natürlichen und nicht-tierischen Quelle stammen. Zum Einsatz kommen vor allem elastische Platten und Bänder oder schwammartige Gebilde aus porösem Kollagen, das einen überwiegend tierischen (bovinen) Ursprung hat (Bhat et al. 2014: 1667 ff.). Auch wenn die kollagenen Gewebegerüste im späteren Verlauf der Herstellung von IVF-Produkten wieder entfernt werden, ist IVF damit kein „tierfreies" Produkt und stellt für Konsumentinnen und Konsumenten, die Fleisch aus tierethischen Gründen ablehnen, keine Alternative dar.

## 3 IVF in der öffentlichen Diskussion

Die Ausführungen in diesem Kapitel stützen sich auf Befunde aus einer Untersuchung der öffentlichen Diskussion über IVF (siehe dazu ausführlich Kanerva 2019).[4] Im Mittelpunkt stehen dabei zum einen die Akzeptanz von IVF beziehungsweise die Argumentationsmuster, mit denen die Befürwortung oder die Ablehnung von IVF begründet wird, und zum anderen die Veränderung der Subjekt- und Objektverhältnisse, das heißt die Frage, inwiefern die biotechnische Innovation des IVF das Selbstverständnis der Konsumentinnen und Konsumenten sowie deren Auffassung von Fleisch berührt.

### *Rechtfertigungsprofile von IVF – zur Akzeptanz einer technologischen Innovation in der Nahrungsmittelproduktion*

Sowohl die Befürwortung als auch die Ablehnung von IVF werden in der öffentlichen Diskussion von moralischen Argumenten begleitet, die insgesamt zwei Hauptrichtungen zugeordnet werden können: Zum einen der tier-ethischen Argumentationslinie, die Fortschritte im Bereich des Tierschutzes und des Tierwohls als Vorteil von IVF hervorhebt, und zum anderen der ökologischen und sozialen Argumentationslinie, die mit IVF vor allem die Verringerung von Emissionen und eine Verbesserung der (globalen) Ernährungssicherung verbindet. Van der Weele und Driessen (2013) identifizieren in diesem Sinne zwei unterschiedliche moralische „Rechtfertigungsprofile" (moral profiles), das heißt unterschiedliche Argumentationsstränge und -strategien der diskursiven Rechtfertigung (oder Ablehnung) von IVF.

Die Aussicht auf ein Fleischprodukt, bei dessen Herstellung weder Tiere gezüchtet noch getötet werden müssen, ist der zentrale Aspekt des tierethischen Rechtfertigungsprofils, das in der öffentlichen Diskussion einen wichtigen Stellenwert einnimmt (van der Weele/Driessen 2013). Zu die-

---

4  Untersucht wurden Leserinnen- und Leserkommentare zu Zeitungsartikeln über IVF, die zwischen 2009 und 2014 in den Online-Ausgaben der britischen Tageszeitungen The Guardian und Daily Mail erschienen sind (siehe dazu Kanerva 2019).

sem Profil gehören auch die öffentlichen Auftritte von institutionellen Akteuren, wie zum Beispiel der Tierschutzorganisation PETA, welche die Entwicklung von IVF in der Vergangenheit verschiedentlich mit positiven Stellungnahmen unterstützt hat. Im Jahr 2008 lancierte PETA sogar selbst einen Wettbewerb für die Herstellung In-Vitro-Hühner-Fleisch (van der Weele/Driessen 2013).

Insgesamt gehört der Aspekt des Tierschutzes beziehungsweise die Aussicht darauf, Fleisch konsumieren zu können, ohne dafür Tiere unter fragwürdigen Bedingungen halten und schließlich töten zu müssen, in der öffentlichen Diskussion zu den am meisten angesprochenen positiven Aspekten von IVF. Interessanterweise können sich auch Vegetarierinnen und Vegetarier diesem Rechtfertigungsprofil anschließen. Für sie stellt IVF unter Umständen eine Möglichkeit dar, Fleisch wieder auf den Speiseplan zu nehmen. Die bei Vegetarierinnen und Vegetarier ansonsten stark ausgeprägten tier-ethischen Vorbehalte gegen Fleisch beziehungsweise den Fleischkonsum betreffen in der Regel nicht das IVF, gegen das kaum tierethische Bedenken geäußert werden (Kanerva 2019).

Die Sorge um das Wohlergehen der Tiere führt allerdings nicht zwingend zu einer aufgeschlossenen Haltung gegenüber IVF. Im Bereich des tier-ethischen Rechtfertigungsprofils zeichnet sich auch die Vorstellung ab, dass es sinnvoller sei, ganz auf den Verzehr von Fleisch zu verzichten und IVF nicht als Alternative in Betracht zu ziehen. Diese Haltung wird selbst bei den Fleischesserinnen und Fleischessern vertreten, die angeben, sich eher auf eine vegetarische Ernährung einzulassen, als das Fleisch aus dem Labor in Erwägung zu ziehen (Kanerva 2019).

Van der Weele und Driessen (2013: 652) machen darauf aufmerksam, dass der Aspekt des Tierwohls nur eine Version oder, besser gesagt, ein Profil der diskursiven Rechtfertigung von IVF kennzeichnet. Gleichzeitig existiert in der Diskussion über IVF noch ein weiteres moralisches Rechtfertigungsprofil, das ökologische und soziale Aspekte betont. Bei diesem Rechtfertigungsprofil werden Vorteile von IVF in der (erwarteten) Verringerung der Umweltbelastung oder im Beitrag zur globalen Ernährungssicherung gesehen. Die argumentative Rechtfertigung wird damit weniger an den Bedürfnissen und Befindlichkeiten von Vegetarierinnen und Vegetariern ausgerichtet als vielmehr an den Konsumgewohnheiten der Fleischesserinnen und Fleischessern.

Vertreter dieses Rechtfertigungsprofils betrachten IVF vor allem als wissenschaftlich-technischen Fortschritt und sehen darin eine Möglichkeit für die Lösung von (globalen) Umweltproblemen. Teilweise wird IVF geradezu euphorisch als eine biotechnologische Innovation gefeiert, der zur „Rettung des Planeten" gar nicht schnell genug der Durchbruch gelingen könne (Kanerva 2019). Allerdings zeichnet sich in diesem Profil auch die eher resignative Vorstellung ab, dass man angesichts des Unvermögens der Menschen, verantwortungsvoll zu handeln, wohl auf derartige technische Entwicklungen angewiesen sei, um die Menschen davor zu bewahren, die Umwelt komplett zu zerstören (ebd.).

Neben der technikaffinen Einstellung, in der eine Art pragmatischer „Ökomodernismus" (Asafu-Adjaye et al. 2015) zum Ausdruck kommt, bestehen innerhalb des ökologischen Rechtfertigungsprofils auch Vorbehalte gegenüber dem IVF, die sich zum Beispiel auf die Intransparenz und die Unklarheit des ökologischen Impacts von IVF beziehen. Das Misstrauen gegenüber den ökologischen Vorteilen von IVF bezieht sich zum Beispiel auf die CO2-Emission der Produktion von IVF oder auf die Frage, wie viel Trinkwasser für die Herstellung von IVF verbraucht wird. Auch die Medien, in denen Zellen gezüchtet werden, und die Zusammensetzung der Nährstoffe in den Zellkulturen werfen Fragen auf. Das zeigt, dass die Konsumentinnen und Konsumenten keineswegs dazu bereit sind, technologische Innovationen in der Nahrungsmittelproduktion unkritisch als ökologische Verbesserungen zu akzeptieren (vgl. Kanerva 2019).

Die Bedeutung des ökologischen Rechtfertigungsprofils resultiert nicht zuletzt daraus, dass es auf den global ansteigenden Fleischkonsum reagiert und die sozialethische Verantwortung (etwa Ernährungssicherheit) in den Mittelpunkt rückt. Kritisch eingewendet werden kann hingegen, dass in diesem Profil eine Veränderung der Ernährungsgewohnheiten als Lösung ökologischer und sozialer Probleme gar nicht in Betracht gezogen wird. IVF wird hier als ein Weg gesehen, den Fleischkonsum auf einem hohen Verbrauchsniveau fortzuführen (Van der Weele/Driessen 2013: 652).

*Semantik und Geschmack von IVF – Implikationen für die Objekt- und Subjektverhältnisse*

Eine der interessantesten Fragen, die aus den biotechnischen Möglichkeiten einer künstlichen Produktion von Fleisch resultieren, richtet sich aus sozialwissenschaftlicher Sicht auf die Veränderung der kulturellen Definition des Gegenstands: Inwiefern wird durch IVF infrage gestellt, was Fleisch überhaupt ist? Neil Stephens (2010: 399 f.) argumentiert, dass die künstliche Herstellung von Muskelfasern für den menschlichen Verzehr die herrschenden Normen verändere. Diese Technologie verschiebe die definitorischen Grenzen im Bereich der Nahrungsmittel, stelle aber auch die herkömmliche Auffassung von Natur und Verwandtschaft infrage. IVF ruft, mit anderen Worten, eine kollektive Irritation hervor, die darauf beruht, dass IVF als Objekt undefiniert und definitorisch umstritten bleibt. IVF sei, wie van der Weele/Driessen (2013: 651) betonen, ein Objekt, das eine semantische Leerstelle besetze – ein „ontological ‚void‘", der auf ganz unterschiedliche Weisen gefüllt werden könne. Dieser undefinierte Charakter des Objekts hat unter anderem Implikationen für die Subjektkonstitution, insofern zum Beispiel eine Zuordnung von Personen zu bestimmten Lebensstilen oder eine identifikatorisch bedeutsame Selbstbeschreibung (zum Beispiel einer Person als Vegetarierin/Vegetarier) erschwert wird. Das betrifft auch die geschlechtsspezifische Aufladung von Fleisch beziehungsweise die mit dem Verzehr von Fleisch verbundene geschlechtsspezifische Selbstvergewisserung: Während konventionelles Fleisch traditionell eine starke geschlechtsspezifische Konnotation aufweist und in der Symbolsprache des Konsums in der Regel für heterosexuelle Männlichkeit steht (vgl. dazu z. B. Barlösius 2008), ist IVF in dieser Hinsicht unbestimmt.

Dass sich das Selbstverständnis der Subjekte im Kontext konsumtiver Alltagspraktiken formiert und verfestigt, zeigen auch Äußerungen zum Geschmack und zur Gesundheit, die in der Diskussion über IVF prominent in Erscheinung treten. Bezüglich der Gesundheit werden einerseits Möglichkeiten gesehen, herkömmliches Fleisch durch ein mutmaßlich gesünderes Nahrungsmittel zu ersetzen, andererseits aber auch Bedenken geäußert, die sich auf die unbekannte Zusammensetzung und auf verheimlichte Inhaltsstoffe oder die unabsehbaren Auswirkungen des Konsums eines synthetischen Nahrungsmittels beziehen (siehe dazu Kanerva 2019). Die Bedenken beziehen sich auch darauf, dass Konsumentinnen und Konsumenten in der Regel nicht wissen (können), wie sich IVF auf ihren Körper auswirkt, und dies möglicherweise auch nicht erfahren, bevor die entsprechenden Produkte auf dem Markt (gewesen) sind und sich möglicherweise versteckte Risiken offenbart haben (vgl. ebd.).

Ein beachtlicher Teil der öffentlichen Diskussion über IVF dreht sich um die Fragen des Geschmacks. Geschmack ist insofern ein zentraler Aspekt des Zusammenspiels von Subjekt- und Objektkonstitution, als er mit dem genuin subjektiven Erlebnis des Verzehrs verbunden ist und deshalb Individualität anzeigt, weil er auf eine Art Ich-Kern verweist, der als Instanz der Entscheidungen in allen Geschmacksfragen autonom erscheint: Wenn etwas nicht nach dem Geschmack einer Person ist, kann darüber – nach Auffassung des gesunden Menschenverstands – auch nicht gestritten werden. Geschmacksurteile rekurrieren für gemeinhin auf ein unhinterfragtes Selbst, das nicht zuletzt durch diesen Rekurs im Geschmacksurteil als Fundament der Subjektivität imaginiert wird.

Mit seiner Studie über „Die feinen Unterschiede", die im Untertitel als „Kritik der gesellschaftlichen Urteilskraft" bezeichnet und damit als eine „Soziologie des Geschmacks" ausgewiesen wird, rückt Pierre Bourdieu (1982) Geschmacksfragen aber in ein anderes Licht. Er zeigt, dass Geschmack „als die Gesamtheit der von einer bestimmten Person getroffenen Wahlentscheidungen" (Bourdieu 1993: 154) zwar von Individuen ausgeht und die Deutung von Gegenständen betrifft, also Subjektivität bestätigt und zur Klassifizierung von Objekten beiträgt, gleichzeitig aber weder auf der Subjekt- noch auf der Objektseite eindeutig verankert werden kann. Vielmehr stellt der Geschmack ein Ergebnis der Verinnerlichung von gesellschaftlichen Klassifizierungs- und Unterscheidungsprinzipien dar. Auf der Ebene des Geschmacks wird, in anderen Worten formuliert, deutlich, dass das Zusammenspiel zwischen Subjekt- und Objektkonstitution stets mit Sozialverhältnissen in Beziehung steht.

In der Diskussion über IVF betreffen die Geschmacksurteile häufig den Einsatz von Technik beziehungsweise den synthetischen Charakter von IVF, der meistens auf Ablehnung stößt und Distanzierungen verursacht, die mit Ekelgefühlen verbunden sind. Zwischen der Ablehnung von synthetischem Fleisch und der Wertschätzung von „echtem" Fleisch finden sich aber auch Äußerungen, in denen deshalb eine ambivalente Haltung zum Ausdruck kommt, weil auch konventionelles Fleisch in dieser Hinsicht nicht uneingeschränkt positiv konnotiert ist (siehe Kanerva 2019). Darüber hinaus wird auch konventionelles Fleisch zuweilen als unappetitlich dargestellt, weil es ebenso wenig „natürlich" sei wie IVF. So wird zum Beispiel zu bedenken gegeben, dass konventionelles Fleisch in der Regel aus einer Massentierhaltung stammt, die mit dem ländlich-bäuerlichen Idyll einer lokalen Produktion nichts zu tun hat und dass dieses Fleisch unter Umständen mit Antibiotika, Wachstumshormonen oder Pestizidrückständen belastet ist (vgl. ebd.).

An verschiedenen Stellen der öffentlichen Diskussion deutet sich an, dass die Konsumentinnen und Konsumenten bei der Beurteilung von IVF auch den weiteren Kontext der industriellen Herstellung von Nahrungsmitteln kritisch in Betracht ziehen. Dieser Zusammenhang tritt noch deutlicher dann zu Tage, wenn man die Entwicklung einer kommerziellen (Massen-)Produktion von IVF einbezieht. Im Folgenden soll deshalb das Augenmerk auf die technologischen Aufgaben gerichtet werden, die auf dem Weg zur Herstellung von marktreifen IVF-Produkten noch zu bewältigen sind. Auch diese verfahrenstechnischen Innovationen basieren auf bestimmten sozialen oder ökologischen Einstellungen und sie weisen interessante Implikationen für den (Fleisch-)Konsum der Zukunft auf, beispielsweise für das Verständnis einer guten oder gerechten Ernährung.

## 4  Bioreaktoren und 3-D-Drucker – zur Technisierung und (De-)Kommerzialisierung des Konsums

Bereits 2012 resümiert Post, dass die biotechnischen Voraussetzungen für die Herstellung von Muskelfasern weitgehend gegeben seien und die Anstrengungen im Weiteren vor allem darauf abzielen sollten, die Produktionsprozesse zu verbessern, um in andere Größenordnungen vorzustoßen und unerwünschte Nebenfolgen (wie zum Beispiel den Einsatz von Antibiotika) zu vermeiden. Auf dem Weg zu einer kommerziellen Massenproduktion liegen die Herausforderungen nicht mehr allein im Bereich der Zellbiologie begründet, sondern vor allem in der Entwicklung von Produktionstechnologien, der Gestaltung von Produktionsprozessen sowie der Organisation des Vertriebs. Das betrifft zum einen die Entwicklung von Bioreaktoren, in denen Muskelfasern in ausreichendem Umfang und mit vertretbarem ökonomischem Aufwand gezüchtet werden können. Zum anderen gilt es, Produkte zu gestalten, die den Erwartungen der Konsumentinnen und Konsumenten entsprechen und auf deren Konsumgewohnheiten abgestimmt sind. In beiden Hinsichten sind die ethischen und ökologischen Ansprüche potenzieller Konsumentinnen und Konsumenten, wie sie in den verschiedenen Rechtfertigungsprofilen zum Ausdruck kommen, zu beachten.

Die im engeren Sinne technischen Herausforderungen bei der Entwicklung von Bioreaktoren betreffen vor allem die gleichmäßige Versorgung der Muskelfasern mit Nährstoffen. Dies wird typischerweise durch Systeme bewerkstelligt, bei denen das Gewebe in rotierenden Gefäßen durch ein Medium versorgt wird. Als Medien stehen gegenwärtig ausschließlich solche Produkte zur Verfügung, die zu großen Teilen aus Blutserum bestehen. Experimente im medizinischen Bereich wecken zwar die Hoffnung, zukünftig synthetische Medien verwenden zu können, gegenwärtig kann aber an dieser Stelle bei der Produktion von IVF nicht auf den Einsatz tierischer Produkte verzichtet werden (Post 2012: 299; van der Valk et al. 2010). Eines der wichtigsten Argumente bei der Propagierung von IVF wird damit hinfällig: IVF ist bislang kein „tierfreies" Nahrungsmittel; für seine Herstellung ist nach wie vor (landwirtschaftliche) Tierhaltung erforderlich und es müssen Tiere getötet werden.

Eine weitere technische Herausforderung bei der Produktion von Muskelfasern in Bioreaktoren besteht im Fehlen von spontanen Kontraktionen, welche für die Differenzierung und das Wachstum von Muskelzellen notwendig sind. Als biotechnische Lösung für dieses Problem hat sich eine elektrische Stimulierung der Zellen bewährt (Bhat et al. 2014: 1676). Für größere Anwendungen bleibt allerdings fraglich, ob die Proteinsynthese dadurch in einem Maß verbessert werden kann, das den zusätzlichen Energieaufwand für die elektrische Stimulation rechtfertigt (Post 2012: 300). Zukünftig sollen hier Entwicklungen aus der Nanotechnologie zum Einsatz kommen, zum Beispiel Gefäßnetze, deren Oberflächen durch Veränderung der Temperatur oder des pH-Wert variiert werden können, sodass die anhaftenden Zellen durch passive Ausdehnung und Kontraktion zur Differenzierung und zur Proteinproduktion angeregt werden (Bhat et al. 2014: 1674).

*Biokapital und Biopolitik – zur Verflechtung von wissenschaftlichen und kommerziellen Interessen*

Obwohl die ersten Impulse zur Entwicklung von IVF aus dem Bereich der biologischen und medizinischen (Grundlagen-)Forschung kamen und zunächst nicht unbedingt von kommerziellen Interessen geleitet waren, engagierten sich neben öffentlichen Institutionen auch private Geldgeber schon früh bei der Finanzierung von Forschungs- und Entwicklungsprojekten. Die Entwicklung von IVF ist aber nicht nur ein (weiteres) Beispiel für die Zusammenführung von öffentlichen und privaten Mitteln bei der Finanzierung trans-disziplinärer Forschung; sie liefert auch eine Reihe von Beispielen für die Kommodifizierung und Kommerzialisierung des Lebens durch die Lebensmittelindustrie, das heißt für die Transformation von Organismen oder organischen Prozessen in „Biokapital". Als solches kann jene Art von Kapital bezeichnet werden, die dann entsteht, wenn biologische Substanzen und Funktionen (vor allem Stammzellen und Genen) für die Erzeugung von kommerziell verwertbaren Produkten benutzt werden (Helmreich 2008: 463 f.).

So stammen zum Beispiel die wissenschaftlichen Grundlagen für den von Mark Post 2013 präsentierten IVF-Burger aus einem mit öffentlichen Mitteln geförderten Forschungsprojekt, an dem zwischen 2005 und 2009 neben den Universitäten von Eindhoven, Amsterdam und Utrecht auch die Firma VitroMeat BV, die 1999 das erste Patent auf IVF angemeldet hatte, sowie der Fleischkonzern Meester Stegeman beteiligt waren (Haagsman et al. 2009: 7). Die eigentliche Produktion des Burgers, dessen Kosten sich nach Angaben der Hersteller auf circa 250.000 Euro beliefen, wurde dann allerdings mit Mitteln aus einer Stiftung des Google-Mitbegründers Sergey Bin bestritten (Jönsson 2016: 6). Die staatliche Forschungsförderung der Niederlande wollte sich laut Post (2014: 1040) deshalb nicht mehr an dem Projekt beteiligen, weil es dem Konsortium nicht gelungen sei, hinreichend Interesse in der Öffentlichkeit und im privaten Sektor zu wecken.

Vor diesem Hintergrund sollte der medienwirksame Auftritt von Post explizit dazu dienen, weitere Geldgeber auf den Plan zu rufen.

Als ein solcher Finanzierer fungiert gegenwärtig vor allem die Non-Profit-Organisation „New Harvest", die sich einerseits als Fundraiser profiliert, andererseits aber auch als Plattform für die Publikation von Studien oder Berichten über IVF und als Promoter der Entwicklung fungiert. Die Organisation, die sich als Förderer einer „zellulären Landwirtschaft" (cellular agriculture) versteht, hat nach eigenen Angaben im Jahr 2016 über 100.000 Euro in die Erforschung von In-Vitro-Putenfleisch und die Entwicklung von dreidimensionalen Muskelfaserprodukten (IVF-Steaks) investiert (New Harvest 2016). Darüber hinaus unterstützt sie Forscherinnen und Forscher, die im Bereich der Entwicklung von IVF tätig sind, mit Stipendien und tritt als Mitveranstalter von wissenschaftlichen Tagungen, wie zum Beispiel dem International Symposium on Cultured Meat, auf, das im September 2017 zum dritten Mal an der Universität von Maastricht stattfand.

Obwohl New Harvest nicht profitorientiert agiert, zeigen die Aktivitäten dieser Nichtregierungsorganisation doch deutlich, inwieweit es bei der Erforschung und Entwicklung von IVF bereits zu einer Verlagerung vom öffentlichen in den privaten Sektor gekommen ist. Vor dem Hintergrund dieser Verlagerung ist die Entwicklung von IVF nicht nur Ausdruck einer wachsenden Bioökonomie, sondern im Kontext einer allgemeinen „Biopolitik" (Foucault 2006) zu sehen. Organisationen, wie New Harvest (oder das Good Food Institute), treten nicht nur als Gönner auf, die Forschungen zur Verbesserung der globalen Ernährungssituation ermöglichen, sondern sie kanalisieren auch Geldströme und lenken durch den Einsatz von Spenden die Forschungsaktivitäten. Der Einfluss der privaten Geldgeber besteht dabei nicht nur in der eigentlichen Finanzierung von Projekten, sondern – wie man bei New Harvest gut erkennt – auch im Versuch, die ontologische Unbestimmtheit von IVF mit Beiträgen zum Diskurs in einem ganz bestimmten Sinn zu füllen. In diesem Sinn hat Jönsson herausgefunden (2016:18), dass die Fortschritte bei der Entwicklung von IVF stets so dargestellt werden, dass sie potenziellen Investoren gefallen. Deshalb werde die semantische Leerstelle („ontological void"), die IVF markiert, stets so zu füllen versucht, dass dieses als vielversprechendes und entwicklungsfähiges Produkt (in einem ökonomischen Sinn) erscheint.

Neben Nichtregierungsorganisationen, wie New Harvest, beteiligen sich zunehmend auch Akteure mit kommerziellen Interessen an der weiteren Erforschung von IVF und (vor allem) der Entwicklung von markttauglichen Produkten. In diesem Sinn hervorgetan haben sich vor allem die Unternehmen Mosa Meat aus den Niederlanden oder Memphis Meats und Modern Meadow aus den USA. Unter dem Dach von Mosa Meat will das

Team um Mark Post, das 2013 den ersten Burger präsentierte, binnen fünf Jahren ein IVF-Produkt auf den Markt bringen. Memphis Meats präsentierte 2016 bereits eine Frikadelle aus IVF und 2017 eine im Labor hergestellte Hähnchenbrust. Modern Meadow dagegen stellt 2014 Steak Chips vor.

### Kritik der Kommerzialisierung und alternative Visionen einer lokalen Produktion

Die mit der Technisierung des Konsums durch IVF verbundene Kommodifizierung und Kommerzialisierung werden von verschiedenen Seiten kritisch kommentiert. So äußert zum Beispiel die „Union of Concerned Scientists and Friends of the Earth" Bedenken, dass die Weiterentwicklung von IVF zu einem kommerziellen (Massen-)Produkt vor allem die Industrialisierung der Nahrungsmittelproduktion fortschreibe (Chiles 2013: 513). Ethische Vorbehalte und Fragen bestehen auch gegenüber der Patentierung von Produkten und der Regulierung von Prozessen angesichts des Fehlens einer ethisch-rechtlichen Grundlage für den Umgang mit „halb lebenden" Entitäten und ihrer Integration in soziobiotechnische Komplexe (Chiles 2013: 513; Catts/Zurr 2006; Armaza-Armaza/Armaza-Galdos 2010; Schaefer/Savulescu 2014).

In der öffentlichen Diskussion wird IVF vielfach als Ausdruck einer fortschreitenden Industrialisierung der Nahrungsmittelproduktion gesehen, das heißt als Ausdruck des Vordringens von Technik in immer mehr Lebensbereiche und der wachsenden Dominanz von global agierenden Großkonzernen (vgl. Kanerva 2019). Auch wenn der Entwicklung von IVF gute Absichten zugrunde liegen mögen, ist zu befürchten, dass internationale Lebensmittelkonzerne und Unternehmen der Agrarindustrie ihre kommerziellen Interessen zum Nachteil der Konsumentinnen und Konsumenten durchsetzen und die Produktion kontrollieren werden. Mit der Aussicht auf eine kommerzielle Produktion, bei der versucht wird, die Kosten möglichst gering zu halten, steigt die Gefahr, dass zweifelhafte Produkte aus minderwertigen Bestandteilen (mit attraktiven Produktbezeichnungen) hervorgebracht und damit unter Umständen Normen gesetzt werden, die insgesamt die Ernährungssituation verschlechtern könnten. In der öffentlichen Diskussion über IVF wird zuweilen sogar die Befürchtung geäußert, dass man in Zukunft kaum noch echtes Fleisch bekommen könne, wenn es gelingen sollte, durch IVF-Technologie viel preisgünstiger Fleisch herzustellen (siehe dazu Kanerva 2019).

In Bezug auf die (zukünftigen) Produktionsbedingungen von IVF kursiert allerdings auch die Vorstellung, dass die neue Technologie Möglichkeiten für die Etablierung von dezentralen Produktionssystemen eröffnet. Vor dem Hintergrund der Befürchtung, dass IVF als synthetisches Produkt von den Konsumentinnen und Konsumenten vor allem mit der fortschreitenden Technisierung sowie einer industriellen Nahrungsmittelproduktion in Verbindung gebracht wird und deshalb auf Ablehnung stößt, skizzieren van der Weele/Tramper (2014) das Szenario einer lokalen Produktion, in welche die Verbraucherinnen und Verbraucher selbst direkt involviert sind. Sie berufen sich dabei auf eine experimentelle Studie, die zeigt, dass Bedenken bezüglich des synthetisch-technologischen Charakters von IVF bei den Probanden dann verschwinden, wenn die Herstellung von IVF im lokalen Kontext (durch Bioreaktoren im eigenen Haus oder im eigenen Dorf oder Stadtteil) erfolgt und die Konsumentinnen und Konsumenten von „glücklichen Tieren" umgeben sind, denen per Biopsie die muskulären Stammzellen für die IVF-Produktion entnommen wurden. Dazu passt die Vorstellung, dass 3-D-Druckverfahren und andere technologische Entwicklungen es bald einmal ermöglichen sollen, IVF-Produkte nicht nur in den Fabriken der Großunternehmen der Lebensmittelindustrie, sondern auch in dezentralen Manufakturen oder sogar im eigenen Haus herzustellen (van der Weele/Driessen 2013: 653 f.). In lokalen Produktionssystemen ('village-scale' production) sehen van der Weele/Tramper (2014) deshalb eine vielversprechende Option für die kommerzielle Nutzung von IVF-Technologie.

## 5 Fazit

Bei der Auseinandersetzung mit der Entwicklung von IVF sticht zunächst die ambivalente Bedeutung von Technologie ins Auge: Die soziobiotechnische Vision des IVF handelt von einem Nahrungsmittel, das nahezu vollständig in einer „künstlichen" Umgebung erzeugt wird und sich komplett von der landwirtschaftlichen Produktion abgelöst hat. Gleichzeitig ist mit der Produktion (und dem Konsum) von IVF aber die Hoffnung auf eine effizientere Nutzung von Ressourcen und auf eine Verminderung der umweltbelastenden Emissionen der Fleischproduktion verbunden, das heißt letztlich eine umweltschonendere Ernährung. Die biotechnologischen Innovationen der (jüngeren) Vergangenheit mögen Anlass zu der Annahme geben, dass die Herstellung von Fleisch im Labor vielversprechende Möglichkeiten für die Ernährung der Zukunft eröffnet und Wege weist, wie unerwünschte Effekte der landwirtschaftlichen (Massen-)Tierhaltung zukünftig vermieden werden können (Driessen/Korthals 2012). Ein Blick auf die aktuelle (öffentliche) Diskussion dämpft allerdings deshalb allzu optimistische Erwartungen, weil sich zeigt, dass es eine Vielzahl von Vorbehalten gibt, die ganz unterschiedliche Prägungen haben. Neben gesundheitlichen Bedenken und dem verbreiteten Misstrauen gegenüber biotechnischen Verfahren in der Nahrungsmittelproduktion herrscht teilweise auch die Befürchtung, dass positive Effekte für die Umwelt nicht im erhofften Maß eintreten und/oder IVF lediglich den kommerziellen Interessen von (großen) Nahrungsmittelkonzernen dienen könnten. Außerdem können sich viele potenzielle Konsumentinnen und Konsumenten offenbar nicht vorstellen, dass sich aus IVF ein (geschmacklich) überzeugendes Nahrungsmittel herstellen lässt, das tierisches Fleisch (z. B. ein Steak) ersetzen könnte.

Für das Zustandekommen dieser Vorbehalte ist unter anderem die Tatsache ausschlaggebend, dass die Ernährungsgewohnheiten und -entscheidungen eng mit dem Selbstverständnis der Konsumentinnen und Konsumenten verbunden sind. Unter dem Gesichtspunkt der soziomateriellen Komplexität des Konsums wird verständlich, dass das, was wir materiell und symbolisch zu uns nehmen (und unserem Körper zumuten), die Frage berührt, wer wir sind oder sein wollen (vgl. Mol 2008). Auf der anderen Seite beinhaltet das durch praktische Routinen (des Konsums) verfestigte Selbstverständnis individuelle Dispositionen des Geschmacks, das heißt praktisch verfügbare Klassifizierungsprinzipen, die häufig unhinterfragt – als Habitus (Bourdieu 1987) – zur Anwendung kommen und die Konsumentscheidungen prägen. Vor diesem Hintergrund kann es kaum verwundern, dass Konsumentinnen und Konsumenten sich zum Beispiel auf ihr Selbstverständnis als Vegetarierin oder Vegetarier berufen und IVF genauso ablehnen wie anderes Fleisch – auch wenn durch IVF den Tieren in viel geringerem Maße Schaden zugefügt würde und weitaus weniger Umweltbeeinträchtigungen in Kauf genommen werden müssen als bei konventionellem Fleisch.

Für die Akzeptanz von IVF und seinen kommerziellen Erfolg dürfte deshalb vor allem entscheidend sein, wie IVF in der Öffentlichkeit wahrgenommen und ob es überhaupt als Fleisch definiert wird. Möglicherweise bleiben bestimmte Vorbehalte so lange bestehen, wie die Vorstellung besteht, dass es sich bei IVF um eine Art von Fleisch handelt. Ob und wie es gelingen kann, dass IVF gar nicht mit Fleisch in Verbindung gebracht und stattdessen als ein ganz eigenes, anderes Nahrungsmittel wahrgenommen wird, muss jedoch vorerst dahingestellt bleiben. Darüber hinaus ist aber zu beachten, dass die soziobiotechnische Komplexität des Fleischkonsums auch die (Transformation der) Sozialverhältnisse umfasst. In den Blick geraten diesbezüglich vor allem die bioökonomischen Produktionsbedingungen und die Frage, wofür IVF in dieser Hinsicht steht. Während mit IVF einerseits die Aussicht (oder die Hoffnung) verbunden ist, die unvorhersehbare Natur (und den eigenen Organismus) durch den Einsatz von Biotechnologie zu beherrschen, sehen die Konsumentinnen und Konsumenten auch, dass die industrielle Produktion von Nahrungsmitteln einen Verlust von Kontrolle über das Leben mit sich bringt – über das eigene ebenso wie über dasjenige von anderen Lebewesen und (Mit-)Bewohnern des Planeten.

## 6 Literaturverzeichnis

Armaza-Armaza, E.J., & Armaza-Galdos, J. (2010). Legal and ethical challenges regarding edible in vitro meat production. In: C.M. Romeo-Casabona, L. San Epifanio & A. Cirio´n (eds.), Global food security: Ethical and legal challenges (513–520). Wageningen: Wageningen Academic Publishers.

Asafu-Adjaye, J. et al. 2015. An ecomodernist manifesto. Verfügbar unter: www.eco modernism.org [04.05.2017].

Barlösius, E. (2008). Weibliches und Männliches rund ums Essen. In A. Wierlacher & R. Bendix (Hg.), Kulinaristik. Forschung – Lehre – Praxis (35-44). Münster: Lit Verlag.

Benjaminson, M. A., Gilchriest, J. A., & Lorenz, M. (2002) In vitro edible muscle protein production system (MPPS): Stage 1, fish. In: Acta Astronautica, 51 (12), 879-889.

Bhat, Z. F, Bhat, H. & Pathak, V. (2014). Prospects for In Vitro Cultured Meat – A Future Harvest. Inn: R. Lanza, R. Langer & J. P. Vacanti (eds.), Principles of Tissue Engineering (Fourth Edition) (1663-1682), Amsterdam: Elsevier.

Borup, M., Brown, N., Konrad, K. & van Lente, H. (2006). The sociology of expectations in science and technology. In: Technology Analysis & Strategic Management, 18 (3–4), 285–298.

Bourdieu, P. (1982). Die feinen Unterschiede. Kritik der gesellschaftlichen Urteilskraft. Frankfurt a. M.: Suhrkamp.

Bourdieu, P. (1987). Sozialer Sinn. Kritik der theoretischen Vernunft. Frankfurt a. M.: Suhrkamp.

Bourdieu, P. (1993). Die Metamorphose des Geschmacks. In: P. Bourdieu, Soziologische Fragen (153-164), Frankfurt a. M.: Suhrkamp.

Brown, N. (2003). Hope against hype – Accountability in biopasts, presents and futures. In: Science & Technology Studies, 16(2), 3–21.

Carrel, A. (1912). On the Permanent Life of Tissues Outside of the Organism. In: Journal of Experimental Medicine 15(5), 516–528.

Catts, O. and Zurr, I. (2014). Growing for different ends. In: International Journal of Biochemistry & Cell Biology 56, 20–29.

Catts, O., and I. Zurr. (2002). Growing semi-living sculptures: The tissue culture & art project. In: Leonardo, 35 (4), 365–370.

Chiles, R. M. (2013). If they come, we will build it: in vitro meat and the discursive struggle over future agrofood expectations. In: Agriculture and Human Values 30, 511-523.

Churchill, W. (1931). Fifty Years Hence. Verfügbar unter: https://www.nationalchurchillmuseum.org/fifty-years-hence.html [04.05.2017]

Crutzen, P. J. & Stoermer, E. F. (2000). The 'Anthropocene'. In: Global Change Newsletter 41, 17-18.

Driessen, C. & Korthals (2012). Pig towers and in vitro meat: Disclosing moral worlds by design. In: Social Studies of Science, 42 (6), 797–820.

Ford, B. J. (2011). Impact of cultured meat on global agriculture. In: World Agriculture, 2 (2), 43–46.

Fortun, M. (2008). Promising Genomics: Iceland and DeCODE Genetics in a World of Speculation. Berkeley CA: University of California Press.

Foucault, M. (2006). Die Geburt der Biopolitik. Geschichte der Gouvernementalität II. Vorlesungen am Collège de France 1978/1979. Suhrkamp Verlag: Frankfurt a. M.

Gerber, P. J., Steinfeld, H. & Henderson, B. (2013). Tackling climate change through livestock – A global assessment of emissions and mitigation opportunities. Verfügbar unter: www.fao.org/3/i3437e.pdf [04.05.2017].

Haagsman H. P., Hellingwerf K. J. & Roelen B. A. J. (2009). Production of Animal Proteins by Cell Systems: Desk Study on Cultured Meat ('Kweekvlees'). Utrecht: Universiteit Utrecht.

Helmreich, S. (2008). Species of biocapital. Science as Culture 17(4), 463–478.

Jönsson, E. (2016). Benevolent technotopias and hitherto unimaginable meats: Tracing the promises of in vitro meat. In: Social Studies of Science, 46 (5), 725-748.

Kanerva, M. (2019). The role of discourses in a transformation of social practices towards sustainability - The case of meat eating related practices. Dissertation, Universität Bremen.

Landecker, H. (2009). Culturing Life: How Cells Became Technologies. Cambridge, MA: Harvard University Press.

Mattick, C. S., Landis, A. E., Allenby, B. R. & Genovese, N. J. (2015). Anticipatory life cycle analysis of in vitro biomass cultivation for cultured meat production in the United States. In: Environmental Science & Technology 49(19), 11941–11949.

Mol, A. (2008). I eat an apple: On theorizing subjectivities. In: Subjectivity 22, 28-37.

New Harvest (2016). New Harvest's 2016 Year in Review: http://www.new-harvest.org/2016_year_in_review

Post, M. J. (2012). Cultured meat from stem cells: Challenges and prospects. In: Meat Science, 92 (3), 297–301.

Post, M. J. (2014). Cultured beef: Medical technology to produce food. In: Journal of the Science of Food and Agriculture, 94 (6), 1039–1041.

Schaefer, G. O. & Savulescu, J. (2014). The Ethics of Producing In Vitro Meat. In: Journal of Applied Philosophy, 31 (2), 188–202.

Steinfeld, H., Gerber, P., Wassenaar, T., Castel, V. & de Haan, C. (2006). Livestock's long shadow: Environmental issues and options. Verfügbar unter: http://www.fao.org/docrep/010/a0701e/a0701e00.HTM [04.05.2017].

Stephens, N. (2010). In vitro meat: Zombies on the menu? In: Scripted, 7 (2), 394–401.

Sunder Rajan, K. (2006). Biocapital: The Constitution of Postgenomic Life. Durham NC: Duke University Press.

Taussig, K. S., Hoeyer, K. & Helmreich, S. (2013). The anthropology of potentiality in biomedicine: An introduction to supplement 7. In: Current Anthropology, 54 (S7), 3–14.

Tuomisto, H. L., Ellis, M. J. & Haastrup, P. (2014). Environmental impacts of cultured meat: Alternative production scenarios. Verfügbar unter: http://lcafood20 14.org/papers/132.pdf [04.05.2017].

Van der Valk, J., Brunner, D., De Smet, K., Fex Svenningsen, A., Honegger, P., Knudsen, L. E., Lindl, T., Noraberg, J., Price, A., Scarino,M. L., & Gstraunthaler, G. (2010). Optimization of chemically defined cell culture media-replacing fetal bovine serum in mammalian in vitro methods. In: Toxicology In Vitro, 24 (4), 1053–1063.

Van der Weele, C. & Driessen, C. (2013). Emerging Profiles for Cultured Meat; Ethics through and as Design. In: Animals, 3, 647-662.

Van der Weele, C. & Tramper, J. (2014). Cultured meat: every village its own factory? Trends in Biotechnology, 32 (6), 294-296.

Werber, N. (2014): Anthropozän. Eine Megamakroepoche und die Selbstbeschreibung der Gesellschaft. In: Zeitschrift für Medien- und Kulturforschung, 5 (2), 241-246.

Zalasiewicz, J. et al. (2015). When did the Anthropocene begin? A mid-twentieth century boundary level is stratigraphically optimal. In: Quaternary International 383 (5), 196-203.

Vegetarismus und Veganismus

# Vegetarismus und Zivilisationsprozess. Symbolische Kämpfe um Fleischkonsum, Esskultur und Mensch-Natur-Verhältnisse

*Daniel Witte*

„Das Essen von Tieren hat etwas Polarisierendes: Iss sie nie oder stelle nie ernsthaft infrage, ob du sie essen sollst; werde Aktivist oder verachte Aktivisten. Diese gegensätzlichen Positionen – und der eng damit zusammenhängende Widerwille, Position zu beziehen – überschneiden sich an dem Punkt, dass Tiereessen von Bedeutung ist. Ob und wie wir Tiere essen, berührt etwas Tiefsitzendes. Fleisch ist verbunden mit der Frage, wer wir sind und wer wir sein möchten, vom Buch Genesis bis zum neuesten Agrargesetz."
Jonathan Safran Foer (2015: 43 f.)

## Einleitung

Vegetarismus ist längst keine Marotte alternativer Randmilieus mehr, sondern zu einem relevanten gesellschaftlichen Thema geworden. Talkshows diskutieren regelmäßig das Für und Wider fleischloser Ernährung, das Angebot an vegetarischen Speisen in Supermärkten und Restaurants hat sichtbar zugenommen und vegane Kochbücher avancieren zu Bestsellern. Das Ausmaß und die Bedeutung des Phänomens sind dabei allerdings durchaus Gegenstand kontroverser Debatten, die sich in heterogenen Diagnosen manifestieren: von einem ‚fundamentalen Wandel' der Essgewohnheiten bis hin zur Relativierung dieses ‚Trends' als eines reinen ‚Medien-Hypes'. Während etwa die Weltgesundheitsorganisation noch vor Kurzem einen seit den 1960er Jahren überall auf der Welt deutlich steigenden Fleischkonsum dokumentierte (vgl. WHO 2003), vermeldet das Robert Koch-Institut 2016 für Deutschland einen seit 1990 stetig sinkenden Konsum, geht dabei aber von einem Bevölkerungsanteil von lediglich vier Prozent Vegetarier/innen aus (wobei diese Zahl auch diejenigen Personen umfasst, die ‚gelegentlich' Fisch oder Fleisch verzehren; vgl. Mensink et al. 2016). Der Vegetarierbund Deutschland e.V. (VEBU) dagegen konstatiert, dass sich die Zahl der „vegetarisch lebenden Menschen" in den letzten zwei Jahrzehnten „mehr als verzehnfacht" habe und postuliert einen regelrechten „Veggie-Boom";[1] die Zahl der Vegetarier/innen in Deutschland wird dort – unter Bezug auf Studien von YouGov, Allensbach (IfD) und Skopos – mit zehn Prozent, die der Veganer/innen mit 1,6 Prozent der Gesamtbevölkerung ausgewiesen.[2]

Die vorliegenden Daten vermitteln also zunächst kein einheitliches Bild. Relativ unstrittig ist allerdings die Tatsache, dass dem Vegetarismus als einer Position im Ernährungsdiskurs mittlerweile ein weitreichender Einfluss auf das Spektrum legitimer Vorstellungen von (wie auch immer weiter spezifizierter oder begründeter) ‚guter' Ernährung zukommt.[3] Soziologische Erklärungen können hier nun potenziell an unterschiedlichsten Punkten ansetzen: So lässt sich Fleischverzicht etwa im Anschluss an Weber oder – anders gelagert – an Foucaults Konzept der Gouvernementalität als Ausdruck eines Dispositivs religiös-asketisch motivierter oder neoliberal induzierter (Selbst-)Disziplinierung deuten, in den Kontext eines allgemeinen Wertewandels und wachsender ökologischer Sensibilitäten einordnen, vor dem Hintergrund von Prozessen der Aushandlung von Männlichkeit und Weiblichkeit interpretieren oder als Ausdruck politischer und ökonomischer Interessenskonflikte betrachten. Obschon diese (zum Teil komplementären) Deutungen ihre je eigene Plausibilität aufweisen, sucht der vorliegende Beitrag nach einem anderen Zugang und interpretiert den Bedeutungszuwachs vegetarischer Praktiken und Positionierungen im Licht der Zivilisationstheorie von Norbert Elias, die mit Pierre Bourdieu konflikttheoretisch erweitert wird. Dieser Bezugsrahmen wird in den beiden folgenden Abschnitten skizziert. Im Anschluss daran werden ausgewählte Stimmen des gegenwärtigen Vegetarismusdiskurses vorgestellt und auf ihre dominanten Argumentationsmuster hin untersucht. Der Beitrag schließt mit einer Interpretation der auf diesem Wege gewonnenen Einblicke.

---

1 https://vebu.de/veggie-fakten/entwicklung-in-zahlen/.
2 Tatsächlich spricht YouGov (2015) sogar von „12 Prozent der Deutschen", die „sich vegetarisch oder vegan ernähren", während der Allensbach-Studie zufolge nur vier Prozent der Frauen und ein Prozent der Männer angeben, „nie" Fleisch zu essen. Der „Anteil der intensiven, täglichen Fleischesser", so die Studie des IfD (2013), sei dagegen in den Jahren 2011 bis 2013 sogar deutlich angestiegen.
3 Deutlich wird dies nicht zuletzt an der steigenden Zahl sogenannter ‚Flexitarier/innen', also Personen, die zum Beispiel nur selten Fleisch, nur bestimmte (etwa keine ‚roten') Fleischsorten oder allenfalls Fisch konsumieren.

## 1. Fleischkonsum im Prozess der Zivilisation

Norbert Elias' Status als Klassiker der Soziologie der Ernährung und des Essens darf als weitgehend unstrittig gelten (vgl. nur Prahl/Setzwein 1999: 31 ff.; Mennell 1985; Barlösius 2011: 174 ff.). Dieses ‚Klassikerlabel' ist allerdings ambivalent und führt vielfach dazu, auf disziplingeschichtliche Fußnoten reduziert zu werden. So moniert etwa Evers (2012) für die food studies insgesamt, dass Elias' Figurationssoziologie darin erstaunlich marginal repräsentiert sei, und auch für die soziologische Analyse des Vegetarismus scheint das analytische Potenzial seines Ansatzes noch keineswegs ausgeschöpft. Dies ist insofern überraschend, als der Verzehr von Fleisch in seiner Studie über den „Prozess der Zivilisation" an zentraler Stelle analysiert und als „höchst aufschlussreich für die Dynamik der menschlichen Beziehungen und der seelischen Strukturen" (Elias 1997a: 249) insgesamt bezeichnet wird.[4]

In seinem zuerst 1939 erschienenen Hauptwerk widmet sich Elias dem Zusammenhang von „Soziogenese" und „Psychogenese", also der Verschiebung gesellschaftlicher Machtbalancen einerseits und den damit einhergehenden Veränderungen grundlegendster Verhaltensweisen der Menschen andererseits. Infolge sozialer Differenzierung sowie der Monopolisierung und sodann Vergesellschaftung von Macht im Zuge von Feudalisierung und Nationalstaatenbildung kommt es zu einer „Verlängerung der Interdependenzketten", die zu einem umfassenden Umbau des menschlichen Dispositionshaushalts führt, der sich in einem „Vorrücken der Scham- und Peinlichkeitsschwelle[n]" (Elias 1997b: 408; vgl. Neckel 1991: 121 ff.) sowie einer Umstellung der Affektkontrolle ‚von Fremdzwang auf Selbstzwang' niederschlägt (vgl. Elias 1997a: 307). Elias untersucht diesen Longue-durée-Prozess am empirischen Material von Anstands- und Manierenbüchern sowie Erziehungsschriften des 13. bis 19. Jahrhunderts. Anhand dieser Quellen werden die Empfehlungen und Vorschriften für unterschiedliche Lebensbereiche miteinander verglichen, die zum Beispiel den Umgang mit Nacktheit, die Geschlechterverhältnisse oder die Einstellungen zu den sogenannten ‚natürlichen Bedürfnissen' betreffen (ebd.: 266 ff., 324 ff.). Einen wesentlichen Raum nehmen dabei auch die Tischsitten und der Wandel des Essverhaltens ein (ebd.: 202-265) – etwa die immer stärker durch Verbotsregeln eingeschränkte Verwendung des Messers

---

4 Bei Setzwein (1997), die sich explizit auf Elias stützt und ganz dem Komplex von ‚Tabu, Verbot und Meidung' bestimmter Speisen widmet, ist das Thema Vegetarismus noch bemerkenswert randständig.

(ebd.: 255 ff.) oder diejenige der Gabel (ebd.: 261 ff.), die wiederum die Peinlichkeit von Selbstbeschmutzungen minimiert.

Der wohl elementarste Aspekt dieses Wandels betrifft aber den Umgang mit Fleisch. Dabei geht es Elias zunächst darum zu verdeutlichen, dass ab dem 16. Jahrhundert Tiere immer seltener als Ganzes serviert und auf der Tafel zerlegt werden, fleischhaltige Speisen also in immer kleineren Stücken auf den Tisch gelangen und die mit der Zubereitung verbundenen Praktiken sukzessiv auf gesellschaftliche ‚Hinterbühnen' verlegt werden,[5] bis schließlich bei „einem guten Teil unserer Fleischgerichte [...] die tierische Form [...] so verdeckt und verändert [wird], daß man beim Essen kaum noch an diese Herkunft erinnert wird" (ebd.: 253). Darüber hinaus bildet aber auch die insgesamt verzehrte Menge von Fleisch einen wichtigen Vergleichspunkt: In den weltlichen Oberschichten des Mittelalters, die in ihrem Konsum weder durch klösterliche Askese noch durch den Mangel der unteren Schichten eingeschränkt waren, herrschte nach Elias (ebd.: 250) noch die „Neigung, Fleischmengen zu verzehren", die neuzeitlichen Beobachter/innen „phantastisch anmutet". Elias verzeichnet für den genannten Zeitraum einen quantitativ abnehmenden Fleischkonsum, und auch diese Entwicklung wird in den umfassenderen Zivilisationsprozess eingestellt, in dem – durch die Zurückdrängung all jener Verhaltensweisen, die der Mensch an sich selbst als ‚tierisch' beobachte – die Assoziation von Speisen mit getöteten Tieren überhaupt problematisch wird. Der vollständige Verzicht auf Fleisch schließt nach Elias nun an genau diesen Wandel an, insofern er zwar noch „über den Peinlichkeitsstandard der zivilisierten Gesellschaft des 20. Jahrhunderts" hinausreicht, durchaus aber „der Richtung nach [...] die bisherige Bewegung fortführt". Diese Richtung scheint für Elias „ganz klar": „Von jenem Standard des Empfindens, bei dem der Anblick der Tiere auf der Tafel und ihr Zerlegen unmittelbar als lustvoll [...] empfunden wird, führt die Entwicklung zu einem anderen Standard, bei dem man die Erinnerung daran, daß das Fleischgericht etwas mit einem getöteten Tier zu tun hat, möglichst vermeidet", und von dort weiter in eine Gesellschaft, in der Menschen „aus mehr oder weniger rational verkleideten Peinlichkeitsempfindungen das Essen von Fleisch überhaupt verweigern" (alle ebd.).[6]

---

5  Elias (1997a: 255) spricht analog zu Goffman von einem „Hinter-die-Kulissen-Verlegen" (dazu Blok 1979).

6  Die Zivilisationstheorie konzipiert Moral gerade nicht als Resultat intellektueller Reflexion im Sinne etwa der klassischen Entwicklungspsychologie (Piaget, Kohlberg), sondern als Effekt veränderter Machtbalancen (dazu differenzierter Oesterdiekhoff 2003); sie enthält also durchaus eine Theorie moralischer ‚Evolution', fun-

Die Bedeutungszunahme des Vegetarismus wird auf diese Weise in einen langfristigen Wandlungsprozess eingestellt und ihm damit der Anschein einer reinen ‚Ernährungsmode‘ genommen – Elias' Ausführungen lassen sich hier durchaus als eine Prognose des ‚Vegetarismus-Booms‘ lesen. Zugleich werden damit nicht allein die rein vegetarische oder gar vegane Ernährung, sondern auch moderatere Formen des Verzichts, der Begrenzung und des Formwandels des Fleischkonsums theoretisch interpretierbar. So ist es evident, dass viele fleischhaltige Produkte, die als besonders ‚rustikal‘ gelten und noch vor wenigen Jahren regelmäßig den Weg auf den Speiseplan fanden, heute von immer mehr Konsument/innen als abstoßend empfunden werden, so zum Beispiel die meisten Innereien oder viele Kochwurstsorten (wie Blutwurst, Saumagen, Sülzen, mitunter auch ‚grobe‘ Leberwurst). In denselben Zusammenhang fallen der Trend zu stark verarbeiteten Speisen, bei denen die tierische Herkunft kaum noch ersichtlich ist (paradigmatisch ‚Burger‘), sowie die wachsende Präferenz für ‚helles‘, also nicht zuletzt auch ‚unblutiges‘ Fleisch. Die Zivilisationstheorie würde erwarten lassen, dass derartige Verschiebungen zuerst und am häufigsten unter besser gebildeten, städtischen Oberschichten und in den jüngeren Generationen zu beobachten sind, und tatsächlich decken sich empirische Studien mit dieser Prognose (vgl. etwa Leahy et al. 2011; Mensink et al. 2016).

## 2. Der Zivilisationsprozess als Geschichte sozialer Kämpfe

Elias' These vom Zivilisationsprozess ist alles andere als unwidersprochen geblieben (vgl. nur Wilterdink 1984; Schröter 1990; Anders 2000; Hinz 2002). Seine vermeintliche Teleologie und Gerichtetheit, die ihm unterstellte Gesetzmäßigkeit und Linearität bilden dabei einen Haupteinwand; der große Zivilisationsbruch des 20. Jahrhunderts wird vielfach als empirische Widerlegung gelesen. Die 1989 erstmalig erschienenen „Studien über die Deutschen" stellen in weiten Teilen einen Versuch Elias' dar, ebendiesen singulären Zivilisationsbruch vor dem Hintergrund seiner Theorie verstehbar zu machen (vgl. Elias 1992: 7 ff.). Der Band trägt den Untertitel „Machtkämpfe und Habitusentwicklung im 19. und 20. Jahrhundert" und markiert damit zugleich den Versuch, soziale Kämpfe und Auseinandersetzungen als ein zentrales Moment des für Brüche und gegenläufige Bewe-

---

diert diese aber nicht kognitivistisch, sondern psychoanalytisch und macht- bzw. strukturtheoretisch.

gungen angeblich blinden, vermeintlich ‚gesetzesartigen' Zivilisationsprozesses in den Vordergrund zu rücken.

Elias geht es in diesem Zusammenhang darum, die jüngsten Etappen des Zivilisationsprozesses in eine differenzierte Analyse von Macht- und Klassenkämpfen einzubetten: etwa in die Auseinandersetzungen zwischen Bürgertum und Aristokratie im 18. Jahrhundert oder die Konkurrenz von Kapital und Anciennität in der „satisfaktionsfähigen Gesellschaft" um 1900 (Elias 1992: 61 ff.). In den Blick rücken damit an unterschiedliche Schichten geknüpfte, einander widersprechenden Normensysteme und Moralvorstellungen; der analytische Akzent liegt hierbei auf „Vormachtkämpfen, [...] Spannungen und Konflikten [...] zwischen Sektionen einer Staatsbevölkerung" (ebd.: 205). Deutlicher als zuvor wird der Zivilisationsprozess so in einer Weise konzipiert, die Widerstände als konstitutive Momente mitdenkt und ‚Wellenbewegungen' durchaus als charakteristisch versteht. Die prozess- bzw. zivilisationstheoretische Analyse im Sinne von Elias (und hier anschließend Wouters 1999) erlaubt und verlangt es also, gesellschaftlichen Wandel als eine dialektische Entwicklung zu deuten, in der sozialen Kämpfen eine wesentliche Bedeutung zukommt. Weil für diese Kämpfe grundsätzlich Machtbalancen zwischen unterlegenen und überlegenen Fraktionen, aufsteigenden und absteigenden Gruppen und die „wert- und sinnstiftende Bedeutung" dieser Balancen konstitutiv sind (ebd.: 464; vgl. auch ebd.: 514 ff.), lässt sich der Zivilisationsprozess auch als eine Abfolge sich wandelnder „Etablierten-Außenseiter-Figurationen" fassen (vgl. Elias/Scotson 1993).

Dieser grundlegende Figurationstyp weist indes weitreichende Parallelen zu Bourdieus Feldbegriff auf, der in diesem Zusammenhang auf das Konzept der Doxa sowie das Begriffspaar von Orthodoxie und Heterodoxie rekurriert (vgl. Witte 2014: 87 ff.). Die Doxa bezeichnet hier das inkorporierte und insofern ‚unbefragte', der reflexiven Überprüfung entzogene, aber praktisch wirksame ‚Meinungswissen', das Akteure über die soziale Welt teilen und das mitbestimmt, was in einem gegebenen Feld als eine legitime Praxis gilt und gelten soll: Sie ist „jenes unmittelbare Verhältnis der Anerkennung, [...] also jene stumme Erfahrung der Welt als einer selbstverständlichen" (Bourdieu 1993: 126). Unterhalb dieser ‚doxischen' Schwelle lassen sich in sozialen Kämpfen idealtypisch zwei antagonistische Pole unterscheiden: eine orthodoxe, auf Wahrung der Machtverhältnisse abzielende Strategie und eine heterodoxe, die diese Verhältnisse zu den eigenen Gunsten zu verändern beabsichtigt. Strategien der Heterodoxie stehen dabei für einen „Bruch" mit dem doxischen Konsens, während orthodoxe Strategien eine „Ratifizierung der Doxa" verfolgen, also prinzipiell konservativ wirken (Bourdieu 1996: 277 ff.). Der zunächst unhinterfragbare Charakter der Doxa spielt ihnen dabei in die Hände: Da doxische Strukturen allenfalls in Krisensituationen der expliziten Rechtfertigung und Begründung bedürfen, werden symbolische Revolutionen zwar nicht vollständig ausgeschlossen, aber gleichwohl unwahrscheinlich gemacht.[7] Der ‚Raum der Doxa' wird damit durch zwei antagonistische Pole aufgespannt, die Elias' Unterscheidung von Etablierten und Außenseitern entsprechen. Die Gesamtheit dieser Positionen bildet ein ‚Universum des Diskurses', das noch einmal von einem ‚Universum des Undiskutierten' und ‚Undiskutablen' abgegrenzt wird. Dieser dem Diskurs entzogene Bereich markiert einen ‚Konsens im Dissens' (vgl. Bourdieu 1974: 123), ohne den diskursive Auseinandersetzung gar nicht erst möglich ist, nämlich mindestens den Glauben an den Wert und die Sinnhaftigkeit des Diskurses selbst. Für die Konkurrenz zwischen orthodoxen und heterodoxen Positionierungen bildet die Doxa also einen zugleich ermöglichenden und begrenzenden Rahmen (vgl. Bourdieu 2001b: 129).

## 3. Deutungskonflikte um Fleischkonsum und Vegetarismus

Im Folgenden werden nun jeweils drei Publikationen vorgestellt, die den beiden Polen des Diskursfeldes ‚Vegetarismus' zugeordnet werden können.[8] Sowohl unter historischen als auch rein quantitativen Gesichtspunkten scheint es dabei naheliegend, die für eine fleischfreie Ernährung argumentierenden Beiträge als Außenseiter-Positionen im Elias'schen bzw. heterodoxe Positionierungen im Bourdieu'schen Sinne zu fassen; diejenigen Stimmen, die sich gegen eine vegetarische Ernährung und/oder die Vegetarismusbewegung aussprechen, werden dagegen als Etablierte bzw. orthodoxe Positionierungen verstanden. Dabei muss freilich die Diskussion des Materials hier hochgradig selektiv erfolgen und auf eine umfassendere Analyse der einzelnen Stimmen oder gar wechselseitiger Bezugnahmen verzichtet werden. Worum es gehen soll, ist vielmehr, einen durch den zuvor skizzierten theoretischen Rahmen angeleiteten Blick auf Beiträge zu werfen, von denen angenommen wird, dass sie einige typische Deutungs-

---

7 Vgl. exemplarisch Bourdieu (1992: 193 ff.; 2001a: 298, 310 f.); parallel auch Elias/Scotson (1993: 36). Die Stabilität und Nichtbegründungsbedürftigkeit bestehender Ordnungen gegenüber dem Rechtfertigungszwang neuer Ordnungsentwürfe werden auch in Popitz' (2004: 190 ff.) Liegestuhl-Beispiel anschaulich illustriert.

8 Im Folgenden wird nur noch von ‚Vegetarismus(-diskurs)' die Rede sein. Der Veganismus als eine im Wesentlichen ‚radikalere' Unterform des Vegetarismus ist dabei in der Regel mit eingeschlossen.

muster und -strategien der Kontroverse über den Konsum von Fleisch abbilden.

### 3.1. *Außenseiter: Heterodoxe Positionierungen gegen den Konsum von Fleisch*

#### 3.1.1 *Vom Rassismus zum Speziesismus: Helmut Kaplans „Leichenschmaus"*

Über das zuerst 1993 erschienene Buch „Leichenschmaus. Ethische Gründe für eine vegetarische Ernährung" des österreichischen Tierrechtlers Helmut F. Kaplan schrieb das Nachrichtenmagazin „Focus" 1994, es sei „auf dem Weg, die Bibel der Radikalvegetarier und Tierbefreier zu werden" (Kaplan o. J.). Kaplan knüpft darin explizit an die klassischen Arbeiten Peter Singers (1975; 1979) an, distanziert sich aber von dessen utilitaristischen Positionen und vertritt demgegenüber eine deontologische Tierethik. Von Singer übernimmt Kaplan allerdings dessen grundlegendes, gegen eine „Zwei-Klassen-Ethik" (Kaplan 2011: 37) gerichtetes Gleichheitsprinzip sowie den Schlüsselbegriff des „Speziesismus", der einen Verstoß gegen dieses Prinzip bezeichnet und immer wieder auf „derselben ethischen Ebene" (ebd.: 43), wie „Rassismus" und „Sexismus", verortet wird: Gemeint sind damit all jene Denkweisen und Praktiken, in denen die „Vernachlässigung von Interessen [hier: von Tieren, D. W.] damit begründet wird, daß die betreffenden Lebewesen einer anderen Spezies, also einer anderen biologischen Art, angehören" (ebd.). Wie sich damit bereits andeutet, argumentiert Kaplan über weite Strecken seines Buches strikt ethisch; andere Aspekte des Vegetarismusdiskurses, etwa gesundheitliche oder ökologische Gründe für den Verzicht auf Fleisch, spielen dabei nur eine randständige Rolle (vgl. aber ebd.: 117 ff., 201 ff., 251 ff.), und zwar letztlich wohl aus systematischen Gründen, nämlich deshalb, weil sie in der Regel konsequentialistische bzw. utilitaristische Implikationen enthalten. Deutlich macht Kaplan dies am Beispiel der Umweltschutzbewegung, die durch ihr Engagement für den Schutz von ‚Tierarten' statt ‚Tieren' die Prinzipien einer universalistischen Ethik konterkariere und insofern lediglich einen modernisierten Egoismus verkörpere (vgl. ebd.: 111 ff., 159, 201 ff.).

Die Parallelisierung von Rassismus, Sexismus und Speziesismus dient dabei nicht lediglich illustrativen Zwecken, sondern Kaplans Kritik an „der Sklaverei, an der Unterdrückung von Frauen und an der Ausbeutung von Tieren" (ebd.: 45) nimmt die Form einer Entwicklungs- und Zivilisierungsgeschichte an, die den Verzicht auf Fleisch als gegenwärtige Stufe einer langfristigen „kulturellen Entwicklung" (ebd.: 237) beschreibt. Diesem Prozess ist aus Kaplans Sicht eine große Notwendigkeit eigen. So schien dem zwischenzeitlich ernüchterten Autor wenigstens noch zum Zeitpunkt der Erstveröffentlichung die „analoge Abfolge von Sklavenbefreiung, Bürgerrechtsbewegung, Frauenemanzipation und Tierbefreiung [...] historisch und ethisch ‚logisch', konsequent und unausweichlich" (ebd.: 13), und auch jetzt gilt ihm noch die „Befreiung der Tiere" als „ebenso wichtig, richtig und notwendig, wie es einst die Befreiung der Sklaven war" (ebd.: 37, Hervorh. weggel., vgl. 149 f.). Diese Historisierung des moralisch begründeten Fleischverzichts gipfelt schließlich in einem vielfach kritisierten „praktische[n] Beispiel", das zur Veranschaulichung dieser Kontinuitätslinie „unsere[n] Umgang mit Tieren" mit dem „Umgang der Nazis mit KZ-Insassen" und der Judenvernichtung nicht lediglich vergleicht, sondern letztendlich gleichsetzt, indem die „Parallelen" beider als „geradezu unheimlich" und „buchstäblich lückenlos" beschrieben werden (ebd.: 134-136).[9]

Die Befreiung der Sklaven und die Befreiung der Frauen waren dabei allerdings nach Kaplan – durchaus im Elias'schen Sinne – „richtig und vernünftig", während die Befreiung der Tiere hingegen „nur richtig", also ausschließlich moralisch zu motivieren und nicht unter Rückgriff auf utilitarische Erwägungen begründbar sei (ebd.: 228, Hervorh. weggel.). Die historische Entwicklungslinie, die Kaplan zeichnet und in die Zukunft projiziert, beschreibt nämlich zuvorderst einen Wandel der Moralvorstellungen: eine „[n]otwendige Ausdehnung der moralischen Sphäre" (ebd.: 99), insofern (wiederum unter Verweis auf Singer) „seit antiken Zeiten in der Moralentwicklung eine Tendenz" walte, „die Sphäre derjenigen, denen gegenüber man sich zu moralischem Handeln verpflichtet fühlt, immer weiter auszudehnen" (ebd.: 103). Gemeint ist damit allerdings ausdrücklich keine immer weitergehende Ausbreitung genuin moralischer Denk- und Handlungsweisen, sondern deren Formwandel: Kaplans Ansicht nach werde es „niemals der Fall sein, daß alle Menschen überhaupt danach trachten, moralisch zu handeln"; sehr wohl bestünden aber realistische „Chancen, daß eines Tages alle Menschen, die moralisch handeln wollen, auch gegenüber Tieren moralisch handeln werden" (ebd.: 160). Eingebettet wird diese „Ausdehnung" dann nochmals in ein allgemeines Fortschrittsnarrativ, das (durchaus im Sinne von Kausalfaktoren) u. a. die Entwick-

---

9  Kaplan betreibt derartige Provokationen – bis hin zu einer offen ambivalenten Haltung hinsichtlich des Einsatzes von Gewaltmitteln – durchaus bewusst (vgl. ebd.: 87 ff., 163 ff., 184 ff.). In diesem Zusammenhang gehört auch die Kritik an „Humanisierungsmaßnahmen" im Bereich der Massentierhaltung (ebd.: 174 ff., 256 f.)

lung der Wissenschaften und die Ausbreitung von Bildung miteinschließt (vgl. ebd.: 104, wieder nach Singer). Der historisch ‚notwendige' Prozess der Universalisierung des Geltungsbereiches von Rechten bildet hier den Rahmen der gesamten Argumentation und strukturiert damit das Feld der Positionierungen im Vegetarismusdiskurs konsequent zeitlich, und zwar in Begriffen von Fortschritt und Rückschrittlichkeit, als moralische Evolution. Die zwischen Tieren und Menschen unterscheidende Zwei-Klassen-Ethik gehört hier zu einem Komplex von „mittelalterlichen Vor- und Fehlurteilen", der die faktenbasierte „Zukunft der Tierrechtsbewegung" und prospektiv eine Gesellschaft ohne Fleischkonsum und Tierhaltung gegenübergestellt werden (ebd.: 162).

### 3.1.2 Unsichtbare Wahrheiten: Das Fleisch-Paradox und Melanie Joys „Karnismus"-These

Ein anderer Text, der bereits als Klassiker der Vegetarismusdebatte gilt, ist das im Original 2009 erschienene Buch „Warum wir Hunde lieben, Schweine essen und Kühe anziehen" der amerikanischen Psychologin Melanie Joy. Im Vergleich zu Kaplan argumentiert Joy deutlich sozialwissenschaftlicher, obschon ethische Motive auch ihren Text durchziehen. Auch Joy ist der Ansicht, dass „die Zeit reif ist für den Wandel" und das gesamte System der Ernährungsgewohnheiten „allmählich ins Wanken gerät" (Joy 2016: 164); ihre Argumentation basiert aber weniger auf einem universellen Entwicklungsmuster als auf zwei Leitdichotomien von ‚Sichtbarkeit vs. Unsichtbarkeit' sowie ‚Wahrheit vs. Lüge'.

Den Ausgangspunkt der Schrift bildet das sogenannte ‚Fleisch-Paradox' (vgl. Loughnan et al. 2012; auch Bastian et al. 2012), nämlich die Tatsache, dass Menschen sowohl intensive emotionale Beziehungen zu Tieren (insbesondere Haustieren) unterhalten als auch Fleisch verzehren. Während dieser Verzehr in der Regel keine emotionale Reaktion hervorruft, führt häufig bereits die Vorstellung, Hundefleisch (oder gar das eigene Haustier) zu verspeisen, zu starkem Ekel (vgl. Joy 2016: 11 ff.). Als der eigentlich erklärungsbedürftige Tatbestand gilt dabei aber gerade nicht dieses Empfinden von Ekel, sondern vielmehr das „Nichtempfinden von Ekel" beim Essen von Schweinen oder Rindern (ebd.: 18). Für Joy manifestiert sich hierin eine Blockade menschlicher Empathie, eine „psychische Betäubung" ebd.: 19, im Orig. kursiv), die sich nur vor dem Hintergrund eines gesellschaftlich tief verwurzelten, fast universell verbreiteten „Karnismus" begreifen lasse, eines „Glaubenssystem[s], das uns darauf konditioniert, bestimmte Tiere zu essen" (ebd.: 32).

Als Glaubenssystem, so Joy weiter, sei dieser Karnismus nun genuin ideologisch, insofern er seine Kontingenz und Widersprüchlichkeit verschleiere. Dies beginne mit der Unsichtbarmachung seiner ideologischen Natur, mit der so erzeugten Illusion der ‚Normalität‘ des Fleischkonsums und mit der ‚Besonderung‘ vegetarischer Ernährungsweisen – und damit auch mit der Notwendigkeit ihrer Rechtfertigung im Gegensatz zum Fleischverzehr (vgl. ebd.: 33 ff.). Die „Unsichtbarkeit des Karnismus" bestehe also darin, dass im Bereich der Ernährung bestimmte „Entscheidungen […] gar nicht als Entscheidungen erscheinen" (ebd.: 32) und so die Paradoxie des Fleischkonsums überhaupt erst ausgehalten werden könne: „Der Hauptabwehrmechanismus des Systems ist Unsichtbarkeit. In ihr kommen die Abwehrmechanismen Vermeidung und Verleugnung zum Ausdruck, und sie bildet die Grundlage für alle anderen Mechanismen" (ebd.: 22, Hervorh. im Orig.). Dieser ideologische Zug des Karnismus setze sich fort in der symbolischen und praktischen Unsichtbarmachung des grundsätzlichen Zusammenhangs von Tier und Speise (vgl. ebd.: 33 ff.); diskursiv etwa in der euphemisierenden Beschreibung tierischer Produkte und ihrer ‚Herstellung‘ (zum Beispiel durch die Vermeidung direkter Referenzen in Begriffen wie ‚Steak‘ oder ‚Kotelett‘, in der Verwendung des Wortes ‚Fleischfabrik‘ anstelle von ‚Schlachthaus‘, usw.; vgl. ebd.: 42 ff., 52 f.), aber auch materiell durch ebensolche Praktiken, die Elias als ein ‚Hinter-die-Kulissen-Verlegen‘ beschrieben hat (etwa den rigorosen Schutz von Schlachthäusern vor fremden Einblicken; vgl. ebd.: 43-82). Gesellschaftlich ‚unsichtbar‘ heißt dabei aber nicht vollständig ‚unverfügbar‘, sondern lediglich ‚verdrängt‘ und der permanenten Reflexion entzogen: Es handelt sich hierbei wesentlich um ein „unbewusste[s] Wissen", wie es nach Joy „allen gewalttätigen Ideologien gemeinsam" ist und ebenso „den Wesenskern des Karnismus" bildet (ebd.: 81, Hervorh. weggel.).

Diese Figur der ‚Unsichtbarkeit‘ wird bei Joy um eine Semantik von Wahrheit und Lüge ergänzt (vgl. ebd.: 39 ff.). Zentral sind hierbei die sogenannten „drei Ns" der Rechtfertigung des Karnismus, nach denen der Konsum von Fleisch (gesellschaftlich) normal, (biologisch und historisch) natürlich und (gesundheitlich, populationsökologisch sowie ökonomisch) notwendig sei (vgl. ebd.: 110 ff., 120 ff.; vgl. auch Piazza et al. 2015). Joy bezeichnet diese Argumente als leicht widerlegbare „Mythen", die letztlich nur der Legitimation der karnistischen Ideologie dienten (vgl. Joy 2016: 111 ff., 116 ff.). Mit dem ‚Mythos‘-Begriff ist bereits das semantische Feld von Wahrheit und Lüge geöffnet, doch die Autorin begnügt sich nicht mit diesem Hinweis, sondern will „[h]inter de[n] karnistischen Spiegel" blicken (ebd.: 130). In diesem Zusammenhang spricht sie in Anlehnung an den bekannten Film der Wachowski Brothers von 1999 von einer „Fleisch-

Matrix", in der wir uns bewegen und leben (ebd.: 131), wobei ein „kogniti-
ves Trio" aus „Verdinglichung, Entindividualisierung und Dichotomisie-
rung" (ebd.: 132, Hervorh. weggel.) der Stabilisierung dieser ‚Matrix' und
des auf psychologischer Ebene wirksamen „karnistischen Schema[s]" dient
(ebd.: 149). Entsprechend ist es Joys erklärtes Ziel, dieses „Netz aus Abwehrmechanismen" zu durchbrechen, stelle die ‚karnistische Matrix' doch
bei genauerem Betrachten „ein System voller Brüche und Risse" dar, das
zu seinem Schutz „ein starkes Bollwerk" brauche (ebd.: 151). Letztlich
könne daher „die Wahrheit nur so lange von uns fern[ge]halten [werden],
wie wir [es] ertragen, mit der Lüge zu leben" (ebd.: 152), weshalb das letzte
Kapitel des Buches der ‚Zeugenschaft' (ebd.: 153 ff.) als einer geradezu
parrhesiastischen Wahrheitstechnik gewidmet ist: „Indem wir Zeugnis ab-
legen, schließen wir diese Lücke [zwischen dem Fleisch auf dem Teller
und dem „Ursprungstier", D. W.], weil es uns in Verbindung mit der
Wahrheit bringt" (ebd.: 156).

### 3.1.3 Unsichtbares Leiden: Jonathan Safran Foers „Tiere essen"

Auch in dem mittlerweile wohl bekanntesten der hier diskutierten Texte,
dem ebenfalls 2009 erschienenen Buch „Tiere essen" von Jonathan Safran
Foer, geht es um verborgene Wahrheiten. Die Wahrheiten, die Foer interessieren, sind indes weniger ideologischer als ganz handfester, materieller
Natur und betreffen insbesondere die Wirklichkeit moderner Massentierhaltung. Foer geht es weniger um das grundsätzliche ‚Ob' und das ‚Warum' des Konsums von Fleischwaren, sondern in erster Linie um das ‚Wie'
ihrer Produktion: Im Zentrum stehen bei ihm daher nicht universalisti-
sche ethische Argumente, sondern die empirische Phänomenologie der
Massentierhaltung im Hier und Jetzt. Foers Buch (2015: 24) stellt insofern
auch kein grundsätzliches, „aufrichtiges Plädoyer für den Vegetarismus"
dar, und der Autor besteht ausdrücklich „nicht darauf, dass es immer und
für alle Menschen falsch ist, Fleisch zu essen" (ebd.: 229 f.). „Wäre ich zu
anderen Zeiten geboren", so heißt es vielmehr, „wäre ich vielleicht auch zu
anderen Schlüssen gelangt" (ebd.: 228).

   Der Antrieb Foers (ebd.: 23) besteht darin, in Erfahrung zu bringen,
„was Fleisch ist": Ihn interessiert das „bewusste Verdrängen" (ebd.: 18)
einer grausamen „Wahrheit über das Essen von Tieren" (ebd.: 289), das
moderne Gesellschaften kennzeichnet. Zu diesem Zweck setzt auch er bei
dem bereits erwähnten Fleisch-Paradoxon an: Mit einem ironisch konstruierten „Plädoyer für das Essen von Hunden" (ebd.: 35 ff.) – denn der Verzehr von Hunden habe schließlich „eine stolze Tradition" (ebd.: 37) und

löse eine Vielzahl ökologischer und ökonomischer Probleme, weshalb Hundefleisch ein „realistisches Nahrungsmittel für realistische Umweltschützer" sei (ebd.: 39) – verfolgt Foer das Ziel einer Visibilisierung des Verdrängten: „Tiere essen hat etwas Unsichtbares. Über Hunde nachzudenken und über ihre Beziehung zu den Tieren, die wir essen", erlaube es daher, „das Unsichtbare sichtbar zu machen" (ebd.: 40).

Auch Foer betreibt diese Sichtbarmachung zunächst mit den Mitteln sprachpolitischer Aufklärung – durch die Hinterfragung etablierter Bedeutungen und die Aufdeckung euphemistischer Gebrauchsweisen von Begriffen wie „Beifang" oder „frisches Fleisch" (vgl. ebd.: 57-95). Dem Wechselspiel von „Verstecken" und „Suchen" (ebd.: 96 f.) geht der Autor dann aber insbesondere nach, indem er sich Zugang zu den Orten der Fleischproduktion verschafft, die ansonsten vor dem Einblick Fremder geschützt und damit dem öffentlichen Bewusstsein entzogen sind: zu den Schlachthäusern, Massentierhaltungsbetrieben und Geflügelzuchtanlagen, zu der Welt der Fleischproduzenten und Fleischfabrikarbeiter, der „Stecher", „Kopfschlachter" und „Fußschneider" (ebd.: 266 f.). Beim Lesen wird schnell deutlich, dass Foer mit seiner Recherche im Wortsinne ‚dahin gehen will, wo es weh tut': Fleischkonsum setze systematisches Verdrängen und umfassendes Vergessen voraus, „weil man eben viel mehr als nur das Sterben der Tiere vergessen muss: nicht nur, dass Tiere getötet werden, sondern wie" (ebd.: 261). Diejenigen Kolleg/innen, die sich bislang mit der Massentierhaltung befassten, hätten lediglich „die ethischen Probleme aus sicherer, abstrakter Entfernung" betrachtet, anstatt „sich ernsthaft mit der Schlachtung zu beschäftigen" (ebd.). Diese „schale Verleugnung der wahren Schrecken, die wir anrichten" (ebd.: 262), kontert Foer mit einem Detailismus in der Beschreibung dieser Schrecken, der Tötung, Verstümmelung und Tierquälerei in amerikanischen Massentierhaltungsbetrieben, der seine Schockwirkung nicht verfehlt.

Eine der Pointen aus Foers Buch lässt sich nun in einem Dreischritt zusammenfassen: Erstens: Fleisch zu essen oder darauf zu verzichten, ist eine genuine Entscheidung. Zweitens: Diese Entscheidung muss als solche kulturell unsichtbar gemacht werden: „Man darf nie, wirklich niemals zugeben, dass man praktisch die ganze Zeit die Wahl hat zwischen Grausamkeit und ökologischer Zerstörung auf der einen Seite und der Entscheidung, keine Tiere mehr zu essen, auf der anderen" (ebd.: 262). Drittens: Diese Entscheidung ist in modernen Wohlstandsgesellschaften stets möglich, fällt aber, realistisch betrachtet, keineswegs leicht; sie führt vielmehr zu relativ komplexen psychischen und kulturellen Prozessen und einem Wechselspiel von Erinnern und Vergessen. Auf Fleisch zu verzichten, bedeute, mehr als nur einem Genuss zu entsagen, bedeute nämlich „auch einen kulturellen Verlust", den es „zu akzeptieren oder gar zu kultivieren" gelte: „Um mich an die Tiere und meine Sorge um ihr Wohlergehen zu erinnern, muss ich vielleicht bestimmte Geschmackserfahrungen vergessen und mir für die Erinnerungen, die sie mitgetragen haben, andere Vehikel suchen" (ebd.: 223 f.). Genau an diesem Punkt, so lautet die Quintessenz des Buches, an der irrationalen Logik des Fleischkonsums sei also anzusetzen, um dem Verdrängen und Vergessen Einhalt zu gebieten:

> „Rational gesehen[,] ist die Massentierhaltung in vielerlei Hinsicht ganz offensichtlich falsch. [...] Aber Essen ist nicht rational. Essen ist Kultur, Gewohnheit und Identität. Bei einigen führt diese Irrationalität zu einer Art Resignation. [...] Ich habe mit Aktivisten gesprochen, die ständig verblüfft und frustriert waren, weil es keine Übereinstimmung zwischen gesundem Menschenverstand und der Essensentscheidung gibt. Ich kann das nachempfinden, aber ich frage mich doch, ob man nicht gerade bei dieser Irrationalität von Essen ansetzen sollte" (ebd.: 301).

### 3.2 Etablierte: Orthodoxe Positionierungen für den Konsum von Fleisch

Bis zu dieser Stelle wurden einige Stimmen des jüngeren Vegetarismusdiskurses vorgestellt, die mit unterschiedlicher Radikalität einen Verzicht auf Fleischkonsum und Tierprodukte (Tierhaltung, etc.) fordern. Im Folgenden werden drei ausgewählte Positionierungen von Vertreter/innen der Vegetarismuskritik, also Gegnern des grundsätzlichen Fleischverzichts, diskutiert.

#### 3.2.1 Streitschrift: Lierre Keiths Vorschläge für eine „ethische Ernährung mit Fleisch"

Die radikalökologische Autorin Lierre Keith veröffentlichte 2009 das vieldiskutierte Buch „The Vegetarian Myth", das seit 2013 auch in deutscher Sprache vorliegt. Zur Eröffnung ihrer „Streitschrift" führt Keith die Glaubwürdigkeit der Konvertitin ins Feld: Nach 20 Jahren als Veganerin kenne sie die „Gründe, die mich überzeugten, eine extreme Ernährungsform zu praktizieren", und diese seien „ehrbar, ja sogar nobel" (Keith 2015: 8):

> „Es sind Gründe wie Gerechtigkeit, Mitgefühl, ein verzweifeltes und alles umfassendes Verlangen, die Welt zu verbessern, den Planeten zu retten [...]. Diese politischen Überzeugungen entspringen einem so

tiefen Verlangen, dass es an Spiritualität grenzt. [...] Dieses Buch [...] dient nicht dem Versuch, das Konzept der Tierrechte zu verspotten, oder jene zu verhöhnen, die eine freundlichere Welt wollen. Nein, dieses Buch ist bestrebt, unser tiefstes Verlangen nach einer gerechten Welt zu würdigen." (ebd.: 8 f.)

Diese Vorwegnahme von Argumenten für den Vegetarismus ist jedoch rein rhetorisch, denn trotz ,bester Absichten' sind es gerade die „vegetarischen ,Rattenfänger'" und der „Mythos Vegetarismus" (ebd.: 9, 12 f., 211), die Keith ins Visier nimmt. Dabei richtet sich ihre Kritik zunächst gegen die moderne Landwirtschaft: Diese habe „zu Sklaverei, Imperialismus, Militarismus, Klassengesellschaften, chronischem Hunger und Krankheiten" geführt (ebd.: 11, vgl. 47); sie komme einer „ethnischen Säuberung" gleich (ebd.: 42) und bedeute notwendig „das Ende der Welt" (ebd.: 122, 201). Eine wirklich nachhaltige Lebensweise verbiete daher generell ,Landwirtschaft' und setze voraus, dass wir „unsere gesamte Kultur ändern" (ebd.: 79) – also einen umfassenden Bruch mit dem Projekt der „Zivilisation" insgesamt, denn diese sei schon als solche „ein Krieg" (ebd.: 201, vgl. 120 ff.). Diese antizivilisatorisch-primitivistische Haltung bildet sodann den Hintergrund für die drei Hauptkapitel des Buches, in denen Keith mit den zentralen Argumenten des Vegetarismus und ihren Vertreter/innen abrechnet: den ,moralischen', den ,politischen', und den ,gesundheitlich motivierten Vegetariern' (vgl. ebd.: 20 ff., 88 ff., 124 ff.). Dabei sitze der ,moralische' Vegetarier einem ,Kinderglauben' auf, dem Keith ein „Erwachsenenwissen" (ebd.: 12, 15, 73) gegenüberstellt: Schon die Annahme, „einen Apfel zu essen, sei okay" zeuge nämlich von einem „krasse[n] Anthropozentrismus", der seine Ethik auf der „Menschenähnlichkeit von Lebewesen" begründe (ebd.: 23). Keith verabschiedet sich damit von der Idee, dass zwischen dem Töten von Tieren und dem Verzehr von pflanzlicher Kost ein substantieller Unterschied bestehe: „Das Schlachten einer Weidekuh ernährt mich ein ganzes Jahr lang. Eine einzige vegane Mahlzeit aus Pflanzenbabys [...], gemahlen oder bei lebendigem Leib gekocht, ist mit Hunderten Toden verbunden. Warum zählen die nicht?" (ebd.: 22; vgl. ebd.: 70 ff., 85 f.). Ausgehend von dieser Variation auf das sogenannte ,Pflanzenargument' (vgl. Ingensiep 2001) formuliert die Autorin eine „Grundregel der physischen Existenz": „Für den, der lebt, muss ein anderer sterben", weil nämlich „egal, was Du isst, jemand sterben musste, um Dich zu ernähren" (Keith 2015: 12, 10). Diese ,Grundregel' sowie die konsequente Entgrenzung und Verabsolutierung der Gegenargumente führen Keith zu der Schlussfolgerung, dass jedwede moralische Begründung des Vegetarismus hinfällig sei.

Für Keith ist dieser Vegetarismus aber auch politisch und ökologisch verfehlt (vgl. ebd.: 88-122) sowie zudem aus gesundheitlichen Gründen abzulehnen. In der bereits zitierten Einleitung schildert sie ihren eigenen körperlichen Verfall durch 20 Jahre vegane Ernährung – eine degenerative Wirbelsäulenerkrankung, Depressionen, bis in die Gegenwart anhaltende Erschöpfungszustände, eine Magenlähmung, schwere Menstruationsstörungen und viele mehr (vgl. ebd.: 16 ff.). Aus diesen Erfahrungen leitet Keith nicht nur ihre universelle Generalisierbarkeit („[a]lle meine Jugendfreunde […], die [den Weg des Veganismus] beschritten, wurden krank") und gesundheitliche Allverantwortlichkeit ab („[s]ollte ich je mit Krebs meiner Reproduktionsorgane enden, werde ich Soja dafür verantwortlich machen"), sondern auch eine an Pathos kaum überbietbare Aufforderung an die Leser/innen: „Ich bitte Sie, dieses Buch zu Ende zu lesen […]. Bitte. Besonders wenn Sie Kinder haben oder haben möchten. Ich bin nicht zu stolz, darum zu betteln" (alle ebd.: 18).

Die Abrechnung mit den ‚gesundheitlich motivierten Vegetariern' (ebd.: 124-208) besteht dann primär in einer Sammlung von ‚Studien' und ‚Fakten', deren Seriosität an anderer Stelle zu diskutieren wäre: So ist für die Autorin die Landwirtschaft allein für die Zivilisationskrankheiten verantwortlich („[e]s sind die Getreide, die bewirken, dass der Körper sich [bei Autoimmunerkrankungen, D. W.] selbst bekämpft"; ebd.: 136), wird der Gemütszustand ‚der Veganer' („aggressiv, unnachgiebig, leicht reizbar und in einem fast dauerhaft zornigen Grundzustand") pauschal auf Eiweiß- und Fettmangel sowie auf chronische Unterzuckerung zurückgeführt (ebd.: 171) oder der „Glaube an Soja als Erlöser und Friedensfürst" (ebd.: 192) als tödlicher Irrtum dekonstruiert (denn der Vegetarismus löse Essstörungen, wie die Anorexie, aus, und „Anorektiker haben Löcher in ihren Gehirnen, so wie die Sojaesser"; ebd.: 198, 200, vgl. 183 ff.). In ihrem bescheiden „Die Welt retten" betitelten Schlusskapitel fällt Keith daher ein unvermeidbar apodiktisches Urteil, das die ‚Erwachsenenwahrheiten' des Buches zusammenfasst: „Das Leben muss töten und wir sind alle nur durch den toten Körper eines anderen möglich. Nicht das Töten ist Vorherrschaft, sondern die Landwirtschaft. Die Nahrungsmittel, die uns nach Ansicht der Vegetarier retten werden, zerstören die Welt" (ebd.: 211).

### 3.2.2 Kampfschrift: Udo Pollmers Feldzug gegen die „Veggie-Diktatur"

Wo das von Keith als „Streitschrift" apostrophierte Buch noch um die ‚Bekehrung' von auf den falschen Weg geratenen Vegetarier/innen ringt und im Geiste der ‚Rettung der Welt' darum „bettel[t]", gelesen zu werden, verzichtet der von der FAZ als „Veganerfresser" (Grossarth 2015) titulierte Sachbuchautor Udo Pollmer in seinem gemeinsam mit zwei Koautoren verfassten Buch „Don't Go Veggie!" (2015) vollständig auf pädagogische Kontextualisierungen. Ohne Einleitung oder Schlusswort liefern die Autoren in 75 jeweils zwei- bis dreiseitigen Kapiteln „75 Fakten zum vegetarischen Wahn", deren Faktizität durch eine Vielzahl von Tabellen und wissenschaftlichen Referenzen belegt werden soll. Diese reduzierte Darbietung macht unmissverständlich klar, worum es den Autoren geht, nämlich um die Widerlegung von ‚Mythen', denen der vegetarische ‚Wahn' aufsitze (vgl. Pollmer et al. 2015: 15, 18, 186).

Die einzelnen Kapitel behandeln viele der geläufigen Topoi des Vegetarismus-Diskurses, von den ethisch-moralischen, über die ökotrophologischen und kulturhistorischen, bis hin zu den politischen, ökologischen und ökonomischen Argumenten, die jeweils auf wenigen Zeilen widerlegt werden und mit einem knappen, meist harsch formulierten (Autoren-)Urteil und dem dazugehörigen ‚Vorurteil' der Vegetarierbewegung überschrieben sind – etwa „Einbildung: Schweinefleisch macht krank" (ebd.: 20), oder „Ökoschwindel: Biohennen sind glücklicher" (ebd.: 52). Bereits die 75 vorangestellten Attribute fügen sich dabei zu einem infamen Mosaik zusammen („Reaktionär", „Weltfremd", „Mörderisch", „Hirnlos" usw.). Aber auch die eigentlichen Ausführungen sind alles andere als frei von Polemik und Invektiven, etwa dann, wenn Vegetarier/innen als „googlegebildete Gemüseelite" und ihre Äußerungen als „Weltschmerz-Gejammer" oder „ernährungsrassistische[s] Geschrei" bezeichnet werden (ebd.: 13, 72, 197). Irritierend ist auch die Tatsache, dass es den Verfassern gelingt, in immerhin 8 von 75 Kapiteln eine Beziehung zwischen Vegetarismus und Nationalsozialismus herzustellen (vgl. ebd.: 15 f., 102, 152 f., 168, 172 ff., 175 ff., 179 ff., 194). Dahinter lauern wahlverwandte Dispositionen und Sublimationsmechanismen, denn die „ständige Empörung" der Vegetarier/innen sei „Ausdruck einer uneingestandenen Mordlust" (ebd.: 180), was Pollmer und Kollegen zu einer Suggestivfrage hinreißt: „Ist es wirklich Zufall, dass der Hass der Veganer auf Fleischesser und die stets betonte Tierliebe nach dem gleichen Muster gestrickt sind wie die Tierliebe und der Judenhass der Nazis?" Für die Autoren ist klar: „Eines bedingt offenbar das andere" (ebd.: 178).

Neben diesen Diffamierungsversuchen ist allerdings schon die Zusammenstellung der 75 willkürlich hintereinandergeschalteten Miniaturen interessant. So findet sich darunter erstens eine ganze Reihe von Skizzen, die mit vegetarischer Ernährung nur wenig zu tun haben und allenfalls eine generelle Ablehnung der Tierschutz- und Umweltbewegung indizieren: Dies gilt etwa für die Verteidigung des Stierkampfes (ebd.: 111 f.) oder

Pollmers Kritik an Wasserspartasten in Sanitäranlagen (ebd.: 163) und der
,Regionalisierung' von Lebensmitteln (ebd.: 181 ff.). Daneben findet sich
zweitens eine Vielzahl von Reaktionen auf vermeintliche Argumente, die
allenfalls Randschauplätze der Debatte betreffen: Zu nennen wären hier
die wiederkehrende Diskreditierung von prominenten Vorbildern, die Ve-
getarier/innen angeblich „für ihre Zwecke einzuspannen" pflegen (ebd.:
12; vgl. ebd.: 15, 93 ff., 119), oder auch die Kritik der „Pflanzenphiloso-
phie" (ebd.: 159 f.), auf die typischerweise eher von Gegner/innen des Vegetarismus rekurriert wird (s. o.). Zu den Höhepunkten dieser Verlagerung von Kampfschauplätzen gehört schließlich der ,Beweis', dass der Ei-
weißgehalt von Hülsenfrüchten einen „Mythos" darstelle, wobei der Nachweis ihrer Toxizität unter Rekurs auf die Erbsenexperimente in Büchners
„Woyzeck" geführt wird (ebd.: 136). Gepaart mit dem konstant polemi-
schen Tonfall kontrastiert diese Dekonstruktion durchsichtiger Stroh-
mann-Argumente auffällig mit dem postulierten Anspruch, die Debatte
mit „starken Argumenten" zu versachlichen.

Schließlich ist aber drittens auch auffällig, dass das für die Mehrheit der
Vegetarier/innen zentrale Argument, nämlich grundsätzliche ethische Erwägungen (vgl. Beardsworth/Keil 1992), kaum adressiert wird. Wo dies
dennoch geschieht, versteigen sich die Autoren zu bemerkenswerten Thesen: So wird etwa behauptet, dass das Mensch-Tier-Verhältnis in afrikanischen Gesellschaften „hierzulande als Barbarei der ,Wilden'" gelte, woraus
wiederum ein „behagliches Herrenmenschentum" von Tierrechtler/innen
konstruiert wird (ebd.: 9); oder Forderungen nach der Bekämpfung von
Tierleid werden – da es schließlich „vor allem Veganer" seien, „die leiden,
wenn sie ans Schlachtvieh denken" – mit der Frage gekontert, ob nicht die
„Abschaffung aller Veganer" die effektivere Strategie wäre (ebd.: 72). Überhaupt scheint jeder Hinweis auf ,Leid' deshalb für die Autoren abwegig zu
sein, da dieses doch grundsätzlich subjektiv sei und etwa auch der „Sadist
leidet, wenn er niemanden quälen kann" (ebd.: 76). Pollmers Schwierigkeiten mit moralphilosophischen Argumenten zeigen sich jedoch in voller
Dramatik in folgender Überlegung: Weil Menschen möglicherweise als
einzige Lebewesen zu autonomen moralischen Entscheidungen fähig sind,
seien sie automatisch auch „besondere Gegenstände moralischer Rücksichtnahme": Wer nämlich „alle Pflichten hat, darf selbstverständlich auch
,mehr Rechte' beanspruchen" (ebd.: 170). Dieses „Gerechtigkeitsprinzip"
und die Kritik am „tierrechtliche[n] Gleichheitspostulat", das Menschen
als „Tiere unter Tieren" denke und damit „jede Moral" untergrabe (ebd.:
171), führen wiederum zu Schlussfolgerungen, die hier kommentarlos wiedergegeben werden sollen: „Die Konsequenz ist, dass Veganerinnen sich

nicht beschweren dürfen, wenn sie von Tierethikern vergewaltigt oder gar mit jungem Gemüse am Spieß gebraten werden" (ebd.).

### 3.2.3 Fleischbeschau als Lifestyle: „BEEF! Für Männer mit Geschmack"

Das von Gruner + Jahr verlegte Magazin „BEEF!" richtet sich laut Untertitel an „Männer mit Geschmack" und erscheint regelmäßig seit 2010. In der Pilotausgabe stellt Herausgeber Jan Spielhagen der zukünftigen Leserschaft seine Vision der zu etablierenden Zeitschrift vor. Wer hier nun eine Attacke auf den ‚Veggie-Boom' erwartet, wird rasch enttäuscht. Das Heft richte sich an „Männer, die kochen", und zwar solche, wie Spielhagens Freund Christoph:

> „Haben Sie auch so einen Christoph im Freundeskreis? Meiner ist 42 Jahre alt, lebt in Hamburg und kocht. Aber wie! Am liebsten Fisch. Ganze Fische. Die bestellt er direkt beim Importeur, weil er ein Qualitätsfanatiker ist und weil er es sich leisten kann. Im Sommer legt er die Fische auf seinen Gasgrill im Garten – unter den alten Apfelbäumen. Im Winter kommt der Fisch in den Ofen. Unter einer Salzkruste oder, wenn der Steinbutt zu groß ist, filetiert im Weißwein-Sud. Das Filetieren machen wir gemeinsam." (Heft 1/2009: 3).

Die Zielgruppe ist damit klar benannt: Männer im mittleren Alter, ambitionierte Hobbyköche, „Qualitätsfanatiker" mit dem entsprechenden finanziellen Hintergrund („Gasgrill im Garten"). Christoph ist dabei eigentlich „kein klassischer Feinschmecker", sondern immer bodenständig geblieben: Ihn „interessiert das Handwerkliche am Kochen mehr als das Kunstvolle", etwa der „Schärfegrad japanischer Messer" (ebd.). Was Spielhagen und seinen Freund nicht interessiert, sind „[l]eichte Nudelrezepte, die Kinder mögen"; und wenn Jan und Christoph sich mit „Jörn, Thomas, Fabian und Matze" zum Kochen verabreden, ist Männerfreundschaft angesagt: „Meine Frau geht dann aus". Das alles gehört zur klassischen Zielgruppenansprache, aber es ist doch erstaunlich, dass Christoph als prototypischer Leser einer Zeitschrift namens „BEEF!" am liebsten Fisch isst – und dass das Desinteresse der gutsituierten Freizeitköche gerade nicht Gemüse oder anderer vegetarischer (Un-)Kost gilt. Tatsächlich stellt sich „BEEF!" seiner Leserschaft *gar nicht* als ein Magazin ‚für Fleischesser', erst recht nicht als eine Reaktion auf den ‚Veggie-Wahn' vor: Die Hinweise auf Fleisch (geschweige denn einen gesellschaftlichen Vegetarismusdiskurs) erschöpfen sich in zwei beiläufigen Anmerkungen.

Hinter einem solchen Erstausgaben-Editorial lässt sich eine Strategie vermuten. Natürlich geht es in „BEEF!" wesentlich um den Konsum von Fleisch: Um die besten Steaks der Welt, das Zerlegen von Wild und das Selberwursten („So werden sie zum Wurstgott"; 2/2015: 141). Das Konzept der Zeitschrift besteht aber gerade darin, diese Themen als Teil eines umfassenderen Lebensstils zu markieren: „BEEF!" will nicht lediglich eine Koch- oder Ernährungszeitschrift, sondern dezidiert ein Lifestyle-Magazin sein, und zwar mit ‚allem, was echte Männer anmacht': Von schwerem Küchengerät, über Tipps zu den geheimen Zusammenhängen von „Kulinarik und Erotik" („Kann man eine Frau ins Bett kochen?"), bis hin zu den dazugehörigen Weinempfehlungen („Die Flasche meines Lebens – Große Männer, große Momente"; 1/2009). Des Weiteren finden sich in „BEEF!" auch Artikel über hochwertige Herde und Grills, über edle Öle und Essigsorten und sogar eine Empfehlung vegetarischer Kochbücher („Beilagen"; 2/2015: 30); die Themen sind aber gleichsam um den Fokalpunkt ‚Fleisch' gruppiert.

Dabei verhehlt „BEEF!" nie, dass es sich um ein Männermagazin handelt: Dies signalisieren bereits die stets zweideutigen, mit sexuellen Allusionen gespickten Aufmacher der einzelnen Ausgaben, etwa „Dicke Dinger – So geht Fisch" (1/2011), „Du willst es doch auch… Grill mich!" (3/2013), oder „Gut gebaut – Beim Burger kommt es auf die Qualität an" (5/2015). Das Magazin ruft damit den gut erforschten Nexus von (‚hegemonialer') Männlichkeit und Fleischkonsum auf (vgl. Adams 1990; Parry 2010; Barlösius 2011: 123 ff.; Schösler et al. 2015); auffällig ist in diesem Zusammenhang aber insbesondere die hyperästhetisierte und regelrecht sexualisierte Inszenierung von lebenden und toten Tieren sowie Fleischprodukten auf ganzseitigen High-End-Fotografien – „Bilder für Tiermörder und Sexisten" hieß es dazu einmal im taz-Magazin „zeozwei", und dass „BEEF!" „Steaks wie Frauen" fotografieren lasse (Seubert 2015). Tatsächlich erinnern die Ästhetik und Bildsprache des Magazins eher an diejenige des „Playboy" denn an herkömmliche Food-Fotografie, was gleichsam dem Begriff des sogenannten ‚food porn' neue Dimensionen verleiht.[10]

Darüber hinaus zeigt sich bei der Lektüre allerdings auch eine bemerkenswert offensive Strategie im Umgang mit der moralischen Dimension des Diskurses über Fleisch. „BEEF!" setzt hierbei auf eine Mischung aus vollständiger Ausblendung dieser Fragen und ihrer ironischen Brechung, indem nicht nur fleischhaltige Speisen, sondern auch die dazugehörigen

---

10  Lesenswert zu dieser „Pornografisierung" des Tieres und der doppelsinnigen Konstruktion von ‚Fleisch' als des Objekts männlicher Begierde: Gutjahr (2012: 91 ff.)

Tiere in häufig verniedlichender, immer hochgradig ästhetischer Weise in Szene gesetzt werden. Der damit (selbst-)bewusst in den Blick gerückte ‚Vorher/Nachher'-Kontrast wird typischerweise durch entsprechende Textelemente noch verstärkt: „Leider lecker" heißt es etwa auf einer Titelseite vor dem Hintergrund eines die Leser frontal anblickenden Lamms (2/2015), und Collagen von Geflügeltieren und den aus ihnen zubereiteten Gerichten werden versehen mit individualisierenden Titeln, wie „Fasan Franz" („[f]lambiert mit Calvados") oder „Wachteln Wendy, Willi, [und] Wiebke" („in Folie gewickelt im Backofen braten") (6/2016: 173, 182).

Einerseits lesen sich diese Arrangements als Versuche, die Anmut des Tieres demonstrativ zu instrumentalisieren, um dem daraus hergestellten Gericht eine analoge Dignität und Legitimität zu verleihen; andererseits bilden sie eine Technik, die den Zusammenhang zwischen Tier und Speise als unproblematisch erscheinen lässt und so jeder ethischen Kritik die Grundlage entzieht. Schließlich führt diese Strategie aber auch zu einer wohlintendierten Relativierung von Gewaltpraktiken: So werden etwa das Bild eines Kaninchens und die Anleitung zu seiner Zubereitung überschrieben mit: „Jetzt gibt es wieder Kaninchen. [...] So machen Sie es fertig!"; neben dem an seinen Hinterläufen hängenden Tier heißt es: „Kopfüber ins Vergnügen" und die Hinweise zum Abziehen des Tieres auf der nächsten Seite zerstreuen noch die letzten Zweifel: „Kein Trick! Für diese Bilder musste wirklich ein Tier sterben. Aber das war es uns wert" (alle 1/2009: 11 f.). Systematische Neutralisierungen (vgl. Sykes/Matza 1957) wie diese finden sich in „BEEF!" wiederkehrend.[11] „Wenn Männer kochen", so weiß die programmatische „Satzung des ‚Männer kochen für Männer e.V.'" (1/2009: 60), dann „müssen Flaschen zu Bruch gehen, muss Blut fließen, müssen Tiere sterben".

## *Interpretation und Ausblick*

In der Zusammenschau der Texte zeichnen sich einige Muster ab, die sich vor dem Hintergrund des zuvor skizzierten theoretischen Rahmens deuten lassen. Die Debatte über Fleischverzicht ist in eine diskursive Gesamtlage eingelassen, in der die Legitimität des Themas als solche nicht mehr eigens begründet werden muss und sich die orthodoxen Gegner/innen des Vege-

---

11 So wirbt etwa ein Bericht über hochwertige Küchenmesser ironisch mit einem „Ritualmord an einem Huhn" um Aufmerksamkeit („Blutbad – Das Töten geht weiter"; 1/2009: 50).

tarismus in einer defensiven Ausgangsposition wiederfinden: Der Konsum von Fleisch ist in grundsätzlicher Weise ‚problematisch' geworden (Rückert-John 2017). Allen Positionierungen ist überdies gemein, dass die ‚Kulturbedeutung' von Ernährungsweisen und Haltungen zum Konsum von Tierprodukten außer Frage steht und der Debatte insoweit entzogen ist: Sie bildet den Rahmen, in dem orthodoxe und heterodoxe Positionen aufeinandertreffen, den notwendigen ‚Konsens im Dissens', der die Vertreter/innen der unterschiedlichen Positionen eint.

Dabei fällt auf, in welchem Umfang die Argumentationen der verschiedenen Sprecher/innen auf ganz unterschiedliche Aspekte der Thematik abstellen und insofern in hohem Maße ‚aneinander vorbeilaufen'. Vielfach stellt sich damit der Eindruck ein, dass es weniger um den Austausch rationaler Argumente geht als um die Etablierung legitimer Topoi und Bedeutungen, die Besetzung und Durchsetzung bestimmter Begriffe, Denk- und Redeweisen. Zum Gegenstand der Debatte wird damit weniger das Für und Wider einer ethischen Begründung des Vegetarismus, sondern vielmehr die Frage, ob und in welchem Umfang das Thema überhaupt als ein genuin ethisches codiert beziehungsweise unter anderen Gesichtspunkten verhandelt werden muss. Dies zeigt sich besonders deutlich daran, dass diejenigen Beiträge, die für eine vegetarische Ernährungsweise argumentieren, durchgängig die ethisch-moralische Dimension in den Vordergrund rücken, während bei den Vertreter/innen der Orthodoxie diese Dimension systematisch an den Rand gedrängt und an ihrer Stelle meist andere Argumente in Anschlag gebracht werden. Ferner ist beachtenswert, dass die mit Elias motivierbare Deutung, nach welcher der Fleischverzicht in einen langfristigen Wandel fundamentaler Moralvorstellungen und Verhaltensweisen eingebettet ist, für die Befürworter/innen des Vegetarismus durchaus ein zentrales Motiv bildet (ganz explizit bei Kaplan), bei seinen Gegner/innen aber vollständig negiert bzw. ignoriert wird. In diesen Asymmetrien des Diskurses manifestieren sich entsprechend differierende Strategien zur inhaltlichen Ausdeutung und Besetzung der Thematik.

Bemerkenswert ist zudem, in welchem Maße vor allem die Heterodoxie sich dieser Logik des Diskurses bewusst scheint, wenn es ihr immer wieder explizit um die Sichtbarmachung des Unsichtbaren, die Aufdeckung des Verborgenen zu tun ist, das heißt um die Überführung von (unhinterfragbarer) Doxa in (kritisierbare) Orthodoxie als einer dominanten Position neben anderen möglichen Positionierungen. Dies gilt vor allem für die Sichtbarmachung der vermeintlichen ‚Alternativlosigkeit' des Fleischkonsums, der als sozial konstruierter und abgesicherter „Normalfall" erst einmal grundsätzlich in Zweifel gesetzt werden müsse, um seinen Optionscharakter aufzudecken und eine diskursive Auseinandersetzung überhaupt zu ermöglichen (so Joy und Foer). Sehr deutlich orientiert dieses Motiv auch etwa das Vorwort von Hilal Sezgin zu Joys Buch, in dem die gegenwärtige Entwicklung des Diskurses als eine Situation des Umbruches gekennzeichnet wird, in der aus der „scheinbaren Selbstverständlichkeit des Fleischessens [...] eine moralisch-politische Debatte geworden" sei (Joy 2016: 9). Auf der Gegenseite entspricht diesem Versuch die grundsätzliche Infragestellung eben jenes Optionscharakters, die beispielsweise darin ihren Ausdruck findet, dass die vegetarische Ernährung gar nicht erst als „Ernährungsweise" zugelassen, sondern als „Marotte" oder „Religion" abqualifiziert wird, an deren konsequentem Ende die „Lichtnahrung" stehe (Pollmer et al. 2015: 10, 18 f.). In diesem Zusammenhang ist auch die insbesondere in „BEEF!" anzutreffende Diskursstrategie hervorzuheben, gerade die ‚Normalität' und ‚Natürlichkeit' des Fleischkonsums zu betonen und einen als selbstverständlich und unproblematisch inszenierten, gleichsam gänzlich ‚amoralischen' Zusammenhang von Tier und Fleisch festzuschreiben.

Mit Blick auf die Positionierungen der Befürworter/innen des Fleischkonsums fällt weiterhin auf, dass der Tonfall hier insgesamt offensiver und polemischer ausfällt. Elias' Ansatz lässt dabei solche Abwehrreaktionen und rhetorischen Radikalisierungen erwarten, denn für etablierte Positionen bedeutet schon „die bloße Existenz interdependenter Außenseiter [...] ein Ärgernis; sie wird von ihnen als ein Angriff auf ihr Wir-Bild und Wir-Ideal wahrgenommen", und die „scharfe Ablehnung und Stigmatisierung der Außenseiter ist der Gegenangriff" (Elias/Scotson 1993: 48 f.). In diesen Zusammenhang fallen die vielfältigen Versuche der Pathologisierung (Pollmer und Keith) und Infantilisierung von Vegetarier/innen (Keith 2015: 12, 15, 73). Gerade der Verweis auf den Vegetarier Hitler (Pollmer et al. 2015: 15) und die Assoziation von Vegetarismus und Nationalsozialismus stellen aber ein Lehrbuchbeispiel für den von Elias und Scotson (1993: 166 ff.) beschriebenen „Schimpfklatsch" dar, mit dem Etablierte, die sich in ihrer Position bedroht wähnen, Außenseiter zu diskreditieren suchen – neigt doch „eine Etabliertengruppe dazu, der Außenseitergruppe insgesamt die ‚schlechten' Eigenschaften der ‚schlechtesten' ihrer Teilgruppen [...] zuzuschreiben" (ebd.: 13).

Schließlich zeigt sich anhand der hier behandelten Diskursstimmen deutlich, dass in der Debatte um den Vegetarismus weit mehr ‚auf dem Spiel' steht als lediglich bestimmte Ernährungsvorlieben. Vielmehr laufen darin elementarere Fragen mit, die in unterschiedlichen Positionierungen immer wieder an die Oberfläche dringen: Zuvorderst die Frage danach, wie das Verhältnis von Mensch und Tier grundsätzlich gedacht wird, und damit im nächsten Schritt immer auch die umfassendere symbolische Organisation von Natur, Kultur und Gesellschaft, also die Frage nach dem Selbstverständnis des Menschen von sich selbst und seiner Stellung in der Welt schlechthin (vgl. nur Eder 1988: 176 ff.). „Das Thema Tiere essen", so Foer (2015: 303), „schlägt Saiten an, die tief in unserer Selbstwahrnehmung nachhallen", und dieser „Nachhall ist potenziell kontrovers, potenziell bedrohlich, potenziell anregend, aber immer bedeutungsvoll". Kontroversen über diese fundamentalen Entscheidungen sind daher immer auch soziale Konflikte, und in diesen steht, wie Eva Barlösius jüngst noch einmal betont hat, die Legitimität unterschiedlicher Lebensweisen insgesamt zur Debatte: „Die ständige moralische Aufforderung, sich anders zu verhalten, ist eine Entwertung des bisherigen Lebensstils", und zu den möglichen Reaktionen auf diese Infragestellung zählen „Trotz und soziale[r] Protest: Ich lasse mir meine Wurst nicht vom Brot nehmen" (nach: Schäfer/Spiewak 2016). Natürlich sind eine solche Verteidigung des Bestehenden ebenso wie ihre Infragestellung „völlig legitim", und gerade weil Essgewohnheiten so „eng verbunden [sind] mit Tradition und Identität", sind rationale Argumente nur begrenzt geeignet, Widersprüche zu beseitigen und das jeweilige Gegenüber zu ‚bekehren' – Machtkämpfe um die Durchsetzung legitimer Sichtweisen dagegen vorprogrammiert und Konflikte sowie wechselseitige Anfeindungen geradezu systematisch erwartbar. Gerade sofern die Konjunkturen des Vegetarismusdiskurses in einen größeren zivilisationstheoretischen Zusammenhang eingetragen werden können, ist also noch für längere Zeit mit konflikthaften Auseinandersetzungen über die Bewertung des Fleischkonsums zu rechnen. Mit Holbach und – dort anschließend – Norbert Elias (1997b: 465) gilt dann auch weiterhin: „Die Zivilisation ist noch nicht abgeschlossen. Sie ist erst im Werden."

*Literaturverzeichnis*

Adams, Carol J. (1990): The Sexual Politics of Meat: A Feminist-Vegetarian Critical Theory, New York: Continuum.

Anders, Kenneth (2000): Die unvermeidliche Universalgeschichte. Studien über Norbert Elias und das Teleologieproblem, Opladen: Leske + Budrich.

Barlösius, Eva (2011): Soziologie des Essens. Eine sozial- und kulturwissenschaftliche Einführung in die Ernährungsforschung, 2., völlig überarb. u. erw. Aufl., Weinheim/München: Juventa.

Bastian, Brock / Steve Loughnan / Nick Haslam / Helena R. M. Radke (2012): Don't Mind Meat? The Denial of Mind to Animals Used for Human Consumption, in: Personality and Social Psychology Bulletin 38(2), S. 247-256.

Beardsworth, Alan / Teresa Keil (1992): The vegetarian option: varieties, conversions, motives and careers, in: The Sociological Review 40(2), S. 253-293.

Blok, Anton (1979): Hinter Kulissen, in: Peter Gleichmann/Johan Goudsblom/ Hermann Korte (Hrsg.): Materialien zu Norbert Elias' Zivilisationstheorie, Frankfurt/M.: Suhrkamp, S. 170-193.

Bourdieu, Pierre (1974): Künstlerische Konzeption und intellektuelles Kräftefeld, in: ders: Zur Soziologie der symbolischen Formen, Frankfurt/M.: Suhrkamp, S. 75-124.

Bourdieu, Pierre (1992): Homo academicus, Frankfurt/M.: Suhrkamp.

Bourdieu, Pierre (1993): Sozialer Sinn. Kritik der theoretischen Vernunft, Frankfurt/M.: Suhrkamp.

Bourdieu, Pierre (1996): Die Praxis der reflexiven Anthropologie, in: ders./Loïc J. D. Wacquant: Reflexive Anthropologie, Frankfurt/M.: Suhrkamp, S. 251-294.

Bourdieu, Pierre (2001a): Die Regeln der Kunst. Genese und Struktur des literarischen Feldes, Frankfurt/M.: Suhrkamp.

Bourdieu, Pierre (2001b): Meditationen. Zur Kritik der scholastischen Vernunft, Frankfurt/M.: Suhrkamp.

Eder, Klaus (1988): Die Vergesellschaftung der Natur. Studien zur sozialen Evolution der praktischen Vernunft, Frankfurt/M.: Suhrkamp.

Elias, Norbert (1992): Studien über die Deutschen. Machtkämpfe und Habitusentwicklung im 19. und 20. Jahrhundert, Frankfurt/M.: Suhrkamp.

Elias, Norbert (1997a): Über den Prozeß der Zivilisation. Soziogenetische und psychogenetische Untersuchungen, Bd. 1: Wandlungen des Verhaltens in den weltlichen Oberschichten des Abendlandes, Amsterdam/Frankfurt/M.: Suhrkamp.

Elias, Norbert (1997b): Über den Prozeß der Zivilisation. Soziogenetische und psychogenetische Untersuchungen, Bd. 2: Wandlungen der Gesellschaft. Entwurf zu einer Theorie der Zivilisation, Amsterdam/Frankfurt/M.: Suhrkamp.

Elias, Norbert / John L. Scotson (1993): Etablierte und Außenseiter, Frankfurt/M.: Suhrkamp.

Evers, Barbara (2012): Figurational Sociology and Food Studies: The case of beer drinking rituals in 20th century Germany, in: The Annual Conference of The Australian Sociological Association 2012 (online: https://www.tasa.org.au/wp-content/uploads/2012/11/Evers-Barbara.pdf).

Foer, Jonathan Safran (2015): Tiere essen, 5. Aufl., Frankfurt/M.: Fischer.

Grossarth, Jan (2015): Udo Pollmer im Porträt: Der Veganerfresser, in: Frankfurter Allgemeine Zeitung, 22. März 2015 (online: http://www.faz.net/aktuell/wirtschaft/udo-pollmer-im-portraet-der-veganerfresser-13497894.html).

Gutjahr, Julia (2012): Interdependenzen zwischen Tierausbeutung und Geschlechterverhältnis. Fleischkonsum und die soziale Konstruktion von Männlichkeit, unveröff. Diplomarbeit, Institut für Soziologie, Universität Hamburg.

Hinz, Michael (2002): Der Zivilisationsprozess: Mythos oder Realität? Wissenschaftssoziologische Untersuchungen zur Elias-Duerr-Kontroverse, Opladen: Leske + Budrich.

IfD Allensbach (2013): „Veggie Day" – In der Bevölkerung halten sich Zustimmung und Ablehnung in etwa die Waage, Allensbacher Kurzbericht, 19. September 2013 (online: http://www.ifd-allensbach.de/uploads/tx_reportsndocs/PD_2013_06.pdf).

Ingensiep, Hans Werner (2001): Geschichte der Pflanzenseele. Philosophische und biologische Entwürfe von der Antike bis zur Gegenwart, Stuttgart: Alfred Kröner.

Joy, Melanie (2016): Warum wir Hunde lieben, Schweine essen und Kühe anziehen. Karnismus – eine Einführung, 6., überarb. Aufl., Münster: compassion media.

Kaplan, Helmut F. (2011): Leichenschmaus. Ethische Gründe für eine vegetarische Ernährung, 4., akt. Neuaufl., Norderstedt: Books on Demand.

Kaplan, Helmut F. (o. J.): Tierrechte – das Ende einer Illusion? In der Praxis ist die Tierrechtsbewegung bisher grandios gescheitert (online: http://www.tierrechte-kaplan.org/kompendium/index.html).

Keith, Lierre (2015): Ethisch essen mit Fleisch – Eine Streitschrift über nachhaltige und ethische Ernährung mit Fleisch und die Missverständnisse und Risiken einer streng vegetarischen und veganen Lebensweise, übersetzt und bearbeitet von Ulrike Gonder, 2. Aufl., Lünen: systemed.

Leahy, Eimear / Seán Lyons / Richard Tol (2011): Determinants of Vegetarianism and Meat Consumption Frequency in Ireland, in: The Economic and Social Review 42(4), S. 407–436.

Loughnan, Steve / Boyka Bratanova / Elisa Puvia (2012): The Meat Paradox: How Are We Able to Love Animals and Love Eating Animals?, in: In Mind 1, S. 15-18.

Mennell, Stephen (1985): All Manners of Food. Eating and Taste in England and France from the Middle Ages to the Present, Oxford: Blackwell.

Mensink, Gert B. M. / Clarissa Lage Barbosa / Anna-Kristin Brettschneider (2016): Verbreitung der vegetarischen Ernährungsweise in Deutschland, in: Journal of Health Monitoring 1(2) (online: www.rki.de/DE/Content/Gesundheitsmonitoring/Gesundheitsberichterstattung/GBEDownloadsJ/JoHM_2016_02_ernaehrung1a.pdf).

Neckel, Sighard (1991): Status und Scham. Zur symbolischen Reproduktion sozialer Ungleichheit, Frankfurt/M./New York: Campus.

Oesterdiekhoff, Georg W. (2003): Macht und Moral in zivilisationstheoretischer Perspektive, in: Matthias Junge (Hrsg.): Macht und Moral. Beiträge zur Dekonstruktion von Moral, Wiesbaden: Westdeutscher, S. 79-99.

Parry, Jovian (2010): Gender and slaughter in popular gastronomy, in: Feminism & Psychology 20(3), S. 381-396.

Piazza, Jared / Matthew B. Rubyb / Steve Loughnanc / Mischel Luongd / Juliana Kulikb / Hanne M. Watkins / Mirra Seigermand (2015): Rationalizing meat consumption. The 4Ns, in: Appetite 91, S. 114–128.

Pollmer, Udo / Georg Keckl / Klaus Alfs (2015): Don't Go Veggie! 75 Fakten zum vegetarischen Wahn, 2. Aufl., Stuttgart: S. Hirzel.

Popitz, Heinrich (2004): Prozesse der Machtbildung, in: ders.: Phänomene der Macht, 2., stark erw. Aufl., Tübingen: Mohr Siebeck, S. 185-231.

Prahl, Hans-Werner/Monika Setzwein (Hrsg.) (1999): Soziologie der Ernährung, Opladen: Leske + Budrich.

Rückert-John, Jana (2017): „Ich kann meine persönliche Identität durch Essen verfestigen, mich von anderen unterscheiden und abgrenzen." (Interview), Forum Moderne Landwirtschaft (online: http://www.moderne-landwirtschaft.de/ich-ka nn-meine-persoenliche-identitaet-durch-essen-verfestigen-mich-von-anderen-unt erscheiden-und).

Schäfer, Susanne / Martin Spiewak (2016): „Wir könnten auch Ratten und Katzen essen". Ernährung ist Kultur. Sie spiegelt Geschichte, Geschlecht, sozialen Status und moralische Wertmaßstäbe. Ein Gespräch mit der Soziologin Eva Barlösius, in: DIE ZEIT 6/2016 (online: http://www.zeit.de/2016/06/ernaehrung-kultur-sozi ologie).

Schösler, Hanna / Joop de Boer / Jan J. Boersema / Harry Aiking (2015): Meat and masculinity among young Chinese, Turkish and Dutch adults in the Netherlands, in: Appetite 89, S. 152-159.

Schröter, Michael (1990): Scham im Zivilisationsprozess. Zur Diskussion mit Hans Peter Duerr, in: Hermann Korte (Hrsg.): Gesellschaftliche Prozesse und individuelle Praxis. Bochumer Vorlesungen zu Norbert Elias' Zivilisationstheorie, Frankfurt/M.: Suhrkamp, S. 42-85.

Setzwein, Monika (1997): Zur Soziologie des Essens. Tabu. Verbot. Meidung, Opladen: Leske + Budrich.

Seubert, Annabelle (2015): Männer wollen Fleisch. BEEF! will ein Magazin für Männer von heute sein und fotografiert Steaks wie Frauen. Eine Erkundung, in: zeozwei 4/2015 (online: http://www.taz.de/!161148/).

Singer, Peter (1975): Animal Liberation: A New Ethics for Our Treatment of Animals, New York: HarperCollins.

Singer, Peter (1979): Practical Ethics, Cambridge: Cambridge University Press.

Sykes, Gresham M. / David Matza (1957): Techniques of Neutralization: A Theory of Delinquency, in: American Sociological Review 22(6), S. 664–670.

WHO (2003): Diet, Nutrition and the Prevention of Chronic Diseases. Report of a Joint WHO/FAO Expert Consultation, Genf: World Health Organization (online: http://www.who.int/dietphysicalactivity/publications/trs916/en/).

Wilterdink, Nico (1984): Die Zivilisationstheorie im Kreuzfeuer der Diskussion. Ein Bericht vom Kongreß über Zivilisationsprozesse in Amsterdam, in: Hermann Korte / Peter Gleichmann / Johan Goudsblom (Hrsg.): Macht und Zivilisation. Materialien zu Norbert Elias' Zivilisationstheorie 2, Frankfurt/M.: Suhrkamp, S. 280-304.

Witte, Daniel (2014): Auf den Spuren der Klassiker. Pierre Bourdieus Feldtheorie und die Gründerväter der Soziologie, Konstanz/München: UVK.

Wouters, Cas (1999): Informalisierung. Norbert Elias' Zivilisationstheorie und Zivilisationsprozesse im 20. Jahrhundert, Opladen: Westdeutscher.

*Daniel Witte*

YouGov (2015): Überwiegend vegan: Flexibilität kommt vor Konsequenz, 22. Juni 2015 (online: https://yougov.de/news/2015/06/22/uberwiegend-vegan-flexibilitat-kommt-vor-konsequen/).

# Der Gesundheitswert veganer Lebensmittel zwischen Verbraucheranspruch und Werbeversprechen[*]

*Beate Gebhardt, Daniela Müssig und Katrin Mikulasch*

## 1 Einführung

Mit dem Wunsch der Verbraucher/innen nach „gesunder Ernährung" sowie der zunehmenden Kritik an der Art der Tierhaltung und der Lebensmittelproduktion im Allgemeinen (TNS Emnid 2012; Böhm et al. 2009) geht der Trend einer veganen Ernährung einher. Etwa eine Million Deutsche ernährt sich konsequent vegan und etwa acht Millionen vegetarisch (YouGov 2014). In einer vegetarischen Ernährung werden neben pflanzlichen Produkten nur Produkte vom lebenden Tier verzehrt; sie ist primär fleischlos.

In einer veganen Ernährung werden darüber hinaus alle tierischen Produkte vermieden (VSE o.J.) und sie wird daher als „konsequenteste Form" (Leitzmann 2014: 15) der vegetarischen Ernährung bezeichnet. Als die wichtigsten Gründe für eine fleischlose Ernährung gelten moralische Aspekte (63 %), gefolgt von gesundheitlichen Motiven (20 %) (Friedrich-Schiller-Universität Jena 2012; ebenso VZ 2016: 14 f.). Vegane Lebensmittel werden dabei nicht alleine von Veganer/innen oder Vegetarier/innen gekauft, sondern auch von allen, die ihren Fleischkonsum reduzieren möchten. Infolge der veränderten Nachfrage hat sich das Lebensmittelangebot geändert und der Umsatz mit vegetarisch-veganen Lebensmitteln ist in den letzten Jahren in starkem Maße gestiegen. Die Zunahme des Verzehrs veganer Lebensmittel lag zuletzt bei rund 25 Prozent. Nielsen (2016) beziffert das Marktvolumen im Jahr 2014 auf 289 Millionen Euro. Das Institut für Handelsforschung (IFH Köln 2016) legt für das Jahr 2015 einen Wert in Höhe von 454 Millionen Euro vor. Auch für die Zukunft wird eine weitere starke Zunahme dieses Marktsegments prognostiziert (YouGov 2014) – ebenfalls im Biohandel (BioVista 2015). Vegane Lebensmittel sind inzwischen nicht mehr nur in Reformhäusern und Bioläden erhältlich, sondern auch in vielen konventionellen Supermärkten und Drogeri-

---

[*] Bei dem vorliegenden Beitrag handelt es sich um einen deutschsprachigen Vorabdruck.

en. Sogar eine vegane Supermarktkette ist entstanden (Christoffer / Ungerer o.J.). Neben der Verfügbarkeit in unterschiedlichen Handelsformaten hat auch die Produktvielfalt vegetarisch-veganer Lebensmittel deutlich zugenommen. Zu den umsatzstärksten Warengruppen zählen Fleisch- und Milchimitate sowie pflanzliche Brotaufstriche (IFH Köln 2016).

Werbung, vor allem im Ernährungssektor, gilt als Spiegel der Alltagskultur: Werbung präsentiert kollektive Vorstellungen und Werte einer Gesellschaft (Karmasin 2001). Um ein Produkt erfolgreich zu vermarkten, muss die Argumentation überzeugen und die Wünsche der Konsument/innen ansprechen. Das Ziel, Kaufentscheidungen zu beeinflussen und damit Umsatz und Verkaufszahlen zu generieren, gilt als vordergründig für Werbung. Nach Felser (2015: 8) sind mit dieser Art der Beeinflussung vor allem die Aktivierung ("Motivieren") und die Veränderung von Verhaltensweisen und Konsumgewohnheiten ("Sozialisieren") sowie der Aufbau von angenehmen Assoziationen mit einem Produkt ("Verstärken") gemeint. Werbung kann auch Sachinformationen, emotionale Erlebnisse und Zeitvertreib bieten (DIW Econ 2016: 3 f.; Felser 2015: 5 f.; Kroeber-Riel / Weinberg 2003: 607 ff.). Hieraus entsteht ein Spannungsfeld, und zwar vor allem dann, wenn besonders hohe Ansprüche an den Informationsgehalt und die Glaubwürdigkeit der Unternehmenskommunikation gestellt werden, wie bei moralisch aufgeladenen oder nachhaltigen Produkten (Belz / Ditze 2005: 75; Schrader 2005: 63 f.; Mast 2012). Kritiker/innen mahnen nun, dass die Gesundheitsversprechen Verbraucher/innen täuschen: Vegane Lebensmittel seien nicht per se gesünder (Legisa 2015; Klavitter 2014). Diese medial getragene Kritik fußt auf einem Marktcheck von veganen Fertiglebensmitteln der Verbraucherzentrale Hamburg, bei dem vor allem ein überhöhter Fettgehalt und Zusatzstoffe (insbesondere Salz) auffielen (VZHH 2014a). Weitere Tests gelangten ebenfalls zu dieser Einschätzung (Ökotest 2016; Stiftung Warentest 2016). Die Kritik betrifft Bioprodukte und Nicht-Bioprodukte gleichermaßen. Da viele Farb- und Konservierungsstoffe bei Biolebensmitteln nicht zugelassen sind, werden bio-vegane Lebensmittel letztlich als vorteilhafter beurteilt (Schwartau 2014; Ökotest 2016). Gerungen wird nun nicht mehr alleine darum, ob eine vegane Ernährungsweise an sich gesünder ist als eine nicht-vegane (Leitzmann 2014; Keller 2013), sondern auch darum, wie es um die gesundheitsfördernden respektive gesundheitsschädigenden Effekte der als vegan ausgelobten Lebensmittel und Ersatzprodukte bestellt ist. Grundsätzlich gilt, dass gesundheitsbezogene Werbeaussagen seit der im Jahr 2012 umgesetzten Health-Claim-Verordnung wissenschaftlich belegt sein müssen und damit in nachprüfbare Schranken verwiesen wurden. Seitdem gilt das sogenannte Verbotsprinzip, nach dem alle gesundheitsbezogenen Aussagen, die nicht ausdrücklich erlaubt sind, verboten sind (Meyer 2011). Bevor Rückschlüsse über den Täuschungsverdacht vorschnell gezogen werden, müssen folgende Fragen geklärt und beantwortet werden:

- Werden Gesundheitsversprechen vonseiten der Hersteller veganer Lebensmittel getätigt? Und wenn ja, welche? Es fehlen bislang wissenschaftliche Untersuchungen, wie und mit welchen Botschaften für vegane Lebensmittel geworben wird.
- Welcher Verbraucheranspruch besteht an vegane Lebensmittel und die damit verbundenen gesundheitsbezogenen Erwartungen? Diese Fragestellung wurde hinsichtlich konsistenter und vielfältiger Attribute bislang ebenfalls nicht untersucht.

Diese beiden Perspektiven – Gesundheitsversprechen von Unternehmen und gesundheitsbezogene Erwartungen der Verbraucher/innen an vegane Lebensmittel – werden im vorliegenden Beitrag zunächst einzeln betrachtet (Kapitel 3) und danach einander gegenübergestellt (Kapitel 4). Dem liegen zwei empirische Untersuchungen aus dem Jahr 2015 zugrunde, die am Fachgebiet Agrarmärkte und Marketing der Universität Hohenheim durchgeführt wurden: 1.) Eine Onlinebefragung unter Verbraucher/innen zur Ernährung mit veganen Lebensmitteln sowie 2.) eine Inhaltsanalyse von Werbeanzeigen veganer Lebensmittel in Special-Interest-Magazinen. Geklärt werden muss letztlich, ob sich Verbraucher/innen überhaupt getäuscht fühlen (Becker / Burchardi 1996). Zur Einordnung der Studienergebnisse wird der Stand der Forschung hinsichtlich der Erwartungen der Verbraucher/innen zur Gesundheit mit veganen Lebensmitteln sowie zur unternehmerischen Kommunikation, insbesondere mit Werbung, in Kapitel 2 dargelegt.

## 2 Grundlegende und theoretische Überlegungen

### 2.1 Herausforderungen der Kommunikation der Ernährungswirtschaft

Mit der Ausdifferenzierung der Arbeits- und Lebenswelt sowie den gestiegenen Hygieneanforderungen in der Lebensmittelproduktion wird der direkte und persönliche Kontakt der Verbraucher/innen zur Land- und Ernährungswirtschaft in zunehmendem Maße geringer (Reisch et al. 2013). Verbraucher/innen begegnen Lebensmittel häufig erst an der „Ladentheke", oft verwendetes Sinnbild des Point of Sale. Die immer komplexer werdende Konsumwelt und die zunehmende Industrialisierung der Nahrungsmittelproduktion überfordern und verunsichern jedoch viele Menschen

(Brunner 2011: 210 f.; BMEL / MRI 2008: 120 f.; Bosshart / Hauser 2008: 38). Dies zeigt sich in besonderem Maße beim Fleisch: Die derzeitigen Haltungsformen der Nutztiere und die Produktion in Massentierhaltungsanlagen führen zu wachsender Kritik sowie zu Forderungen nach mehr Tierwohl und der Reduktion des Fleischverzehrs (WBA 2015; VEBU 2016). Die Herstellungsbedingungen und das Produktumfeld von Lebensmitteln werden immer wichtiger für Verbraucher/innen (Meyer-Höfer 2016; Otto-Group 2011: 6 ff.; Sehrer et al. 2005: 18 ff.). Aber auch die von Verbraucher/innen gewünschte Transparenz und Rückverfolgbarkeit der Lebensmittelproduktion stellen eine Herausforderung aufgrund der Waren- und Informationsmenge dar. Das vielfältige und ständig verfügbare Warenangebot führt zur Übersättigung im doppelten Sinne: zur ernährungsphysiologischen „Überernährung" (Brunner 2011: 203) sowie zur kognitiven Überlastung. Die Informationsflut führt dazu, dass ein Großteil der Informationen von den Verbraucher/innen nicht wahrgenommen wird. Sie reklamieren ein Zuviel, vor allem an „unwichtiger" oder „unglaubwürdiger" Information (Zühlsdorf / Spiller 2012). Für Werbung gilt dies in besonderem Maße (Felser 2015: 5; DIW Econ 2016: 3). Damit steht die Kommunikation der Ernährungswirtschaft mit den Verbraucher/innen vor besonderen Herausforderungen. Nach Ansicht von Theuvsen (2015) hat es die Agrarwirtschaft versäumt, die kommunikative Beziehung zu den Menschen selbst aktiv zu pflegen. Themen, die von den Medien selektiert und forciert in den Vordergrund gestellt werden, finden demnach nahezu unreflektiert den Weg zu den Verbraucher/innen (Kohne / Ihle 2016). Die schlechte Reputation der Ernährungswirtschaft in der Öffentlichkeit, vor allem der Fleischwirtschaft (Spiller et al. 2012), und der langsame Rückgang des durchschnittlichen Fleischverzehrs der deutschen Bevölkerung in den letzten Jahren (BVDF 2017) werden damit in Verbindung gebracht (Busch / Hamm 2015: 57; Linzmaier 2007).

## 2.2 Aspekte und Bedeutung einer „gesunden Ernährung"

Nahrung ist für Menschen von existenzieller Bedeutung. Lebensmittel werden zur Bedürfnisbefriedigung, vor allem zur Ernährung des menschlichen Körpers, verzehrt. Ihr Grundnutzen hierbei ist der Brennwert. Es geht Verbraucher/innen jedoch nicht alleine um die Sättigung, sondern um die Motivallianz beziehungsweise die Vielzahl weiterer Attribute, die als Zusatznutzen von Lebensmitteln unterschiedliche Bedeutung für sie haben. Persönliches Wohlergehen und die eigene Gesundheit können dabei ebenso zum Tragen kommen wie ökologische und soziale Aspekte in der Lebensmittelherstellung oder moralische Ansprüche an die Ernährung (Meyer-Höfer 2016: 6 ff.; Arens 2011: 288; Brunner 2011: 203; Jayson et al. 2009). Die Frage, was „gesunde Ernährung" ist, konnte bisher nicht umfassend wissenschaftlich beantwortet werden: Die Wirkung von Nährstoffen im Zusammenspiel mit persönlichen Dispositionen und Ernährungsweisen gilt als zu komplex (BMBF 2017). Die Deutsche Gesellschaft für Ernährung (DGE) stellt als Hilfestellung zehn Regeln auf, die helfen sollen, „genussvoll und gesund erhaltend zu essen" (DGE 2017). Hierbei benennt sie eine „abwechslungsreiche Auswahl" an Essen und Trinken sowie eine „angemessene Menge und Kombination nährstoffreicher und energiearmer Lebensmittel". Außerdem empfiehlt die DGE den Verzehr pflanzlicher anstelle tierischer Lebensmittel, ebenso „sich Zeit zu nehmen" und „in Bewegung zu bleiben". Eine solchermaßen „gesunde Ernährung" verringert laut der Weltgesundheitsorganisation ernährungsbedingte Gesundheitsprobleme und Krankheiten (WHO 2015). Thiele und Peltner (2015) betrachten das Produktattribut „Gesundheit" anhand der ernährungsphysiologischen Qualität von Lebensmitteln, wie deren Nährstoff- und Energiedichte. Ebenso Leitzmann (1993), der unter dem „Gesundheitswert" von Lebensmitteln außerdem die Bekömmlichkeit, die Toxizität (ebenso Stiftung Warentest 2013) und den Frischezustand versteht. Aus Verbrauchersicht wird ein solch geringer Verarbeitungsgrad der gewünschten „Naturbelassenheit" von Lebensmitteln zugeordnet, ebenso die Abwesenheit von Schad- und Zusatzstoffen (Sehrer et al. 2005: 20 ff.). Der Gesundheitswert besteht demnach aus mehreren Einzelattributen und stellt einen Teil des funktionellen Wertes von Lebensmitteln dar (Belz / Ditze 2005: 85 ff.; Meyer-Höfer 2016).

Das generelle Gesundheitsbewusstsein der Deutschen ist gestiegen (RKI 2014) und damit haben auch die entsprechenden Ansprüche an die Ernährung zugenommen. Dies spiegelt sich in Untersuchungen zu Einstellungen und Kaufabsichten sowie zum (selbstberichteten) Kaufverhalten wider. In einer Studie zum Einkauf- und Ernährungsverhalten aus dem Jahr 2014 bekunden 91 Prozent der 1.001 Befragten in Deutschland, dass ihnen eine „gesunde und ausgewogene Ernährung" wichtig sei. Davon geben sogar 47 Prozent an, dass es ihnen sehr wichtig sei (BMEL 2014). Die Studie weist dabei auf sozioökonomische Unterschiede hin. Für Frauen und mit steigendem Alter gewinnt eine gesunde und ausgewogene Ernährung an Bedeutung. Die Wichtigkeit variiert außerdem mit dem monatlichen Haushaltsnettoeinkommen und dem Bildungsgrad: Je höher deren Ausprägungen sind, desto höher ist das Gesundheitsbewusstsein in der Ernährung. Eine global angelegte Verbraucherstudie des Marktforschungsinstituts Nielsen aus dem Jahr 2015 erfragte, welche Eigenschaften Lebensmittel enthalten müssen, um als gesund zu gelten, und illustriert hierzu folgende Zusammenhänge in Deutschland (Nielsen 2015a; Nielsen 2015b): Viele Befragte berichten, dass ihnen „frische", „natürliche" und „wenig verarbeitete" Produkte hierbei besonders wichtig sind. Auch „Produkte regionaler Herkunft" oder „fair gehandelte Produkte" gelten für knapp die Hälfte der Befragten als gesünder als solche ohne diesen Zusatznutzen. Künstliche Farb- und Aromastoffe bei Lebensmittel rufen hingegen die Skepsis der Verbraucher/innen hervor. Ein großer Teil der Deutschen (65 Prozent) will vor allem Gentechnik in Lebensmitteln aus Gründen des Gesundheitsschutzes meiden. Weniger Salz, Zucker und Fett sowie mehr Ballaststoffe, Proteine und Vitamine findet rund ein Drittel der Deutschen sehr wichtig, um als gesundes Lebensmittel zu gelten (Nielsen 2015b).

Ob ein Produkt durch eine gesundheitsbezogene Angabe als gesünder bewertet wird, hängt auch vom Produkt selbst ab (Dean et al. 2012: 24; Siegrist et al. 2008: 529). Dabei scheint die Akzeptanz von gesundheitsbezogenen Angaben dann höher zu sein, wenn sie sich auf ein Produkt beziehen, das schon vorher mit positiven gesundheitsbezogenen Eigenschaften in Verbindung gebracht wurde: Fleischersatz gehört nicht dazu (Wills et al. 2012: 231). Oft wird ein solches Health Claim von Verbraucher/innen jedoch gar nicht wahrgenommen (Zühlsdorf / Spiller 2012). Eine höhere Kaufabsicht aufgrund von Gesundheitsangaben bestätigen Tuorila und Cardello (2002) sowie Bech-Larsen et al. (2001). Andere Studien hingegen verneinen dies (van Trijp / van der Lans 2007; Garretson / Burton 2000). Generell stellt die Konsumforschung eine steigende Relevanz von Gesundheit als Kaufmotiv im Lebensmittelbereich fest (Soederberg-Miller / Cassady 2015; Maroschek et al. 2008: 9 f.). In der tatsächlichen Kaufentscheidung bleibt dies jedoch hinter den Bekundungen zum Gesundheitsbewusstsein zurück. Auch impliziert das gestiegene Gesundheitsbewusstsein, insgesamt betrachtet, keinen Nachfragerückgang von Genussmitteln (Nielsen 2015a). Selbst nach Lebensmittelskandalen (Kohne / Ihle 2016) bleiben für die meisten Verbraucher/innen Geschmack, Frische und Preis die wichtigsten Kriterien in der Lebensmittelauswahl (Meyer-Höfer 2016: 10; Rückert-John et al. 2012; MRI / BfE 2008). Entscheidend ist letztlich, dass Lebensmittel nicht nur deshalb gekauft werden, weil sie als gesund oder nachhaltig erachtet werden, sondern weil der Geschmack die Verbraucher/innen überzeugt. In einer Analyse von Verbraucherwartungen beim Lebensmittelkauf – und entsprechenden Werbeversprechen – sind neben dem Gesundheitswert daher auch andere „food values" (Jayson et al. 2009), wie Gebrauchswert, ethischer Wert sowie weitere individuelle Werte (vgl. Kapitel 3), zu berücksichtigen.

## 2.3 „Gesunde Ernährung" als Teil des Ess- und Lebensstils

Ernährung ist heute ein Teil des individuellen Lebensstils. Hierbei sehnen sich Konsument/innen nach mehr Natürlichkeit und Einfachheit (Rützler / Reiter 2011: 85; Brunner 2011: 210 f.; Bosshart / Hauser 2008: 38). Sogenannte Natürlichkeit und Naturbelassenheit gelten als Zeichen guten und gesunden Essens (Nielsen 2015a). Barlösius (2011: 275 ff.) erkennt bei der Frage nach „gutem" oder „schlechtem" Essen beziehungsweise danach, was als richtig oder falsch gilt, vier appellartige Grundmuster: Darunter ist eine gesunde Ernährung zur Verpflichtung der Menschen katapultiert und derzeit allgegenwärtig. Ernährungstrends, wie Lebensmittel aus der Region, Biolebensmittel, Fairtrade sowie Vegetarismus und Veganismus, verdeutlichen die gegenwärtige Essmoral im Sinne von Barlösius (2011) in besonderem Maße. Meyer-Höfer (2016: 10 f.) wies die Bedeutung von Trends auch für nachhaltige Lebensmittel als Ganzes nach. Trends scheinen als Schlüsselindikatoren für eine sogenannte gesunde Ernährung die Entscheidungsfindung und Auswahl im Dschungel der Möglichkeiten beim Lebensmitteleinkauf zu vereinfachen. Sie bieten Orientierung und Lösungsversuche für aktuelle Problemstellungen (Rützler 2014: 11 f.). Solche als richtig „reglementierten Ernährungsstile" (Barlösius 2011: 71), die einen gesundheitsorientierten Lebensstil ausdrücken, können auch dazu dienen, soziale Distanzen sichtbar zu machen und die eigene Positionierung im sozialen Gefüge auszudrücken. Der Ernährungsstil ist dann Ausdruck von Überlegenheit und Selbstbestimmtheit gegenüber einer als unreflektiert geltenden Ernährungsweise (Barlösius 2011: 70 ff.). Vor allem für den Vegan-Trend werden solch eine Positionierung und ein Ausdruck von Überlegenheit festgestellt (Busch / Hamm 2015: 53; Janovsky 2013; vegan.eu o.J.).

Mehrere Ernährungsstile können hinsichtlich des Fleisch- beziehungsweise Nichtfleischverzehrs unterschieden werden, darunter Omnivore, Flexitarier und Vegetarier. Omnivore verzehren ein breites Spektrum tierischer und pflanzlicher Nahrung (Gruber et al. 2014: 51). Der Volksmund nennt sie „Allesfresser" (Zittlau 2012), Ernährungswissenschaftler/innen bezeichnen sie auch als „Mischköstler" (VZ 2016). Menschen, die ihren Fleischverzehr beschränken und „nur selten" und dann „ausgewähltes Fleisch" essen, können nach Cordts et al. (2013) als Flexitarier gelten. Sie essen Fleisch und Wurstwaren in dem Maße, wie von der Deutschen Gesellschaft für Ernährung (DGE) empfohlen: 300 bis 600 Gramm Fleisch und Wurst pro Woche (DGE 2017). Vegetarier verzehren hingegen lediglich pflanzliche Nahrung oder Produkte, die vom lebenden Tier stammen. Sie meiden Fleisch, Fisch oder Meeresfrüchte. Veganer als konsequenteste

Sonderform des Vegetarismus lehnen darüber hinaus alle tierischen Erzeugnisse oder Bestandteile ab, häufig auch in anderen Lebensbereichen, wie zum Beispiel bei Kleidung oder Kosmetika. Seit den 1990er Jahren erfährt der Veganismus wachsende Beliebtheit (VEBU 2016; Leitzmann / Keller 2013). Im Jahr 2013 ernährten sich durchschnittlich 21 Prozent der Deutschen omnivor, 47 Prozent verzehrten mehrmals in der Woche Fleisch oder Wurst, 27 Prozent zwei bis drei Mal in der Woche. Nur 1 Prozent ernährte sich vegan und 8 Prozent vegetarisch (Statista 2014: 140). YouGov (2014) beziffert rund 1 Million vegan (1 Prozent) und 8 Millionen (10 Prozent) vegetarisch lebende Menschen in Deutschland. Angesichts des jährlichen Fleischverzehrs von rund 59 Kilogramm pro Person in Deutschland (BLE 2016) repräsentiert der Markt für vegane Lebensmittel nur eine sehr kleine Nische. Der geschätzte Marktanteil liegt im Jahr 2015 zwischen 0,2 und 0,3 Prozent des Gesamtumsatzes an Nahrungsmitteln und Getränken (Nielsen 2016; IFH Köln 2016; Statistisches Bundesamt 2016).

## 2.4 Definition und Kennzeichnung veganer Lebensmitteln

„Vegan" ist ein Kunstwort. Die Vegan Society of England (VSE) schuf es im Jahr 1944 aus den ersten drei und den letzten zwei Buchstaben des Begriffs „vegetarian", und zwar mit dem Ziel, sich von der ovo-lacto-vegetarischen Ernährung als „konsequenterer Vegetarismus" abzugrenzen (VSE o.J.). In der Werbung und auch im heutigen Alltagsgebrauch werden die Begriffe „vegan", „vegetarisch" oder „rein pflanzlich" häufig undifferenziert oder als Synonyme verwendet (Taschan 2016: 49). „Fleischlos" oder „aus Soja" sind weitere Varianten, die vegane Lebensmittel vermuten lassen und damit zur Verwirrung der Verbraucher/innen beitragen (Ökotest 2016). Auch international existieren verschiedene Definitionen von vegan. Erst im April 2016 haben sich die Verbraucherminister der Bundesländer in Deutschland auf eine gemeinsame Definition „veganer Lebensmittel" geeignet, die nun der Lebensmittelkontrolle zugrunde gelegt werden soll: Demnach sind solche Lebensmittel vegan, „die keine Erzeugnisse tierischen Ursprungs sind und bei denen auf allen Produktions- und Verarbeitungsstufen keine Zutaten [..], Verarbeitungshilfsstoffe oder Nicht-Lebensmittelzusatzstoffe [..] verwendet werden, die tierischen Ursprungs sind" (VMSK 2016). Vegetarische Lebensmittel schließen vegane Lebensmittel ein, jedoch nicht umgekehrt. Vegane Lebensmittel treten dabei in vielen Erscheinungsformen auf: Imitate, Substitute oder Rohkost. Fleischersatzprodukte ähneln in Textur und Geschmack Fleisch, das Entsprechende gilt für Milch- oder Eierersatz. Neben diesen Imitaten zählen auch Substitute, wie pflanzliche Brotaufstriche, zu den veganen Lebensmitteln (IFH Köln 2016). Besonders bedeutsam in der vegetarisch-veganen Ernährung ist die Rohkost, also unverarbeitete, pflanzliche Nahrung, die jedoch nicht den veganen Lebensmitteln nach obiger Definition zugeordnet wird.

Ob ein Lebensmittel vegan oder nicht-vegan ist, kann von Verbraucherseite weder mit Blick alleine auf das Produkt vor dem Kauf, noch beim Verzehr eindeutig festgestellt werden, wenn dabei alle Produktions- und Verarbeitungsstufen und die hierbei verwendeten Zutaten und Hilfsstoffe berücksichtigt werden sollen (VMSK 2016). Da Verarbeitungshilfsstoffe auch nicht auf der Zutatenliste deklariert werden müssen, sind sie dort von Verbraucherseite ebenfalls nicht ersichtlich (vzbv 2015). Die Bezeichnung von veganen Lebensmittel als „vegetarisches Schnitzel" oder „Veggie-Wurst" irritiert darüber hinaus. Entsprechende Namen sollen daher auf Initiative des ehemaligen Bundeslandwirtschaftsministers Schmidt verboten werden (o.V. 2016). Vegan ist angesichts dieser Herausforderungen als Vertrauenseigenschaft (Darbi/Karni 1973; Jahn et al. 2005) zu verstehen. Erst zusätzliche informative Maßnahmen vonseiten der Hersteller/innen oder unabhängiger Organisationen beziehungsweise des Staates können helfen, die Informationsasymmetrien zu überwinden (Akerlof 1970). Ein solches Signal können Garantien, Kennzeichnungen oder Werbung darstellen (DIW Econ 2016: 6).

Verbraucher/innen wünschen sich Informationen über die Qualität von Lebensmitteln, bevorzugt auf den Verpackungen oder am Point of Sale (Soederberg Miller / Cassady 2015; Grunert et al. 2014; Zühlsdorf / Spiller 2012). Labels oder Kennzeichnungen am Endprodukt von externer Seite ziehen Verbraucher/innen anderen Formen der Unternehmenskommunikation vor (Gebhardt 2016: 53 f.). Hierzu zählt auch Werbung, deren Image in der Bevölkerung zwischen Faszination und Belästigung je nach Erscheinungsform und Zielgruppe schwankt (Felser 2015: 3 ff.). Bei sozialökologischen Themen nehmen es Konsument/innen besonders genau mit der Werbung und betrachten diese argwöhnisch. Eine ernsthafte und sachbezogene Ebene spielt hier aufgrund der nicht überprüfbaren Produkteigenschaften eine große Rolle und führt damit zum „Dilemma von Information und Animation" (Belz / Ditze 2005: 78) angesichts der stärker werdenden Informationsflut und des enormen finanziellen Werbevolumens. Studien schätzen, dass mehr als 95 Prozent der gedruckten Werbung von den Verbraucher/innen gar nicht wahrgenommen wird (Felser 2015: 5).

Aber auch die Kennzeichnung veganer Lebensmittel mit Labels gilt als sehr unübersichtlich, da viele Lebensmittelhersteller eigene Logos und Richtlinien verwenden (VZHH 2014b: 2). Ein staatliches Logo, das vegane und vegetarische Lebensmittel einheitlich kennzeichnet, fehlt bisher. Vegetarierverbände wollen mit ihren Labels für mehr Transparenz sorgen. Die „Vegan-Blume" der englischen Vegan Society (VSE), das „V-Label" des Vegetarierbundes Deutschland (VEBU) sowie das „Vegan-Label" der Veganen Gesellschaft Deutschland (vgd) gelten als empfehlenswert (aid 2016). Das „V-Label" ist am bekanntesten (Wehrmann 2016). Die Anforderungen sind jedoch uneinheitlich. Inhaltlich unterscheiden sich diese Vegan-Labels beispielsweise hinsichtlich ihrer Vorgaben zum Einsatz von Gentechnik, den Anforderungen einer separaten Produktionsanlage oder der Art der zugelassenen Verpackungsmaterialien. Die Verbraucherzentralen fordern daher, dass „vegan" EU-weit einheitlich und rechtsverbindlich definiert sowie ein staatliches, unabhängig kontrolliertes Siegel eingeführt werden (VZHH 2014b). Die Zutatenliste dient solange den meisten Veganer/innen und Vegetarier/innen als erster Anhaltspunkt, ob ein Lebensmittel vegan ist oder nicht. Als weitere Orientierungspunkte ziehen Verbraucher/innen die abgebildeten Labels, Aufdrucke beziehungsweise Bezeichnungen des Produkts als „vegan" oder eine andere marktbasierte Kommunikation der Hersteller, wie Werbung, heran (VZ 2016: 19).

## 2.5 Verbraucherwartungen zur Gesundheit veganer Lebensmittel

Vegane Lebensmittel sprechen eine breite Käuferschicht mit unterschiedlichen Motiven an. Gesundheitliche Motive spielen dabei eine bedeutende, oft aber nicht die wichtigste Rolle bei der Kaufentscheidung (VZ 2016). Die Erwartungen der Verbraucher/innen an vegetarisch-vegane Produkte ergründeten die Verbraucherzentralen im Sommer 2016 mit einer Befragung von rund 5.900 Verbraucher/innen aller Ernährungsstile. Die Studie zeigt: Gesundheit ist nur für jeden Zehnten das Hauptmotiv für den Kauf von veganen Produkten (VZ 2016). Gesundheitliche Motive folgen damit auch in dieser Studie dem Tierschutz und ethischen Motiven. Andere Studien mit Bezug zum Ernährungsstil zeigen diese Rangfolge ebenfalls für Vegetarier/innen (Friedrich-Schiller-Universität Jena 2012) und Veganer/innen (Kerschke-Risch 2016; Busch/Hamm 2015). Die Differenzierung der Ernährungsstile verdeutlicht jedoch eine differenzierte Motivation hinsichtlich des Gesundheitsaspekts. In der Studie der Verbraucherzentralen (VZ 2016) bekundeten die Befragten, je nachdem, welchem Ernährungsstil sie sich zuordnen, folgende Hauptgründe für den Kauf veganer Lebensmittel: Für „Allesesser" (Omnivore) spielen gesundheitliche Motive die größte Rolle, zum Teil gilt dies auch für Flexitarier/innen. Für Veganer/innen und Vegetarier/innen stehen wiederholt Tierschutz und ethische Motive im Vordergrund. Eine weitere Frage der Studie (VZ 2016) zeigt, dass vegane Lebensmittel zum Teil als gesünder im Vergleich mit den „Originalen", so der Fragewortlaut, gelten: 40 Prozent der Befragten (vor allem Veganer/innen) vermuten, dass der allgemeine Gesundheitswert von veganen Lebensmitteln „besser" ist. Die Verwendung von Zusatzstoffen erwarten 18 Prozent bei veganen Lebensmitteln als „besser". Knapp die Hälfte aller Befragten dieser Studie kann jedoch keine eindeutige Aussage über den Gesundheitswert veganer Lebensmittel im Vergleich mit dem Originalprodukt formulieren (VZ 2016: 16 ff.). Eine Erklärung hierfür könnte sein, dass gesundheitsbezogene Erwartungen primär aus der Vermeidung krankmachender Aspekte des Fleischverzehrs resultieren und weniger aus möglichen gesundheitlichen Vorteilen, die mit dem Verzehr von Substituten einhergehen können. Ähnliches stellen Busch / Hamm (2015: 53) für die Erwartungen an eine vegane Ernährungsweise fest. Bedenken von Verbraucherseite gegenüber Zusatzstoffen und dem Fettgehalt von Fleisch unterstützen die Vermutung zudem (WBA 2015: 75). Diese Bedenken werden durch entsprechende Empfehlungen der Deutschen Gesellschaft für Ernährung gestützt (DGE 2017): Weniger und maßvoll Fleisch zu essen, sei gesünder. Die Reduktion tierischer Lebensmittel verringere das Risiko von Herzerkrankungen, Stoffwechselstörungen sowie Fettleibigkeit.

## 3 Untersuchungen und Ergebnisse der Studien

### 3.1 Erwartungen zum Gesundheitswert veganer Lebensmittel (Studie 1)

Die Erwartungen der Verbraucher/innen in Bezug auf den Gesundheitswert veganer Lebensmittel wurden im Sommer 2015 unter 318 Personen in einer standardisierten Online-Befragung ermittelt. Die beiden Fragen nach wichtigen Einkaufskriterien (Fragewortlaut: „Was ist Ihnen beim Kauf von veganen oder vegetarischen Lebensmitteln wie wichtig?") sowie zur Bedeutung von Gesundheit und veganen Lebensmitteln (Fragewortlaut: „Denken Sie, dass vegane Lebensmittel dabei helfen, die eigene Gesundheit zu erhalten?") werden in diesem Beitrag ausgewählt. Außerdem liefert die Frage zu den Informationsquellen (Fragewortlaut: „Wie häufig nutzen Sie die folgenden Informationsquellen, um herauszufinden, ob das Lebensmittel vegan ist?") Aufschluss über die Relevanz von Werbung beim Kauf veganer Lebensmittel der Befragten und lässt damit den Täuschungsverdacht einordnen.

Die Rekrutierung der Teilnehmer/innen erfolgte über Vegetarier- und Veganer-Foren mit der Methode des „Schneeball-Samplings"; sie praktizieren vor allem nicht-omnivore Ernährungsstile. Es halten sich in diesen Foren auch Omnivore auf, die ebenfalls an der Befragung teilgenommen haben. Alle Befragten zusammengefasst, sind daher ein solides Abbild der an veganen Lebensmitteln Interessierten. Neben Fleisch-Flexitariern (21,4 %) und Vegan-Flexitariern (18,9 %), die nach eigenem Bekunden zwischen den Ernährungsstilen omnivor und vegetarisch beziehungsweise vegetarisch und vegan wechseln, finden sich hier auch viele andere Ernährungsstile. Veganer (20,1 % der Befragten), Vegetarier (23,6 %) und Omnivore (11,6 %) werden im Weiteren hervorgehoben (vgl. Tabelle 1). Die Teilnehmer/innen der vorliegenden Befragung sind überwiegend junge erwachsene Frauen mit geringem oder mittlerem Einkommen (bis 2.000 Euro) aus unterschiedlichen Gemeindegrößen. Vor allem unter den Omnivoren fällt ein höherer Anteil an Männern im Vergleich zur Gruppe der männlichen Vegetarier und Veganer auf, den auch andere Studien feststellen (BMELV / MRI 2008). Außerdem wohnen die befragten Veganer/innen etwas häufiger in Großstädten und verfügen über ein etwas höheres Nettoeinkommen.

*Tabelle 1: Stichprobenbeschreibung*

| | | Ernährungsstile | | | Gesamt |
|---|---|---|---|---|---|
| | | Omnivor | Vegeta-risch | Vegan | |
| **Teilnehmer/innen** | Anzahl<br>Anteil (%) | 37<br>11,6 | 75<br>23,6 | 64<br>20,1 | 318<br>100 |
| **Alter** | Mittelwert (Jahre)<br>Min. – Max. | 27,3<br>10-59 | 29,2<br>14-61 | 35,2<br>14-53 | 31,5<br>10-69 |
| **Geschlecht** | Frauen (%)<br>Männer (%) | 67,6<br>32,4 | 84,0<br>16,0 | 79,7<br>20,3 | 82,4<br>17,6 |
| **Nettoeinkommen** | Mittelwert (Euro) | 2.149 | 1.907 | 2.523 | 2.187 |

Quelle: Eigene Erhebung, Verbraucher-Befragung 2015

Für die Beurteilung des Gesundheitswerts veganer Lebensmittel wurden den Befragten folgende Einzelaspekte vorgelegt, die an die Erkenntnisse anderer Studien (vgl. Kapitel 2) anknüpfen: Gesundheit allgemein, Nährwert (in Salz- und Fettgehalt konkretisiert), Zusatzstoffe sowie Naturbelassenheit. Anhand einer vierstufigen Skala von 1 (= „sehr wichtig") bis 4 (= „gar nicht wichtig") konnten die Befragten angeben, wie wichtig ihnen diese beim Kauf sind. Daneben sollten die Befragten auch weitere Einkaufskriterien veganer Lebensmittel beurteilen, die dem Gebrauchswert

(z. B. Erkennbarkeit oder Produktvielfalt) und dem ethischen Wert (z. B. Bioqualität) zugeordnet werden können. Darüber hinaus können individuelle Aspekte aus dem Erlebniswert und Geltungswert den Verbraucher/innen Nutzen stiften (Belz / Ditze 2005: 85 ff.; Meyer-Höfer 2016), die Teil der Werbeanalyse in Kapitel 3.2 sind.

Die Frequenzanalyse zeigt, dass gesundheitliche Aspekte insgesamt zwar eine wichtige, aber eher flankierende Rolle im Kaufentscheid veganer Lebensmittel einnehmen (vgl. Tabelle 2).

*Tabelle 2: Wichtige Einkaufskriterien beim Kauf von veganen Lebensmitteln*

| | Ernährungsstile | | | Gesamt | |
|---|---|---|---|---|---|
| | Omnivor | Vegetarisch | Vegan | Anteil | Rang |
| **Gebrauchswert** | | | | | |
| Klare Erkennbarkeit | 35 | 65 | 64 | 56 | 1 |
| Produktvielfalt | 22 | 33 | 33 | 31 | 6 |
| Rohkost | 3 | 17 | 25 | 16 | 7 |
| Labelling | 11 | 10 | 23 | 12 | 8 |
| Fertigprodukte | 3 | 3 | 5 | 3 | 11 |
| **Gesundheitswert** | | | | | |
| Wenige Zusatzstoffe | 43 | 25 | 50 | 38 | 2 |
| Naturbelassenheit | 33 | 23 | 45 | 35 | 3 |
| Gesundheit allgemein | 8 | 28 | 66 | 33 | 5 |
| Geringer Salzgehalt | 3 | 4 | 13 | 7 | 9 |
| Geringer Fettgehalt | 3 | 4 | 8 | 5 | 10 |
| **Ethischer Wert** | | | | | |
| Nachhaltigkeit | 24 | 32 | 45 | 35 | 4 |
| Bioqualität | 16 | 17 | 41 | 25 | 6 |

Prozentangaben. Auswahl „sehr wichtig" (Top1-Box), (4er Skala 1=„sehr wichtig" bis 4=„gar nicht wichtig"), „Was ist Ihnen beim Kauf von veganen oder vegetarischen Lebensmitteln wie wichtig?", N=318.

Quelle: Eigene Erhebung, Verbraucher-Befragung 2015

Sehr wichtig beim Einkauf veganer Lebensmittel ist den meisten Befragten (56 %) die klare Erkennbarkeit, dies bekunden vor allem diejenigen Befragten, die sich vegetarisch (65 %) oder vegan (64 %) ernähren. Dieser Wunsch nach klarer Erkennbarkeit (Rang 1) ist ein Aspekt des Gebrauchswerts. Er überragt alle anderen Einkaufskriterien. Es folgen „wenige Zusatzstoffe" (38 %), „Naturbelassenheit" (35 %), „Nachhaltigkeit" (35 %) sowie „Produktvielfalt" (31 %). Rund ein Viertel der Befragten (25 %) findet außerdem die „Bioqualität" veganer Lebensmittel sehr wichtig. Damit stehen, insgesamt betrachtet, mehrere Kriterien des Gesundheitswerts auf den vorderen Rängen beim Kaufentscheid, die Wichtigkeit eines geringen Salz- und Fettgehalts aber erst am Ende (Rang 9 und 10). Für viele Veganer/innen (66 %) hat beim Kauf veganer Lebensmittel die „Gesundheit allgemein" eine sehr hohe Relevanz, bei den Omnivoren (8 %) eine deutlich geringere. Dies divergiert zu den Ergebnissen der Studie der Verbraucherzentralen (VZ 2016), in der jedoch nicht eine skalierte Bewertung aller vorgegebenen Kriterien, sondern ein einzelnes Hauptmotiv erfragt wurde. Auffallend ist auch, dass Omnivore primär auf die in den Medien (Legissa 2015; Klavitter 2014) kritisierten „Zusatzstoffe" (43 %) veganer Lebensmittel achten, dies jedoch nicht in ihrem Wunsch nach einem geringen Fett- und Salzgehalt (je 3 %) spezifizieren. Ein signifikanter Zusammenhang besteht außerdem zwischen Gesundheitswert und ethischem Wert (vgl. Tabelle 7): Dies gilt insbesondere für die beiden Kriterien „Naturbelassenheit" als Teil des Gesundheitswerts und „Bioqualität" als Teil des ethischen Werts (Veganer: 0,649 / alle: 0,455 Signifikanzniveau p<0,01). Die Bioqualität veganer Lebensmittel ist aus Sicht der Verbraucher/innen eng mit dem Wunsch nach Naturbelassenheit verknüpft. Bio könnte damit ebenfalls als Gesundheitsattribut verstanden werden (ebenso Barlösius 2011: 275 f.; Meyer-Höfer 2016: 4).

Im Mittelpunkt des Informationsinteresses aller Befragten stehen die Zutaten veganer Lebensmittel, seltener dagegen ihre Herstellung oder Verpackung. Durchschnittlich informieren sich rund 66 Prozent der Befragten immer dann über die Zutaten, wenn sie ein veganes Lebensmittel kaufen, davon 36 Prozent der Omnivoren und 84 Prozent der Veganer/innen (siehe Tabelle 3). Dies verdeutlicht das Bedürfnis vieler Veganer/innen, sich der Produkteigenschaft vegan ständig zu vergewissern; hierüber suchen sie nach Informationen in unterschiedlichen Quellen, am seltensten jedoch auf der Zutatenliste (vgl. Tabelle 4). Die Zutatenliste wird in anderen Studien als die am häufigsten gewählte Informationsquelle benannt (z. B. VZ 2016). In der vorliegenden Befragung sind es insgesamt lediglich 15 Prozent der Verbraucher/innen, welche die Zutatenliste immer dazu nutzen, um zu erfahren, ob das Lebensmittel vegan ist. Erst ein erweiterter Blick auf die Zustimmungstendenz zeigt höhere Werte (Top2-Box „immer" und „häufig": 91 %).

*Tabelle 3: Informationsinteresse vor dem Kauf veganer Lebensmittel*

| | Ernährungsstile | | | Gesamt |
|---|---|---|---|---|
| | Omnivor | Vegetarisch | Vegan | |

| Zutaten | 36 | 67 | 84 | 66 |
|---|---|---|---|---|
| Herstellung | 16 | 11 | 20 | 14 |
| Verpackung | 5 | 8 | 19 | 13 |

Prozentangaben. Auswahl „immer" (Top1-Box), (4er Skala 1=„immer" bis 4=„nie"), „Über welche Aspekte informieren Sie sich mit welcher Häufigkeit, wenn Sie vegane Lebensmittel kaufen?", N=318.

Quelle: Eigene Erhebung, Verbraucher-Befragung 2015

*Tabelle 4: Informationsquellen über die Eigenschaft „vegan" eines Lebensmittels*

| | Ernährungsstile | | | Gesamt |
|---|---|---|---|---|
| | **Omnivor** | **Vegetarisch** | **Vegan** | |
| Aufdruck | 39 | 35 | 33 | 37 |
| Internet | 18 | 31 | 56 | 34 |
| Label (VEBU) | 6 | 41 | 39 | 32 |
| Freunde / Bekannte | 15 | 19 | 28 | 22 |
| Zutatenliste | 11 | 15 | 9 | 15 |
| Werbung | 6 | 20 | 13 | 13 |
| Broschüren | 3 | 19 | 17 | 10 |
| Verkaufspersonal | 9 | 5 | 11 | 7 |

Prozentangaben. Auswahl „immer" (Top1-Box), (4er Skala 1=„immer" bis 4=„nie"), „Wie häufig nutzen Sie die folgenden Informationsquellen, um herauszufinden, ob das Lebensmittel vegan ist?", N=318.

Quelle: Eigene Erhebung, Verbraucher-Befragung 2015

Den meisten Befragten der vorliegenden Studie hilft der Blick auf die Verpackung und den Aufdruck vegan (37 %) bei ihrem Bemühen, sich zu vergewissern, ob es sich um ein veganes Lebensmittel handelt, weitere die Suche im Internet (34 %) oder das V-Label des Vegetarierbundes (VEBU) (32 %). Nur ein kleiner Teil zieht Werbung zu Rate (13 %). Dabei präferieren einzelne Ernährungsstile verschiedene Informationsquellen: Die meisten Omnivoren orientieren sich am Aufdruck (39 %), die Vegetarier/innen am V-Label (41 %). Beide nutzen damit bevorzugt Informationen am Point of Sale. Die meisten Veganer/innen recherchieren hingegen aktiv im Internet (56 %), um ein Lebensmittel als vegan zu identifizieren, und nehmen damit höhere Suchkosten in Kauf als andere Ernährungstypen.

Den Täuschungsverdacht klärt eine weitere Frage: Die Hälfte der Befragten zweifelt an der Glaubwürdigkeit von Gesundheitsversprechen veganer Lebensmittel (Top 2-Box „trifft voll zu" und „trifft zu"), jedoch nur

16 Prozent stark (vgl. Tabelle 5). Häufiger hegen Omnivore (46 %) starke Zweifel, seltener Vegetarier/innen (11 %) oder Veganer/innen (5 %).

*Tabelle 5: Glaubwürdigkeit von Gesundheitsversprechen auf veganen Lebensmitteln*

| | Ernährungsstile | | | Gesamt |
|---|---|---|---|---|
| | Omnivor | Vegetarisch | Vegan | |
| Irritation durch Informationsflut | 8 | 4 | 14 | 3 |
| Zweifel an Versprechen | 46 | 11 | 5 | 16 |

Prozentangaben. Auswahl „trifft voll zu" (Top1-Box), (4er Skala 1=„trifft voll zu" bis 4=„trifft nicht zu"), „Denken Sie, dass vegane Lebensmittel dabei helfen, die eigene Gesundheit zu erhalten?", N=318.

Quelle: Eigene Erhebung, Verbraucher-Befragung 2015

Die Akzeptanz von Werbung als glaubwürdige Informationsquelle ist tradiert gering, was auch den Erwartungen an den Aussagewert von Werbung entspricht (Felser 2015: 3). Das ist auch in der vorliegenden Untersuchung der Fall. Bringt man die Zweifel an Gesundheitsversprechen und die Werbung als gewählte Informationsquelle miteinander in Verbindung, so zeigt sich kein signifikanter Zusammenhang, und zwar bei keinem der untersuchten Ernährungsstile. Hieraus kann geschlussfolgert werden, dass sich die befragten Verbraucher/innen durch Werbeaussagen zum Gesundheitswert veganer Lebensmittel nicht getäuscht fühlen. Ob sie glaubwürdige Aussagen in der Werbung nicht erwarten oder ob sie Gesundheitsaussagen in der Werbung veganer Lebensmittel nicht wahrnehmen, wurde nicht erfragt. Ob und welche Gesundheitsversprechen überhaupt getätigt werden, zeigen die Ergebnisse der nachfolgenden Studie (vgl. Kapitel 3.2). Umgekehrt besteht bei Veganer/innen, nicht jedoch bei anderen Ernährungsstilen, ein signifikant negativer Zusammenhang zwischen Zweifel an Gesundheitsversprechen und der Wahl des V-Labels als Informationsquelle: Das Label des Vegetarierbundes (VEBU) gilt für Veganer/innen somit als glaubwürdige Informationsquelle.

### 3.2 Gesundheit im Werbeappeal veganer Lebensmittel (Studie 2)

Untersuchungsobjekte der zweiten Studie waren Werbeanzeigen für vegane Lebensmittel. Die kategoriale Inhaltsanalyse über Art und Umfang der Gesundheitsaussagen von Herstellerseiten teilte sich in eine Querschnitts-

sowie eine Längsschnittanalyse. Die Längsschnittbetrachtung erfolgte von Januar 2010 bis Mai 2015. Hierzu wurden die Ausgaben des Naturkostmagazins Schrot&Korn, ein monatlich kostenlos verteiltes Kundenmagazin des Biofachhandels, analysiert. Für die Querschnittsbetrachtung zum Zeitpunkt Mai 2015 wurden außerdem Special-Interest-Zeitschriften im Pressekiosk des Stuttgarter Hauptbahnhofs erworben. Neben allen 17 verfügbaren Magazinen zur vegetarisch-veganen Ernährungsweise wurden hierfür je zwei Hefte der weiteren Rubriken des Kiosks (u. a. Frauen- und Lifestyle-Magazine) ausgewählt. Untersucht wurden diejenigen Anzeigen, in deren Headline, Fließtext oder Produktbild das Wort „vegan" vorkam oder entsprechende Wort-Bild-Zeichen inkludiert waren. Im Querschnitt gaben insgesamt 81 Anzeigen Aufschluss über Art und Umfang der Gesundheitsaussagen für vegane Lebensmittel, darunter 54 Anzeigen in 17 vegetarisch-veganen Magazinen (vier Magazine davon sind ohne entsprechende Anzeige) sowie 27 Anzeigen in der Mai 2015-Ausgabe von Schrot&Korn (S&K). Im Längsschnitt wurden insgesamt 411 Werbeanzeigen für vegane Lebensmittel in 64 S&K-Heften identifiziert. Die ausgewählten Anzeigen wurden mit Blick auf fünf Werbeappeal-Kategorien (den Gebrauchs-, Gesundheits-, Geltungs-, Erlebnis- sowie ethischen Wert) entlang der Gestaltungselemente Headline, Fließtext, Produktbild sowie Foto systematisch analysiert (vgl. Tabelle 6).

*Tabelle 6: Kategorien der Inhaltsanalyse des Werbeappeals*

| Funktionelle Werte | | Individuelle Werte | | Gesellschaftliche Werte |
|---|---|---|---|---|
| **Gebrauchswert** | **Gesundheitswert** | **Geltungswert** | **Erlebniswert** | **Ethischer Wert** |
| Convenience | Gesundheit | Innovation | Emotionen | Bio |
| Frische | Keine künstlichen Zusatzstoffe | Prestige | Sexismus / Erotik | Faire Arbeitsbedingungen |
| Geschmack | Nährwert | Tradition | Zugehörigkeit | Keine Gentechnik |
| Konsistenz | Natur / naturbelassen | | | Regionale Produkte |
| Preis | | | | Saisonale Produkte |
| Sicherheit | | | | Tierhaltung / Tierschutz |
| Vielfalt | | | | Umweltfreundlichkeit |

Quelle: Eigene Darstellung in Anlehnung an Meyer-Höfer (2016)

Ein erster Blick auf das Datenmaterial verdeutlicht: Nur in Zeitschriften der Rubrik „Vegetarisch-vegan" sowie „Bio" wurden im Untersuchungszeitraum Werbeanzeigen für vegane Lebensmittel geschaltet, in allen anderen Magazinen jedoch nicht. Die Spezialisierung der Magazine ist damit maßgeblich für die Auswahl eines Werbeträgers von Anzeigen veganer Lebensmittel. Es stellt sich außerdem heraus, dass alle als vegan beworbenen Lebensmittel in Bioqualität erzeugt wurden (aber nur in 70 % der Anzeigen wird dies herausgestellt), außer einer Anzeige für ein konventionell erzeugtes veganes Lebensmittel. Für die folgende Analyse der Werbebotschaften werden die Special-Interest Rubriken Bio und vegetarisch-vegan daher getrennt. Die betrachteten Anzeigen für vegane Lebensmittel im Mai 2015 konzentrieren sich dabei in wenigen Magazinen: Top 3-Leader sind „Schrot&Korn" (27 Anzeigen), „vegan&bio" (17) sowie „Kochen ohne Knochen" (10). Anzeigen für vegane Lebensmittel im Naturkostmagazin Schrot&Korn sind in der Zeit von Januar 2010 bis Mai 2015 absolut und relativ zur gesamten Anzeigenentwicklung je Ausgabe angestiegen. Eine deutliche Zunahme ist vor allem seit dem Jahr 2013 beobachtbar: Im Februar 2010 lag der Anzeigenanteil veganer Lebensmittel bei fünf Prozent (3 von insgesamt 57 Anzeigen), fünf Jahre später bei 46 Prozent (16 von insgesamt 62 Anzeigen im Februar 2015). Werbung für vegane Lebensmittel ist damit ein dynamisch-wachsendes Werbesegment, das den Vegan-Trend widerspiegelt. Die weitere Analyse zeigt aber auch: Der Wunsch der Verbraucher/innen nach Erkennbarkeit veganer Lebensmittel wird durch die zunehmende Verwendung herstellereigener Vegan-Siegel in der Werbegestaltung nur augenscheinlich erleichtert. In den insgesamt 81 relevanten Anzeigen vom Mai 2015 überragen diese Eigenkreationen (28 %) sogar die von den unabhängigen Organisationen Vegetarierbund Deutschland (VEBU) (19 %) und der englischen Vegan Society (VSE) (25 %) vergebenen Siegel. Die Vegan-Spezialmagazine bieten hier keinen Vorteil. Die Nachvollziehbarkeit für stark Interessierte ist damit letztlich erschwert.

Die Ergebnisse der kategorialen Inhaltsanalyse der Werbebotschaften verdeutlichen: Der Gebrauchswert, nicht der Gesundheitswert, steht mit großer Kontinuität im Vordergrund der Werbeaussagen veganer Lebensmittel, und zwar unabhängig von der Rubrik des Magazins (vgl. Abbildung 1).

*Abbildung 1: Werbeaussagen zu veganen Lebensmitteln im Mai 2015*

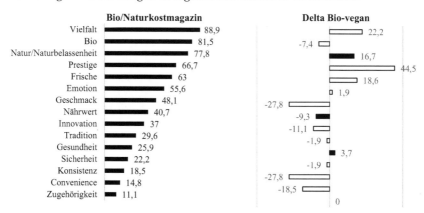

Prozentangaben (% der Anzeigen), Delta Bio-vegan: Differenz Bio- und Vegan-Magazin, n-bio=27, n-veg=54.

Quelle: Eigene Erhebung, Werbeanzeigen-Querschnitt 2015

Zum Gebrauchswert werden sieben Attribute gezählt: Die Vielfalt veganer Lebensmittel ist darunter die am häufigsten verwendete Werbebotschaft (in 88,9 % der untersuchten Anzeigen). Vor allem im Bio/Naturkostmagazin wird auf die Vielfalt der veganen Produkte hingewiesen, seltener in den vegetarisch-veganen Spezialmagazinen (Delta +22,2). Die Längsschnittanalyse im Bio/Naturkostmagazin zeigt, dass ihr Anteil in den letzten Jahren sogar deutlich angestiegen ist. Aussagen zum „Geschmack" sind hingegen gesunken, obwohl der Geschmack eines Lebensmittels aus Sicht der meisten Verbraucher/innen das wichtigste Entscheidungskriterium beim Einkauf ist (vgl. Kapitel 2.2).

Die vier Einzelkategorien des Gesundheitswerts (Gesundheit, Nährwert, Naturbelassenheit, keine künstlichen Zusatzstoffe) finden zum Zeitpunkt Mai 2015 in unterschiedlichem Umfang Eingang in die Werbebotschaften veganer Lebensmittel. Direkte Gesundheitsaussagen (z. B. „unterstützt das Immunsystem") werden selten formuliert (Rang 11), meist bei Nahrungsergänzungsmitteln oder veganen Brotaufstrichen. Die Unterschiede nach Magazinrubriken sind dabei gering (Delta +3,7). An vorderer Stelle der Gesundheitsaussagen steht der Bezug zur „Naturbelassenheit" des Produkts (z. B. „aus natürlichen Produkten" oder ein Bild der Natur). „Naturbelassenheit" gilt als Aussage mit impliziertem Gesundheitsbezug (Nielsen 2015a; Barlösius 2011). Diese Werbebotschaft ist häufiger im Naturkostmagazin (77,8 % der Anzeigen) zu finden als in den vegetarisch-veganen Magazinen (Delta +16,7). In den S&K-Magazinen spielt Natur seit 2012 eine deutlich zunehmende Rolle unter allen gesundheitsbezogenen Werbeversprechen (vgl. Abbildung 2): Im Mai 2015 wurde in 78 Prozent der Anzeigen für vegane Lebensmittel mit Natur geworben (15 von insgesamt 27 Anzeigen), in der Ausgabe vom Mai 2012 lag der Anteil bei 40 Prozent (2 von 5) der Fall.

*Abbildung 2: Entwicklung der Gesundheitsaussagen zu veganen Lebensmitteln*

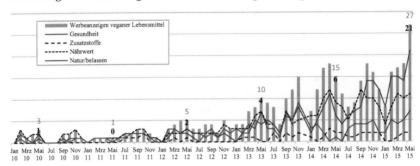

Häufigkeitsangaben (je Anzeige und S&K Ausgabe), Werte grau: Anzeigenzahl; Werte schwarz: Natur, N=411.

Quelle: Eigene Erhebung, Werbeanzeigen-Längsschnitt 2010-2015

Der Gesundheitswert veganer Lebensmittel steht nicht so stark im Vordergrund der Kommunikation von Unternehmen, wie von Kritikern unterstellt – zumindest nicht in deren Anzeigenwerbung. Betrachtet man alle vier Einzelkategorien des Gesundheitswerts zusammengefasst, so hat der Anteil gesundheitsbezogener Werbeappeals in den letzten Jahren sogar leicht abgenommen (genauer in Gebhardt et al. 2016: 66 f.). Vor allem direkte Aussagen zur Gesundheit sind dabei stark rückläufig, außer bei Nahrungsergänzungsmitteln. Diese Produktgruppe wird in den letzten Jahren immer stärker beworben, sehr häufig mit entsprechenden Gesundheitsbotschaften/-versprechen. Absolut betrachtet, nehmen gesundheitsbezogene Aussagen daher zu (vgl. Abbildung 2). Die seit Januar 2012 umgesetzte Health-Claim-Verordnung stellt hier eine deutliche Zäsur dar. Vor allem indirekt gesundheitsbezogene Aussagen, wie die Naturbelassenheit veganer Lebensmittel, rücken nun zunehmend in den Vordergrund der Werbebotschaften. Von 27 Anzeigen im Mai 2015 bezogen sich 21 darauf.

## 4  Natur als Stellvertreter von Gesundheit – ein Fazit

Sind vegane Lebensmittel gesünder? Diese Frage und damit die Produkt-
ebene wurde in Marktschecks in den Mittelpunkt gestellt und hinsichtlich
von Zusatzstoffen negativ beurteilt. Insbesondere zu viel Salz und Fett sowie Mineralölrückstände in Fleischimitaten werden von den Verbraucher-
schützern moniert (VZHH 2014; Stiftung Warentest 2016; Ökotest 2016).
Für an veganen Lebensmitteln interessierte Verbraucher/innen stehen diese Details nicht im Mittelpunkt. Ihnen geht es vielmehr um das Produkt
Fleisch und die Reduzierung seiner Verzehrmengen. Hiervon versprechen
sie sich gesundheitliche Vorteile, die verschiedene Studien auch bestätigen
(Leitzmann 2014; Keller 2013). Damit werden vonseiten der Verbraucher
primär der Ernährungsstil und dessen gesundheitliche Effekte fokussiert,
weniger die Produktqualität einzelner Substitute oder Ersatzprodukte, wie
es die kritisierten veganen Fertigprodukte darstellen können (ebenso
Busch/Hamm 2015: 53). Andere Studien wiederholen, dass für die meisten
Veganer/innen moralische Gründe und der Tierschutz im Vordergrund
der Ablehnung jeglicher tierischen Erzeugnisse und Bestandteile stehen,
denen Gesundheit nachfolgt (VZ 2016; Kerschke-Risch 2016).

Welche gesundheitsbezogenen Erwartungen an vegane Lebensmittel
stellen Verbraucher/innen? Auch die vorliegende Befragung zeigt eine
grundlegende Bedeutsamkeit von Gesundheitsaspekten beim Kaufentscheid veganer Lebensmittel, die sich hinsichtlich der Ernährungsstile unterscheiden: Vor allem für Veganer/innen ist Gesundheit in ihrer Kaufentscheidung veganer Lebensmittel sehr wichtig (66 %), viele verbinden diese
mit Bio (41 %). Für Vegetarier/innen (28 %) und vor allem Omnivore
(8 %) hat Gesundheit beim Kauf von veganen Lebensmitteln hingegen
eine deutlich geringere Bedeutung. Häufiger geht es beim Kaufentscheid
veganer Lebensmittel um weniger Zusatzstoffe, die insbesondere Omnivore kritisch beurteilen. Der Wunsch der Verbraucher/innen nach Naturbelassenheit veganer Produkte folgt dem. Zugleich sind Naturbelassenheit
und wenige Zusatzstoffe eng miteinander verknüpfte Kriterien beim Kaufentscheid (ebenso Sehrer et al. 2005: 20 ff.; Ähnliches weisen Lewin et al.
(2015) für Natur und Frische nach).

Welche Gesundheitsversprechen vonseiten der Hersteller werden getätigt? In Tabelle 7 werden die ermittelten Werbebotschaften (Studie 2) den
Erwartungen der Verbraucher/innen (Studie 1) entsprechend ihrer jeweiligen Frequenz und Rangfolge gegenübergestellt. Die Rangdifferenz verdeutlicht plakativ, in welchem Maße den Verbraucherwartungen entsprochen wird: Übererfüllung (<) oder Untererfüllung (>).

*Tabelle 7: Frequenz- und Ranglistenvergleich von Erwartung und Werbeappeal*

| | Gesund-heit | Erwartung | | Rangdiffe-renz | | | Werbeappeal | |
|---|---|---|---|---|---|---|---|---|
| | | % | Rang | > | 0 | < | Rang | % |
| Klare Erkennbarkeit | | 56 | 1 | | | 6 | 7 | 24 |
| Wenige Zusatzstof-fe | x | 38 | 2 | | | 8 | 10 | 7 |
| Naturbelassenheit | x | 35 | 3 | | 0 | | 3 | 67 |
| Nachhaltigkeit | | 35 | 4 | | | 4 | 8 | 22** |
| Gesundheit | x | 33 | 5 | | | 2 | 7 | 24 |
| Herkunft der Zuta-ten | | 33 | 5 | | | 4 | 9 | 12 |
| Produktvielfalt | | 31 | 6 | 4 | | | 2 | 74 |
| Bioqualität | | 24 | 7 | 6 | | | 1 | 86 |
| Frische / Rohkost | | 16 | 8 | 4 | | | 4 | 51 |
| Nährwert-Salz | x | 7 | 9 | 4 | | | 5 | 47*** |
| Nährwert-Fett | x | 5 | | | | | | |
| Convenience | | 3 | 10 | 4 | | | 6 | 27 |

Prozentangaben. Auswahl: Sehr wichtige Erwartung / vorhandene Werbebotschaften in Anzeigen. Abweichende Bezeichnungen des Werbeappeals: *Sicherheit (darunter Erkennbarkeit), **Umweltfreundlichkeit, ***Nährwert

Quelle: Eigene Erhebungen, Verbraucher-Befragung 2015 und Werbeanzeigen-Querschnitt 2015

Eine hohe Differenz besteht in der klaren Erkennbarkeit veganer Lebensmittel, dies sei vorangestellt. Dieser Gebrauchswert steht im Fokus der Veganer/innen und Vegetarier/innen, und zwar noch vor jedem Gesundheitsattribut. Die Werbebotschaften und verwendeten Siegel bieten hier kaum Unterstützung (Rangdifferenz 6). Dem Wunsch nach „Naturbelassenheit" veganer Lebensmittel wird hingegen kommunikativ entsprochen (Rangdifferenz 0) und besonders häufig in den gesundheitsbezogenen Werbebotschaften herausgestellt (Rang 3). Vor allem die in den untersuchten Anzeigen verwendeten Naturelemente und Landschaftsszenarien haben nach Brämer (1997: 6 f.) eine hohe affektive Ladung, die angenehme Assoziationen mit dem beworbenen Produkt erzeugen können (Felser 2015: 8), möglicherweise aber die Schattenseiten eines Produkts „übertünchen" (Brämer 1997: 4) sollen. Weitere gesundheitsbezogene Attribute scheinen in den Werbebotschaften sogar übererfüllt zu sein, zum Beispiel Informationen zum Nährwert. Über die Verwendung von Zusatzstoffen in veganen Lebensmitteln fehlen hingegen häufig die Informationen. Hier bestehen eine große Differenz (Rangdifferenz 8) und ein hoher Nachholbedarf in der Unternehmenskommunikation.

Fühlen sich Verbraucher/innen in den Gesundheitsaussagen der Hersteller veganer Lebensmittel getäuscht? Die an veganen Lebensmitteln interessierten Verbraucher/innen dieser Studie fühlen sich weniger von gesundheitsbezogenen Werbeaussagen getäuscht, als in den Medien vermutet (Legisa 2015; Klavitter 2014): Rund 16 Prozent zweifeln sehr am Wahrheitsgehalt von Gesundheitsversprechen. Die erkannte subjektive Täuschung bietet ein erstes und grundlegendes Indiz der Irreführung. Maßgeblich für den Tatbestand der Irreführung nach § 5 UWG ist, wie verständige und durchschnittlich informierte Verbraucher/innen eine konkrete Werbung verstehen (IHK Frankfurt 2016). Nach Becker und Burchardi (1996: 40) ist dies bei etwa 10 bis 15 Prozent der Fall, die sich getäuscht fühlen. Im Einzelnen muss es hierbei um einen konkreten Fall gehen und nicht um eine pauschale Betrachtung. Für eine juristische Betrachtung wäre auch der weiterführende Blick auf den Wahrheitsgehalt der betrachteten Werbebotschaften zu ergänzen. Beides ist nicht Gegenstand der vorliegenden Studien. Es ist dennoch zu empfehlen, die Allesesser im Blick zu behalten, und zwar auch angesichts des weiteren Marktwachstums und der zunehmenden Verbreitung veganer Lebensmittel in den Supermärkten und in den Produktprogrammen der Fleischindustrie (IFH Köln 2016): Fast die Hälfte der interessierten Omnivore (46 %) zweifelt bereits heute erheblich an den Gesundheitsaussagen veganer Lebensmittel. Die geforderte einheitliche Definition und bessere Erkennbarkeit veganer Lebensmittel (VZ 2016) kommen vor allem diesem Ernährungsstil zugute. Für Veganer/innen und Vegetarier/innen bedeuten sie eine erhebliche informationsökonomische Entlastung.

*Literaturverzeichnis*

aid (2016): Trendlebensmittel. Vegane Lebensmittel. Online unter www.aid.de.

Akerlof, George (1970). The market for lemons: Quality uncertainty and the market mechanism. In: Quarterly Journal of Economics, 84 (3), 488-500.

Arens, Johannes. (2011): Gegenwärtige Foodtrends und ihr Einfluss auf zukünftige Entwicklungen. In: Ploeger, Angelika.; Hirschfelder, Gunther.; Schönberger, Gesa. (Hrsg.): Die Zukunft auf dem Tisch. Analysen, Trends und Perspektiven der Ernährung von morgen. Wiesbaden, 285-295.

Barlösius, Eva. (2011): Soziologie des Essens. Eine sozial- und kulturwissenschaftliche Einführung in die Ernährungsforschung. Weinheim/München.

Bech-Larsen, Tino; Grunert, Klaus & Poulsen, Jacob (2001): The acceptance of functional foods in Denmark, Finland and the United States: A study of consumers' conjoint evaluations of the qualities of functional foods and perceptions of general health factors and cultural values. Working Paper 73, University of Aarhus.

Becker, Tilman & Burchardi, Henrike (1996): Möglichkeiten und Grenzen der Lebensmittelwerbung. Institut für Agrarökonomie der Universität Göttingen, Diskussionsbeitrag 9612, Göttingen.

Belz, Frank-Martin & Ditze, Daria (2005): Nachhaltigkeits-Werbung im Wandel: Theoretische Überlegungen und empirische Ergebnisse. In: Belz, Frank-Martin & Bilharz, Michael (Hrsg.): Nachhaltigkeitsmarketing in Theorie und Praxis, 75-98.

BioVista (2015): Wohin geht der Vegan-Trend? Online unter biovista.de

BLE (2016): Fleischkonsum pro Kopf in Deutschland in den Jahren 1991 bis 2015 (in Kilogramm). Online unter statista.com.

BMBF (2017): Was ist gesunde Ernährung? Online unter www.gesundheitsforschung-bmbf.de.

BMEL (2014): Einkaufs- und Ernährungsverhalten in Deutschland. Online unter www.bmel.de

BMELV & MRI (2008): Nationale Verzehrstudie II. Online unter bmel.de.

Böhm, Justus; Albersmeier, Friederike & Spiller, Achim (2009): Die Ernährungswirtschaft im Scheinwerfer der Öffentlichkeit. Lohmar/Köln.

Bosshart, David & Hauser, Mirjam (2008): European Food Trends Report – Perspektiven für Industrie, Handel und Gastronomie. Gottlieb Duttweiler Institute, Studie Nr. 29, Rüschlikon/Zürich.

Brämer, Rainer (1997): Natur in der Werbung. Eine Pilotstudie. In: Natursoziologie.de, (10) 1997, 1-6.

Brunner, Karl-Michael (2011): Der Ernährungsalltag im Wandel und die Frage der Steuerung von Konsummustern. In: Ploeger, Angelika; Hirschfelder, Gunther; Schönberger, Gesa (Hrsg.): Die Zukunft auf dem Tisch. Analysen, Trends und Perspektiven der Ernährung von morgen, Wiesbaden, 203–218.

Busch, Claudia & Hamm, Ulrich (2015): Trägt das Image der Landwirtschaft zu einer steigenden Zahl von Veganern bei? In: Rentenbank (Hrsg.): Die Landwirtschaft im Spiegel von Verbrauchern und Gesellschaft. Bd. 31, Frankfurt a.M., 36-65.

BVDF (2017): Fleischverbrauch und Fleischverzehr je Kopf der Bevölkerung. Online unter www.bvdf.de.

Christoffer, Lucas. & Unger, Wiebke. (o.J.): Vegan-Trend. Online unter vebu.de.

Cordts, Anette; Spiller, Achim; Nitzko, Sina; Grethe, Harald & Duman, Nuray (2013): Fleischkonsum in Deutschland. Von unbekümmerten Fleischessern, Flexitariern und (Lebensabschnitts-) Vegetariern. In: Fleischwirtschaft, (7), 59-63.

Darbi, Michael & Karni, Edi (1973): Free competition and the optimal amount of fraud. In: Journal of Law and Economics, (16), 67-88.

Dean, Moira; Lampilas, Petri; Shepherd, Richard; Arvola, Anne; Saba, Anna; Vassallo, Marco & Claupein, Erika (2012): Perceived relevance and foods with health-related claims. In: Food Quality and Preference, 24 (1), 129-135.

DGE (2017): Vollwertig essen und trinken nach den 10 Regeln der DGE. Online unter www.dge.de.

DIW Econ (2016): Die ökonomische Bedeutung der Werbung. Online unter www.zaw.de.

Felser, Georg (2015): Werbe- und Konsumentenpsychologie. 4. Aufl., Berlin, Heidelberg.

Friedrich-Schiller-Universität Jena (2012): Ergebnisse der Vegetarierstudie. Jena.

Garretson, Judith & Burton, Scot (2000): Effects of nutrition fact panel values, nutrition claims, and health claims on consumer attitudes, perceptions of disease-related risks, and trust. In: Journal of Public Policy & Marketing, 19 (2), 213-227.

Gebhardt, Beate. (2016): Ausgezeichnet! – Nachhaltigkeitspreise für Unternehmen der deutschen Ernährungswirtschaft. Hamburg.

Gebhardt, Beate; Mikulasch, Katrin; Bruder, Johanna & Luxemburger, Lara (2016): Vegane Lebensmittel – Die Werbung eines Foodtrends aus inhaltsanalytischer Sicht. Online unter marktlehre.uni-hohenheim.de.

Gruber, Sebastian; Neuberger, Ferdinand & Wahl, Joachim (2014): Haare als Spiegel des Lebens: Isotopenanalysen an historischen Haarresten erlauben Rückschlüsse auf die Ernährungsgewohnheiten ihrer einstigen Träger. In: Denkmalpflege in Baden-Württemberg, (1) 2014, 46–51.

Grunert, Klaus; Hieke, Sophie & Wills, Josephine (2014): Sustainability labels on food products: Consumer motivation, understanding and use. In: Food Policy, 44 (2014), 177-189.

IFH Köln (2016): Vegan-Boom. Online unter ifhkoeln.de.

IHK Frankfurt (2016): Irreführende Werbung. Online unter www.frankfurt-main.ihk.de.

Jahn, Gabriele; Schramm, Matthias & Spiller, Achim (2005): The Reliability of Certification: Quality Labels as a Consumer Policy Tool. In: Journal of Consumer Policy 28 (1), 53-73.

Janovsky, Silke (2013): Aber bitte mit Soja! Online unter www.zeit.de.

Jayson, Lusk & Briggeman, Brian (2009): Food Values. In: American Journal of Agricultural Economics, 91 (1), 184-196.

Karmasin, Helene (2001): Die geheime Botschaft unserer Speisen: Was Essen über uns aussagt. München.

Keller, Markus. (2013): Das präventive und therapeutische Potenzial vegetarischer und veganer Ernährung. In: Zeitschrift für Komplementärmedizin, 5 (5), 47-51.

Kerschke-Risch, Pamela (2016): Vegan diet: motives, approach and duration. Initial results of a quantitative sociological study. In: Ernaehrungs Umschau international (6) 2015, 98-103.

Klavitter, Nils (2014): Vegane Lebensmittel sind auch nicht besser. Online unter www.spiegel.de.

Kohne, Klaus & Ihle, Rico (2016): Die mediale Wahrnehmung von Lebensmittelskandalen in Deutschland zwischen 2000 und 2012. In: Bericht über Landwirtschaft, 94, 1/2016.

Kroeber-Riel, Werner & Weinberg, Peter (2003): Konsumentenverhalten. 8. Aufl., München.

Legisa, Sonja (2015): Das Geschäft mit der Angst: „Frei von" – dafür voll mit. Online unter www.swr.de

Leitzmann, Claus & Keller, Markus (2013): Vegetarische Ernährung. Stuttgart.

Leitzmann, Claus (1993): Food Quality – Definition and a Holistic View. In: Sommer, Heiner; Petersen, Brigitte; v. Wittke, Peter (eds.), Safeguarding Food Quality. Berlin, Heidelberg, 3-15.

Leitzmann, Claus (2014): Vegetarismus/Veganismus – was dafür spricht. In: Schweizer Zeitschrift für Ernährungsmedizin, (5) 2014, 15-20.

Linzmaier, Vera (2007): Lebensmittelskandale in den Medien: Risikoprofile und Verbraucherverunsicherung. München.

Lwin, May; Vijaykumar, Santosh & Chao, Jiang (2015): „Natural" and „Fresh": An Analysis of Food Label Claim in Internationally Packaged Foods in Singapore. In: Journal of Food Products Marketing, 588-607.

Maroschek, Nicole; Aschemann, Jessica & Hamm, Ulrich (2008): Die Wirkungen von gesundheitsbezogenen Aussagen auf das Kaufverhalten: Unterschiede zwischen ökologischen Lebensmitteln im Vergleich zu konventionellen Lebensmitteln. Forschungsbericht, Universität Kassel. Online unter orgprints.org/16643.

Mast, Claudia (2012): Unternehmenskommunikation. Konstanz/München.

Meyer, Florian (2011): Health-Claims-Verordnung. Fragen & Antworten. 2. Aufl., Hamburg.

Meyer-Höfer, Marie von (2016): Erwartungen schweizerischer und deutscher Verbraucher an nachhaltige Lebensmittel. In: Journal of Socio-Economics in Agriculture, (9) 2016, 1-13.

MRI & BFE (2008): Nationale Verzehrstudie Teil 2. Online unter was esse-ich.de.

Nielsen (2015a): Besser essen, gesünder leben. We are what we eat. Healthy eating trends around the word. Online unter www.nielsen.com.

Nielsen (2015b): Natürlich, kalorienarm und vitaminreich – gesundes Essen ist in. Pressemitteilung 05/03/2017. Online unter www.dgap.de.

Nielsen (2016): Umsatz mit vegetarischen und veganen Produkten im Lebensmitteleinzelhandel in Deutschland in den Jahren 2012/13 bis 2014/15 (in Millionen Euro). Online unter statista.de.

o.V. (2016): Ernährungsminister will „Veggie-Schnitzel" verbieten. Online unter huffingtonpost.de.

Ökotest (2016): Test: Vegetarische/Vegane Fleischersatzprodukte, Mai 2016. Online unter www.oekotest.de.

Otto-Group (2011): Trend-Studie zum ethischen Konsum. Verbrauchervertrauen. Online unter www.ottogroup.com.

Reisch, Lucia; Eberle, Ulrike & Lorek, Sylvia (2013): Sustainable food consumption: an overview of contemporary issues and policies. In: SSPP Journal, 9 (2), 1-19.

RKI (2014): Daten und Fakten: Ergebnisse der Studie „Gesundheit in Deutschland aktuell 2014". Online unter www.rki.de.

Rückert-John, Jana; Bormann, Inka & John, Rene (2012): Umweltbewusstsein in Deutschland 2012. BMU/UBA (Hrsg.). Online unter www.umweltbundesamt.de

Rützler, Hanni & Reiter, Wolfgang (2011): Vorwärts zum Ursprung. Gesellschaftliche Megatrends und ihre Auswirkungen auf eine Veränderung unserer Esskulturen. In: Ploeger, Angelika; Hirschfelder, Gunther; Schönberger, Gesa (Hrsg.): Die Zukunft auf dem Tisch. Analysen, Trends und Perspektiven der Ernährung von morgen, 77-88.

Rützler, Hanni (2014): Foodreport 2015. Zukunftsinstitut: Frankfurt a.M.

Schrader, Ulf (2005): Von der Öko-Werbung zur Nachhaltigkeitskommunikation. In: Belz, Frank.-Martin & Bilharz, Michael (Hrsg.): Nachhaltigkeitsmarketing in Theorie und Praxis, 61-74.

Schwartau, Silke (2014): Reaktion auf Kritik des Portals vegan.eu zu Marktcheck: „Vegane Lebensmittel" der Verbraucherzentrale Hamburg. Offener Brief vom 07.04.2014. Online unter vzhh.de.

Sehrer, Walter; Kropp, Cordula; Brunner, Karl-Michael; Engel, Astrid & Ader, Dorothee (2005): Potentiale für eine Verbreitung der ökologischen Lebensmittelnachfrage im Zuge der Agrarwende. München/Wien.

Siegrist, Michael; Stampfli, Nathalie &; Kastenholz, Hans (2008): Consumers' willingness to buy functional foods. The influence of carrier, benefit and trust. In: Appetite 51 (3), 526-529.

Soederberg-Miller, Lisa & Cassady, Diana (2015): The effects of nutrition knowledge on food label use. A review of the literature. In: Appetite, 92 (3), 207-216.

Spiller, Achim; Kayser, Maike & Böhm, Justus (2012): Unternehmerische Landwirtschaft zwischen Marktanforderungen und gesellschaftlichen Erwartungen in Deutschland aus Sicht der Forschung. In: Balmann, Alfons et al. (Hrsg.): Schriften der Gesellschaft für Wirtschafts- und Sozialwissenschaften des Landbaus e.V. (47), 11-22.

Stat. Bundesamt (2016): Beschäftigung und Umsatz der Betriebe des Verarbeitenden Gewerbes. Abfrage der Datenbank Genesis. Online unter www-genesis.de-statis.de.

Statista (2014): Ernährung in Deutschland. Statista Dossier. Online unter statista.com.

Stiftung Warentest (2013): Leichte Butter und Co.: Besser als Butter. Online unter www.test.de.

Stiftung Warentest (2016): Vegetarische Schnitzel & Co: Die besten Alternativen zu Fleisch. Online unter www.test.de.

Taschan, Hasan (2016): „Veggie-Food" – aktuelle Probleme. In: Lebensmittelchemie, (70) 2016, 49-80.

Theuvsen, Ludwig. (2015): Aktuelle Herausforderungen für die Agrarwirtschaft: Öffentliche Meinung und Wettbewerbsfähigkeit. Vortrag anlässlich der Beiratssitzung des Niedersächsischen Wirtschaftsforums (Nifa) am 12. Februar 2015, Rittergut Wichtringhausen.

Thiele, Silke & Petlner, Jonas (2015): Neue Konsummuster bei Lebensmitteln in Deutschland. Identifizierung sowie Analyse von Bestimmungsfaktoren. In: Rentenbank (Hrsg.): Die Landwirtschaft im Spiegel von Verbrauchern und Gesellschaft. Bd. 31, Frankfurt a.M., 7-34.

TNS Emnid (2012): Das Image der deutschen Landwirtschaft. Online unter www.ima-agrar.de.

Tuorila, Hely & Cardello, Armand (2002): Consumer responses to an off-flavor in juice in the presence of specific health claims. In: Food Quality and Preference, 13 (7-8), 561-569.

van Trijp; Hans & van der Lans, Ivo (2007): Consumer perceptions of nutrition and health claims. In: Appetite, 48 (3), 305-324.

VEBU (2016): Vegetarische Ernährung: Formen des Vegetarismus. Online unter vebu.de.

vegan.eu (o.J.): Wie überzeugen? Online unter www.vegan.eu.

VMSK (2016): Ergebnisprotokoll der 12. Verbraucherschutzministerkonferenz am 22. April 2016 in Düsseldorf. Online unter www.verbraucherschutzministerkonferenz.de.

VSE (o.J.): About us: History. Online unter www.vegansociety.com.

VZ (2016): Verbrauchererwartungen an vegetarische und vegane „Ersatzprodukte". Umfrage der Verbraucherzentralen (VZ). Online unter www.verbraucherzentrale-bawue.de.

vzbv (2015): Was die Zutatenliste verrät – und wo sie schweigt. Online unter www.lebensmittelklarheit.de.

VZHH (2014a): Marktcheck: Vegane Lebensmittel. Online unter www.vzhh.de.

VZHH (2014b): Siegel für vegane Lebensmittel. Online unter www.vzhh.de.

WBA (2015): Wege zu einer gesellschaftlich akzeptierten Nutztierhaltung. Gutachten des Wissenschaftlichen Beirats Agrarpolitik (WBA) beim BMEL. Berlin.

Wehrmann, Johanna (2016): V-Label: Das Europäische Vegetarismus-Label. Online unter utopia.de.

WHO (2015): Healthy diet. Online unter www.who.int.

Wills, Josephine; Storcksdieck, Stefan; Kolka, Magdalena & Grunert, Klaus (2012): Nutrition and health claims: Help or hindrance. European consumers and health claims: Attitudes, understanding and purchasing behavior. In: Proceedings of the Nutrition Society, 71 (2), 229-236.

YouGov (2014): Überwiegend vegan: Flexibilität kommt vor Konsequenz. Online unter yougov.de.

Zittlau, Jörg (2012): Omnivor, Ovo-Lacto und co.: Die wichtigsten Ernährungsstile. Online unter www.spiegel.de.

Zühlsdorf, Anke & Spiller, Achim (2012): Trends in der Lebensmittelvermarktung. Begleitforschung zum Internetportal lebensmittelklarheit.de. Online unter www.vzbv.de.

# Fleischlos essen per staatlichem Diktat? Der politische Umgang mit dem Fleischkonsum

*Esther Seha*

## 1. Einleitung

In den vergangenen Jahren hat das Thema Ernährung einen prominenten Stellenwert auf der gesellschaftspolitischen Agenda eingenommen (Grefrath 2014). Gleichsam „auf dem Teller" treffen zentrale ökologische, ökonomische, soziale und kulturelle Herausforderungen unserer Zeit zusammen und werfen die Frage auf, wie es gelingen kann, eine wachsende Weltbevölkerung nachhaltig zu ernähren (Ploeger et al. 2012). Das ernährungsbezogene Problemspektrum ist umfangreich und umfasst eine Vielzahl von Debatten über die versteckten Kosten unserer Ernährungsweisen (Carolan 2011). Im Zentrum der ökologischen, sozialen, gesundheitlichen sowie ethischen Kritik am industrialisierten Ernährungssystem steht dabei das Lebensmittel Fleisch. Während Fleisch, historisch gesehen, Mangelware war (Frei et al. 2012: 62), avancierte es im Zuge der Industrialisierung der Tierhaltung und -produktion seit dem Zweiten Weltkrieg zur Massenware (Helstosky 2013: 313). In den vergangenen 50 Jahren hat sich die weltweite Fleischproduktion von 78 auf 308 Millionen Tonnen pro Jahr vervierfacht. Um die steigende Nachfrage nach Fleischprodukten aufgrund der Bevölkerungs- sowie Einkommenszuwächse in den Entwicklungs- und Schwellenländern zu befriedigen, erwartet die Ernährungs- und Landwirtschaftsorganisation der Vereinten Nationen (FAO) bis zum Jahr 2050 eine Steigerung der Fleischproduktion auf 455 Millionen Tonnen (Weltagrarbericht o. J.). Eine Entwicklung, welche die bereits bestehenden negativen Konsequenzen des Fleischkonsums für Gesundheit, Klima, Umwelt und Biodiversität noch vergrößern wird (Drewnowski/Popkin 1997; Eshel/Martin 2005) und die in den vergangenen Jahren eine breite gesellschaftliche Debatte um die Zukunft unserer fleischzentrierten Ernährungsweise angestoßen hat (FAO 2006).

Um die Folgen des Fleischkonsums sowie der Massentierhaltung für Mensch, Tier und Umwelt zu adressieren, unterstützten die Grünen im Rahmen des Bundestagswahlkampfs 2013 den Vorschlag, in öffentlichen Kantinen einen Veggie-Day einzuführen und auf diese Weise einen Anreiz für die Reduzierung des individuellen Fleischkonsums zu schaffen. Dieser Vorschlag wurde von CDU/CSU, FDP, SPD und den Linken vehement abgelehnt, indem argumentiert wurde, dass eine ernährungsbezogene Bevormundung der Bürgerinnen und Bürger durch den Staat mit den im liberalen Verfassungsstaat bestehenden ethischen und politischen Überzeugungen von individueller Freiheit und Selbstbestimmung nicht in Einklang zu bringen sei und die Bürgerinnen und Bürger selbst über ihre Ernährung befinden könnten. Der folgende Beitrag verdeutlicht zum einen, dass die Debatte um den von den Grünen vorgeschlagenen Veggie-Day keine sachliche, politische Auseinandersetzung über die Herausforderung des künftigen Fleischkonsums darstellt und keine angemessene Definition des Problems hervorgebracht hat. Zum anderen macht er deutlich, dass für die Bearbeitung des Problems lediglich eine Veränderung des individuellen Konsumverhaltens in Erwägung gezogen wurde, dass eine Diskussion über die strukturelle Veränderung der Rahmenbedingungen für Produktion und Konsum jedoch gänzlich ausgeblieben und auch von den Grünen nicht systematisch berücksichtigt worden ist.

Während Einvernehmen darüber besteht, dass der Veggie-Day einen zentralen Erklärungsfaktor für das schlechte Abschneiden der Grünen darstellt (Probst 2015: 149), sind die Debatte selbst sowie die Frage nach dem politischen Umgang mit dem gegenwärtigen und zukünftigen Fleischkonsum bislang noch keiner systematischen Analyse unterzogen worden. Ansinnen des vorliegenden Beitrags ist es daher, systematisch nachzuzeichnen, entlang welcher Diskursstränge das Problem des Fleischkonsums von den politischen Parteien thematisiert wurde und welche Wege dabei zur Lösung des Problems als legitim erachtet und welche ausgeschlossen wurden. Mit der empirischen Ermittlung der von den politischen Akteuren in Anschlag gebrachten Deutungsmuster und Problemlösungskonzeptionen verfolgt der Beitrag in erster Linie ein empirisches Erkenntnisinteresse. In theoretisch-konzeptioneller Hinsicht soll auf der Grundlage der empirischen Befunde jedoch ebenfalls reflektiert werden, wie sich die von den Akteuren verwendeten Ansätze politischer Problemdefinition und -lösung interpretieren lassen.

## 2. Die Veggie-Day-Debatte

Die Idee, einen vegetarischen Wochentag einzuführen, ist nicht neu. In den USA gab es erste Kampagnen zum Fleischverzicht bereits während der beiden Weltkriege. Dabei wurden die Bürgerinnen und Bürger angesichts der Rationierungen dazu angehalten, Lebensmittel und andere Ressourcen einzusparen, sodass diese für die Kriegsanstrengungen verwendet werden konnten (Obenchain/Spark 2016: 56). Im Jahr 2003 wurde diese Idee in Form der „Meatless Monday" Kampagne wiederbelebt. Während das Anliegen des reduzierten Fleischkonsums im Rahmen der „Meatless Monday" Initiative ursprünglich gesundheitspolitischer Natur war, führte diese später explizit auch umweltpolitische Gründe für den Fleischverzicht an und hat mittlerweile weltweit große Resonanz gefunden (Righter 2015: 467 f.).[1]

An die Idee eines vegetarischen Wochentags anknüpfend, sprachen sich die Grünen erstmals im Jahr 2011 in einem Positionspapier der Bundestagsfraktion für die Initiative eines Veggie-Days aus. In der dreiseitigen Stellungnahme unterstützte die Bundestagsfraktion den Veggie-Day als eine Möglichkeit, eine Veränderung von Lebens- und Konsumstilen zu bewirken und dabei sowohl ein Zeichen für den Klimaschutz, die Sicherung der Welternährung als auch für den ethischen Umgang mit Tieren zu setzen (Bündnis 90/Die Grünen 2011: 1 f.). Im Wahlprogramm für die Bundestagswahl 2013, welches auf der Bundesdelegiertenkonferenz im April 2013 verabschiedet wurde, erneuerten die Grünen ihre Unterstützung für einen vegetarischen Tag. Darin schrieben sie: „Unsere Konsumentscheidungen prägen die Welt. Das zeigt sich besonders beim Thema Fleischkonsum. Pro Kopf und Jahr essen wir Deutsche rund 60 Kilo Fleisch. Dieser hohe Fleischverbrauch birgt nicht nur gesundheitliche Risiken. Er erzwingt auch eine Massentierhaltung, die auf Mensch, Tiere und Umwelt keine Rücksicht nimmt. Deshalb fordern wir mehr Verbraucheraufklärung zu den gesundheitlichen, sozialen und ökologischen Folgen des Fleischkonsums. Öffentliche Kantinen sollen Vorreiterfunktionen übernehmen. Angebote von vegetarischen und veganen Gerichten und ein „Veggie Day" sollen zum Standard werden" (Bündnis 90/Die Grünen 2013: 164).

Öffentliche Aufmerksamkeit gewann die Initiative jedoch erst dann, als die Bild-Zeitung am 5. August 2013, also fast vier Monate später, im Wahlkampfsommerloch mit der Überschrift „Grüne wollen uns das Fleisch verbieten" (Reichelt 2013a) eine vehement geführte Debatte über den Veggie-Day auslöste. Der Vorschlag erntete in der medialen Auseinandersetzung harsche Kritik und wurde – wie beispielsweise Spiegel Online berichtete – gemeinhin als Bevormundungsversuch interpretiert (Hans 2013). Der verbraucherpolitische Sprecher der FDP-Bundestagsfraktion kommentierte,

---

1 In der Bundesrepublik Deutschland wird die Kampagne „Donnerstag ist Veggietag" vom Vegetarierbund Deutschlands getragen. Dieser strebt an, Städte, Unternehmen, Uni-Mensen sowie andere Institutionen und Einrichtungen für diese Initiative zu gewinnen.

die Menschen seien „klug genug, um über ihre Ernährung selbst zu entscheiden" (Kamann 2013). CDU-Generalsekretär Herman Gröhe sprach in
der Tageszeitung Neue Westfälische von einer „grünen Verbotsrepublik"
(Schrotthofer 2013). Und Matthias Höhn, Bundesgeschäftsführer der Linken, warnte vor einer „grünen Erziehungsdiktatur" (Hans 2013). Kritische
Stimmen erntete der Grünen-Vorstoß ebenfalls von der SPD sowie von
zahlreichen Medien. In der Welt Online wurde geschrieben: „'Veggie
Day'? Das ist nicht nur eine alberne Idee. Sie ist auch richtig dumm." (Prosinger 2013). In der Frankfurter Allgemeinen Zeitung wurde konstatiert,
dass ein „staatliches Fleischverbot" eine „Frechheit" sei (Rossbach 2013). In
den sozialen Medien entbrannte eine Auseinandersetzung über Sinn und
Unsinn eines „Fleischverbots" und Junge Liberale sowie Junge Union ta-
ten ihre Ablehnung gegen den Veggie-Day im Rahmen eines öffentlichen
Grill-Protestes vor der Grünen-Parteizentrale kund (Reichelt 2013b).

Analysiert man sowohl das Positionspapier als auch das Wahlprogramm, wird schnell ersichtlich, dass die Aussage, der Veggie-Day solle in
öffentlichen Kantinen zum Standard werden, weder eine Verbotsforde-
rung noch eine andere Form rechtlicher Normierung impliziert.[2] Vielmehr stellt die Idee des Veggie-Days den Versuch dar, durch das Angebot
vegetarischer Gerichte eine Verhaltensänderung durch Überzeugung beziehungsweise Setzung eines Vorbildes zu erreichen, ist also ein weiches Instrument politischer Steuerung (Windhoff-Héritier 1987: 34 f.). Wenngleich
die Berichterstattung in der Süddeutschen Zeitung sowie in DIE ZEIT betonte (Caspari 2013; Weiß 2013), dass es sich bei der Veggie-Day Initiative
um keine Fleischverbotsforderung, sondern um eine Empfehlung handele,
wurde die Mediendebatte jedoch vom Verbotsnarrativ bestimmt. Es gelang
trotz zahlreicher Kommentare und Stellungnahmen seitens der Grünen
nicht, den entstandenen Eindruck eines Fleischverbots zu entkräften. Angesichts der Tatsache, dass der Veggie-Day sowohl den Wahlausgang der
Partei negativ beeinflusst als auch dem Parteiimage erheblichen Schaden
zugefügt hat (Probst 2015: 149), nahmen die Grünen auf dem Hamburger
Bundesparteitag daher im November 2014 schließlich wieder Abstand von
der Idee eines vegetarischen Tags als Instrument zum Umgang mit dem
Problem des Fleischkonsums (Wegner 2014).

Die Debatte um den Veggie-Day hat das Problem des Fleischkonsums
explizit in den Fokus der Politik gerückt. Auffällig ist dabei jedoch, dass

---

2 Darüber, mit welchen Mitteln der Veggie-Day als Standard etabliert werden soll,
werden weder im Positionspapier noch im Bundestagswahlprogramm konkrete
Angaben gemacht.

sich die gesamte mediale Debatte lediglich um den von den Grünen präsentierten Lösungsvorschlag, nicht aber um das Problem selbst und seine Ursachen drehte. Ein Blick in die Wahlprogramme der übrigen Parteien vermittelt zudem Aufschluss darüber, dass lediglich die Grünen ausdrücklich auf das Problem des Fleischkonsums Bezug nahmen. Die übrigen Parteien betonten zwar die Bedeutung des Tierschutzes (SPD 2013: 90; FDP 2013: 74 f.) sowie artgerechter Tierhaltung (Linke 2013: 71; CDU/CSU 2013: 59), eine Aussage über den Umfang des Fleischkonsums sowie die Notwendigkeit, diesen zu reduzieren, sind in den Programmen hingegen nicht enthalten. Im Folgenden wird daher nachgezeichnet, wie die Grünen versuchten, die gesellschaftliche Debatte um den Fleischkonsum in Politik zu übersetzen. Dabei ist besonders interessant zu untersuchen, wie das Problem – für welches der Veggie-Day Abhilfe schaffen sollte – definiert wurde, welche Ursachen dafür angeführt wurden und wie und durch wen es gelöst werden soll.

Sowohl im Positionspapier als auch im Wahlprogramm zur Bundestagswahl betonen die Grünen, dass sie den hohen Fleischkonsum der Deutschen als Problem erachten (Bündnis 90/Die Grünen 2011: 1 f. und 2013: 164). Einführung und Ausbau agrarindustrieller Produktionsweisen – insbesondere der Massentierhaltung – hätten eine bedeutende Steigerung der Fleischproduktion ermöglicht und dazu geführt, dass Fleisch zu einem allgemein verfügbaren Lebensmittel geworden ist. In Deutschland werden pro Jahr und Kopf rund 60 Kilogramm Fleisch konsumiert (Bündnis 90/Die Grünen 2013: 164). Die Folgen des hohen Fleischkonsums sind in den vergangenen Jahren zunehmend in die Kritik geraten und bilden den Ausgangspunkt für die Forderung der Grünen, den Fleischkonsum in Deutschland zu reduzieren. Von Bedeutung sind für die Grünen dabei einerseits das Thema Klimawandel und andererseits das Thema Welternährung. Da 18 Prozent der globalen Treibhausgase auf die Tierhaltung zurückzuführen sind (FAO 2006: XXI), leistet diese einen erheblichen Beitrag zur Verschlechterung des Weltklimas. Treibhausgase werden dabei nicht nur in der Tierhaltung selbst, sondern ebenfalls im Rahmen der Produktion von Futtermitteln freigesetzt, für deren Anbau große Waldflächen gerodet werden (Bündnis 90/Die Grünen 2011: 2). Daran anknüpfend, argumentieren die Grünen, dass die für die Tierzucht aufgewendeten Ressourcen, wie Landfläche, Energie und Wasser, nicht nur die Qualität des Klimas beeinträchtigen, sondern darüber hinaus auch für den Anbau von Grundnahrungsmitteln verloren gehen und auf diese Weise die Ernährungssicherheit einer wachsenden Weltbevölkerung gefährden. Millionenfaches Tierleid, der Einsatz von Antibiotika sowie die Zerstörung der Absatzmärkte durch Billig-Fleischexporte sind weitere negative Konsequenzen, die aus dem hohen Fleischverbrauch der Industrieländer für Mensch, Tier und Umwelt resultieren (Bündnis 90/Die Grünen 2013: 164). Gemäß den Einschätzungen der Grünen gilt es folglich, den durch den Ausbau agrarindustrieller Methoden ermöglichten Fleischkonsum zu reduzieren, um auf diese Weise den negativen Folgen für Klima und Ernährungsgerechtigkeit sowie Umwelt, Gesundheit und Tierwohl entgegenzuwirken.

Die Lösung für den hohen Fleischkonsum sehen die Grünen explizit in einer Reduktion des tierischen Lebensmittelverbrauchs durch den individuellen Verbraucher. Im Problemlösungsentwurf der Grünen werden zur Einhaltung der Grenzen des Planeten explizit eine „konsequente[n] Politik des ressourcenleichten Wirtschaftens und ein Überdenken unserer Konsumgewohnheiten und Lebensstile" (Bündnis 90/Die Grünen 2013: 158) gefordert. In der Ernährungspolitik ist es ihr Anliegen, eine Veränderung der Lebens- und Konsumstile herbeizuführen und auf diese Weise eine „weltweite Bewegung des guten Konsums [zu] unterstützen" (Bündnis 90/Die Grünen 2011: 1). Da eine verstärkte Nachfrage nach vegetarischen Lebensmitteln nach Ansicht der Partei eine Marktveränderung bewirken könne, fordert sie eine verstärkte Verbraucheraufklärung über die gesundheitlichen, sozialen und ökologischen Folgen des Fleischkonsums (Bündnis 90/Die Grünen 2013: 164). An diese Überlegungen anknüpfend, sprechen sich die Grünen sowohl im Positionspapier als auch im Wahlprogramm dafür aus, dass öffentliche Kantinen durch die Einführung eines Veggie-Days Vorreiterrollen einnehmen und auf diese Weise das Bewusstsein für vegane und vegetarische Ernährungsweisen stärken sollten (ebd.: 164). Die Erweiterung des vegetarischen Angebots trage zur individuellen Aufklärung und zur Ausbildung eines reflektierteren Ernährungsbewusstseins bei, sodass durch die Nachfrage nach vegetarischen Produkten schließlich auch ein Wandel des Marktes erfolge (Bündnis 90/Die Grünen 2011: 3).

Wenngleich der Veggie-Day explizit keine gesetzlich verbindliche politische Maßnahme darstellte, interpretierten CDU/CSU, FDP, SPD und DIE LINKE diesen genauso und lehnten eine Setzung jeglicher Ernährungsvorgaben für den Bürger konsequent ab. CDU/CSU und FDP rekurrierten in ihrer Replik auf die Veggie-Day-Forderung der Grünen dabei auf das in ihren Wahlprogrammen verankerte Leitbild des eigenverantwortlichen beziehungsweise verantwortungsbewussten Verbrauchers (CDU/CSU 2013: 61; FDP 2013: 73), der seine Ernährungsentscheidungen selbst treffen könne. Auch SPD und DIE LINKE lehnten einen fleischfreien Tag in öffentlichen Kantinen ab, wiesen in ihren Wahlprogrammen jedoch darauf hin, dass Verbraucher- und Umweltbildung für einen nachhaltigen Umgang mit Lebensmitteln von großer Bedeutung seien (SPD 2013: 92 und 94) und dass die Ermöglichung ökologischer und ressourcenleichter Lebensstile entsprechender gesellschaftlicher Rahmenbedingungen bedürfe (DIE LINKE 2013: 71 und 68).

### 3. Fleisch als politisches Problem: Eine kritische Reflexion

Ausgehend von den Beobachtungen zur Veggie-Day-Debatte, lassen sich folgende kritische Befunde zum politischen Umgang mit dem Problem des Fleischkonsums formulieren.

*Die politische Debatte über den Veggie-Day wird der Komplexität des Gegenstands nicht gerecht.*

Wenngleich es das Verdienst der Grünen ist, als einzige Partei den Fleischkonsum explizit als Problem auf der wahlkampfpolitischen Agenda zu platzieren, ist es nicht gelungen, die Initiative des Veggie-Days in eine Diskussion über das Problem des Fleischkonsums zu transferieren, welche der Komplexität des Gegenstandes Rechnung trägt. Die Polarisierung der Veggie-Day-Debatte und die Fokussierung auf die Einführung eines fleischfreien Tags in öffentlichen Kantinen waren maßgeblich der Wahlkampfsituation geschuldet. Dennoch fällt auf, dass sich die Diskussion um eine Reduzierung des Fleischkonsums ausschließlich auf den Aspekt der Problemlösung beschränkt hat. Während die Grünen sowohl im Positionspapier der Bundestagsfraktion als auch im Wahlkampfprogramm auf das Fleischproblem sowie dessen Ursachen und Folgen eingingen, setzten sich die anderen Parteien weder im Rahmen der Debatte noch in ihren Wahlprogrammen genuin inhaltlich mit dem Thema Fleischkonsum und seinen Konsequenzen auseinander. Die Kritik an dem von den Grünen vorgebrachten Vorschlag eines vegetarischen Wochentags in öffentlichen Kantinen erschöpfte sich in der Feststellung, dass eine solche Maßnahme im Rahmen eines freiheitlichen Verfassungsstaates nicht legitim sei und die Verbraucher in ihrer Konsumfreiheit einschränke. Eine Diskussion über die Ursachen und Folgen des Fleischkonsums selbst sowie die Erörterung alternativer Ansätze für dessen Lösung blieben indes gänzlich aus. Obwohl das Thema Fleisch im Rahmen des Bundestagswahlkampfes 2013 somit kurzfristig politische Aufmerksamkeit weckte, bestätigt die Veggie-Day-Debatte den allgemeinen Befund, dass die Politik sich bislang einer grundlegenden Auseinandersetzung mit der Thematik entzieht (Lang et al. 2010: 265).

*Sowohl die Problemdefinition als auch die Lösungsvorschläge sind unkonkret und nicht aufeinander bezogen.*

Untersucht man die Ausführungen der Grünen zur Problemdefinition genauer, ist fraglich, ob der Fleischkonsum selbst das zu lösende Problem ist oder ob dieser nicht etwa ein Symptom einer grundsätzlicheren Herausforderung ist. Auf der Ebene der Problemdefinition wird der übermäßige Fleischkonsum mit unterschiedlichen Problemen in Verbindung gebracht (etwa Klima, Umwelt, Gesundheit, Tierwohl, Ernährungsgerechtigkeit) und explizit in die Diskussion über die Zukunftsfähigkeit der bestehenden ressourcenintensiven agrar-industriellen Wirtschaftsweise eingeordnet (Bündnis 90/Die Grünen 2011: 1). Mit der Wahl des Veggie-Days erfolgt auf der Ebene der Problemlösung jedoch eine Herauslösung der Fleischproblematik aus eben diesen systemischen Zusammenhängen. Der Blick für den Bedarf weitreichender Strukturreformen wird verdeckt. Wenngleich die Grünen die Notwendigkeit für die Setzung politischer Rahmenbedingungen nicht gänzlich aussparen, so werden diese im Vergleich zum Veggie-Day-Vorschlag jedoch nicht ausführlich thematisiert; es bleibt lediglich bei einigen Bemerkungen dazu, dass die Politik für zukunftsfähige Rahmenbedingungen in die Pflicht zu nehmen sei (Bündnis 90/Die Grünen 2011: 1). Vor allem aber bleibt unklar, welchen Beitrag der Veggie-Day innerhalb einer Gesamtstrategie zur Ablösung beziehungsweise Reformierung des industrialisierten und globalisierten Ernährungssystems leisten soll. Die fehlende Auseinandersetzung über Problemdefinition und -lösung wird darüber hinaus an zwei weiteren Punkten deutlich: So stellt sich zum einen die Frage, welchen Beitrag die Reduzierung des individuellen Fleischkonsums in Deutschland für die Lösung des globalen Fleischkonsums leisten kann und soll. Da Fleischproduktion und Fleischkonsum zunehmend geografisch entkoppelt sind und Deutschland einen erheblichen Teil seiner Fleischproduktion für wachsende Märkte ins Ausland exportiert (Heinrich Böll Stiftung/BUND 2016: 8), scheint der Nutzen eines auf individuelle Verhaltensänderung ausgerichteten politischen Lösungswegs begrenzt zu sein. Vielmehr ist es notwendig, die Thematik des Fleischkonsums und der Fleischproduktion gemeinsam und im Kontext des globalen Ernährungssystems zu betrachten. Zum anderen gilt es zu klären, was genau unter einem gesunden, umweltfreundlichen, klimafreundlichen sowie sozial verträglichen Ernährungsstil verstanden werden kann. Obwohl gemeinhin Einvernehmen dahingehend besteht, dass vegetarische Ernährungsweisen umweltfreundlicher als omnivore sind (Eshel/Martin 2005; Teisl 2011), bedarf es gleichwohl einer Spezifizierung dessen, was als nachhaltiger Ernährungsstil gelten kann, und welche Spannungsverhältnisse bei der Herstellung alternativer Lebensmittel dabei Berücksichtigung finden müssen.

*Der Fokus auf das Konzept des politischen Konsums greift zu kurz und liefert keine angemessene Antwort.*

Vor dem Hintergrund dieser komplexen Problemkonstellation stellt sich abschließend die Frage, welche Akteure für die Lösung des Problems legitimer Weise Verantwortung übernehmen sollten. Wie die kritischen Einlassungen in Reaktion auf die Einführung eines Veggie-Days verdeutlichen, vertraten die politischen Parteien mehrheitlich die Ansicht, ein vorgeschriebener fleischfreier Tag stehe mit den im liberalen Verfassungsstaat bestehenden ethischen und politischen Überzeugungen von individueller Freiheit und Selbstbestimmung im Widerspruch. Als Alternative zur Formulierung von Vorschriften betonten insbesondere Vertreterinnen und Vertreter von CDU/CSU und FDP das Primat der Verbraucherverantwortung und plädierten ausdrücklich dafür, die Entscheidung über Konsumentscheidungen bei den Verbraucherinnen und Verbrauchern zu belassen. Auch wenn die Positionen der Grünen einerseits und von CDU/CSU, FDP, SPD und DIE LINKE andererseits auf den ersten Blick entgegengesetzt zu sein scheinen, fußen sowohl der Veggie-Day als auch die Idee der Verbraucherverantwortung auf einer Übertragung politischer Verantwortung auf den individuellen Konsumenten und bestätigen den Befund, dass die Politik das Problem des Fleischkonsums bislang – wenn überhaupt – lediglich als Herausforderung an den Verbraucher, nicht jedoch als systemisches Problem adressiert hat (Lang et al. 2010: 266).

Die Frage danach, ob man durch den Kauf umwelt- und sozialverträglich hergestellter Produkte einen politischen Beitrag zur Lösung drängender globaler Probleme leisten kann, hat in den vergangenen Jahren große Aufmerksamkeit geweckt (Lamla 2006; Trentmann 2010). Dabei wird nicht nur das Potenzial ethischer Konsummuster für die Lösung gemeinwohlorientierter Aufgaben diskutiert. Eine Vielzahl theoretischer und empirischer Studien setzt sich darüber hinaus ebenfalls mit den Grenzen der Verantwortungszuschreibung und -übernahme durch den Verbraucher auseinander (Stolle/Micheletti 2013: 2). Ein zentraler Gesichtspunkt in der Debatte um politischen Konsum ist dabei die Frage, welche Konsum- und Lebensstile als nachhaltig betrachtet werden können. Der Begriff der Nachhaltigkeit, der häufig mit dem Lebensmittel Fleisch in Zusammenhang gebracht wird, umfasst eine Vielfalt ökologischer, ökonomischer und sozialer Zielsetzungen, die mitunter nicht in widerspruchsfreie ethische Konsumentscheidungen zu übersetzen sind (Gjerris/Saxe 2013: 154 f.). Diese Widersprüche verdeutlichen nicht nur die Grenzen, die der Erreichung gemeinwohlorientierter Ziele durch individuellen Konsum gesetzt sind. Sie werfen auch die Frage auf, ob die Entscheidung darüber, was im Interesse des Gemeinwohls ist und auf welche Weise dieses verwirklicht werden soll, in die Verantwortung der einzelnen Konsumenten gelegt werden soll (Pellizzoni 2007: 4). Für die Bewältigung der vielfältigen Herausforderungen, die aus der steigenden Nachfrage nach Fleisch- und Milchprodukten für Mensch, Tier und Umwelt im Rahmen der sich vollziehenden globalen „nutrition transition" (Drewnowski/Popkin 1997) erwachsen, scheinen freiwillige individuelle Verhaltensänderungen folglich keine angemessene Antwort zu sein. Die Politik ist dazu aufgefordert, sich mit der Vielzahl der durch Fleischkonsum und -produktion entstandenen Herausforderungen auseinanderzusetzen. Dazu bedarf es jedoch – im Gegensatz zur Debatte um den Veggie-Day – an erster Stelle einer systematischen Problemdiagnose sowie der Erarbeitung einer dem Problem angemessenen Lösungsstrategie. Beides steht mithin noch aus.

## 4. Ausblick

Unter den derzeit gesellschaftspolitisch diskutierten Ernährungsfragen kommt der Fleischthematik eine besondere Bedeutung zu. Da der heutige Fleischverbrauch folgenreiche Auswirkungen für Tier, Mensch und Umwelt nach sich zieht, wohnt diesem Lebensmittel somit ein starkes Politisierungspotenzial inne (Korthals 2015: 245 f.). Gleichzeitig hat die Analyse der Veggie-Day-Debatte verdeutlicht, dass sich die Politik dem Problem des Fleischkonsums in seinen vielfältigen Facetten bislang noch nicht explizit angenommen hat. Dieses Faktum wird nicht zuletzt dadurch offenbar, dass sich mit Ausnahme der Grünen keine der etablierten bundesdeutschen Parteien mit dieser Herausforderung befasst hat und auch die Grünen ihren Vorschlag für eine politische Intervention auf die Ebene des individuellen Konsums fokussiert und die Betrachtung der Verhältnisse rund um Fleischproduktion und –konsum vernachlässigt haben. Das ist eine Entscheidung, mit der sich die Grünen gegenüber ihren politischen Gegnern möglicherweise sogar besonders angreifbar gemacht haben. Obwohl dem Fleischkonsum im gesellschaftspolitischen Diskurs eine prominente Rolle spielt, haben sich das Wissen und Bewusstsein über die Folgen des globalen Fleischkonsums bislang noch nicht in einer Reduktion des individuellen Fleischkonsums niedergeschlagen (Bakker de/Dagevos 2012). Während die Nachfrage nach tierischen Produkten in Entwicklungs- und Schwellenländern kontinuierlich ansteigt, ist der Fleischkonsum in den westlichen Ländern nur marginal zurückgegangen oder stagniert auf hohem Niveau. Eine auf Verbraucherverantwortung und ethischem Konsum basierende Reduzierung des Verzehrs tierischer Lebensmittel ist entsprechend noch nicht realisiert und zieht somit die Richtigkeit des von CDU/CSU, FDP, SPD und DIE LINKE vorgebrachten Arguments in Zweifel.

Die aktuelle Debatte um die Reduktion des Fleischkonsums ist nicht neu. Bereits in den 1970er Jahren hat unter anderem Francis Moore Lappé mit ihrem Buch „Diet for a small planet" (1971) für den Zweck der Beendigung des Welthungers sowie für die Bewahrung der natürlichen Ressourcen und für eine vegetarische Ernährungsweise geworben. Lappé hat mit ihrem Buch das Bewusstsein für die politischen, ökonomischen, sozialen und ethischen Rahmenbedingungen geschärft, in die unsere Ernährungsweisen eingebettet sind. Fleisch steht wie kein anderes Lebensmittel für Wohlstand und Status und ist ein zentraler Bestandteil unserer Esskultur. Die Tatsache, dass der tägliche Genuss von Fleisch zur Normalität geworden ist, täuscht jedoch darüber hinweg, dass Fleisch lange Zeit ein knappes Gut war und erst durch die Möglichkeiten der industrialisierten Produktion zu einem alltäglichen und stets verfügbaren Lebensmittel wurde (Helstosky 2013: 313). Angesichts der polarisierten Debatten um Konsum- und Produktionsfreiheit gerät oftmals in Vergessenheit, dass die Massenproduktion von Fleisch durch eine Vielzahl politischer Vorgaben, wie beispielsweise Agrarsubventionen, ermöglicht wird. Während individuelle Verhaltensänderungen und Konsumentscheidungen wichtig sind und nicht per se als Maßnahmen ausgeschlossen werden sollten, können sie eine Auseinandersetzung mit den systemischen Erfordernissen für eine Reduktion von Fleischproduktion und -konsum jedoch nicht ersetzen. Einer Diskussion über mögliche politische Maßnahmen sollte jedoch zunächst eine intensive und nuancierte Debatte darüber vorausgehen, welche Rolle Fleisch für die Ernährung des globalen Nordens sowie für die Sicherung der Welternährung insgesamt spielen kann und soll (Metha-Bhatt/Ficarelli 2015: 518). Zuallererst bedarf es deshalb der Bereitschaft seitens der Politik, anzuerkennen, dass Ernährung politisch ist, und die Frage, wie wir uns in Zukunft ernähren sollen und welche Rolle das Lebensmittel Fleisch dabei spielt, letztlich nur politisch entschieden werden kann.

## Literatur- und Quellenverzeichnis

Bakker de, Erik/Dagevos, Hans 2012: Reducing Meat Consumption in Today's Consumer Society: Questioning the Citizen-Consumer Gap, in: Journal of Agricultural and Environmental Ethics 25/6, 877–94.

Bündnis 90/Die Grünen 2011: „Veggie-Day" umsetzen für mehr Klimaschutz und Ernährungssicherheit. Positionspapier der Bundestagsfraktion. Online unter: https://www.gruene-bundestag.de/fileadmin/media/gruenebundestag_de/fraktio n/beschluesse/veggieday.pdf [11. März 2017].

Bündnis 90/Die Grünen 2013: Zeit für den grünen Wandel. Teilhaben. Einmischen. Zukunft schaffen. Bundestagswahlprogramm 2013. Online unter: https:// www.gruene.de/fileadmin/user_upload/Dokumente/Wahlprogramm/Wahlprog ramm-barrierefrei.pdf [11. März 2017].

Carolan, Michael 2011: The Real Cost of Cheap Food. London: Earthscan.

Caspari, Lisa 2013: Fleischlos in den Wahlkampf, in: ZEIT Online vom 5. August 2013. Online unter: http://www.zeit.de/politik/deutschland/2013-08/gruene-fleis chkonsum-wahlkampf-kantine-veggie-day [8. März 2017].

CDU/CSU 2013: Gemeinsam erfolgreich für Deutschland. Regierungsprogramm 2013-2017. Online unter: https://www.cdu.de/sites/default/files/media/dokumen te/regierungsprogramm-2013-2017-langfassung-20130911.pdf [8. März 2017].

D'Silva, Joyce/Webster, John (Hrsg.) 2010: The Meat Crisis. Developing More Sustainable Production and Consumption. London: Earthscan.

Drewnowski, Adam/Popkin, Barry M. 1999: The Nutrition Transition: New Trends in the Global Diet, in: Nutrition Reviews 55/2, 31-43.

Eshel, Gidon/Martin, Pamela A. 2006: Diet, Energy, and Global Warming, in: Earth Interactions 10/9, 1-17.

FAO 2006: Livestock's Long Shadow. Environmental Issues and Options. Rome: FAO.

FDP 2013: Bürgerprogramm 2013. Damit Deutschland stark bleibt. Programm der Freien Demokratischen Partei zur Bundestagswahl 2013. Online im Internet unter: https://www.fdp.de/files/565/B_rgerprogramm_A5_Online-Fassung.pdf [8. März 2017].

Frei, Alfred Georg/Groß, Timo/Meier, Toni 2011: Es geht um die Wurst. Vergangenheit, Gegenwart und Zukunft tierischer Kost, in: Ploeger, Angelika/Hirschfelder, Gunther/Schönberger, Gesa (Hrsg.): Die Zukunft auf dem Tisch. Analysen, Trends und Perspektiven der Ernährung von morgen. Wiesbaden: VS Verlag für Sozialwissenschaften, 57-75.

Gjerris, Mickey/Saxe, Henrik 2013: The Choice That Disappeared: On the Complexity of Being a Political Consumer, in: Röcklinsberg, Helena/Sandin, Per (Hrsg.): The Ethics of Consumption. The Citizen, the Market and the Law. Wageningen: Wageningen Academic Publishers, 154-159.

Greffrath, Mathias. 2014: Der Aufstand der Satten, in: Deutschlandfunk vom 1. Mai 2014. Online unter: http://www.deutschlandfunk.de/konsum-der-aufstan d-der-satten.1184.de.html?dram:article_id=284119 [15. März 2017].

Hans, Barbara 2013: Heftiger Widerstand gegen "Veggie Day" der Grünen, in: Spiegel online vom 5. August 2013. Online unter: http://www.spiegel.de/politik/deu tschland/fleischloser-tag-widerstand-gegen-veggie-day-der-gruenen-a-914949.htm l [8. März 2017].

Heinrich Böll Stiftung/BUND 2016: Fleischatlas 2016-Deutschland Regional. Daten und Fakten über Tiere als Lebensmittel. Berlin.

Helstosky, Carol 2013: Food Studies and Animal Rights, in: Albala, Ken (Hrsg.): Routledge International Handbook of Food Studies. London: Routledge, 306-317.

Kamann, Matthias 2013: Grüne wollen Fleischhunger der Deutschen bremsen, in: WELT online vom 5. August 2013. Online unter: https://www.welt.de/politik/d eutschland/article118717227/Gruene-wollen-Fleischhunger-der-Deutschen-brem sen.html [8. März 2017].

Korthals, Michiel 2015: Ethics of Food Production and Consumption, in: Herring, Ronald J. (Hrsg.): The Oxford Handbook of Food, Politics, and Society. New York: Oxford University Press, 231-52.

Lamla, Jörn 2006: Politisierter Konsum – Konsumierte Politik. Kritikmuster und Engagementformen im kulturellen Kapitalismus, in: Lamla, Jörn/Neckel, Sighard (Hrsg.): Politisierter Konsum – Konsumierte Politik. Wiesbaden: VS Verlag für Sozialwissenschaften, 9-37.

Lang, Tim/Wu, Michelle/Caraher, Martin 2010: Meat and Policy: Charting a Course through the Complexity, in: D'Silva, Joyce/Webster, John (Hrsg.): The Meat Crisis. Developing More Sustainable Production and Consumption. London: Earthscan, 254-74.

Lappé, Frances Moore 1971: Diet for a Small Planet. New York: Ballantine Books.

Linke 2013:100 % Sozial. Wahlprogramm zur Bundestagswahl 2013. Online unter: https://www.mehr-demokratie.de/fileadmin/pdf/DIE_LINKE-Wahlprogramm_2 013.pdf [11. März 2017].

Mehta-Bhatt, Purvi/Ficarelli, Pier Paolo 2015: Lifestock in the Food Debate, in: Herring, Ronald J. (Hrsg.): The Oxford Handbook of Food, Politics, and Society. New York: Oxford University Press, 505-522.

Obenchain, Janel/Spark, Arlene 2016: Food Policy. Looking Forward from the Past. Boca Raton: CRC Press.

Pellizzoni, Luigi 2007: Three challenges to political consumerism, in: The Proceedings of the Nordic Consumer Policy Research Conference (Theme 13), 3.-5. Oktober 2007. Online unter: https://helda.helsinki.fi/handle/10138/152254 [15. März 2017].

Ploeger, Angelika/Hirschfelder, Gunther/Schönberger, Gesa 2011: Die Zukunft auf dem Tisch. Analysen, Trends und Perspektiven der Ernährung von morgen: eine Einführung, in: Dies. (Hrsg.): Die Zukunft auf dem Tisch. Analysen, Trends und Perspektiven der Ernährung von morgen. Wiesbaden: VS Verlag für Sozialwissenschaften, 15-18.

Probst, Lothar 2015: Bündnis 90/Die Grünen: Absturz nach dem Höhenflug, in: Niedermayer, Oskar (Hrsg.): Die Parteien nach der Bundestagswahl 2013. Wiesbaden: Springer,135-58.

Prosinger, Annette 2013: Der „Veggie Day" der Grünen, eine dumme Idee, in: WELT online vom 5. August 2013. Online unter: https://www.welt.de/debatte/k ommentare/article118713752/Der-Veggie-Day-der-Gruenen-eine-dumme-Idee.ht ml [8. März 2017].

Reichelt, Julian 2013a: Die Grünen wollen uns das Fleisch verbieten!, in: Bild vom 5. August 2013. Online unter: http://www.bild.de/politik/inland/vegetarisch/gru ene-wollen-einmal-die-woche-in-kantinen-fleisch-verbieten-31661266.bild.html. [11. März 2017].

Reichelt, Julian 2013b: So lacht Deutschland über die Gaga-Idee der Grünen, in: Bild vom 12. August 2013. Online unter: http://www.bild.de/politik/inland/die-gruenen/gaga-idee-veggie-day-oder-eine-gruene-punktlandung-so-diskutiert-deut schland-31681228.bild.html [8. März 2017].

Righter, Allison 2015: Meatless Monday: A Simple Idea That Sparked A Movement, in: Neff, Roni (Hrsg.): Introduction to the US Food System. Public Health, Environment, and Equity. San Francisco: Jossey-Bass, 467-468.

Rossbach, Henrike 2013: Ein Veggie Day wäre unverschämt, in: Frankfurter Allgemeine Zeitung online vom 5. August 2013. Online unter: http://www.faz.net/ak tuell/wirtschaft/fleischverbot-ein-veggie-day-waere-unverschaemt-12397865.html [8. März 2017].

Schrotthofer, Klaus 2013: Hermann Gröhe: CDU lehnt "Veggie-Tag" ab, in: Neue Westfälische vom 5. August 2013. Online unter: http://www.nw.de/nachrichten/ thema/8988694_Hermann-Groehe-CDU-lehnt-Veggie-Tag-ab.html [8. März 2017].

SPD 2013: Das Wir entscheidet. Das Regierungsprogramm 2013-2017. Online unter: https://www.spd.de/fileadmin/Dokumente/Beschluesse/Bundesparteitag/201 30415_regierungsprogramm_2013_2017.pdf [11. März 2017].

Stolle, Dietlind/Micheletti, Michele 2013: Political Consumerism: Global Responsibility in Action. New York: Cambridge University Press, 2013.

Teisl, Mario F. 2011: Environmental Concerns in Food Consumption, in: Lusk, Jayson/Roosen, Jutta/Shogren, Jason F. (Hrsg.): The Oxford Handbook of the Economics of Food Consumption and Policy. Oxford: Oxford University Press, 843-868.

Trentmann, Frank 2007: Citizenship and Consumption, in: Journal of Consumer Culture 7/2, 147-158.

Wegner, Jochen. 2014: Die Grünen wollen weniger verbieten, in: ZEIT online vom 21. November 2014. Online unter: http://www.zeit.de/politik/deutschland/2014-11/gruenen-parteitag-hamburg-veggie-day-oezdemir-peter-goering-eckard [8. März 2017].

Weiß, Marlene 2013: Die Grünen, das Fressen und die Moral, in: Süddeutsche Zeitung vom 6. August 2013. Online unter: http://www.sueddeutsche.de/leben/veg gie-day-die-gruenen-das-fressen-und-die-moral-1.1739619 [8. März 2017].

Weltagrarbericht o.J.: Fleisch und Futtermittel. Online unter: http://www.weltagra rbericht.de/themen-des-weltagrarberichts/fleisch-und-futtermittel.html. [15. März 2017].

Windhoff-Héritier, Adrienne 1987: Policy-Analyse. Eine Einführung. Frankfurt: Campus Verlag.

# „Das große Sterben für das große Fressen"[1] – eine mediale Neuaushandlung der Bedeutung von Fleisch

*Alexandra Rabensteiner*

Nur wenige Tage nachdem der „Ernährungsreport" 2017 Fleischgerichte als Lieblingsspeise der Deutschen dekuvriert hatte (Bundesministerium für Ernährung und Landwirtschaft 2017: 7), stand Fleisch bereits wieder im Kreuzfeuer und damit im Zentrum der medialen Berichterstattung. Das Umweltbundesamt in Deutschland forderte höhere Steuern für Milch und Fleisch zum Schutze des Weltklimas (vgl. u. a. Spiegel Online 5.1.2017). Die Forderung ist keineswegs neu: Bereits 2013 war Schweden für eine EU-weite Fleischsteuer eingetreten – auch damals berichtete unter anderem die deutsche Wochenzeitschrift „Der Spiegel" online darüber (Spiegel Online 26.1.2013). Dass die Fleischproduktion schädlich für Umwelt und Klima ist, wird seit Jahren öffentlich thematisiert; auch die gesundheitlichen Risiken der karnivoren Ernährung finden wiederholt Eingang in die Berichterstattung unterschiedlicher Medien. Das Jahr 2017 war noch keinen halben Monat alt, als die Nebenwirkungen zu hohen Fleischkonsums medial besprochen wurden: „Mehr Fleisch, weniger Lebenszeit" (DiePresse.com 10.1.2017) lautete zum Beispiel der knappe, aber prägnante Aufhänger der österreichischen Tageszeitung „Die Presse".

Seit Jahren steht Fleisch im Fokus medialer, aber auch politischer und wissenschaftlicher Diskussionen. Ausstellungen, Tagungen und Themenabende im Fernsehen zeugen vom großen gesellschaftlichen Interesse am Thema in Deutschland und Österreich. Häufig kommt es dabei zu einer Auseinandersetzung mit den Problematiken vor allem des gegenwärtigen Fleischkonsums. Trotz aller Kritik an der fleischbetonten Ernährungsform nimmt die hohe Fleischkonsumtion nicht ab. Was der „Ernährungsreport" für Deutschland festgestellt hat, lässt sich in ähnlicher Form auch für Österreich konstatieren: Im April 2016 berichtete die österreichische Tageszeitung „Der Standard", dass sich der jährliche Fleischkonsum der Österreicher/innen seit 1996 konstant auf 65 bis 66 Kilogramm pro Jahr ein-

---

1 DerStandard.at, Das große Sterben für das große Fressen. URL: http://derstandard.at/1302745227047/Gefluegelter-Tod-Das-grosse-Sterben-fuer-das-grosse-Fressen, 15.4.2011, eingesehen am 1.7.2017.

gependelt hat (derstandard.at 29.4.2016). Gleichzeitig lässt sich ein Boom der vegetarischen und veganen Ernährung beobachten, der sich vor allem in Großstädten in der Zunahme von vegetarischen und veganen Restaurants und Supermärkten oder in der Kennzeichnung zahlreicher Produkte manifestiert. 2016 ließ einer der größten deutschen Wurstproduzenten, Christian Rauffus, damaliger Geschäftsführer der Rügenwalder Mühle, verlauten, in Zukunft in der Produktion vielleicht gänzlich auf Fleisch zu verzichten und nur mehr die 2015 ins Sortiment aufgenommenen und äußerst erfolgreichen vegetarischen Wurstvarianten herzustellen (faz.net 14.11.2016).

Fleisch als Nahrungsmittel, so legen diese Alltagsbeobachtungen nahe, steht gegenwärtig in einem Spannungsverhältnis zwischen Konsum und Kritik. Das spiegelt sich auch auf medialer Ebene wider. Der Kulturwissenschaftler Manuel Trummer hat bereits 2013 vom „schlechten Image" von Fleisch und dem „Fleisch in der Krise" gesprochen (Trummer 2013: 56). Gleichzeitig gibt es seit 2009 in Deutschland und Österreich Zeitschriften, die Fleisch in ihren Mittelpunkt stellen. Diese mediale Dichotomie möchte ich im vorliegenden Beitrag in den Blick nehmen: Einerseits geht es dabei um die Frage, welche Themen den öffentlichen Diskurs rund um das Lebensmittel Fleisch bestimmen und ob sich die eingangs angeführten Beispiele einer Kritik am Fleischkonsum über einen längeren Zeitraum beobachten lassen, sodass von einem schlechten Image gesprochen werden kann; andererseits darum, inwiefern die Entstehung dieser Zeitschriften, die es nach dem Philosophen Marshall McLuhan – „the medium is the message" – zu deuten gilt, als Reaktion auf die kritische Betrachtung des Lebensmittels interpretiert werden kann. Bereits die hohe Präsenz von Fleisch in unterschiedlichen Medienformaten deutet auf eine Neuaushandlung der Bedeutung des Lebensmittels hin, vor deren Hintergrund ich zwei unterschiedliche Medienformate – einerseits die Informationsmedien „Spiegel Online" und „derstandard.at" als Teil des öffentlichen Diskurses und andererseits die Fleischzeitschriften „BEEF! Für Männer mit Geschmack", „fleisch.pur. Produkte. Menschen. Rezepte" und „Meat-Magazin"[2] – in Relation zueinander setze. Die Zusammenschau der beiden unterschiedlichen Formate liefert einen Hinweis darauf, welche Themen die Neuaushandlung bestimmen. Diese herausgearbeiteten Inhalte werden im Rahmen gegenwärtiger Entwicklungen im Lebensmittelbereich beziehungsweise in der Fleischproduktion betrachtet. Im Folgenden soll Ein-

---

2  Auf die Auswahl der Medien sowie den untersuchten Zeitraum und die Methoden wird in den folgenden Kapiteln noch näher eingegangen.

blick in die Ergebnisse der von mir 2017 fertiggestellten Masterarbeit im Fach Europäische Ethnologie vermittelt werden.

### Die kulturelle Dimension von (Fleisch-)Essen

Der Annahme, dass die Bedeutung von Fleisch neu verhandelt wird, geht ein kulturwissenschaftliches Verständnis von Essen voraus: Ernährung ist demnach mehr als eine biologische Notwendigkeit. Als kulturelle Praxis wird die Auswahl zwischen potenziell essbaren Pflanzen und Tieren, Essenszeiten, Umgangsformen am Tisch und Ähnlichem durch kulturelle Vorstellungen bestimmt (Barlösius 1993: 85). Damit wird Ernährung zu einer kulturellen Sprache, in der Lebensmittel zu Bedeutungsträgern werden und zur Orientierung innerhalb einer Gesellschaft dienen (vgl. Lévi-Strauss 1973: 532; Tolksdorf 2001: 239, 244). Ihre Bedeutung entfalten Nahrungsmittel dabei ausgehend von ihrem Geschmack oder sie ist kulturhistorisch bedingt, also in einem bestimmten sozialen, historischen und geografischen Raum entstanden. Dadurch liefern die Bedeutungen Hinweise darauf, wie eine Gesellschaft geordnet ist beziehungsweise sein soll und wie sich Ernährung als Distinktionsmittel innerhalb der Gesellschaft eignet (Barlösius 1999: 94 ff.; Karmasin 1999: 12 f.). Für den Soziologen Stephen Mennell (1988) ist die kulturelle Bedeutung eines Lebensmittels ausschlaggebend für dessen Verzehr beziehungsweise Nichtverzehr: „Sozial geächtete Nahrungsmittel können nahrhafter oder besser verdaulich sein als andere, die hochgeschätzt werden, aber daraus folgt nicht, daß [sic!] der soziale Druck geringer wird, sie zu vermeiden" (Mennell 1988: 384).

Fleisch nimmt in dieser hierarchischen Ordnung von Nahrungsmitteln – auch abhängig von Art und Zubereitung – eine Spitzenposition ein und steht als hochrangiges, hochwertiges, zentrales und männliches Lebensmittel dem im Rang niedrigeren, alltäglichen, weiblichen Nichtfleisch entgegen (vgl. u. a. Karmasin 1999: 28). Galt Fleisch bereits in der Antike als hochwertiges Lebensmittel, sieht Manuel Trummer (2015) seine Bedeutung vor allem im Spätmittelalter und der Frühen Neuzeit begründet. Einerseits waren es gesetzliche Richtlinien, die den Fleischkonsum regelten und bestimmte Fleischspeisen, wie zum Beispiel Wild, bestimmten Gesellschaftsgruppen vorenthielten, andererseits die über die Jahrhunderte wiederkehrende begrenzte Verfügbarkeit, die Fleisch seinen hohen kulturellen Wert verliehen (Trummer 2015: 67 ff.; Montanari 1993: 100 ff.). So sind diese Zuschreibungen – in bestimmten historischen und sozialen Zusammenhängen entstanden – nicht normativ festgelegt, sondern können sich verändern (Tolksdorf 1976: 68). Der Volkskundler Konrad Köstlin (2006) betont den flexiblen Charakter von Ernährung und die Rolle der Medien darin: Diese „eröffnen immer neue Debatten über unsere Art von Essen und Ernährung" (Köstlin 2006: 9) und organisieren sie dadurch neu. Das betrifft auch Fleisch als Teil der Ernährung. Während Manuel Trummer die Wirkmächtigkeit der historisch entstandenen Zuschreibungen betont und nachzeichnet (Trummer 2013), werden diese gegenwärtig (nicht nur) im öffentlichen Diskurs scheinbar ersetzt, auf jeden Fall aber erweitert. Der Wert scheint sich zu wandeln, das zeigt sich nicht zuletzt daran, dass Fleisch heute zu unglaublich günstigen Preisen gekauft werden kann und überall und immer verfügbar ist.

## Eine (mediale) Frage nach dem richtigen Fleischkonsum

Auch in den deutschsprachigen Informationsmedien geraten die positiven Attribuierungen in den Hintergrund: Eine im Rahmen meiner Masterarbeit durchgeführte Analyse der Onlineausgaben der deutschen Wochenzeitschrift „Der Spiegel" und der österreichischen Tageszeitung „Der Standard" mittels Kodieren nach der Grounded Theory hat gezeigt, dass zwischen 2009 und 2014[3] Fleisch vor allem in der Kritik stand, wobei die Themen Gesundheit, Fleischskandale, Vegetarismus beziehungsweise Veganismus, Tier beziehungsweise Tierleid sowie Umwelt den Diskurs thematisch rahmten. In diesen Kontexten fällt Fleisch meistens durch seine negative Bewertung auf: Ein übermäßiger Verzehr, besonders von rotem Fleisch, sei ungesund, die Produktion von Fleisch umwelt- und klimaschädlich, die aktuell verbreiteten Formen der Tierhaltung würden Tierleid verursachen und wiederholt Fleischskandale auslösen, während die vegetarische Ernährung die gesündere und ethisch korrektere Ernährungsform sei (Rabensteiner 2017: 55-91).

---

3   Die Konzentration auf die beiden Länder Deutschland und Österreich hängt mit der Beobachtung zusammen, dass in beiden Ländern ähnliche Narrative den öffentlichen Diskurs (öffentlicher Diskurs definiert nach Reiner Keller, vgl. Keller 2011: 16) über Fleischkonsum bestimmen. Zudem werden sowohl in Deutschland als auch in Österreich seit 2009 vergleichbare Zeitschriften herausgegeben, die sich inhaltlich mit Fleisch auseinandersetzen. Die Entscheidung für die beiden Onlineplattformen „derstandard.at" und „spiegel.de" hängt damit zusammen, dass beide Medien von Meinungsbildner/innen gelesen werden. Der Forschungszeitraum zwischen 2009 und 2014 orientiert sich an der Herausgabe der ersten Fleischzeitschriften und dem Beginn der Forschung.

Dennoch wird Fleisch in den analysierten Presseorganen nicht grundsätzlich infrage gestellt: Rezepte, Reisen und Restaurantempfehlungen beinhalten in erster Linie Fleischprodukte; vielmehr werfen die kritischen Medienberichte die Frage nach dem richtigen Fleischkonsum auf und schaffen dabei zwei Klassen von Fleisch: Ein gutes und ein schlechtes Fleisch. Die Kategorien beziehen sich einerseits auf gesundheitliche Fragen: Auf „Spiegel Online" wurde zum Beispiel ein ausgewogener Konsum von hellem Fleisch als Teil einer mediterranen Ernährung als gesundheitsfördernd hervorgehoben (Spiegel Online 8.3.2011), während der Verzehr von rotem Fleisch mit der Entstehung von Krebs oder Herzinfarkt in Verbindung gebracht wurde (Spiegel Online 13.3.2012). Nicht zuletzt sind es Skandale in der Produktion von Fleisch, die gesundheitliche Probleme nach sich ziehen, beispielsweise mit Listerien verseuchte Waren, von denen „derstandard.at" berichtete (derstandard.at 12.8.2014). Andererseits wird Fleischessen auf einer moralischen Ebene hinterfragt, bei der ökologische und tierethische Fragen im Zentrum stehen. Biologisches Fleisch gilt in diesem Kontext in den Presseorganen als besseres und tiergerechteres Produkt (vgl. u. a. derstandard.at 30.8.2011).

## Gutes und schlechtes Fleisch – der historische Rahmen

Die Idee von guten und schlechten Lebensmitteln findet sich auch im politisch-ökonomischen Konzept der Nahrungsregime wieder. Dabei handelt es sich um ein Konzept aus der Soziologie, das in Zusammenschau von Produktion, Handel und Konsumption lokale und globale Entwicklungen im Lebensmittel- und Agrarsektor verbindet und die Zeit seit der Entstehung des weltweiten Handels Mitte des 19. Jahrhunderts in Nahrungsregime unterteilt (vgl. zum Konzept u. a. Langthaler 2015; Magnan 2012). Nach den Ausführungen einiger Vertreter/innen befinden wir uns seit den 1980er Jahren im dritten Nahrungsregime, das von gegenläufigen Prozessen bestimmt sei und nach der Soziologin Harriet Friedman als „corporate-environmental food regime" bezeichnet wird (Friedmann 2005: 228). Diese dichotomen Entwicklungen spiegeln sich auch in zwei Klassen von Nahrungsmitteln wider, die als „Food from Somewhere" und „Food from Nowhere" bezeichnet werden und sich in Produktion und Herkunft unterscheiden: Während „Food from Somewhere" sowohl exotische als auch regionale, biologische und saisonale Lebensmittel bezeichnet und Nähe und Vertrauen impliziert, gelten industriell erzeugte und transkontinental gehandelte Produkte als „Food from Nowhere" (Langthaler 2015: 11).

Die beiden Kategorien finden sich nunmehr, auf Fleisch bezogen, auf „spiegel.de" und „derstandard.at". Die Frage nach dem richtigen Fleischkonsum geht dabei einher mit einer medial postulierten Verunsicherung, die nicht nur das Fleischessen betrifft, sondern die gegenwärtige Ernährung allgemein. So formulierte der Kulturwissenschaftler Gunther Hirschfelder: „Nur wer überhaupt nichts mehr isst, ernährt sich wirklich korrekt. Diesen Eindruck gewinnt leicht, wer sich durch Ratgeber, Illustrierte und Kochsendungen kämpft." (Hirschfelder 2009: 110) Auch medial wird diese Frage nach der richtigen Ernährung immer wieder aufgeworfen: „Was kann ich noch essen?" (faz.net 15.1.2011), fragte zum Beispiel die Autorin Nadine Oberhuber auf „faz.net".

Eine Infragestellung des Fleischkonsums kann dabei nicht als historisch einmalig betrachtet werden, bereits in der griechischen Antike rund um Pythagoras und später in der Reformbewegung in Deutschland und Österreich gab es vegetarische Bestrebungen und eine damit einhergehende Kritik am Fleischessen (vgl. u. a. Teuteberg 1994, Leitzmann/Keller 2013: 55 ff.; Burhenne 2015: 132 ff.) – um nur zwei Beispiele zu nennen. Die heutige Kritik muss in ihrem historischen Kontext betrachtet werden: Als Ausgangspunkt für die „negative[n] Begleiterscheinungen des Fleischkonsums der Gegenwart" (Hirschfelder/Lahoda 2012: 160) können die steigende Industrialisierung und Mechanisierung der Tierschlachtung und Fleischproduktion im 19. Jahrhundert betrachtet werden (vgl. u. a. ebd.; Teuteberg/ Wiegelmann 2005: 131). Diese Mechanisierung intensivierte sich seit den 1950er Jahren mit der Entstehung von Massentierhaltungen und führte zu zunehmender Intransparenz, die im Konzept der Nahrungsregime „Food from Nowhere" kennzeichnet. Zudem, so Gunther Hirschfelder und die Kulturwissenschaftlerin Barbara Wittmann, war es unserer Gesellschaft zu keiner Zeit möglich, globale Problemstellungen in solchem Umfang wie heute wahrzunehmen (Hirschfelder/Wittmann 2015: 6): „Mediale Berichte über Lebensmittelskandale, Praktiken der Tierzucht, die industrielle Herstellung von Lebensmitteln, subventionierte Überproduktion usw. tragen dazu bei, dass die bisher weitgehend der Öffentlichkeit entzogenen Prozesse und Entscheidungen im Ernährungssystem zunehmend öffentlich diskutiert werden und Einfluss auf Ernährungspraktiken der Menschen ausüben", formulierte der Soziologe Karl-Michael Brunner, allgemein auf Ernährung bezogen (Brunner 2006: 1). Diese medial verbreiteten Informationen seien laut dem Volkskundler Konrad Köstlin (2003) der „Beigeschmack unserer Nahrung, es verlangt von uns Entscheidungen und zwingt uns zu erklärenden Rechtfertigungen [...] Man muss sich erklären, wenn man [...] seinen [...] angreifbaren Speisepräferenzen folgt" (Köstlin 2003: 2 f.). Der Volkskundler beschäftigte sich 2003 mit der „Neuen Ausdrücklichkeit des Essens" und hielt dabei fest, dass unsere Handlungen heute mehr denn je Erklärungsgeschichten bräuchten, besonders dann, wenn sie in Frage gestellt werden. Dabei können Medien solche Erzählungen liefern (ebd.: 3).

*Die Antwort der Fleischzeitschriften – von Beef, Fleisch und Meat*

Erklärungsgeschichten bieten die seit 2009 herausgegebenen Fleischzeitschriften[4] im Hinblick auf die Kritik am Fleischkonsum. Sie können als Zeichen eines Legitimationsdrucks interpretiert werden. Für meine Masterarbeit habe ich die zu Beginn meiner Forschung aktuellen Ausgaben aus dem Jahr 2014[5] der damals existierenden Zeitschriften „BEEF! Für Männer mit Geschmack", „fleisch.pur. Produkte. Menschen. Rezepte" und das „Meat-Magazin" analysiert. Gemäß meiner Annahme, dass die Zeitschriften in Relation zum gegenwärtigen öffentlichen Diskurs stehen und die darin dominanten Themen aufgreifen, negieren oder revidieren und gleichzeitig mit Rückgriff auf positive Zuschreibungen ein vorteilhaftes Bild von Fleisch entwerfen, wurden die Fleischzeitschriften entlang von sieben Kategorien nach der strukturierenden Inhaltsanalyse als ein Verfahren der qualitativen Inhaltsanalyse nach Philipp Mayring (1995) analysiert. Bei diesen sieben Kategorien handelt es sich einerseits um die fünf dominanten Diskurse in den Informationsmedien – Gesundheit, Fleischskandale, Tier/Tierleid, Vegetarismus/Veganismus und Umwelt – sowie andererseits um die beiden historisch entstandenen, positiven Zuschreibungen – Fleisch als hochwertiges und männliches Lebensmittel. Im Folgenden sollen die Ergebnisse zusammengefasst dargestellt werden, die untersuchten Kategorien dienen als Kapitelüberschriften und werden in Zusammenhang mit den Inhalten der Analyse der Presseorgane gebracht. Darin zeigt sich im Besonderen die Wirkmächtigkeit des öffentlichen Diskurses, welchen die Magazine selbst bei ihrer Negierung reproduzieren. Die in den Zeitschriften präsentierten Inhalte sind vor dem Hintergrund ihrer Ausrichtung und ihrer Herausgeberschaft zu betrachten, die ausschlaggebend für die inhaltlichen Schwerpunkte in der Auseinandersetzung mit Fleisch

---

4 Ausdruck für Magazine unterschiedlicher Genres, die sich inhaltlich um Fleisch drehen.
5 Konkret handelt es sich bei den untersuchten Magazinen um die Ausgaben 1–6 aus dem Jahr 2014 der Zeitschrift „BEEF!", die Ausgaben 1–5 von „fleisch.pur" – Ausgabe 6 war nicht erhältlich – sowie um Ausgabe 2 von 2014 und die Ausgabe 3 von 2015 des „Meat-Magazins".

in den Zeitschriften sind: So gelten „fleisch.pur" und das „Meat-Magazin" als Vertreter der österreichischen beziehungsweise deutschen Fleischproduzent/innen. „Fleisch.pur" wurde zwischen 2009 und 2015 mit einer Auflage von 30.000 Stück fünf Mal jährlich vom „Österreichischen Agrarverlag" herausgegeben und richtete sich laut eigenen Angaben zufolge an „[b]ewusste Genießer, Fleisch- und Wurstliebhaber, Köche, Hoteliers, Gastwirte, gewerbliche und industrielle Fleischverarbeiter, Spezialitätenhändler" (Fleisch.pur Mediadaten 2014: 2). Die Leser/innenschaft war zu 54 Prozent weiblich und interessierte sich laut Umfragen besonders für Gesundheit und Kochen beziehungsweise Backen (ebd.). Das „Meat-Magazin" ist in drei Ausgaben zwischen 2014 und 2015 erschienen und vom „Deutschen Bauernverband" herausgegeben worden. „BEEF!" bezeichnet sich hingegen als „Lifestyle Magazin [...] für kochende Männer" (guj.de 3.3.2009). Es erschien erstmals im Oktober 2009, wird vom Hamburger Verlag „Gruner + Jahr" herausgegeben. Es erscheint seit 2013 sechs Mal jährlich statt der ursprünglichen vier Ausgaben und in einer Auflage von 100.000 Stück – wobei durchschnittlich 60.000 Exemplare pro Ausgabe verkauft werden. Seit März 2014 erscheint das Heft außerdem in Frankreich (vier Mal jährlich, 58.000 Stück pro Auflage), seit September 2015 in Spanien (vier Mal jährlich mit 35.000 Stück) (guj.de 10.3.2014, meedia.de 21.9.2015). In Deutschland sind 93 Prozent der Abonnent/innen, also der regelmäßigen Leser/innen, männlich, 62 Prozent sind zwischen 20 und 49 Jahre alt und 56 Prozent besitzen die Hochschulreife (Lindlahr o.D.). Die Zeitschrift wird demnach vor allem von jungen und gebildeten Männern gelesen, die außerdem Wert auf qualitativ hochwertige Lebensmittel legen.

*Fleisch als Lifestyleprodukt – männlich und hochwertig*

Dementsprechend inszeniert „BEEF!" Fleisch als hochwertiges und männliches Produkt und greift damit auf historisch entstandene und positive Zuschreibungen zurück. Gerade diese Zuschreibungen seien laut Manuel Trummer dafür verantwortlich, dass sich Fleisch trotz seines schlechten Images größter Beliebtheit erfreue (Vgl. Trummer 2013). Während medial wiederholt die günstigen Preise von Fleisch besprochen und kritisch betrachtet werden (vgl. u. a. Spiegel Online 3.6.2013) – in der Onlineausgabe der deutschen Tageszeitung „Die Welt" wird Fleisch als „Lebensmittel der Unterschicht" bezeichnet (welt.de 6.4.2009) –, wird Fleisch in „BEEF!" zu einem Luxusprodukt hochstilisiert. Die Hochglanzzeitschrift, die pro Ausgabe zwischen 170 und 190 Seiten umfasst und die mit einem Preis von 10 Euro zu den hochpreisigen Magazinen gehört, rückt vor allem Raritäten und exotisierte Produkte in den Mittelpunkt der präsentierten Produktpalette: In der Serie „So schmeckt die Welt" schildern Redakteure, Köche und andere in der Lebensmittelbranche tätige Männer[6] ihre kulinarischen Reisen und wie unter anderem Waran (BEEF! 2/2014: 6), Giraffe (BEEF! 6/2014: 20) oder Wal (BEEF! 5/2014: 36) schmecken. Teilweise ist der Verzehr genannter Fleischprodukte in Europa umstritten, zum Beispiel der von Wal. Damit und in der Inszenierung von abenteuerlichen Reisen wird die Besonderheit der Produkte betont. Zudem werden Weinschneckenkaviar, 30 Gramm für 45 Euro (BEEF! 4/2014: 120-128), oder Knochenmarkbutter (BEEF! 1/2014: 10) schmackhaft gemacht. Es sind besondere Fleischprodukte, die „BEEF!" ins Rampenlicht rückt. In Ausgabe zwei präsentiert die Zeitschrift unter anderem Rezepte für Innereien, wie Herzen oder Mägen (BEEF! 2/2014: 110-125). Waren Innereien in der zweiten Hälfte des 20. Jahrhunderts noch ein unbeliebtes Nahrungsmittel, werden sie seit der Jahrtausendwende – nicht nur in der Zeitschrift – zum Distinktionsmittel (vgl. Tschuggmall 2015: 52 ff.). So versuchen die Magazine, auch verschmähte Fleischprodukte zu veredeln.

„BEEF!" inszeniert Fleisch als Distinktionsmittel für gesellschaftlich höhergestellte, männliche Personengruppen. Ebenso ausgefallen und aufwendig wie die Produkte sind auch die Rezeptideen in der Zeitschrift. Dabei entscheidet sich beim obligatorischen „BEEF!"-Menü unter anderem die Frage, ob „Mann oder Memme?" (BEEF! 4/2014, Titelblatt). Das „BEEF!"-Menü ist ein Vier-Gänge-Menü zum Herausnehmen, natürlich mit reichlich Fleisch und gegebenenfalls auch mit Gemüse, „aber so, wie wir Männer es mögen" (BEEF! 2/2014: 82). Damit findet nicht nur eine Hierarchisierung zwischen den Nahrungsmitteln statt, sondern auch zwischen den Geschlechtern, denen das jeweilige Lebensmittel zugeordnet ist. Während Männer als aktive Macher, wie Bauern, Köche oder Bisonzüchter, auftreten, werden Frauen – wenn überhaupt – als leichtbekleidete Sexobjekte präsentiert (BEEF! 4/2014: 106 f.). Beschrieben werden Frauen in der Zeitschrift entlang klassischer Stereotype, besonders in der Serie „So kochen Männer. So Frauen". Auch wenn darin ebenso der der Frau entgegengesetzte Mann alle Klischees erfüllt, wie Maßlosigkeit oder die Liebe zum Fußball und Bier (vgl. BEEF! 5/2014: 172), werden innerhalb der Zeitschrift auch andere Männertypen beschrieben und so unterschiedliche Männlichkeiten (re)produziert. Mit der Darstellung verschiedener Männertypen werden Identifikationsentwürfe für die verschiedenen Leser ge-

---

6 Bei den Autoren dieser kulinarischen Reiseberichte handelt es sich ausschließlich um Männer.

schaffen. Das Vorwort von Herausgeber Jan Spielhagen verdeutlicht die Bandbreite: „Wir waren ja längst überall. Wir Männer, die häufiger in der Küche als in der Südkurve standen, deren Hände ölig wurden beim Einreiben von Grillgut und nicht beim Reparieren alter Sportwagen […]. Wir standen doch längst auf Partys zusammen und philosophierten über den richtigen Druck beim Espressomachen, erzählten von unseren ersten, laienhaften Versuchen, ein Pulled Pork zu smoken[,] und tranken dabei lieber zwei Gläser deutschen Riesling als sechs Flaschen Bier" (BEEF! 5/2014: 3). Eine Diversität von Männlichkeiten, deren einzige Voraussetzung und Verbindung der Fleischkonsum sind, steht der singulären und sexualisierten Weiblichkeit entgegen, worin auch eine Form der geringeren Wertzuschreibung begründet liegt: „Die Frau isst kein Fleisch. Sie ist Fleisch – und damit Nahrung für den Mann", formulierte die Philosophin und Kulturwissenschaftlerin Nan Mellinger (2000: 144). Mit seinen Darstellungen reproduziert „BEEF!" diese Zuschreibungen. Gerade durch solche medialen Bilder, die nicht zuletzt in ähnlicher Weise auch in der Werbung zu finden sind, vor allem Fleischessen als männliche Praxis, „[zementieren sich] Ernährungsmythen und Geschlechterstereotype", wie Manuel Trummer feststellt: „[D]erartige mediale Schablonen von Geschlecht […] wirken ebenso mächtig wie religiöse und regional-traditionale Esskulturen auf unsere Alltage zurück." (Trummer 2013: 58). „BEEF!" liefert, so die Germanistin Julia Bodenburg, und manifestiert ein brüchig gewordenes Bild von Männlichkeit (Bodenburg 2014: 58-65).

Während „BEEF!" Fleischessen als männliche Praxis eines wohlhabenden Milieus inszeniert und damit – anknüpfend an Konrad Köstlin – eine Form von Erklärungsgeschichten liefert in einer Zeit, in der Fleisch kein unumstrittenes Lebensmittel ist, reagieren „fleisch.pur" und das „Meat-Magazin" als Vertreter der Landwirtschaft mit der Rechtfertigung der österreichischen beziehungsweise deutschen Tierhaltung und Fleischproduktion auf den medialen Legitimationsdruck. Viel stärker als „BEEF!" gehen sie dabei auf die gegenwärtigen medial (re)produzierten Vorwürfe ein.

*Vom gesunden Fleischkonsum in den Fleischzeitschriften*

Der Zusammenhang zwischen Gesundheit und Fleischkonsum wird auf „derstandard.at" und „spiegel.de" im Laufe der untersuchten Jahre regelmäßig verhandelt. In den Berichten geht es dabei vorwiegend um die negativen Folgeerscheinungen des Konsums von rotem Fleisch, der für verschiedene Krebsarten, Übergewicht und andere sogenannte Zivilisationskrankheiten verantwortlich sein soll. Unter Berufung auf Expert/innen, wie die Weltgesundheitsorganisation (WHO), lautet die Empfehlung, welche die beiden Presseorgane aussprechen, fleischarme beziehungsweise vegetarische Ernährung (vgl. Rabensteiner 2017: 55-62). Laut dem „Meat-Magazin" handelt es sich bei diesen Meldungen um eine „Hetzkampagne gegen die tierischen Fette" (Meat-Magazin 3/2015: 38). Selbst auf wissenschaftliche Ergebnisse rekurrierend und unter Verwendung eines ernährungswissenschaftlich-medizinischen Vokabulars werden in Ausgabe drei die medizinischen Vorteile von Schweine-, Rinder- und Geflügelfett angepriesen (vgl. ebd.: 36-39). Auch die Wurst, die spätestens seit 2015 laut der Beurteilung der WHO als gesundheitsgefährdend gilt, wird im „Meat-Magazin" zu einem Lebensmittel mit „viele[n] und gut verwertbare[n] Nährstoffe[n]" (ebd.: 39). Das zitierte Expert/innenwissen und die verwendeten Fachtermini sollen Sicherheit in Zeiten der medialen Infragestellung eines Nahrungsmittels garantieren, das über Jahrhunderte als wichtiger und gesunder Nährstofflieferant galt.

„Fleisch.pur" räumt im Gegensatz zum „Meat-Magazin" ein, dass ein täglicher Fleischkonsum „sicher nicht die gesündeste aller Angewohnheiten" (fleisch.pur 3/2014: 3) sei, und bietet im Heft wiederholt Fleischprodukte für den „gesundheitsbewussten Genießer" an (fleisch.pur 1/2014: 8): Edelputen-Aufstrich zum Beispiel, ein „herzhafte[r] Genuss ohne schlechtes Fett-Gewissen" (ebd.: 9), oder Lamm, „fettarm und reich an wertvollen Proteinen" (ebd.: 21). Selbst der Speck, so kann in „fleisch.pur" gelesen werden, der „in Ungnade gefallen" ist, „kann sich selbst in gesundheitsbewussten Zeiten wie den unsrigen immer wieder neue Freunde machen" (fleisch.pur 3/2014: 20).

In beiden Zeitschriften wird Fleisch als gesundes Lebensmittel inszeniert, indem die positiven Wirkungen betont werden. Während im „Meat-Magazin" die in den Presseorganen vermittelten Risiken aufgegriffen und negiert werden, präsentiert „fleisch.pur" gesunde, fettarme Produkte, die auch in der medialen Auseinandersetzung als die gesündere Wahl gelten. Dadurch bieten beide Magazine eine gesundheitsbewusste Ernährung ohne Fleischverzicht an. Das „Meat-Magazin" lässt auch keinen Zweifel daran, dass Fleischkonsum – nicht nur aus gesundheitlichen Gründen – wichtig sei. Fleischverzicht als Ernährungsweise wird geradezu abgelehnt. Fordert Johannes Rottensteiner, Herausgeber von „fleisch.pur", seine Leser/innen zum gegenseitigen Respekt gegenüber Veganer/innen und Vegetarier/innen auf – „Veganer sind keine Feinde" (fleisch.pur 3/2014: 3) – wird der Verzehr von Fleisch im „Meat-Magazin" zur „natürlichen" und damit einzig richtigen Art der Ernährung. In einem Interview stellt der Lebensmittelchemiker Udo Pollmer (Meat-Magazin 2/2014: 28-30) klar, dass unser Körper den „unbändigen Hunger auf Fleisch" diktiere, da er das einfordere, was ihm Vorteile bringe. Mit dem Vergleich mit der Sexualität und dem verwendeten Vokabular – er spricht zum Beispiel vom „biologisch richtige[n] Tun" – negiert er das kulturelle Moment der Ernährung. Vegetarier/innen, wörtlich „Bio-Veganer", seien „Schmarotzer", ihre Beweggründe, wie Welthunger und Tierleid, wertet er ab (ebd.: 29 f.).

In den untersuchten Presseorganen „spiegel.de" und „derstandard.at" ist es neben der negativen Bewertung von Fleisch vor allem die positive Beurteilung des Vegetarismus als gesündere und ethisch korrekte Ernährungsweise, die den Legitimationsdruck auf Fleischesser/innen erhöht. Der amerikanische Psychologe Hank Rothgerber geht davon aus, dass Vegetarier/innen Fleischesser/innen das „meat paradox" vor Augen führen: „[…] [t]he mere presence of vegetarians reminds omnivores of their behaviour, causing guilt, anger, and a host of other negative emotions. […] they threaten to make it harder to alleviate the dissonance and to morally disengage from the harm inflicted upon animals used for food" (Rothgerber 2014: 32). Diesen Argumenten folgt auch die Psychologin und Soziologin Melanie Joy: „Die meisten von uns wollen niemandem ein Leid zufügen, weder Menschen noch Tieren […] (Joy 2010: 36), wonach sich „[u]nsere Wertvorstellungen […] nicht mit unserem Verhalten [deckt], und diese Diskrepanz bereitet uns ein gewisses moralisches Unbehagen" (ebd.: 19). Vegetarier/innen zeigen demnach, dass das Leben ohne Fleisch möglich ist, die medialen Berichterstattungen präsentieren den Vegetarismus sogar als die bessere Ernährungsform und verstärken damit die Frage nach der moralisch richtigen Fleischkonsumtion. Sowohl die angreiferische Auseinandersetzung mit dem Vegetarismus im „Meat-Magazin" als auch die beschwichtigende in „fleisch.pur" sind Versuche, den Fleischkonsum zu rechtfertigen. In „fleisch.pur" werden Veganer/innen zwar nicht zu Feinden, aber gleichwohl zu den Anderen, womit ein Wir-Gefühl der Fleischessenden geschaffen wird.

In „BEEF!" wird das Thema Vegetarismus/Veganismus ignoriert, selbst Gemüse als Beilage wird nur so zubereitet, „wie wir Männer es mögen" (BEEF! 2/2014: 82). Der Zeitschrift liegt die Idee einer strikten Trennung zwischen der weiblichen und der männlichen Welt zugrunde. Aus diesem Grund, so kann angenommen werden, werden auch die gesundheitlichen Aspekte des Fleischkonsums nicht verhandelt, gilt die Beschäftigung mit gesunder Ernährung nach wie vor als weibliches Charakteristikum. In „BEEF!" wird Fleischessen als männliche Praxis eines gebildeten und wohlhabenden Milieus stilisiert – wie im vorangegangenen Kapitel aufgezeigt wurde. Wie bei der Auseinandersetzung mit Vegetarismus bzw. Veganismus in „fleisch.pur" und dem „Meat-Magazin" werden damit Erklärungsgeschichten für den Fleischkonsum zur Konstruktion einer Fleischesser-Identität geboten.

Das Thema Gesundheit rekurriert im Gegensatz dazu viel stärker auf die medial postulierte Verunsicherung. Indem auf Expert/innenwissen verwiesen wird, wie dies im „Meat-Magazin" geschieht, oder in „fleisch.pur" gesunde Produkte dargeboten werden, versuchen die Zeitschriften, dieser Verunsicherung entgegenzuwirken. Das gilt auch für die Strategien, die im folgenden Kapitel vorgestellt werden: Durch die Betonung von Hygiene und Sicherheit im „Meat-Magazin" beziehungsweise von regionaler Produktion in „fleisch.pur" wird Sicherheit und Qualität garantiert.

## *Fleischzeitschriften gegen Verunsicherung und Fleischskandale*

Ebenso wie bei der Frage nach dem gesunden Fleischkonsum bildet das eigene Wohlbefinden auch beim Thema Fleischskandale einen grundlegenden, wenn auch nicht den einzigen Aspekt. Die Frage, „was man als Verbraucher/in eigentlich noch essen kann oder darf", stellt sich auch in diesem Kontext. Der Soziologe Axel Philipps (2008) beschäftigte sich mit Lebensmittelskandalen und definiert diese als moralisches Vergehen von Institutionen oder Unternehmen, das unter anderem durch die intensive und „Dramatisierung und Übertreibung der Missstände" (Philipps 2008: 53) beinhaltende Berichterstattung in den Massenmedien zum Skandal hochgeschaukelt wird. Laut Philipps stellt die Verunsicherung eines Teils der Bevölkerung einen Bestandteil der Lebensmittelskandale dar (ebd.). Der Soziologe Karl-Michael Brunner (2006: 1 f.) zeigt anhand des konkreten Beispiels der BSE-Krise eine anhaltende Besorgnis der Konsumierenden auf. Gleichwohl solche Behauptungen nur schwer zu überprüfen sind, spielen Verunsicherungen medial keine unbeachtliche Rolle und werden regelmäßig thematisiert: Im Juli 2016 veröffentlichte zum Beispiel die österreichische Wochenzeitschrift „profil" einen Artikel, in dem die „Herkunft von Fleisch [in Fertigprodukten] bis in den Stall zurückverfolg[t]" (profil 28/2016: 30) wurde, argumentierend mit dem Wunsch der Verbraucher/innen nach mehr Transparenz.

Fleischskandale bilden auf „derstandard.at" und „spiegel.de" einen wiederkehrenden Sachverhalt im Fleischdiskurs. 2013 kann mit dem Pferdefleischskandal als Höhepunkt der Berichterstattung über Fleischskandale im untersuchten Zeitraum von 2009 bis 2014 betrachtet werden. In den Ausgaben der Fleischzeitschriften aus dem Jahr 2014 wird der Begriff „Fleischskandal" dennoch nur sehr sparsam verwendet. Nichtsdestotrotz setzen sie sich mit den Fragen nach Qualität und Ernährungssicherheit auseinander, die unter anderem durch Regionalität garantiert werden. Der Europäische Ethnologe Stephan Gabriel Haufe (2010: 65) spricht von einem „quality turn", der sich in Europa seit der BSE-Krise vollzieht: „Nahrungsmittel werden durch Bezüge auf Natürlichkeit und Traditionalität als Produkte einer bestimmten Landschaft, Region oder Nation als einmalig und besonders markiert. Ihre Qualität soll die Anonymität industrieller Massenware verlieren und die Identifikation mit dem Produkt vergrößern." (ebd.: 84). „fleisch.pur" präsentiert eine Palette regionaler Produkte, die meist in traditionsreichen Unternehmen oder mittels traditioneller Praktiken hergestellt wurden, zum Beispiel die Schafzucht, die „in Kärnten seit dem Mittelalter Tradition" hat (vgl. fleisch.pur 1/2014: 20). Eine solche Präsentation mit „Heimatkomponenten" ist in der österreichischen Lebensmittelwerbung durchaus gängig, wie der Historiker Roman Sandgruber (1997) aufzeigt. Sie steht in „fleisch.pur" aber nicht im Gegensatz zur industriellen Produktion: So formuliert Herausgeber Rottensteiner in seinem Editorial zur Ausgabe vier: „Die Qualität der heimischen Produkte ist ausgesprochen hoch. Selbst beim Diskonter" (fleisch.pur 4/2014: 3). Der von Haufe formulierte „quality turn" zeigt sich hier nur bedingt und auch die von den Vertreter/innen des Nahrungsregime-Konzepts gezogenen Grenzen zwischen dem guten „Food from Somewhere" und schlechten „Food from Nowhere" verschwimmen. Das zeigt sich gleichsam im „Meat-Magazin", in dem die industrielle Tierhaltung und die damit einhergehende Hygiene und Technisierung Sicherheit und Transparenz versprechen (vgl. Meat-Magazin 3/2015: 28 f.).

In „fleisch.pur" wird Regionalität zum ausschlaggebenden Kriterium einer qualitativ hochwertigen und sicheren Fleischproduktion. Laut Haufe wird dadurch „Identifikation mit dem Produkt" (Haufe 2010: 84) geschaffen. Regionalität, so der Europäische Ethnologe Bernhard Tschofen, ruft unterschiedliche Assoziationen hervor, wie das Versprechen eines guten Gewissens oder nachhaltigen Konsums und wird zu einem Kriterium für Qualität und Authentizität (Tschofen/May 2016: 68 f., ders. 2000: 318). Damit wird versucht, die steigende Intransparenz, die in der zunehmenden Industrialisierung der Fleischproduktion im 19. Jahrhundert ihren Ausgang nahm (vgl. Hirschfelder/Lahoda 2012: 160), aufzulösen. Auch Begriffe, wie „Sicherheit", „Qualität" oder „hochwertig" und „heimisch", werden im Kontext der Vorführung regionaler Produkte verwendet und verdeutlichen die Botschaft, die „fleisch.pur" den Leser/innen vermitteln möchte. Ebenso soll der Hinweis auf Gütesiegel, wie dem „Cult Beef", Sicherheit vermitteln (fleisch.pur 1/2014: 26 f.).

Die Betonung der Regionalität ist in den beiden anderen Zeitschriften weniger relevant. Gleichwohl werden sowohl im „Meat-Magazin" als auch in „BEEF!" deutsche Landwirte und ihre Produkte vorgestellt. „Deutschlands beste Fleischproduzenten" ist eine Serie in „BEEF!", in der die Geschichte nationale Bauern, ihrer Tiere und Produkte erzählt wird. Die Erzählungen drehen sich dabei um Landwirte, die meist fernab der Zivilisation auf grünen Wiesen eine – verglichen mit den Massentierhaltungen – kleine Zahl klassischer Nutztiere, wie Schweine oder Rinder, halten, aufziehen, schlachten und daraus exquisite Fleischprodukte herstellen. Gedanken über Sicherheit und Qualität werden in den Artikeln durchaus geäußert, die Faktoren, die sie bedrohen, werden mitunter direkt angesprochen und dem Beschriebenen gegenübergestellt: „Dill [Hanspeter, Ziegenbauer] lebt mit seinen 430 Tieren in einer Welt, die in Anbetracht von Massenware, Industriefleisch und Lebensmittelskandalen wie ein Relikt aus der Vergangenheit anmutet" (BEEF! 4/2014: 66). In „BEEF!" spielt für die Qualität des Fleisches die Tierhaltung eine bedeutende Rolle, auf die im folgenden Kapitel eingegangen wird.

Auch im „Meat-Magazin" wird die Qualität nationaler Produkte betont. Sicherheit wird allerdings in erster Linie über Hygiene und Technik garantiert: „Grunzen und Quieken ist auch nirgends zu hören, stattdessen erblickt man allerlei Elektronik, Regler-Kästen, in Sichthöhe hängende handkoffergroße Boxen mit Knöpfen und Displays. Es sind Kontroll- und Steuereinheiten der für die gesunde Entwicklung der Schweine wichtigen Klimaanlagen" (Meat-Magazin 2/2014: 37). Industrielle und technisierte Viehhaltung erfahren im „Meat-Magazin" eine Umdeutung: Während in „BEEF!" und auch im medialen Diskurs diese Form der Massentierhaltung kritisiert wird und für eine Entfremdung zwischen Produzierenden und Konsumierenden steht, garantiert sie im „Meat-Magazin" Transparenz und Sicherheit. Damit soll die vorherrschende Fleischproduktion in Deutschland eine Aufwertung erfahren: 98 Prozent des verzehrten Fleisches in Deutschland stamme aus Massentierhaltung (Foer 2010: 377). Das „Meat-Magazin" als eine vom „Deutschen Bauernbund" herausgegebene Zeitschrift wird mit ihren Bildern und Erzählungen den Begebenheiten in der Bundesrepublik gerecht und will mit ihnen vor allem eine Legitimation dieser Haltung schaffen. „Fleisch.pur" hingegen steht in der Tradition einer österreichischen Werbestrategie, die es nach wie vor schafft, das Bild der kleinen Landwirtschaft in Österreich aufrechtzuerhalten. Nicht zuletzt wird das Bild auch von den Vertreter/innen der Bauernschaft produziert und kommuniziert, wie ein im Januar 2017 veröffentlichtes Video der Österreichischen Jungbauernschaft zeigt. Die Botschaft darin lautet: „Massentierhaltung in Österreich? Nein. So produzieren Österreichs Bauern wirklich!" (Österreichische Jungbauernschaft 2017).

*Eine artgerechte Tierhaltung*

Dennoch füllen – auch in Österreich – Meldungen über Missstände in Schlachthöfen oder Ställen, über fehlenden Tierschutz und brutale Praktiken im Umgang mit Nutztieren immer wieder die Nachrichten: Im Juli 2017 zeigte das Landesstudio Kärnten des Österreichischen Rundfunks (ORF) „Schock-Bilder aus dem Schweinestall" (Kärnten heute vom 13.7.2017). Solche Berichte führen zur Frage nach dem richtigen Fleischkonsum auf der moralischen Ebene: Ist es richtig, ein Tier zu töten und zu essen? Welches Fleisch darf ich essen? Wieviel Fleisch darf ich essen? Auch die ökologischen Folgen der ressourcenaufwendigen Fleischproduktion spielen hinein. Die Frage, was wir essen dürfen oder können, stellt sich damit nicht mehr nur auf das eigene Wohlbefinden bezogen.

Die Fleischzeitschriften setzen sich kaum mit der ökologischen Problematik der karnivoren Ernährung auseinander, die auch auf „spiegel.de" und „derstandard.at" von allen herausgearbeiteten Themen am seltensten thematisiert wird. Während in „BEEF!" und dem „Meat-Magazin" die ökologischen Folgen einer fleischhaltigen Ernährung gänzlich ignoriert werden, finden sie in „fleisch.pur" zumindest an einigen wenigen Stellen Erwähnung. Durchaus kritisch zum aktuell hohen Fleischkonsum äußert sich der Herausgeber von „fleisch.pur", Johannes Rottensteiner, in seinem Editorial in der Ausgabe drei „Veganer sind keine Feinde", indem er sowohl gesundheitliche Auswirkungen des täglichen Fleischessens als auch tierethische Punkte und die Umweltthematik anspricht. Dabei ruft er zu einem reflektierten Fleischverzehr auf: „Der unreflektierte Fleischkonsum vergangener Jahrzehnte hat seinen Zenit bei weitem überschritten. [...] nachdenken dürfen wir über das, was wir so ernährungstechnisch treiben[,] allemal [.] [...] auch aus ethischen und umweltgefährdenden Gründen" (fleisch.pur 3/2014: 3). Die Äußerungen von Rottensteiner, die auch die Aufforderung nach gegenseitigem Respekt zwischen Veganer/innen/ Vegetarier/innen und Fleischesser/innen beinhalten, sind Kritik gegenüber einer ressourcenintensiven und nicht tierfreundlichen Massentierhaltung und einem gedankenlosen Umgang mit Fleisch, das „vielleicht noch im Müll landet, weil es nichts mehr wert ist" (vgl. ebd.).

Eine artgerechte Tierhaltung findet im Gegensatz zur Umwelt in allen Zeitschriften große Beachtung. Dabei wird der Begriff unterschiedlich definiert beziehungsweise mit unterschiedlichen Inhalten gefüllt. Während sich moderne Tierhaltung und das Wohlbefinden von Tieren in „BEEF!" dichotom gegenüberstehen und sich gegenseitig ausschließen, bildet die moderne Technik im „Meat-Magazin" die Voraussetzung für den angemessenen Umgang mit Tieren. Romantische Bauernhofidylle in „BEEF!" bildet das Gegenstück zu modernster Tierhaltungstechnik im „Meat-Magazin". Im letztgenannten erfahren Praktiken industrieller Tierzucht eine Umdeutung, wie bereits im vorangegangenen Kapitel im Kontext der Nahrungsmittelsicherheit und -qualität verdeutlicht wurde. Vor dem Hintergrund eines Fortschrittsglaubens werden sie zum unverzichtbaren Element für Tierhaltung und Fleischproduktion. Praktiken, die von Tierrechtler/innen beanstandet werden, wie zum Beispiel das Kupieren von Schweineschwänzen oder Vollspaltböden, sichern im „Meat-Magazin" die Gesundheit der Tiere: „Es sieht hier zwar nicht aus, wie im typischen Bilderbuch, wo Schweine auf gemütlichen Strohbetten liegen und der Hahn auf dem Mist kräht. Aber bei näherem Hinsehen und Nachfragen, wird klar, dass diese fest in unseren Köpfen verankerte Idylle nicht nur überholt, sondern auch gar nicht mehr im Sinne des Tierwohls war" (Meat-Magazin 3/2015: 21). Heu sei ein potenzieller Keimträger, das Kupieren verhindere gegenseitig zugefügte Verletzungen, so lässt sich im „Meat-Magazin" nachlesen.

Schließlich sorgt die artgerechte Tierhaltung nicht nur für das Wohl des Tieres, sondern garantiert außerdem eine gute Fleischqualität: „Der Schweinebauer [Große Liesner] nutzt die Technisierung für den Tierschutz. [...] [Durch Futterabstimmung per Computer] würden die Tiere besser wachsen und fitter sein, gleichzeitig wäre das Fleisch magerer geworden" (Meat-Magazin 2/2014: 19). Diese Kohärenz findet sich auch in den Berichten von „BEEF!" wieder. Ansonsten steht die Idee einer artgerechten Tierhaltung aber im Gegensatz zum „Meat-Magazin": Die Unterschiede beginnen bereits in der Bezeichnung der Landwirte, die in „BEEF!" als Bauern, im Meat-Magazin mitunter als Unternehmer oder Mäster bezeichnet werden. Auch die Tiere leben in den „BEEF!"-Reportagen in einer anderen Umgebung: „Im Galopp die steile Weide hoch und wieder runter, vorbei an Zwetschgen- und Kirschbäumen. Die Kühe und Kälber werfen ihre Beine fast meterhoch in die Luft" (BEEF! 5/2014: 146). Auslauf wird zu einem wichtigen Motiv in den Reportagen zu „Deutschlands besten Fleischproduzenten" und zum Beweis einer artgerechten Tierhaltung. Dieser zuweilen liebevolle Umgang mit den Tieren führt bei „BEEF!" bis in den Tod hinein. Anders als beim „Meat-Magazin" und bei „fleisch.pur" wird der der Produktion vorausgehende Tötungsakt nicht nur erwähnt, sondern beschrieben und inszeniert: Ziegenbauer Hans-Peter Dill etwa tötet seine Tiere selbst und wünscht ihnen dabei, „dass sie ihren neuen Platz in der ‚großen Herdenseele' finden mögen" (BEEF! 4/2014: 66). Der Umgang mit den Tieren legitimiert deren Schlachtung und zuweilen auch umstrittene Praktiken und Produkte, wie Foie gras: Obwohl die Tiere bei der Fütterung mit Trichtern gequält werden, was von Tierschützer/innen seit Langem beklagt wird, findet die Delikatesse ihre Legitimation durch die respektvolle Behandlung von Produzenten, wie Jean-Michel Preuilh, der seinen Enten mehr Platz und ein längeres Leben als Mastenten gewährt (BEEF! 5/2014: 60-69).

Während der Kulturwissenschaftler Gunther Hirschfelder und die Kulturwissenschaftlerin Karin Lahoda davon ausgehen, dass heute das Produkt Fleisch nicht mehr mit dem lebenden Tier in Verbindung gebracht wird (Hirschfelder/Lahoda 2012: 147 f.), zeigen die Zeitschriften eben diese auf und stellen sie auch bildlich dar. In „fleisch.pur" beschreibt sich das Tier mitunter sogar selbst als Fleischprodukt: „So schmecke ich. Einen tollen Ruf haben wir Geschöpfe aus der Genuss Region Weinviertler Schwein ob unseres köstlichen Fleisches. Dieses überzeugt selbst den kritischen Gourmet mit seiner kräftigen rosa Farbe, der feinen Zartheit und festen Konsistenz sowie – natürlich dem einzigartigen Geschmack" (fleisch.pur 2/2017: 20 f.)


*Fazit*

Ein einheitliches Bild resultiert aus der Analyse der Zeitschriften nicht. Durchaus unterschiedlich sind die Themen und Schwerpunkte, welche die Magazine setzen. Die Intention, der Output ist allerdings derselbe: Fleisch möglichst positiv darzustellen. Damit liefern sie jene Erklärungsgeschichte, die wir laut dem Volkskundler Konrad Köstlin (2003: 3) heute für unsere Handlungen und Haltungen brauchen, und zwar besonders dann, wenn diese kritisiert werden, wie der selbstverständliche und unreflektierte Fleischkonsum. Da sind es die Medien, so Köstlin, welche die notwendigen Erklärungsgeschichten liefern (ebd.). Die Fleischzeitschriften sind ein Beispiel dafür: In einer Zeit, in der Fleischessen zunehmend öffentlich kritisiert wird, bieten sie Muster und Erzählungen, mit deren Hilfe sich der Fleischkonsum rechtfertigen lässt. So wird Fleisch in den Fleischzeitschriften zu einem gesunden Lebensmittel, welches von Tieren stammt, die von Landwirten (Landwirtinnen spielen in keiner der drei Zeitschriften eine Rolle) gut behandelt wurden, und von den Produzenten gewissenhaft – und in „fleisch.pur" häufig mittels traditioneller Praktiken – hergestellt wurde. Was artgerechte Tierhaltung bedeutet, wird von den Zeitschriften jedoch unterschiedlich gedeutet: Während „BEEF!" eine romantische Tierhaltung nachzeichnet, gilt im „Meat-Magazin" die industrielle Tierhaltung als Maßstab.

Alle drei Zeitschriften statten die Produkte mit Geschichten aus, die, so formuliert der Europäische Ethnologe Bernhard Tschofen, „möglichst unverwechselbar und authentisch scheinen und die in einer Zeit der ortlos gewordenen Märkte so etwas wie Wurzeln des Produkts in seiner jeweiligen Region und deren Milieu verkörpern soll" (Tschofen 2000: 311). Während „BEEF! Für Männer mit Geschmack" Fleisch als Lebensmittel für Männer eines wohlhabenden Milieus inszeniert und so kulturell verankerte Bedeutungen fortschreibt, verspricht „fleisch.pur. Produkte. Menschen. Rezepte" durch die Betonung von Regionalität und mitunter Traditionalität im Hinblick auf Fleischskandale und eine medial postulierte Verunsicherung Sicherheit. Das „Meat-Magazin" versucht, über die industrielle Tierhaltung Sicherheit zu suggerieren und diese Form der Haltung zu legitimieren. Alle fünf Themen, die den öffentlichen Diskurs rund um Fleisch dominieren – Gesundheit, Fleischskandale, Vegetarismus/Veganismus, Tier beziehungsweise Tierleid sowie Umwelt – werden in den Zeitschriften thematisiert. Ökologische Problematiken werden allerdings kaum berücksichtigt, die Vermutung liegt nahe, dass es im Gegenteil zu den anderen Themen nur wenige Gegenargumente oder positive Beispiele für eine ökologische Tierhaltung und Fleischproduktion gibt.

Das Aufgreifen der im öffentlichen Diskurs präsenten Inhalte macht deutlich, welche Wirkmächtigkeit dieser Diskurs besitzt und stützt die These vom Legitimationsdruck. Besonders zeigt sich das an den Beispielen aus dem „Meat-Magazin" und „fleisch.pur". Als Vertreter der Landwirt/innen versuchen sie, dem „schlechten Image" von Fleisch, das 2013 Manuel Trummer festgestellt hatte (Trummer 2013: 56) und das sich aus der Analyse der Onlineausgaben der beiden Informationsmedien „Der Spiegel" und „Der Standard" ergeben hat, entgegenzuwirken und die Produkte sowie Produktion aus Österreich bzw. Deutschland positiv darzustellen. So bieten die Magazine eine direkte Antwort auf die medialen Vorwürfe und machen durch ihre Rückgriffe auf etablierte Zuschreibungen die Infragestellung obsolet, indem sie Fleischessen als eine notwendige und natürliche Praxis bestimmter Personengruppen – männlich und hochrangig – präsentieren.

*Literaturverzeichnis*

Barlösius, Eva, Anthropologische Perspektiven einer Kultursoziologie des Essens und Trinkens, in: Kulturthema Essen. Ansichten und Problemfelder (Kulturthema Essen 1), hrsg. v. Wierlacher, Alois/Neumann, Gerhard/Teuteberg, Hans-Jürgen, Berlin 1993, S. 58–101.

Barlösius, Eva, Die Soziologie des Essens. Eine sozial- und kulturwissenschaftliche Einführung in die Ernährungsforschung (Grundlagentexte Soziologie), Weinheim-München 1999.

Bodenburg, Julia, Fleisch – letzte Zuflucht des Maskulinen, in: figurationen (2014), Heft 1, S. 56–66.

Brunner, Karl-Michael, Risiko Lebensmittel? Lebensmittelkontrolle und andere Verunsicherungsfaktoren als Motiv für Ernährungsumstellungen in Richtung Bio-Konsum. Diskussionspapier Nr. 15. URL: http://www.konsumwende.de/Do kumente/Risiko%20Lebensmittel.pdf, 2006, eingesehen am 31.1.2017.

Burhenne, Verena, Vom Fleischverzicht. Zur Geschichte des Vegetarismus und Veganismus, in: Darf's ein bisschen mehr sein? Vom Fleischverzehr und Fleischverzicht. Begleitbuch zur gleichnamigen Wanderausstellung des LWL-Museumsamtes für Westfalen, Münster, hrsg. v. Landschaftsverband Westfalen-Lippe (LWL)/LWL-Museumsamt für Westfalen, Münster 2015, S. 124–151.

Foer, Jonathan Safran, Tiere essen, Köln 2010.

Friedmann, Harriet, From Colonialism to Green Capitalism: Social Movements and Emergence of Food Regime, in: New Directions in the Sociology of Global Development, hrsg. v. Buttel, Frederick H./McMichael, Philip (Research in Rural Sociology and Development 11), Amsterdam-London 2005, S. 227–264.

Haufe, Stephan Gabriel, Die Standardisierung von Natürlichkeit und Herkunft, in: Essen in Europa. Kulturelle „Rückstände" in Nahrung und Körper, hrsg. v. Bauer, Susanne/Bischof, Christine/Haufe, Stephan Gabriel/Scholze-Irrlitz, Leonore (Verkörperung/MatteRealities. Perspektiven empirischer Wissenschaftsforschung 5), Bielefeld 2010, S. 65–88.

Hirschfelder, Gunther, Richtig essen?, in: Satt? Kochen – essen – reden, hrsg. v. Engel, Corinna/Gold, Helmut/Wesp, Rosemarie, Bonn 2009, S. 110–117.

Hirschfelder, Gunther/Lahoda, Karin, Wenn Menschen Tiere essen. Bemerkungen zu Geschichte, Struktur und Kultur der Mensch-Tier-Beziehungen und des Fleischkonsums, in: Tierische Sozialarbeit, hrsg. V. Buchner-Fuhs, Jutta/Rose, Lotte, Wiesbaden 2012, S. 147–166.

Hirschfelder, Gunther/Wittmann, Barbara, „Was der Mensch essen darf" – Thematische Hinführung, in: Was der Mensch essen darf. Ökonomischer Zwang, ökologisches Gewissen und globale Konflikte, hrsg. v. Hirschfelder, Gunther/Ploeger, Angelika/Rückert-John, Jana/Schönberger, Gesa, Wiesbaden 2015, S. 1–16.

Joy, Melanie, Warum wir Hunde lieben, Schweine essen und Kühe anziehen. Karnismus – eine Einführung. Münster 2013.

Karmasin, Helene, Die geheime Botschaft unserer Speisen. Was Essen über uns aussagt, München 1999.

Keller, Reiner, Diskursforschung. Eine Einführung für SozialwissenschaftlerInnen (Qualitative Sozialforschung 14), Wiesbaden 2011.

Köstlin, Konrad, Vom Ende der Selbstverständlichkeiten und der neuen Ausdrücklichkeit beim Essen, in: Mitteilungen Internationaler Arbeitskreis für Kulturforschung des Essens (2003), Heft 11, S. 2–11.

Köstlin, Konrad, Modern essen. Alltag, Abenteuer, Bekenntnis. Vom Abenteuer, entscheiden zu müssen, in: Essen und Trinken in der Moderne, hrsg. v. Mohrmann, Ruth-E. (Beiträge zur Volkskultur in Norddeutschland 108, Sonderdruck), Münster u.a. 2006, S. 9–21.

Langthaler, Ernst, Landwirtschaft und Ernährung, in: Handbuch Entwicklungsforschung, hrsg. v. Boatcă, Manuela/Fischer, Karin/Hauck, Gerhard, Wiesbaden 2015. URL: http://www.ruralhistory.at/de/publikationen/rhwp/RHWP29.pdf.

Leitzmann, Claus/Keller, Markus, Vegetarische Ernährung, Stuttgart 2013[3].

Lévi-Strauss, Claude, Mythologica III: Der Ursprung der Tischsitten, Frankfurt am Main 1973.

Magnan, André, Food Regimes, in: The Oxford Handbook of Food History, hrsg. v. Pilcher, Jeffrey M., Oxford 2012, S. 370–388.

Mayring, Philipp, Qualitative Inhaltsanalyse, in: Handbuch Qualitative Sozialforschung. Grundlagen, Konzepte, Methoden und Anwendungen, hrsg. v. Flick, Uwe/Kardoff, Ernst von/Keupp, Heiner/Rosenstiel, Lutz von/Wolff, Stephan, Weinheim 1995[2], S. 209–213.

Mellinger, Nan, Fleisch. Ursprung und Wandel einer Lust, Frankfurt am Main 2000.

Mennell, Stephen, Die Kultivierung des Appetits. Die Geschichte des Essens vom Mittelalter bis heute, Frankfurt am Main 1988.

Montanari, Massimo, Der Hunger und der Überfluß. Kulturgeschichte der Ernährung in Europa, München 1993.

Philipps, Axel, BSE, Vogelgrippe & Co. „Lebensmittelskandale" und Konsumentenverhalten. Eine empirische Studie, Bielefeld 2008.

Rabensteiner, Alexandra, Fleisch. Zur medialen Neuaushandlung eines Lebensmittels (Veröffentlichungen des Instituts für Europäische Ethnologie der Universität Wien 43), Wien 2017.

Rothgerber, Hank, Efforts to overcome vegetarian-induced dissonance among meat eaters, in: Appetite 79 (2014), S. 32–41.

Sandgruber, Roman, Österreichische Nationalspeisen. Mythos und Realität, in: Essen und kulturelle Identität. Europäische Perspektiven, hrsg. v. Teuteberg, Hans Jürgen/Neumann, Gerhard/Wierlacher, Alois, Berlin 1997, S. 179–203.

Teuteberg, Hans-Jürgen, Zur Sozialgeschichte des Vegetarismus, in: Vierteljahrschrift für Sozial- und Wirtschaftsgeschichte 81 (1994), Heft 1, S. 33–65.

Teuteberg, Hans-Jürgen/Wiegelmann, Günther, Nahrungsgewohnheiten in der Industrialisierung des 19. Jahrhunderts (Grundlagen der Europäischen Ethnologie 2), Münster 2005[2].

Tolksdorf, Ulrich, Strukturalistische Nahrungsforschung. Versuch eines generellen Ansatzes, in: Ethnologia Europaea 9 (1976), S. 64–85.

Tolksdorf, Ulrich, Nahrungsforschung, in: Grundriß der Volkskunde. Einführung in die Forschungsfelder der Europäischen Ethnologie, hrsg. v. Brednich, Rolf Wilhelm, Berlin 2001[3], S. 239–254.

Trummer, Manuel, Fleischkonsum zwischen Kultur und (Ge)Wissen. Warum ist es so schwer, etwas zu ändern?, in: Umweltjournal 56 (2013), S. 56–59.

Trummer, Manuel, Die kulturellen Schranken des Gewissens – Fleischkonsum zwischen Tradition, Lebensstil und Ernährungswissen, in: Was der Mensch essen darf. Ökonomischer Zwang, ökologisches Gewissen und globale Konflikte, hrsg. v. Hirschfelder, Gunther/Ploeger, Angelika/Rückert-John, Jana/Schönberger, Gesa, Wiesbaden 2015, S. 63–79.

Tschofen, Bernhard, Herkunft als Ereignis: *local food* and *global knowledge*. Notizen zu den Möglichkeiten einer Nahrungsforschung im Zeitalter des Internet, in: Österreichische Zeitschrift für Volkskunde 103 (2000), S. 309–324.

Tschofen, Bernhard/May, Sarah, Regionale Spezialitäten als globales Gut. Inwertsetzungen geografischer Herkunft und distinguierender Konsum, in: Zeitschrift für Agrargeschichte und Agrarsoziologie 64 (2016), Heft 2, S. 61–75.

Tschuggmall, Veronika, Magst du Kutteln? Über Ekel und Genuss beim Essen, in: Igitt. Ekel als Kultur (bricolage. Innsbrucker Zeitschrift für Europäische Ethnologie 8), hrsg. v. Heimerdinger, Timo, Innsbruck 2015, S. 43–59.

*Quellenverzeichnis*

Amann, Susanne, Lebensmittel: Billig ist teuer. URL: http://www.spiegel.de/spiegel /print/d-97012820.html, 3.6.2013, eingesehen am 1.7.2017.

BEEF! (Hrsg.), Grün ist die Hoffnung!, in: BEEF! Für Männer mit Geschmack 2/2014, S. 82.

BEEF! (Hrsg.), Juhu, Markfett!, in: BEEF! Für Männer mit Geschmack 1/2014, S. 10.

BEEF! (Hrsg.), So kochen Frauen. So Männer. Heute: An der Bar, in: BEEF! Für Männer mit Geschmack 5/2014, S. 172.

BEEF! (Hrsg.), Von Kopf bis Fuß …, in: BEEF! Für Männer mit Geschmack 2/2014, S. 110–125.

BEEF! (Hrsg.), Wie schmeckt eigentlich… Giraffe?, in: BEEF! Für Männer mit Geschmack 6/2014, S. 20.

BEEF! 4/2014, Titelblatt.

Bleuel, Nataly, Im Bällebad, in: BEEF! Für Männer mit Geschmack 4/2014, S. 120–128.

Bundesministerium für Ernährung und Landwirtschaft (Hrsg.), Deutschland, wie es isst. Der BMEL-Ernährungsreport 2017. URL: http://www.bmel.de/SharedDo cs/Downloads/Broschueren/Ernaehrungsreport2017.pdf?__blob=publicationFil e, 2017, eingesehen am 31.1.2017.

DerStandard.at, Chance gegen Tierleid. URL: http://derstandard.at/1314652585501 /SCHWEINEHALTUNG-Chance-gegen-Tierleid, 30.8.2011, eingesehen am 1.7.2017.

DerStandard.at, Das große Sterben für das große Fressen. URL: http://derstandard. at/1302745227047/Gefluegelter-Tod-Das-grosse-Sterben-fuer-das-grosse-Fressen, 15.4.2011, eingesehen am 1.7.2017.

DerStandard.at, Listerien: Zwölf Dänen starben nach dem Verzehr von Wurst. URL: http://derstandard.at/2000004297555/Listerien-Zwoelf-Daenen-starben-nach-dem-Verzehr-von-Wurst, 12.8.2014, eingesehen am 1.7.2017.

Derstandard.at, Stabiler Fleischkonsum und steigender Gusto auf Gemüse in Österreich. URL: http://derstandard.at/2000035988557/Stabiler-Fleischkonsum-und-steigender-Gemueseappetit-in-Oesterreich, 29.4.2016, eingesehen am 31.1.2017.

DiePresse.com, Mehr Fleisch, weniger Lebenszeit. URL: http://diepresse.com/home/leben/gesundheit/5151540/Mehr-Fleisch-weniger-Lebenszeit, 10.1.2017, eingesehen am 31.1.2017.

Dietrich, Michael, Zickenalarm, in: BEEF! Für Männer mit Geschmack 4/2014, S. 64–71.

Dietrich, Michael, Glücksrind, in: BEEF! Für Männer mit Geschmack 5/2014, S. 144–150.

Dyck, Ferdinand, Sündige!, in: BEEF! Für Männer mit Geschmack 4/2014, S. 106–113.

Dyck, Ferdinand, Wie schmeckt eigentlich… Wal?, in: BEEF! Für Männer mit Geschmack 5/2014, S. 36.

Exler, Andrea, Fleisch wird zum Lebensmittel der Unterschicht, URL: https://www.welt.de/wirtschaft/article3509742/Fleisch-wird-zum-Lebensmittel-der-Unterschicht.html, 6.4.2009, eingesehen am 31.1.2017.

Feuerstein, Marcus, Wie schmeckt eigentlich… Waran?, in: BEEF! Für Männer mit Geschmack 2/2014, S. 6.

Fleisch.pur (Hrsg.), Jö schau, a so a Sau!, in: fleisch.pur. Produkte. Menschen. Rezepte 2/2014, S. 20 f.

Fleisch.pur (Hrsg.), Nicht übel, der Speck aus dem Kübel, in: fleisch.pur. Produkte. Menschen. Rezepte 3/2014, S. 20 f.

Fleisch.pur. Produkte – Menschen – Rezepte. Anzeigen-Preisliste & Mediendaten 2014.

Friebe, Richard, Besuch im Schweinestall – Erst die Brause, dann das Schwein, in: Meat-Magazin 2/2014, S. 36–39.

Gepp, Joseph/Hiptmayr, Christina, Fleischbeschau, in: profil 47 (2016), Nr. 28, S. 30–33.

Gonder, Ulrike, Fleisch = Fett = ungesund? Von wegen!, in: Meat-Magazin 3/2015, S. 36-39.

Groß, Julia, „Unseren Tieren geht es gut", in: Meat-Magazin 3/2015, S. 20–25.

Grossarth, Jan, Veggie-Salami statt Teewurst. Ein Wurstfabrikant will weg vom Fleisch. URL: http://www.faz.net/aktuell/wirtschaft/unternehmen/ruegenwalder-muehle-will-trend-zur-vegetarischen-wurst-ausbauen-14527466.html, 14.11.2016, eingesehen am 31.1.2017.

Guj.de, BEEF! ab März in Frankreich erhältlich. URL: www.guj.de/presse/pressemitteilungen/beef-ab-maerz-in-frankreich-erhaeltlich/, 10.3.2014, eingesehen am 31.1.2017.

Guj.de, Konzept „Beef!" ist der Sieger von „Grüne Wiese 2009" / 850 Mitarbeiterinnen und Mitarbeiter reichten 380 Ideen ein. URL: www.guj.de/presse/pressemitt eilungen/konzept-beef-ist-der-sieger-von-gruene-wiese-2009-850-mitarbeiterinne n-und-mitarbeiter-reichten-380-ideen-ein/, 3.3.2009, eingesehen am 31.1.2017.

Lindlahr, Birte, Birte Lindlahr wird stellvertretende Chefredakteurin. URL: http:// www.guj.de/presse/pressemitteilungen/birte-lindlahr-wird-stellvertretende-chefr edakteurin/, o.D., eingesehen am 1.7.2017.

Malt, Sandra, Tierwohl aus Überzeugung, in: Meat-Magazin 2/2014, S. 18–21.

Meat-Magazin (Hrsg.), Interview. Warum wir Fleisch essen, in: Meat-Magazin 2/2014, S. 28–30.

Meat-Magazin (Hrsg.), Tiere stehen im Mittelpunkt, in: Meat-Magazin 3/2015, S. 28 f.

Meedia.de, Meedia, Buen prochevo! Gruner + Jahr bringt Fleisch-Magazin Beef nach Spanien. URL: http://meedia.de/2015/09/21/buen-provecho-gruner-jahr-bri ngt-fleisch-magazin-beef-nach-spanien/, 21.9.2015, eingesehen am 31.1.2017.

Oberhuber, Nadine, Lebensmittel. Was kann ich noch essen? URL: http://www.faz. net/aktuell/gesellschaft/gesundheit/lebensmittel-was-kann-ich-noch-essen-158097 9.html, 15.1.2011, eingesehen am 1.7.2017.

ORF – Kärnten heute, Schock-Bilder aus dem Schweinestall. URL: http://tvthek.orf .at/profile/Kaernten-heute/70022/Kaernten-heute/13937757/Schock-Bilder-aus-de m-Schweinestall/14090121, 13.7.2017, eingesehen am 16.7.2017.

Rottensteiner, Johannes, Dieses Rind ist Cult, in: fleisch.pur. Produkte. Menschen. Rezepte 1/2014, S. 26 f.

Rottensteiner, Johannes, Keine Vorbehalte, in: fleisch.pur. Produkte. Menschen. Rezepte 4/2014, S. 3.

Rottensteiner, Johannes, Veganer sind keine Feinde, in: fleisch.pur. Produkte. Menschen. Rezepte 3/2014, S. 3.

Spiegel Online, Gesunde Ernährung: Großstudie adelt Mittelmeer-Kost. URL: http://www.spiegel.de/wissenschaft/mensch/gesunde-ernaehrung-grossstudie-ade lt-mittelmeer-kost-a-749655.html,8.3.2011, eingesehen am 1.7.2017.

Spiegel Online, Klimaschutz: Schweden wollen europaweite Steuer auf Fleisch. URL: http://www.spiegel.de/wirtschaft/service/schweden-will-eu-weite-steuer-auf -fleisch-a-879794.html, 26.1.2013, eingesehen am 1.7.2017.

Spiegel Online, Tierische Klimasünder. Umweltbundesamt will Milch und Fleisch höher besteuern. URL: http://www.spiegel.de/wirtschaft/unternehmen/klimasue nder-umweltamt-will-hoehere-steuer-fuer-milch-und-fleisch-a-1128629.html, 5.1.2017, eingesehen am 1.7.2017.

Spielhagen, Jan, Schön, dass Sie da sind!, in: BEEF! Für Männer mit Geschmack 5/2014, S. 3.

Sturm, Andrea, Da lachen die Hühner, in: fleisch.pur. Produkte. Menschen. Rezepte 1/2014, S. 8–13.

Taschée, Simon J., Gar nicht lahm, dieses Lamm, in: fleisch.pur. Produkte. Menschen. Rezepte 1/2014, S. 20 f.

Video der Österreichischen Jungbauernschaft, veröffentlicht auf Facebook am 18.1.2017 um 10:01. URL: https://www.facebook.com/jungbauernschaft/videos/ 973285642804820/?autoplay_reason=all_page_organic_allowed&video_containe r_type=0&video_creator_product_type=2&app_id=2392950137&live_video_gue sts=0, eingesehen am 31.1.2017.

Weber, Nina, Herzinfarkt und Krebs: US-Mediziner warnen vor rotem Fleisch. URL: http://www.spiegel.de/gesundheit/ernaehrung/herzinfarkt-und-krebs-us-m ediziner-warnen-vor-rotem-fleisch-a-836026.html, 13.3.2012, eingesehen am 1.7.2017.

Zicknowitz, Jürgen, Darf der das?, in: BEEF! Für Männer mit Geschmack 5/2014, S. 60–69.

# Vegan – Fit – Männlich. Veganismus zwischen Selbstoptimierung und hegemonialer Männlichkeit

*Martin Winter*

## 1. Einleitung: Der „Veggie-Boom"

„Vegan ist nicht verrückt" – mit diesem Satz wird Popstar Jennifer Lopez in der Zeitschrift Gala zitiert (Gala.de 2014). Um die „Ängste" vor dem Veganismus und Vegetarismus zu entkräften, weist sie auf einen Gewichtsverlust hin, den sie auf ihre „Ernährungsumstellung" zurückführt. Vegan zu leben, sei also nicht etwas „Krankes", außerhalb der Normalität stehendes „Anderes", sondern ganz normal und sogar eine „gute" Ernährungsweise, da sie dabei helfe, Gewicht zu reduzieren. Dass Jennifer Lopez in der Gala (und vielen ähnlich ausgerichteten Zeitschriften) für eine vegane Ernährung wirbt, weist auf die Ankunft des Veganismus im „Mainstream" der Ernährungskultur hin. Ob im Supermarkt, in der Discount-Bäckerei oder gar der Fleischindustrie: Der „Veggie-Boom" ist nahezu in aller Munde und begegnet uns bei unserer alltäglichen Nahrungsauswahl immer häufiger. Damit reiht er sich neben anderen „Ernährungstrends", wie „Paleo-Diät" oder „Superfoods", in den derzeit zu beobachtenden „Ernährungswandel" (Brunner 2011) ein. Dieser Ernährungswandel ist dadurch gekennzeichnet, dass als Folge des Überflusskonsums „gesellschaftliche Ernährungsdiskurse neben Genuss- und Gesundheitsimperativen, Spar- und Quantitätsargumenten zunehmend im Risikorahmen angesiedelt sind: Übergewicht als Risiko, Fleischessen als Risiko, Industrialisierung des Essens als Risiko und so weiter" (Brunner 2011: 203). Veganismus als Antwort auf „Gefahren" durch „konventionelle" Ernährung also? Ist es gar „verrückt" geworden, die Ernährung nicht umzustellen?

Vor diesem Hintergrund von Veganismus als „Trend" zu sprechen, mag vielleicht darüber hinwegtäuschen, dass der Veganismus keinesfalls ein neuartiges Phänomen ist, sondern eine vielfältige und lange Tradition in- und außerhalb Europas hat. Umso bemerkenswerter und erklärungsbedürftiger ist demnach die derzeit zu beobachtende zunehmende Verbreitung des Veganismus: Warum findet dieser „Boom" gerade jetzt statt? Die Supermärkte erhöhen laufend ihr Angebot an veganen Produkten, der Umsatz mit Fleischersatzprodukten hat sich zwischen 2010 und 2014 nahezu verdoppelt (GfK 2015), der „Vegetarierbund Deutschland"[1] berichtet, dass 2016 über 200 neue vegane Kochbücher erschienen sind, während es 2012 nur 23 waren (Vegetarierbund 2016). Seit 2016 ist es an der Fachhochschule des Mittelstands[2] an mehreren Orten in Deutschland möglich, einen Bachelor in „Vegan Food Management" zu studieren, und die Deutsche Gesellschaft für Ernährung hat ein Positionspapier zu veganer Ernährung veröffentlicht (DGE 2016). Vielfältige vegane Nahrungsmittel und verschiedene Formen von Wissen über vegane Ernährung finden demnach eine immer stärkere Verbreitung im Ernährungsdiskurs. Statistiken darüber, wie viele Personen sich vegan ernähren, zeichnen aber ein eher ambivalentes Bild. Marktforschungsdaten von 2014 gehen von einem Anteil von etwa 0,7 Prozent konsequenter und 0,4 Prozent „flexi" Veganer/innen in Deutschland aus, während der Anteil bei 4,3 Prozent konsequenter und 6,6 Prozent „flexi" Vegetarier/innen liegt (YouGov 2014). Der „Veggie-Boom" zeigt sich im Gegensatz zu der diskursiven Verbreitung zunächst deutlich am Anteil sich vegetarisch ernährender Personen, der von unter einem Prozent Anfang der 1980er Jahre heute auf circa zehn Prozent angewachsen ist (Leitzmann/Keller 2010: 17)[3]. Bei der stark gestiegenen Präsenz des Veganismus im Ernährungsdiskurs, bei der Verbreitung von Nahrungsmitteln und Wissen über vegane Ernährung ist dieser doch recht kleine Anteil an Veganer/innen, verglichen mit dem Anteil an Vegetarier/innen, verblüffend. Es scheint eine Diskrepanz zwischen der diskursiven Verbreitung des Veganismus und der Anzahl der tatsächlich praktizierenden Veganer/innen zu geben. Warum ist dann der Veganismus im Diskurs derart verbreitet und nicht das weniger strenge Pendant des Vegetarismus?

## 2. Geschichte und Gegenwart des Veganismus in der Ernährungskultur

Veganismus und Vegetarismus stellen sehr heterogene soziale Phänomene dar, deren sozialwissenschaftliche Erforschung analog zum „Veggie-Boom" ein immer breiteres Interesse weckt (Ruby 2012). Eva Barlösius beschreibt

---

1  Der „Vegetarierbund Deutschland" hat sich mittlerweile in „ProVeg Deutschland" umbenannt.
2  Siehe http://www.fh-mittelstand.de/vegan/ [zuletzt abgerufen am 09.06.2017].
3  Deutlich geringere Zahlen sind dagegen in der Nationalen Verzehrstudie (NVS) II von 2008 zu finden. Hier wird von nur 1,6 Prozent Vegetarier/innen ausgegangen; der Anteil an Veganer/innen liegt in der NVS sehr deutlich unter 0,5 Prozent (Max-Rubner-Institut 2008: 98). Die verschiedenen Statistiken sind also jeweils mit etwas Vorsicht zu betrachten.

die fleischlose Ernährung als „ein sehr erfolgreiches Gegenmodell, das bereits in der Antike existierte und bis in die Gegenwart als gegenkultureller und antihierarchischer Protest wirkt" (Barlösius [1999] 2011: 118). In Deutschland ist die fleischlose Ernährung untrennbar mit der Lebensreformbewegung um die Jahrhundertwende verbunden (Barlösius 1997). Die Trennung zwischen Vegetarismus und Veganismus und damit auch der Ursprung des Begriffs „Veganismus" können auf eine längere Debatte in der „Vegetarian Society" in Großbritannien in der ersten Hälfte des 20. Jahrhunderts zurückgeführt werden. Strittig war, ob Vegetarismus auch den Verzicht auf Eier und Milchprodukte einschließen sollte, was schließlich zu einer Abspaltung der „Vegan Society" im Jahre 1944 führte (Leneman 1999). Die Diskussion war durch die Themen Tierleid und Gesundheit dominiert. Von veganer Seite her (auch wenn es die Bezeichnung noch nicht gab) war bereits 1909 das durch Milchproduktion den Tieren zugefügte Leid ein zentraler Kritikpunkt: „Vegetarians, so called, are responsible for their share of the numbers of cows, calves, and fowls killed." (The Vegetarian Messenger an Health Review 1909: 104, zitiert nach Leneman 1999: 222). Daneben wurden die gesundheitlichen Vorteile einer auch milch- und eifreien Ernährung hervorgehoben: Die Argumente waren hier vor allem die Gefahr vor der Krankheitsübertragung und das Argument, Milch und Eier seien keine „natürlichen" Nahrungsmittel für Menschen.

Die Überzeugungen, die in der Gegenwart mit einer veganen Ernährung einhergehen, sind nach wie vor sehr divers und gehen mit symbolischen Kämpfen einher, was den „richtigen" Veganismus ausmacht. Konfliktlinien lassen sich hier weiterhin zwischen ethischen und gesundheitlichen Motiven ziehen, wobei sich vor allem die ethischen Veganer/innen als „authentisch" verstehen (Greenebaum 2012; Hoffman et al. 2013). Dies kann als eine Form politischen Konsums (Lamla 2006) betrachtet werden, wobei auch beachtet werden muss, dass in der Konsumsoziologie auf die Funktion moralischer Kriterien als Distinktionsmerkmal höherer sozialer Schichten hingewiesen wird (Grauel 2013).

Die beschriebene Heterogenität des Veganismus macht es schwer, diesen als eine kohärente Subkultur zu beschreiben. Vielmehr würde es sich um „Lifestyle Movements" (Haenfler/Johnson/Jones 2012; Cherry 2015) handeln, die einen kulturellen Wandel anstoßen, ohne dabei „herkömmliche" Aspekte sozialer Bewegungen zu verkörpern, wie gemeinsame und öffentliche Mobilisierung und geschlossenes Auftreten. Fleischverzicht sei eine Art Alltagswiderstand, der sich eben nicht in medienwirksamen Protestaktionen, sondern alltäglichen Praktiken zeigt (Kwan/Roth 2011). Von einer zusammenhängenden Subkultur kann nur dann gesprochen werden, wenn Veganismus mit der Tierrechtsbewegung als politische Bewegung zusammengefasst wird (Friedrichs 1997; Schwarz 2005). Daneben ist Veganismus aber auch wesentlicher Bestandteil anderer Jugend- oder Subkulturen, wie der Musikszene rund um „Hardcorepunk" (Kurth et al. 2011; Calmbach 2007: 216 ff.). Die Zugehörigkeit zu solchen Subkulturen wird als wesentlicher Faktor für die Konsequenz und Ausdauer veganer Ernährungspraxis beschrieben (Cherry 2006).

Veganismus ist aber mehr als eine individuelle Entscheidung oder subkulturelle Praxis. Der mediale Diskurs in Großbritannien wertete vegane und vegetarische Ernährung stark ab und wurde als „Vegaphobia" beschrieben (Cole/Morgan 2011). Die mediale Aufmerksamkeit und teils heftige Gegenwehr, die mit dem Vorschlag eines wöchentlichen „Veggie-Days" der Partei „Die Grünen" im Bundestagswahlkampf 2013 verbunden waren, gehen in eine vergleichbare Richtung und zeigen, dass mit dem „Veggie-Boom" ein gesellschaftlicher Konflikt verbunden ist. Dieser besteht in der Ablehnung des Fleischkonsums, der „normalen" Ernährung oder des „Karnismus" (Joy 2014). Das Essen von Fleisch, das Nick Fiddes als eine nicht direkt bewusste, im Habitus verankerte und „von den meisten Menschen nicht hinterfragte Grundregel" (Fiddes 1993: 18) beschreibt, ist aber, wie diese gesellschaftlichen Debatten zeigen, nicht mehr unumstritten. Beim Umgang mit den skizzierten Imperativen und Risiken im Kontext des Ernährungswandels und mit der Frage, was „gutes" und „richtiges" Essen ist, steht Fleisch oft im Mittelpunkt und erscheint besonders umkämpft (Frei/Groß/Meier 2011; Trummer 2015). Die Selbstverständlichkeit, Fleisch zu essen, wird spätestens seit den großen Lebensmittelskandalen – Stichwort BSE – Ende der 1990er Jahre, zunehmend infrage gestellt. Damit stellt sich die Frage, was mit dem Fleisch dann auf dem Spiel steht, wenn trotz anderslautender Empfehlungen Fleisch nach wie vor so eine exponierte Stellung einnimmt und Vorschläge auf Fleischverzicht mit einer starken Gegenwehr konfrontiert werden.

Nick Fiddes (1993) beschreibt Fleisch als „natürliches Symbol der Macht". Diese Macht beruhe auf der Einverleibung vormals lebendiger Tiere, was in jedem Vollzug die Unterwerfung der Natur und die Herrschaft des Menschen über diese manifestiere – und zwar auch dann, wenn das den Essenden oft nicht direkt bewusst sei. Die Sozialpsychologin Melanie Joy erklärt die Selbstverständlichkeit des Fleischkonsums mit der Ideologie des Karnismus.[4] Der Karnismus sei ein Glaubens- und Wissenssystem, das Fleischessen als normal, natürlich und notwendig legitimiert (Joy 2014: 110). Das Verständnis von Fleischkonsum als natürlich und notwendig verweist auf den Körper und dessen Gesundheit: Der menschliche Körper brauche (vor allem) das im Fleisch enthaltene Protein, um sich angemessen körperlich reproduzieren zu können (Fiddes 1993: 26). Nicht zuletzt in der Verbindung von Fleischkonsum und körperlicher Stärke liegt eine starke männliche Konnotation des Fleischkonsums begründet: Diese Auffassung geht auf ernährungswissenschaftliches Wissen des 19. und frühen 20. Jahrhundert zurück, als sich im Kontext der Industrialisierung und Militarisierung der Gesellschaft „zunehmend die Vorstellung durch[setzte], dass es einen direkten Weg vom Fleischkonsum, über den Muskelaufbau zur männlich interpretierten Energie und Leistungsfähigkeit gibt" (Fischer 2015: 52 f.). In der Lebensmittelwerbung lassen sich diese Bilder für die heutige Zeit bestätigen (Flick/Rose 2012; Wilk 2013) – Fleisch zu essen, mehr Fleisch und insbesondere „rotes" Fleisch ist so ein Modus des Doing Gender und der Herstellung von Männlichkeit (Rückert-John/John 2009; Setzwein 2009; auch Bourdieu 1987: 309). Fleisch steht folglich für die Herstellung von „Normalität" und insbesondere der Konstruktion von Männlichkeit, die sich durch einen muskulösen Körper (ob tatsächlich oder imaginiert) als „starkes Geschlecht" inszeniert.

Veganismus und Karnismus stellen so zwei gegeneinander gerichtete Strategien im Ernährungsdiskurs dar. Mir geht es im Folgenden darum, zu verfolgen, wie der Veganismus aktuell eine so prominente Position im Ernährungsdiskurs erreichen konnte und so die Selbstverständlichkeit des Fleischkonsums herausfordert. Damit ist nicht gesagt, dass es nur der Veganismus ist, der diese herausfordert. Dennoch ist es erklärungsbedürftig, warum ausgerechnet der Begriff „vegan" eine so steile Karriere im Diskurs, das heißt, in den Medien und unter anderem als „V-Label" auf den Nahrungsmitteln, gemacht hat. Barlösius geht davon aus, dass der Erfolg pflanzlicher Ernährung davon abhängt, diesen „Ess- und Lebensstil mit Orientierungswissen oder -ideen zu verbinden, die als gesellschaftlich bedeutsam anerkannt werden" (Barlösius [1999] 2011: 122). Ich werde im Folgenden die These verfolgen, dass der Erfolg des Veganismus damit einhergeht, dass dieser mit (zumindest) zwei hegemonialen Diskurssträngen verbunden ist, wodurch der Veganismus eine erhöhte Legitimität be-

---

4 Während Veganismus als Selbstbezeichnung auch an spezifische Identitätskonstruktionen und Distinktionen gebunden ist, ist Karnismus ein normativ aufgeladener wissenschaftlicher Begriff.

kommt: Dies sind zum einen die als „neoliberal" bezeichneten Gesundheitsdiskurse und zum anderen die Modelle hegemonialer Männlichkeit. Dazu richte ich den Blick auf die diskursiven Strategien, wie der Veganismus im Verhältnis zum Karnismus positioniert wird. Ich werde hierzu im Folgenden zunächst eine theoretische Klärung bezüglich des Ernährungswandels im Kontext neoliberaler Gouvernementalität vornehmen, um mich anschließend aktuellen diskursiven Strategien des Veganismus zuzuwenden.

## 3. Gouvernementalität der Ernährung: Veganismus im Ernährungsdiskurs

Auch wenn der Veganismus nicht als eine zusammenhängende Subkultur beschrieben werden kann, lohnt zunächst ein Blick in die Arbeiten der Subkulturstudien aus dem Kontext der Cultural Studies. Denn nur dann, wenn „Essen in Gemeinschaft (...) zunehmend nach Maßgabe symbolischer Repräsentation genutzt und so zu einer spezifischen Form von Kommunikation" (Rückert-John/John/Niessen 2011: 43 f.) wird, kann so der umkämpfte Charakter symbolischer Bezüge des Essens herausgestellt werden. Dick Hebdige betrachtet subkulturelle Praktiken und deren Style als eine Art der Kommunikation. Sie seien als „Noise" eine Störung zwischen erlebten Situationen und hegemonialen medialen Repräsentationen (Hebdige 1979: 90). Mit Hegemonie wird hier ein Zustand der kulturellen Autorität beschrieben, die auf einem spontanen Konsens aufbaut und legitim erscheint. Hegemonie „appears to be permanent and ‚natural', to lie outside history, to be beyond particular interests" (Hebdige 1979: 16). Eine Störung dieser Ordnung ist dann gegeben, wenn in einer gemeinsamen Mahlzeit eine Person ein „normales" Essen ablehnt und stattdessen ein veganes verlangt und dieser Wunsch nicht entsprechend verstanden oder einsortiert werden kann, sondern zum Beispiel als „verrückt" charakterisiert wird. Hebdige beschreibt weiter, dass Störungen im breiteren Diskurs auf zwei Weisen in die hegemoniale Ordnung (re-)integriert werden können und so ihr störendes Potenzial entschärft wird: Erstens die kommodifizierte Verbreitung als Massenprodukt und zweitens die ideologische „re-definition" des abweichenden Verhaltens (Hebdige 1979: 94 ff.). Erstere zeigt sich zum Beispiel an der Produktion vegetarischer/veganer Fleischersatzprodukte, durch die große Fleischkonzerne derzeit profitieren. Zweitere zeigt sich an Medienbeiträgen, wie dem eingangs zitierten, in dem Jennifer Lopez' vermeintliche Devianz stellvertretend den Veganismus normalisiert und in die hegemoniale Ernährungskultur einordnet. Auf diesen zweiten Aspekt werde ich mich im Folgenden konzentrieren.

Weiter oben habe ich dargestellt, dass Karl-Michael Brunner (2011) den derzeitigen Wandel der Ernährungskultur als eine gestiegene Ausrichtung von Ernährungspraktiken an Imperativen und Risiken charakterisiert. Brunner bezieht sich bei der Beschreibung der Risiken auf das Konzept der Risikogesellschaft von Ulrich Beck. Ich möchte hier eine andere theoretische Konzeption von Risiko verfolgen, für welche die Annahme von Risiken und deren „Regierung" durch Institutionen und Individuen zentral ist: Im Anschluss an die Studien zur Gouvernementalität von Michel Foucault (2000) werden diese Risiken als diskursiv hergestellte Risiken qualifiziert, die „regiert" werden müssen: Sie „repräsentieren (…) eine spezifische Art des gesellschaftlichen Denkens über Ereignisse beziehungsweise sie definieren ein differenzielles Kalkül der Gefahren, dass die Unterscheidung von ‚gefährdeten' beziehungsweise ‚gefährlichen' Individuen und Klassen erlaubt" (Lemke 2000: 35). „Regieren" meint in diesem Fall die Führung der Führungen, das heißt, die Anleitung von Strategien, mit diesen Risiken umzugehen. Und das umfasst die Technologien des Selbst und des Körpers genauso wie die biopolitischen Technologien von Staat, Wissenschaft und anderen Institutionen: „Die neoliberale Strategie besteht darin, die Verantwortung für gesellschaftliche Risiken, wie Krankheit, Arbeitslosigkeit, Armut, etc., und das (Über-)Leben in Gesellschaft (…) zu einem Problem der Selbstsorge zu transformieren" (Lemke 2000: 36). Für die Folgen bestimmter Handlungen, wie der Nahrungsauswahl, sei demnach einzig das Individuum verantwortlich, dem eine rationale Entscheidungskompetenz für die „richtige" Ernährung zugeschrieben wird und das deshalb für die Folgen, die daraus resultieren, zur Rechenschaft zu ziehen sei. Für Ernährung kann, darauf aufbauend, eine Form der Subjektivierung hin zum „modern subject of food choice" (Coveney [2000] 2006) beschrieben werden, das wissenschaftliche und moralische Anleitungen zum „richtigen" Essen verinnerlichen solle. „Richtiges" Essen und ein damit verbundenes Ziel der „Gesundheit sind jedoch Mitte der 2010er Jahre nicht Selbstzweck einer hedonistischen Konsumorientierung oder einer an Erfüllung orientierten Lebensführung, sondern dienen der Expression von Leistungs- und von Funktionsfähigkeit des Selbst" (Brunnett 2016: 214). Zudem ist Essen als Technologie des Körpers an Positionierungen im sozialen Raum gebunden, die wir versuchen, „für uns und für andere – möglichst kompetent – zu verkörpern" (Villa 2008: 11). Beides zeigt sich, wenn beispielsweise die Bundesregierung die Parole „Fit statt Fett" ausruft und „Adipositas" zu einem selbstverschuldeten Problem und Stigma von Unterschichten gemacht wird (Schorb 2008). Aus einem nahezu dichotomen Verständnis von Gesundheit und Krankheit, wobei Ersteres als „Normalzustand" im Krankheitsfall wiederherzustellen ist, ist ein Verständnis von

„Fitness" geworden, für das jede/r Einzelne durch die alltägliche Lebensführung – also auch durch die Essenspraktiken – selbst verantwortlich ist (Brunnett 2016). Diese Fitness gilt als „Inklusionsprämisse" (Günter 2013) und eine Orientierung an Körpernormen verspricht soziale Teilhabe und sozialen Erfolg.

Aus dieser Perspektive heraus erscheint die Setzung des Veganismus und Vegetarismus als „gegenkultureller und antihierarchischer Protest" (Barlösius [1999] 2011: 118) zumindest fragwürdig. Denn: „Kritik ist selbst zum integralen Bestandteil einer gesellschaftlichen Modernisierung geworden, welche die Abweichung von der Norm propagiert – die damit selbst zur Norm wird. (…) Subversion ist zur Produktivkraft geworden." (Bröckling/Krasmann/Lemke 2004: 14). Damit ist in diesem Kontext weitaus mehr gemeint als die Massenproduktion von Fleischersatz. Es geht darum zu verstehen, wie der Veganismus als eine der „normalen" Ernährungskultur kritisch gegenüberstehende Praxis in diesem Diskurs Fuß fassen kann. Dazu ist mehr notwendig, als die Produkte kaufen zu können. Veganismus muss als eine legitime Strategie im Sinne einer Technologie des Selbst und des Körpers im Umgang mit im Kontext von Ernährung erscheinenden Risiken anerkannt werden. Und nur so kann Jennifer Lopez gefahrlos als Veganerin durchgehen, da sie damit ja auf ihre „Gesundheit" (d. h. ihren Gewichtsverlust) geachtet hat.

Im Rahmen dieses Beitrags betrachte ich vor diesem Hintergrund die diskursiven Praktiken, mit denen der Veganismus im Ernährungsdiskurs positioniert wird. Diesen Diskurs verstehe ich als umkämpften Raum des Denk-, Sag-, und Machbaren, in dem um Legitimität und Hegemonie in der Ernährungskultur gestritten wird. Da Nahrungsmittel und Essenspraktiken nicht von sich aus eine bestimmte symbolische Bedeutung haben, sondern auch diese symbolischen Konnotationen umkämpft sind, richtet sich hier die Analyse darauf, mit welchen symbolischen Bezügen Ernährungspraktiken im Diskurs platziert werden. Wie wird der Veganismus kritisch im Verhältnis zum „normalen" Fleisch-, Milch-, oder Eierkonsum positioniert? Konkret geht es mir hierbei darum, wie die Gesundheitsimperative einerseits und Geschlechterkonnotationen von Veganismus beziehungsweise Fleischkonsum andererseits aufgegriffen werden, um damit der Praxis des Veganismus Legitimität zu verschaffen. Der Fokus auf Gesundheit und Männlichkeiten verspricht auch insofern weiterführende Einsichten, da sich Letzteres nicht nahtlos in das mit den Gouvernementalitätsstudien verbundene Postulat der „Selbstoptimierung" fügt, dient es doch der Legitimierung eines vielfach als zu hoch eingestuften Fleischkonsums, der Männer wiederum zu einer „Problemgruppe" der Gesundheitsforschung werden lässt (Meuser 2011: 139 f.).

Wenn also bestimmte Ernährungsformen symbolisch mit Formen hegemonialer Männlichkeit verbunden werden, verspricht dieser Verweis „Distinktionsgewinne" (Paulitz 2012: 68) und eine erhöhte Legitimität. Hegemoniale Männlichkeit stellt die „'derzeitig akzeptierte' Strategie", ein Mann zu sein (Connell 1999: 98), dar, die sich durch eine Abgrenzung zu Weiblichkeit und anderen Männlichkeiten kennzeichnet. Damit geht es hier auch nicht um die konkrete Anzahl von Männern und Frauen, die sich vegan ernähren, sondern um die symbolischen Konnotationen, mit denen dieser Ernährungsstil verbunden wird. Die symbolischen Konnotationen von Lebensmitteln und damit assoziierten Ernährungsstilen stellen so den Gegenstand diskursiver Praxis und einer umkämpften symbolischen Ordnung im Ernährungsdiskurs dar.

## 4. Veganismus im Ernährungswandel: Selbstoptimierung und Männlichkeit/en

An dieser Stelle werde ich nachzeichnen, wie der Veganismus mit einem neoliberalen Gesundheitsdiskurs und spezifischen Männlichkeitskonstruktionen verbunden wird. Die Darstellungen beanspruchen dabei nicht, die Gesamtheit der Diskurse zum Veganismus abzubilden. Vielmehr wurden im Sinne eines theoretischen Samplings Materialien unterschiedlicher Ausrichtung nacheinander einbezogen, um Verknüpfungen von Männlichkeiten, Gesundheit und Veganismus herauszuarbeiten. Die Untersuchung stützt sich dabei auf drei Materialarten: Erstens wurde populäre Literatur, die sich dezidiert an Veganer/innen richtet, betrachtet (z. B. Kochbücher, Ratgeber, Zeitschriften). Hier wurden Verbreitung und Auflagenstärke auf der einen Seite und die Ausrichtung und der Herkunftskontext (z. B. politisches Spektrum) beim Sampling beachtet. Das Ziel war, sowohl Diskursbeiträge mit einer gewissen Reichweite zu behandeln als auch diese mit unterschiedlichen Argumentationen zu kontrastieren. Zweitens wurden Materialien großer veganer Lobbygruppen, wie zum Beispiel Vegetarierbund Deutschland und Peta (People for the Ethical Treatment of Animals, international aktiv), miteinbezogen, um hier die strategischen Einsätze zu betrachten, mit denen diese Organisationen Werbung für vegane Ernährung machen, das heißt, womit sie sich hier Erfolg versprechen. Drittens wurde zur Kontrastierung selektiv in nicht dezidiert veganen Magazinen recherchiert, zum Beispiel in sich an Männer richtende Zeitschriften, wie „Men's Health". Hier ging es um die Frage, wie vegane Ernährung dann thematisiert wird, wenn die Medien vorwiegend nicht Veganer/innen als Zielgruppe ausgeben. Zur Auswertung wurde zunächst eine Globalanalyse der einzelnen Veröffentlichungen vorgenommen, um die Anteile der Beiträge zu den Aspekten Gesundheit, Ethik und Geschlecht zu ermitteln und einzelne Teile für eine Feinanalyse auszuwählen. Diese orientierte sich dann am vergleichenden und kontrastierenden Vorgehen des Auswertungsprozesses der Grounded Theory (Strauss/Corbin 1996), mit dem die hier verfolgte These herausgearbeitet und untersucht wurde. Dieses Vorgehen erlaubt es, eine spezifische Verknüpfung von Veganismus und Männlichkeit im Kontext neoliberaler Gesundheitsdiskurse zu betrachten, die ich im Folgenden ausführen werde.

### 4.1. Veganismus als „Gesundheitsprogramm"

„In vier Wochen zu einem gesunden, nachhaltigen Leben" verspricht das Kochbuch aus dem G|U-Verlag „Vegan für Einsteiger", das als „Ratgeber Gesundheit" katalogisiert ist (Dahlke 2014). Diese deutliche Verbindung von Veganismus und Gesundheit wird auch im innen liegenden Klappentext ausgeführt: Hier wird versprochen, eine vegane Ernährung würde den Leser/innen Folgendes bringen: „mehr Gesundheit und Vitalität, mehr Genuss und Energie, mehr Lebenszeit und -qualität, Ihr Wohlfühlgewicht – ganz nebenbei, eine leuchtende Ausstrahlung, einen duften Körpergeruch, wirksame Anti-Aging-Effekte, ein reines Gewissen hinsichtlich der Tierwelt und unseres Planeten, einen starken Schutzschild gegen viele moderne Zivilisationskrankheiten" (Dahlke 2014: 1). In dem ausführlichen Ratgeberteil des Buches, der knapp die Hälfte der Seiten umfasst, wird dargelegt, dass Tierprodukte ungesund seien, denn „[t]ierische – tote – Nahrung bringt uns ebenso rasch und elend zu Tode, weil sie chronische Krankheiten im Gefolge hat" (Dahlke 2014: 13). Vegane Ernährung wird demgegenüber als „Gesundheitsprogramm" und „aktive Gesundheitsfürsorge" positioniert, was mit Bezug auf die (umstrittene) „China-Study" und Empfehlungen der US-Amerikanischen Gesellschaft für Ernährung (ADA), also mit wissenschaftlichen Autoritäten begründet wird. Eine vegane Ernährung wird darüber hinaus als Möglichkeit positioniert, um das „Alter genießen" zu können, denn vegane Ernährung „verhindert vorzeitige Alterungsprozesse und lässt uns jünger aussehen" (Dahlke 2014: 28). Doch auch ganz allgemein wird „Glück" versprochen, eine „vollwertige vegane Ernährung" führe zu einem „Gewinn an Ausstrahlung" und das „Einsteiger-Programm" dieses Buches lässt „die Stimmung (…) [deutlich] steigen" (Dahlke 2014: 30).

Als Vorsorge gegen „Zivilisationskrankheiten", die stark mit dem Fleischkonsum und der „industriellen" Fleischproduktion in Verbindung gebracht werden, liegt die Darstellung des Veganismus hier im Fahrwasser des neoliberalen Gesundheitsdiskurses der Selbstverantwortung für die körperliche „Gesundheit". Vegane Ernährung wird sowohl als Mittel gegen Übergewicht und damit für einen schlanken Körper als auch für ein jüngeres Aussehen dargestellt. Schlankheit und Jugendlichkeit entsprechen den gängigen Schönheits- und Fitnessidealen. Dass darüber hinaus auch der eigene „Körpergeruch" und das Glück im Allgemeinen gesteigert werden können, erklärt eine vegane Ernährung als umfassende Selbststeuerung seelischer und körperlicher Prozesse, die darüber verbessert werden können. Dies zeigt sich auch daran, dass auf der Ebene der ethischen Beweggründe „das eigene Gewissen" profitiert: Hier steht damit eher das eigene Wohl im Vordergrund, indem die Vorteile für Tiere und Umwelt hervorgehoben werden. Veganismus wird so zu einer Körper- und Selbsttechnologie erklärt, die sozialen Erfolg über eine Selbstoptimierung verspricht und damit die Risiken derzeitiger gesellschaftlicher Bedingungen – Krankheit durch „falsches" Essen, soziale Ausgrenzung, Alter, Unglück – in einem individuellen Rahmen zu minimieren oder zumindest abzufedern verspricht.

Dass Ernährung „gesund" sein soll, scheint ein derartiger Gemeinplatz zu sein, dass auch stark ethisch motivierte Autor/innen diesen zumindest erwähnen. Das aus dem linken Tierbefreier/innen Spektrum kommende Kochbuch „Vegan lecker lecker" (Pierschel/Hermans/Kästner 2010) stellt in der kurzen Einleitung dar, dass „eine vegane Ernährung […] ausgewogen und unglaublich abwechslungsreich sein (kann) – und das, ohne dass Tiere dafür ausgebeutet oder umgebracht werden müssen!" (Pierschel/ Hermans/Kästner 2010: 3). Dass vegane Ernährung „ausgewogen" sei, muss an dieser Stelle aber reichen, denn aus dieser Position erscheinen der Genuss („abwechslungsreich") und vor allem die Vermeidung von Tierleid als mindestens ebenso wichtig. Versprechen der Selbstverbesserung gibt es hier aber nicht. Ähnlich sieht es auch in einem Ratgeber aus dem gleichen Kontext aus. Hier widmet sich nur ein Kapitel von insgesamt acht dem Thema Gesundheit und stellt auch hier nur die (ausreichende) Versorgung mit Nährstoffen dar, während ansonsten die Kritik am Karnismus und die Darstellung veganer Nahrungsmittel überwiegen (Pierschel 2011).

Im Gegensatz dazu distanziert sich einer der bekanntesten veganen Köche in Deutschland, Attila Hildmann, deutlich von ethischen Veganer/ innen. Diese bezeichnet er zum Teil als „Nahrungs-Extremisten" (Hildmann 2011: 24) und macht damit den Weg für eine breite Anerkennung des Veganismus frei, indem er ihm die politische Radikalität nimmt und das eigene Wohl ins Zentrum stellt. Pflanzliche Ernährung präsentiert er als Weg zu einem hegemonial anerkannten Ziel: Zum perfekten Körper. Vielsagend sind hierbei bereits die Titel seiner Kochbuchreihe: Von „Vegan for fun" ging es über „Vegan for fit" zu „Vegan for youth". Spaß, Fitness, Jugendlichkeit – eine Triade neoliberaler Selbstoptimierung in Form veganer Kochbücher. Am Beispiel Attila Hildmann lässt sich aber darüber hinaus auch die spezifische männliche Ausrichtung des vermittelten Körperbildes nachzeichnen.

### 4.2. Vegan macht müde Männer munter

Die starke Verbindung von Fleisch und männlich gedeuteter körperlicher Stärke stellt Veganer vor eine besondere Herausforderung. Denn sie müssen – um ihre Männlichkeit nicht zu gefährden – sicherstellen, dass diese Stärke nicht prekär ist (Brady/Ventresca 2014): „Vegetarisch lebende Männer gelten vielfach als verweichlichte Schwächlinge" (Setzwein 2004: 133). Allerdings hat sich auch der Bezug auf den Männerkörper gewandelt, dieser wird immer stärker „als Gestaltungsaufgabe" (Meuser 2011: 158) gesehen. Denn „Männlichkeit erscheint nicht zuletzt als eine Frage des richtigen sowie des richtig inszenierten Körpers. Um dies zu erreichen, muss der Körper (…) gezielt bearbeitet und gestaltet (…) werden." (Meuser 2011: 158).

Wie das geht, zeigt uns der „Modellathlet" Attila Hildmann. Er sagt: „Als Fleischesser wog ich 105 Kilo: antriebsarm und zu dick. Heute – als Veganer – wiege ich 70 Kilo: Austrainiert und voller Tatendrang" (Hildmann 2011: 21). Unterlegt wird dies anhand von zwei Bildern: Auf dem ersten ist nur sein Gesicht mit deutlich erkennbarem Doppelkinn zu sehen, auf dem zweiten steht er in einem Wald und auch sein unbekleideter Oberkörper und ein deutlicher „Sixpack" sind zu sehen. Die männliche Konnotation wird hier deutlich, indem eben nicht einfach nur auf „Schlankheit" oder das „Wunschgewicht" abgehoben wird, sondern dezidiert auf Hildmanns „Austrainiertheit" hingewiesen wird. Körperliche Stärke, so der Tenor, lässt sich auch mit veganer Ernährung erreichen – eine omnivore Ernährung wird implizit als Hindernis dargestellt. Eine weitere Abgrenzung erfolgt über die Kombination mit „Tatendrang" gegenüber der mit Fettleibigkeit assoziierten Faulheit. Ein „fitter" Körper als Garant für den eigenen sozialen Erfolg.

Besonders anschaulich wird diese Verbindung von (männlichem) Körperideal und Veganismus in einem Themenspecial zum Veganismus, das in der – nicht an Veganer/innen gerichteten – Zeitschrift „Men's Health" nachzulesen ist. Allen Zweifler/innen wird gleich von vorneweg mitgegeben: „Vegan leben ist männlich" (Men's Health 2014). Bezüge auf Tierleid, Umweltschutz oder Ähnliches sucht man hier vergeblich, dafür wird hervorgehoben, wie wohltuend eine rein pflanzliche Ernährung auch für Sporttreibende ist. Und ein Redakteur macht die – für Männer anscheinend – ultimative Challenge und trainiert sich „zum ersten Mal" in seinem Leben einen „Sixpack" an. Es heißt: „Henning hat es geschafft: Bei veganer Ernährung und trotz vieler Vorurteile hat er ein Sixpack erreicht. Das können Sie auch, wenn Sie seine Tipps beherzigen" (Men's Health 2014). Veganismus wird hier nicht als das Mittel schlechthin für das Trainieren eines Körpers dargestellt, vielmehr wird hier vermittelt, das Veganismus kein Hindernis auf dem Weg zum idealen Männerkörper darstellt und demnach auch „männlich" ist. Das bedeutet, um ein richtiger Mann zu sein, müsse man nicht unbedingt Fleisch essen, denn Stärke antrainieren und einen idealen Körper haben, können auch Veganer/innen. Das anerkannte Bild des auf sich selbst schauenden und trainierten Mannes kann so auch mit einer veganen Ernährung einhergehen. Durch das hier praktizierte Abbauen von „Vorurteilen" wird vegane Ernährung als ein Weg zum angestrebten Körperideal dargestellt und damit aus dem Status einer verpönten und als unmännlich geltenden Ernährungsweise herausgelöst.

### 4.3. Veganismus und eine „compassionate masculinity"?

Auf diesen Zusammenhang zwischen körperlicher Stärke und Veganismus setzen auch der Vegetarierbund und Peta, die Patrick Baboumian – den „stärksten Mann Deutschlands" – als Testimonial verwenden. Doch hier wird körperliche Kraft in spezifischer Weise gedeutet, die so auch eine alternative Männlichkeit verkörpert. In einem Peta-Videoclip sagt Baboumian: „Stärke muss aufbauen, statt zu zerstören. Sie sollte über sich selbst hinauswachsen, nicht über Schwächere. Verantwortungslos eingesetzt, verursacht sie nichts als Leid und Tod" (Peta Deutschland 2012). In dieser Wendung wird eine falsch eingesetzte Stärke kritisiert. Implizit schwingt hier über den Hinweis auf den Tod eine Kritik am Fleischkonsum und die damit verbundene Gewalt mit. Die hier konzipierte Stärke baut damit einen Gegensatz zu einer auf Durchsetzungsfähigkeit gegen andere aufbauenden Männlichkeit auf, gegen die hier eine alternative Konstruktion, die auf Mitgefühl und Verantwortungsbewusstsein setzt, ins Spiel gebracht wird. Die mit dem Essen von Fleisch verbundene Ausbeutung, Unterwerfung und Inkorporierung von Tieren und der „Natur" werden als Quelle von Macht damit untergraben. Stärke wird nach wie vor männlich gedeutet, aber als eine beschützende und zurückhaltende.

In einem „Männer-Special" des „Welt-Vegan-Magazin" zeigt sich, dass Mitgefühl und Verantwortungsbewusstsein sehr stark männlich gewertet werden können. Zunächst führt auch dieses Männer-Special die Verbindung von Veganismus und Männlichkeit über das Thema Sport weiter fort. Besonders auffällig wird die Verbindung aber in einer sexistischen Kolumne der „erotischen Steckbriefe", in der ganz im Stile klassischer Herrenmagazine sehr schlanke und leicht bekleidete Frauen abgebildet sind. Dieses Vorgehen kann zunächst als ein Aufgreifen und eine Reproduktion der „Doppeldeutigkeit des Fleisches" und als ein „Changieren zwischen Sex- und Essbegehren" (Wilk 2013: 123) fleischessender, heterosexueller Männer gedeutet werden – nur eben ohne Fleisch. In neben den Bildern abgebildeten Steckbriefen wird unter anderem abgefragt, was Frauen an Männern mögen. Das Model Michelle antwortet hier „...compassionate towards animals, themselves, and the earth" (Welt Vegan Magazin 2015). Damit werden der Veganismus und das hiermit verbundene Mitgefühl gegenüber der Umwelt mit einer anerkannten Männlichkeit verbunden, da, so diese Darstellung, auch Frauen, wie das abgebildete Model, auf diese Art von Männern stehen und ihre „Verfügbarkeit" auch für vegane, mitfühlende Männer signalisieren. In eine ähnliche Richtung geht auch ein Peta-Werbespot, der Männern eine erhöhte sexuelle Potenz verspricht: „Plant-based foods can help take your sex life into overtime" (Peta USA 2016). Männer haben ihre Sexualität selbst in der Hand und können sie durch vegane Ernährung entsprechend optimieren, so diese Darstellung.

Mit derartigen Darstellungen wird eine strategische Aufwertung von Veganismus durch dessen Verknüpfung mit hegemonialen Formen von Männlichkeit vorgenommen. Einerseits wird damit dieser Ernährungsform die symbolisch weibliche Konnotation ein Stück weit genommen, andererseits wird die Verbindung von Männlichkeit und Fleisch damit geschwächt. Um ein „richtiger" Mann (das heißt stark, heterosexuell „erfolgreich") zu sein, ist es nicht notwendig, Fleisch zu essen. Allerdings fügt sich die hier hervorgebrachte Männlichkeitskonstruktion nicht immer nahtlos in hegemoniale Männlichkeitsdiskurse ein und geht mit dem Verweis auf Mitgefühl leicht in Konfrontation. Sie zielt auf die mit der Verbindung von Fleisch und Männlichkeit einhergehende, als verantwortungslos dargestellte Form der Stärke, die auf einer Gewalt an und einer Unterdrückung von Tieren und der Umwelt aufbaut. Dieser negativen und gewaltförmigen Stärke wird Mitgefühl als männliche Eigenschaft gegenübergestellt, die sich allerdings auf Tiere und Umwelt weitgehend beschränkt. Diese „compassionate masculinity" deutet so auch ethische Beweggründe für vegane Ernährung als männlich, indem der Verzicht auf Fleisch und andere Tierprodukte als „richtige" Form der Stärke positioniert wird. Diese Männlichkeitskonzeption geht in Konkurrenz zur hegemonialen Männlichkeit und wird aber über eine sexualisierte Abwertung von Frauen in seiner beanspruchten Herrschaftsposition bekräftigt.

### 5. Fazit: Vegan – Fit – Männlich. Neoliberale Selbstoptimierung und die Frage der Kritik

Die Legitimation veganer Ernährung wird so im aktuellen Diskurs auf spezifische Weise ausgelegt, indem sie an hegemoniale Konzepte von Gesundheit und Männlichkeit anknüpft. Meine hier vorgestellte Materialauswahl stellte dabei bewusst vor allem kommerziell erfolgreiche und medial auch außerhalb des Veganismus verbreitete Darstellungen veganer Ernährung ins Zentrum. Veganismus wird hier als Form der (gesundheitlichen) Selbstoptimierung dargestellt und mit Männlichkeitskonzepten konnotiert, die mindestens komplizenhaft zu Formen hegemonialer Männlichkeit stehen und männliche Stärke affirmativ aufgreifen und für den Veganismus wenden. Damit wird die weibliche Konnotation von pflanzlicher Ernährung relativiert und dieser Ernährungsstil damit einer breiteren Masse an Männern zugänglich gemacht. Die Exklusivität der Verbindung von Fleisch und körperlicher Stärke, über die vielfach Fleischkonsum gerechtfertigt wird, da es das dazu notwendige Protein liefere, wird so infrage gestellt. Hegemoniale Männlichkeitsbilder und die Konzeption als „starkes" Geschlecht werden damit aber reproduziert. Über den Verweis auf diese hegemoniale Männlichkeitskonzeption erlangt der Veganismus im Diskurs erhöhte Legitimität und wird „ideologisch" dann eingefangen, wenn in den Darstellungen radikalere Kritiken ausbleiben und der Veganismus damit als Weg zu anerkannten Zielen positioniert wird. Die Verknüpfungen des Veganismus mit Gesundheits- und Selbstoptimierung und spezifischen Männlichkeitskonstruktionen können als Verbindungen mit Orientierungswissen betrachtet werden, durch die der Veganismus im Diskurs an Legitimität gewinnt. Durch diese diskursiven Verknüpfungen scheint es möglich zu sein, vegane Lebensstile einer breiteren Masse zugänglich und als sinnvoll erscheinen zu lassen, die sich nicht rein über moralische Anrufungen überzeugen lassen und Angst davor haben, als „verrückt" oder „verweiblicht" zu gelten.

Bleibt abschließend die Frage, ob und wie Veganismus als kritische Praxis verstanden oder auch gelebt werden kann, das heißt ob Barlösius' Einordnung pflanzlicher Ernährung als gegenkulturell und antihierarchisch haltbar ist. Foucault beschreibt Kritik als die „Kunst, nicht regiert zu werden, beziehungsweise [als] die Kunst, nicht auf diese Weise und um diesen Preis regiert zu werden" (Foucault [1992] 2010, 240). Ulrich Bröckling betrachtet es als den Versuch, „anders anders zu sein" (Bröckling 2007: 283). Vegane Ernährungsstile, die sich durch die Reproduktion von Fitnessimperativen als Mittel sozialen Erfolgs darstellen und affirmativ Bilder hegemonialer Männlichkeit reproduzieren, sind nicht „anders" anders, sondern setzen diese Andersartigkeit als Distinktionskriterium auf dem Marktplatz des Lebens als Trumpf ein. Sie wollen anders besser sein.

## Literaturverzeichnis

Barlösius, Eva (1997): Naturgemäße Lebensführung. Zur Geschichte der Lebensreform um die Jahrhundertwende. Frankfurt, New York: Campus.

Barlösius, Eva (1999), (2011): Soziologie des Essens. Eine sozial- und kulturwissenschaftliche Einführung in die Ernährungsforschung. 2. Aufl. Weinheim: Juventa.

Bourdieu, Pierre (1987): Die feinen Unterschiede. Kritik der gesellschaftlichen Urteilskraft. Frankfurt am Main: Suhrkamp.

Brady, Jennifer, und Matthew Ventresca (2014): „"Officially A Vegan Now": On Meat and Renaissance Masculinity in Pro Football". In: Food and Foodways 22 (4): 300–321.

Bröckling, Ulrich (2007): Das unternehmerische Selbst: Soziologie einer Subjektivierungsform. Frankfurt am Main: Suhrkamp.

Bröckling, Ulrich, Susanne Krasmann, und Thomas Lemke (2004): „Einleitung". In Glossar der Gegenwart, herausgegeben von Ulrich Bröckling, Susanne Krasmann, und Thomas Lemke, 9–16.Frankfurt am Main: Suhrkamp.

Brunner, Karl-Michael (2011): „Der Ernährungsalltag im Wandel und die Frage der Steuerung von Konsummustern". In: Die Zukunft auf dem Tisch, herausgegeben von Angelika Ploeger, Gunther Hirschfelder, und Gesa Schönberger, 203–18. Wiesbaden: VS Verlag für Sozialwissenschaften.

Brunnett, Regina (2016): „Gesundheit als Kapital – Zur Produktivität symbolischer Gesundheit im flexiblen Kapitalismus". In: Handbuch Therapeutisierung und Soziale Arbeit, herausgegeben von Roland Anhorn und Marcus Balzereit, 207–23. Wiesbaden: Springer.

Calmbach, Marc (2007): More than music. Einblicke in die Jugendkultur Hardcore. Bielefeld: transcript.

Cherry, Elizabeth (2006): „Veganism as a Cultural Movement: A Relational Approach". In: Social Movement Studies 5 (2): 155–70.

Cherry, Elizabeth (2015): „I Was a Teenage Vegan: Motivation and Maintenance of Lifestyle Movements". In: Sociological Inquiry 85 (1): 55–74.

Cole, Matthew, und Karen Morgan (2011): „Vegaphobia: Derogatory Discourses of Veganism and the Reproduction of Speciesism in UK National newspapers". In: The British Journal of Sociology 62 (1): 134–53.

Connell, Raewyn (1999): Der gemachte Mann. Konstruktion und Krise von Männlichkeiten. Opladen: Leske + Budrich.

Coveney, John (2000), (2006): Food, morals, and meaning: the pleasure and anxiety of eating. 2nd ed. Abingdon; New York: Routledge.

Dahlke, Rüdiger (2014): Vegan für Einsteiger. In 4 Wochen zu einem gesunden, nachhaltigen Leben. München: Gräfe und Unzer.

DGE (2016): „Vegan Diet. Position of the German Nutrition Society (DGE)". In: Ernährungs Umschau International, Nr. 4: 92–102.

Fiddes, Nick (1993): Fleisch: Symbol der Macht. Frankfurt am Main: Zweitausendeins.

Fischer, Ole (2015): „Männlichkeit und Fleischkonsum – historische Annäherungen an eine gegenwärtige Gesundheitsthematik". In: Medizinhistorisches Journal 50 (1): 42–65.

Flick, Sabine, und Lotte Rose (2012): „Bilder zur Vergeschlechtlichung des Essens. Ergebnisse einer Untersuchung zur Nahrungsmittelwerbung im Fernsehen". In: Gender. Zeitschrift für Geschlecht, Kultur und Gesellschaft 4 (2): 48–65.

Foucault, Michel (2000): „Die ‚Gouvernementalität'". In: Gouvernementalität der Gegenwart: Studien zur Ökonomisierung des Sozialen, herausgegeben von Ulrich Bröckling, Susanne Krasmann, und Thomas Lemke, 41–67. Frankfurt am Main: Suhrkamp.

Foucault, Michel (1992), (2010): „Was ist Kritik?" In: Kritik des Regierens: Schriften zur Politik, 237–57. Berlin: Suhrkamp.

Frei, Alfred Georg, Timo Groß, und Toni Meier (2011): „Es geht um die Wurst. Vergangenheit, Gegenwart und Zukunft tierischer Kost". In: Die Zukunft auf dem Tisch, herausgegeben von Angelika Ploeger, Gunther Hirschfelder, und Gesa Schönberger, 57–75. Wiesbaden: VS Verlag für Sozialwissenschaften.

Friedrichs, Jürgen (1997): „Die gewaltsame Legitimierung sozialer Normen. Das Beispiel Tierrechtler/Veganer". In: Soziologie der Gewalt, herausgegeben von Trutz von Trotha, 327–54. Sonderheft der Kölner Zeitschrift für Soziologie und Sozialpsychologie. Opladen; Wiesbaden: Westdeutscher Verlag.

Gala.de (2014): „Jennifer Lopez: Vegan ist nicht verrückt". Gala.de. November 28. http://www.gala.de/beauty-fashion/fashionfeed/jennifer-lopez-vegan-ist-nicht-verrueckt_1180216.html.

GfK (2015): „Consumer Index". https://www.gfk.com/fileadmin/user_upload/dyna_content/DE/documents/News/Consumer_Index/CI_03_2015.pdf.

Grauel, Jonas (2013): Gesundheit, Genuss und gutes Gewissen. Über Lebensmittelkonsum und Alltagsmoral. Bielefeld: transcript.

Greenebaum, Jessica (2012): „Veganism, Identity and the Quest for Authenticity". In: Food, Culture & Society 15 (1): 129–44.

Günter, Sandra (2013): „Fitness als Inklusionsprämisse? Eine Diskursanalyse zur Problematisierung adipöser Kinder- und Jugendkörper in sportwissenschaftlichen Gesundheitsdiskursen". In: Forum Qualitative Sozialforschung 14 (1): Art. 9.

Haenfler, Ross, Brett Johnson, und Ellis Jones (2012): „Lifestyle Movements: Exploring the Intersection of Lifestyle and Social Movements". In: Social Movement Studies 11 (1): 1–20.

Hebdige, Dick (1979): Subculture, the meaning of style. London: Methuen.

Hildmann, Attila (2011): Vegan for fun: Junge vegetarische Küche. Hilden: Becker Joest Volk Verlag.

Hoffman, Sarah R., Sarah F. Stallings, Raymond C. Bessinger, und Gary T. Brooks (2013): „Differences between health and ethical vegetarians. Strength of conviction, nutrition knowledge, dietary restriction, and duration of adherence". In: Appetite 65: 139–44.

Joy, Melanie (2014): Warum wir Hunde lieben, Schweine essen und Kühe anziehen: Karnismus – eine Einführung. Münster: compassion media.

Kurth, Markus, Tina Henschke, Andreas Stark, und Maria Struppek (2011): „Zum Verhältnis von Hardcore-Szene und veganer Biografie – Eine qualitative Untersuchung". In: Human-Animal Studies. Über die gesellschaftliche Natur von Mensch-Tier-Verhältnissen, herausgegeben von Chimaira – Arbeitskreis für Human-Animal Studies, 377–411. Bielefeld: transcript.

Kwan, Samantha, und Louise Marie Roth (2011): „The Everyday Resistance of Vegetarianism". In: Embodied Resistance. Challenging the Norms, Breaking the Rules, herausgegeben von Chris Bobel und Samantha Kwan, 186–96. Nashville: Vanderbilt University Press.

Lamla, Jörn (2006): „Politisierter Konsum — konsumierte Politik". In: Politisierter Konsum — konsumierte Politik, herausgegeben von Jörn Lamla und Sighard Neckel, 9–37. Wiesbaden: VS Verlag für Sozialwissenschaften.

Leitzmann, Claus, und Markus Keller (2010): Vegetarische Ernährung. Stuttgart: Ulmer.

Lemke, Thomas (2000): „Neoliberalismus, Staat und Selbsttechnologien. Ein kritischer Überblick über die governmentality studies". In: Politische Vierteljahresschrift 41 (1): 31–47.

Leneman, Leah (1999): „No Animal Food: The Road to Veganism in Britain, 1909-1944". In: Society & Animals 7 (3): 219–28.

Max Rubner-Institut (2008): Nationale Verzehrsstudie II. Die bundesweite Befragung zur Ernährung von Jugendlichen und Erwachsenen. Ergebnisbericht, Teil 1. Karlsruhe. http://www.bmel.de/SharedDocs/Downloads/Ernaehrung/NVS_Ergebnisbericht.pdf?__blob=publicationFile.

Men's Health (2014): „Das große Vegan-Special: Vegan leben ist männlich". Men's Health. http://www.menshealth.de/special/vegan-leben-ist-maennlich.291228.html.

Meuser, Michael (2011): „Männerkörper. Diskursive Aneignungen und habitualisierte Praxis". In: Dimensionen der Kategorie Geschlecht: Der Fall Männlichkeit, herausgegeben von Mechthild Bereswill, Michael Meuser, und Sylka Scholz, 152–68. Münster: Westfälisches Dampfboot.

Paulitz, Tanja (2012): Mann und Maschine. Eine genealogische Wissenssoziologie des Ingenieurs und der modernen Technikwissenschaften, 1850-1930. Bielefeld: transcript.

Peta Deutschland (2012): „Patrik Baboumian: ‚Meine Stärke ist mein Mitgefühl'". http://www.peta.de/patrik-baboumian-meine-staerke-ist-mein-mitgefuehl-vegane r.

Peta USA (2016): „Watch PETA's Sexy New Super Bowl Ad: It Left TV Execs Speechless". http://headlines.peta.org/last-longer/.

Pierschel, Marc, Lies Hermans, und Denise Kästner (2010): Vegan lecker lecker! Raffinierte Köstlichkeiten der veganen Cuisine. Münster: compassion media.

Pierschel, Marc (2011): Vegan! Vegane Lebensweise für alle. Münster: compassion media.

Rückert-John, Jana, und René John (2009): „Essen macht Geschlecht. Zur Reproduktion der Geschlechterdifferenz durch kulinarische Praxen". In: Ernährung im Fokus, Nr. 5: 174-79.

Rückert-John, Jana, René John, und Jan Niessen (2011): „Nachhaltige Ernährung außer Haus – der Essalltag von Morgen". In: Die Zukunft auf dem Tisch, herausgegeben von Angelika Ploeger, Gunther Hirschfelder, und Gesa Schönberger, 41–55. Wiesbaden: VS Verlag für Sozialwissenschaften.

Schorb, Friedrich (2008): „Keine ‚Happy Meals' für die Unterschicht! Zur symbolischen Bekämpfung der Armut". In: Kreuzzug gegen Fette, herausgegeben von Henning Schmidt-Semisch und Friedrich Schorb, 107–24. Wiesbaden: VS Verlag für Sozialwissenschaften.

Schwarz, Thomas (2005): „Veganismus und das Recht der Tiere. Historische und theoretische Grundlagen sowie ausgewählte Fallstudien mit Tierrechtlern bzw. Veganern aus musikorientierten Jugendszenen". In: Eine Einführung in Jugendkulturen: Veganismus und Tattoos, herausgegeben von Wilfried Breyvogel, 69–163. Wiesbaden: VS Verlag für Sozialwissenschaften.

Setzwein, Monika (2004): Ernährung – Körper – Geschlecht. Zur sozialen Konstruktion von Geschlecht im kulinarischen Kontext. Wiesbaden: VS Verlag für Sozialwissenschaften.

Setzwein, Monika (2009): „Frauenessen – Männeressen? Doing Gender und Essverhalten". In: Geschlechtergerechte Gesundheitsförderung und Prävention: Theoretische Grundlagen und Modelle guter Praxis, herausgegeben von Petra Kolip und Thomas Altgeld, 41–60. Weinheim; München: Juventa.

Strauss, Anselm und Juliet Corbin (1996): Grounded Theory. Grundlagen Qualitativer Sozialforschung. Weinheim: Beltz.

Trummer, Manuel (2015): „Die kulturellen Schranken des Gewissens – Fleischkonsum zwischen Tradition, Lebensstil und Ernährungswissen". In: Was der Mensch essen darf, herausgegeben von Gunther Hirschfelder, Angelika Ploeger, Jana Rückert-John, und Gesa Schönberger, 63–79. Wiesbaden: Springer VS.

Vegetarierbund (2016): „Vegan-Trend: Daten und Fakten zum Veggie-Boom". vebu.de. https://vebu.de/veggie-fakten/entwicklung-in-zahlen/vegan-trend-fakten-z um-veggie-boom/.

Villa, Paula-Irene (2008): „Einleitung. Wider die Rede vom Äußerlichen". In: Schön normal: Manipulationen am Körper als Technologien des Selbst, herausgegeben von Paula-Irene Villa, 7–19. Bielefeld: transcript.

Welt Vegan Magazin (2015): Welt Vegan Magazin. Bd. 04.

Wilk, Nicole (2013): „Vom ‚Curryking' zum ‚LadyKracher'. Kultursemiotischer Wandel in der Werbung von Geflügelfleisch". In: Gender. Zeitschrift für Geschlecht, Kultur und Gesellschaft 5 (1): 120–28.

YouGov (2014): „Umfrage zur Ernährungsweise in Deutschland 2014". https://de.st atista.com/statistik/daten/studie/321923/umfrage/umfrage-zur-ernaehrungsweise -in-deutschland/.